Berechnung und Konstruktion der Dampfturbinen

Für das Studium und die Praxis

von

C. Zietemann

Dipl.-Ing., Professor an der Staatlichen Akademie für Technik
in Chemnitz

Mit 468 Textabbildungen

Berlin
Verlag von Julius Springer
1930

ISBN-13:978-3-642-90597-1 e-ISBN-13:978-3-642-92455-2
DOI: 10.1007/978-3-642-92455-2

Softcover reprint of the hardcover 1st edition 1930

Vorwort.

Die Entwicklung des Dampfturbinenbaues war vor dem Kriege zu einem gewissen Stillstand gekommen; wohl mit Rücksicht auf den Wettbewerb hinsichtlich des Preises wurden wenig Stufen mit hohen Dampfgeschwindigkeiten bevorzugt, wobei aber die Wirtschaftlichkeit häufig zu kurz kam. Die Nachkriegszeit mit der Forderung erhöhter Wirtschaftlichkeit brachte neue Bestrebungen nach besserer Wärmeausnutzung, es setzte eine Periode stürmischer Entwicklung ein, zum Teil angeregt durch das Vorgehen der Ersten Brünner Maschinenfabriksgesellschaft, das wesentlich höhere Wirkungsgrade der Turbinen in Aussicht stellte, zum Teil unabhängig davon, aber dem gleichen Ziele zustrebend. Dadurch wurde nicht nur die innere Ausführung der Turbinen — die Leitvorrichtungen, Schaufeln, Zahl und Durchmesser der Stufen —, sondern auch die äußere Gestalt — mehrgehäusige, mehrwellige und mehrflutige Bauart — beeinflußt. Gleichzeitig mußte sich der Dampfturbinenbau dem Streben nach Verbesserung der Wirtschaftlichkeit durch Steigerung des Dampfdruckes und der Temperatur anpassen. Die Fülle der Neuerungen und der Fragen hinsichtlich Konstruktion und Baustoff machte es auch dem erfahrenen Fachmann nicht leicht, dauernd auf dem Laufenden zu bleiben.

Über die wichtigsten Neuerungen, Forschungen und Betriebsergebnisse sind wohl zahlreiche Veröffentlichungen erschienen, doch fehlt eine umfassende und zusammenhängende Übersicht über den heutigen Stand des Dampfturbinenbaues. Es ist insbesondere dem Studierenden schwer, die einzelnen Abhandlungen zu finden, noch schwerer, sich darin zurechtzufinden. Im Gegensatz zu anderen Gebieten des Kraftmaschinenbaues, besonders der Dieselmotoren, hat die Literatur über Dampfturbinen mit deren Entwicklung nicht Schritt gehalten. Diese Lücke will das vorliegende Buch ausfüllen und darüber hinaus dem Studierenden und dem jungen Ingenieur die Grundlagen, die Berechnung und die Konstruktion in einer leicht faßlichen Form vermitteln und insbesondere mit praktischen Angaben an die Hand gehen. Dem jungen Ingenieur sind meist nur die Ausführungen seines Werkes genauer bekannt, es fehlt ihm der Überblick über die Ausführungen andrer Werke. Es sind deshalb die verschiedenen Konstruktionen nebeneinander gestellt und möglichst alle Ausführungsarten gezeigt. Dieses dürfte auch dem erfahrenen Fachmann nicht unwillkommen sein, der nicht immer die Zeit findet, alles zu sammeln, was mit dem Dampfturbinenbau zusammenhängt. Auch für den Studierenden ist es pädagogisch richtiger, die Ausführungsmöglichkeiten in größerer Anzahl zu zeigen, da er bei nur einigen Beispielen zu leicht geneigt ist, diese als die einzigen zu betrachten, an die er sich bei den Konstruktionsübungen klammert.

Zum besseren Überblick sind überall Hinweise auf andere Stellen des Buches eingefügt; wo das Nachschlagen störend sein könnte, sind absichtlich kurze Wiederholungen nicht vermieden worden.

Da jeder, der sich mit dem Dampfturbinenbau und der Berechnung befassen will, die Thermodynamik beherrschen muß, ist diese als bekannt vorausgesetzt und demzufolge die Grundlagen, Gesetze und Hauptsätze nicht wiederholt, doch sind zur Einführung die grundlegenden Eigenschaften des Wasserdampfes kurz angeführt, um auch das in den Büchern über Thermodynamik noch wenig behandelte Verhalten des Dampfes bei hohen Drücken und Temperaturen zu kennzeichnen. Wem dieses Gebiet geläufig ist, mag dieses Kapitel überschlagen, den meisten Lesern wird eine kurze Einführung willkommen sein.

Die Strömung des Dampfes und der Ausfluß aus Mündungen ist eingehender behandelt, da dieses Kapitel von grundlegender Bedeutung für den Dampfturbinenbau ist; dabei ist auf die neueren Forschungen und die diesbezügliche Literatur hingewiesen.

Die Berechnung der Turbinen ist so durchgeführt, daß sie dem Anfänger praktische Fingerzeige und genügend Anhaltspunkte bietet und er nicht auf „Schätzungen" angewiesen ist, für die ihm Gefühl und Maßstab fehlt. Die angeführten Zahlenwerte entstammen einer großen Anzahl ausgeführter Anlagen. Die Berechnungsarten zeigen nicht immer den kürzesten, sondern den übersichtlichsten Weg, der dem Anfänger zu empfehlen ist; hat er einige Anlagen durchgerechnet, so wird er sich selbst Vereinfachungen und Schemata schaffen, insbesondere bei den Überdruckturbinen, oder sich andrer Berechnungsmethoden bedienen. Für die angestrebte volle Beaufschlagung bei Gleichdruckturbinen ist eine praktische Ermittlung des Beaufschlagungsdurchmessers angegeben.

Ein wichtiges Gebiet sind die Reglungen, die hier wohl erstmalig zusammenhängend in allen Einzelheiten behandelt sind und von denen neben den Hauptarten eine große Anzahl Ausführungsbeispiele, meist in schematischer Darstellung, gezeigt werden. Für Teilbelastung und Überlastung ist die Ermittlung des Zustandsverlaufes angegeben und die Berechnung durch Beispiele erläutert. Die zunehmende Bedeutung des Gegendruck- und Entnahmebetriebes ließ die Betrachtung der Druckregler zweckmäßig erscheinen.

Von den Turbinenarten sind die Kleinturbinen ausführlicher behandelt; neben ihrer vielseitigen praktischen Anwendbarkeit sind sie auch gut für den Konstruktionsunterricht geeignet.

Eine eingehende Behandlung haben auch die Turbinen für Sonderzwecke gefunden. Bei den Gegendruck- und den Entnahmeturbinen ist die Erhöhung der Wirtschaftlichkeit bei vereinigtem Kraft-Heiz-Betrieb nachgewiesen, wie auch der Vorteil der Ausnutzung des Abdampfes von Kolbenmaschinen in Abdampfturbinen. Die Reglungen dieser Turbinenarten sind im Grundprinzip besprochen und die verschiedenen Ausführungsarten meist schematisch dargestellt. Eine kurze Erwähnung der Abdampfspeicher dient zur Übersicht, da diese Speicher ein Bestandteil der Abdampfturbinenanlagen sind. Der Ruthsspeicher gehört als Hochdruckspeicher nicht dazu.

Die Kondensationsanlagen für Dampfturbinen mußten mit Rücksicht auf den vorgesehenen Umfang des Buches fortgelassen werden, es sei auf die diesbezügliche Literatur verwiesen.

Beim Verfassen des vorliegenden Buches bin ich von den Firmen, die jeweils bei Erwähnung ihrer Konstruktionen genannt sind, durch Überlassung von Unterlagen, Zeichnungen und Erfahrungswerten bereitwilligst unterstützt worden; diesen Firmen auch an dieser Stelle verbindlichst zu danken ist mir eine angenehme Pflicht. Besonderen Dank schulde ich Herrn Direktor R. Weigel, Görlitz, für das freundliche Eingehen auf meine verschiedenen Wünsche. Nicht zuletzt danke ich auch der Verlagsbuchhandlung für das großzügige Entgegenkommen und die vorzügliche Ausstattung des Buches.

Ich hoffe der Fachwelt durch meine Arbeit zu dienen und werde einer sachlichen Kritik, Wünschen und Anregungen gern Gehör schenken.

Chemnitz, im März 1930.

C. Zietemann.

Inhaltsverzeichnis.

Erster Abschnitt.

Grundlagen.

Zweiter Abschnitt.

Berechnung der Dampfturbinen.

Dritter Abschnitt.

Konstruktion und Berechnung der Einzelteile.

Vierter Abschnitt.

Die Reglung der Dampfturbinen.

Fünfter Abschnitt.

Ausführungen von Dampfturbinen.

Sechster Abschnitt.

Turbinen für Sonderzwecke.

Anhang.

Abkürzungen der Firmen.

AEG = Allgemeine Elektrizitäts-Gesellschaft Turbinenfabrik, Berlin NW 87.
BBC = Brown, Boveri & Cie. Akt.-Ges. Mannheim-Käfertal.
BEW = Bergmann Elektrizitäts-Werke, Berlin N 65, Seestr. 63—67.
Borsig = A. Borsig, G. m. b. H., Berlin-Tegel.
Beka = Bekawerk G. m. b. H., Maschinenfabrik, Leipzig-Taucha.
Brückner = Brückner, Kanis & Co., Dresden-N. 15, Industriegelände.
EBM = Erste Brünner Maschinenfabriksgesellschaft, Brünn.
EWC = Akt.-Ges. der Maschinenfabriken Escher, Wyss & Cie., Zürich.
FMA = Frankfurter Maschinenbau-A.-G. vorm. Porkorny & Wittekind, Frankfurt a. M.
GHH = Gutehoffnungshütte Oberhausen Aktiengesellschaft, Oberhausen/Rhld.
GMA = s. WUMAG.
Humboldt = Maschinenbauanstalt Humboldt, Köln-Kalk.
KKK = A.-G. Kühnle, Kopp & Kausch, Frankenthal, Rhpf.
Krupp = Fr. Krupp, A.-G., Germaniawerft, Kiel-Gaarden.
KTW = Kuhnert Turbowerke A.-G. Meißen, Sa.
Maffei = J. A. Maffei A.-G., München.
MAN = Maschinenfabrik Augsburg-Nürnberg, A.-G., Nürnberg.
Nacke = E. Nacke, Maschinenfabrik, Coswig i. Sa.
Nema = Netzschkauer Maschinenfabrik Franz Stark & Söhne, Netzschkau i. Sa.
Sch. & Kr. = Gewerkschaft Schüchtermann & Kremar, Maschinenfabrik, Dortmund.
SSW (-Röder) = Siemens-Schuckert-Werke, Berlin-Siemensstadt.
Sulzer = Gebr. Sulzer A.-G., Ludwigshafen a. Rh.
Weise Söhne = Weise Söhne, Halle a. S.
WUMAG = Waggon- u. Maschinenbau A.-G. Görlitz, Abt. Maschinenbau Görlitz.

Erster Abschnitt.

Grundlagen.

I. Einleitung.

Der Dampfturbinenbau wurde erst möglich, nachdem die Eigenschaften des Dampfes erforscht waren, da sich die Berechnung der Dampfturbinen auf die genaue Kenntnis der Vorgänge im Dampf stützt. Die erste betriebsfähige und betriebssichere Dampfturbine wurde 1883 von de Laval als einstufige Gleichdruckturbine mit 30000 Umdrehungen in der Minute, die durch Vorgelege auf 3000 Umdr. herabgesetzt wurde, ausgeführt, wobei de Laval die erweiterte Düse — auch jetzt noch Lavaldüse bezeichnet — anwandte. Im Jahre darauf führte Parsons die erste Überdruckturbine mit 17000 Umdrehungen in der Minute aus. Eine weitere Verbreitung fand der Dampfturbinenbau jedoch erst Anfang dieses Jahrhunderts mit dem zunehmenden Bedarf an Maschinen großer Leistung und nach Lösung der Werkstofffragen. Die Entwicklung ging dann auch weiter in der Richtung der Leistungssteigerung — es sind neuerdings mehrgehäusige Aggregate von über 200000 PS_e ausgeführt — und der Erhöhung der Wirtschaftlichkeit und Betriebssicherheit, wozu in neuerer Zeit die Anwendung hoher Drücke und die Verminderung der Verluste beitragen.

Die Grundlagen der Thermodynamik werden im folgenden als bekannt vorausgesetzt und nur die zum Verständnis der Vorgänge und die zur Berechnung der Dampfturbinen erforderlichen Beziehungen, Vorgänge und Diagramme kurz wiedergegeben.

II. Die wichtigsten Beziehungen für Wasserdampf.

1. Druck, Temperatur und Volumen.

Die Beziehung zwischen den Zustandsgrößen, dem Druck P kg/m² bzw. p kg/cm², der Temperatur t^0 C bzw. der absoluten Temperatur $T = t + 273^0$ und dem Volumen v m³/kg ist durch Versuche bestimmt, die für hohe Drücke noch nicht abgeschlossen sind. Bei einem Druck p findet die Verdampfung bei der zugehörigen Siedetemperatur t_s statt, die eine Funktion des Druckes ist, $t_s = f(p)$, also für jeden Druck einen bestimmten Wert hat. Werden die Drücke über den Temperaturen (oder umgekehrt) aufgetragen, so erhält man die Spannungskurve ($p\,t$-Kurve), Abb. 1.

Das Volumen der Flüssigkeit von Siedetemperatur sei v', es ist bei normalen Drücken mit diesen wenig veränderlich und nimmt erst bei hohen Drücken schneller zu. Während der Verdampfung nimmt das Volumen bei gleichbleibendem Druck (und Temperatur) zu bis auf das Volumen v'' des trockenen Dampfes.

Feuchter Dampf hat ein kleineres Volumen v als trockener Dampf; ist x der Dampfgehalt oder die spezifische Dampfmenge, y Flüssigkeits- oder Feuchtigkeitsgehalt, also $x + y = 1$, so ist

$$v = xv'' + yv' = xv'' + (1 - x)\,v' = v' + x\,(v'' - v'). \qquad (1)$$

Überhitzter Dampf hat eine höhere Temperatur als die Siedetemperatur t_s und ein größeres Volumen als v''. Für überhitzten Dampf gilt eine Zustandsgleichung ähnlich derjenigen der vollkommenen Gase

$$Pv = RT - BP, \qquad (2)$$

worin B ein von der Temperatur abhängiger Wert, der mit zunehmender Temperatur abnehmen muß.

Mollier[1] gibt nach der Callendarschen Beziehung $R = 47{,}1$ und $B = \mathfrak{B}_1 + \mathfrak{B}_2\left(\frac{p}{100}\right)^2$ mit $\mathfrak{B}_1 = \frac{2}{(T/100)^{10/3}}$ und $\mathfrak{B}_2 = \frac{1{,}9 \cdot 10^8}{(T/100)^{14}}$ an. Nach Linde[2] kann bei Drücken bis 20 ata praktisch genügend genau $R = 47{,}1$, $B = 0{,}016$ angenommen werden; mit diesen Werten ist das Volumen

$$v = \frac{RT}{P} - 0{,}016 = \frac{47{,}1\,T}{P} - 0{,}016. \qquad (3)$$

Bei höheren Drücken wird diese einfache Beziehung zu ungenau.

In den Tabellen von Mollier sind die Rauminhalte des überhitzten Dampfes für die Temperaturen 100°, 150°, 200° usw. bis 500° C und für Drücke bis 225 at anzugeben. Zwischenwerte bis 100 at sind durch Interpolieren ermittelt und in den Tabellen im Anhang enthalten. In dem einen der beiden den Mollierschen Tabellen[1] beigefügten Diagramme sind die Kurven gleichen Rauminhalts farbig eingetragen.

2. Wärmemengen.

Die zur Erreichung der Siedetemperatur t_s aus Wasser von 0° C bei gleichbleibendem Druck für 1 kg erforderliche Flüssigkeitswärme sei q kcal/kg, die zur vollständigen Verdampfung noch erforderliche Verdampfungswärme sei r und die Gesamtwärme

$$\lambda = q + r \text{ kcal/kg}.$$

[1] Mollier, R.: Neue Tabellen und Diagramme für Wasserdampf. Berlin: Julius Springer 1925.

[2] Linde, R.: Über die thermischen Eigenschaften des Wasserdampfes. Berlin 1904.

Die Verdampfungswärme nimmt mit zunehmendem Druck immer stärker ab (Abb. 1), und wird im kritischen Punkt bei 225 at und 374⁰ Null, die Gesamtwärme nimmt infolge der steigenden Flüssigkeitswärme erst zu, bei höheren Drücken (über 25 at) wegen abnehmender Verdampfungswärme wieder ab. Die Wärmemengen sind in Abb. 1 in Abhängigkeit von den Temperaturen, in Abb. 2 über den Drücken aufgetragen.

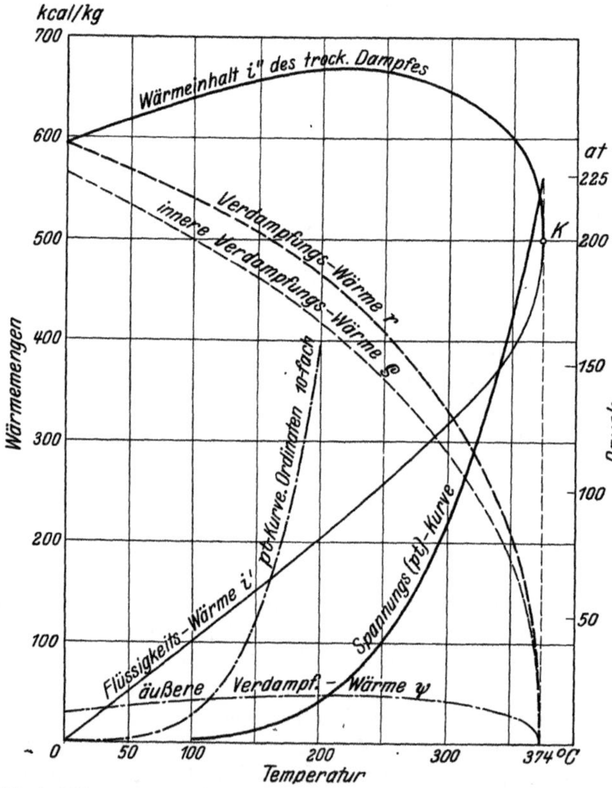

Abb. 1. Wärmemengen für Sattdampf in Abhängigkeit von der Temperatur.

Ist die Temperatur des gespeisten Wassers nicht 0⁰ C sondern t_w und die Wasserwärme i_w, so ist nur die Erzeugungswärme

$$\lambda_e = \lambda - i_w = \lambda - c \cdot t_w \cong \lambda - t_w \tag{4}$$

erforderlich, da bei tieferen Drücken (bis $\sim$ 5 at) $c \sim 1$ ist.

Der Wärmeinhalt i ist

$$i = u + APv, \tag{5}$$

wenn u die Energie des Dampfes, somit für Wasser von Siedetemperatur

$$i' = u' + A\,P\,v' \text{ kcal/kg}. \tag{5a}$$

Er ist größer als die Flüssigkeitswärme $q = u' + AP\,(v' - v_0)$, wobei

v_0 das Volumen bei 0° C, jedoch nur bei hohen Drücken ist der Unterschied beachtlich.

Der Wärmeinhalt des trockenen Dampfes ist

$$i'' = u'' + APv'' \text{ kcal/kg}, \tag{5b}$$

also größer als die Dampfwärme $\lambda = u'' + AP(v'' - v')$.

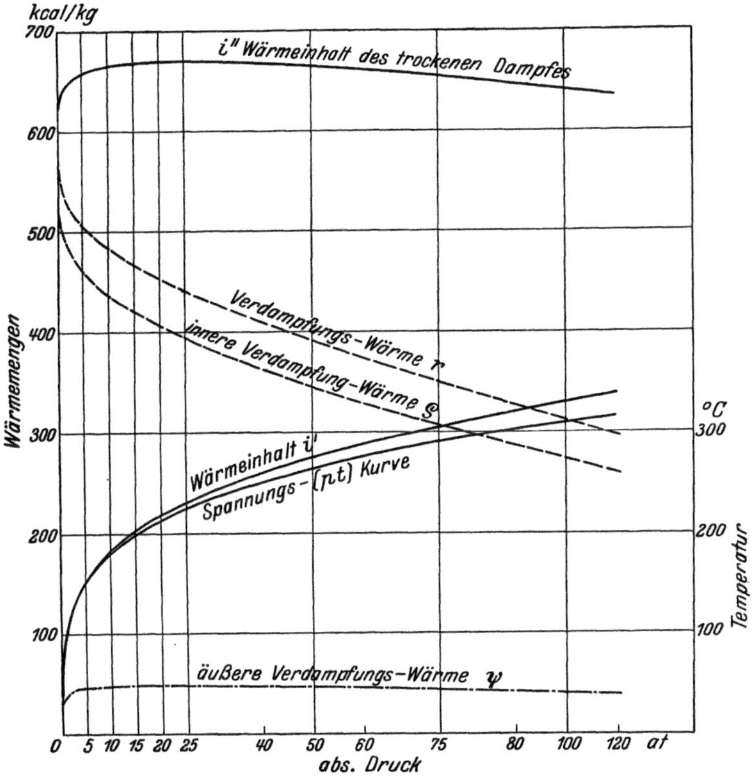

Abb. 2. Wärmemengen für Sattdampf in Abhängigkeit vom Druck.

Es ist aus obigen Beziehungen auch

$$i'' - i' = r. \tag{6}$$

Feuchter Dampf vom Dampfgehalt x benötigt für die Verdampfung nur xr kcal/kg, somit ist der Wärmeinhalt

$$i = i' + xr = i' + x(i'' - i') \text{ kcal/kg}. \tag{7}$$

Überhitzter Dampf von der Temperatur t erfordert eine weitere Wärmemenge, die Überhitzungswärme

$$c_{pm}(t - t_s) \text{ kcal/kg}, \tag{8}$$

so daß der Wärmeinhalt

$$i = i'' + c_{pm}(t - t_s) \text{ kcal/kg} \tag{8a}$$

ist, da für je 1° C und 1 kg die spezifische Wärme c_p zuzuführen ist; diese ist nicht konstant, sondern sowohl von der Temperatur wie vom Druck abhängig, daher muß die mittlere spezifische Wärme c_{pm} eingesetzt werden.

Über die Abhängigkeit der spezifischen Wärme vom Druck und von der Temperatur sind wiederholt Versuche durchgeführt worden, insbesondere im Mün-

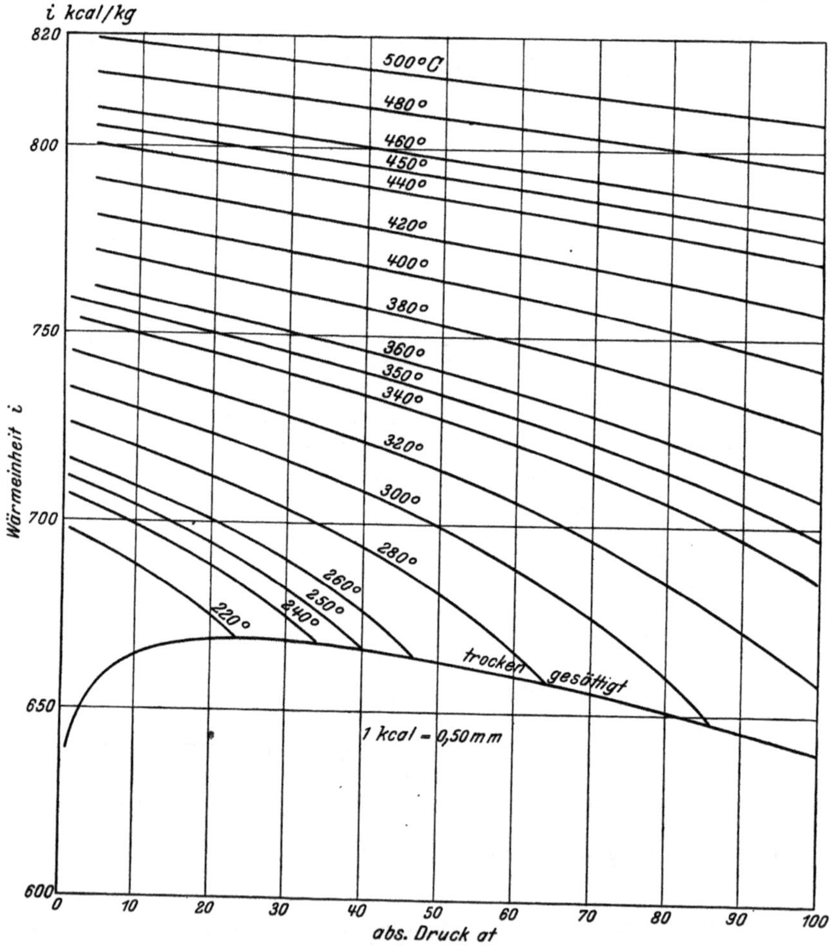

Abb. 3. Wärmeinhalt von Heißdampf abhängig vom Druck.

chener Laboratorium für technische Physik von Knoblauch und seinen Mitarbeitern, zunächst nur bis 20, dann bis 30 at[1]; durch Extrapolieren sind die Werte bis 60 at ermittelt worden[2]. Bald darauf sind von Stodola[3] die spezifischen

[1] Z. V. d. I. 1922, S. 418.

[2] Tabellen und Diagramme für Wasserdampf von Knoblauch, Raisch u. Hausen. München: Oldenbourg 1923.

[3] Stodola, A.: Dampf- und Gasturbinen, 6. Aufl. u. Nachtrag zur 5. Aufl. Berlin: Julius Springer 1924.

Wärmen bis zum kritischen Druck errechnet worden und letzthin sind von Mollier[1] auf Grund der Gleichung von Callendar unter Berücksichtigung neuer Ergebnisse Gleichungen für überhitzten Dampf aufgestellt worden, auf denen sich die neuen Tabellen und Diagramme aufbauen. Die Ergebnisse der einzelnen

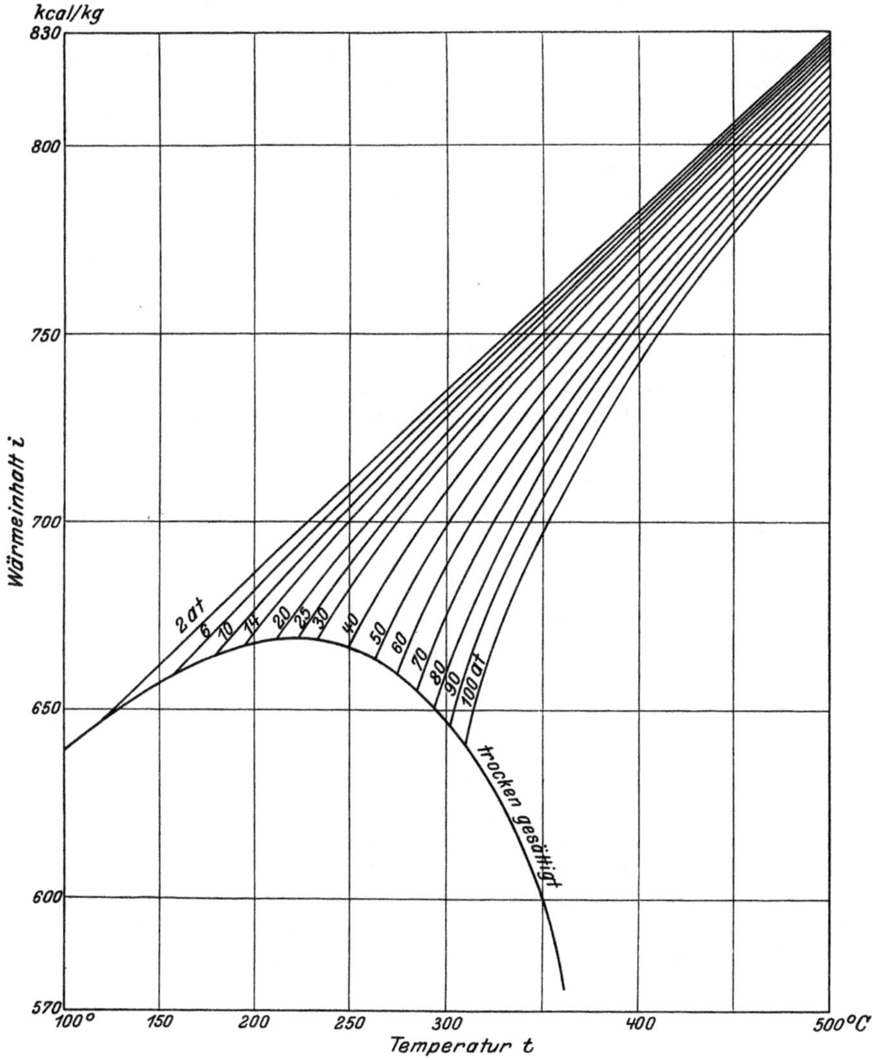

Abb. 4. Wärmeinhalt von Heißdampf abhängig von der Temperatur.

Ermittlungen stimmen nicht genau überein, doch sind die Unterschiede in dem zur Zeit in Frage kommenden Gebiet nicht groß und müssen in den Kauf genommen werden, solange keine abschließenden Ergebnisse vorliegen.

[1] Neue Tabellen und Diagramme für Wasserdampf. Berlin: Julius Springer 1925.

Die mittleren spezifischen Wärmen c_{pm} für Überhitzung von der Siedetemperatur t_s auf die Temperatur t sind in der Tabelle IV im Anhang angegeben in Übereinstimmung mit den Diagrammen von Moller[1], in dessen Tabellen die Wärmeinhalte i für überhitzten Dampf von verschiedenen Temperaturen enthalten sind. Zur Ermittlung der Wärmeinhalte dient Gl. (8a). Die Wärmeinhalte für verschiedene Temperaturen, in Abhängigkeit vom Druck aufgetragen, ergeben den Verlauf nach Abb. 3. Wie ersichtlich, nimmt der Wärmeinhalt mit zunehmendem Druck ab, also ist auch die zur Erzeugung von höhergespanntem Dampf erforderliche Wärmemenge kleiner als von niedriggespanntem Dampf. Dieses zeigt auch Abb. 4, in welcher die Wärmeinhalte über den Temperaturen für verschiedene Drücke aufgetragen sind. Je höher die Temperatur, um so geringer der Unterschied der Wärmeinhalte für verschiedene Drücke.

3. Wärmediagramme.

a) Bekanntlich kann die zu- oder abgeführte Wärme Q als Fläche im Wärme- oder Entropiediagramm (T — s-Diagramm) dargestellt werden

$$dQ = T\,ds; \qquad Q = \int T\,ds, \tag{9}$$

wenn die Ordinaten die absolute Temperatur, die Abszissen die Entropie s sind. Da auch

$$dQ = c\,dt = c\,dT = T\,ds$$

ist, wenn c die spezifische Wärme, so ist die Entropie der Flüssigkeit ($c \cong 1$) auf 0^0 C bezogen

$$s' = \int_0^{t_s} c\frac{dT}{T} = \int_0^{t_s} \frac{dT}{T} = \ln\frac{T_s}{T_0} = \ln\frac{T_s}{273}. \tag{10}$$

Die s'-Werte im Wärmediagramm, für verschiedene Drücke bzw. Temperaturen aufgetragen, ergeben die untere Grenzkurve OC (Abb. 5). Die Fläche $o\,O\,C\,C_1$ unterhalb der Grenzkurve von O bis an den vorliegenden Druck bzw. Temperatur bis zur Abzissenachse (absoluter Nullpunkt) ist die Flüssigkeitswärme q. Die Verdampfungswärme r ist (da t und p unveränderlich) durch die Rechteckfläche $C_1 C B B_1$ dargestellt, so daß $r = T_s(s'' - s')$, wenn s'' die Entropie des trockenen Dampfes, also

$$s'' - s' = \frac{r}{T_s}, \qquad s'' = s' + \frac{r}{T_s}. \tag{11}$$

Die s''-Werte im T—s-Diagramm eingetragen, ergeben die obere Grenzkurve BK (Abb. 5). Durch Teilung der Strecken zwischen den Grenzkurven in eine gleiche Anzahl Teile, z. B. zehn, erhält man die Kurven gleichen Dampfgehalts x, z. B. $x = 0{,}1$, $0{,}2$, ..., so daß für Zustand D $x = CD : CB$ ist.

---

[1] Siehe Fußnote 1 auf S. 6.

Die Verdampfungswärme xr des feuchten Dampfes vom Dampfgehalt x ist im T—s-Diagramm ebenfalls ein Rechteck C_1CDD_1 mit der Basis $s - s' = xr/T_s$, woraus die Entropie des feuchten Dampfes

$$s = s' + x\frac{r}{T_s}. \tag{12}$$

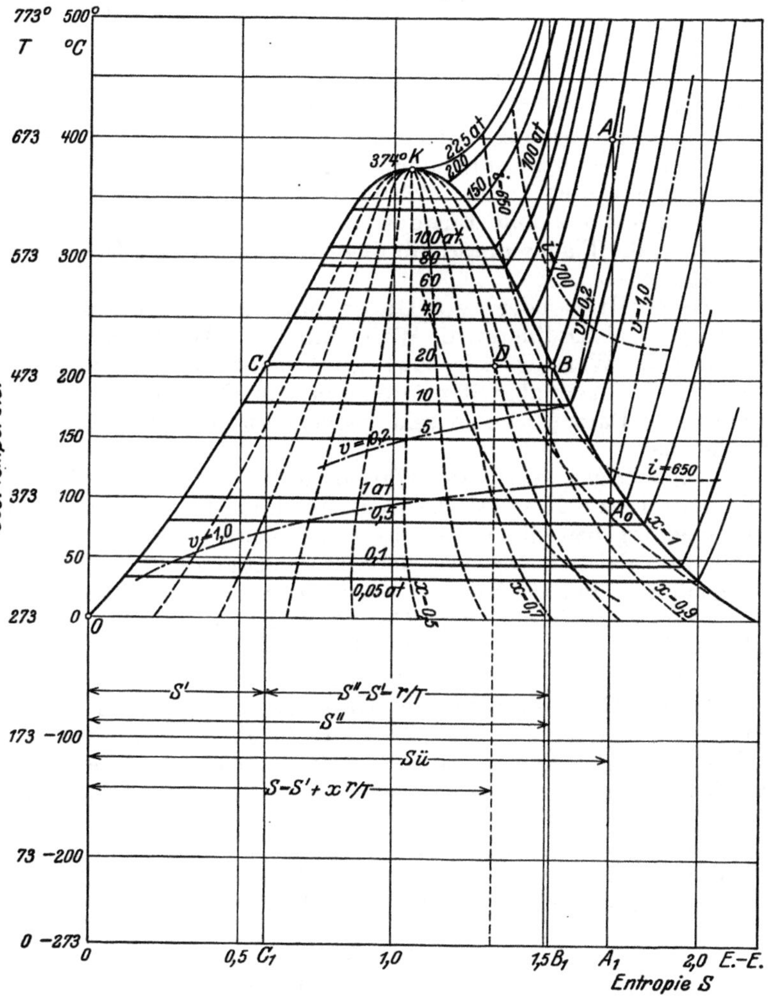

Abb. 5. Wärme- (Entropie-, T—s-) Diagramm.

Die Entropiezunahme des überhitzten Dampfes vom Druck p und der Temperatur t ist für die Überhitzung von t_s auf t^0 für niedrige Drucke (bis 20 at) genügend genau:

$$s - s'' = c_{pm} \ln \frac{T}{T_s} \tag{13}$$

mit c_{pm} als mittlere spezifische Wärme nach S. 5.

Für höhere Drücke ist

$$ds = \frac{c_p}{T} \cdot dT,$$

worin c_p/T nach dem Wert von c_p ermittelt werden könnte. Für endliche Überhitzung von t_s auf t wäre ein Mittelwert $(c_p/T)_m$ zu ermitteln, womit

$$s - s'' = (c_p/T)_m\,(t - t_s). \tag{13a}$$

Von Knoblauch[1], Mollier[2] u. a. sind Gleichungen für die Entropie des überhitzten Dampfes aufgestellt, in den Tabellen von Mollier sind die Entropiewerte zahlenmäßig angegeben für verschiedene Überhitzungstemperaturen. Im Wärmediagramm (Abb. 5) kann man durch Temperatur t und Entropie s Kurven gleichen Druckes BA einzeichnen; die Fläche unterhalb dieser Kurven ist die Überhitzungswärme $c_{pm}\,(t - t_s)$.

b) Das Mollier- oder i—s-Diagramm hat als Abszissen wieder die Entropie s, als Ordinaten die Wärmeinhalte i. Aus diesem Diagramm lassen sich die Wärmegefälle bzw. das Arbeitsvermögen (s. S. 13) als senkrechte Strecken abgreifen, wodurch das Diagramm für die Berechnung der Dampfturbinen sehr bequem ist und weite Verbreitung gefunden hat.

Die zugehörigen Werte des Wärmeinhaltes i' und der Entropie s' der Flüssigkeit bzw. i'' und s'' des trockenen Dampfes im i—s-Diagramm eingetragen ergeben die untere bzw. die obere Grenzkurve (Abb. 6). Die Kurven gleichen Druckes sind im Sättigungsgebiet Gerade, die die zugehörigen Punkte beider Grenzwerte verbinden. Durch Teilung dieser Geraden zwischen den Grenzkurven im gleichen Verhältnis ergeben sich die x-Kurven gleichen Dampfgehalts.

Im Überhitzungsgebiet ergeben sich durch s und i nach Gl. (8a) und (13) bzw. (13a) die Kurven gleichen Druckes als sanft nach oben gekrümmte Linien. Die Kurven gleicher Temperatur sind ebenfalls sanft gekrümmte, nach oben konvexe Linien. Wie auch hier ersichtlich, nimmt der Wärmeinhalt bei gleicher Temperatur mit zunehmendem Druck ab.

Für den praktischen Gebrauch zur Berechnung kommt nur der Teil des i—s-Diagramms in der Nähe und über der oberen Grenzkurve in Frage, etwa der umrahmte Teil in Abb. 6.

Dampftabellen.

Für die Berechnungen der Dampfturbinen im vorliegenden Buch sind die neueren Tabellen und Diagramme von Mollier zugrunde gelegt. Im Anhang sind in Tabelle I die Werte p, v'', γ'', r und i'' für Temperaturen von 10° bis 50° C von Grad zu Grad zur Berechnung der Kondensation angegeben.

Ferner sind in der Tabelle II die Wärmeinhalte, in Tabelle III die spezifischen Volumina für überhitzten Dampf für Drücke von

[1] S. Fußnote 2 S. 5. [2] S. Fußnote 1 S. 2.

1 bis 100 ata und für Temperaturen von 200° bzw. 50° bis 500° C angegeben. Um den Wärmeinhalt für andere als in Tabelle II an-

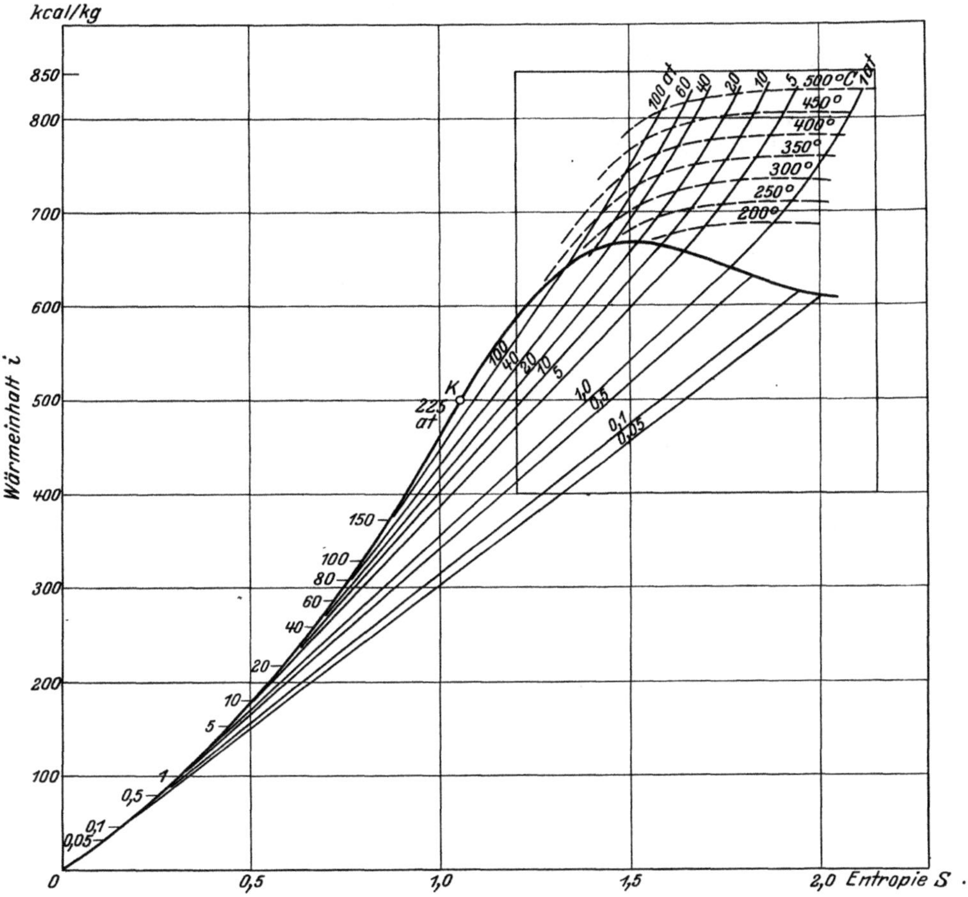

Abb. 6. i—s- (Mollier-) Diagramm.

geführte Temperaturen ermitteln zu können, sind noch die mittleren spezifischen Wärmen c_{pm} in Tabelle IV angegeben; vgl. Gl. (8a), S. 4.

4. Zustandsänderungen des Wasserdampfes.

Von den Zustandsänderungen sind für Dämpfe meist nur die adiabatische (bzw. polytropische) und das Drosseln von Wichtigkeit. Die Kurven gleichen Volumens verlaufen im Sättigungsgebiet der Wärmediagramme als gekrümmte Linien (s. Abb. 5), im Überhitzungsgebiet ähnlich den Druckkurven, jedoch steiler.

Für alle Zustandsänderungen gilt die allgemeine Wärmegleichung

$$dQ = di - Av\,dP \tag{14}$$

oder

$$Q = i_2 - i_1 - A\int_1^2 v\,dP. \qquad (14a)$$

Die Arbeit L, welche während der Zustandsänderung geleistet oder aufgewendet wird, ist im Arbeits-(pv)-Diagramm durch die Fläche $\int P\,dv$ unterhalb der Kurve der Zustandsänderung bis zur Abszissenachse und die zu- oder abgeführte Wärme Q ist im Wärme-(Ts)-Diagramm durch die Fläche $\int T\,ds$ unterhalb der Kurve der Zustandsänderung bis zur Abszissenachse ($T = 0$) dargestellt (Abb. 5).

Adiabatische Zustandsänderung, d. h. ohne Wärme Zu- oder Abfuhr. Die Arbeit wird aus dem Energievorrat geleistet; da $Q = 0$, also die Fläche im Ts-Diagramm $= 0$ ist, ist Adiabate eine senkrechte Gerade, was auch aus $dQ = T\,ds = 0$, also $ds = 0$ und $s = \text{const}$ folgt. Aus diesem Grunde ist sie auch im is-Diagramm eine senkrechte Gerade. Anfangs wenig feuchter und trockener Dampf wird durch adiabatische Expansion feuchter, anfangs überhitzter Dampf verliert die Überhitzung und geht bei genügend tiefem Enddruck in den gesättigten Zustand über (Abb. 5 und 6). Ist der Anfangszustand gegeben (bei gesättigtem Dampf durch p und x, bei überhitztem durch p und t), so findet man für den Enddruck p_0 den Endzustand, falls derselbe noch im Überhitzungsgebiet liegt, durch die Temperatur t_0 aus der Bedingung $s = s_0 = s_0'' + c_{pm} \ln T_0/T_{s0}$, falls er im Sättigungsgebiet liegt durch den Dampfgehalt x_0 aus $s = s_0 = s_0 + x_0/T_{s0}$.

Im pv-Diagramm hat die Adiabate die Gleichung $pv^k = \text{const}$, wobei nach Zeuner $k = 1{,}035 + 0{,}1\,x$, wenn x der Anfangsdampfgehalt, somit für trockenen Dampf

$$pv^{1{,}135} = \text{const} \qquad (15)$$

und $k = 1{,}3$ für Heißdampf, somit

$$pv^{1{,}3} = \text{const}. \qquad (15a)$$

Die Arbeit bei adiabatischer Expansion ist

$$L = \frac{Pv}{k-1}\left[1 - \left(\frac{p_0}{p}\right)^{\frac{k-1}{k}}\right] \text{mkg/kg}, \qquad (16)$$

wenn P kg/m², v m³/kg die Werte im Anfangszustand, p_0 kg/cm² der Enddruck.

Das Drosseln, das ist Druckminderung ohne Arbeitsabgabe nach außen, ist ein nicht umkehrbarer Prozeß, der bei der Leistungsreglung eine Rolle spielt. Im Druckminder- (Drossel- oder Regel-) Ventil expandiert der Dampf, jedoch wird die dabei erzeugte Geschwindigkeit durch Wirbelbildung vernichtet; der Wärmeinhalt bleibt beim Drosseln unverändert, $i = \text{const}$, so daß die Drosselkurven auch Kurven gleichen Wärmeinhalts sind. Der Verlauf ist im is-Diagramm natürlich nach einer Wagerechten, im Ts-Diagramm wie aus Abb. 5 (S. 8) ersichtlich. Es tritt starker Temperaturabfall ein, im Überhitzungsgebiet jedoch nur bei höheren Drücken und Temperaturen, bei niedrigeren fällt die Temperatur weniger[1].

5. Kreisprozeß, Arbeitsvermögen, Wärmegefälle.

Der Kreisprozeß der Dampfturbinen ist in Abb. 7 im pv-Diagramm dargestellt. Er ist für Turbinen mit Kondensation auch praktisch vollständig durchführbar, wenn das Kondensat nach Vorwärmung wieder in den Kessel gespeist wird. Sehr anschaulich zeigt sich der Verlauf des Prozesses im Wärmediagramm (Abb. 8).

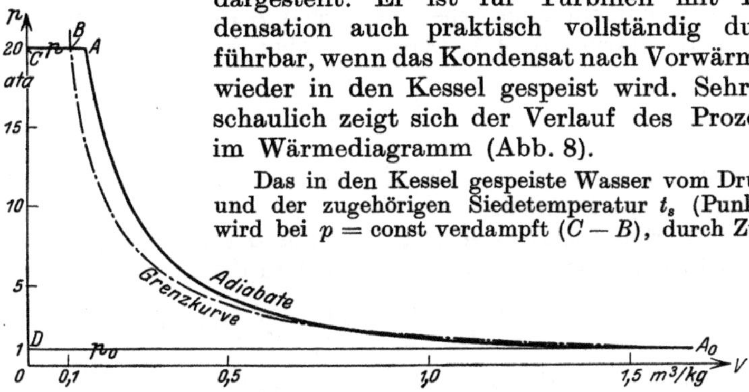

Abb. 7. Druckvolumen- (pv-) Diagramm.

Das in den Kessel gespeiste Wasser vom Druck p und der zugehörigen Siedetemperatur t_s (Punkt C) wird bei $p = \text{const}$ verdampft ($C - B$), durch Zufuhr der Verdampfungswärme r = Fläche $C_1 C B B_1$, und im Überhitzer auf die Temperatur t (Punkt A) überhitzt, $B - A$, durch Zufuhr der Überhitzungswärme $c_{pm}(t - t_s)$ = Fläche $B_1 B A A_1$. Mit dem Zustand A (p, t) tritt der Dampf in die Turbine, wo er unter Arbeitsleistung expandiert, $A - A_0$ (adiabatisch) bis auf den Enddruck p_0; im Zustand A_0 mit p_0, x_0 gelangt er in den Kondensator, wo Verflüssigung bei $p_0 = \text{const}$ stattfindet, $A_0 D_1$ durch Abfuhr der noch vorhandenen Verdampfungswärme $x_0 r_0$ = Fläche $A_1 A_0 D D_1$. Das Wasser vom Zustand D vom Druck p_0 und der zugehörigen Siedetemperatur t_0 mit der Flüssigkeitswärme i'_0 wird nun durch die Speisepumpe auf den Druck p und durch den Vorwärmer durch Zufuhr der noch fehlenden Flüssigkeitswärme $i' - i'_0$ = Fläche $D_1 D C C_1$ in den Ausgangszustand C gebracht — der Kreisprozeß ist vollendet.

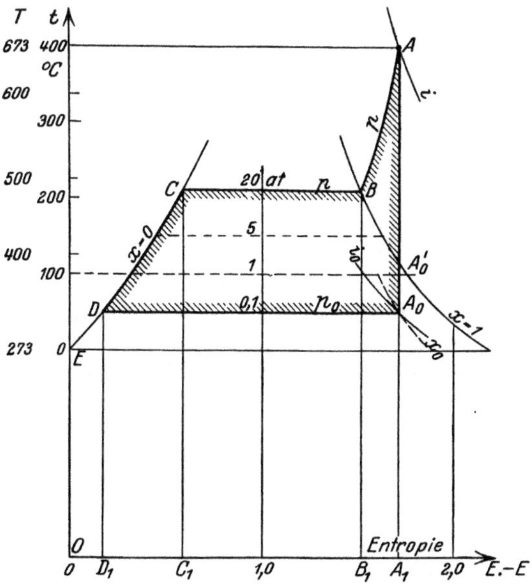

Abb. 8. Arbeitsvermögen im Ts-Diagramm.

[1] Bei den vollkommenen Gasen bleibt die Temperatur beim Drosseln unverändert.

Die gesamte zugeführte Wärme ist

$$Q_1 = \text{ein Teil Flüssigkeitswärme} + \text{Verdampfungswärme} + \text{Überhitzungswärme} = \text{Fläche } D_1DCBAA_1,$$

die abgeführte, wie erwähnt, $Q_2 = x_0r_0 =$ Fläche $A_1A_0DD_1$, folglich ist die Differenz die in Arbeit umsetzbare Wärme, oder das Arbeitsvermögen AL im Wärmemaß dargestellt durch die Fläche $DCBAA_0D$ und ist äquivalent dem Arbeitsvermögen L in mkg im pv-Diagramm, das ist die Fläche $DCAA_0$ (Abb. 7), wobei

$$L = \int_{p_0}^{p} v\,dP \tag{17}$$

als Summe der wagrechten Streifen von der Fläche vdP, das „Druckgefälle" genannt wird.

Durch Einsetzen des Wertes für v aus der Gleichung der Adiabate in das Flächenintegral, kann die Arbeit in die Form gebracht werden

$$L = \frac{k}{k-1} Pv\left[1 - \left(\frac{p_0}{p}\right)^{\frac{k-1}{k}}\right] \text{mkg/kg}. \tag{18}$$

Somit ist das Arbeitsvermögen k mal so groß als die Expansionsarbeit allein, vgl. Gl. (16), S. 11.

Aus Gl. (14a), S. 11

$$Q = i_0 - i_1 - A\int_1^2 v\,dP$$

folgt für adiabatische Expansion mit $Q = 0$, wenn im vorliegenden Falle i der Wärmeinhalt am Anfang, i_0 am Ende der Expansion,

$$0 = i_0 - i - A\int_p^{p_0} v\,dP$$

oder

$$i - i_0 = A\int_{p_0}^{p} v\,dP. \tag{19}$$

Es ist also die dem Arbeitsvermögen äquivalente Wärme gleich der Differenz der Wärmeinhalte am Anfang und am Ende der adiabatischen Expansion. Dasselbe folgt auch aus dem Ts-Diagramm (Abb. 8), da $AL =$ Fläche $DCBAA_0 =$ Fläche $OECBAA_1 -$ Fläche $OEDA_0A_1 = i - i_0$, (wenn der geringe Unterschied zwischen Wärmeinhalt und Dampfwärme vernachlässigt wird (s. S. 4).

Demnach läßt sich das Arbeitsvermögen besonders einfach und bequem aus dem is-Diagramm ermitteln, da $AL = i - i_0$ die Strecke vom Anfangszustand A (Abb. 9) bis zum Endpunkt A_0 der adiabatischen Expansion auf den Druck p_0 ist und aus dem Diagramm abgegriffen werden kann, wobei der Maßstab meist 1 mm = 1 kcal/kg gewählt ist. Man bezeichnet das Arbeitsvermögen im Wärmemaß als „Wärmegefälle" H_t oder h_t, so daß

$$AL = h_t = i - i_0. \tag{20}$$

Bei der Berechnung der Dampfturbinen wird das is-Diagramm mit Vorteil benutzt.

Wie aus dem is-Diagramm (Abb. 9) ersichtlich (vgl. auch Abb. 6), nimmt das Wärmegefälle zwischen zwei Drücken mit zunehmender Anfangstemperatur zu, ebenso mit zunehmendem Anfangsdruck, dieses jedoch nur bei genügend hoher Anfangstemperatur. Das zeigt auch Abb. 10, in welcher die Wärmegefälle über den Anfangsdrücken für verschiedene Anfangstemperaturen bei Expansion auf 0,06 ata aufgetragen sind. Da der Wärmeinhalt und damit auch der Wärmeaufwand (Erzeugungswärme) mit zunehmendem Druck abnimmt (s. Abb. 6, S. 10), das Arbeitsvermögen aber zunimmt, ist die Anwendung hoher Drücke und Temperaturen wärmetechnisch vorteilhaft. Einen guten Überblick gibt der **thermische Wirkungsgrad**

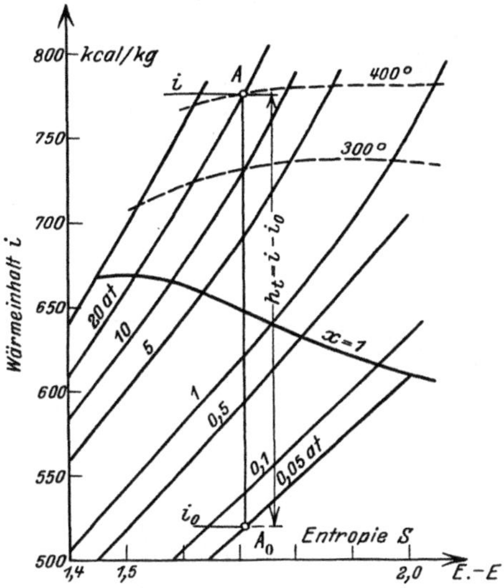

Abb. 9. Wärmegefälle im is-Diagramm.

$$\eta_{th} = \frac{AL}{i - i_w} = \frac{i - i_0}{i - i_w} = \frac{h_t}{i - i_w}, \tag{21}$$

wenn $i_w\ (= i_0')$ der Wärmeinhalt des Speisewassers (bei niedrigen Drücken kann genügend genau $i_w \backsimeq t_w$ gesetzt werden, wenn t_w die Speisewassertemperatur).

In Abb. 10 sind auch die thermischen Wirkungsgrade für Expansion bis auf $p_0 = 0{,}06$ ata eingetragen.

Bei Gegendruckturbinen (s. S. 381), bei welchen der Dampf noch mit Überdruck aus der Turbine tritt, ist das Arbeitsvermögen (Wärmegefälle) natürlich kleiner (s. Abb. 398, S. 384) und der Einfluß hohen Druckes und hoher Temperatur auf den thermischen Wirkungsgrad größer.

Vergleicht man die Zunahme der thermischen Wirkungsgrade mit steigendem Anfangsdruck bei Kondensation (Abb. 10) und bei Gegendruck (Abb. 398, S. 384), so sieht man, daß die Anwendung hoher Drücke bei Gegendruck besonders vorteilhaft ist und da die Verwertung des Abdampfes eine steigende Bedeutung erlangt (s. Turbinen für Sonderzwecke), so sind die neueren Bestrebungen zur Anwendung hoher Drücke berechtigt. Wie weit mit dem Druck gegangen werden soll, wird durch die praktischen Ergebnisse ausgeführter und in Ausführung befindlicher Anlagen zu entscheiden sein, da eine ganze Reihe betriebstechnischer und wirtschaftlicher Fragen mit hineinspielen. Aus dem Verlauf der η_{th}-Kurven (Abb. 10) kann gefolgert werden, daß bei

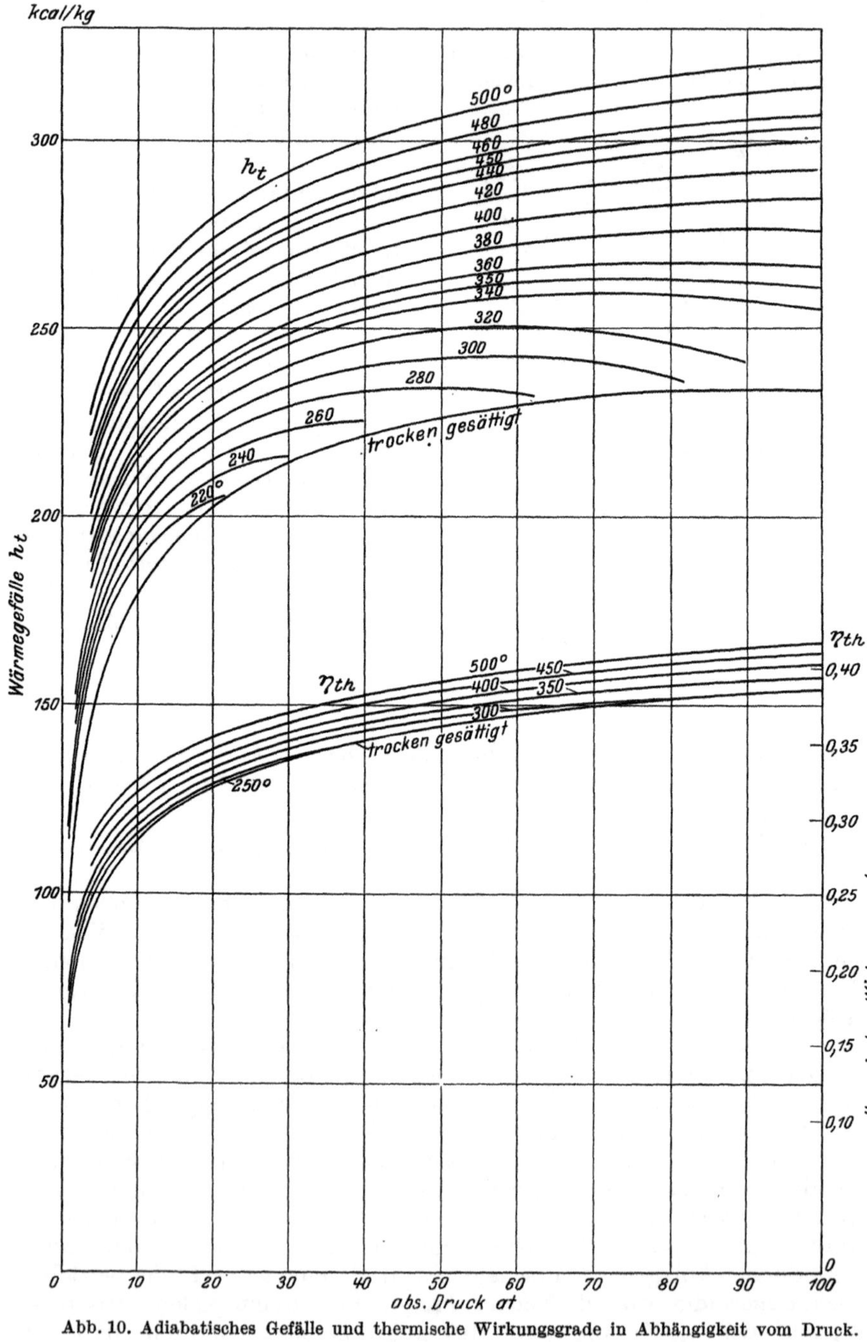

Abb. 10. Adiabatisches Gefälle und thermische Wirkungsgrade in Abhängigkeit vom Druck.

Kondensationsturbinen eine wesentliche Verbesserung zwischen 60 at und 100 at oder darüber hinaus nicht eintritt (z. B. bis 60 at 400^0 $\eta_{th} = 0{,}385$, bei 100 at $\eta_{th} = 0{,}404$); bei Gegendruck ist die Zunahme etwas höher. Hierbei ist der Prozeß nach Clausius-Rankine angenommen, wie er bisher zumeist durchgeführt wurde (vgl. S. 12). Eine nicht unwesentliche Verbesserung des Wirkungsgrades läßt sich erreichen durch stufenweises Vorwärmen des Speisewassers mittels Dampf, der aus Zwischenstufen der Dampfturbine entnommen wird, so daß die Zufuhr der Flüssigkeitswärme, die bei hohen Drücken sehr groß wird, nicht durch eine besondere Wärmequelle (im Rauchgasvorwärmer oder gar im Kessel selbst) zu erfolgen braucht. Der Prozeß nähert sich damit dem Carnot-Prozeß.

III. Strömung des Dampfes in Kanälen.

A. Strömung in geradlinigen Kanälen.

Bei der Strömung des Dampfes werden im Gegensatz zum in einem Gefäß ruhenden Dampf in den verschiedenen Querschnitten des Kanals verschiedene Zustände herrschen. Um die Strömungsgeschwindigkeit zu erzeugen, muß ein Druckabfall in aufeinanderfolgenden Querschnitten eintreten, es erfolgt eine Energieumsetzung, ferner Energieänderung durch Reibung, Stoß, Umlenkung, Wärmezu- oder -abfuhr nach außen, endlich können Querschnittsänderungen und verschiedene Höhenlagen (potentielle Energie) vorhanden sein. Aber auch in ein und demselben Querschnitt ist der Zustand verschieden. Durch Unebenheiten der Kanalwandungen ist keine Parallelströmung der einzelnen Stromfäden vorhanden, die Geschwindigkeit wird an der Wand infolge Reibung kleiner sein als in der Mitte des Kanales, wo sie wenig verschieden ist; es treten Wirbel und Störungen auf, welche die Stromlinien in ihrer Bewegung beeinflussen.

Nach der Stetigkeitsbedingung muß die sekundlich durchströmende Dampfmenge G in allen Querschnitten gleich sein; aus der Stetigkeitsgleichung $G \cdot v = F \cdot w$, worin v m³/kg das spezifische Volumen und w m/sek die Geschwindigkeit, folgt für die Querschnitte F_1, F_2 ... m²

$$G = \frac{F_1 w_1}{v_1} = \frac{F_2 w_2}{v_2} = \cdots \text{ kg/sek.}$$

Da sowohl v als auch w innerhalb eines Querschnittes verschieden ist, muß praktisch mit Mittelwerten gerechnet werden, wobei als mittlere Geschwindigkeit diejenige angenommen wird, welche bei gleichmäßiger Strömung die gleiche Durchflußmenge G ergeben würde. Als Volumen wird das dem mittels Manometer gemessenen mittleren Druck entsprechende angenommen, was praktisch genügend genau ist.

Es stelle Abb. 11 einen Teil eines Kanals oder Rohres dar, in welchem in den Querschnitten $1-1$ und $2-2$, von der Größe F_1 bzw. F_2 m² die angegebenen Zustände, Druck p, Temperatur T, Volumen v, innere Energie u und die Geschwindigkeit w herrschen. Ganz allgemein sei noch eine Höhendifferenz $h_1 - h_2$ m angenommen, wobei h_1 und h_2 von irgend einer gemeinsamen Bezugslinie gemessen sei. Die von außen zu- oder abgeführte Wärme sei Q_{12} (+ oder —); ferner wird durch Reibung im Inneren eine Wärmemenge Q_r entstehen, die aus dem Dampf durch Änderung seiner Strömungsenergie entnommen und ihm wieder zugeführt gedacht werden kann, sie ändert dadurch die Gesamtenergie nicht. Es muß nun im Querschnitt *2—2* die Summe aller Energien gleich sein der Summe der Energien im Querschnitt *1—1* zuzüglich der zwischen *1* und *2* aufgenommenen Wärme und Arbeit.

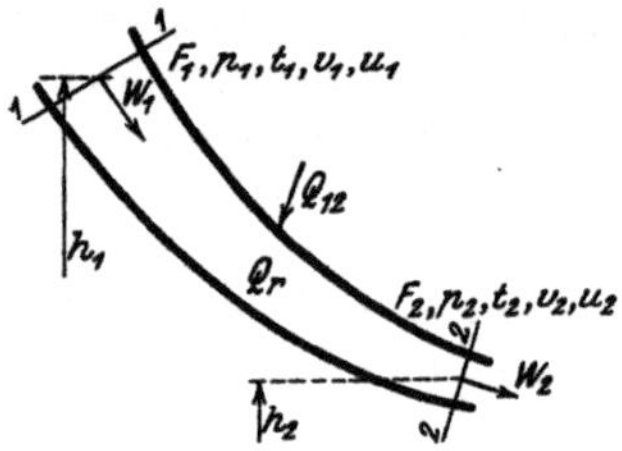

Abb. 11. Strömung in Kanälen.

Für 1 kg ist die potentielle Energie in Wärmeeinheiten $A \cdot 1 \cdot h$ kcal/kg, die kinetische $A w^2/2\,g$ und die Arbeit $A P v$, so daß

$$A h_2 + \frac{A w_2^2}{2\,g} + u_2 + A P_2 v_2 = A h_1 + \frac{A w_1^2}{2\,g} + u_1 + A P_1 v_1 + Q_{12}.$$

Mit $u + A P v = i$ [Gl. (5), S. 3] ist nach Umstellung

$$A(h_2 - h_1) + A\,\frac{w_2^2 - w_1^2}{2\,g} + i_2 - i_1 = Q_{12}; \tag{a}$$

außer dieser allgemeinen Energiegleichung läßt sich noch eine andere auf den inneren Zustand des Dampfes bezogene aufstellen; dabei ist die zugeführte Wärme $Q_{12} + Q_r$ und nach der allgemeinen Wärmegleichung (14a) (S. 11)

$$Q_{12} + Q_r = i_2 - i_1 - A \int_1^2 v\,dP. \tag{b}$$

Durch Vereinigung der Gleichungen (a) und (b) (Q_{12} aus (a) in (b) eingesetzt) und nach Division durch A ist, wenn $Q_r = A L_r$ gesetzt wird

$$\frac{w_2^2 - w_1^2}{2\,g} + h_2 - h_1 + L_r = \int_2^1 v\,dP. \tag{c}$$

Diese Beziehungen gelten ganz allgemein; in den meisten Fällen lassen sie sich vereinfachen. Die Höhendifferenz kommt nur bei langen senkrechten Leitungen (in Schächten) in Frage, in anderen Fällen kann sie vernachlässigt, also $h_2 - h_1 = 0$ gesetzt werden. Ferner ist bei guter Isolierung und der bei den in Frage kommenden Fällen geringen Länge $Q_{12} = 0$ und endlich kann Q_r bzw. $L_r = 0$ gesetzt werden, was zwar der Wirklichkeit nicht entspricht, jedoch theoretisch (bei verlustloser Strömung) zutrifft und praktisch durch Verlustkoeffizienten berücksichtigt werden kann. Mit diesen Annahmen erhalten die Gleichungen (a), (b) und (c) die Form

$$A\,\frac{w_2^2 - w_1^2}{2\,g} = i_1 - i_2, \tag{22}$$

$$i_1 - i_2 = A \int_2^1 v\,dP, \tag{23}$$

$$\frac{w_2^2 - w_1^2}{2\,g} = \int_2^1 v\,dP. \tag{24}$$

Gl. (22) besagt, daß die Zunahme der kinetischen (Strömungs-)Energie im Wärmemaß gleich ist der Abnahme des Wärmeinhaltes oder gleich dem Wärmegefälle. Daraus kann die Geschwindigkeit w_2 ermittelt werden, wenn w_1 bekannt ist.

Gl. (23) ist die bereits bekannte Gl. (19) (S. 13), die rechte Seite ist das Arbeitsvermögen AL bei adiabatischer (verlustloser) Espansion (vgl. Abb. 9), also

$$i_1 - i_2 = AL.$$

Gl. (24) ist, wenn die Integration zwischen den Drücken p_1 und p_2 erfolgt, die Formel von de Saint Venant und Wantzl, aus welcher die Geschwindigkeit w_2 ohne Zuhilfenahme des Wärmediagramms oder der Dampftabellen ermittelt werden kann, wenn für $\int_2^1 v\,dP = L$ der Ausdruck nach Gl. (18) (S. 13) benutzt wird. Ist die Anfangsgeschwindigkeit vernachlässigbar klein im Vergleich zu w_2, so ist die erreichte Geschwindigkeit $w = \sqrt{2gL}$, also analog der hydraulischen Ausflußformel.

Durch die Reibung des Dampfes im Kanal wird die wirklich erreichte Geschwindigkeit kleiner als bei adibatischer Strömung, ein Teil der Strömungsenergie wird in Wärme verwandelt, wodurch der Wärmeinhalt und damit das Volumen größer wird, wie weiter unten ausgeführt.

Bei nur wenig veränderlicher Geschwindigkeit und Dichte des Dampfes ist der Druckabfall

$$\varDelta p = p_1 - p_2 = \zeta_r \frac{l w^2}{d\,2g} \gamma, \tag{25}$$

worin l die Länge in m, d der lichte Durchmesser des Kanals oder Rohres in m, w m/sek die mittlere Geschwindigkeit, γ das spezifische Gewicht in kg/m³ und ζ_r die Reibungs- oder Widerstandszahl, die nach Versuchen von Eberle[1] mit gesättigtem und überhitztem Dampf bei Dampfgeschwindigkeiten von 7 bis 100 m/sek den nahezu unveränderlichen Mittelwert hat:

$$\zeta_r = 0{,}021.$$

Diese allgemeinen Beziehungen bilden die Grundlage für den weiter unten betrachteten Ausfluß aus Mündungen.

B. Strömung in krummlinigen Kanälen.

Die Strömungsvorgänge in krummlinigen Kanälen sind wesentlich verwickelter als in geraden Kanälen, da die Strömung stets turbulent ist, d. h. es finden außer der Hauptbewegung noch Wirbelströmungen statt, die eine erhöhte Reibung der Dampfteilchen nach sich ziehen. Ferner entsteht an der Hohlseite des Kanals eine Verdichtung, verbunden mit einer Geschwindigkeitsverringerung (Abb. 12); an der runden Seite hingegen kann Strahlablösung und erhöhte Geschwindigkeit

[1] Forsch.-Arb. H. 78.

eintreten. Dadurch wandern die äußeren Dampfteilchen um die inneren schraubengangähnlich herum (Abb. 12) und erzeugen die Turbulenz der Strömung durch Sekundärströmung.

Die Verdichtung und damit die Turbulenz ist nach Angaben von Stodola[1] abhängig von dem Quadrat der Strömungsgeschwindigkeit, von der Dichte und von der Größe der Krümmung, d. h. vom Umlenkungswinkel γ. Je kleiner der Krümmungshalbmesser, um so größer die Verdichtung und die Verluste, die deshalb auch wesentlich größer sind als in geraden Kanälen. Je größer man andrerseits den Krümmungshalbmesser bei gegebenem Umlenkungswinkel macht, um so größer wird die Länge des gekrümmten Teiles und damit der Reibungsweg. Da die Wege der einzelnen Stromfäden in der Krümmung verschieden lang sind, so tritt außer der Reibung an der Kanalwand eine Reibung der Stromfäden aneinander auf (vergleichbar der inneren Reibung eines gebogenen Seiles), die größer ist als die Wandreibung. Offenbar wird bei gleichem mittleren Krümmungshalbmesser r die Verschiedenheit der Wege und der Drücke an der äußeren und der inneren Kanalseite um so größer, je größer die Strahldicke e. Bei sehr kleiner Strahldicke wird hingegen die innere Reibung kleiner werden und die Wandreibung überwiegen, es wäre demnach eine kürzere Krümmung angebracht. Daraus folgt, daß bei der Strömung in Kanälen, bei welchen die Umlenkung wichtig ist, also in Schaufeln, die günstigste Strahldicke in einem bestimmten Verhältnis zum Krümmungshalbmesser stehen muß. Da der Wert dieses Verhältnisses für die Wahl der Schaufelteilung wichtig ist (s. S. 71), so sind zwecks Ermittlung dieses Wertes Versuche durchgeführt worden, besonders von Banki[2], Stodola[3] und Briling[4]; letzterer fand den günstigsten Wert $e = \frac{r}{2}$, wobei r für alle Strombahnen gleich war (Schaufeln gleicher Stärke). Ebenso ist der Einfluß der Geschwindigkeit auf die Verluste untersucht worden, es ergab sich jedoch keine ganz genaue Übereinstimmung. Die weiter auftretenden Stoß- und Wirbelverluste und die Größe der Verluste sind im Kapitel „Schaufelverluste“ (S. 68) behandelt.

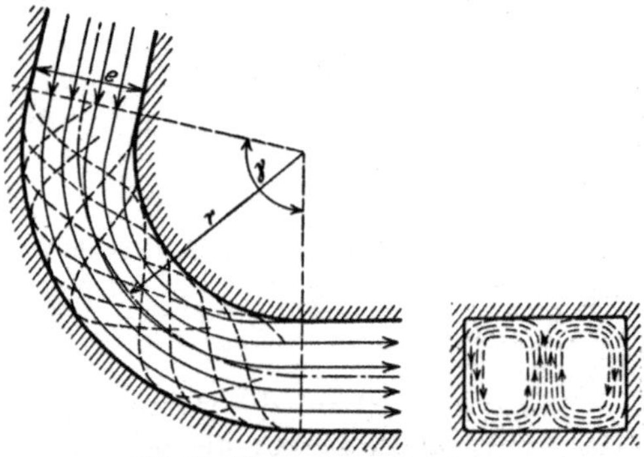

Abb. 12. Kurvenlinige Strömung.

Durch die Zentrifugalkraft der Massenteilchen infolge der Ablenkung wird ein **Bahndruck** ausgeübt, der aus der Fliehkraft ermittelt werden kann. Findet noch Expansion in der Krümmung statt, so wirkt außerdem der Rückdruck des Strahles.

[1] Die Dampf- und Gasturbinen. [2] Z. ges. Turbinenw. 1906, S. 6.
[3] Dampf- und Gasturbinen, 5. Aufl., S. 145. [4] Forsch.-Arb. H. 68.

a) Es sei zunächst ein freier Strahl ohne Druckänderung angenommen (Gleichdruckturbine, s. d.), wobei die Geschwindigkeit w unverändert bleibt. Man kann die Fliehkraft C, die stets senkrecht auf die Bahn wirkt, in Kompenenten C_x, C_y in der Richtung der Koordinatenachsen zerlegen (Abb. 13), ebenso die Geschwindigkeit w in die Komponenten w_x, w_y. Durch die Ablenkung ändern sich diese Komponenten, wodurch in der Richtung der x- und y-Achsen Seitenbeschleunigungen oder Verzögerungen $\frac{d\,w_x}{d\,t}$, $\frac{d\,w_y}{d\,t}$ entstehen, wenn dt die Zeit für ein Wegteilchen ist. Die Massenkräfte der Fliehkraftkomponenten sind alsdann (Masse $m \times$ Beschleunigung)

$$C_x = m\frac{d\,w_x}{d\,t}, \qquad C_y = m\frac{d\,w_y}{d\,t}.$$

Ist G_{sek} kg das sekundlich durch den Strahlquerschnitt strömende Dampfgewicht, so wird in der Zeit dt zum Zurücklegen eines Wegteil-

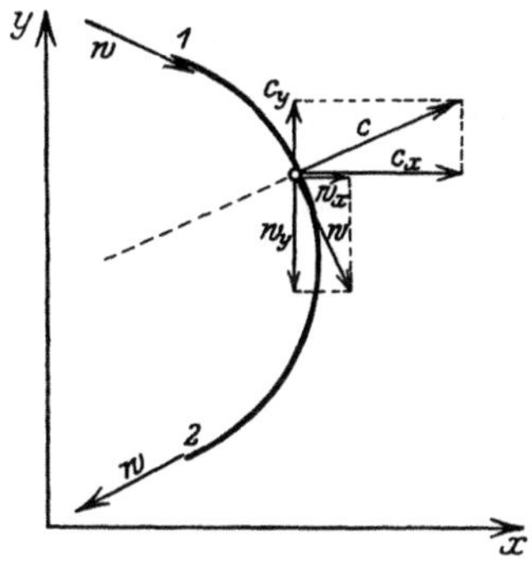

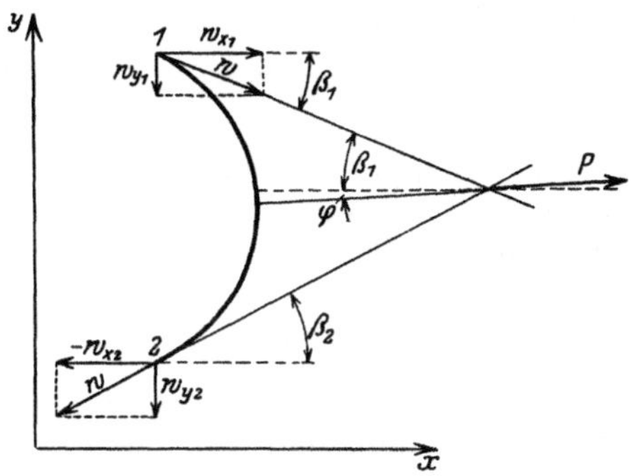

Abb. 13. Freier Strahl. Abb. 14.

chens ds das Gewicht $G_{\text{sek}}\,dt$ und die Masse

$$m = \frac{G_{\text{sek}}\,d\,t}{g}.$$

Damit wird

$$C_x = \frac{G_{\text{sek}}\,d\,t}{g}\,\frac{d\,w_x}{d\,t} = \frac{G_{\text{sek}}}{g}\,d\,w_x\,,$$

$$C_y = \frac{G_{\text{sek}}\,d\,t}{g}\,\frac{d\,w_y}{d\,t} = \frac{G_{\text{sek}}}{g}\,d\,w_y\,.$$

Die Summe aller Komponenten C_x zwischen den Punkten *1* und *2* der Bahn ist die Komponente des Bahndruckes

$$P_x = \sum_1^2 C_x = \frac{G_{\text{sek}}}{g}\sum_1^2 d\,w_x = \frac{G_{\text{sek}}}{g}\,(w_{x_2} - w_{x_1})\,,$$

wenn w_{x_1} und w_{y_1} die Werte von w_x bei *1* und *2* (Abb. 14).

Gleicherweise ist

$$P_y = \sum_1^2 C_y = \frac{G_{\text{sek}}}{g}\sum_1^2 d\,w_y = \frac{G_{\text{sek}}}{g}\,(w_{y_2} - w_{y_1}).$$

Die Klammerausdrücke sind somit die Seitenbeschleunigungen der unveränderlichen Strömgeschwindigkeit w.

Nun ist aber nach Abb. 14, da $w = \text{const}$,

$$w_{x_1} = w\cos\beta_1\,, \qquad w_{x_2} = -\,w\cos\beta_2$$

und

$$w_{y_1} = w\sin\beta_1\,, \qquad w_{y_2} = w\sin\beta_2\,;$$

damit wird

$$P_x = \frac{G_{\text{sek}}}{g}\,w\,(\cos\beta_2 + \cos\beta_1)\,,$$

$$P_y = \frac{G_{\text{sek}}}{g}\,w\,(\sin\beta_1 - \sin\beta_2)\,.$$

Die resultierende Kraft (der gesamte Bahndruck) ist

$$P = \sqrt{P_x^2 + P_y^2}$$

oder nach Einstellung

$$P = \frac{G_{\text{sek}}}{g}\,w\,\sqrt{2\,[1 + \cos(\beta_1 + \beta_2)]}\,, \tag{26}$$

also nur abhängig von der Richtung der Geschwindigkeit am Anfang und am Ende der Krümmung. Die Richtung des resultierenden Bahndrucks zur Wagerechten ist (Abb. 14)

$$\operatorname{tg}\varphi = \frac{P_y}{P_x} = \frac{\sin\beta_1 - \sin\beta_2}{\cos\beta_1 - \cos\beta_2} \quad \text{und} \quad \varphi = \tfrac{1}{2}(\beta_1 - \beta_2)\,.$$

Daraus folgt, daß die Richtung von P die Winkelhalbierende der Tangenten am Anfang und am Ende der Krümmung ist (Abb. 14), unabhängig von der Form der Bahn.

b) Findet im Kanal, dessen Querschnitt veränderlich ist, eine Expansion statt (Überdruckturbine, s. d), so ist die Strömgeschwindigkeit veränderlich, sie nimmt von w_1 auf w_2 zu und es tritt außer der oben erwähnten Kraft durch Ablenkung des Strahles — Aktion — noch ein Rückdruck — Reaktion — auf. Beide Kräfte können zusammen berücksichtigt werden, da bei beiden Beschleunigungen auftreten (bei der Aktionskraft Seitenbeschleunigungen durch Richtungsänderung, bei der Reaktionskraft durch Änderung der Strömgeschwindigkeit).

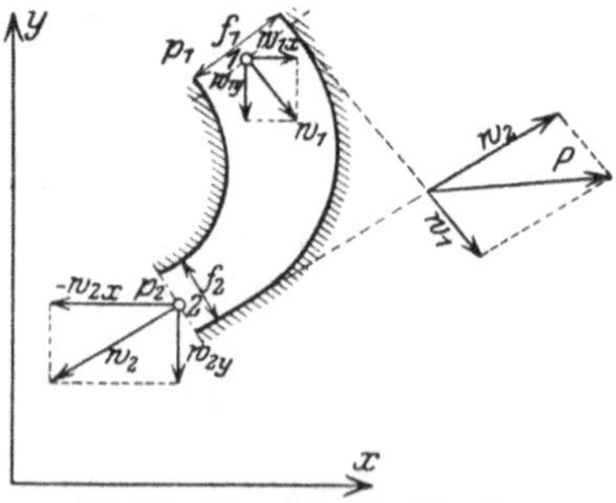

Abb. 15. Expansion im Kanal.

Werden die Geschwindigkeiten w_1 und w_2 am Anfang und am Ende der Krümmung (Abb. 15), in die Komponenten w_{1x}, w_{1y} und w_{2x}, w_{2y} zerlegt, so ändert sich die Geschwindigkeit in der x-Richtung von w_{1x} nach rechts auf $-\,w_{2x}$ nach links, nimmt also um $w_{1x} - (-\,w_{2x}) = w_{1x} + w_{2x}$ zu (Beschleunigung) und die Kraftkomponente (der Beschleunigungskraft entgegengerichtet) wird

$$P_x = \frac{G_{\text{sek}}}{g}(w_{1x} + w_{2x}).$$

In der y-Richtung nimmt die Geschwindigkeit um $(w_{2y} - w_{1y})$ zu und die entsprechende Kraft ist

$$P_y = \frac{G_{\text{sek}}}{g}(w_{2y} - w_{1y}).$$

Der resultierende Druck ist wieder

$$P = \sqrt{P_x^2 + P_y^2},$$

seine Richtung ergibt sich aus dem Parallelogramm der Geschwindigkeiten, da die Kräfte diesen proportional sind (Abb. 15).

Man kann die Drücke für Aktion und Reaktion trennen, da die Richtung des ersteren sich aus dem Parallelogramm mit den gleichbleibenden Geschwindigkeiten w_1 und deren Richtung unter β_1 und β_2 ergibt, letztere ist der Geschwindigkeit w_2 entgegengesetzt gerichtet und proportional $(w_2 - w_1)$. Beide zusammen müssen die resultierende Kraft P ergeben.

IV. Ausfluß des Dampfes aus Mündungen.

A. Verlustlose Strömung.

Die Energiegleichungen (22), (23) und (24) (S. 17) für die strömende Bewegung gelten auch für den Ausfluß aus Mündungen, da diese als ein Kanalteil betrachtet werden können. Strömt Dampf aus einem Gefäß, in welchem der Druck p kg/cm² herrscht, durch eine entsprechend geformte Mündung in einen Raum mit dem Druck p_0, so wird der Dampf in der Mündung bis auf diesen Druck entspannt und die Druck-(potentielle) Energie in Strömungsenergie (kinetische) verwandelt.

Bei verlustloser Strömung mit den in Abb. 16 angegebenen Zustandsgrößen vor und am Ende der Mündung wird eine dem ganzen Arbeitsvermögen entsprechende Zunahme der Strömungsenergie erreicht, die nach Gl. (24) (S. 17), wenn hier sinngemäß c statt w_1 als Anfangsgeschwindigkeit und c_0 für w_2 als Austrittsgeschwindigkeit eingesetzt wird,

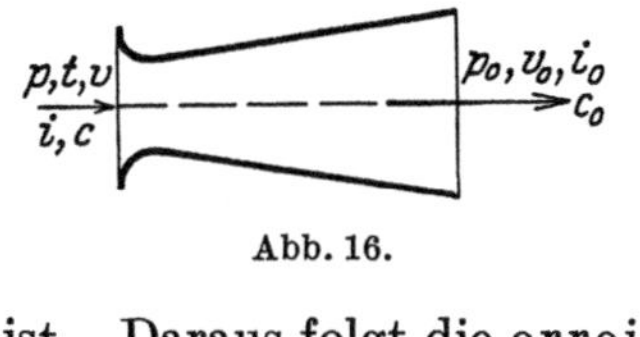

Abb. 16.

$$\frac{c_0^2 - c^2}{2g} = \int_{p_0}^{p} v\,dP = L \tag{27}$$

ist. Daraus folgt die erreichbare Austrittsgeschwindigkeit

$$c_0 = \sqrt{2gL + c^2}. \tag{28}$$

Häufig kann die Anfangsgeschwindigkeit c bei genügend großem Gefäß gegenüber c_0 vernachlässigt werden und es ist mit dem Ausdruck für L nach Gl. 18 (S. 13)

$$c_0 = \sqrt{2gL} = \sqrt{2g\frac{k}{k-1}Pv\left[1-\left(\frac{p_0}{p}\right)^{\frac{k-1}{k}}\right]}\ \text{m/sek}, \tag{29}$$

wobei für überhitzten Dampf $k = 1{,}3$,
„ trocken gesättigten Dampf $k = 1{,}135$
und „ Dampf mit dem Dampfgehalt x $k = 1{,}035 + 0{,}1\,x$.

Viel einfacher und bequemer kann die Austrittsgeschwindigkeit mit Hilfe des *is*-Diagramms ermittelt werden, wenn für L nach Gl. (20)

$$L = \frac{i - i_0}{A} = \frac{h_t}{A}$$

eingesetzt wird [vgl. auch Gl. (22) und (23), S. 17]

$$c_0 = \sqrt{2g\frac{h_t}{A}} = \sqrt{2 \cdot 9{,}81 \cdot 427 \cdot h_t} = 91{,}5\sqrt{h_t}, \tag{30}$$

da h_t aus dem *is*-Diagramm direkt als Strecke abgegriffen werden kann. Meist ist dem *is*-Diagramm eine Skala angefügt, aus der man durch Anlegen der Strecke h_t die zugehörige Geschwindigkeit c_0 ablesen kann.

Die sekundliche Ausflußmenge G_{sek} folgt aus der Stetigkeitsbedingung zu

$$G_{\text{sek}} = \frac{F_0 c_0}{v_0}\ \text{kg/sek},$$

wenn $F_0\,\text{m}^2$ der Austrittsquerschnitt und v_0 das spezifische Volumen in demselben.

Mit $v_1 = v\left(\frac{p}{p_0}\right)^{\frac{1}{k}}$ und c_0 aus Gl. (29) wird nach entsprechender Umformung

$$G_{\text{sek}} = F_0\sqrt{2g\frac{k}{k-1}\frac{P}{v}\left[\left(\frac{p_0}{p}\right)^{\frac{2}{k}} - \left(\frac{p_0}{p}\right)^{\frac{k+1}{k}}\right]}\ \text{kg/sek}^*. \tag{31}$$

Da der Wert der Wurzel bei festliegendem Anfangszustand p, v eine Funktion von p_0 ist und das Produkt aus dem Querschnitt und der Wurzel für alle Querschnitte gleich ist (Stetigkeit), so muß, wenn der Wurzelausdruck ein Maximum ist, F ein Minimum $F_{\min}$ werden. Ist der Druck, bei welchem dies der Fall ist, p_k, so ist die zugehörige Geschwindigkeit c_k im kleinsten Querschnitt

$$c_k = \sqrt{2g\frac{k}{k-1}Pv\left[1-\left(\frac{p_k}{p}\right)^{\frac{k-1}{k}}\right]}\ \text{m/sek}. \tag{32}$$

Zwischen Druck, Volumen, Geschwindigkeit und Querschnitt der Mündung bestehen bestimmte Beziehungen. Trägt man die zugehörigen Werte von p, v und c in einem Diagramm über der Länge der Mündung auf (Abb. 17), so ist für einen beliebigen Querschnitt F_x der Länge

$$F_x = G_{\text{sek}}\frac{v_x}{c_x}.$$

---

* Zuerst von Saint Vénant und Wantzel (1839) angegeben.

Am Mündungsanfang ist $p_x = p$, also $c_x = 0$ und damit $F_x = \infty$ (das entspricht der Annahme für Gl. (29), wobei der Querschnitt des Gefäßes sehr groß ist im Vergleich zur Mündung).

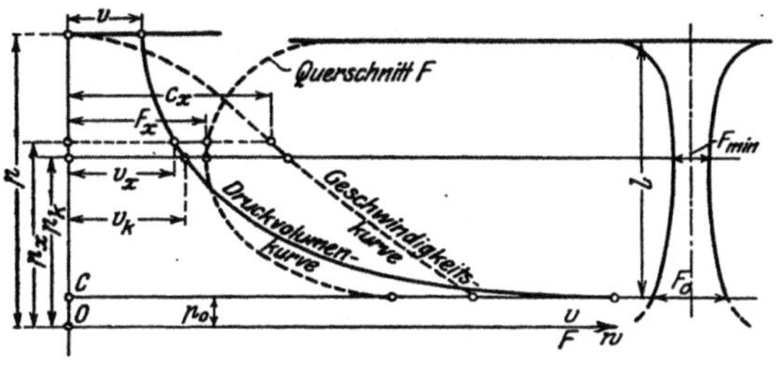

Abb. 17. Verhalten im Strahl.

Für den Druck $p_x = 0$ wäre $v_x = \infty$ (in Wirklichkeit sinkt der Druck am Mündungsende nur auf einen endlichen Wert p_0) und es wäre wieder $F_x = \infty$. Zwischen diesen Drücken muß demnach F_x einen Kleinstwert $F_{\min}$ haben, wie auch die Überlegung aus Gl. (31) zeigte, bei dem Druck p_k, wobei das spezifische Volumen v_k und die Geschwindigkeit c_k sei.

Aus Gl. (31) folgt für den kleinsten Querschnitt

$$F_{\min} = G_{\text{sek}} : \sqrt{2g\frac{k}{k-1}\frac{P}{v}\left[\left(\frac{p_k}{p}\right)^{\frac{2}{k}} - \left(\frac{p_k}{p}\right)^{\frac{k+1}{k}}\right]}\,; \tag{33}$$

hieraus kann p_k/p bzw. p_k für gegebenen Druck p ermittelt werden, da für $F_{\min}$ der Klammerausdruck in der Wurzel sein Maximum erreicht.

Dazu muß sein

$$\frac{d}{dp}\left[\left(\frac{p_k}{p}\right)^{\frac{2}{k}} - \left(\frac{p_k}{p}\right)^{\frac{k+1}{k}}\right] = 0,$$

woraus

$$\frac{2}{k}\left(\frac{p_k}{p}\right)^{\frac{2}{k}-1} - \left(\frac{p_k}{p}\right)^{\frac{k+1}{k}-1} = 0 \qquad \text{oder} \qquad \left(\frac{p_k}{p}\right)^{\frac{k-1}{k}} = \frac{2}{k+1}$$

und endlich

$$\frac{p_k}{p} = \left(\frac{2}{k+1}\right)^{\frac{k}{k-1}} = \beta \tag{34}$$

das **kritische Druckverhältnis** genannt, worin p_k der kritische Wert des Druckes oder kurz der **kritische Druck**. Letzterer ist somit nur vom Anfangsdruck abhängig. Es ist mit den entsprechenden Werten für k

für überhitzten Dampf mit $k = 1{,}3$, $\beta = \frac{p_k}{p} = 0{,}5475$,

für trocken gesätt. Dampf mit $k = 1{,}135$, $\beta = 0{,}5774$.

Durch Einstellen des Wertes der Gl. (34) in Gl. (32), S. 23, ist die **kritische Geschwindigkeit** c_k im engsten Querschnitt

$$c_k = \sqrt{2g\frac{k}{k+1}Pv}\ \text{m/sek} \tag{35}$$

und mit obigen Werten für k

für überhitzten Dampf $c_k = 333\sqrt{pv}$ m/sek, (35a)

für trocken gesätt. Dampf $c_k = 323\sqrt{pv}$ m/sek, (35b)

wenn p in kg/cm² ($10000\,p = P$ kg/m²).

Der Querschnitt $F_{\min} = \frac{G_{\text{sek}}\,v_k}{c_k}$ wird ein Minimum, wenn

$$\frac{d}{dp}\left(\frac{v_k}{c_k}\right) = 0 \quad \text{ist oder} \quad \frac{c_k\,d v_k - v_k\,d c_k}{c_k^2\,d p} = 0\,,$$

woraus

$$c_k\,d v_k = v_k\,d c_k\,; \tag{a}$$

aus

$$\frac{c_k^2}{2\,g} = -\int_p^{p_k} v_k\,d P_k$$

[vgl. Gl. (27) S. 22] ist aber durch Differenzieren $\frac{c_k\,d c_k}{g} = -\,v_k\,d P_k$ und mit $d c_k$ aus Gl. (a)

$$\frac{c_k^2\,d v_k}{v_k\,g} = -\,v_k\,d P_k\,,$$

voraus

$$c_k^2 = -\,v_k^2\,g\,\frac{d P_k}{d v_k}\,. \tag{b}$$

Da $v_k = \frac{1}{\gamma_k}$, so ist bei verlustloser (adiabatischer) Strömung ($s = \text{const}$)

$$c_k = \sqrt{g\left(\frac{d P_k}{d \gamma_k}\right)_s}\,,$$

das ist die Schallgeschwindigkeit, die sich stets im kleinsten Querschnitt als kritische Geschwindigkeit einstellt.

Die Geschwindigkeitskurve im Diagramm (Abb. 17) hat bei der kritischen Geschwindigkeit einen Wendepunkt.

Würde bei $p_0 < p_k$ die Mündung nicht erweitert, also der engste Querschnitt am Ende liegen, so würde, wie aus Abb. 17 ersichtlich, nur das Arbeitsvermögen bis zum kritischen Druck in Geschwindigkeit umgesetzt und nur die kritische (Schall-)Geschwindigkeit erreicht. Die weitere Expansion bis auf den Außendruck p_0 würde außerhalb der Mündung erfolgen, jedoch nicht als geordneter Strahl, sondern unter mehr oder weniger heftiger Wirbelbildung (Abb. 18a) und bei sehr tiefem Außendruck unter starker seitlicher Expansion, explosiv (Abb. 18b), so daß eine Umsetzung in Geschwindigkeit nicht mehr erfolgen kann. Es wird deshalb in nicht erweiterten (prismatischen oder zylindrischen) Mündungen höchstens die Schallgeschwindigkeit c_k erreicht.

Abb. 18. Nicht erweiterte Mündung.

Soll die volle Geschwindigkeit c_0, die der Expansion bis auf den Außendruck $p_0 < p_k$ entspricht, erreicht werden, so muß die Mündung einen engsten Querschnitt $F_{\min}$ haben und alsdann bis auf den erforderlichen Endquerschnitt F_0 erweitert werden. Eine Erweiterung ist aber nicht erforderlich, wenn $p_0 \geqq p_k$, also das Druckverhältnis $\frac{p_0}{p} \geqq \beta$ ist.

Ist der Außendruck nicht viel kleiner als p_k, so wird die weitere Expansion auf den Außendruck außerhalb der Mündung stattfinden in Form eines geordneten Strahles (Abb. 19a), es kann alsdann die volle Geschwindigkeit c_0 erreicht werden. Ist die Mündung schräg abgeschnitten, wie bei Dampfturbinendüsen, so wird die weitere Expansion im Schrägschnitt stattfinden, wobei der Strahl abgelenkt wird (Abb. 19b).

Ähnlich ist das Verhalten, wenn zwar eine Erweiterung vorhanden, aber zu gering, die Mündung demnach zu kurz ist. Der Strahl expan-

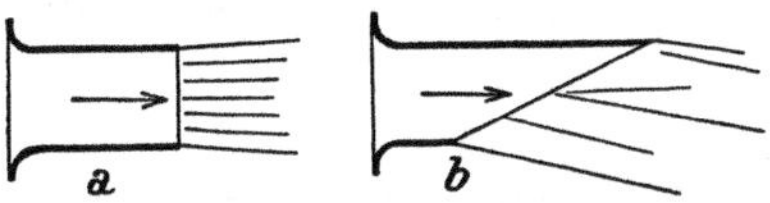

Abb. 19. Nicht erweiterte Mündung.

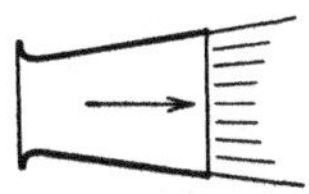

Abb. 20. Zu wenig erweiterte Mündung.

diert dann in der Mündung nur bis auf den dem Endquerschnitt entsprechenden Druck $p_0 > p_a$ (Außendruck), tritt also noch mit Überdruck aus. Ist dieser nicht zu groß, so wird sich die Expansion außerhalb der Mündung in mit der Mündungsform übereinstimmender Gestalt (Abb. 20) fortsetzen. Eine etwas zu kurze, also zu wenig erweiterte Mündung hat sich als günstig erwiesen[1], da die Verluste durch Schwingungen bei einem tieferen Gegendruck, als dem Endquerschnitt entspricht, zunächst weniger zunehmen als das Gefälle, bei Schrägabschnitt mehr als bei Normalabschnitt, jedoch ist bei ersterem die Strahlablenkung zu beachten (s. unten).

Ist hingegen die Mündung zu stark erweitert, also zu lang, so wird sich der Dampf bis zu irgend einem Querschnitt F_x auf den entsprechenden Druck p_x ausdehnen (Abb. 21) und dann wieder auf den Gegendruck verdichtet werden. Die Geschwindigkeit ist über den Austrittsquerschnitt verschieden. Flügel[2] weist darauf hin, daß sich der Strahl vom Querschnitt F ab von den Wandungen ablöst, er erfährt eine Einschnürung mit Druckanstieg und heftiger Wirbelbildung längs der Wand. Auch Stodola[3] fand ebenfalls einen tieferen Druck in der Mündung als außen und nachher Druckanstieg je nach dem Gegendruck, wie Abb. 22 zeigt.

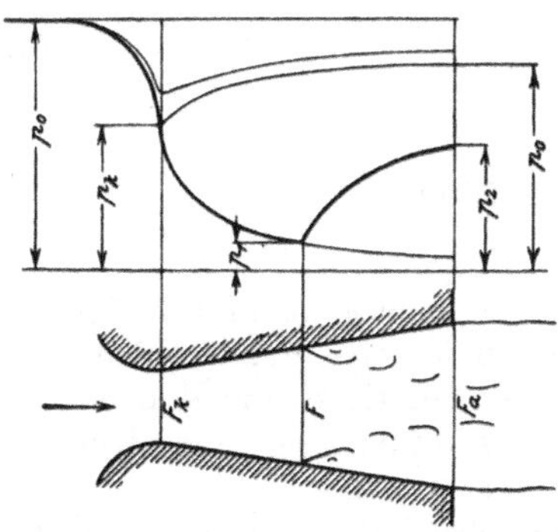

Abb. 21[3]. Zu stark erweiterte Mündung.

Ferner haben die Versuche von Stodola gezeigt, daß bei zu tiefem wie auch bei höherem Expansionsenddruck als der Gegendruck sich Schwingungen nach Austritt aus der Mündung

[1] Christlein: Untersuchungen über das allgemeine Verhalten des Geschwindigkeitskoeffizienten von Leitvorrichtungen. Z. V. d. I. 1911, S. 2081 und Z. ges. Turbinenwes. 1912, S. 1.

[2] Flügel: Die Düsencharakteristik. Forsch.-Arb. H. 217.

[3] Stodola: Die Dampfturbinen, 5. Aufl. Berlin: Julius Springer.

zeigen. In Abb. 23, einer dieser Versuchsreihen, entspricht Kurve B dem genau auf Gegendruck eingestellten Expansionsenddruck; Kurve A zeigt die Schwankung bei höherem Enddruck (Düse zu kurz), Linien C und D bei zu tiefem Enddruck (Düse zu lang), bei welchem die Stauung bis ins Innere der Mündung dringt (Strahlablösung).

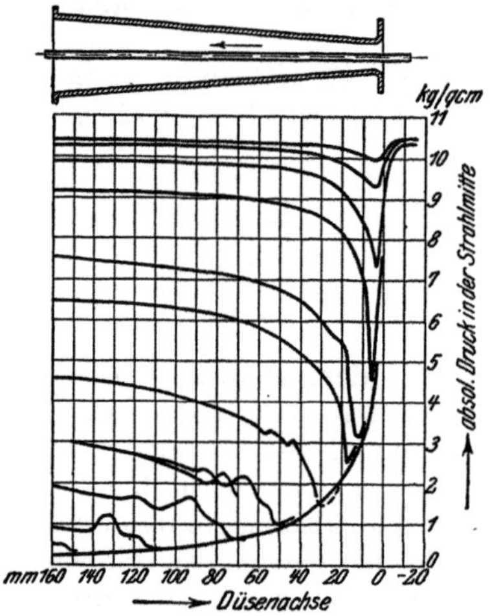

Abb. 22. Druckverlauf in der Mündung.

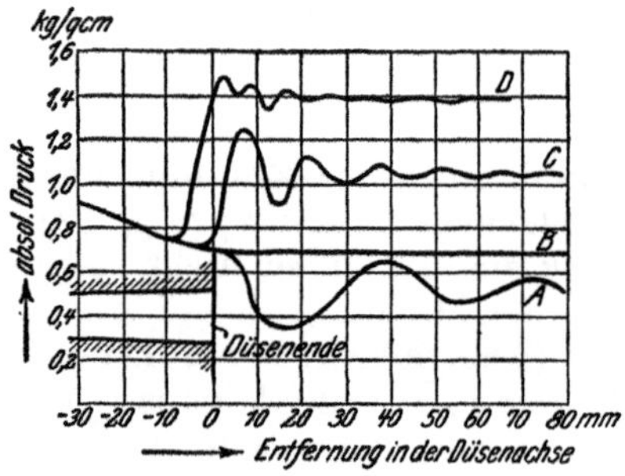

Abb. 23. Schallschwingungen.

Die Ausflußmenge ist mit Gl. (35), $v_k = v\left(\frac{p}{p_k}\right)^{\frac{1}{k}}$ und Gl. (34) nach entsprechender Umstellung

$$G_{\text{sek}} = \frac{F_{\min} c_k}{v_k} = F_{\min}\left(\frac{2}{k+1}\right)^{\frac{1}{k-1}} \sqrt{g\,k\,\frac{P}{v}\cdot\frac{2}{k+1}}\ \text{kg/sek}\,, \tag{36}$$

somit für überhitzten Dampf

$$G_{\text{sek}} = 209\, F_{\min} \sqrt{\frac{p}{v}}\ \text{kg/sek} \tag{36a}$$

und für trocken gesättigten Dampf

$$G_{\text{sek}} = 199\, F_{\min} \sqrt{\frac{p}{v}}\ \text{kg/sek}, \tag{36b}$$

wenn $F_{\min}$ in m^2 und p in kg/cm^2.

Eine größere Ausflußmenge ist bei gegebenem $F_{\min}$ und Anfangszustand nicht möglich, ein tieferer Enddruck wäre ganz einflußlos. Soll bei gegebenem engsten Querschnitt die ausströmende Menge vergrößert werden, so ist dieses nur durch Erhöhung des Innendruckes oder Verringerung des spezifischen Volumens v möglich.

Z. B. ist für $F_{\min} = 1\ cm^2 = 0{,}0001\ m^2$ für überhitzten Dampf von 16 ata 350° C mit $v = 0{,}1788\ m^3/kg$ nach Gl. (36a)

$$G_{\text{sek}} = 209 \cdot 0{,}0001 \sqrt{\frac{16}{0{,}1788}} = 0{,}198\ \text{kg/sek/cm}^2.$$

Für 1 kg/sek müßte der engste Querschnitt sein:

$$F_{\min} = \frac{1}{209\sqrt{\frac{p}{v}}} = 0{,}0005058\ m^2 = 5{,}058\ cm^2.$$

Bei trocken gesättigtem Dampf von 16 ata ist mit $v'' = 0{,}1264$.

$$G_{\text{sek}} = 199 \cdot 0{,}0001 \sqrt{\frac{16}{0{,}1264}} = 0{,}224 \text{ kg/sek/cm}^2.$$

Für Dampf 20 ata 350° C und $v = 0{,}1422$ ist

$$G_{\text{sek}} = 209 \cdot 0{,}0001 \sqrt{\frac{20}{0{,}1422}} = 0{,}2478 \text{ kg/sek/cm}^2.$$

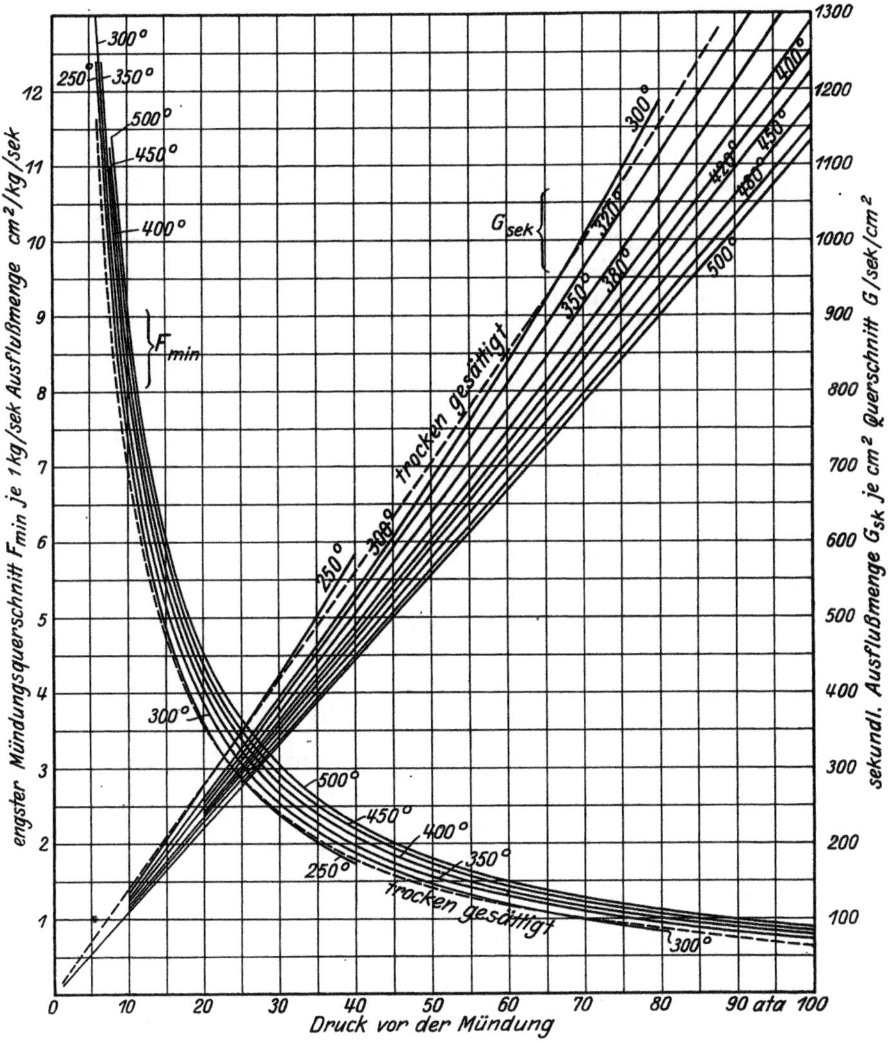

Abb. 24. Ausflußmengen und erforderliche engste Mündungsquerschnitte.

In dem Schaubild (Abb. 24) sind die durch 1 cm² engsten Querschnitt strömenden sekundlichen Dampfmengen G_{sek} und die für 1 kg/sek erforderlichen engsten Querschnitte $F_{\min}$ über den Anfangsdrücken für verschiedene Temperaturen aufgetragen. In Tabelle V im Anhang sind diese Werte zahlenmäßig angegeben.

Ist $p_0 \geqq p_k$, wird also die Schallgeschwindigkeit nicht erreicht, so ist die durch den gleichbleibenden Mündungsquerschnitt fließende Menge bzw. der für eine gegebene Menge erforderliche Querschnitt aus der Stetigkeitsgleichung zu ermitteln

$$G_{\text{sek}} = F_0 \frac{c_0}{v_0} \text{ kg/sek} \quad \text{bzw.} \quad F_0 = G_{\text{sek}} \frac{v_0}{c_0} \text{ m}^2. \tag{37}$$

B. Strömung mit Verlusten.

Die verlustlose Strömung ist natürlich praktisch nicht möglich, es werden innere Reibungsverluste auftreten, die den Zustand in der Mündung beeinflussen und die Geschwindigkeit verringern; es wird nur eine Geschwindigkeit c_1 erreicht, die kleiner ist als die theoretische c_0. Da der Verlust an Strömungsenergie infolge Reibung in Wärme rückverwandelt wird, so ist der Wärmeinhalt i_1 am Austritt größer als derjenige bei verlustloser Strömung i_0, ebenso das Volumen $v_1 > v_0$.

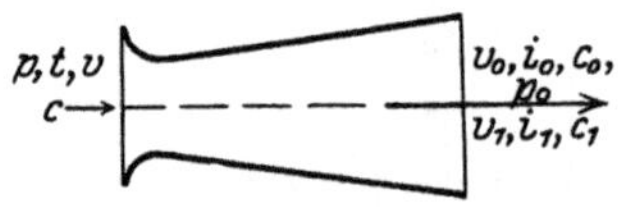

Abb. 25. Ausströmung ohne und mit Verlusten.

Es seien wieder die Größen vor der Mündung ohne Zeiger, am Austritt aus derselben bei verlustloser Strömung mit dem Zeiger *0* und bei Strömung mit Verlusten mit dem Zeiger *1* bezeichnet (Abb. 25). Im letzteren Falle wird also nur das Wärmegefälle $h_1 = i - i_1$ kcal/kg in Geschwindigkeit umgesetzt. Gemäß Gl. (22) (S. 17) ist die in der Mündung erzeugte Strömungsenergie

bei verlustloser Strömung $\quad A\left(\frac{c_0^2}{2g} - \frac{c^2}{2g}\right) = i - i_0 = h_t$

und

bei Strömung mit Verlusten $\quad A\left(\frac{c_1^2}{2g} - \frac{c^2}{2g}\right) = i - i_1 = h_1$.

Der Verlust an kinetischer Energie in der Mündung — kurz Düsenverlust genannt — ist die Differenz

$$h_d = h_t - h_1 = A\left(\frac{c_0^2}{2g} - \frac{c_1^2}{2g}\right) = i_1 - i_0 \text{ kcal/kg} \tag{38}$$

oder in mkg

$$L_d = \frac{h_t}{A} = \frac{c_0^2 - i_1^2}{2g} = \frac{i_1 - i_0}{A} \text{ mkg/kg}, \tag{38a}$$

also gleich derjenigen Wärmemenge, die dem Endzustand der verlustlosen (adiabatischen) Strömung zuzuführen ist, um in den Endzustand der wirklichen Strömung zu gelangen.

Dieser Verlust ist aber nicht der ganze Betrag der Reibungswärme, der wie folgt ermittelt werden kann. Es sei im pv-Diagramm (Abb. 26) AA_0 die verlustlose (adiabatische) Expansion, AA_1 diejenige mit

Verlusten, die flacher verläuft als die Adiabate, da das Volumen v_r bei Reibung größer ist als v_a der adiabatischen Strömung.

Nach der allgemeinen Wärmegleichung (14a) (S. 11) ist

$$Q = i_2 - i_1 - A\int_1^2 v\,dP;$$

im vorliegenden Falle ist die zugeführte Wärme die Reibungswärme Q_r, das jeweilige Volumen v_r; dann ist mit den entsprechenden Werten am Anfang und am Ende der Mündung

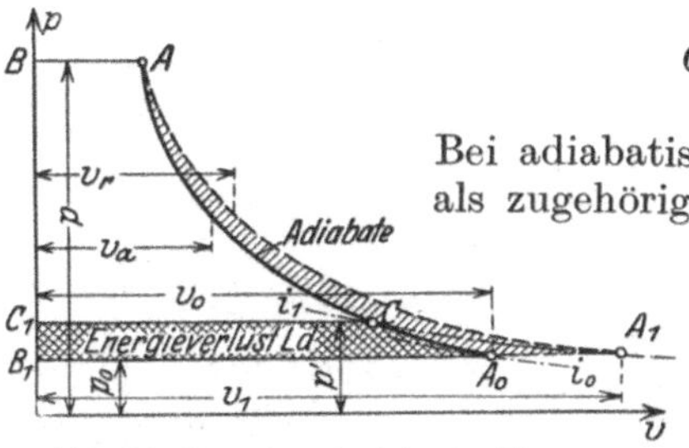

Abb. 26. Energieverlust im pv-Diagramm.

$$Q_r = i_1 - i - A\int_p^{p_0} v_r\,dP.$$

Bei adiabatischer Strömung ist $Q = 0$ und mit v_a als zugehörigem Volumen und den entsprechenden Werten am Anfang und am Ende der Mündung wird

$$0 = i_0 - i - A\int_p^{p_0} v_a\,dP.$$

Nach Subtraktion der letzten Gleichung von der vorhergehenden und Umkehren der Integrationsgrenzen ist

$$Q_r = (i_1 - i_0) + A\int_{p_0}^{p} (v_r - v_a)\,dP,$$

d. h. die Reibungswärme ist größer als der Energieverlust $(i_1 - i_0) = h_a$, und zwar um den Wärmewert der Arbeit $\int_{p_0}^{p} (v_r - v_a)\,dP$, die im pv-Diagramm (Abb. 26) als Fläche zwischen den Expansionslinien AA_0 und AA_1 erscheint. Dieser Teil der Reibungsarbeit — praktisch etwa $^1/_4$ derselben — findet sich als Wärme im Dampf wieder, sie wird ihm gleichsam zugeführt und erhöht die kinetische Energie durch Erhöhung des Wärmezustandes des Dampfes. Es ist also nicht etwa die ganze Fläche BAA_1B_1 in kinetische Energie umsetzbar, es muß noch der Energieverlust abgezogen werden. Um diesen im pv-Diagramm darzustellen, müßte die Kurve des gleichbleibenden Wärmeinhaltes i_1 eingezeichnet werden durch A_1 bis zum Schnitt in C mit der Adiabate. Um bei verlustloser (adiabatischer) Expansion den Wärmeinhalt i_1 und die wirkliche Geschwindigkeit c_1 zu erreichen, brauchte der Dampf nur bis zum dem Punkte C entsprechenden Druck p' zu expandieren, es wäre also nur das Arbeitsvermögen gleich der Fläche $BACC_1$ erforderlich, während bei Expansion mit Verlusten das ganze Arbeitsvermögen = Fläche BAA_0B_1 nötig ist. Die Differenz, das ist die Fläche $C_1CA_0B_1$, stellt demnach den Energieverlust L_a dar. Die gesamte Reibungsarbeit ist die Summe der schraffierten Flächen. Würde der eine Teil nicht wiedergewonnen, so wäre der Energieverlust größer; wirklich ausgenutzt ist nur die Arbeit = Fläche $BACC_1$.

Wesentlich anschaulicher ist die Darstellung im Wärme-(Ts-) Diagramm (Abb. 27), in welchem die Wärmemengen als Flächen erscheinen. Es sei wieder A der Anfangszustand, gegeben durch Druck p und Temperatur t bzw. T, A_0 der Endzustand der adiabatischen Expansion auf den Enddruck p_0, A_1 der Endzustand bei Expansion mit Verlusten (die Reibung bewirkt eine Entropievermehrung); die unterhalb der Kurve der Zustandsänderung AA_1 liegende Fläche $A'AA_1A_1'$ ist die zugeführte Wärme, das ist im vorliegenden Falle die Reibungswärme Q_r. Der Wärmeinhalt im A_1 ist i_1 = Fläche $OEB_1A_1A_1'$ und im Endzustand A_0 der adiabatischen Expansion i_0 = Fläche OEB_1A_0A'; somit ist die Differenz $i_1 - i_0$ = Fläche $A'A_0A_1A_1' = h_d$ der Energieverlust, während die Fläche AA_1A_0

$$= A\int_{p_0}^{p} (v_r - v_a)\, dP$$ der rückgewinnbare Teil der Reibungswärme ist (vgl. Abb. 26).

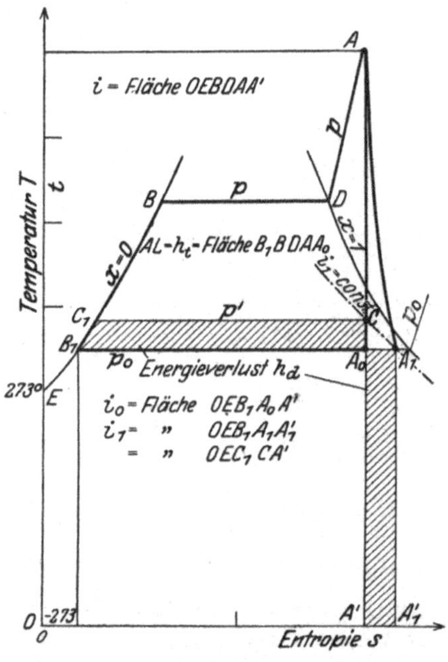

Abb. 27. Energieverlust in Ts-Diagramm.

Das theoretische Arbeitsvermögen $h_t = AL$ ist bekanntlich durch die Fläche

$$B_1BDAA_0 = i - i_0$$

dargestellt. Soll auch hier der Energieverlust vom Arbeitsvermögen abgezogen werden, so muß wieder der Schnittpunkt C der Kurve gleichen Wärmeinhalts i_1 mit der Adiabate AA_0 gefunden werden. Bei adiabatischer Strömung braucht die Expansion nur bis auf den dem Punkt C entsprechenden Druck p' zu erfolgen, um die Geschwindigkeit c_1 und den Wärmeinhalt i_1 = Fläche OEC_1CA' zu erreichen, es wird nur die Energie = Fläche C_1BDAC ausgenutzt, die Fläche $B_1C_1CA_0$ ist demnach der Energieverlust und gleich der Fläche $A'A_0A_1A_1'$.

Im für den Dampfturbinenbau besonders bequemen is-Diagramm (Abb. 28) wird die Kurve der wirklichen Expansion vom Anfangszustand A infolge der Entropievermehrung ebenfalls rechts der Adiabate AA_0 verlaufen und in den Endpunkt A_1 mit dem Wärmeinhalt i_1 führen. Der Energieverlust erscheint als die Strecke $h_d = i_1 - i_0$. Die Reibungswärme Q_r ist im is-Diagramm nicht darstellbar.

Wäre der Verlauf der wirklichen Expansionslinie AA_1 bekannt, so könnte A_1 auf der Druckkurve p_0 gefunden und damit der Energieverlust ermittelt werden; das Gesetz für die Strömung ist jedoch nicht festgestellt. Durch Versuche kann der Zustand im Verlaufe der Strömung nicht genau genug erfaßt werden, da sich wohl der Druck einwandfrei messen läßt, jedoch nicht die Temperatur (noch weniger der Dampfgehalt x im Sättigungsgebiet), da infolge der Reibung des Dampfes am Thermometer oder am Draht der Thermoelementes eine Erwärmung erfolgt, die nicht feststellbare Meßfehler ergibt und die Temperaturmessung illusorisch macht.

Die Ansichten über den Verlauf der Expansionslinie gehen noch auseinander. Während von der einen Seite der Verlauf bis zum kritischen Druck mit ganz geringen Verlusten, also fast adiabatisch angenommen wird, so daß erst im erweiterten Teil der Mündung stärkere Verluste auftreten — gestrichelte Linie in Abb. 29 — wird von andrer Seite der Verlauf nach der strichpunktierten Linie angegeben, bei welchem die Verluste erst groß, dann kleiner sind. Vermutlich wird der tatsächliche Verlauf dazwischen liegen, etwa nach der voll ausgezogenen

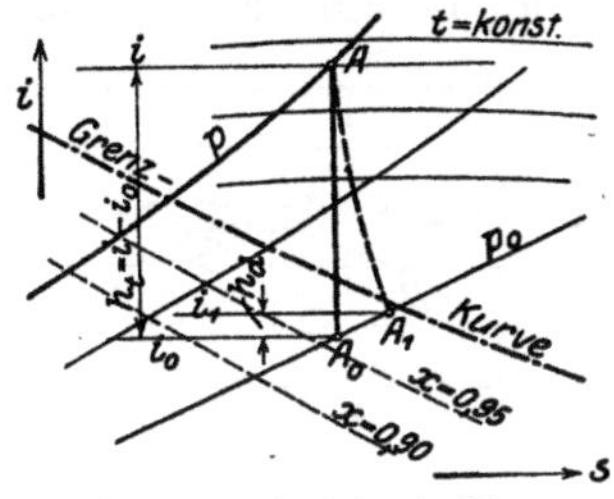

Abb. 28. Energieverlust im is-Diagramm.

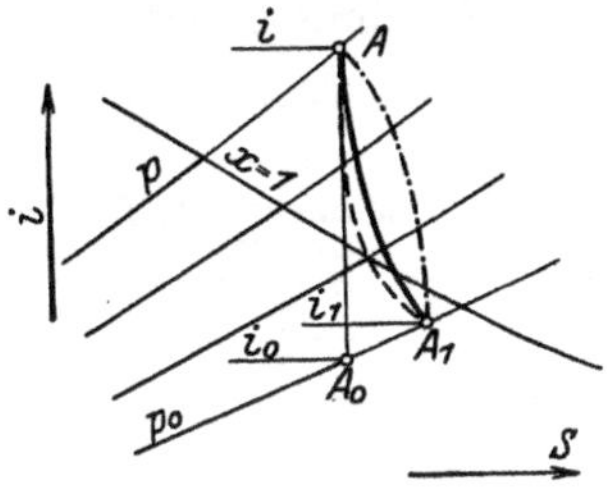

Abb. 29. Zustandsverlauf.

Linie der Abb. 29. Der genaue Verlauf der Expansion ist aber auch nicht so wichtig wie die Größe und die Abhängigkeit des Energieverlustes. Wird dieser ermittelt, so kann der Enduzstand auf dem Druck p_0 im is-Diagramm durch Abtragen des Verlustes von A_0 nach oben (Abb. 28) und Ziehen der Wagerechten i_1 gefunden werden.

Die Energieverluste sind durch zahlreiche Versuche untersucht worden, auf die hier verwiesen sei[1]. Es wurde bei den Versuchen die Ausflußgeschwindigkeit c_1 gemessen mittels des auf eine Platte ausgeübten Strahldruckes oder mittels des Rückdruckes auf die Mündung. Aus der daraus ermittelten wirklichen Austrittsgeschwindigkeit c_1 und der dem Wärmegefälle entsprechenden theoretischen c_0 kann der Geschwindigkeitskoeffizient $\varphi = \frac{c_1}{c_0}$ ermittelt werden. Ist der Geschwindigkeitskoeffizient in seiner Abhängigkeit bestimmt, so kann jeweils die wirkliche Geschwindigkeit c_1 ermittelt werden aus

$$c_1 = \varphi\, c_0$$

und der Energieverlust für 1 kg

$$L_d = \frac{c_0^2 - c_1^2}{2g} = \frac{c_0^2 - \varphi^2 c_0^2}{2g} = \frac{c_0^2}{2g}(1 - \varphi^2) = \frac{c_0^2}{2g}\zeta = \zeta \cdot L$$

[1] S. Fußnoten S. 33.

oder

$$h_d = AL_d = \zeta AL = \zeta h_t, \tag{39}$$

wenn $\zeta = 1 - \varphi^2$ der Verlust- oder Widerstandskoeffizient.

Aus den Versuchen von Gutermuth[1], Josse[2], Christlein[3], Flügel[4] und Stodola[5] mit verschiedenen Mündungen und bei verschiedenen Zuständen kann gefolgert werden:

1. Der Geschwindigkeitskoeffizient φ nimmt mit der Geschwindigkeit bis über die Schallgeschwindigkeit zu.
2. Bis zur Schallgeschwindigkeit nimmt φ mit abnehmendem Druck oder abnehmender Überhitzung zu.
3. Bei hoher Überhitzung ist das Maximum von φ größer als bei geringer Überhitzung.

Diese zuerst von Christlein gefundenen Ergebnisse werden im allgemeinen von den anderen Forschern bestätigt. Der Wert von φ ist nicht sehr veränderlich; er liegt im Mittel bei etwa $\varphi = 0{,}95$ bis 0,96. Die Ergebnisse neuerer von BBC vorgenommenen Versuche mit

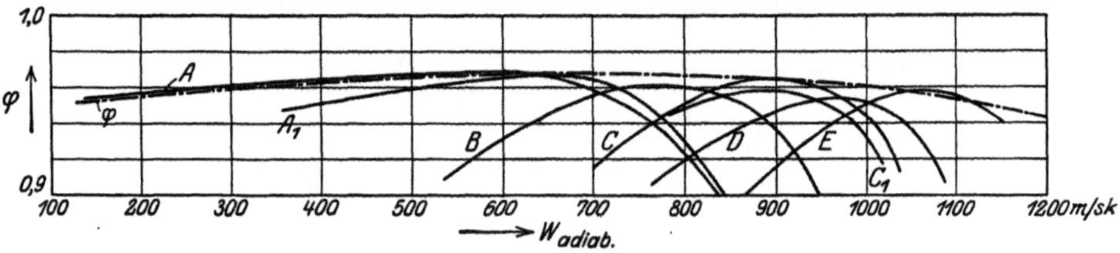

Abb. 30. Geschwindigkeitskoeffizienten φ nach BBC.

verschiedenen Düsen A bis E sind in Abb. 30 angegeben (vgl. Stodola[5], S. 127).

Nach den Versuchen des Steam-Nozzles Research Commitee von Januar und März 1923 zeigt sich hingegen, daß φ im Bereich von 300 bis 600 m/sek sich wenig ändert, bei kleineren Geschwindigkeiten aber wesentlich zunehmen kann; deshalb ist kleine Geschwindigkeit günstig[6].

Ferner wurde die wirkliche Ausflußmenge gemessen; es stellte sich dabei heraus, daß diese bei gesättigtem Dampf größer sein kann als die theoretische, denn Bendemann[7] fand, unabhängig von der Überhitzung

$$G_{\text{sek}} = 203\, f_{\min} \sqrt{\frac{p}{v}}\ \text{kg/sek},$$

[vgl. Gl. (36a u. b) (S. 27)]; das Ergebnis wurde von Loschge[8] bestätigt. Diese eigenartige Erscheinung läßt sich durch die Unterkühlung des Dampfes erklären, d. h. der Dampf kondensiert nicht, sondern expandiert wie überhitzter Dampf.

---

[1] Forsch.-Arb. H. 19, 1904. [2] Jahrbuch der Schiffsbautechn. Ges. 1911.
[3] Z. V. d. I. 1911, S. 2081. [4] Forsch.-Arb. H. 217, 1919, Düsencharakteristik.
[5] Die Dampf- und Gasturbinen, 5. Aufl. [6] Siehe Z. V. d. I. 1924, S. 182.
[7] Forsch.-Arb. H. 37, 1907. [8] Z. V. d. I. 1913, S. 60.

Allgemein ist die wirkliche sekundliche Ausflußmenge

$$G_{\text{sek}} = \mu\, G_{0\,\text{sek}},$$

wenn $G_{0_{\text{sek}}}$ die theoretische Menge, wobei $\mu < 1$ ist. Infolge der Reibung tritt eine Volumensvergrößerung gegenüber dem theotischen v_0 ein, $v_1 > v_0$ oder $\frac{v_1}{v_0} = 1 + \beta$, ferner ist die erreichte Geschwindigkeit c_1 kleiner als die theoretische c_0 (vgl. S. 29)

$$c_1 = \varphi\, c_0;$$

aus der Stetigkeitsgleichung $G_{\text{sek}} = \frac{f_0 c_1}{v_1}$ folgt alsdann, wenn Strahlkontration durch geeignete Mündungsform vermieden wird,

$$G_{\text{sek}} = \frac{f_0\, \varphi\, c_0}{v_0(1+\beta)} = \frac{\varphi}{1+\beta} \cdot \frac{f_0 c_0}{v_0}$$

und da

$$\frac{f_0 c_0}{v_0} = G_{0\,\text{sek}},$$

so ist

$$G_{\text{sek}} = \frac{\varphi}{1+\beta} G_{0\,\text{sek}} = \varphi \frac{v_0}{v_1} G_{0\,\text{sek}},$$

also

$$\mu = \frac{\varphi}{1+\beta} = \varphi \frac{v_0}{v_1}.$$

μ wird auch Ausflußkoeffizient genannt. Die ausgeführten Versuche zeigen gute Übereinstimmung mit den rechnersichen Ergebnissen, μ weicht wenig von φ ab, es zeigt sich, daß $\varphi \backsimeq 0{,}97$ ist. Bei gesättigtem Dampf (s. oben) muß $\mu > 1$ sein.

Der Vollständigkeit halber seien noch die Versuche von E. Lewicki[1], Briling[2] und Nusselt[3] erwähnt.

Im Dampfturbinenbau dienen entsprechend geformte Mündungen als Leitvorrichtungen, sie geben dem Strahl die gewünschte Richtung.

C. Ausfluß aus schräg abgeschnittenen Mündungen (Leitvorrichtungen).

Da die Mündungen, die als Leitvorrichtungen für die Dampfturbinen dienen, unter einem bestimmten Winkel zur Laufradeintrittsebene (vgl. Abb. 43) geneigt stehen müssen, erhalten sie einen Schrägabschnitt, der nicht ohne Einfluß auf die Strahlführung bleibt, falls die Expansion nicht vor dem Schrägabschnitt beendet ist, was bei überkritischem Druckverhältnis der Fall sein kann.

Aus den Betrachtungen der vorhergehenden Kapitel folgt, daß bei überkritischem Druckverhältnis, d. h. wenn der Enddruck p_0 der Expansion kleiner ist als der kritische (s. S. 24) die Leitvorrichtungen eine Erweiterung erhalten müssen; eine solche erweiterte Leitvorrichtung sei im folgenden als Düse bezeichnet, sie ist erstmalig von de Laval

[1] Z. V. d. I. 1903, S. 441. [2] Forsch.-Arb. H. 68.
[3] Z. ges. Turbinenw. 1916.

angewendet worden und wird deshalb auch Lavaldüse genannt. Ist der Enddruck größer oder gleich dem kritischen, so kann eine nicht erweiterte Leitvorrichtung angewendet werden, die kurz Leitkanal oder Zoellymündung genannt sei.

Die Düsen erhalten den engsten Querschnitt gleich am Eintritt, der vor dem engsten erforderliche große Querschnitt (vgl. Abb. 17, S. 24) wird durch gute Abrundung erreicht (Abb. 31). Vom engsten Querschnitt ab wird die Düse allmählich erweitert bis auf den Endquerschnitt f_1. Nun schließt sich vielfach ein Teil mit gleichbleibendem Querschnitt an, der dann schräg abgeschnitten ist (Abb. 31). Entspricht der Endquerschnitt f_1 dem Enddruck p_0, so wird der Strahl in Richtung der Düsenachse austreten, ohne durch den Schrägabschnitt beeinflußt zu werden. Ist der Endquerschnitt kleiner als für den Enddruck erforderlich, dann stellt sich am Ende des erweiterten Teiles ein höherer Druck ein, die weitere Expansion findet im Schrägabschnitt statt, der Strahl wird von der Richtung der Düsenachse abweichen, es tritt Strahlablenkung ein, was zuerst von E. Lewicki beobachtet worden ist.

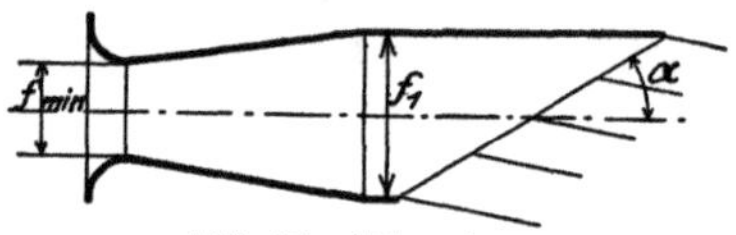

Abb. 31. Düsenform.

Der Schrägabschnitt kann aber auch ohne den verlängerten Teil (mit gleichbleibendem Querschnitt) ausgeführt werden (Abb. 32), nur liegt dann der Endquerschnitt nicht mehr in der Düse, sondern außerhalb derselben. (Würde man den Endquerschnitt in CD legen, so würde die Düse wie eine zu stark erweiterte wirken.) Von CD an wird die weitere Expansion im Schrägabschnitt stattfinden, der Strahl wird ab-

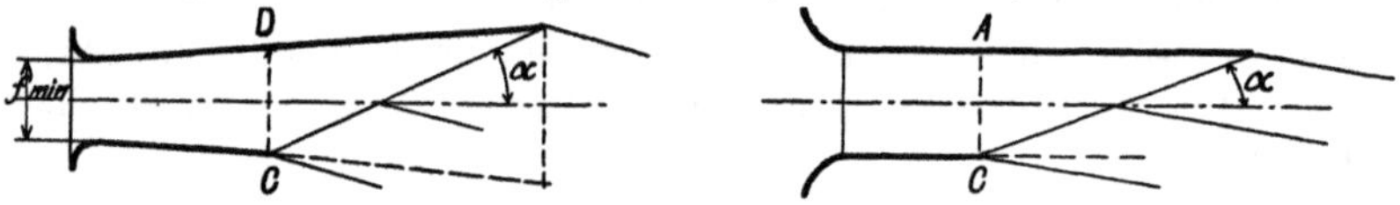

Abb. 32 und 33. Düsen.

gelenkt. Eine Düse dieser Form ist nur bei geringer Erweiterung anzuwenden.

Auch bei den nicht erweiterten Leitkanälen tritt Strahlablenkung ein, wenn der Enddruck kleiner ist als der kritische (Abb. 33). Dadurch ist es möglich, Zoellymündungen auch für überkritisches Druckverhältnis zu verwenden, wie Christlein[1] zuerst feststellte. Strahlablenkung wird demnach immer eintreten, wenn der Außendruck kleiner ist als der Druck im noch ganz in der Düse befindlichen Querschnitt AB. Da die neue Richtung des Strahles für den Eintritt in die Laufschaufel wichtig ist, muß sie ermittelt werden, worauf näher eingegangen werden soll.

Trifft ein mit Überschaltgeschwindigkeit strömender Strahl auf eine feststehende Kante [oder bewegt sich ein fester Körper (Geschoß) in einem Gas], so entstehen von der Kante ausgehende Schallwellen (ähnlich etwa den Bugwellen bei einem Schiff) unter dem Machschen

[1] Z. ges. Turbinenw. 1912, S. 185.

Winkel δ zur Bewegungsrichtung (Abb. 34), wobei $\sin\delta = \frac{c_k}{c}$, wenn c_k die kritische (Schallgeschwindigkeit), c ($> c_k$) die Geschwindigkeit der Strömung oder des bewegten Körpers.

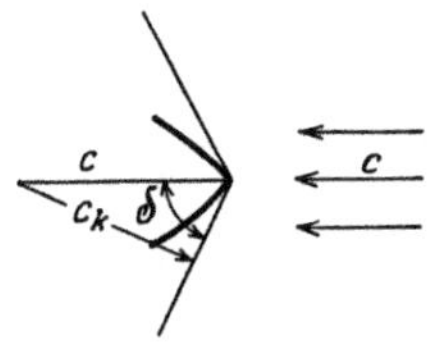

Abb. 34. Strahlablenkung (Machscher Winkel).

Eine ähnliche Erscheinung ist zu beobachten, wenn ein mit Überschallgeschwindigkeit strömender freier Strahl über eine Kante C (Abb. 35) führt in einen Raum, in welchem ein tieferer Druck p_0 herrscht als der Druck p_1 im Strahl an der Kante. Nach den Untersuchungen von Prandtl[1] geht von der Kante C eine keilförmige Verdünnungswelle aus, wobei der auf dem Fahrstrahl CD, der unter dem Machschen Winkel δ_1 gegen die Strömungsrichtung geneigt ist und bis zu welchem keine Störung eintritt, überall gleiche Druck p_1 innerhalb des Keiles CDE auf den Außendruck p_0 sinkt, der wieder auf dem ganzen Fahrstrahl CE gleich ist. In allen Punkten eines Fahrstrahles ist auch die Schallgeschwindigkeit gleich. Der Fahrstrahl CE steht unter dem Machschen Winkel δ_2 zur neuen (abgelenkten) Strahlrichtung. Von CE an verlaufen die Stromlinien wieder parallel zueinander und zur Stromlinie durch C, so daß der ganze Strahl um den Winkel ω aus seiner Anfangsrichtung abgelenkt ist.

Th. Meyer[2] hat auf Grund der von Prandtl aufgestellten Gleichungen die Lage der Fahrstrahlen CD und CE, die Polarkoordinaten der Stromlinien und den Ablenkungswinkel ω rechnerisch ermittelt für reibungsfreie (adiabatische) Strömung. Es bezeichne nach Abb. 35 φ_1, φ_2, φ die Winkel, welche die Isobaren CD, CE und eine beliebige dazwischen liegende mit einer angenommenen Hilfsachse CO einschließen, auf der die Stromlinien senkrecht stehen,

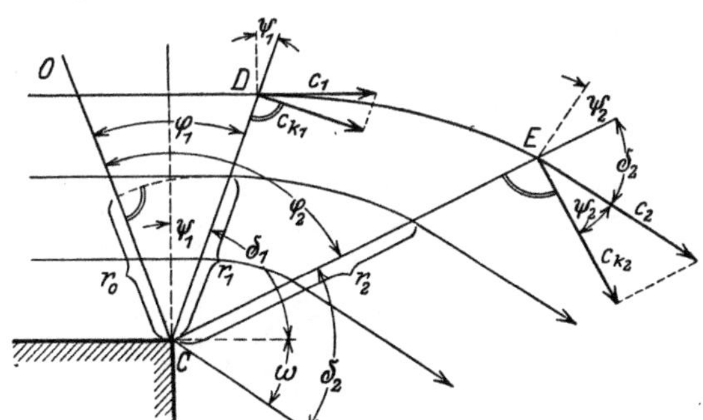

Abb. 35. Prandtlsche Strömung.

δ_1, δ, δ_2 die Machschen Winkel, ψ_1, ψ, ψ_2 die Komplementwinkel dazu, p_1 bzw. p_0 den Druck auf den Strahlen CD bzw. CE; dann ist für einen zwischen p_1 und p_0 liegenden Druck p_x, auf dem Strahl unter φ, wenn p der Druck vor der Düse

$$\operatorname{tg}\left[\varphi\sqrt{\frac{k-1}{k+1}}\right] = \sqrt{\frac{2}{k+1}\left(\frac{p}{p_x}\right)^{\frac{k-1}{k}} - 1}, \tag{40a}$$

$$\operatorname{tg}\psi = \sqrt{\frac{2}{k-1}\left(\frac{p}{p_x}\right)^{\frac{k-1}{k}} - \frac{k+1}{k-1}}. \tag{40b}$$

[1] Phys. Z. 1907, S. 23. [2] Forsch.-Arb. H. 62.

Setzt man für p_x den Wert p_1, dann p_0 ein, so ergeben sich φ_1, ψ_1 bzw. φ_2, ψ_2 und es ist der Ablenkungswinkel ω

$$\omega = (\varphi_2 - \psi_2) - (\varphi_1 - \psi_1) = \nu_2 - \nu_1 \tag{41}$$

wenn allgemein $\varphi - \psi = \nu$ ist.

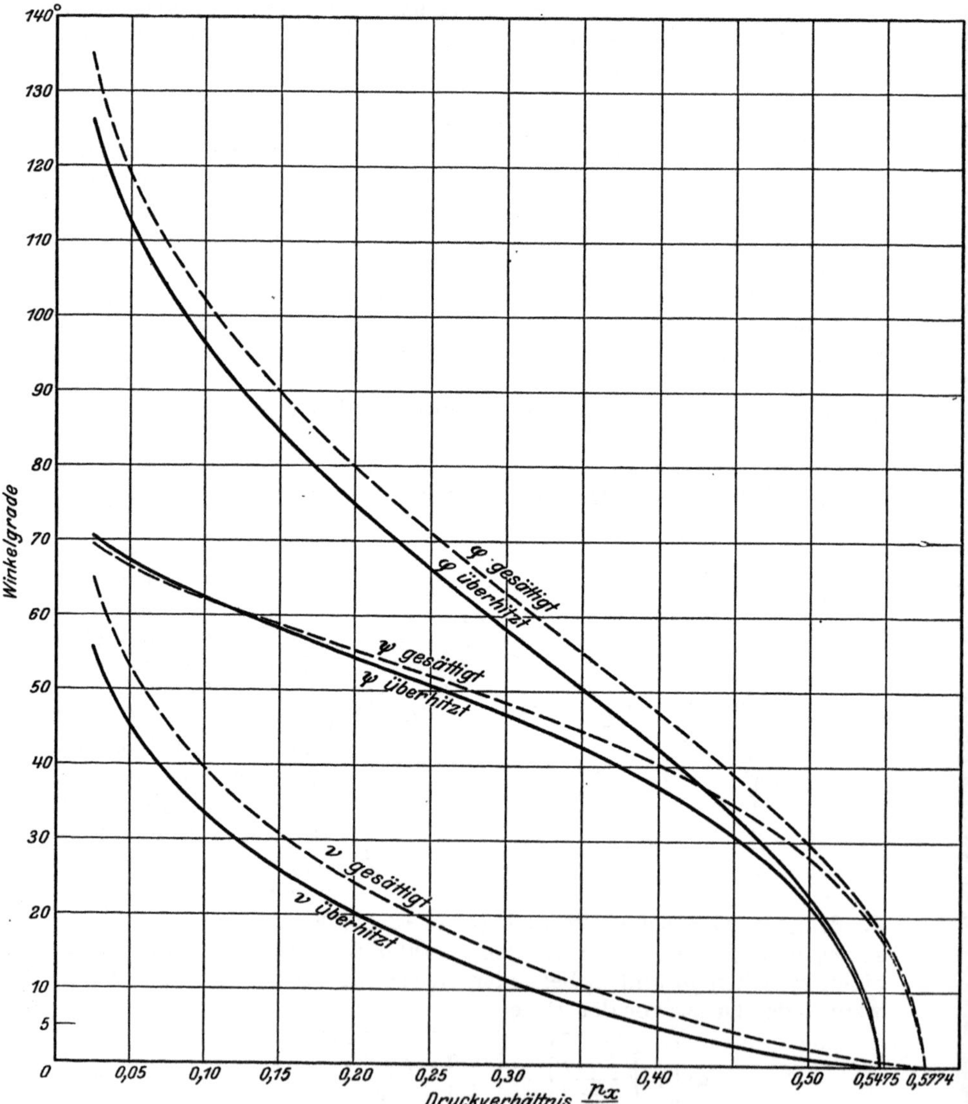

Abb. 36. Ablenkungswinkel in Abhängigkeit vom Druckverhältnis.

In Abb. 36 sind die nach diesen Gleichungen errechneten Werte von φ, ψ und ν für gesättigten und für überhitzten Dampf für verschiedene Druckverhältnisse von $\frac{p_x}{p} = 0{,}25$ bis zum kritischen über diesen Verhältnissen aufgetragen.

So ist z. B. für überhitzten Dampf von $p = 16$ ata bei Expansion auf $p_2 = 4$ ata, wenn auf dem Fahrstrahl CD (Abb. 35), $p_1 = 6$ ata, also $\frac{p_1}{p} = 0{,}375$, $\frac{p_2}{p} = 0{,}25$ aus Abb. 36 $\varphi_1 = 46{,}5^0$, $\psi = 39{,}9^0$, $\nu_1 = 6{,}6^0$ und $\varphi_2 = 66^0$, $\psi_2 = 50{,}8^0$, $\nu_2 = 15{,}2^0$ und damit die Strahlablenkung $\omega = \nu_2 - \nu_1 = 15{,}2 - 6{,}6 = 8{,}6^0$.

Der Verlauf der Stromlinien läßt sich für adiabatische Strömung durch die Polarkoordinaten φ, r nach der Gleichung von Meyer

$$r = \frac{r_0}{\left[\cos\left(\varphi\sqrt{\frac{k-1}{k+1}}\right)\right]^{\frac{k+1}{k-1}}} \tag{42}$$

ermitteln, wenn r_0 der Radiusvektor auf dem zu den Stromlinien senkrecht stehenden Strahl CO (Abb. 35), von dem die Winkel φ des jeweiligen Fahrstrahles gemessen werden. So ist z. B. für

	$\varphi = 0^0$	15^0	30^0	45^0	60^0	75^0	90^0	105^0	120^0
bei überhitztem Dampf	$r = 1$	1,037	1,148	1,367	1,754	2,437	3,690	6,158	11,48
bei gesättigtem Dampf	$r = 1$	1,035	1,147	1,363	1,741	2,393	3,546	5,700	9,986

Damit können die Stromlinien gezeichnet werden, wozu zunächst die Richtung von CD aus dem Machschen Winkel und dann mit φ_1 entsprechend dem vorliegenden Druck p_1 bzw. dem Verhältnis p_1/p aus Abb. 36 oder Gl. (40a) die Lage von CO gefunden wird. Zu verschiedenen r_0 findet man unter Winkeln φ aus obigen Verhältniszahlen die jeweiligen Radien r. Die Stromlinien für gesättigten Dampf sind erstmalig von Zerkowitz[1] verzeichnet worden. In derselben Weise sind in Abb. 37 die Stromlinien für überhitzten Dampf für $p_1 = p_k$ gezeichnet, d. h. die Fahrstrahlen CO und CD fallen zusammen in die Senkrechte (s. u. Zoellymündung).

Die Fahrstrahlen r sind als Vielfache von $r_0 = r_k$ eingetragen (vgl. Zahlentafel oben). Ferner ist die Polarkurve P gezeichnet, die das zum Winkel φ gehörige Ausdehnungsverhältnis p_x/p liefert. Um den Winkel φ und den Radiusvektor r für ein Ausdehnungsverhältnis p_x/p zu finden, braucht man nur mit diesem Verhältnis im angegebenen Maßstab aus dem Punkt C einen Bogen bis zur Polarkurve zu schlagen, dann liefert die Sehne φ und r; z. B. für $p_x/p = 0{,}5$ ist $\varphi = 22{,}5^0$ und $r = 1{,}07\, r_0$.

Diese Betrachtungen lassen sich nun für die Ermittlung der Strahlablenkung bei Überschallgeschwindigkeit in zu wenig oder gar nicht erweiterten Leitvorrichtungen anwenden.

Bei zu kurzen, d. h. zu wenig erweiterten Düsen wird bis zum unter dem Machschen Winkel δ_1 zur Stromrichtung stehenden Fahrstrahl CD (Abb. 38) der dem Erweiterungsverhältnis entsprechende

[1] Z. V. d. I. 1917, S. 869. Zur Beurteilung der Leitvorrichtungen.

Druck p_1 herrschen, wobei aus $\sin \delta_1 = \frac{c_k}{c_1}$ (c_1 entspricht dem Druckgefälle von p auf p_1) die Lage von CD ermittelt werden kann. Mit φ_1 aus Abb. 36 oder nach Gl. (40a) entsprechend dem Verhältnis p_1/p er-

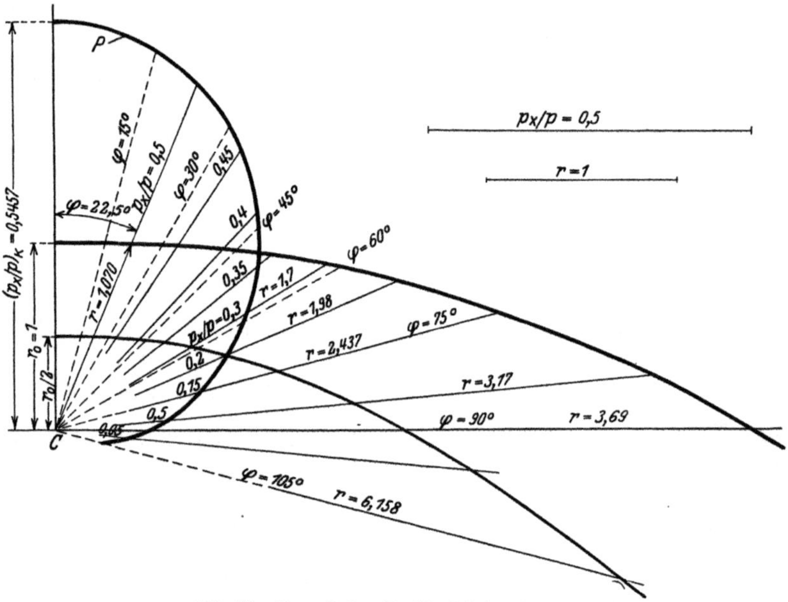

Abb. 37. Stromlinien für überhitzten Dampf.

gibt sich auch die Lage des Fahrstrahles CO. Die weitere Expansion beginnt somit von CD an und muß bis CE beendet sein, andernfalls noch Expansion außerhalb der Mündung und dann auch senkrecht zur Bildebene stattfinden würde. Damit dieses nicht eintritt, muß der Winkel φ_m der Mündung (s. Abb. 39) größer (oder mindestens gleich)

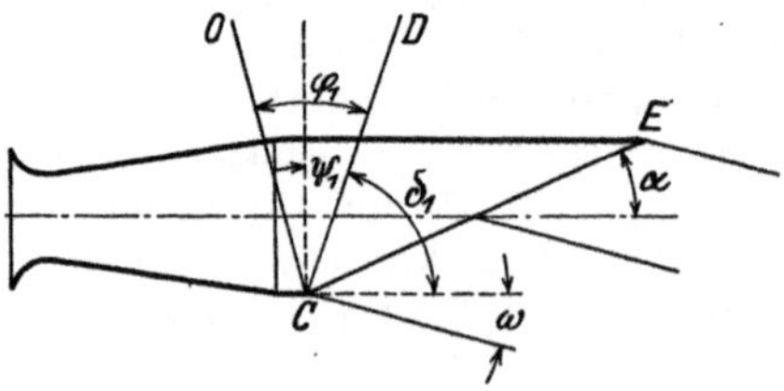

Abb. 38. Strahlablenkung in Düsen.

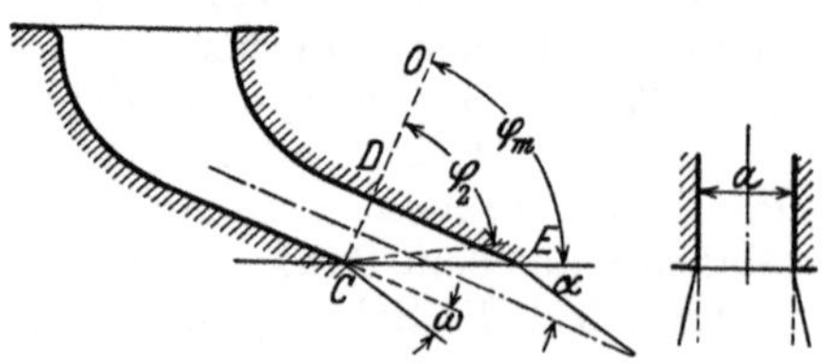

Abb. 39 und 39a. Strahlablenkung in Zoellymündungen.

sein als der dem Druckverhältnis p_0/p entsprechende Winkel φ_2, der wieder aus Abb. 36 entnommen werden kann.

Besonders wichtig ist die Expansion im Schrägabschnitt der nicht erweiterten Leitkanäle (Zoellymündung), da es dadurch möglich ist, auch ohne Erweiterung eine höhere Geschwindigkeit zu erreichen als die Schallgeschwindigkeit, wie Loschge[1] nachgewiesen hat. Bei der Zoellymündung (Abb. 39) stellt sich am Ende des allseitig umschlossenen Teils, im Querschnitt CD, die Schallgeschwindigkeit c_k ein, es ist $c = c_k$ und damit der Machsche Winkel $\delta_1 = 90^0$. Der Fahrstrahl CD fällt somit in die Senkrechte zur Strahlachse und, da $\varphi_1 = \psi_1 = 0$, auch der Strahl CO. Von CD expandiert der Strahl im Keil CDE, die Strahlablenkung ist dann, da auch $\nu_1 = 0$, $\omega = \nu_2 = \varphi_2 - \psi_2$ und kann für p_0/p aus Abb. 36 entnommen oder nach Gl. (40a, b) ermittelt worden. Z. B. ist für überhitzten Dampf mit $p = 16$ ata, $p_0 = 4$ ata, da $\frac{p_0}{p} = 0{,}25$, die Strahlablenkung $\omega = \nu_2 = 15{,}5^0$ und $\varphi_2 = 66^0$ ist der Winkel, der nötig ist, um die volle Expansion auf den Enddruck p_0 zu ermöglichen. Ist z. B. der Leitwinkel $\alpha = 20^0$, so ist der Keilwinkel DCE $\varphi_m = 90^0 - 20^0 = 70^0$, also größer als der für das vorliegende Druckverhältnis erforderliche Winkel φ_2, der Druck p_0 kann somit im Schrägabschnitt erreicht werden. Die Grenze für den Winkel α wäre $90 - 66^0 = 24^0$. Bei zu großem Winkel α könnte der Fahrstrahl unter dem Winkel φ_2 außerhalb der Austrittskante CE liegen, d. h. die gegenüberliegende Mündungswand DE nicht mehr treffen, dann kann die vollständige Expansion von p_k auf p_0 nicht im Schrägabschnitt erfolgen, es würde die Ausdehnung auf p_0 außerhalb der Kante CE stattfinden und eine Verbreiterung des Strahles auch nach den Seiten eintreten (Abb. 39a). Es muß also $\alpha \leqq 90 - \varphi_2$ sein, wobei φ_2 dem jeweiligen Druckverhältnis entspricht.

Der Form der Stromlinien entsprechend (vgl. Abb. 37), müßte die Begrenzung der Mündung längs DE (Abb. 38 und 39) gekrümmt sein. Bei der meistens geradlinigen Ausführung ist der wirkliche Querschnitt größer als dem Druck auf dem Fahrstrahl entsprechen würde, der Druck wird sinken, er ist längs der Fahrstrahlen nicht mehr überall gleich. Dadurch sind auch die Stromfäden nicht mehr gleichgerichtet, die Abweichungen sind aber nicht groß, die Strömung wird im wesentlichen wenig beeinflußt.

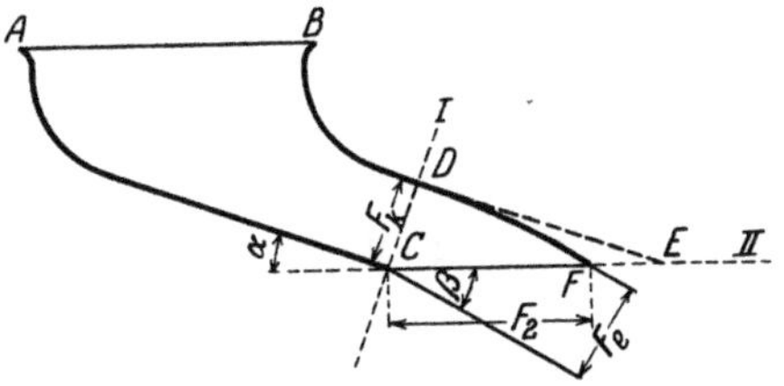

Abb. 40. Leitvorrichtung nach Zerkowitz.

Nach Zerkowitz[2] kann der gewünschte Austrittswinkel erreicht werden, wenn die Mündungswand durch die Stromlinie nach Gl. (42), S. 38 ausgebildet wird (Abb. 40); dann expandieren die Stromfäden gleichartig und werden gleich stark abgelenkt. Sie treten als Parallelstrahl aus. Ist ω die Ablenkung, α der Leitwinkel bis CD, so ist der Austrittswinkel des Parallelstrahles $\beta = \alpha + \omega$. Der wirksame Endquerschnitt ist F_e.

Da in Wirklichkeit die Strömung mit Verlusten verbunden ist, er-

[1] Forsch.-Arb. H. 144. Ausfluß des Dampfes aus Mündungen.
[2] Z. V. d. I. 1917, S. 867. Zur Beurteilung der Leitvorrichtungen.

geben sich Abweichungen gegenüber der verlustlosen Strömung; der Vorgang wird noch wesentlich verwickelter. Loschge[1] hat die Abweichungen der Winkel bei Verlusten ermittelt. Da die Geschwindigkeit kleiner wird als ohne Verluste, so wird auch die Strahlablenkung geringer. Im allgemeinen sind die Abweichungen nicht bedeutend.

Ein einfaches und praktisch genügend genaues Verfahren zur Berechnung der Strahlablenkung hat Forner (veröffentlicht von Baer[1]) aus der Stetigkeitsgleichung abgeleitet. Voraussetzung ist hierbei jedoch, daß der Strahl vollständig im Schrägabschnitt expandiert, also $\alpha_1 \leqq 90 - \varphi_2$ (s. o.) ist.

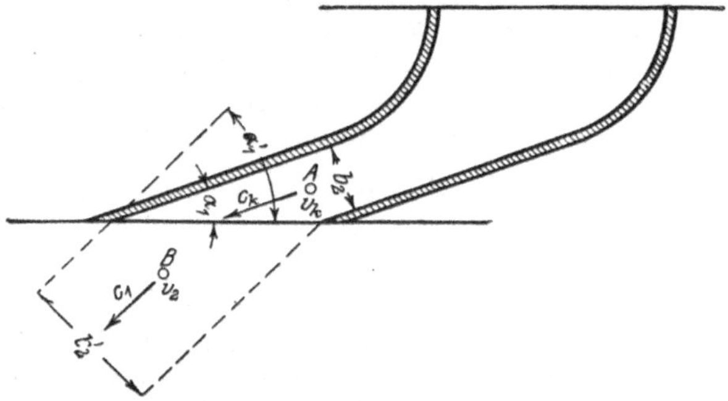

Abb. 41. Berechnung der Strahlablenkung.

Ist in Abb. 41 a die radiale Höhe, b_2 die lichte Breite im Kanal, b_2' diejenige des Strahles nach der Ablenkung, c_k die Schallgeschwindigkeit, c_1 die Austrittsgeschwindigkeit, v_k und v_2 die zugehörigen spezifischen Volumina, so ist aus der Stetigkeitsgleichung

$$G_{\text{sek}} = \frac{F_1 \cdot c_k}{v_k} = \frac{F_1' c_1}{v_2},$$

worin $F_1 = a \cdot b_2$ und $F_1' = a \cdot b_2'$; folglich ist

$$\frac{b_2 c_k}{v_k} = \frac{b_2' c_1}{v_2} \quad \text{und} \quad \frac{b_2'}{b_2} = \frac{c_k v_1}{c_2 v_k}$$

oder, da

$$\frac{b_2'}{\sin \alpha_1'} = \frac{b_2}{\sin \alpha_1}, \quad \frac{b_2'}{b_2} = \frac{\sin \alpha_1'}{\sin \alpha_1},$$

$$\frac{c_k v_1}{c_2 v_k} = \frac{\sin \alpha_1'}{\sin \alpha_1} \quad \text{und} \quad \sin \alpha_1' = \sin \alpha_1 \frac{v_2}{v_k} \cdot \frac{c_k}{c_1}. \tag{43}$$

Die Ablenkung ist dann $\omega = \alpha_1' - \alpha_1$.

Vergleiche der hiernach berechneten Ablenkung mit der gemessenen oder nach Meyer berechneten zeigen sehr gute Übereinstimmung.

Für zu wenig erweiterte Düsen kann die Ablenkung ebenfalls aus Gl. (43) berechnet werden, wenn in dieselbe statt c_k und v_k die dem Erweiterungsverhältnis entsprechenden Werte eingesetzt werden.

Den Druckverlauf in einer Zoellymündung bei Überschallgeschwindigkeit zeigt Abb. 42 nach den Angaben von Baer[3]; die gestrichelten Linien sind die Isobaren. Wie zu ersehen, treten schräg zur Strahlrichtung Druckdifferenzen auf, welche Geschwindigkeitskomponenten

---

[1] Z. V. d. I. 1916, S. 770. [2] Z. V. d. I. 1916, S. 648.

[3] Baer: Z. V. d. I. 1916, S. 645.

erzeugen, die die Ablenkung des Strahles verursachen. Dadurch wird, wie eben erläutert, die Strahlbreite, also auch der Strahlquerschnitt, größer, die Mündung wirkt wie eine erweiterte (oder stärker erweiterte) und ermöglicht Überschallgeschwindigkeit (bzw. eine höhere Geschwindigkeit als der vorhandenen Erweiterung entspricht).

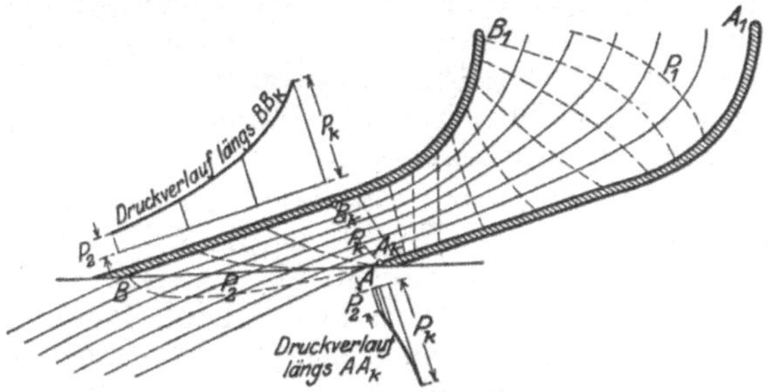

Abb. 42. Druck- und Strömungsverlauf.

Der Geschwindigkeitskoeffizient φ nach Abb. 30, S. 33 ist für Mündungen mit Schrägabschnitt ermittelt; der Koeffizient wird durch den Schrägabschnitt nur unwesentlich beeinflußt und ist in der Hauptsache von der Beschaffenheit der Wandungen und von der Geschwindigkeit abhängig. Es gilt demnach das über die Mündungen allgemein Gesagte auch für die Leitvorrichtungen mit Schrägabschnitt.

V. Energieumsetzung in der Dampfturbine. Arbeitsweise des Dampfes.

A. Hauptarten der Dampfturbinen.

Zur Ausnutzung des im Dampf enthaltenen Arbeitsvermögens in den Dampfturbinen wird die kinetische (Strömungs-) Energie herangezogen.

Es muß dazu zunächst eine Umwandlung der potentiellen (Druck-) Energie des Dampfes in kinetische Energie erfolgen. Der ganze Arbeitsvorgang in der Dampfturbine setzt sich somit aus zwei Teilen zusammen:

1. Umwandlung des Arbeitsvermögens in kinetische Energie in der Leitvorrichtung (bzw. zum Teil auch in der Laufschaufel), d. i. die Erzeugung der absoluten Dampfgeschwindigkeit und

2. Übertragung der Strömungsenergie an das Laufrad durch Ablenkung des Dampfstrahles in der Laufschaufel, in der dadurch ein Bahndruck ausgeübt wird, der als Umfangskraft das Drehmoment erzeugt (bzw. zum Teil durch den Rückdruck des Dampfstrahles auf die Laufschaufel bei teilweiser Expansion in derselben).

Wie bereits angedeutet, kann die Umsetzung des Gefälles in Geschwindigkeit entweder vollständig in der Leitvorrichtung (Düse oder Leitkanal) erfolgen, oder aber zum Teil in der Leitschaufel, zum andern Teil in der Laufschaufel. Dementsprechend werden zwei Hauptarten von Dampfturbinen unterschieden:

I. Das ganze verfügbare Gefälle wird in der Düse oder im Leitkanal in Geschwindigkeit umgesetzt, so daß der Dampf bis auf den

Enddruck entspannt mit gleichbleibendem Druck durch die Laufschaufel strömt, also vor und hinter der Schaufel und in der Turbinenkammer der gleiche Druck herrscht — **Gleichdruckturbinen** (früher auch Aktionsturbinen genannt), analog den Freistrahl-Wasserturbinen. Die relative Dampfgeschwindigkeit bleibt bis auf die Strömungsverluste gleich, also sind auch die Ein- und die Austrittsquerschnitte des Laufrades gleich. Auf die Laufschaufel wirkt als treibende Kraft der Druck des abgelenkten freien Dampfstrahles.

II. Es wird nur ein Teil des verfügbaren Gefälles in der Leitschaufel in Geschwindigkeit umgesetzt, der andere Teil in die Laufschaufel; der Dampf tritt also mit einem Überdruck im Spalt zwischen Leit- und Laufschaufel in diese ein und expandiert in der Laufschaufel bis auf den Enddruck — **Überdruckturbinen** (früher auch Reaktionsturbinen genannt). Es tritt dadurch eine Geschwindigkeitszunahme in der Laufschaufel ein, der Austrittsquerschnitt muß kleiner sein als der Eintrittsquerschnitt. Auf die Schaufel wirkt als treibende Kraft außer dem Druck des in der Leitschaufel beschleunigten Dampfstrahles noch der Rückdruck (Reaktion) desselben infolge der Expansion in der Laufschaufel; diese wirkt demnach ähnlich wie die Leitschaufel. Druckverlauf s. Abb. 66 S. 65.

Gleichdruckturbinen können voll (am ganzen Umfang) oder auch nur teilweise (partiell) beaufschlagt sein, d. h. der Dampf füllt nur einen Teil des Umfanges aus. Überdruckturbinen müssen voll beaufschlagt sein, da andernfalls infolge des Spaltüberdrucks der Dampf über die Schaufelkanten seitlich in die benachbarten, nicht vom Dampf durchströmten Schaufeln abströmen würde.

Strömt der Dampf in der Turbine in der Richtung der Radachse, so ist die Turbine eine Axialturbine; die Schaufeln stehen hierbei radial im Laufrad. Der Dampf kann aber auch radial geführt werden — von der Mitte nach der Peripherie oder umgekehrt — dann ist es eine Radialturbine; die Schaufeln sitzen in axialer Richtung in der Radscheibe.

Beide Hauptarten, Gleichdruck- und Überdruckturbine, können als Axial- oder als Radialturbinen ausgeführt werden. Radialturbinen werden wenig ausgeführt[1]; die meisten Turbinen werden als Axialturbinen ausgeführt, die deshalb im folgenden vorwiegend behandelt werden.

Endlich kann die Ausnutzung des gesamten Gefälles in einer einzigen Stufe, bestehend aus einem Leitrad und einem Laufrad, erfolgen — einstufige Turbinen; oder aber in mehreren Stufen, indem das

[1] In Deutschland wird als Radialturbine außer der Elektraturbine (Gleichdruck, von Kühnle, Kopp & Kausch, Frankenthal für kleinere Leistungen ausgeführt), seit einiger Zeit von der Maschinenfabrik Augsburg-Nürnberg, die in Schweden konstruierte Ljungströmturbine (Svenska Turbinfabriks Aktiebolaget Ljungström, Finspong bei Stockholm) als Überdruckturbine mit gegenläufigen Leit- und Laufschaufeln gebaut. Als Radial-Überdruckturbine wurde früher die Eyermannturbine ausgeführt, das ausführende Werk (Ph. Swiderski, Leipzig) besteht nicht mehr.

Gefälle in entsprechend viele Teile geteilt wird — mehrstufige Turbinen, jede Stufe aus Leit- und Laufrad bestehend. Überdruckturbinen werden nur vielstufig ausgeführt.

B. Gleichdruckturbinen.

1. Energieabgabe und Leistung.

Aus der Leitvorrichtung, die unter dem Düsen- oder Leitschaufelwinkel α_1 zur Laufradebene geneigt ist, tritt der Dampf mit der aus dem ganzen verfügbaren Gefälle erzeugten wirklichen Geschwindigkeit c_1 aus — die absolute Eintrittsgeschwindigkeit ins Laufrad. In bezug auf die mit der Umfangsgeschwindigkeit u m/sek bewegte Laufschaufel hat der Dampf die relative Eintrittsgeschwindigkeit w_1 unter dem Schaufeleintrittswinkel β_1, wobei w_1 und β_1 sich aus dem Parallelogramm der Geschwindigkeiten durch Zerlegen von c_1 in u und w_1 ergeben (Abb. 43). In der Laufschaufel wird der Strahl von der Richtung β_1 in die Richtung des Schaufelaustrittswinkels β_2 abgelenkt, wobei die relative Austrittsgeschwindigkeit w_2 infolge der Verluste in der Schaufel kleiner sein wird als die Eintrittsgeschwindigkeit w_1, es ist $w_2 = \psi w_1$, wenn ψ der Geschwindigkeitskoeffizient.

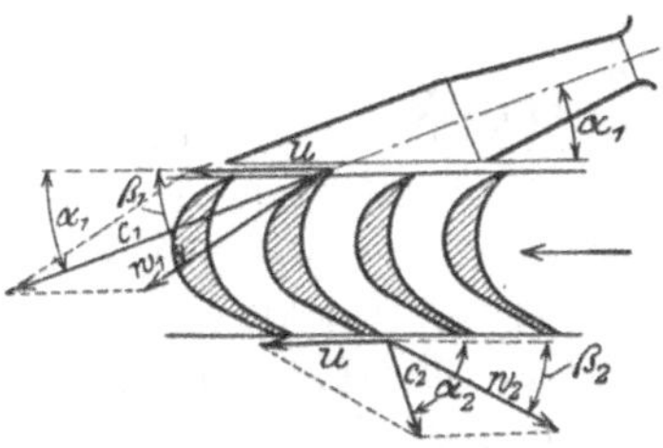

Abb. 43. Leistungsabgabe.

Mit der Eigengeschwindigkeit u der Schaufel ergibt sich wieder aus dem Parallelogramm der Geschwindigkeiten die absolute Austrittsgeschwindigkeit c_2 unter dem Winkel α_2, die in der Schaufel nicht ausgenutzt wird, also verloren ist, aber in einer gewissen Größe vorhanden sein muß, um den Dampf von der Schaufel fortzuführen.

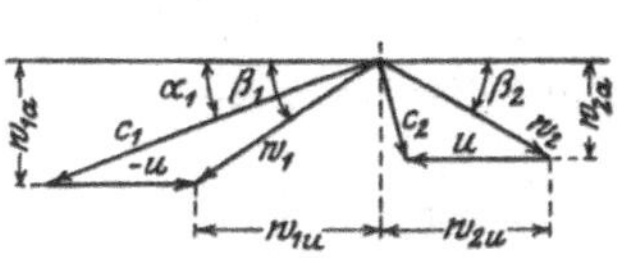

Abb. 44.

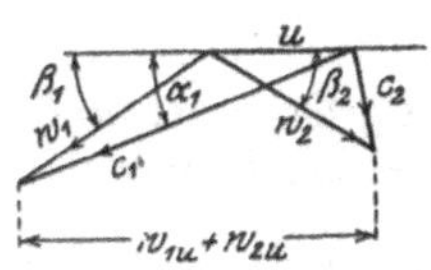

Abb. 45.

Abb. 44 und 45. Geschwindigkeitspläne.

Der Einfachheit halber verzeichnet man nicht die vollständigen Parallelogramme und die Schaufel nach Abb. 43, sondern nur die Geschwindigkeitsdreiecke, indem für den Eintritt $-u$ an c_1 angetragen wird, um w_1 zu erhalten und für den Austritt $+u$ an w_2, um c_2 zu erhalten. Die Dreiecke für Eintritt und für Austritt werden entweder aus einem Punkt (Abb. 44) gezeichnet oder aber auf der Umfangsgeschwindigkeit u so zusammengelegt, wie in Abb. 45 angegeben.

Da in vielen Fällen die erstere Art übersichtlicher ist, sei diese im folgenden angewendet.

Der strömende Dampf übt infolge der Ablenkung in der Laufschaufel auf diese einen Bahndruck aus, wie in Kapitel III, S. 19 dargelegt, der, wie ebenda angegeben, ermittelt werden kann. Die Komponente des resultierenden Bahndruckes in Richtung der Umfangsgeschwindigkeit ist die Umfangskraft, welche durch die Bewegung der Laufschaufel auf diese eine Umfangsleistung überträgt.

Die **Leistung am Radumfang** kann aber auch auf einfachere Weise aus dem Satz vom Antrieb abgeleitet werden, wie von Stodola angegeben.

Ein Massenpunkt m, auf den eine konstante Kraft P wirkt, erhält in der Richtung dieser Kraft eine Beschleunigung $b = P/m$ und erreicht nach t sek, wenn w_a die Anfangsgeschwindigkeit war, die Geschwindigkeit

$$w = w_a + b \cdot t = w_a + \frac{P}{m} \cdot t \text{ m/sek},$$

woraus

$$m(w - w_a) = P \cdot t.$$

Die linke Seite dieser Gleichung ist die Zunahme der Bewegungsgröße (Masse mal Geschwindigkeit) durch die Kraftwirkung in der Richtung der Kraft, sie ist gleich dem auf der rechten Seite stehenden Produkt aus der Kraft und der Dauer der Einwirkung derselben, d. h. ihrem Antrieb.

Auf die Verhältnisse in der Schaufel angewendet, ist P die Umfangskraft, und w hat die Richtung von u. In die Schaufel tritt die Masse m ein mit der relativen Umfangskomponente $w_{1u} = w_1 \cos\beta_1$ (Abb. 44), nach links gerichtet, und verläßt die Schaufel mit der relativen Komponente $w_{2u} = w_2 \cos\beta_2$, nach rechts gerichtet. Die Geschwindigkeit ändert sich also von $+w_{1u}$ auf 0 und dann auf $-w_{2u}$, d. h. um $w_{1u} - (-w_{2u}) = w_{1u} + w_{2u}$, während die Kraft P 1 sek lang wirkt. In obige Gleichung eingesetzt ($t = 1$ sek) ist

$$P \cdot 1 = m(w_{1u} + w_{2u}),$$

und da die Geschwindigkeit am Umfang, an dem P wirkt, u m/sek ist so ist die Leistung

$$P \cdot u = m(w_{1u} + w_{2u}) \cdot u \text{ mkg}.$$

Für 1 kg Dampf, mit der Masse $m = 1/g$ ist die Leistung am Umfang

$$\left.\begin{aligned} L_u &= P \cdot u = \frac{u}{g}(w_{1u} + w_{2u}) \text{ mkg*/kg} \\ \text{oder} \quad L_u &= \frac{u}{g}(w_1 \cos\beta_1 + w_2 \cos\beta_2) \text{ mkg/kg} \end{aligned}\right\} \qquad (44)$$

* L_u ist eigentlich eine Arbeit, keine Leistung; da jedoch die Dampfmenge, die in der Turbine arbeitet, in kg/sek angegeben wird, so gilt dieselbe Beziehung auch für die Leistung in kgm/sek.

Die Umfangsleistung ist somit in der Hauptsache von der Umfangsgeschwindigkeit abhängig, die an sich frei gewählt werden könnte.

Für die Wahl der Umfangsgeschwindigkeit u ist es wichtig festzustellen, wie sich die Leistung mit u ändert, bzw. wann der Höchstwert der Leistung erreicht wird.

Theoretisch wird die Leistung für eine bestimmte Umfangsgeschwindigkeit am größten, wenn der Winkel α_1 und damit β_1 und β_2 unendlich klein würden, wie aus Abb. 44 ersichtlich. Dann hätten alle Geschwindigkeiten die Richtung der Umfangsgeschwindigkeit, es wäre ohne Schaufelverluste ($\psi = 1$)

$$w_1 = c_1 - u = w_2 = w_{1u} = w_{2u}$$

und

$$L_u = P \cdot u = \frac{2u}{g}(c_1 - u) \text{ mkg/kg}\,.$$

Damit ist für die Betrachtung zunächst der Einfluß der Winkel ausgeschaltet.

Von $u = 0$ an nimmt wohl $2(c_1 - u) : g = P$ allmählich ab, wegen der kleiner werdenden Relativgeschwindigkeit $c_1 - u = w_1$, jedoch nimmt mit u L_u zunächst zu, da das Wachsen von u überwiegt. Wird jedoch u so groß, daß $c_1 - u$ sehr klein wird, so nimmt L_u wieder ab und hat bei $u = c_1$ wiederum den Wert Null. Zwischendrin muß L_u einen Höchstwert haben, bei einem Wert von u, für den

$$\frac{d}{du}(c_1 - u)\,u = 0 \qquad \text{oder} \qquad \frac{d}{du}(c_1 u - u^2) = 0$$

ist, also

$$c_1 - 2u = 0 \qquad \text{oder} \qquad u = \frac{c_1}{2}, \quad \frac{u}{c_1} = 0{,}5\,.$$

Es wäre demnach bei sehr kleinen Winkeln die Leistung am Umfang am größten, wenn die Umfangsgeschwindigkeit gleich der halben Dampfgeschwindigkeit c_1 gewählt wird.

Nach Einstellung ist

$$L_{u_{\max}} = \frac{2}{g}\left(c_1 - \frac{c_1}{2}\right)\frac{c_1}{2} = \frac{c_1^2}{2g}$$

oder, wenn auch kein Düsenverlust angenommen wird, also $c_1 = c_0$ ist,

$$L_{u_{\max}} = \frac{c_0^2}{2g} = L\,,$$

d. h. gleich der verfügbaren Energie.

2. Umfangswirkungsgrad.

Der Umfangswirkungsgrad $\eta_u = L_u/L$ ist bei der verlustlosen Turbine, wie zu erwarten, gleich 1.

Ermittelt man den Umfangswirkungsgrad

$$\eta_u = \frac{L_u}{L} = \frac{\frac{2}{g}\cdot(c_1 - u)\cdot u}{\frac{c_1^2}{2g}} = \frac{4u(c_1 - u)}{c_1^2} = 4\frac{u}{c_1}\left(1 - \frac{u}{c_1}\right)$$

für verschiedene Werte von u bzw. u/c_1 und trägt die η_u über u/c_1 graphisch auf, so ergibt sich eine Parabel (Abb. 46), obere Kurve, mit dem Scheitel bei $u/c_1 = 0{,}5$; der parabolische Verlauf des Wirkungsgrades (und der Leistungskurve) geht auch aus der Form der Gleichung für L_u hervor.

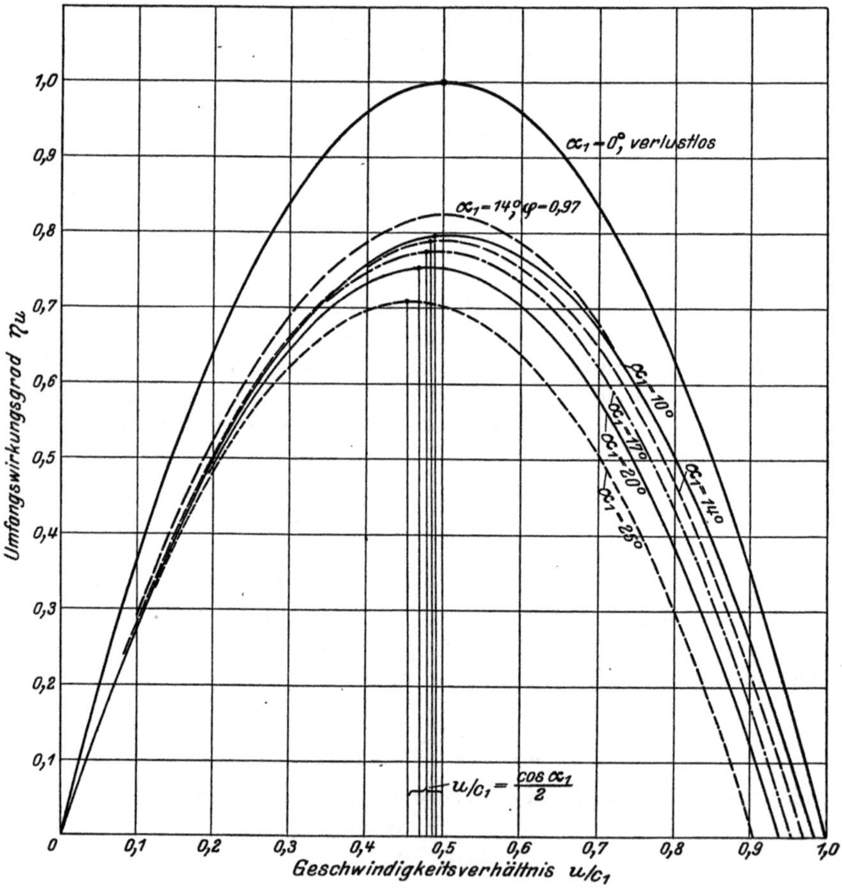

Abb. 46. Wirkungsgrad am Umfang.

Da in Wirklichkeit die Winkel endliche Größe haben müssen und Verluste auftreten, wird die erreichte Leistung kleiner sein. Für den Umfangswirkungsgrad gilt allgemein mit L_u nach Gl. (44), S. 45

$$\eta_u = \frac{L_u}{L} = \frac{u}{g}\,(w_{1u} + w_{2u}) : \frac{c_0^2}{2\,g} = \frac{2\,u}{c_0^2}\,(w_{1u} + w_{2u})\,. \tag{45}$$

Die Abhängigkeit von der Größe von u, von α_1 und den Geschwindigkeitskoeffizienten φ und ψ kann wie folgt ermittelt werden.

Nach Abb. 44, S. 44 ist

$$w_{1u} = w_1 \cos\beta_1 = c_1 \cos\alpha_1 - u\,,$$

$$w_{2u} = w_2 \cos\beta_2 = \psi\,\omega_1 \cos\beta_2$$

und mit w_1 aus der ersten Gleichung

$$w_{2u} = \psi\,\frac{c_1 \cos\alpha_1 - u}{\cos\beta_1}\cdot\cos\beta_2\,.$$

Mit $c_0 = c_1/\varphi$ wird nach Einstellung in Gl. (45)

$$\eta_u = 2\,\frac{u}{c_1^2}\,\varphi^2\left[(c_1\cos\alpha_1 - u) + (c_1\cos\alpha_1 - u)\cdot\psi\,\frac{\cos\beta_2}{\cos\beta_1}\right]$$

oder nach Umformung

$$\eta_u = 2\,\frac{u}{c_1}\,\varphi^2\left(\cos\alpha_1 - \frac{u}{c_1}\right)\left(1 + \psi\,\frac{\cos\beta_2}{\cos\beta_1}\right). \tag{46}$$

Ist $\beta_1 = \beta_2$, wie vielfach ausgeführt, so wird

$$\eta_u = 2\,\frac{u}{c_1}\,\varphi^2\left(\cos\alpha_1 - \frac{u}{c_1}\right)(1 + \psi)\,. \tag{46a}$$

Für festliegende Werte von α_1, φ und ψ ist η_u nur vom Geschwindigkeitsverhältnis u/c_1 abhängig, und zwar ist für $u = 0$ bzw. $u/c_1 = 0$ $\eta_u = 0$, nimmt mit steigendem u zu und dann wieder ab, da bei $u/c_1 = \cos\alpha_1$ bzw. $u = c_1\cos\alpha_1$ η_u wieder Null ist. Der Höchstwert von η_u wird erreicht für ein u/c_1, für welches

$$\frac{d}{du}\left(\cos\alpha_1 - \frac{u}{c_1}\right)\frac{u}{c_1} = 0 \quad \text{oder} \quad \frac{d}{du}\left(\frac{u}{c_1}\cos\alpha_1 - \frac{u^2}{c_1^2}\right) = 0\,,$$

woraus

$$\frac{\cos\alpha_1}{c_1} - \frac{2\,u}{c_1^2} = 0 \quad \text{oder} \quad \frac{u}{c_1} = \frac{\cos\alpha_1}{2}\,.$$

Der Umfangswirkungsgrad hat demnach seinen Höchstwert bei

$$u = c_1\,\frac{\cos\alpha_1}{2}\,,$$

d. h. bei einem etwas geringeren Wert von u als bei der verlustlosen Turbine. Damit wird

$$\eta_{u_{\max}} = \frac{\varphi^2}{2}\left(1 + \psi\,\frac{\cos\beta_2}{\cos\beta_1}\right)\cos^2\alpha_1\,. \tag{46 b}$$

Bei unveränderlichen c_1, α_1, φ und ψ ist Gl. (46b), wenn β_1 stets auf stoßfreien Eintritt eingestellt wird, die Gleichung eine Parabel.

Werden für gleiche Größe von φ, jedoch den Winkeln β_1 und β_2 entsprechende Werte von ψ (s. S. 72), die Umfangswirkungsgrade für verschiedene Winkel α_1 nach Gl. (46) ermittelt und über u/c_1 aufgetragen, so ergeben sich verschiedene Parabeln, welche die Abhängigkeit vom Winkel α_1 zeigen. Abb. 46 zeigt die Kurven für $\varphi = 0{,}95$, $\beta_1 = \beta_2$, ψ nach diesen Winkeln veränderlich, für $\alpha_1 = 10^0$, 14^0, 17^0, 20^0 und 25^0.

Wie daraus zu ersehen, nimmt der Umfangswirkungsgrad und der erreichte Höchstwert desselben mit zunehmendem Düsenwinkel α_1 ab.

Nur bei kleinen Werten von u/c_1 ist es bei $\alpha_1 = 14$ etwas größer als für $\alpha_1 = 10^0$.

Ferner sind in Abb. 46 die Umfangswirkungsgrade für $\alpha_1 = 14^0$ und $\varphi = 0{,}97$ eingetragen, woraus im Vergleich zu $\varphi = 0{,}95$ der Einfluß des Geschwindigkeitskoeffizienten φ der Leitvorrichtung zu ersehen ist.

3. Verwertung der Austrittsgeschwindigkeit.

Wird bei mehrstufigen Gleichdruckturbinen die Austrittsgeschwindigkeit c_2 aus dem Laufrad in der Leitvorrichtung der folgenden Stufe ausgenutzt, so ist nur die Austrittsenergie der letzten Stufe verloren; von der zweiten Stufe aber wird durch die Austrittsenergie der vorhergehenden Stufe die Geschwindigkeit c_1 erhöht und ist wie bei Berücksichtigung der Anfangsgeschwindigkeit c nach Gl. (28), S. 22

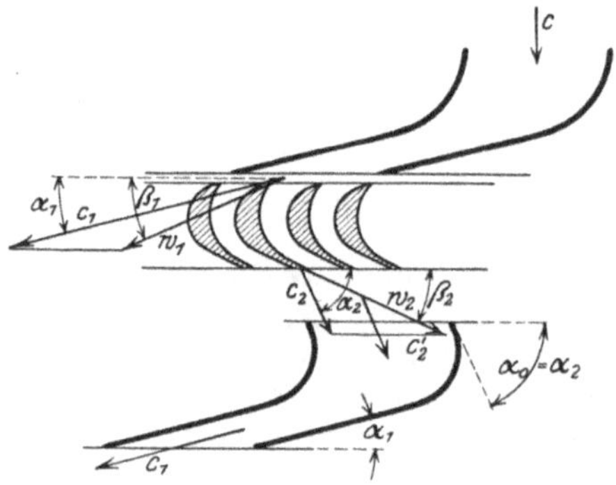

Abb. 47. Ausnutzung der Austrittsgeschwindigkeit.

$$c_0 = \sqrt{2\,gL + c^2};$$

$$c_1 = \varphi\sqrt{2\,gL + c^2},$$

wenn $L = h_t/A$ das dem adiabatischen Gefälle der betrachteten Stufe äquivalente Arbeitsvermögen. Bezeichnet c bzw. c_2' die Austrittsgeschwindigkeit der vorhergehenden Stufe (Abb. 47), so folgt aus obiger Gleichung ($c_2' = c$)

$$L = (c_0^2 - c_2'^2)\frac{1}{2\,g} = \left(\frac{c_1^2}{\varphi^2} - c_2'^2\right)\frac{1}{2\,g}, \tag{47}$$

und der **Wirkungsgrad am Radumfang bei Verwertung der Austrittsenergie** ist mit L_u nach Gl. (44), S. 45 und L aus obenstehender Beziehung

$$\eta_{ua} = \frac{L_u}{L} = \frac{\frac{u}{g}\cdot(w_{1u} + w_{2u})}{\frac{(c_0^2 - c_2'^2)}{2\,g}} = \frac{\frac{u}{g}\cdot(w_{1u} + w_{2u})}{\frac{c_0^2}{2\,g}\left[1 - \left(\frac{c_2'}{c_0}\right)^2\right]} = \frac{\frac{2u}{c_0^2}(w_{1u} + w_{2u})}{1 - \left(\frac{c_2'}{c_0}\right)^2}.$$

Der Zähler ist aber der Umfangswirkungsgrad η_u ohne Verwertung der Auslaßenergie [vgl. Gl. (45), S. 47], so daß

$$\eta_{ua} = \frac{\eta_u}{1 - \left(\frac{c_2'}{c_0}\right)^2}. \tag{48}$$

Es ist demnach der Umfangswirkungsgrad bei Verwertung der Austrittsenergie bei gleicher Dampfgeschwindigkeit c_0 stets höher als ohne Ausnutzung; deshalb sollte die Verwertung der Austrittsgeschwindigkeit angestrebt werden (vgl. Austrittsverlust S. 73).

Mit Gl. (46) für η_u und ist

$$\eta_{ua} = \frac{2\,\varphi^2 \frac{u}{c_1}\left(\cos\alpha_1 - \frac{u}{c_1}\right)\left(1 + \psi\frac{\cos\beta_2}{\cos\beta_1}\right)}{1 - \left(\varphi\frac{c_2'}{c_1}\right)^2} \tag{48a}$$

In Abb. 48 sind für $\varphi = 0{,}95$, $\alpha_1 = 14^0$, $\beta_1 = \beta_2$ und diesen Winkeln β entsprechende veränderliche Werte von ψ die Wirkungsgrade η_u ohne Verwertung (gestrichelt) und η_{ua} mit Verwertung der Austritts-

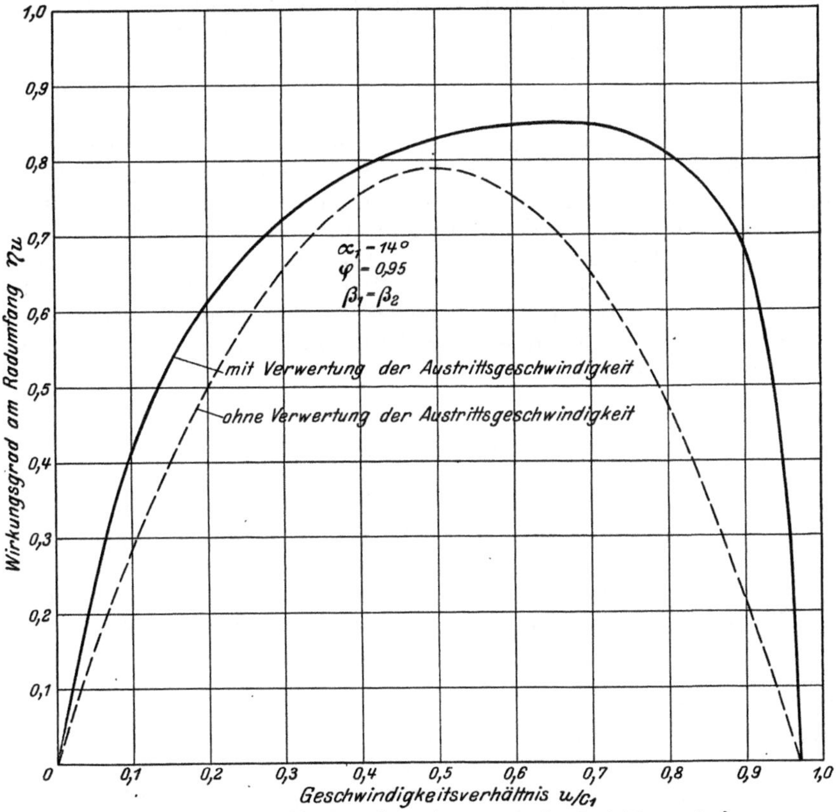

Abb. 48. Umfangswirkungsgrad bei Ausnutzung der Austrittsenergie.

energie (voll ausgezogen) über u/c_1 aufgetragen; daraus ist die Erhöhung des Wirkungsgrades durch die Verwertung ersichtlich. Die Kurve der η_{ua} weicht von der Parabel ab, der flache Verlauf am Scheitel der Kurve ist günstig, da bei Änderungen der Geschwindigkeit der Wirkungsgrad in der Nähe seines Höchstwertes wenig veränderlich ist. Allerdings liegt der günstigste Wert von u/c_1 höher als ohne Verwertung der Austrittsenergie, etwa bei $u/c_1 = 0{,}65$.

Nach Gl. (48) ist η_{ua} um so höher, je größer c_2' ist; daraus darf aber nicht gefolgert werden, daß die Austrittsgeschwindigkeit möglichst groß gemacht werden soll, denn wenn die größere Geschwindigkeit c_2 auf Kosten einer kleineren Umfangsgeschwindigkeit u erreicht wird, so wird η_u kleiner und damit η_{ua} trotz kleineren Nenners.

Wird nur ein Teil ε der Austrittsgeschwindigkeit verwertet, so wird

$$\eta_{ua} = \frac{\eta_u}{1 - \left(\frac{\varepsilon\, c_2'\, \varphi}{c_1}\right)^2}. \tag{48b}$$

Eine teilweise Verwertung tritt nicht nur ein, wenn der Abstand zwischen Laufschaufel und der folgenden Leitschaufel groß ist, so daß durch Wirbel Verluste entstehen, oder wenn die Beaufschlagung nicht voll ist und zunimmt, sondern auch wenn die Leitschaufeleintrittskante nicht der Richtung des Strahles entspricht. Dazu genügt nicht, daß der Winkel $\alpha_0 = \alpha_2$ in Abb. 47, sondern es darf die Kante den Strahl nicht schräg schneiden (vgl. S. 179). Ferner müßte berücksichtigt werden, daß φ etwas kleiner werden kann durch die Krümmung des Dampfstrahles in der Leitschaufel und durch die höhere Dampfgeschwindigkeit, jedoch ist über die Einflüsse nichts Zuverlässiges bekannt. Nach Stodola kann man mit den gleichen Werten von φ rechnen wie ψ bei den Überdruckturbinen; die Gleichdruckturbine mit Verwertung der Austrittsenergie hat in dieser Beziehung eine gewisse Ähnlichkeit mit der Überdruckturbine.

C. Überdruckturbinen.

1. Energieabgabe und Leistung.

In der Leitschaufel, die eine der Laufschaufel ähnliche (oder gleiche) Form hat und unter dem Winkel α_1 zur Laufradebene geneigt steht (Abb. 49), expandiert der Dampf vom Anfangsdruck p nur bis auf den Spaltdruck p_s (Abb. 50), wobei nur das diesem Druckgefälle entsprechende Wärmegefälle $i-i'$ in Geschwindigkeit umgesetzt und die absolute Eintrittsgeschwindigkeit c_1 erreicht wird. Wegen der kleineren Werte von c_1 im Vergleich zu den Gleichdruckturbinen wird hier stets die Anfangsgeschwindigkeit c bzw. die Austrittsgeschwindigkeit c_2' der vorhergehenden Stufe berücksichtigt.

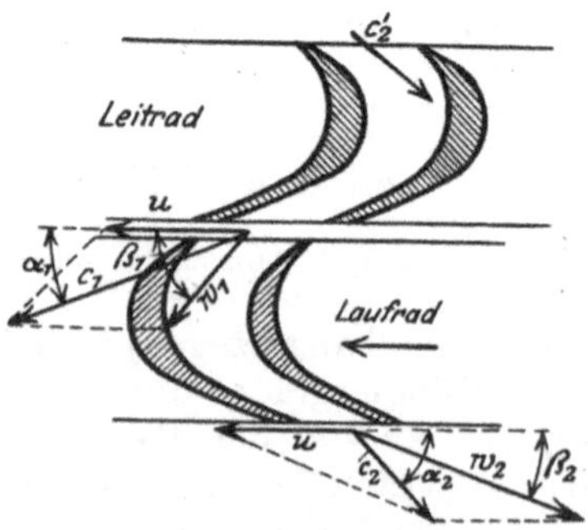

Abb. 49. Überdruckwirkung.

In die mit der Umfangsgeschwindigkeit u bewegte Laufschaufel tritt der Dampf mit der aus dem Parallelogramm der Geschwindigkeiten (Abb. 49) sich ergebenden relativen Eintrittsgeschwindigkeit w_1 unter dem Eintrittswinkel β_1 ein, welche, wie bei den Gleichdruckturbinen, durch Ablenkung die Energie an das Laufrad überträgt. Die weitere Expansion von p_s bis auf den Enddruck erfolgt in der Laufschaufel, dadurch wird die Geschwindigkeit w_1, die infolge der Verluste abnehmen würde, auf die relative Austrittsgeschwindigkeit w_2 unter dem Austrittswinkel β_2 erhöht; durch die Expansion wird ein Rückdruck auf die Schaufel ausgeübt (vgl. S. 21), wodurch die Energie an dieselbe übertragen wird. Aus w_2 und der Umfangsgeschwindigkeit u ergibt sich aus dem Parallelogramm der Geschwindigkeiten die absolute Austrittsgeschwindigkeit c_2 unter dem Winkel α_2, die in der folgenden Schaufel (für diese mit c_2' bezeichnet) verwertet wird.

Im Geschwindigkeitsplan (Abb. 51) sind Ein- und Austrittsdreieck ebenso zu zeichnen wie bei den Gleichdruckturbinen, nur ist $w_2 > w_1$, wobei w_2 in gleicher Weise wie c_1 aus dem in der Schaufel umgesetzten Gefälle unter Berücksichtigung der Anfangsgeschwindigkeit w_1 nach Gl. (28), S. 22 ermittelt wird.

Für die Leitschaufel ist, wenn c_2' die verwertete Austrittsgeschwindigkeit der vorhergehenden Laufschaufel, die theoretische Leistung

$$L' = \frac{c_0^2 - c_2'^2}{2g} = \frac{i - i'}{A} = \frac{h_t'}{A}\ \text{mkg/kg},$$

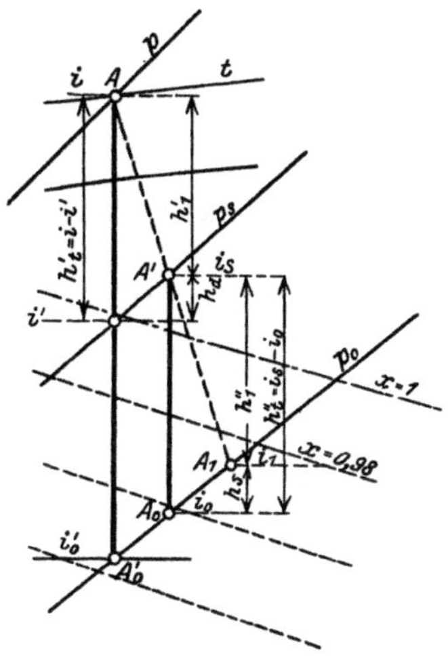

Abb. 50. Überdruckwirkung im is-Diagramm.

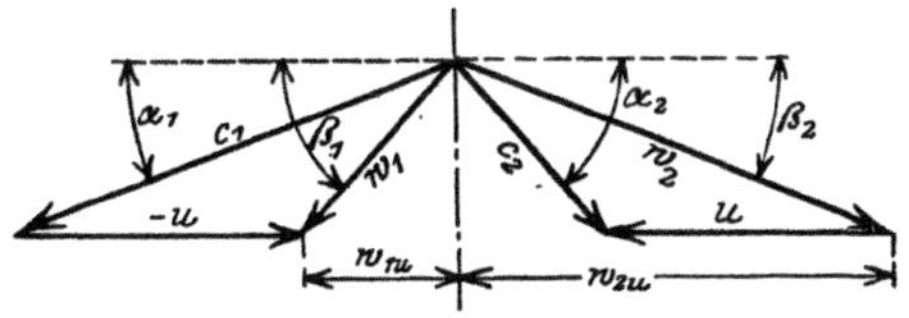

Abb. 51. Geschwindigkeitsplan.

worin i' der Wärmeinhalt am Ende der adiabatischen Expansion bis auf den Spaltdruck p_s (Abb. 50) bzw. h_t' das entsprechende adiabatische Gefälle. Mit $c_1 = \varphi c_0$, $c_0 = c_1/\varphi$ ist aus obiger Gleichung

$$c_1 = \varphi \sqrt{2g\frac{h_t'}{A} + c_2'^2}$$

oder

$$h_t' = i - i' = \frac{A}{2g}\left(\frac{c_1^2}{\varphi^2} - c_2'^2\right)\text{kcal/kg}. \qquad (49)$$

Durch den Leitschaufelverlust (Düsenverlust) $h_d = A\,(c_0^2 - c_1^2) : 2g$ ist der Endzustand A' beim Austritt aus der Leitschaufel mit dem Wärmeinhalt i_s (Abb. 50) gegeben.

Gleicherweise ist für die Laufschaufel, da in derselben Expansion von p_s auf p_0 stattfindet, ohne Verluste

$$L'' = \frac{w_0^2 - w_1^2}{2g} = \frac{i_s - i_0}{A} = \frac{h_t''}{A},$$

wenn w_0 die erreichte Geschwindigkeit bei adiabatischer Strömung;

der Spaltverlust ist hierbei nicht berücksichtigt. Mit $w_2 = \psi w_0$, $w_0 = w_2/\psi$ ist

$$w_2 = \psi \sqrt{\frac{2\,g}{A}\,(i_s - i_0) + w_1^2}$$

oder

$$h_t'' = i_s - i_0 = \frac{A}{2\,g}\left(\frac{w_2^2}{\psi^2} - w_1^2\right). \tag{49a}$$

Das verfügbare Gesamtgefälle ist dann

$$h_t = h_t' + h_t'' = \frac{A}{2\,g}\left(\frac{c_1^2}{\varphi^2} - c_2'^2 + \frac{w_2^2}{\psi^2} - w_1^2\right). \tag{49b}$$

Der Endzustand ist wegen der Verluste in der Schaufel

$$h_s = A\,(w_0^2 - w_2^2) : 2\,\mathrm{g} = i_1 - i_0$$

durch Punkt A_1 (Abb. 50) gegeben.

Bei dem praktisch meist gewählten halben Reaktionsgrad (d. h. gleiche Gefällteile für Leit- und für Laufschaufel, also $h_t' = h_t'' = i - i' = i_s - i_0$) wird $c_1 = w_2$, $c_2 = w_1$, $\varphi = \psi$ (gleiche Geschwindigkeitsdreiecke) und

$$h_t = \frac{A}{g}\left(\frac{c_1^2}{\psi^2} - w_1^2\right) = A\,L. \tag{49c}$$

Das wirklich ausgenutzte Gefälle, d. h. die **Leistung am Radumfang** ist

$$A\,L_u = h_u = i - i_1 = \frac{A}{g}\,(c_1^2 - w_1^2)\ \mathrm{kcal/kg}\,, \tag{50}$$

$$L_u = \frac{(c_1^2 - w_1^2)}{g}\ \mathrm{mkg/kg}\,. \tag{50a}$$

Die Umfangsleistung kann aber auch wie bei Gleichdruckturbinen aus dem Geschwindigkeitsplan (Abb. 51) ermittelt werden:

$$L_u = \frac{u}{g}\,(w_{1u} + w_{2u})\ \mathrm{mkg/kg}$$

und mit $w_{1u} = c_1 \cos\alpha_1 - u$, $w_{2u} = w_2 \cos\beta_2 = c_1 \cos\alpha_1$

$$L_u = \frac{u}{g}\,(2\,c_1 \cos\alpha_1 - u)\ \mathrm{mkg/kg}\,. \tag{51}$$

Zur Ermittlung der Umfangsleistung bedarf es danach nicht erst der Aufzeichnung des Geschwindigkeitsplanes, da bei festliegenden c_1 und α_1 nur das gewählte u einzusetzen ist.

Durch die Ableitung $\frac{d}{d\,u} L_u = 0$ ergibt sich, daß L_u einen Höchstwert hat bei $u = c_1 \cos\alpha_1$, $u/c_1 = \cos\alpha_1$ (also senkrechter Austritt $\alpha_2 = \beta_1 = 90^0$)

$$L_{u_{\max}} \frac{c_1^2 \cos^2\alpha_1}{g}\,. \tag{51a}$$

2. Der Wirkungsgrad am Radumfang.

Bei Berücksichtigung der Winkel und der Verluste ist mit Gl. (49) und (50)

$$\eta_u = \frac{L_u}{L} = \frac{h_u}{h_t} = \frac{c_1^2 - w_1^2}{\left(\frac{c_1}{\psi}\right)^2 - w_1^2}$$

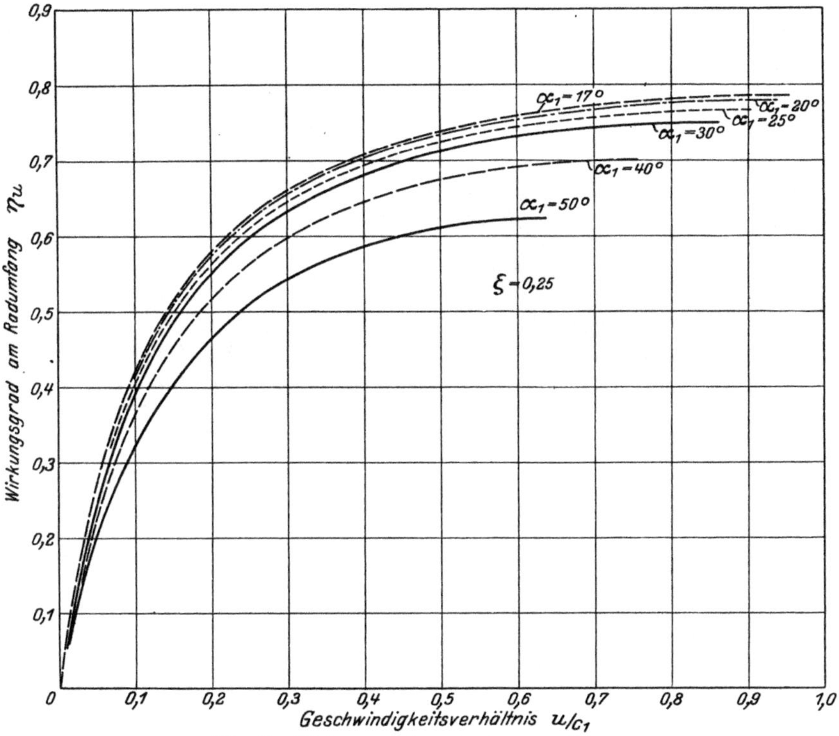

Abb. 52. Wirkungsgrad am Umfang bei Überdruck.

und mit $w_1^2 = c_1^2 - 2\,c_1 u \cos\alpha_1 + u^2$ aus dem Geschwindigkeitsplan (Abb. 51) und $1/\psi^2 - 1 = \zeta$

$$\eta_u = \frac{\frac{u}{c_1}\left(2\cos\alpha_1 - \frac{u}{c_1}\right)}{\frac{u}{c_1}\left(2\cos\alpha_1 - \frac{u}{c_1}\right) + \zeta}. \tag{52}$$

Bei unveränderlichem Verlustkoeffizienten ζ und gleichbleibendem Winkel α_1 ist η_u nur vom Geschwindigkeitsverhältnis u/c_1 abhängig, ist bei $u = 0$, also $u/c_1 = 0$ auch Null und steigt dann bis zum Höchstwert, der, wie die Umfangsleistung, bei $u/c_1 = \cos\alpha_1$ erreicht wird mit

$$\eta_{u_{max}} = \frac{\cos^2\alpha_1}{\cos^2\alpha_1 - \zeta}. \tag{52a}$$

Der günstigste Wert der Umfangsgeschwindigkeit ist demnach doppelt so groß als bei den Gleichdruckturbinen.

In Abb. 52 sind die Umfangswirkungsgrade für verschiedene Winkel α_1 eingetragen, wobei β_1 stets auf stoßfreien Eintritt in die Laufschaufel eingestellt ist und der Verlustkoeffizient unveränderlich mit $\zeta = 0{,}25$ ($\psi = 0{,}895$) angenommen wurde. Der Wirkungsgrad steigt sehr rasch und bleibt dann für einen großen Bereich von u/c_1 wenig veränderlich.

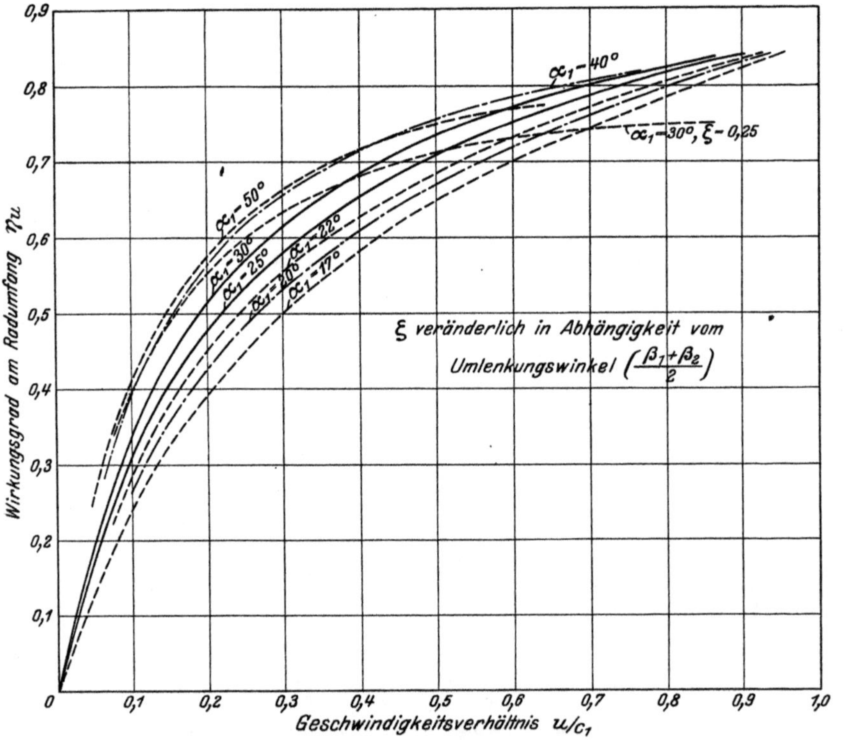

Abb. 53. Wirkungsgrade am Umfang (Überdruck).

Da ψ und damit ζ offenbar vom Umlenkungswinkel abhängig ist, wie bei den Gleichdruckturbinen, so werden die Kurven der Umfangswirkungsgrade etwas anders verlaufen als in Abb. 52. Wird ψ mit $(\beta_1 + \beta_2) : 2$ veränderlich angenommen nach Abb. 79, S. 72, so ergeben sich für verschiedene Winkel α_1 die in Abb. 53 dargestellten Wirkungsgradkurven; sie sind weniger gekrümmt als bei unveränderlichem ψ bzw. ζ. Zum Vergleich ist für $\alpha_1 = 30^0$ die Wirkungsgradkurve für unveränderliches $\zeta = 0{,}25$ eingezeichnet.

D. Radialturbinen.

Während bei den Axialturbinen für ein durch die Laufschaufel strömendes Dampfteilchen die Umfangsgeschwindigkeit unverändert bleibt (für andere Teilchen ist sie eine andre und wird für die ganze

Schaufel im mittleren Stromfaden, im Teilkreise gemessen), ändert sich bei Radialturbinen die Umfangsgeschwindigkeit von einem Wert u_1 am Eintritt auf u_2 am Austritt aus der Schaufel (Abb. 54).

Die Leistung am Radumfang kann am einfachsten nach Föppl[1] mit Hilfe des Flächensatzes ermittelt werden: „Für einen Punkt oder Punkthaufen ist das statische Moment der Kraft (Drehmoment) gleich der zeitlichen Änderung des statischen Momentes der Bewegungsgröße (Impulsmoment).“

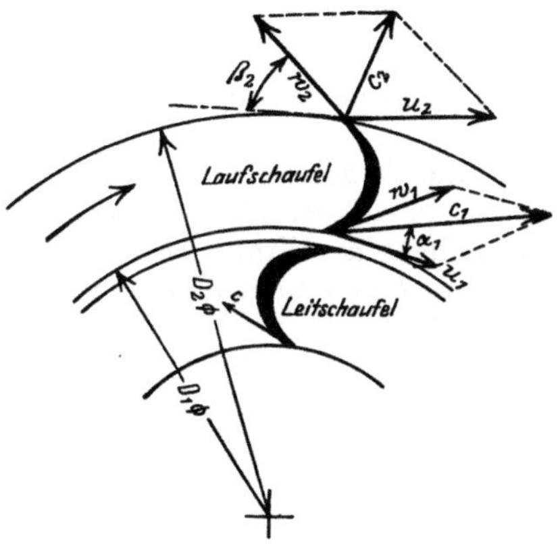

Abb. 54. Radialturbine.

Ein Massenteilchen dM tritt mit der absoluten Geschwindigkeit c_1 in die Laufschaufel und verläßt sie mit der absoluten Geschwindigkeit c_2; die Umfangskomponente der Geschwindigkeit ändert sich dabei von $c_1 \cos\alpha_1$ über Null auf $c_2 \cos\alpha_2$, die Bewegungsgröße um

$$dM\,[c_1 \cos\alpha_1 - (-c_2 \cos\alpha_2)] = dM\,(c_1 \cos\alpha_1 + c_2 \cos\alpha_2)$$

und das Moment der Bewegungsgröße (Impulsmoment) um

$$dM\,(r_1 c_1 \cos\alpha_1 + r_2 c_2 \cos\alpha_2),$$

wenn r_1, r_2 die Abstände der Ein- bzw. Austrittskante der Schaufeln von der Drehachse.

Ist $m = dM/dt$ die Masse des in der Zeiteinheit durch die Schaufel strömenden Dampfes, so ist das an die Schaufeln abgegebene Drehmoment (Impulsmoment)

$$\mathfrak{M} = \frac{dM}{dt}(r_1 c_1 \cos\alpha_1 + r_2 c_2 \cos\alpha_2) = m\,(r_1 c_1 \cos\alpha_1 + r_2 c_2 \cos\alpha_2).$$

Mit der Winkelgeschwindigkeit ω und $r_1\omega = u_1$, $r_2\omega = u_2$ ergibt sich dann die Leistung am Radumfang

$$L_u = \mathfrak{M}\,\omega = m\,(c_1 u_1 \cos\alpha_1 + c_2 u_2 \cos\alpha_2)$$

oder für 1 kg Dampf in der Sekunde, dessen Masse $m = 1/g$

$$L_u = \frac{1}{g}(u_1 c_1 \cos\alpha_1 + u_2 c_2 \cos\alpha_2). \tag{53}$$

Bei der Radialturbine können nicht ohne weiteres die relativen Geschwindigkeiten statt der absoluten eingesetzt werden wie bei den Axialturbinen [vgl. Gl. (44), S. 45].

Sollen die relativen Geschwindigkeiten eingeführt werden, so ist nach Abb. 54

$$c_1 \cos\alpha_1 = w_1 \cos\beta_1 + u_1 \qquad c_2 \cos\alpha_2 = w_2 \cos\beta_2 - u_2$$

[1] Föppl: Technische Mechanik Bd. 4.

und durch Einstellen in Gl. (53)

$$L_u = \frac{1}{g}(u_1 w_1 \cos\beta_1 + u_1^2 + u_2 w_2 \cos\beta_2 - u_2^2)$$

oder

$$L_u = \frac{1}{g}[u_1 w_1 \cos\beta_1 + u_2 w_2 \cos\beta_2 - (u_2^2 - u_1^2)],$$

$$L_u = \frac{1}{g}(u_1 w_{1u} + u_2 w_{2u}) - \frac{1}{g}(u_2^2 - u_1^2). \tag{53a}$$

Mit $u_1 = u_2$ gehen die Gl. (53), (53a) in die Gleichungen für Axialturbinen über.

Bei den Radialturbinen unterliegen die Dampfteilchen dem Einfluß der Fliehkraft, die berücksichtigt werden muß; ist r der Abstand eines Massenteilchens m von der Drehachse bei einer Winkelgeschwindigkeit ω, so ist die Fliehkraft $m r \omega^2$ und die Arbeit auf einem Wegelement dr $m r \omega^2 dr$, demnach für die ganze Schaufel

$$\int_{r_1}^{r_2} m r \omega^2 dr = \frac{m}{2}(r_2^2 \omega_2^2 - r_1^2 \omega_1^2) = \frac{m}{2}(u_2^2 - u_1^2)$$

und für 1 kg

$$\frac{u_2^2 - u_1^2}{2g}.$$

Das zweite Glied der Gl. (53a) ist somit gleich der zweifachen Fliehkraftarbeit.

Bei Turbinen mit nur einer Stufe kann die Fliehkraftarbeit meist vernachlässigt werden, da bei geringer Schaufelbreite $r_2 - r_1$ die Umfangsgeschwindigkeiten u_1 und u_2 wenig verschieden sind. Das ist bei den bisher ausgeführten radialen Gleichdruckturbinen der Fall.

Bei den stets vielstufigen Überdruckturbinen ist das in der Leitschaufel umgesetzte Gefälle [vgl. Gl. (48), S. 49]

$$h_t' = \frac{A}{2g}\left(\frac{c_1^2}{\varphi^2} - c_2'^2\right)$$

und das im Laufrad umgesetzte Gefälle unter Berücksichtigung der Fliehkraftarbeit:

$$h_t'' = \frac{A}{2g}\left[\frac{w_2^2}{\psi^2} - w_1^2 - (u_2^2 - u_1^2)\right].$$

Das verfügbare Stufengefälle ist somit

$$h_t = \frac{A}{2g}\left[\frac{c_1^2}{\varphi^2} - c_2'^2 + \frac{w_2^2}{\psi^2} - w_1^2 - (u_2^2 - u_1^2)\right].$$

Es kann $c_2' = c_2$ angenommen werden, dann ist, da

$$c_2^2 = u_2^2 + w_2^2 - 2 u_2 w_2 \cos\beta_2,$$

$$h_t = \frac{A}{2g}\left[\frac{c_1^2}{\varphi^2} + w_2\left(\frac{1}{\psi^2} - 1\right) - w_1^2 - 2 u_2^2 + 2 u_2 w_2 \cos\beta_2 + u_1^2\right].$$

Setzt man wieder

$$\varphi = \psi \quad \text{und} \quad \frac{1}{\psi^2} - 1 = \zeta, \qquad \frac{1}{\varphi^2} = \zeta + 1,$$

so ist

$$h_t = \frac{A}{2g}[(1+\zeta)c_1^2 + \zeta w_2^2 - w_1^2 + 2u_2 w_2 \cos\beta_2 - 2u_2^2 + u_1^2]. \quad (54)$$

VI. Mittel zur Verringerung der günstigsten Umfangsgeschwindigkeit.

A. Einteilung (Bauarten) der Dampfturbinen.

Die günstigste Umfangsgeschwindigkeit u, die den höchsten Wirkungsgrad am Radumfang ergibt, ist bei den Gleichdruckturbinen $u = c_1 \cos \alpha_1/2$, bei den Überdruckturbinen $u = c_1 \cos \alpha_1$, also etwa halb bzw. fast ebenso groß wie die Dampfgeschwindigkeit. Letztere ist durch das Wärmegefälle nach Gl. (30), S. 23 gegeben und erreicht nicht selten eine Höhe, die beträchtlich über Geschoßgeschwindigkeit hinausgeht. So ist bei einem Wärmegefälle von $h_t = 100$ kcal/kg bei $\varphi = 0{,}95$ $c_1 = 91{,}5\,\varphi\sqrt{h_t} = 91{,}5 \cdot 0{,}95\sqrt{100} = 870$ m/sek, oder bei $h_t = 200$ kcal/kg $c_1 = 1230$ m/sek. Die zugehörigen günstigsten Umfangsgeschwindigkeiten wären bei einem Düsenwinkel von 20^0 für Gleichdruckturbinen $u = 407$ m/sek bzw. $u = 577$ m/sek, also Werte, die wegen der Materialbeanspruchung durch die Fliehkraft gar nicht zulässig sind. Abgesehen hiervon, würde bei einem praktisch brauchbaren Raddurchmesser (Teilkreisdurchmesser im mittleren Stromfaden) die Drehzahl sehr hoch, da zwischen Umfangsgeschwindigkeit, Drehzahl und Durchmesser die Beziehung besteht $u = \pi D n/60$. So ist z. B. bei $D = 1{,}2$ m für obige Umfangsgeschwindigkeiten die Drehzahl $u = 6490$ Umdr./min, bzw. $u = 9190$ Umdr./min, was meist zu hoch ist; umgekehrt müßte für eine praktisch günstige Drehzahl, z. B. $u = 3000$ der Durchmesser $D = 2{,}59$ m bzw. $D = 3{,}68$ m werden, was unförmige Turbinen, besonders für kleinere Leistungen ergeben würde.

Für die Wahl von u ist allerdings nicht der Umfangswirkungsgrad allein maßgebend, sondern es sind noch Verluste zu berücksichtigen, die mit der Größe der Leistung veränderlich sind (stets auf 1 kg Dampf bezogen) und einen kleineren Wert für die günstigste Umfangsgeschwindigkeit erfordern.

Liegt die Umfangsgeschwindigkeit, die den besten Wirkungsgrad ergibt, innerhalb der durch die Materialfestigkeit gezogenen Grenzen, so kann der Laufraddurchmesser durch hohe Drehzahl klein gehalten werden, wobei die Drehzahl durch Zahnradvorgelege auf die gewünschte Höhe herabgesetzt werden kann, wie zuerst von de Laval angewendet. Eine Änderung der Umfangsgeschwindigkeit des Laufrades tritt dadurch jedoch nicht ein. Einstufige Gleichdruckturbinen sind deshalb nur bei kleinem Wärmegefälle anwendbar, Überdruckturbinen werden wegen der noch größeren günstigsten Umfangsgeschwindigkeit überhaupt nicht einstufig ausgeführt.

Zur Herabsetzung der Umfangsgeschwindigkeit können zwei Mittel angewendet werden: 1. die Geschwindigkeitsstufung und 2. die Druckstufung (mehrstufige Turbinen).

B. Geschwindigkeitsstufung.

Es wird das ganze Gefälle in einer Leitvorrichtung in Geschwindigkeit c_1 umgesetzt und in die mit der gewünschten Umfangsgeschwindigkeit bewegte Laufschaufel geleitet, wo nur ein Teil der Geschwindigkeit ausgenutzt wird, so daß der Dampf noch mit einer großen Geschwindigkeit c_2' austritt; er wird nun durch eine feststehende Umlenkschaufel in ungefähr die ursprüngliche Richtung von c_1 umgelenkt und in einem zweiten Laufschaufelkranz weiter ausgenutzt, evtl. wieder umgelenkt in einen dritten Kranz usw., bis nur eine mäßige Antrittsgeschwindigkeit übrigbleibt (Abb. 55); (in der Abbildung sind nur zwei Geschwindigkeitstufen dargestellt). Die Dampfgeschwindigkeit wird also in mehreren Stufen ausgenutzt, weswegen diese Maßnahme Geschwindigkeitsstufung genannt wird.

Abb. 55 zeigt neben den Schaufelschnitten auch den Druck und Geschwindigkeitsverlauf.

Da die Geschwindigkeitsstufung nur beim freien Strahl (ohne Druckänderung) möglich ist, so kann dieses Mittel bei Überdruckturbinen nicht angewendet werden.

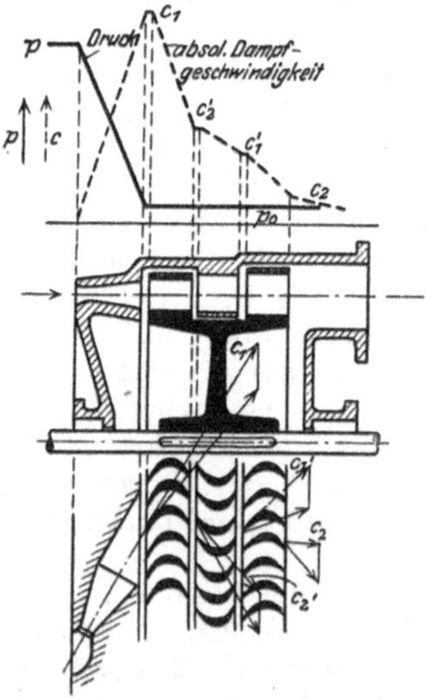

Abb. 55. Geschwindigkeitsstufung.

Meist werden die zwei oder mehr Laufschaufelkränze (zwei-, drei- usw. -fache Geschwindigkeitsstufung) auf dem Umfange ein und desselben Laufrades mit entsprechend verbreitertem Kranz angeordnet (Abb. 55), das zwei-, drei- usw. -kränziges Rad oder Curtisrad (nach dem Amerikaner Curtis) genannt wird. Die Umlenkschaufeln sind in geeigneter Weise im Gehäuse befestigt (vgl. Abb. 358, S. 346), der Eintrittswinkel muß gleich sein dem Winkel α_2 der absoluten Austrittsgeschwindigkeit aus der vorhergehenden Laufschaufel, der Austrittswinkel ist der Winkel α_1' der folgenden Laufschaufel, der gleich oder etwas größer ist als α_1 der vorhergehenden Umlenkschaufel bzw. als der Düsenwinkel. Infolge der Verluste in der Umleitschaufel sinkt die Geschwindigkeit in derselben von c_2 auf $c_1' = \psi_u c_2$, wobei ψ_u der den Winkeln α_2 und α_1' entsprechende Wert des Geschwindigkeitskoeffizienten nach Abb. 79, S. 72 ist. Den Geschwindigkeitsplan für zweifache Geschwindigkeitsstufung zeigt Abb. 56. Mit den Bezeichnungen derselben ist die **Leistung am Radumfang** als Summe der Leistungen der einzelnen Kränze

$$L_u = \frac{u}{g}(w_{1u} + w_{2u} + w'_{1u} + w'_{2u} + \cdots),$$

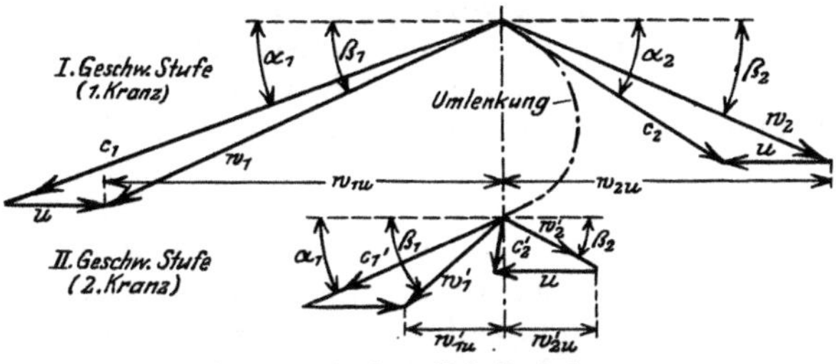

Abb. 56. Geschwindigkeitsstufung.

wenn $w_{1u} \ldots w'_{1u} \ldots$ die Umfangskomponenten der relativen Geschwindigkeiten in den verschiedenen Laufschaufelkränzen. Wie aus dem Geschwindigkeitsplan ersichtlich, ist die Leistung des ersten

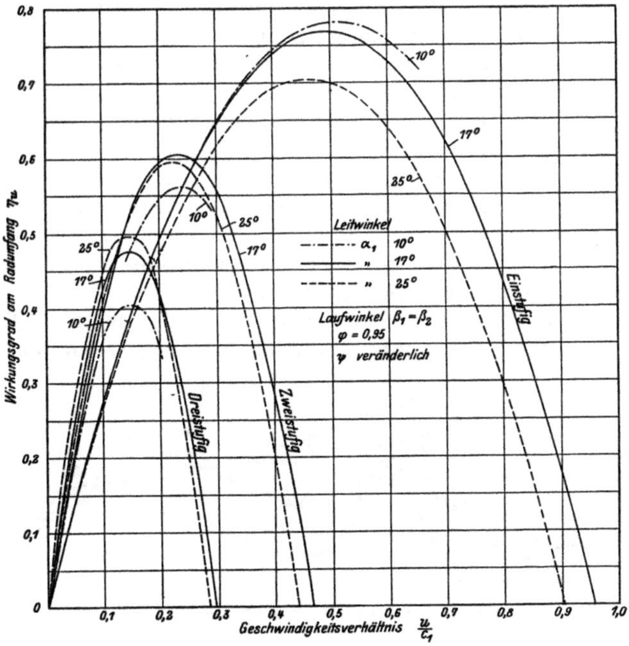

Abb. 57. Wirkungsgrad am Umfang (nach Stodola).

Kranzes weitaus am größten, sie nimmt in den weiteren Kränzen schnell ab; es kann der letzte Kranz möglicherweise nicht mehr lohnend sein, da die wegen der geringeren Geschwindigkeit erforderlichen längeren Schaufeln erhöhte Ventilationsverluste (s. S. 74) ergeben.

Es ist ohne weiteres klar, daß bei Geschwindigkeitsstufung größere Verluste auftreten als bei einstufiger Ausführung, da in jeder Laufschaufel- und Umlenkschaufelreihe sich die Verluste wiederholen. Der erreichbare Wirkungsgrad am Radumfang wird deshalb um so kleiner, je mehr die Geschwindigkeit abgestuft wird. Abb. 57 (nach Stodola) zeigt die Umfangswirkungsgrade für ein einstufiges (ohne Geschwindigkeitsstufung), zwei- und dreistufiges Rad für je $\alpha_1 = 10^0$, 17^0 und 25^0 Düsenwinkel bei gleichem Ein- und Austrittswinkel $\beta_1 = \beta_2$ der Laufschaufeln. Bei einstufiger Ausführung ist der Umfangswirkungsgrad für $\alpha_1 = 10^0$ am höchsten, bei zwei Geschwindigkeitsstufen für $\alpha_1 = 17^0$ und für drei für $\alpha_1 = 25^0$; der Höchstwert ist bei einer Stufe $\eta_u = 0{,}78$ bei $u/c_1 = 0{,}493$, bei zwei Stufen $\eta_u \sim 0{,}61$ bei $u/c_1 = 0{,}23$ und bei drei Stufen $\eta_u \sim 0{,}49$ bei $u/c_1 = 0{,}14$. Bemerkenswert ist, daß bei kleinem Geschwindigkeitsverhältnis u/c_1 die Umfangswirkungsgrade bei mehrfacher Geschwindigkeitsstufung höher ist als ohne Stufung; deswegen ist bei einem u/c_1 bis zum Schnitt mit der η_u-Kurve für einstufige Ausführung die Abstufung der Geschwindigkeit vorteilhaft. Für praktisch anwendbare Umfangsgeschwindigkeiten ist für größere Gefälle der Wirkungsgrad der einstufigen Laval-Turbine kleiner als bei Geschwindigkeitsstufung, wodurch der Anwendbarkeit der Laval-Turbine eine Grenze gesetzt ist. So ist nach Abb. 57 bei $u/c_1 \sim 0{,}26$ der Wirkungsgrad bei ein- und zweistufiger Ausführung gleich; nimmt man für u als zulässigen Höchstwert 300 m/sek an, so wäre $c_1 = 300 : 0{,}26 = 1154$ m/sek, entsprechend einem Gefälle von $h_t = 176$ kcal/kg. Bei größerem Gefälle würde die Laval-Turbine unwirtschaftlicher als eine Turbine mit Geschwindigkeitsstufung.

Des schlechteren Wirkungsgrades wegen wird Geschwindigkeitsstufung bei nur einer Druckstufe nur für Turbinen kleinerer Leistungen angewendet, bei denen mehr Wert auf niedrige Anschaffungskosten als auf Wirtschaftlichkeit gelegt wird.

Bemerkenswert ist die zuerst von Wagner[1] festgestellte wesentliche Verbesserung des Umfangswirkungsgrades, wenn die Austritts-

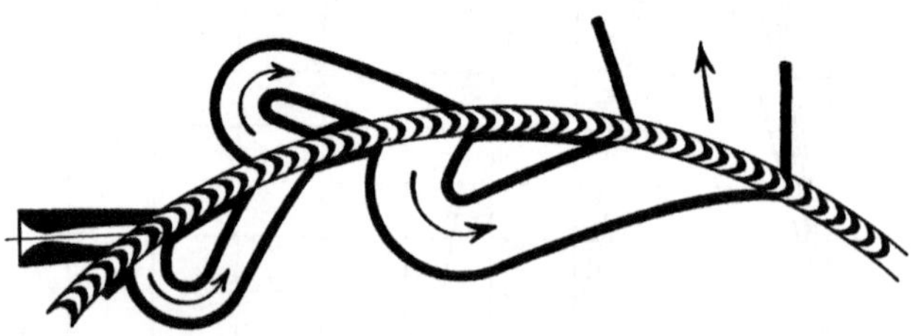

Abb. 58. Wiederholte Beaufschlagung, radial.

winkel passend verkleinert werden (s. S. 116). Durch Versuche an ausgeführten Turbinen hat Forner[2] die höheren Wirkungsgrade bestätigt.

---

[1] Wagner, P.: Wirkungsgrad der Dampfturbinenschauflungen. Berlin: Julius Springer 1919.

[2] Z. V. d. I. 1919, S. 78.

Statt der Anordnung mehrerer Laufschaufelkränze kann der Dampfstrahl auch in den selben Schaufelkranz von der anderen Seite her zurückgeleitet werden — wiederholte Beaufschlagung. Das Laufschaufelprofil ist hierbei symmetrisch. Abb. 58 zeigt wiederholte Be-

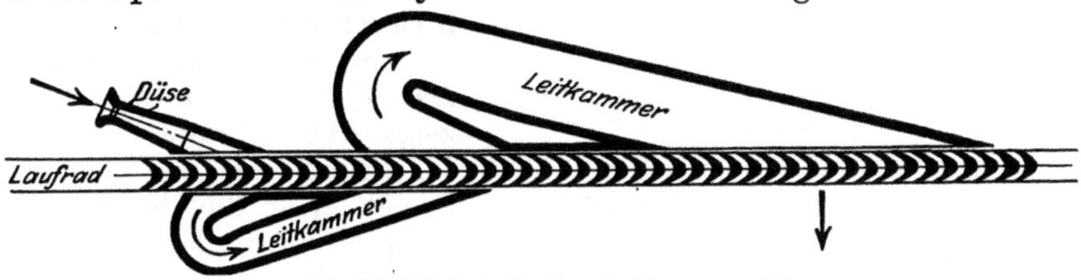

Abb. 59. Wiederholte Beaufschlagung, axial.

aufschlagung einer Radialturbine (Elektraturbine), Abb. 59 einer Axialturbine.

Infolge der viel stärkeren Umlenkung (um fast 180°) sind die Strömungsverluste natürlich viel größer als bei mehrkränziger Ausführung, jedoch wird durch die Beaufschlagung eines viel größeren Teiles des Radumfanges und durch das Fehlen weiterer Schaufelkränze die Ventilationsarbeit (s. S. 74) geringer.

C. Druckstufung.

Die Druckstufung bietet eine günstigere und deshalb meist angewendete Möglichkeit zur Herabsetzung der Umfangsgeschwindigkeit durch Unterteilung des ganzen Gefälles in mehrere Druckstufen, derart, daß für jede Stufe, bestehend aus Leitvorrichtung und Laufrad, nur ein solches Gefälle verarbeitet wird, das für eine gewünschte Umfangsgeschwindigkeit u eine dem günstigsten Verhältnis u/c_1 entsprechende Dampfgeschwindigkeit c_1 ergibt. Dieses Mittel ist für Gleichdruckturbinen wie für Überdruckturbinen anwendbar, bei letzteren ist es das einzige. Jede Stufe kann als einstufige Turbine betrachtet werden; der Anfangszustand des Dampfes in jeder Stufe ist der Endzustand der vorhergehenden. Es werden so viel Stufen angenommen, bis das ganze Gefälle aufgezehrt ist. Die Gesamtarbeit L wird in ebensoviel Teilarbeiten L_1, L_2 . . . (Abb. 60) unterteilt.

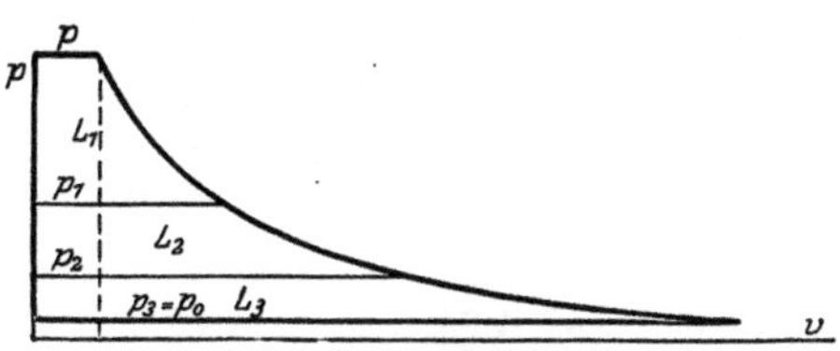

Abb. 60. Druckstufung.

1. Gleichdruckturbinen

a) mit reiner Druckstufung sind erstmalig von Zoelly ausgeführt worden. Die Leitvorrichtungen sind nichterweiterte Kanäle, die in den die einzelnen Stufen trennenden Zwischenböden (Abb. 61) sitzen — Leiträder oder Leitapparate genannt. An der Welle oder den Laufradnaben müssen die Leitradscheiben die benachbarten Turbinenkammern gegeneinander abdichten. Abb. 61 veranschaulicht das Schema der reinen Druckstufung sowie den Druck- und Geschwindigkeitsverlauf (der einfacheren Darstellung wegen sind nur 3 Druckstufen angenommen).

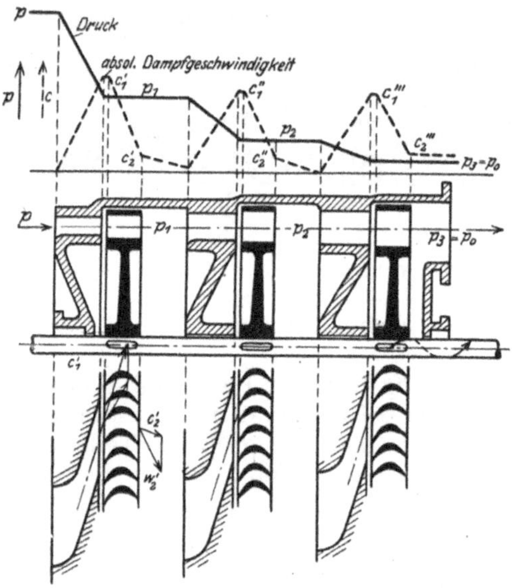

Abb. 61. Druckstufung.

Den Zustandsverlauf des Dampfes im *is*-Diagramm zeigt Abb. 62 unter Berücksichtigung der Verluste (s. S. 66). War die Beaufschlagung anfangs nicht voll, so nimmt sie allmählich bis zur vollen zu; weiter nimmt dann

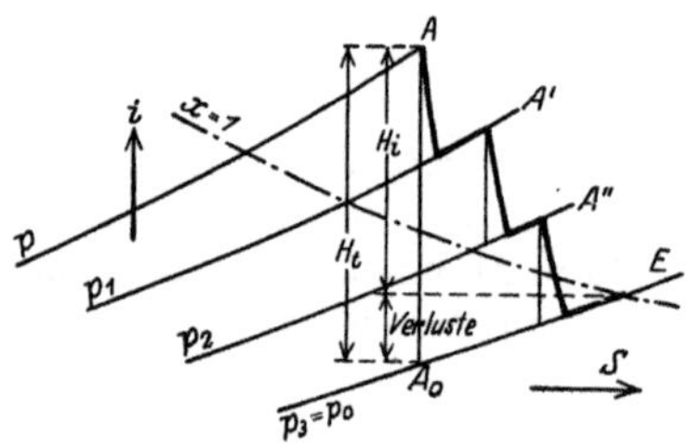

Abb. 62. Druckstufung.

die Schaufellänge zu wegen des zunehmenden Volumens. Die Austrittsgeschwindigkeit kann in der folgenden Stufe ausgenutzt werden.

b) Vereinigung von Druck- und Geschwindigkeitsstufung bei Gleichdruckturbinen, derart, daß jede Druckstufe noch Geschwindigkeitsstufen erhält. Diese Anordnung (Abb. 63), Curtisturbine genannt, erfordert weniger Stufen, da jede Druckstufe ein größeres Gefälle verarbeiten kann, jedoch ist der Umfangswirkungsgrad kleiner als bei reiner Druckstufung. Abb. 63 zeigt neben dem Schaufelschnitt auch den Verlauf des Druckes und der absoluten Geschwindigkeit. Jede Stufe kann wie eine einstufige Turbine mit Geschwindigkeitsstufung betrachtet werden.

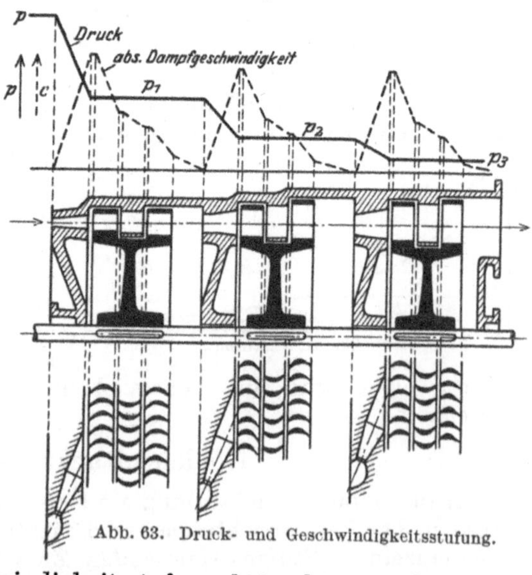

Abb. 63. Druck- und Geschwindigkeitsstufung.

Es kann aber auch Druck- und Geschwindigkeitsstufung derart vereinigt werden, daß nur die erste Druckstufe Geschwindigkeitsstufung erhält, die anderen Stufen aber reine Druckstufen sind nach Abb. 64, die auch Druck- und Geschwindigkeitsverlauf zeigt. Der Vorteil dieser viel angewendeten Bauart besteht im geringeren Druck im Gehäuse und der etwas geringeren Stufenzahl, da die erste Stufe ein größeres Gefälle verarbeitet; der Gesamtwirkungsgrad wird dadurch nicht geringer, da die größeren Schauflungsverluste der ersten Stufe durch Verringerung der Radreibungs- und der Undichtheits- (Spalt-) verluste (s. S. 82) infolge des geringeren Druckes ausgeglichen werden können.

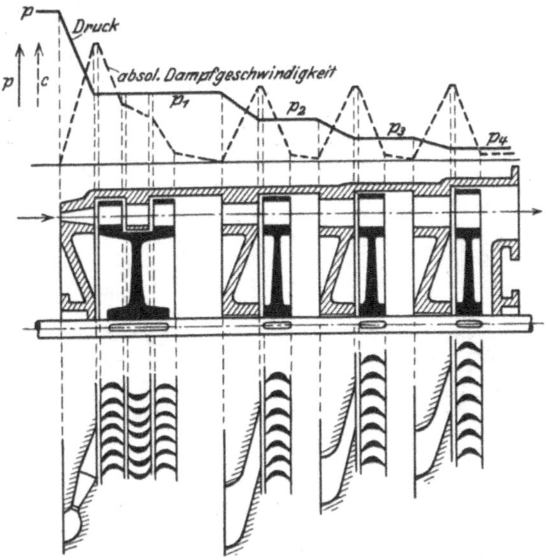

Abb. 64. Vereinigte Geschwindigkeits- und Druckstufung.

2. Überdruckturbinen

a) mit reiner Druckstufung, wie sie zuerst von Parsons (1884) angewendet wurde, erhalten viele Stufen; die Gesamtarbeit wird in ebenso viele Teile geteilt (Abb. 65), durch die Zwischendrücke, p_1, p_2 ..., wobei p_s', p_s'' ... die Spaltdrücke sind. Das Schema der Anordnung und den Druck- und Geschwindigkeitsverlauf veranschaulicht Abb. 66, den Zustandsverlauf im is-Diagramm Abb. 67; die relative Geschwindigkeit nimmt in der Schaufel von w_1 auf w_2 zu (strichpunktiert), die absolute Austrittsgeschwindigkeit c_2 wird in der folgenden Stufe ausgenutzt (vgl. S. 52). Jede Stufe ist wieder wie eine einstufige Überdruckturbine zu betrachten (s. S. 51).

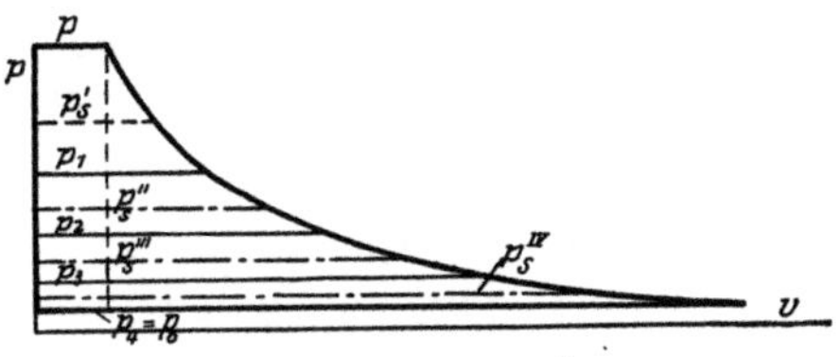

Abb. 65. Druckstufung bei Überdruck.

Die Ausführung mit reinen Überdruckstufen hat den Nachteil großer Stufenzahl, da infolge der erforderlichen vollen Beaufschlagung die Teilkreisdurchmesser und damit die Umfangsgeschwindigkeit klein werden. Bei kleinen Leistungen, also geringer Dampfmenge, würden die Schaufellängen sehr klein, weil der Durchmesser nicht unter ein bestimmtes Maß verringert werden kann und da der Spalt s zwischen Schaufel und Gehäuse bzw. zwischen Leitschaufel und Trommel nicht zu klein gehalten werden darf aus Gründen der Betriebssicherheit, so wird der Spaltverlust (s. S. 82) im Vergleich zur durch die Schaufeln strömenden Menge sehr groß. Als Mindestmaß der Schaufellänge nimmt man 10 mm. Reine Druckstufung kommt jetzt nur bei großen Dampfmengen und

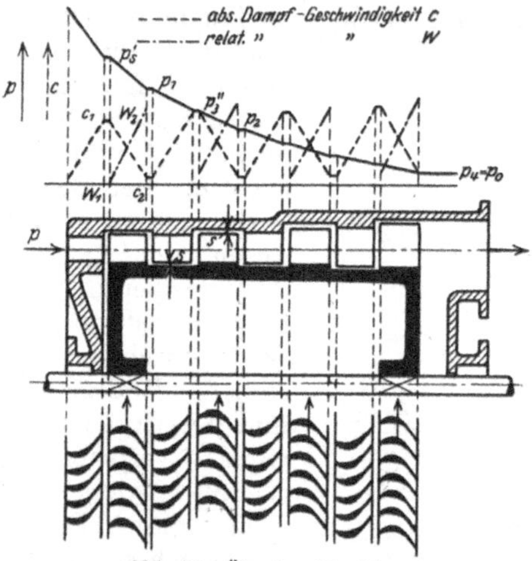

Abb. 66. Überdruckturbine.

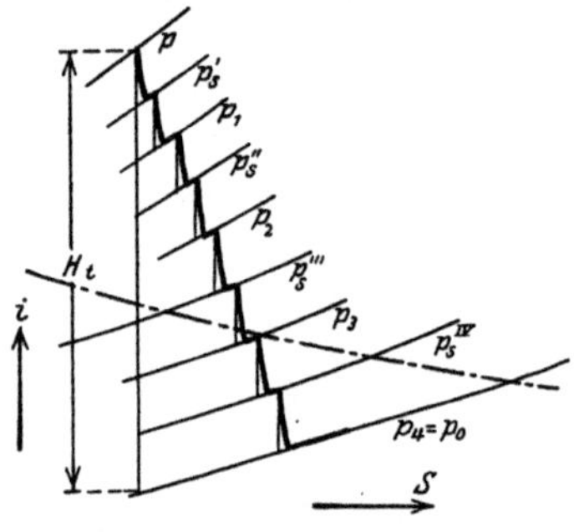

Abb. 67. Druckstufung bei Überdruck.

kleinem Gefälle zur Anwendung (Gegendruck- und Niederdruckturbinen). Um die Nachteile zu umgehen, wird eine

b) Vereinigung von Gleichdruck- und Überdruckwirkung angewendet, derart, daß im Hochdruckteil mehrere reine Gleichdruckstufen oder eine Gleichdruckstufe mit Geschwindigkeitsstufung, im Niederdruckteil reine Überdruckstufen ausgeführt werden (Abb. 68). Dadurch wird das Volumen vor den Überdruckstufen so groß, daß bei voller Beaufschlagung sich günstige Durchmesser und Schaufellängen anwenden lassen. Neben der wesentlichen Verringerung der Stufenzahl und damit der Baulänge erhält man geringeren Druck im Gehäuse, und es läßt sich der durch die Reaktionswirkung auftretende Axialschub mit Hilfe des Gleichdruckrades besser ausgleichen (s. S. 232).

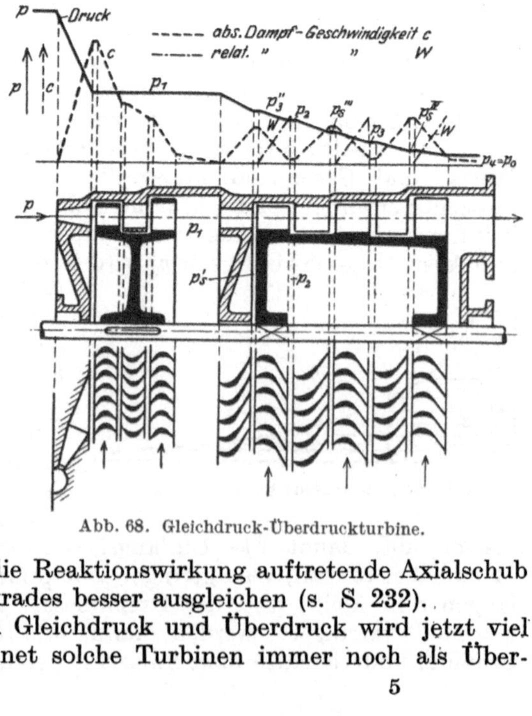

Abb. 68. Gleichdruck-Überdruckturbine.

Diese Vereinigung von Gleichdruck und Überdruck wird jetzt viel angewendet, man bezeichnet solche Turbinen immer noch als Überdruckturbinen, da sie aus diesen hervorgegangen sind und der Hauptteil der Turbine mit Überdruck arbeitet. Einige Werke, die früher nur Gleichdruckturbinen bauten, verwenden neuerdings teilweise im Niederdruckgebiet Überdruckwirkung; die Grenze beider Arten ist nicht mehr so scharf gezogen und scheint sich mehr und mehr zu verwischen, besonders wenn bei Gleichdruckturbinen die Austrittsgeschwindigkeit ausgenutzt wird.

Zusammenfassend ergibt sich folgende Einteilung der Turbinenbauarten:

A. Gleichdruckturbinen.

1. Einstufige (ohne Druckteilung):

a) eine reine Druckstufe (einspaltig) (Abb. 43), Turbine von de Laval; nur für mäßige Gefälle (etwa bis 175 kcal/kg) geeignet;

b) eine Druckstufe mit Geschwindigkeitsstufung (mehrspaltig) (Abb. 55); alle Kleinturbinen.

2. Mehrstufige, Druckstufung:

a) reine Druckstufen (Abb. 61, S. 63), Turbinen von Zoelly (Escher Wyß & Cie., WUMAG, MAN), Rateau;

b) mehrere Druckstufen je mit Geschwindigkeitsstufung (Abb. 63, S. 63); Turbine von Curtis, Elektraturbine;

c) Hochdruckstufe mit Geschwindigkeitsstufung, die übrigen reine Druckstufen (Abb. 64, S. 64); AEG, Bergmann, MAN, Krupp-Germaniawerft, FMA.

B. Überdruckturbinen:

a) reine Druckstufen (Abb. 66, S. 65); Parsons, Brown, Boveri & Cie. (für große Leistungen);

b) vereinigte Gleichdruck-Überdruckturbinen (Abb. 68, S. 65); Hochdruckteil: Gleichdruckstufe mit Geschwindigkeitsstufung oder reine Gleichdruckstufen, Niederdruckteil reine Überdruckstufen; J. A. Maffei (Melms-Pfenninger), Brown, Boveri & Cie., Gutehoffnungshütte, Erste Brünner Maschinenfabriksgesellschaft, SSW-Röder, Borsig, AEG.

VII. Die Verluste in den Dampfturbinen und die Wirkungsgrade.

Um den wirklichen Zustandsverlauf des Dampfes in der Turbine ermitteln zu können, der für die Berechnung der Querschnitte bekannt sein muß, ist es erforderlich, die einzelnen Verluste zu kennen, die eine Abweichung vom theoretischen Verlauf ergeben.

Die Verluste sind zum größten Teile Strömungsverluste durch Reibung, Stoß, Umlenkung und Wirbelung, ferner Abkühlungs- und mechanische Verluste.

Die Verluste sind innere, d. h. im Dampf selbst auftretende und äußere, die nicht im Dampf auftreten und den Zustand derselben in der Turbine nicht beeinflussen. Zu den inneren Verlusten gehören neben den Strömungsverlusten in der Schauflung (Düsen-, Schaufel-

und Austrittsverlust) die Verluste durch Reibung der umlaufenden Radscheiben im umgebenden Dampf und durch die Ventilation der nicht vom strömenden Dampf ausgefüllten Laufschaufeln, ferner die Undichtheits-(Spalt-)Verluste an der Durchgangsstelle der Welle durch die Zwischenwand (Leitradscheibe) bei Gleichdruckturbinen oder durch den Spalt zwischen Laufschaufel und Gehäuse bzw. zwischen Leitschaufel und Trommel (Spalt s, Abb. 66, S. 65) bei Überdruckturbinen. Alle diese Verluste werden in Wärme rückverwandelt und erhöhen den Wärmeinhalt des Dampfes. Als äußere Verluste erscheinen die Leerlaufsverluste, die Dampfverluste durch die Stopfbüchsen nach außen und die Strahlungs- und Abkühlungsverluste.

Es sollen im folgenden die Verluste einzeln genauer betrachtet und ihr Einfluß auf die Güte der Ausnutzung der Dampfenergie, auf den Wirkungsgrad, ermittelt werden. Die Kenntnis der Ursachen der Verluste zeigt auch die Möglichkeit und den Weg zur Verringerung derselben und damit zur Erhöhung der Wirtschaftlichkeit der Turbinen.

1. Der Düsenverlust.

Der Düsenverlust (Leitschaufelverlust) ist bereits bei der Betrachtung des Ausflusses aus Mündungen (S. 29) eingehend behandelt worden. Es entsteht durch die Reibung des Strahles an den Kanalwandungen und hängt somit von der Beschaffenheit derselben ab.

Ist wieder c_0 die bei verlustloser (adiabatischer) Strömung erreichbare Ausflußgeschwindigkeit, c_1 die wirklich erreichte, so ist der Düsenverlust [vgl. Gl. (38) u. (39), S. 29 bzw. 33]

$$h_d = A\frac{c_0^2 - c_1^2}{2g} = i_1 - i_0 \,\text{kcal/kg}, \tag{55}$$

wenn i_0 der Wärmeinhalt am Ende der adiabatischen, i_1 diejenige am Ende der wirklichen Ausströmung. Mit φ als Geschwindigkeitskoeffizienten war $c_1 = \varphi\, c_0$ und

$$h_d = A\frac{c_0^2 - \varphi^2 c_0^2}{2g} = A\frac{c_0}{2g}(1 - \varphi^2) = \zeta\, h_t, \tag{55a}$$

wenn $\frac{A c_0^2}{2g} = h_t$ das verfügbare Wärmegefälle und $\zeta = 1 - \varphi^2$ der Verlust-(Widerstands-)Koeffizient.

Der Geschwindigkeitskoeffizient φ liegt

bei roh gegossenen Mündungen bei etwa $\varphi = 0{,}93$ bis $0{,}94$
bei sauber gegossenen und nachgearbeiteten $\varphi = 0{,}95$ bis $0{,}96$
und bei allseitig sauber gefrästen bei $\varphi = 0{,}96$ bis $0{,}97$

Der Geschwindigkeitskoeffizient ist von der Strömungsgeschwindigkeit wenig abhängig, wie Versuche gezeigt haben; vgl. Abb. 30, S. 33.

Trägt man den Düsenverlust h_d im is-Diagramm vom Endpunkt A_0 der abiatischen Expansion (Abb. 69) nach oben ab und zieht die Wagerechte für $i_1 = i_0 + h_d$, so erhält man auf dem Druck p_0 den Endpunkt A_1

der wirklichen Expansion und dadurch auch das spezifische Volumen v_1 am Austritt aus der Leitvorrichtung.

Da bei der Überdruckschauflung die Leitschaufeln eine den Laufschaufeln ähnliche oder die gleiche Form haben, ist auch der Geschwindigkeitskoeffizient φ der Leitschaufel gleich dem Geschwindigkeitskoeffizienten ψ der Laufschaufel.

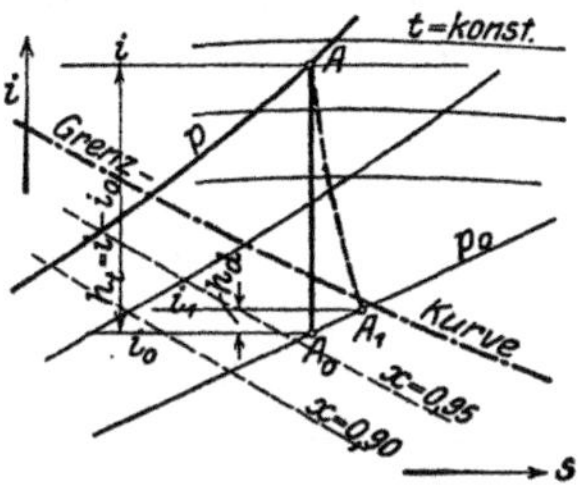

Abb. 69. Energieverlust im *is*-Diagramm.

2. Der Schaufelverlust.

Der Schaufelverlust h_s ist wesentlich verwickelter als der Düsenverlust, da neben dem reinen Reibungsverlust noch eine ganze Reihe anderer Störungen auftreten. Der Schaufelverlust setzt sich aus folgenden Einzelverlusten zusammen.

Stoßverlust durch Stoß auf die Schaufeleintrittskante, auch Kantenverlust genannt, der um so größer ist, je breiter diese Kante ist (Abb. 70, Schaufel *a*).

Der Verlust kann verringert werden durch Zuschärfen der Kante, wie bei Schaufel *b*, doch darf die Kante nicht zu scharf werden, da sie vom strömenden Dampf angegriffen wird. Weiter kann ein Stoßverlust auftreten durch Auftreffen des Strahles auf den Schaufelrücken (Abb. 71) — Rückenstoß —, wenn der Schaufelwinkel β kleiner ist als der Winkel β_1 der relativen Dampfeintrittsgeschwindigkeit w_1. Dieser Verlust kann beträchtlich sein, da die Stoßkomponente w_{st} eine der Schaufelbewegung entgegengesetzte Komponente w'_{st} ergibt, die hemmend wirkt. Der Rückenstoß muß unter normalen Arbeitsbedingungen auf jeden Fall vermieden werden durch reichlich großen Schaufelwinkel β, der sicherheitshalber einige Winkelgrade größer gewählt wird als der Winkel β_1 des Dampfstrahles (Abb. 72). Bei starker Verringerung der Dampfgeschwindigkeit (z. B. bei der Reglung) oder Zunahme der Umfangsgeschwindigkeit läßt sich jedoch der Rückenstoß nicht immer vermeiden.

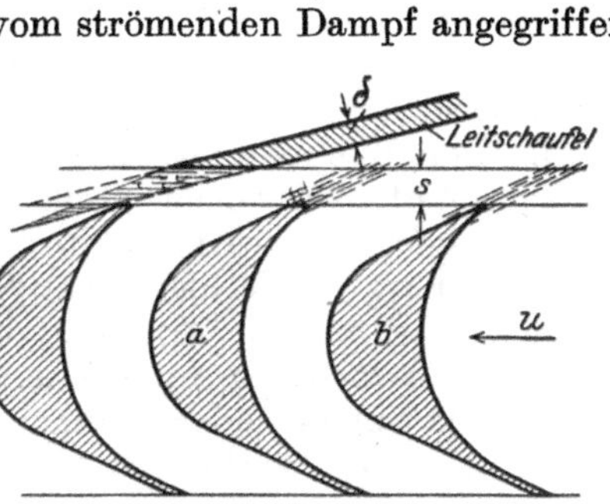

Abb. 70. Kantenstoß.

In jedem Fall tritt aber ein Stoß auf die Schaufelinnenseite ein, denn durch die erforderliche zunehmende Stärke der Schaufel ist der Winkel β' (Abb. 72) der Tangente an die Schaufelkrümmung größer als der Strahlwinkel β_1, der Stoßwinkel δ ergibt eine Stoßkomponente w_{st}, die aber eine Komponente w'_{st} in der Bewegungsrichtung hat und deshalb wenig schädlich ist. Die Dampfgeschwindigkeit wird, wie aus der Abb. 72 ersichtlich, nur wenig kleiner als w_1.

Der Reibungsverlust durch Reibung des Strahles an der Schaufel ist an sich gering, etwa bis 2% des gesamten Verlustes, und ist abhängig von der Länge des Reibungsweges, d. h. von der Schaufelbreite b, die aber mit Rücksicht auf die Krümmung und die Festigkeit nicht zu klein werden darf.

Der Umlenkungsverlust durch die Strahlkrümmung in der Schaufel ist hingegen bedeutend; er entsteht durch innere Reibung

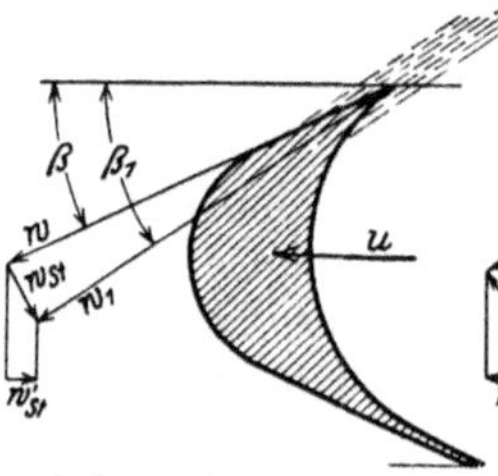

Abb. 71. Rückenstoß.

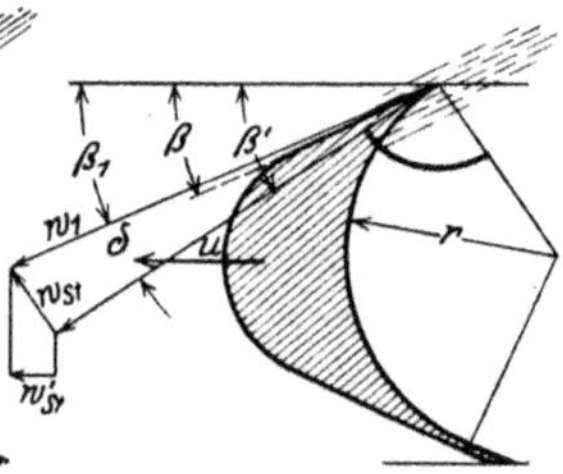

Abb. 72. Stoß auf Hohlseite.

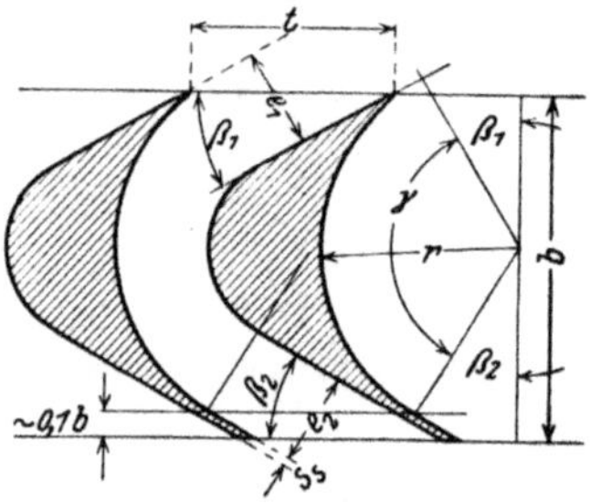

Abb. 73. Umlenkungswinkel.

der Stromfäden aneinander infolge der verschieden langen Wege in der Krümmung. Wie bei der Betrachtung der Strömung in krummlinigen Kanälen (S. 19) erwähnt, entstehen sekundäre Strömungen um die Stromlinien; vgl. Abb. 12, S. 19. Wie zuerst von Banki[1] durch Versuche mit Schaufeln von gleicher Länge des Dampfweges und verschiedenen Krümmungen festgestellt, ist der Verlust um so größer, je kleiner der Krümmungshalbmesser r (Abb. 73). Der Krümmungshalbmesser ist aber um so größer, je größer die Schaufelbreite, was wieder größeren Reibungsverlust ergibt; da letzterer aber klein ist, so wird die Breite nur durch die Schaufelfestigkeit bestimmt. Ferner ist der Verlust abhängig von der Größe der Umlenkung, d. h. vom Winkel γ (Abb. 73); letzterer ergibt sich aus den im Geschwindigkeitsplan festgelegten Schaufelwinkeln β_1 und β_2, da $\gamma = 180 - (\beta_1 + \beta_2)$. Mit zunehmendem Winkel γ, also abnehmenden Winkeln β_1 und β_2 nimmt der Verlust rasch zu, er ist der weitaus größte von allen Verlusten.

Wirbelverluste entstehen zunächst im „Stromschatten" an den Austrittskanten der Leitschaufeln (Abb. 70), sie hängen auch von der Spaltweite s ab; ferner werden Wirbel durch den Stoß erzeugt. Auch die Schaufelform bzw. der Querschnitt des von den Schaufeln gebildeten Kanals ist von Einfluß. Bei Blechschaufeln (Zoellyschaufeln) ist der Kanal in der Mitte weiter als am Ein- und am Austritt (Abb. 74), so daß der Strahl den Kanal in der Mitte nicht voll ausfüllt, es entstehen hier Wirbel, die aber die Strömung wenig zu beeinflussen scheinen.

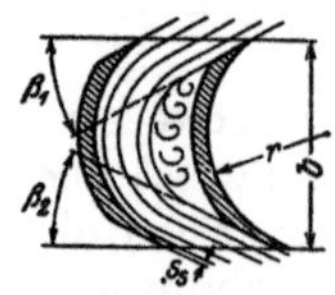

Abb. 74. Zoelly-schaufel.

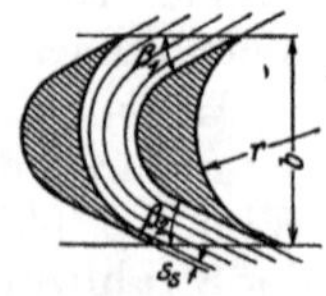

Abb. 75. Profil-schaufel.

Bei Profilschaufeln (Rückenschaufeln) kann der Kanal mit gleichbleibendem Querschnitt ausgeführt werden (Abb. 75); da der Strahl in der

[1] Z. f. ges. Turbinenwes. 1906, S. 6.

Krümmung eine Verdichtung erfährt, so könnte der Kanal in der Mitte verengt werden (Abb. 76) — Grenzschaufeln, um den Strahl vollständig einzuhüllen. Es hat sich jedoch gezeigt, daß diese letztere Form am ungünstigsten ist; die Schaufelformen nach Abb. 75 und 76 haben gleich gute Ergebnisse gezeitigt, doch wird man dort, wo der Strahl nach dem Austritt noch weiter verwertet wird (Geschwindigkeitsstufung) Profilschaufeln bevorzugen. In jedem Falle ist für gute Strahlführung am Austritt zu sorgen, um Wirbel am Austritt zu vermeiden; man versieht deshalb die Schaufeln am Austrittsende mit einem unter dem Winkel β_2 stehenden geradlinigen Teil (Abb. 73), von etwa $^1/_{10}$ der axialen Schaufelbreite b.

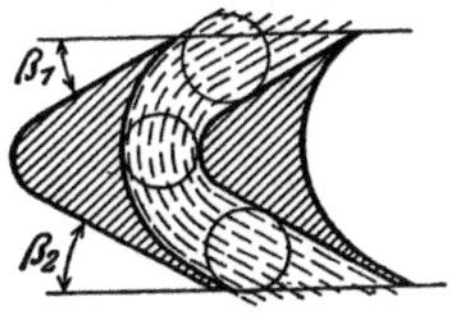

Abb. 76. Die Grenzschaufel.

Bei teilweiser Beaufschlagung treten weitere Verluste durch Wirbel auf, da vor und hinter dem Leitkanal in der Drehrichtung je ein Schaufelkanal nicht ganz mit Dampf gefüllt ist (Abb. 77); die Strömung wird dadurch gestört. Es ändert sich je nach der Stellung der Schaufeln zum Leitkanal die Umfangskraft, wie Banki feststellte. Messungen von Brown, Boveri & Cie. haben etwa 10% Änderung ergeben. Es geht

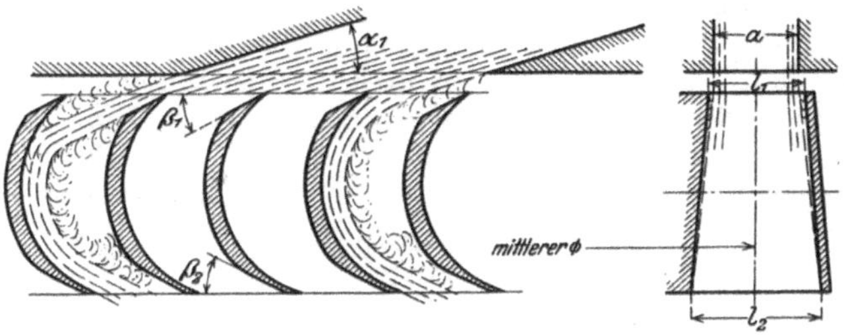

Abb. 77. Teilweise Beaufschlagung.

hieraus der große Wert ununterbrochener Beaufschlagung hervor. Ferner muß beim Eintreten des Schaufelkanals in den Strahl der in der Schaufel befindliche relativ ruhende Dampf beschleunigt und verdrängt werden, was ebenfalls Verluste verursacht.

Da die radiale Schaufelhöhe l_1 am Eintritt etwas größer sein muß als die Leitkanalhöhe a (Abb. 77), um den Strahl mit Sicherheit in die Schaufel zu leiten und Stoß auf die äußere und innere Begrenzung des Schaufelkanals (Deckband bzw. Schaufelfuß) zu vermeiden, so wird auch hier Wirbelbildung entstehen. Bemerkenswert ist auch das Ansaugen von Dampf aus dem Spalt durch den Dampfstrahl; die hierdurch entstehenden Wirbelverluste sind bei teilweiser Beaufschlagung nicht unbedeutend.

Auch die Strahlstärke e_1 bzw. e_2 (Abb. 73) und damit die Schaufelteilung t ist von Einfluß auf die Verluste, denn bei sehr kleiner Teilung wird die reibende Wandfläche groß im Vergleich zum Kanalquerschnitt, bei sehr großer Teilung wird hingegen für eine gegebene Schaufelbreite, von der auch der Krümmungshalbmesser abhängt, die Strahlführung und Umlenkung schlecht (Abb. 78), da die einzelnen Stromfäden sehr verschiedene Krümmungen erhalten und die Strömungsstörungen besonders stark hervortreten. Es muß demnach eine günstigste Strahldicke e bzw. Teilung t geben; hierüber sind Versuche angestellt worden von Banki[1], Stodola[2] und Briling[3]. Briling fand bei seinem Versuche mit Zoellyschaufeln von gleichen Ein- und Austrittswinkeln $\beta_1 = \beta_2 = \beta$ die günstigsten Ergebnisse, wenn die Strahldicke e gleich dem halben Krümmungshalbmesser r gemacht wird

$$e = \frac{r}{2} \quad \text{und mit} \quad t = \frac{e}{\sin\beta} \quad \text{(Abb. 73)}$$

ist die günstigste Teilung

$$t = \frac{r}{2\sin\beta}, \tag{56}$$

z. B. für $\beta = 30^0$ ist $t = r$.

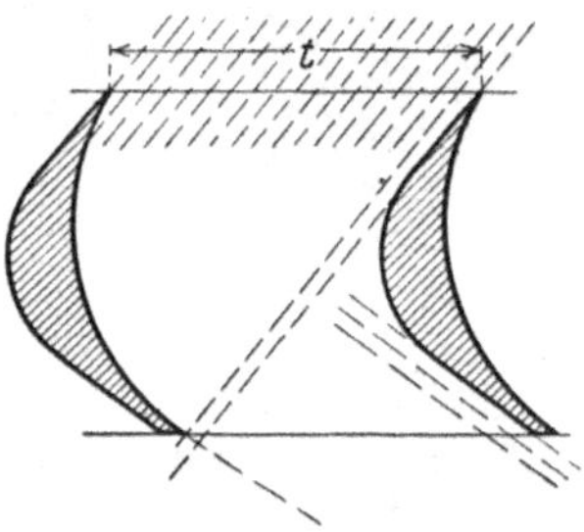

Abb. 78. Zu große Teilung.

Die Versuche von Banki mit $t \leqq 1{,}3\,r$ und von Stodola mit t bis $0{,}7\,r$ bei $\beta = 30^0$ zeigen, daß keine volle Übereinstimmung der Ergebnisse herrscht; man wendet aber häufig die Beziehung von Briling an, da sie mittlere Werte gibt. In neuerer Zeit bevorzugt man größere Teilungen und Schaufelbreiten (s. unter Laufschaufeln, S. 190).

Alle Teilverluste einzeln anzugeben oder zu bestimmen, ist nicht möglich, man faßt deshalb die Verluste zusammen als Schaufelverlust $h_s = A L_s$, das ist der Energieverlust in der Schaufel, wobei

$$L_s = \frac{w_1^2}{2g} - \frac{w_2^2}{2g} = \frac{w_1^2 - \psi w_1^2}{2g} = \frac{w_1^2}{2g}(1 - \psi^2), \tag{57}$$

wenn $w_2 = \psi w_1$ mit ψ als Geschwindigkeitskoeffizient oder Schaufelkoeffizient. Bei Gleichdruckturbinen kann dieser durch Messung der Umfangskraft P, welche eine Dampfmenge G kg/sek auf ein Segment aus zu untersuchenden Schaufeln ausübt, ermittelt werden. Die Umfangskraft ist nach Gl. (44), S. 45

$$P = \frac{G_{\text{sek}}}{g}(w_{1u} + w_{2u}) = \frac{G_{\text{sek}}}{g}(w_1 \cos\beta_1 + \psi w_1 \cos\beta_2),$$

woraus

$$\psi = \frac{g \cdot P}{G_{\text{sek}}\, w_1 \cos\beta_2} - \frac{\cos\beta_1}{\cos\beta_2}.$$

Es sei auf die diesbezüglichen Versuche von Stodola[2], Briling[3], Banki[1], Christlein[4], Löliger[5] und Anderhub[6] hingewiesen.

Der Einfluß der Dampfgeschwindigkeit auf den Schaufelkoeffizienten ist noch nicht ganz geklärt, die Versuche von Briling, Rateau, Christlein geben keine volle Übereinstimmung. Es scheint aber,

[1] Z. ges. Turbinenw. 1906, S. 6.
[2] Die Dampf- und Gasturbinen.
[3] Forsch.-Arb. H. 68.
[4] Z. ges. Turbinenw. 1912, S. 1.
[5] Dissertation Zürich 1913.
[6] Dissertation Zürich 1912.

daß die Verluste anfangs mit zunehmender Geschwindigkeit abnehmen und nach Überschreitung der Schallgeschwindigkeit wieder zunehmen. Neuere Versuche von Brown, Boveri & Cie bestätigen dieses.

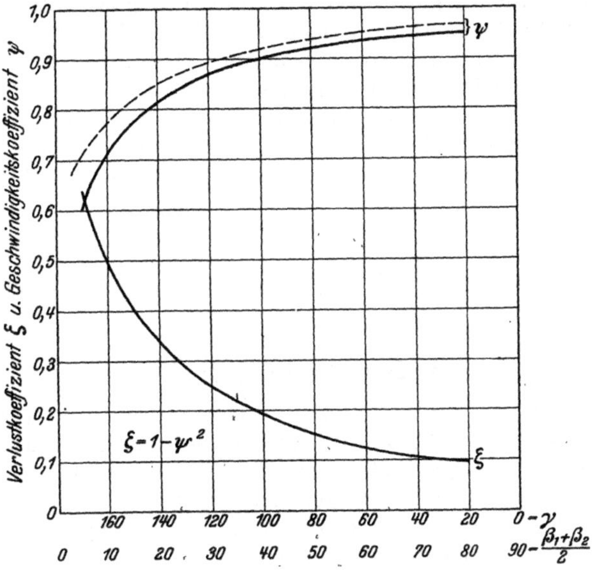

Abb. 79. Schaufel-Geschwindigkeitskoeffizient.

Da die Verluste im wesentlichen von der Umlenkung des Strahles in der Laufschaufel abhängen, werden sie in Abhängigkeit vom Umlenkungswinkel γ bzw. vom mittleren Schaufelwinkel $\frac{\beta_1 + \beta_2}{2}$ angegeben. Abb. 79 zeigt den Geschwindigkeitskoeffizienten ψ über den Winkeln aufgetragen; die gestrichelte Kurve zeigt bei sorgfältiger Ausführung erreichbare Werte. Ferner ist noch der Verlustkoeffizient $\zeta_s = 1 - \psi^2$ angegeben. Damit läßt sich der Schaufelverlust leicht ermitteln

$$h_s = AL_s = A\frac{w_1^2}{2g}(1 - \psi^2)$$

$$= A \cdot \zeta_s \frac{w_1^2}{2g}. \qquad (57\text{a})$$

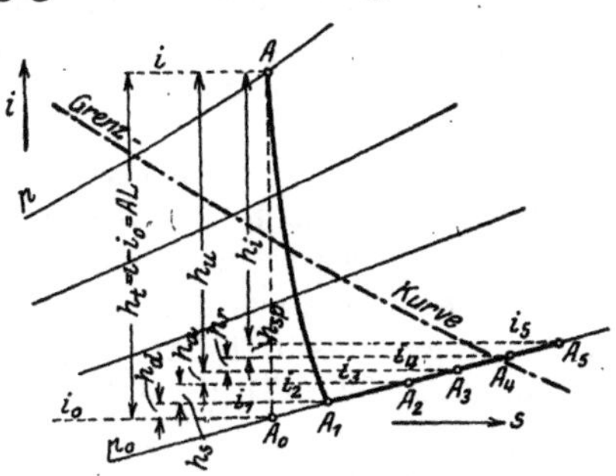

Abb. 80. Verluste im is-Diagramm.

Trägt man den Schaufelverlust im is-Diagramm (Abb. 80) vom Zustand A_1 (Austritt aus der Leitungsrichtung) nach oben ab und zieht die Wagerechte $i_2 = i_1 + h_s$, so erhält man den Endzustand A_2 beim Austritt aus der Laufschaufel. Bei Geschwindigkeitsstufen treten die Schaufelverluste sowohl in den Lauf- wie in den Umlenkschaufeln auf, es sind diese Verluste zusammen (bzw. nacheinander) in das *is*-Diagramm einzutragen, um den Zustand beim Austritt aus dem Laufrad zu erhalten (s. Abb. 106, S. 132).

Bei Überdruckturbinen kann für den Geschwindigkeitskoeffizienten ebenfalls die Abhängigkeit von der Umlenkung ermittelt werden; es treten ähnliche Verluste auf, doch wird kein Dampf aus dem Spalt angesaugt, dafür aber tritt Abströmen des Dampfes über die Schaufeln hinein, das zugleich als Undichtheitsverlust wirkt. Es werden deswegen auch beide Verluste zusammengefaßt in dem Verlust- oder Widerstandskoeffizienten ζ, dessen Wert auch von der Spaltbreite abhängt. Nach den Betrachtungen beim Energieumsatz (S. 54) ist

$$\zeta = \frac{1}{\psi^2} - 1 .$$

Praktische Werte von ζ liegen meist zwischen 0,2 und 0,30 entsprechend $\psi = \varphi = 0{,}915$ bzw. 0,977.

3. Der Austrittsverlust.

Der Austrittsverlust h_a entsteht dadurch, daß eine gewisse Größe der Austrittsgeschwindigkeit c_2 zugelassen werden muß, die nicht in derselben Stufe ausgenutzt werden kann; wenn auch die Geschwindigkeit in der folgenden Stufe ausgenutzt werden kann, so ist für die betrachtete Stufe die dieser Geschwindigkeit entsprechende Energie verloren. Der Austrittsverlust ist somit

$$h_a = A L_a = A \cdot \frac{c_2^2}{2g} \text{ kcal/kg}. \tag{58}$$

Wird die Austrittsgeschwindigkeit durch Wirbel vernichtet, so wird die Strömungsenergie h_a in Wärme rückverwandelt und erhöht den Wärmeinhalt des Dampfes. Trägt man den Austrittsverlust h_a im *is*-Diagramm vom Zustand A_2 mit dem Wärmeinhalt i_2 (Abb. 80) nach oben ein und zieht wieder die Wagerechte $i_3 = i_2 + h_a$, so erhält man auf dem Druck p_0 den Zustand A_3 nach dem Austritt bei Vernichtung der Austrittsgeschwindigkeit.

Würden weiter keine Verluste auftreten, so wäre A_3 der Endzustand des Dampfes und bei mehrstufigen Turbinen zugleich der Anfangszustand der folgenden Stufe; bei Ausnutzung der Austrittsgeschwindigkeit in der folgenden Stufe bliebe der Wärmeinhalt nach dem Austritt i_2, es würde aber durch die Austrittsenergie das nutzbare Gefälle der folgenden Stufe um h_a vergrößert, da nach Gl. (47), (S. 49)

$$L = \frac{c_0^2}{2g} - \frac{c_2'^2}{2g} = \frac{h_t}{A} \quad \text{oder} \quad \frac{c_0^2}{2g} = \frac{h_t}{A} + \frac{c_2'^2}{2g} = \frac{1}{A}(h_t + h_a),$$

wenn c_0 die erreichbare Geschwindigkeit und c_2' die Austrittsgeschwindigkeit der vorhergehenden Stufe. Wie aus Abb. 81 ersichtlich, ist bei Vernichtung der Auslaßenergie das verfügbare Gefälle der folgenden Stufe die Strecke A_3E_3, hingegen bei Verwertung der Auslaßenergie $A_2E_2 + h_a$, mithin in letzterem Falle größer. Obgleich also die vernichtete Auslaßenergie den Anfangswärmeinhalt der folgenden Stufe erhöht, also ihr zugute kommt, ist bei Verwertung der Anlaßenergie der Gewinn größer. Daraus folgt deutlich, daß die Verwertung der Auslaßenergie stets vorteilhaft ist, wie bereits S. 49 erwähnt und der bessere Umfangswirkungsgrad [vgl. Gl. (48) und Abb. 48] zeigt.

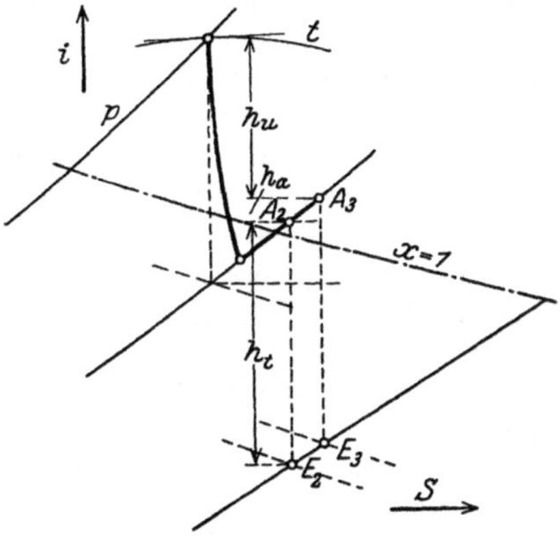

Abb. 81. Ausnutzung des Austrittsverlustes.

Bei Überdruckturbinen wird die Auslaßenergie stets ausgenutzt (bis auf die letzte Stufe), bei Gleichdruckturbinen ist dieses nur bei voller Beaufschlagung und dichter Aufeinanderfolge von Lauf- und Leitschaufel möglich, meist aber auch dann nur teilweise.

Werden Düsen-, Schaufel- und Austrittsverlust vom verfügbaren Wärmegefälle h_t in Abzug gebracht, so erhält man die Leistung am Radumfang

$$h_u = h_t - h_d - h_s - h_a,$$

die sich auch aus dem Geschwindigkeitsplan ergibt [Gl. (44), S. 45]. Die zweifache Ermittlung von h_u ermöglicht eine Nachprüfung der Richtigkeit der Berechnung durch Aufstellung einer „Wärmebilanz" (s. S. 134).

Der Wirkungsgrad am Radumfang, kurz Umfangswirkungsgrad genannt, ergibt sich nach Gl. (46) u. (52) und ferner aus dem *is*-Diagramm (Abb. 80) als Verhältnis

$$\eta_u = h_u : h_t.$$

In Wirklichkeit ist aber A_3 nicht der Endzustand, da innerhalb der Turbine noch weitere Verluste auftreten.

4. Der Radreibungs- und Ventilationsverlust.

Er entsteht durch die Reibung der rotierenden Laufradscheiben und der Trommeln im umgebenden Dampf bzw. durch die Ventilation der nicht vom Dampf durchströmten Schaufeln bei teilweiser Beaufschlagung; bei Überdruckturbinen fällt demnach der Ventilationsverlust fort und da die Trommeln, in denen die Laufschaufeln sitzen, nur wenig vom Dampf berührte Flächen haben, so ist auch die Radreibungsarbeit gering und wird vernachlässigt. Bei Gleichdruckturbinen sind die Verluste bei kleinen Leistungen, d. h. bei kleiner arbeitender Dampfmenge, bedeutend.

Die Größe des Radreibungsverlustes wird offenbar von der Beschaffenheit und der Größe der reibenden Fläche, also vom Raddurchmesser, von der Geschwindigkeit der Flächenteilchen, d. h. von der jeweiligen Umfangsgeschwindigkeit und endlich vom Dampfzustand abhängig sein. Die Größe der Ventilationsarbeit wird von der Länge der Schaufeln und vom Beaufschlagungsgrad abhängen.

Die genaue Ermittlung des Einflusses jeder dieser Größen auf die Größe der Verlustarbeit ist bisher nicht gelungen, da zu viel verschiedene Umstände mitsprechen; insbesondere ist die Ventilationsarbeit schwer zu erfassen. Nach den Versuchen von Stodola[1], Zahm und Odell ist die Radreibungsarbeit dem Quadrat des Radscheibendurchmessers, der dritten Potenz der Umfangsgeschwindigkeit und dem spezifischen Gewicht des umgebenden Dampfes verhältnisgleich. Mit zunehmender Überhitzung und im Vakuum nimmt die Radreibungsarbeit ab, wie die Versuche von Lewicki[2] ergeben haben. Andere Versuche hatten in bezug auf Raddurchmesser und Umfangsgeschwindigkeit von vorstehendem abweichende Ergebnisse. Die Abhängigkeit von der Beaufschlagung hat Lasche bei der AEG und Jasinsky[3] untersucht; der Verlust durch Ventilation nimmt danach mit zunehmender Beaufschlagung ab. Die Versuche von Lasche zeigen, daß durch Umhüllen der nicht beaufschlagten Schaufeln und des Rades durch entsprechend geformte Deckringe die Verluste stark abnehmen, da die ventilierte Dampfmenge herabgesetzt und der ein- und austretende Dampf durch den wirbelnden Dampf weniger gestört wird.

Für die gesamte Radreibungs- und Ventilationsarbeit gibt Stodola für unverhüllte Räder die Beziehung

$$N_{rv} = \lambda [1{,}46\, D^2 + 0{,}83\,(1 - \varepsilon)\, D l^{1{,}5}] \frac{u^3}{10^6} \cdot \gamma \,\mathrm{PS}, \tag{59}$$

worin D der Teilkreisdurchmesser in m, l die Schaufellänge in cm, u die Umfangsgeschwindigkeit in m/sek, γ das spezifische Gewicht in kg/m³, λ der Umrechnungsfaktor der in Luft durchgeführten Versuche für Dampf und ε der Beaufschlagungsgrad, d. h. das Verhältnis beaufschlagter Umfangsteil zum ganzen Umfang.

Nach Lewicki ist

$\lambda = 1{,}0$ für Luft und hochüberhitzten Dampf,

$\lambda = 1{,}1 - 1{,}2$ für überhitzten Dampf

und

$\lambda = 1{,}3$ für gesättigten Dampf.

Bei eingehüllten Rädern soll die Reibungsarbeit nur etwa $^1/_2$ bis $^1/_4$ derjenigen im freien Raume betragen.

Schreibt man obige Gl. (59) in der Form

$$N_{rv} = \lambda [A + (1 - \varepsilon)\, B]\, \gamma \,\mathrm{PS}, \tag{59a}$$

worin

$$A = 1{,}46\, D^2 \cdot u^3 \cdot 10^{-6} \quad \text{und} \quad B = 0{,}83\, D l^{1{,}5} u^3 \cdot 10^{-6},$$

so können für verschiedene Durchmesser D, Umlaufzahlen n und Schaufellängen l die Werte für A und B ermittelt und tabellarisch oder graphisch über den Durchmessern aufgetragen werden, um Zwischenwerte

---

[1] Die Dampf- und Gasturbinen.

[2] Z. V. d. I. 1903, S. 525 und Forsch.-Arb. H. 12.

[3] Forsch.-Arb. H. 57.

zu erhalten und die Berechnung der Reibungsarbeit N_{rv} zu vereinfachen. In Abb. 82 sind die Werte A und B für $n = 3000$, $l = 10$ bis 60 mm und D von 0,5 bis 2,5 m über diesen aufgetragen; ferner sind in der Zahlentafel 1, S. 78 die Werte für A und B für $n = 3000$, $n = 2000$, 1500 und 1000 für $l = 10$ bis 60 mm und $D = 0,5$ bis 3 m angegeben.

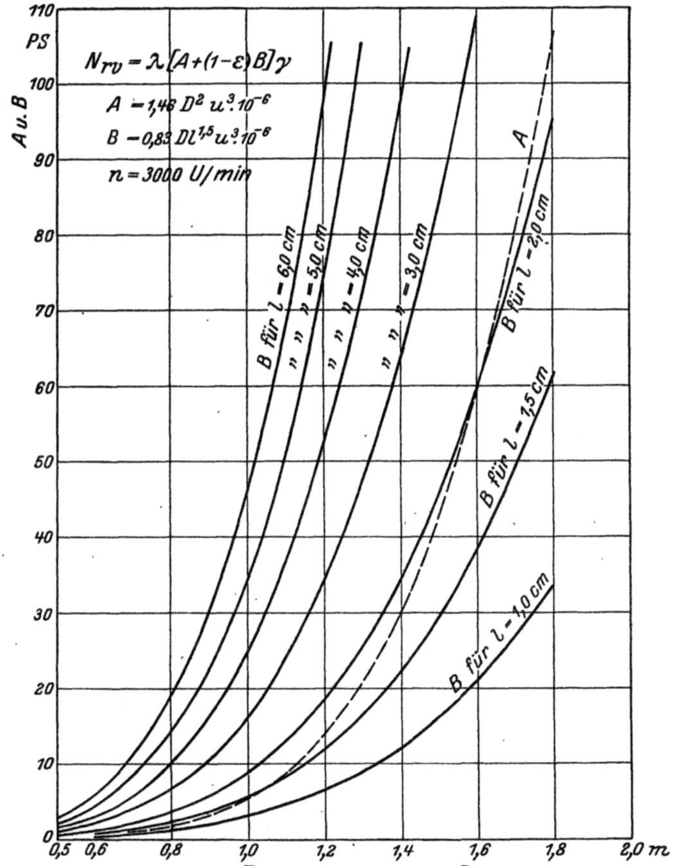

Abb. 82. Radreibungs- und Ventilationsverlust nach Stodola.

So ist z. B. für $n = 3000$, $D = 1,2$ m und $l = 30$ mm $A = 14,08$, $B = 34,65$ und $\lambda = 1,1$, $\varepsilon = 0,5$ (halbe Beaufschlagung) und $v = 0,3314$ (8 ata 300° C), $\gamma = 1/v = 3,02$

$$N_{rv} = 1,1\,(14,08 + 0,5 \cdot 34,65)\,3,02 = 104 \text{ PS}$$

bei unbeaufschlagtem Rad ($\varepsilon = 0$) wird $N_{rv} = 162$ PS und bei voller Beaufschlagung ($\varepsilon = 1$) $N_{rv} = 47$ PS.

Eine ähnliche Beziehung gibt Buckingham[1] für unverhüllte Räder

$$N_{rv} = 4,12\left[1 + 590\left(\frac{l}{D_1}\right)^2\right] D_1^2 \frac{u_1^3}{10^6} \gamma \text{ PS}, \tag{60}$$

[1] Bull. of the Bureau of Standards. Washington 1913.

worin D_1 der Durchmesser in m an der Schaufelwurzel, u_1 die Umfangsgeschwindigkeit m/sek auf D_1, l die Schaufellänge in m. Diese Formel gibt für Durchmesser von 0,6 bis 1,2 m und Schaufellängen von ~30 mm gute Übereinstimmung mit der Gleichung von Stodola; bei anderen Verhältnissen, insbesondere bei größeren Durchmessern sind die Reibungsarbeiten zum Teil wesentlich höher als nach der Stodolaschen Formel.

Z. B. ist für dieselben Verhältnisse $n = 3000$, $D = 1{,}2$ m, $l = 30$ mm, $D_1 = 1{,}17$ m für unbeaufschlagtes Rad, $N_{rv} = 159$ PS gegenüber 162 PS nach Stodola; hingegen bei $n = 3000$ $D = 1{,}6$ ($D_1 = 1{,}57$) m und $l = 15$ mm nach Buckingham $N_{rv} = 173$ PS, nach Stodola 98 PS.

Für mehrkränzige Räder hat Forner nach den von der AEG ausgeführten Versuchen die Radreibungs- und Ventilationsarbeit für unbeaufschlagtes, unverhülltes Rad in Dampf zusammengefaßt in die Beziehung

$$N_{rv} = \beta D^4 l_m n^3 \cdot 10^{-10} \gamma \text{ PS}, \qquad (61)$$

worin D der Teilkreisdurchmesser in m, l_m die mittlere Schaufellänge in cm, n die Umlaufzahl, γ das spezifische Gewicht in kg/m³,

$\beta = 2{,}4$ für einkränzige Räder, $\beta = 3{,}8$ für dreikränzige Räder,
$\beta = 2{,}8$ „ zweikränzige „ $\beta = 5{,}8$ „ vierkränzige „ ;

die Formel soll für $l = 10 - 100$ mm gelten.

Setzt man $n = \frac{60\,u}{\pi D}$, so ist

$$N_{rv} = \beta \cdot \frac{60^3}{\pi^3} \cdot 10^{-10} D l_m u^3 \gamma$$

und für einkränzige Räder mit $\beta = 2{,}4$

$$N_{rv} = 1{,}67\, D l_m \frac{u^3}{10^6} \gamma \text{ PS} = A l_m \gamma \text{ PS}, \qquad (61\text{a})$$

wenn

$$A = 1{,}67\, D u^3 \cdot 10^{-6}.$$

Für mehrkränzige Räder wird

$$N_{rv} = \beta_1 1{,}67\, D l_m u^3 \cdot 10^{-6} \gamma = \beta_1 A l_m \gamma \text{ PS}, \qquad (61\text{b})$$

worin

$\beta_1 = 1{,}166$ für zweikränzige Räder,
$= 1{,}585$ „ dreikränzige „

und

$= 2{,}42$ „ vierkränzige „

Zwecks Vereinfachung der Berechnung können die Werte von A für verschiedene Drehzahlen und Durchmesser ermittelt werden; in folgender Zahlentafel sind die Werte für $n = 3000$, 2000, 1500 und 1000 für Durchmesser von 0,5 bis 3 m angegeben.

Die Gleichung von Forner gibt im allgemeinen kleinere Werte der Reibungsarbeit als die Gleichung von Stodola. Auffallend ist, daß der Durchmesser nur in der ersten Potenz erscheint.

Zahlentafel 1. Radreibungs- und Ventilationsarbeit nach Stodola.

$$N_{rv} = \lambda\,[A + (1-\varepsilon)\,B]\,\gamma\ \text{PS}.$$

$D =$	0,5	0,6	0,8	0,9	1,0	1,2	1,4	1,6	1,8	2,0	2,2	2,5	3,0 m
					$n = 3000$ Umdr./min								
$A =$	0,177	0,439	1,85	3,34	5,66	14,1	30,5	59,4	107				
$l =$ 1,0 cm	0,201	0,416	1,32	2,11	3,25	6,67	12,4	21,1	33,8				
1,5	0,369	0,765	2,42	3,88	5,91	12,3	22,7	38,8	62,0				
2,0	0,568	1,18	3,73	5,97	9,10	18,9	34,9	59,7	95,5				
3,0	1,04	2,16	6,85	11,0	16,7	34,7	64,3	109,6					
$B =$ 4,0	1,60	3,33	10,6	16,9	25,7	53,4	98,9						
5,0	2,24	4,65	14,8	23,6	35,9	74,6							
6,0	2,95	6,12	19,4	31,0	47,3	98,1							
					$n = 2000$ Umdr./min								
$A =$	0,069	0,130	0,549	0,990	1,68	4,18	9,02	17,6	31,7	53,6			
$l =$ 1,0	0,078	0,123	0,390	0,625	0,96	1,98	3,66	6,27	10,0	15,2			
1,5	0,144	0,227	0,717	1,15	1,75	3,64	6,73	11,5	18,4	28,0			
2,0	0,222	0,349	1,10	1,77	2,70	5,6	10,3	17,7	28,3	43,1			
3,0	0,407	0,642	2,03	3,25	4,96	10,3	19,0	32,6	52,0	79,2			
$B =$ 4,0	0,627	0,99	3,12	5,00	7,64	15,8	29,3	50,1	80,0	122			
5,0	0,827	1,38	4,36	6,99	10,7	22,2	40,9	70,2	112				
6,0	1,15	1,82	5,73	9,19	14,0	29,1	53,8	92,2					
					$n = 1500$ Umdr./min								
$A =$	0,022	0,055	0,232		0,709	1,76	3,81	7,43	13,4	22,6	36,4	69,0	172
$l =$ 1,0	0,025	0,052	0,165		0,403	0,834	1,55	2,64	4,23	6,44	9,41	15,7	32,6
1,5	0,046	0,096	0,302		0,741	1,53	2,84	4,85	7,76	11,8	17,3	28,8	59,9
2,0	0,071	0,148	0,466		1,14	2,36	4,37	7,47	12,0	18,2	26,6	44,4	92,3
3,0	0,130	0,271	0,855		2,09	4,33	8,04	13,7	22,0	33,46	48,9	81,6	
$B =$ 4,0	0,201	0,418	1,32		3,22	6,67	12,4	21,1	33,8	51,5	75,3	125	
5,0	0,281	0,584	1,84		4,51	9,32	17,3	29,5	47,3	72,0	105,2		
6,0	0,370	0,767	2,42		5,93	12,3	22,7	38,8	62,1	94,7			
					$n = 1000$ Umdr./min								
$A =$		0,0163	0,069		0,209	0,523	1,13	2,20	3,96	6,72	10,8	20,5	50,9
$l =$ 1,0		0,015	0,049		0,119	0,247	0,458	0,782	1,25	1,91	2,80	4,66	9,66
1,5		0,028	0,090		0,219	0,454	0,842	1,44	2,3	3,51	5,15	8,57	17,8
2,0		0,049	0,138		0,337	0,699	1,30	2,21	3,54	5,4	7,92	13,2	27,3
3,0		0,080	0,254		0,619	1,28	2,38	4,07	6,51	9,93	14,6	24,2	50,2
$B =$ 4,0		0,124	0,390		0,953	1,98	3,66	6,26	10,0	15,3	22,4	37,3	77,3
5,0		0,173	0,446		1,33	2,76	5,12	8,75	14,0	21,4	31,3	52,1	108
6,0		0,227	0,717		1,75	3,63	6,73	11,5	18,4	28,1	41,2	68,5	142

Es ist für $n = 3000$, $D = 1{,}2$ aus der Zahlentafel $A = 13{,}44$ und für $l_m = 30$ mm und $\gamma = 3{,}02$ kg/m³

$$N_{rv} = 13{,}44 \cdot 3{,}0 \cdot 3{,}02 = 122 \text{ PS},$$

gegen 162 PS nach Stodola (s. S. 76).

Zahlentafel 2. Werte von $A = 1{,}67\, D\, u^3\, 10^{-6}$. AEG.

$D =$	0,5	0,6	0,8	0,9	1,0	1,2	1,4	1,6	1,8	2,0	2,2	2,5	3 m
$n =$ 3000	0,404	0,838	2,65	4,25	6,47	13,44	24,85	42,5	68,0	113,6			
2000	0,158	0,249	0,785	1,26	1,92	3,98	7,37	12,61	20,15	30,70			
1500	0,051	0,105	0,331		0,810	1,68	3,11	5,32	8,50	12,95	19,0	31,6	65,5
1000	0,015	0,031	0,099		0,240	0,497	0,920	1,57	2,52	3,84	5,62	9,4	19,4

Nach Angaben von Brown, Boveri & Cie.[1] ist die Radreibung allein (ohne Schaufeln) für gut umhüllte einkränzige Räder

$$N_r = 0{,}109\, D_m^{4,2} \left(\frac{n}{1000}\right)^{2,8} \gamma = A \cdot \gamma \text{ PS}, \tag{62a}$$

wenn $A = 0{,}109\, D_m^{4,2}\, (n : 1000)^{2,8}$

für zweikränzige umhüllte unbeschaufelte Räder das 1,2fache; die Ventilationsarbeit ist für einkränzige Räder mit Ventilationsschutzring

$$N_v = 0{,}05\, D_m^{3,5}\, l_{\text{cm}} \left(\frac{n}{1000}\right)^{2,8} \cdot \gamma = B \cdot l \cdot \gamma \text{ PS}, \tag{62b}$$

wenn $B = 0{,}05\, D_m^{3,5}\, (n : 1000)^{2,8}$;

für ebensolche zweikränzige Räder das 2- bis 2,4fache und ohne Ventilationsschutzring für zweikränzige das 3,4fache. Die gesamte Radreibungs- und Ventilationsarbeit ist dann für einkränzige gut verhüllte Räder

$$N_{rv} = (A + B \cdot l_{\text{cm}})\, \gamma \text{ PS}, \tag{62c}$$

für zweikränzige gut umhüllte Räder

$$N_{rv} = (1{,}2\, A + 2 \text{ bis } 2{,}4 \cdot B \cdot l_{\text{cm}})\, \gamma \text{ PS}. \tag{62d}$$

Die Werte für A und B sind in folgender Zahlentafel 3 für verschiedene Durchmesser D und Drehzahlen angegeben.

Zahlentafel 3. Radreibungs- und Ventilationsarbeit nach *BBC* (umhüllte Räder).

$D =$	0,5	0,6	0,8	0,9	1,0	1,2	1,4	1,6	1,8	2,0	2,2	2,5	3,0
$n =$	Werte für A.												
3000	0,128	0,275	0,923	1,514	2,36	5,08	9,19	17,0	27,8	43,4	64,7		
2000	0,041	0,089	0,297	0,487	0,76	1,63	3,11	5,46	8,95	13,9	20,8	35,6	75,9
1500	0,019	0,040	0,133	0,218	0,34	0,73	1,39	2,44	4,00	6,22	9,29	15,9	33,9
1000	0,006	0,013	0,043	0,070	0,109	0,23	0,45	0,78	1,29	2,00	2,99	5,11	10,9
$n =$	Werte für B.												
3000	0,112	0,246	0,674	1,02	1,47	2,79	4,78	7,63	11,5	16,7	23,2	36,4	69,9
2000	0,036	0,079	0,217	0,328	0,47	0,90	1,54	2,45	3,71	5,36	7,47	11,7	22,5
1500	0,016	0,035	0,097	0,146	0,21	0,40	0,69	1,1	1,66	2,39	3,34	5,23	10,0
1000	0,005	0,012	0,031	0,047	0,07	0,129	0,22	0,35	0,53	0,77	0,07	1,68	3,23

[1] Laut dankenswerter freundlicher Mitteilung des Werkes an den Verfasser.

Zum Vergleich der Ergebnisse aus den verschiedenen Formeln sind in Abb. 83 für unbeaufschlagte Räder, $\gamma = 1$ und Schaufellängen von $l = 15$ und 30 mm die Radreibungs- und Ventilationsarbeiten nach

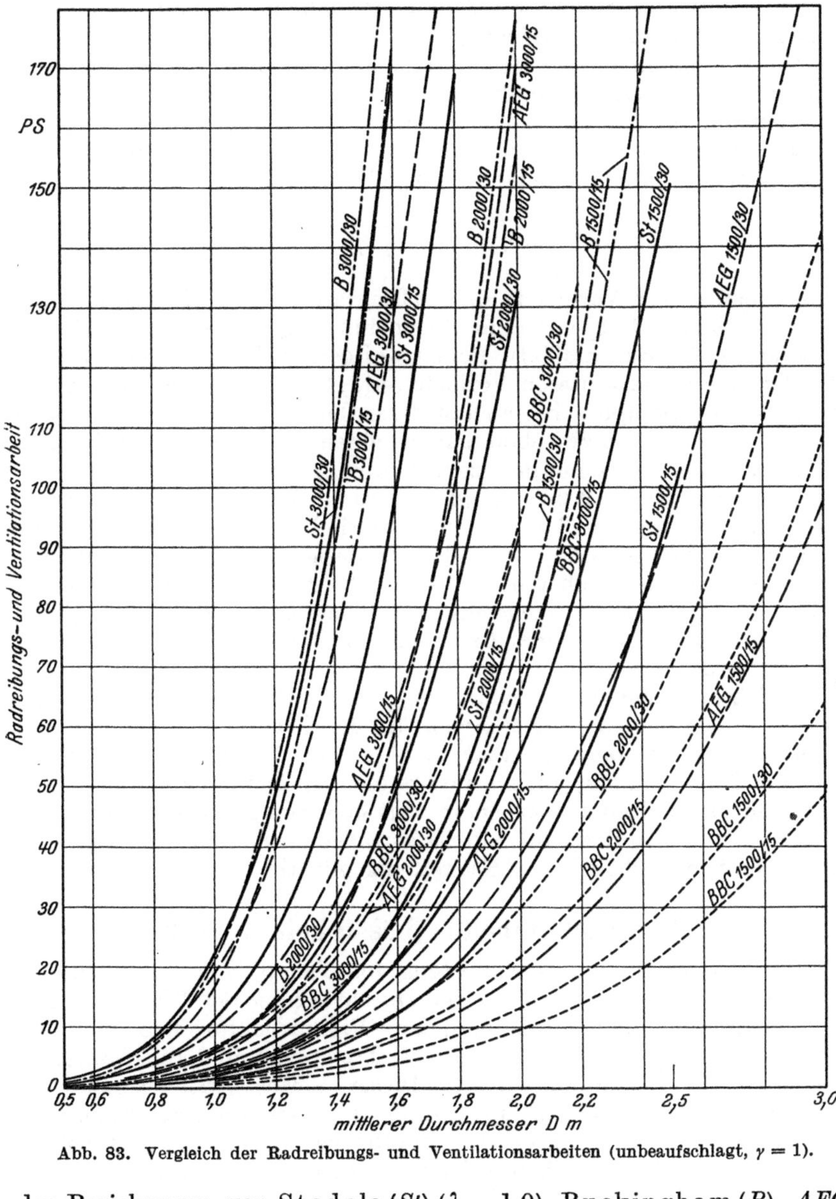

Abb. 83. Vergleich der Radreibungs- und Ventilationsarbeiten (unbeaufschlagt, $\gamma = 1$).

den Beziehungen von Stodola (*St*) ($\lambda = 1{,}0$), Buckingham (*B*), *AEG* und *BBC* für die Drehzahlen $n = 2000$, 2000, 1500 und 1000 über den Durchmessern aufgetragen; wie ersichtlich zeigen die Ergebnisse zum

Teil recht erhebliche Abweichungen, jedenfalls haben die Beziehungen nur im engeren Bereich der Durchmesser und Schaufellängen Gültigkeit. Für die später folgenden Berechnungen wird die Beziehung von Stodola benutzt, welche mittlere Werte gibt und als einzige den Beaufschlagungsgrad berücksichtigt.

Die Radreibungs- und Ventilationsarbeit wird in Wärme umgesetzt und erhöht den Wärmeinhalt. Die Verlustarbeit muß auf 1 kg Dampf bezogen werden, um sie in das *is*-Diagramm eintragen und den Dampfzustand bestimmen zu können. Ist G_{sek} die sekundliche Dampfmenge in kg/sek, so ist die Verlustarbeit im Wärmemaß

$$h_{rv} = \frac{75\,N_{rv}}{427 \cdot G_{\text{sek}}} = \frac{N_{rv}}{5{,}7 \cdot G_{\text{sek}}}\ \text{kcal/kg}. \tag{63}$$

Trägt man diesen Verlust in das *is*-Diagramm (Abb. 80) ein, so erhält man den Zustand A_4 mit dem Wärmeinhalt $i_4 = i_3 + h_{rv}$ im Raume, in welchem das Rad umläuft. Bei einstufigen Turbinen treten innerhalb der Turbine keine weiteren Verluste auf, A_4 ist somit der Zustand des austretenden Dampfes. Bei mehrstufigen Turbinen ist noch der Verlust durch Undichtheiten zwischen den einzelnen Stufen zu berücksichtigen.

Bei kleinen Leistungseinheiten, d. h. bei geringer Dampfmenge, wird der Radreibungsverlust bedeutend; er wird die Wahl des Raddurchmessers bzw. der günstigsten Umfangsgeschwindigkeit beeinflussen, da mit kleinerem Durchmesser zwar der Umfangswirkungsgrad abnimmt, aber meist in noch höherem Maße die Radreibung- und Ventilationsarbeit. Bei großen Leistungseinheiten spielt der Verlust eine geringe Rolle und kann, besonders bei niedrigen Drücken, vielfach vernachlässigt werden.

Es könnte scheinen, als müsse die gesamte Reibungsarbeit bei vielen Stufen größer sein als bei wenigen, da der Verlust in jeder Turbinenkammer auftritt; dem ist aber nicht so, da bei vielen Stufen, also kleinen Einzelgefällen, auch u und damit der Durchmesser klein wird, von dem die Radreibungsarbeit in weit höherem Maße beeinflußt wird als von γ und von der Zahl der Stufen. Demnach sind vielstufige Turbinen auch hinsichtlich der Radreibung günstig.

5. Der Undichtheits- (Lässigkeits-) Verlust.

Er entsteht infolge Durchtretens von Dampf von einer Stufe zur folgenden durch den Spalt an der Durchführung der Welle durch die Zwischenwände (Leitradscheiben) bei Gleichdruckturbinen und durch den Spalt zwischen Leitschaufel und Trommel und Laufschaufel und Gehäuse bei Überdruckturbinen. Dieser Verlust tritt demnach nur bei mehrstufigen Turbinen auf von der zweiten Stufe ab. Ferner tritt ein Dampfverlust ein durch die Stopfbüchsen nach außen. Einstufige Turbinen und die erste Stufe der mehrstufigen Turbinen haben keine den arbeitenden Dampf beeinflussenden Undichtheitsverluste, da der durch die Stopfbüchse nach außen entweichende Dampf in der ersten Stufe Arbeit geleistet hat.

Da eine Berührung zwischen dem rotierenden und dem feststehenden nicht stattfinden darf, ist stets ein Spalt vorhanden, der mindestens 0,2 mm betragen muß (bei Kohlenstopfbüchsen weniger). Dieser Spalt kann glatt sein ohne wesentliche Querschnittsänderung — im folgenden kurz Spalt genannt — oder er kann abwechselnd Verengungen und Erweiterungen erhalten — Labyrinthe —, so daß der Dampf gedrosselt wird und die im engen Spalt erzeugte Geschwindigkeit im erweiterten Teil durch Wirbel vernichtet wird.

Der einfache Spalt, glatt oder mit wenigen Eindrehungen, kommt meist bei den Zwischenabdichtungen zweier Stufen zur Anwendung, Labyrinthe bei den Außenstopfbüchsen.

a) Verluste durch Spalt. Wird das kritische Druckverhältnis nicht überschritten, d. h. ist $p_1 \geqq p_k$ (s. S. 24), so wäre die ungehindert durch den Spalt vom Querschnitt $f_{sp} = \pi\, d_{sp} \cdot s$ (Abb. 84) strömende Dampfmenge

$$G_{sp} = \frac{f_{sp} \cdot c_1}{v_1} \text{ kg/sek},$$

worin c_1 die dem Druckgefälle von p auf p_1 entsprechende Dampfgeschwindigkeit (gleich der in der Leitvorrichtung erzeugten) und v_1

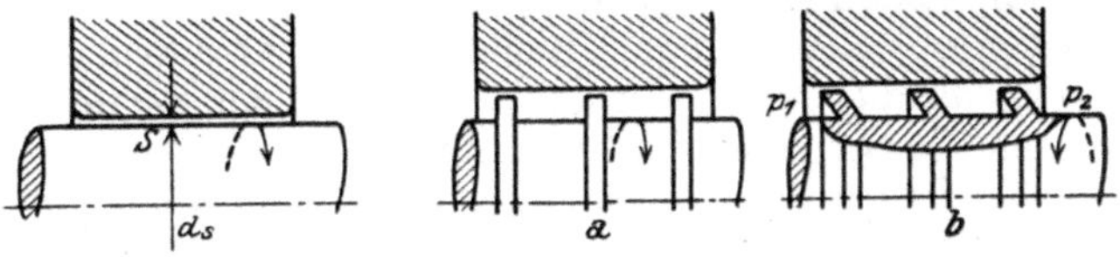

Abb. 84 und 85. Verluste durch Spalt.

das entsprechende Endvolumen. Tatsächlich wird weniger hindurchströmen, und zwar um so weniger, je länger der Spalt und je kleiner die Spaltweite (Spiel) s; es ist

$$G_{sp} = \varphi_{sp} \frac{f_{sp} \cdot c_1}{v_1} \text{ kg/sek}, \tag{64}$$

wobei je nach der Länge des Spaltes bei $s = 0{,}2$ bis $0{,}5$ mm etwa $\varphi_{sp} = 0{,}5$ bis $0{,}8$ betragen kann.

Bei überkritischem Druckverhältnis kann im Spalt höchstens die kritische Geschwindigkeit c_k erreicht werden, für die durchströmende Menge kann dann die Beziehung nach Bendemann (s. S. 33) benutzt werden

$$G_{sp} = 203\, \varphi_{sp}\, f_{sp} \sqrt{\frac{p}{v}} \text{ kg/sek} \tag{65}$$

mit φ_{sp} wie vor, f_{sp} in m^2, p der Druck vor dem Spalt in kg/cm^2, v das zugehörige spezifische Volumen in m^3/kg.

Rillen in der Welle oder Radnabe (Abb. 85) verringern die durchgehende Dampfmenge, insbesondere wenn die Kämme der Strömung spitz entgegengerichtet sind (Abb. 85b), da die Erweiterungen die erzeugte Geschwindigkeit verrichten, ohne jedoch wie vollwertige Labyrinthe zu wirken. Meist bleibt die Welle oder Nabe glatt und in der Zwischenwand sind Ringe angeordnet (Abb. 150a, b und c, S. 187).

Bei Überdruckturbinen entsteht der Dampfverlust zwischen den Stufen durch die Spalte s zwischen Laufschaufel und Gehäuse und Leitschaufel und Trommel (Abb. 86); der durch letzteren Spalt tretende Dampf wird zwar zu einem kleinen Teile in der folgenden Laufschaufel arbeiten, doch wird die Streuung mangels Strahlführung groß sein. Da in jeder Stufe 2 Spalte sind, ist der ganze Querschnitt

$$f_{sp} = 2\,\pi\, D\, s \sin \alpha_1,$$

worin D der Teilkreisdurchmesser, da der Dampf auch im Spalt angenähert unter dem Schaufelwinkel α_1 strömt. Die durch diese Spalte strömende Dampfmenge kann wieder nach Gl. (64) ermittelt werden; ihr Verhältnis zur Gesamtdampfmenge ist etwa

$$\frac{G_{sp}}{G_{sek}} = \frac{2\,s}{l + s}$$

mit l als Schaufellänge.

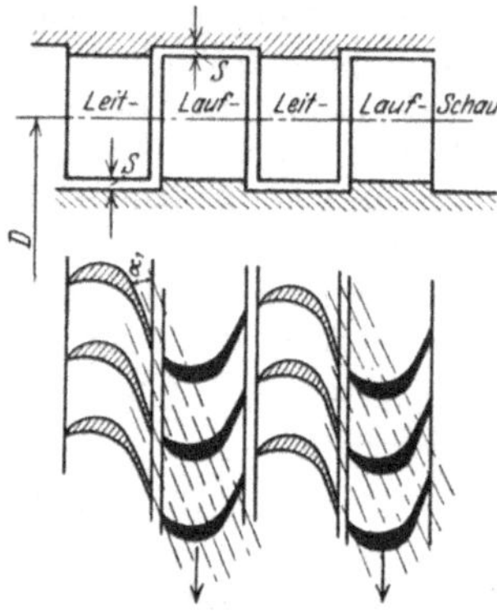

Abb. 86. Spaltverlust bei Überdruck.

Bei kleinen Schaufellängen, d. h. bei kleinen Leistungsgrößen und im Hochdruckteil wird deshalb der Verlust groß sein, da die Spaltweite s aus Gründen der Betriebssicherheit ein Mindestmaß nicht unterschreiten darf.

Um die Spaltverluste zu verringern, werden die Schaufeln mit Deckbändern versehen, die zugeschärfte Kränze erhalten (Abb. 87), die bei etwaigem Anlaufen abgeschliffen werden; man kann dadurch das Spiel s sehr klein halten, ohne Schaufelbruch befürchten zu müssen.

Brown, Boveri & Cie haben die sogenannte „Spaltüberbrückung" ausgeführt (Abb. 181, S. 203), mit allmählich zunehmender Schaufellänge und Deckband, wobei der Dampfstrahl durch entsprechende Ablenkung so geführt wird, daß er in der folgenden Schaufel aufgefangen wird und weniger in den Spalt entweichen kann.

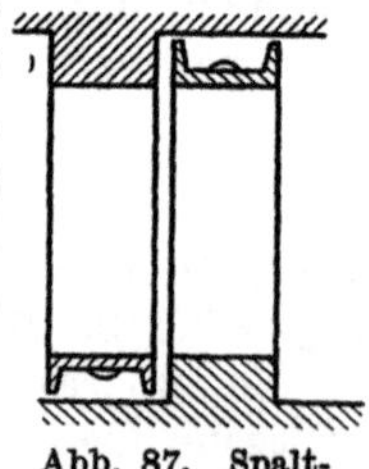
Abb. 87. Spaltabdichtung.

Der Spaltverlust, der nach Anderhub[1] $\zeta_{sp} = 1{,}72\,\frac{s^{1,4}}{l}$ (s Spiel, l Schaufellängen in mm) als Teil des adiabatischen Gefälles ist, wird bei den Überdruckturbinen häufig nicht gesondert angegeben, sondern mit dem Schaufelverlust vereinigt in dem Verlustkoeffizienten ζ.

Bei Gleichdruckturbinen bestimmt man den Undichtheitsverlust für jede Stufe einzeln. Durch die Undichtheit wird die arbeitende Dampfmenge für die betreffende Stufe verringert, der durch den Spalt ohne Arbeitsleistung entweichende Dampf wird aber seinen vollen Wärmeinhalt der folgenden Stufe zuführen, hier den Wärmeinhalt

[1] Anderhub: Untersuchung über die Strömung im radialen Schaufelspalt. Dissertation, Zürich 1912.

erhöhen und kann dadurch teilweise wieder ausgenutzt werden, mit Ausnahme der letzten Stufe.

Ist G_{sek} die der Turbine zugeführte Gesamtdampfmenge, die durch die Leitvorrichtung der ersten Stufe strömt, G_{stb} kg/sek die durch die Stopfbüchse nach außen entweichende Menge, G'_{sp}, G''_{sp} die durch den Spalt in die nächste Stufe gelangende und G_{a_1}, G_{a_2} die in der folgenden Stufe arbeitende (durch die Leitvorrichtung gehende) Dampfmenge (Abb. 88), so ist

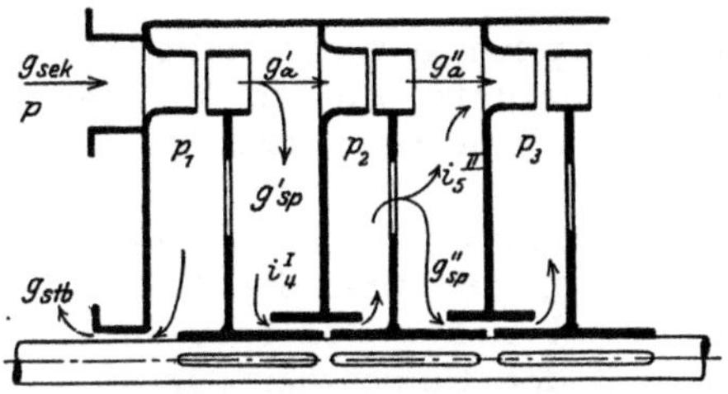

Abb. 88. Undichtheitsverluste.

$$G_{\text{sek}} = G_{stb} + G_{sp} + G_a \text{ kg/sek}.$$

In der zweiten Stufe (und in den folgenden) ist nur die Menge

$$G_{\text{sek}} - G_{stb} = G'_{sp} + G'_a = G''_{sp} + G''_a$$

vorhanden. Ist der Wärmeinhalt in der ersten Kammer i_4^I (Abb. 89), in der zweiten i_4^{II} ohne den Einfluß der Undichtheit, aber nach Berücksichtigung der Radreibung [also in Punkt A_4 (Abb. 80, S. 72)], so wird durch die Mischung mit der Undichtheitsdampfmenge der Wärmeinhalt i_5^{II} und es ist

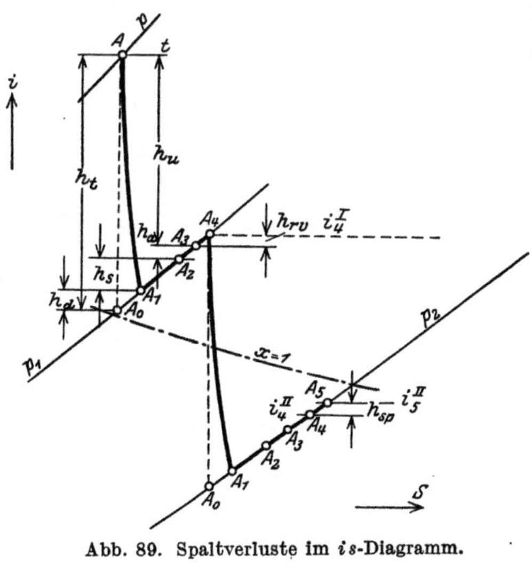

Abb. 89. Spaltverluste im is-Diagramm.

$$G'_a i_4^{II} + G'_{sp} i_4^I = (G'_a + G'_{sp}) i_5^{II},$$

woraus der Wärmeinhalt i_5^{II} in Punkt A_5 als Endzustand der zweiten Stufe, zugleich Anfangszustand der folgenden Stufe, ermittelt werden kann.

$$i_5^{II} = \frac{G'_a \cdot i_4^{II} + G'_{sp} \cdot i_4^I}{G'_a + G'_{sp}} \text{ kcal/kg}.$$

Der **Spaltverlust** durch die Zwischendichtung ist alsdann

$$h_{sp} = i_5^{II} - i_4^{II} \text{ kcal/kg}$$

und mit i_5^{II} aus der vorhergehenden Gleichung

$$h_{sp} = \frac{G'_a \cdot i_4^{II} + G'_{sp} \cdot i_4^I}{G'_a + G'_{sp}} - i_4^{II} = \frac{G'_{sp}}{G'_a + G'_{sp}} (i_4^I - i_4^{II})$$

$$= \frac{G'_{sp}}{G'_a + G'_{sp}} (h_u - h_{rv}) \text{ kcal/kg}. \qquad (66)$$

Allgemein ergibt sich der Spaltverlust als Produkt des Verhältnisses der Undichtheitsdampfmenge der betrachteten Stufe zur gesamten durch die Turbine strömenden Menge und der Differenz der Wärmeinhalte der vorhergehenden und der betrachteten Stufe nach Berücksichtigung der Radreibungsverluste.

Die durch die Spalte strömende Dampfmenge wird von Stufe zu Stufe kleiner, da das spezifische Volumen zunimmt; folglich werden auch die Spaltverluste kleiner.

Da die durch den Spalt gehende Dampfmenge vom Gefälle abhängig ist, so werden die Undichtheitsverluste um so kleiner, je mehr Stufen die Turbine bei gleichem Gesamtgefälle hat, obgleich die Anzahl der Spalte größer ist.

Die Laufradscheiben erhalten Bohrungen — Ausgleichlöcher, — um den Druckunterschied auszugleichen, der durch die Saugwirkung des durch die Laufschaufeln strömenden Dampfes entsteht. Diese Löcher haben noch den Vorteil, daß der Undichtheitsdampf durch sie hindurch kann (s. Abb. 88), und nicht vom Arbeitsdampf durch die Laufschaufeln gesaugt zu werden braucht, was die Strömung erheblich stören würde.

b) Verluste durch Labyrinthe. Wie erwähnt entstehen Labyrinthe durch Verengungen und darauf folgende Erweiterungen der Spalte, möglichst mit Richtungsänderung des Dampfstromes. Labyrinthe finden Anwendung bei den Stopfbüchsen und bei den Entlastungskolben der Überdruckturbinen, aber auch bei den Abdichtungen zwischen den Stufen; bei diesen ist jedoch die Anzahl der Labyrinthe beschränkt durch den Raum zwischen den Laufrädern.

Bei kleinen Druckunterschieden oder großer Anzahl von Labyrinthkammern ist die Geschwindigkeit im Spalt zweier benachbarter Kammern angenähert

$$c = \sqrt{2g(P - P')\,v},$$

wenn v das mittlere (oder genau genug das zu P gehörige) spezifische Volumen m³/kg und P bzw. P' die Drücke in kg/m² in den Kammern (Abb. 90).

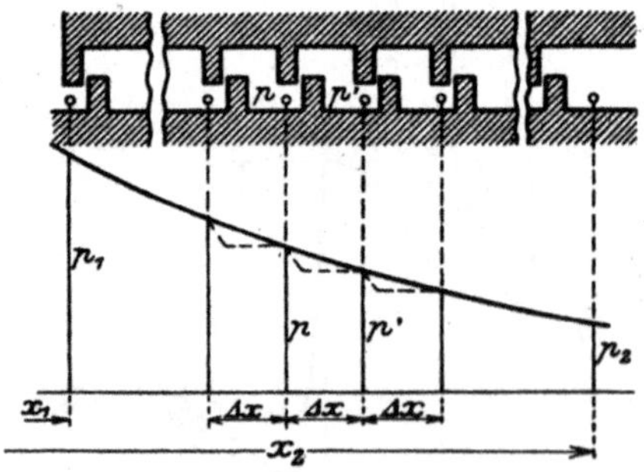

Abb. 90. Labyrinthdichtung.

Ist wieder f_{sp} m² der Spaltquerschnitt, dann ist die durch die Stopfbüchse strömende Dampfmenge

$$G_{stb} = \frac{f_{sp}c}{v} = f_{sp}\sqrt{2g\frac{(P-P')}{v}}\,\text{kg/sek}$$

oder der Druckunterschied für eine zugelassene Dampfmenge G_{stb}

$$\frac{P - P'}{v} = \left(\frac{G_{stb}}{f_{sp}}\right)^2 \frac{1}{2g}.$$

Die Zustände in den aufeinander folgenden Kammern liegen auf der Drossellinie $i = \text{const}$, für die angenähert $Pv = \text{const} = 1/k$ gilt, oder $1/v = kP$, worin k ein Mittelwert. Setzt man $P - P' = \Delta P$ und nimmt die gleichen Abstände Δx auf der Längsachse, so kann obige Gleichung die Form erhalten

$$-\frac{\Delta P}{\Delta x}\cdot P = \left(\frac{G_{stb}}{f_{sp}}\right)^2 \frac{1}{2gk\,\Delta x} = \frac{dP}{dx}\cdot P,$$

wenn bei kleinen Druckunterschieden $\frac{\Delta P}{\Delta x} = \frac{dP}{dx}$ angenommen wird. Aus vorstehender Gleichung erhält man zwischen den Grenzen P_1, P_2 und x_1, x_2

$$P_1^2 - P_2^2 = 2\left(\frac{G_{stb}}{f_{sp}}\right)^2 \frac{1}{2gk} \cdot \frac{x_2 - x_1}{\Delta x};$$

nun ist aber $(x_2 - x_1) : \Delta x = z$ die Anzahl der Labyrinthe, ferner $1/k = P_1 v_1$.

Bei z Labyrinthen, dem Zustand p_1, v_1 vor der Stopfbüchse und p_2, v_2 hinter derselben ist

$$G_{stb} = f_{sp}\sqrt{\frac{g\,(P_1^2 - P_2^2)}{z \cdot P_1 \cdot v_1}}\ \text{kg/sek}, \tag{67}$$

wenn f_{sp} in m^2, P_1, P_2 in kg/m^2 und v_1 in m^3/kg.

Bei radial hintereinander liegenden Labyrinthen ist, wenn $f_1 = \pi d_1 s$ der Anfangs-, $f_2 = \pi d_2 s$ der Endquerschnitt der Spalte

$$G_{stb} = \sqrt{\frac{g\,(P_1^2 - P_2^2)}{z\,P_1 v_1}\, f_1 f_2}\ \text{kg/sek}. \tag{68}$$

Bei größeren Druckunterschieden vor und hinter der Stopfbüchse kann Überschallgeschwindigkeit auftreten, jedoch nur in der letzten Kammer; sie ist $c_k = \sqrt{kg P_2 v_2}$. Um das Vorliegen von Überschallgeschwindigkeit festzustellen, muß nach Stodola zunächst die Geschwindigkeit in der letzten Kammer $c_2 = \frac{G_{stb} v_2}{f_{sp}}$ ermittelt werden, wobei G_{stb} das vorläufig aus Gl. (67) errechnete Gewicht und v_2 das spezifische Volumen aus der Drosselgleichung $v_2 = \frac{p_1 v_1}{p_2}$ ist. Ist $c_2 > c_k$, so gilt Gl. (67) nicht mehr. Nach Bendemann[1] ist mit p_x und v_x vor der letzten Verengung [vgl. Gl. (65), S. 82]

$$G_{stb} = 2{,}03\, f_{sp}\sqrt{\frac{P_x}{v_x}} = 2{,}03\, f_{sp}\sqrt{k P_x^2}\ \text{kg/sek} \tag{a}$$

für die vorhergehenden $z - 1$ Labyrinthe gilt Gl. (67) genügend genau $\left(P_1 v_1 = \frac{1}{k}\right)$

$$G_{stb} = f_{sp}\sqrt{\frac{kg}{z-1}\,(P_1^2 - P_2^2)}\ \text{kg/sek}. \tag{b}$$

Durch Gleichsetzen von (a) und (b) ist

$$P_x^2 = \frac{g P_1}{4{,}12\,(z-1) + g} \tag{c}$$

und in Gl. (a) eingesetzt wird

$$G_{stb} = f_{sp}\sqrt{\frac{k \cdot g P_1^2}{(z-1) + g/4{,}12}}\ \text{kg/sek}$$

oder mit $g/4{,}12 = \sim 2{,}4$ und $k = 1/P_1 v_1$

$$G_{stb} = f_{sp}\sqrt{\frac{g}{z + 1{,}4}\left(\frac{P_1}{v_1}\right)}\ \text{kg/sek}. \tag{69}$$

[1] Forsch.-Arb. H. 37.

Einfacher ist es, nach dem kritischen Druck zu rechnen, den man erhält, wenn in Gl. (c) $p_k = 0{,}54\, p_x$ für überhitzten Dampf (für gesätt. $0{,}57\, p_x$) gesetzt wird

$$p_k = p_1 \frac{0{,}85}{\sqrt{z + 1{,}4}}; \tag{70}$$

ist $p_2 < p_k$, so ist Gl. (69) anzuwenden bei $p_2 > p_k$ hingegen gilt Gl. (67).

Soll nur eine bestimmte Dampfmenge G_{stb} als Verlust zugelassen werden, so kann aus Gl. (67) bzw. (69) die Zahl z der erforderlichen Labyrinthe ermittelt werden; es ist dann

für $p_2 > p_k$

$$z = \frac{g\,(P_1^2 - P_2^2)}{P_1 v_1} \left(\frac{f_{sp}}{G_{stb}}\right)^2$$

und für $p_2 < p_k$

$$z \cong g \frac{P_1}{v_1} \left(\frac{f_{sp}}{G_{stb}}\right)^2.$$

Zahlenbeispiele. 1. Es sei der Druck vor der Stopfbüchse (im Gehäuse) $p_1 = 6$ ata, 200° C, der Außendruck $p_2 = 1$ ata, die Labyrinthzahl $z = 25$, Spaltweite $s = 0{,}2$ mm, Spaltdurchmesser $d_s = 250$ mm, also

$$f_{sp} = \pi \cdot 25 \cdot 0{,}02 = 1{,}57 \text{ cm}^2 = 1{,}57 \cdot 10^{-4} \text{ m}^2,$$

und da

$$p_k = 6 \frac{0{,}85}{\sqrt{25 + 1{,}4}} = 0{,}99, \quad \text{also} \quad p_2 > p_k,$$

so ist mit $v_1 = 0{,}3598$ (nach Zahlentafel III im Anhang) nach Gl. (67)

$$G_{stb} = 1{,}57 \cdot 10^{-4} \sqrt{\frac{9{,}81 \cdot 10\,000^2 (6^2 - 1^2)}{25 \cdot 60\,000 \cdot 0{,}3598}} = 0{,}0396 \text{ kg/sek}$$

oder 143 kg/h.

2. Als Sperrdampf für eine Vakuumstopfbüchse von 300 mm Durchmesser, einer Spaltweite von $s = 0{,}25$ mm und mit $z = 12$ Labyrinthen, werde Dampf von 15 atü 300° C auf $p_1 = 1{,}0$ atü gedrosselt; sein spezifisches Volumen (auf der Drossellinie i = const im is-Diagramm) ist $v = 1{,}3$ m³/kg. Das Vakuum betrage 94%, also $p_2 = 0{,}06$ ata.

Da $p_k = 2 \frac{0{,}85}{\sqrt{13{,}4}} = 0{,}462 > p_2$, ist Gl. (69) anzuwenden, nach welcher mit $f_{sp} = \pi \cdot 30 \cdot 0{,}025 = 2{,}36 \text{ cm}^3 = 2{,}36 \cdot 10^{-4} \text{ m}^2$

$$G_{stb} = 2{,}36 \cdot 10^{-4} \sqrt{\frac{9{,}81 \cdot 2 \cdot 10\,000}{13{,}4 \cdot 1{,}3}} = 0{,}025 \text{ kg/sek} = 92{,}5 \text{ kg/h}.$$

3. Der Entlastungskolben einer Überdruckturbine habe 600 mm Durchmesser, $s = 0{,}3$ mm Spiel und $z = 20$ Labyrinthe, dann ist

$$f_{sp} = \pi \cdot 60 \cdot 0{,}03 = 5{,}65 \text{ cm}^2 = 5{,}65 \cdot 10^{-4} \text{ m}^2.$$

Bei $p_1 = 12$ ata, 360° C $v_1 = 0{,}2189$ im Gehäuse und $p_2 = 2$ ata hinter dem Kolben, ist, da $p_k = 12 \frac{0{,}85}{\sqrt{21{,}4}} = 2{,}2$, also $p_2 < p_k$ nach Gl. (69) die durchtretende Dampfmenge

$$G_{stb} = 5{,}65 \cdot 10^{-4} \sqrt{\frac{9{,}81 \cdot 120\,000}{21{,}4 \cdot 0{,}2189}} = 0{,}283 \text{ kg/sek} = 1020 \text{ kg/h}.$$

6. Die mechanischen (Leerlaufs-) Verluste.

Die zur Überwindung der Lagerreibung und zum Antrieb des Reglers und der Ölpumpen erforderliche Arbeit muß von der Dampfarbeit in der Turbine in Abzug gebracht werden. Diese Leerlaufsarbeit beeinflußt jedoch nicht den Zustand des Dampfes, es ist ein äußerer Verlust, der zwar auch in Wärme verwandelt, diese aber im Lagerkörper und im Schmieröl abgeleitet wird. Bei den Turbinen mit Kohlenstopfbüchsen kommt noch etwas Stopfbüchsenreibung hinzu.

Die Lagerreibungsarbeit besteht aus der Reibung in den Traglagern und derjenigen im Druck-(Kamm-)Lager. Da, wie bei jedem richtig ausgeführten Lager, keine metallische Berührung stattfinden darf, sondern zwischen Zapfen und Schale eine genügend starke Ölschicht vorhanden ist (der Zapfen „schwimmt"), muß für die Reibungsarbeit die Flüssigkeitsreibung in Betracht gezogen werden, d. h. die Reibungszahl μ zwischen Öl und Metall.

Ist bei Halslagern k der mittlere spezifische Druck auf den Zapfen vom Durchmesser d cm und der Länge l cm, so ist die Lagerbelastung $P = dlk$, die auf dem Zapfenumfang wirkende Reibungskraft

$$K_r = \mu P = \mu d l k$$

und die Reibungsarbeit (richtiger Leistung), wenn v die Zapfenumfangsgeschwindigkeit in m/sec

$$A_r = K_r \cdot v = \mu P v = \mu d l k v \text{ mkg/s}. \tag{71}$$

Zur Ermittlung der Reibungsarbeit ist die Kenntnis der Reibungszahl μ erforderlich, deren Größe von verschiedenen Umständen abhängig ist, ebenso die Druck- und Temperaturverteilung.

Die Theorie der Lager soll hier nicht behandelt werden, es sei diesbezüglich auf die Arbeiten von Michell[1], Gümbel[2], v. Freudenreich[3] und Kucharski[4] verwiesen, deren Ergebnisse im Buche von Stodola zusammengefaßt sind. Ferner haben die Versuche von Stribeck[5], Lasche[6] und Brown, Boveri & Cie neue Erkenntnisse gebracht.

Lasche stellte das Gesetz auf

$$\mu k t = 2, \tag{71a}$$

(worin t die Lagertemperatur), welche für $k = 1$ bis 15 kg/cm² $t = 30 \div 100^0$ C und Zapfenumfangsgeschwindigkeiten $v = 5$ bis 20 m/sek gelten soll.

Die neueren Versuche von Lasche im Jahre 1918 zeigen, daß die Druckverteilung über den Zapfenumfang von der Belastung des Lagers (mittlerer Flächendruck), der Art des Auflagers, der Stelle des Schmieröleintritts, von der Öltemperatur, der Ölmenge, der Umfangsgeschwindigkeit und vom Lagerspiel abhängig ist. Aus diesen Versuchen geht hervor,

[1] Z. Math. Phys. Bd. 52, S. 123. 1905.
[2] Schiffsbautechn. Jahrb. 1917, S. 236; Z. ges. Turbinenw. 1918, S. 205.
[3] Mitt. Brown, Boveri & Cie 1917, S. 1. [4] Z. ges. Turbinenw. 1913, S. 53.
[5] Z. V. d. I. 1902, S. 1341. [6] Z. V. d. I. 1902, S. 1381.

daß der spezifische Druck um so größer ist, je größer der mittlere Flächendruck, je kleiner die Lagerlänge bei gleichem mittleren Druck; im unteren Auflageteil je größer die Zapfengeschwindigkeit, weiter nach oben am Umfang wird der Druck kleiner mit zunehmender Geschwindigkeit. Über die Zapfenlänge ändert sich die Druckverteilung und auch die Abhängigkeit. Bei mittleren Drükken über ~ 6 kg/cm² ist der Druck bei größerem Lagerspiel größer, unter 6 kg/cm² kleiner.

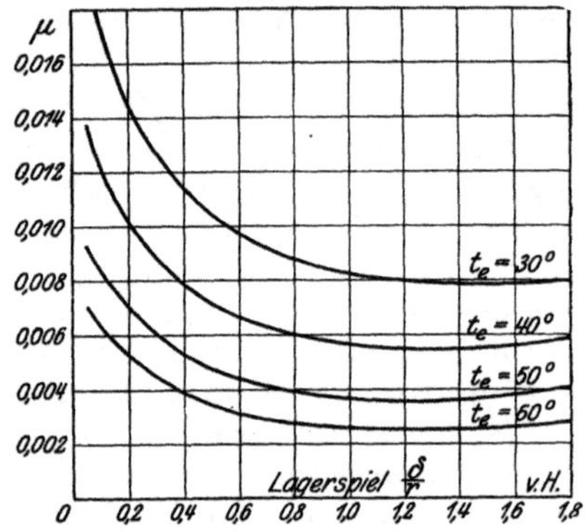

Abb. 91. Reibungszahl in Abhängigkeit vom Lagerspiel.

Die Druckverteilung ist mehr für die Ausführung der Lager von Wichtigkeit, für die Ermittlung der Reibungsarbeit genügt der mittlere Druck $k = P/ld$; es ist aber die Reibungszahl wichtig.

Nach Gl. (71a) ist $\mu = 2/kt$, also μ um so kleiner, je höher der mittlere Druck und die Temperatur, die Versuche bestätigen dieses. Hingegen nimmt μ mit wachsender Zapfengeschwindigkeit und steigender Ölmenge zu. Wichtig ist das Ergebnis der Versuche von BBC mit verschiedenem Lagerspiel δ, wonach die Reibungszahl mit zunehmendem Spiel abnimmt; Abb. 91 zeigt die ermittelten Werte von μ in Abhängigkeit vom Lagerspiel (im Verhältnis zum Zapfenradius) und von der Öleintrittstemperatur für ein Lager von $d = 125$ mm, $l = 135$ mm, $k = 7{,}7$ kg/cm², $n = 3000$, also $v = 19{,}7$ m/sek und 0,18 l/sek Ölmenge. Der günstigste Wert liegt bei $\delta/r = 0{,}012$ (δ-Spiel, $r = d/2$), also im vorliegenden Falle bei $\delta = 0{,}75$ mm; die Zunahme bei größerem Spiel ist gering. Bei

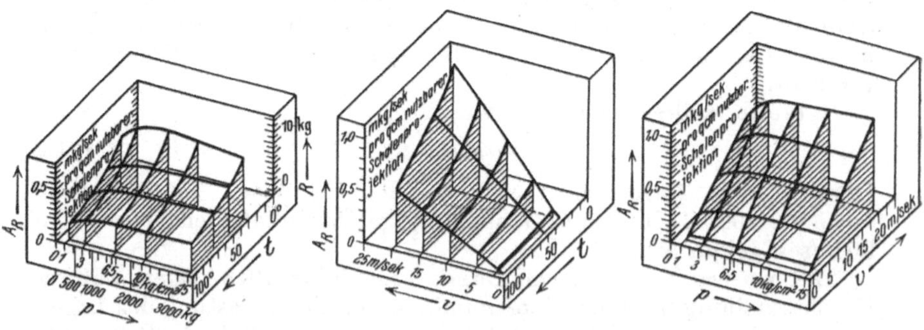

Abb. 92. Reibungsarbeit in Abhängigkeit von p, v und t.

kleinem Spiel ist die Reibungszahl groß und es können starke Erschütterungen auftreten, die bei Vergrößerung des Spieles verschwinden.

Die Abhängigkeit der gesamten Reibungsarbeit A_R vom mittleren Druck p ($= k$), von der Zapfengeschwindigkeit v und der Öltemperatur t

zeigt Abb. 92 nach den Versuchen von Lasche[1]. Danach nimmt die Reibungsarbeit mit dem Druck wenig zu, hingegen bedeutend mit zunehmender Geschwindigkeit v und abnehmender Temperatur.

Die Lagerreibung allein ist klein; sie wird in geringem Maße von der Bauart abhängig sein, d. h. davon, ob Ein- oder Mehrgehäuseturbinen, dann von der Drehzahl, da mit abnehmender Drehzahl die Raddurchmesser größer, das Laufzeug schwerer wird und, trotz der geringeren Drehzahl, wegen des stärkeren Zapfens die Umfangsgeschwindigkeit meist nicht kleiner wird.

Größer ist der Arbeitsaufwand für Antrieb des Reglers und der Ölpumpen. Zuweilen kommt noch ein Übersetzungszahnradgetriebe hinzu, das aber bei der jetzt möglichen genauen Werkstattarbeit mit hohem Wirkungsgrad arbeitet.

Bei ausgeführten Anlagen kann die Leerlaufsarbeit ermittelt werden durch Auslaufversuche, indem die Zahl der Umläufe bis zum Stillstand gemessen wird und aus dieser und den Trägheitsmomenten aller rotierender Teile die Reibungsmomente errechnet werden; die Radreibungs- und Ventilationsarbeit ist hierbei mit einbegriffen. Die bei verschiedenen Drücken im Gehäuse ermittelten und über den Drücken aufgetragenen Reibungsmomente ergeben für den Druck Null (durch Extrapolieren) die Leerlaufsarbeit, da beim Druck 0 auch die Radreibungs- und Ventilationsarbeit = 0 sein müssen[2].

Die Leerlaufsarbeit kann aber auch durch motorischen Antrieb der losgekuppelten Turbine in verdünnter Luft im Gehäuse bestimmt werden[3]. Dazu wird die Dampfzuleitung abgeschlossen und das Eindringen von Dampf sorgfältig verhindert. Durch die Stopfbüchsenablaßrohre wird die Turbine mit Luft angefüllt. Zweckmäßig beginnt man mit möglichst hoher Luftleere (die Turbine muß an eine Kondensationsanlage angeschlossen oder die Luft aus dem Abdampfstutzen abgesaugt werden können). Bei den Ablesungen muß auf gleichbleibenden Zustand im Gehäuse geachtet werden. Durch Schließen der Schieber zum Kondensator oder durch Verringerung der Absaugung wird die Luftleere verschlechtert und dabei der Arbeitsaufwand bei verschiedenen Drücken bzw. Dichten in der Turbine bestimmt und in Abhängigkeit vom Druck bzw. vom spezifischen Gewicht aufgetragen. Durch Extrapolieren auf das spezifische Gewicht 0 erhält man den Arbeitsaufwand für Leerlauf. Die Drehzahl muß natürlich unverändert gehalten, die Lager auf gleiche Temperatur gehalten und die Ölpumpen auf gleiche Leistung gebracht werden wie im Betrieb.

Ferner kann die Leerlaufsarbeit bei ausgeführten Turbinen durch Messung der Leistung an der Kupplung und Bestimmung der inneren Leistung N_i der Turbine [s. S 93, Gl. (75)]. Die Nutzleistung an der Kupplung kann durch Bremsung mittels Wasserbremse oder bei direk-

[1] Konstruktion und Material im Bau von Dampfturbinen. Berlin: Julius Springer 1920.
[2] Z. ges. Turbinenw. 1907, S. 253.
[3] S. Versuchsbericht von A. Stodola: Z. V. d. I. 1925, Nr. 37, S. 1177.

tem Antrieb eines Generators aus dessen Klemmleistungen N_{kW} und dem Wirkungsgrad η_{dyn} desselben ermittelt werden

$$N_e = \frac{N_{kW} \cdot 1{,}36}{\eta_{dyn}} \text{ PS}; \tag{72}$$

die Leerlaufsarbeit ist dann

$$N_l = N_i - N_e.$$

Da die Leerlaufsverluste nicht voraus bestimmt werden können, müssen sie für Neuentwürfe nach den an ausgeführten Anlagen ermittelten Werten geschätzt werden. Statt der Verluste wird zweckmäßig der mechanische Wirkungsgrad $\eta_m = N_e : N_i$ angegeben; praktische Werte s. Abb. 95 (S. 97).

Die Leerlaufsarbeit ist damit

$$N_l = \frac{N_e}{\eta_m} - N_e = N_e\left(\frac{1}{\eta_m} - 1\right).$$

Mit zunehmender Leistungsgröße werden die Verluste relativ abnehmen.

So ist z. B. für $N_e = 1000$ PS, $n = 3000$, im Mittel (aus Abb. 95) $\eta_m = 0{,}965$ und $N_l = 1000\left(\frac{1}{0{,}965} - 1\right) = 1000 \cdot 0{,}036 = 36$ PS.

Für $N_e = 5000$ SP$_e$, $n = 3000$, $\eta_m = 0{,}986$ ist

$$N_l = 5000\left(\frac{1}{0{,}986} - 1\right) = 5000 \cdot 0{,}014 = 70 \text{ PS}$$

Für $N_e = 25000$ PS$_e$, $n = 3000$, $\eta_m = 0{,}996$ ist

$$N_l = 25000\left(\frac{1}{0{,}996} - 1\right) = 25000 \cdot 0{,}064 = 100 \text{ PS}.$$

Für $N_e = 100000$ PS$_e$, $n = 1500$, $\eta_m = 0{,}998$ ist

$$N_l = 100000\left(\frac{1}{0{,}998} - 1\right) = 100000 \cdot 0{,}002 = 200 \text{ PS}.$$

(Bei großem η_m kann genügend genau $N_l = N_e(1 - \eta_m)$ gesetzt werden.)

Bei großen Leistungen hat die Leerlaufleistung absolut genommen ansehnliche Beträge.

7. Verluste durch Abkühlung und Strahlung.

Diese Verluste sind zwar auch äußere, doch könnten die den Dampfzustand in der Turbine beeinflussen, wenn sie nennenswerte Beträge erreichen würden. Sie sind aber sehr klein, da der Dampf mit hoher Geschwindigkeit durch die Turbine strömt und wenig Zeit zur Wärmeabgabe nach außen hat; zudem ist die Oberfläche im Verhältnis zum Inhalt klein, besonders bei großen Leistungen, und kann gut isoliert werden.

Nach Eberle[1] ist die durch Leitung und Strahlung in der Stunde abgegebene Wärme

$$Q_{str} = kF(t_d - t_l) \text{ kcal/h}, \tag{73}$$

[1] Forsch.-Arb. 1902, H. 78.

worin F die äußere metallische Oberfläche in m^2, die den Dampf umschließt, t_d die Dampf-, t_l die Lufttemperatur der Umgebung und k eine Erfahrungszahl, die bei gesättigtem Dampf $k = 2{,}3$ bis 3, bei überhitztem Dampf bei 200^0 $k = 2{,}8$ und bei 400^0 $k = 3{,}5$ angenommen werden kann. Für t_d ist die mittlere Dampftemperatur im Gehäuse zu setzen.

Es sei für eine Kondensationsturbine von 2000 PS_e $n = 3000$ die stündliche Dampfmenge $G_{st} = 8000$ kg, die Gehäuseoberfläche schätzungsweise $F = 6{,}5$ m^2, $t_d = 200^0$ und $t_l = 25^0$; dann ist mit $k = 2{,}8$ nach obiger Gleichung

$$Q_{str} = 2{,}8 \cdot 6{,}5\,(200 - 25) = 3200 \text{ kcal/h}$$

oder je kg

$$h_{str} = \frac{3200}{8000} = 0{,}4 \text{ kcal/kg},$$

ein Betrag, der im Vergleich zum ganzen Wärmegefälle (hier etwa 200 kcal/kg) nicht ins Gewicht fällt.

Diese Verluste sind schwer genau zu ermitteln, man kann sie bei mittleren und größeren Leistungen vernachlässigen, bei kleinen Leistungseinheiten werden sie im mechanischen Wirkungsgrad mit berücksichtigt.

Werden die äußeren Verluste von der inneren Leistung abgezogen, so ergibt sich die je kg Dampf an der Kupplung verfügbare effektive Leistung (Nutzleistung)

$$h_e = h_i - h_l - h_{str} = h_i\,\eta_m. \tag{74}$$

8. Übersicht über die Verluste; Leistungen und Wirkungsgrade.

Nach vorstehenden Betrachtungen sind die in den Turbinen auftretenden Verluste bei Gleichdruckturbinen:

A. Innere Verluste:

1. Düsenverlust (Leitverlust):

$$h_d = A\,\frac{c_0^2 - c_1^2}{2g} = (1 - \varphi^2)\,h_t \text{ kcal/kg}.$$

2. Schaufelverlust:

$$h_s = A\,\frac{w_1^2 - w_2^2}{2g} = A\,(1 - \psi^2)\,\frac{w_1^2}{2g} \text{ kcal/kg}.$$

3. Austrittsverlust:

$$h_a = A\,\frac{c_a^2}{2g} \text{ kcal/kg}.$$

4. Radreibungs- und Ventilationsverlust:

$$h_{rv} = \frac{N_{rv} \cdot 75}{427 \cdot G_{\text{sek}}} = \frac{N_{rv}}{5{,}7\,G_{\text{sek}}} \text{ kcal/kg}$$

mit N_{rv} PS nach Gl. (59a).

5. Undichtheits-(Spalt-)Verlust:

$$h_{sp} = \frac{G_{sp}}{G_{\text{sek}}}\,(i_{4n} - i_{4(n+1)}).$$

B. Äußere Verluste:

6. Stopfbüchsenverlust, vermindert die arbeitende Dampfmenge und wird durch Zuschlag zum Dampfverbrauch berücksichtigt.

7. Leerlaufverlust (mechanischer Verlust), geschätzt nach Erfahrung durch den mechanischen Wirkungsgrad η_m.

8. Abkühlungs- und Strahlungsverlust, meist vernachlässigbar oder in η_m berücksichtigt.

Bei Überdruckturbinen treten dieselben Verluste auf, doch sind sie von andrer Größe und Bedeutung. Die Düsen-(Leitschaufel-)Verluste sind gleichartig und meist auch gleich den Schaufelverlusten; die Austrittsgeschwindigkeit wird stets in der folgenden Stufe verwertet; Radreibungsverluste sind bei Trommelturbinen gering, Ventilationsverluste treten wegen der stets vollen Beaufschlagung nicht auf. Hingegen sind die Undichtheitsverluste bedeutend, sie werden häufig im Schaufelkoeffizienten mit berücksichtigt, da sie die Strömung in der Schaufel nicht unwesentlich beeinflussen. Es empfiehlt sich aber den Schaufelverlust wie bei den Gleichdruckturbinen und den Undichtverlust nach S. 82 zu ermitteln. Bei Entlastungskolben (zum Aufheben des Axialschubes) sind die Stopfbüchsenverluste bedeutend (s. Beispiel S. 87), doch kann man solche Kolben umgehen. Die äußeren Verluste sind die gleichen wie bei den Gleichdruckturbinen.

Düsen-, Schaufel- und Austrittsverlust bilden zusammen die „Schauflungsverluste" (Leit- und Laufschaufel); werden sie vom adiabatischen Gefälle h_t abgezogen, so ergibt sich die an die Schaufel abgegebene Arbeit bzw. das in **Leistung am Radumfang** umgesetzte Gefälle h_u

$$A L_u = h_u = h_t - (h_d + h_s + h_a) \text{ kcal/kg}$$

und der Wirkungsgrad am Radumfang

$$\eta_u = \frac{h_u}{h_t},$$

dessen Größe und Abhängigkeit bereits S. 47 näher erörtert wurde. Der Umfangswirkungsgrad η_u ist nicht von der Dampfmenge, also auch nicht von der Leistungsgröße der Turbine abhängig.

Die am Radumfang je kg Dampf abgegebene Leistung bzw. das entsprechende Gefälle muß nun noch die Radreibungs- und Ventilationsarbeit h_{rv} (s. S. 74) überwinden, außerdem wird bei mehrstufigen Turbinen von der zweiten Stufe ab ein Teil des Dampfes durch die Undichtheiten (Spalte) zwischen den Stufen ohne Arbeitsleistung hindurchströmen und verringert damit die auf 1 kg Gesamtdampfmenge bezogene, an die Welle abgegebene Leistung bzw. das entsprechende Gefälle noch um die Spaltverluste h_{sp} (s. S. 81); die **innere Leistung** ist

$$A L_i = h_i = h_u - h_{rv} - h_{sp} \text{ kcal/kg.} \tag{75}$$

Da die Größe von h_{rv} und h_{sp} von der Dampfmenge abhängt [s. Gl. (63), S. 81, und Gl. (66), S. 84] und mit abnehmender Dampfmenge zunimmt, ist die an die Welle abgegebene innere Arbeit je kg unter sonst gleichen Umständen um so kleiner, je kleiner die Dampfmenge.

Mit steigendem Raddurchmesser nimmt h_u bis zu einem Höchstwert zu $\left(\text{bei Gleichdruckturbinen bis } \frac{u}{c_1} = \frac{\cos\alpha_1}{2}\right)$, aber auch h_{rv} und zwar in weit höherem Maße; es muß deshalb einen günstigsten Wert des Raddurchmessers bzw. von u/c_1 geben (der kleiner ist als $\cos\alpha_1/2$), bei welchem h_i einen Höchstwert erhält. Für die Wahl von u bzw. D bei gegebener Drehzahl ist deshalb praktisch nicht der Höchstwert von η_u maßgebend, sondern der innere Wirkungsgrad der Stufe

$$\eta_i = \frac{h_i}{h_t}. \qquad (76)$$

Es hat somit eine Turbine kleiner Leistung zwar einen niedrigeren inneren Wirkungsgrad als eine Turbine großer Leistung, aber es ist auch der günstigste Raddurchmesser kleiner. Für den Höchstwert von η_i läßt sich keine vom Durchmesser abhängige einfache Beziehung ableiten, es muß der Wert von η_i für verschiedene Durchmesser bzw. u/c_1 ermittelt und über diesen zeichnerisch aufgetragen werden; die η_i-Kurve verläuft parabelartig, dem Scheitel entspricht der günstigste Raddurchmesser (Abb. 104, S. 129).

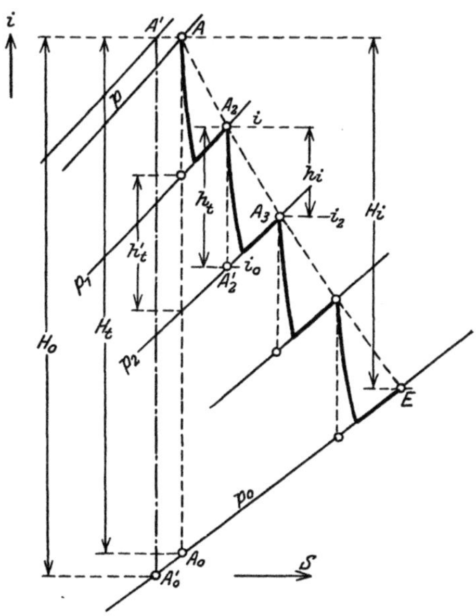

Abb. 93. Wärmerückgewinn.

Bei mehrstufigen Turbinen werden die Verluste in der Turbine in der folgenden Stufe zum Teil wiedergewonnen, da sie den Wärmeinhalt erhöhen; dadurch wird das adiabatische Gefälle größer als es ursprünglich war, denn die Kurven gleichen Druckes divergieren mit zunehmender Entropie. Die Summe der adiabatischen Einzelgefälle wird größer als das adiabatische Gesamtgefälle H_t (Abb. 93). Ist h_t' das ursprüngliche adiabatische Gefälle einer Stufe und h_r der aus der Verlustwärme rückgewinnbare Gefällteil, so ist das verfügbare adiabatische Stufengefälle $h_t = h_t' + h_r$, also das ausgenutzte innere Gefälle

$$h_i = \eta_i h_t = \eta_i (h_t' + h_r). \qquad (77)$$

Ist η_i für alle Stufen gleich, so ist das innere Gesamtgefälle

$$H_i = \sum h_i = \eta_i \sum (h_t' + h_r) = \eta_i (H_t + H_r), \qquad (77a)$$

worin H_t das ursprüngliche adiabatische Gesamtgefälle und H_r die gesamte rückgewinnbare Wärme (Gefällsvermehrung).

Der innere Gesamtwirkungsgrad ist das Verhältnis des gesamten inneren Gefälls zum ursprünglichen adiabatischen Gefälle

$$\eta_{ig} = \frac{H_i}{H_t} = \eta_i \left(1 + \frac{H_r}{H_t}\right) = \eta_i (1 + \varrho) = \mu \eta_i, \qquad (78)$$

wenn $\varrho = H_r/H_t$ der Anteil der rückgewinnbaren Wärme und μ der Wärmerückgewinnungsfaktor (s. S. 101).

Stodola weist darauf hin, daß bei Ausnutzung der Austrittsenergie der gewöhnliche innere Wirkungsgrad kein geeigneter Maßstab für die Beurteilung der Turbine ist, denn das verfügbare Stufengefälle ist $h_t' + h_a$ (s. S. 74), also um den Auslaßverlust der vorhergehenden Stufe größer, während die Austrittsenergie für die betrachtete Stufe als verloren gilt, obgleich sie in der folgenden Stufe wieder verwertet wird und nur in der letzten Stufe wirklich verloren ist. Dadurch wird der Einzelwirkungsgrad schlecht, obgleich der Gesamtwirkungsgrad gut sein kann. Stodola führt deshalb den Schaufelwirkungsgrad η_s ein, der sich mit den Bezeichnungen der Abb. 93 aus der Schaufelverlustzahl

$$\xi_s = \frac{i_2 - i_0}{i - i_0} \quad \text{zu} \quad \eta_s = 1 - \xi_s = \frac{i - i_0 - (i_2 - i_0)}{i - i_0} = \frac{i - i_2}{i - i_0}$$

ergibt. Es ist hierbei also nur die Schaufelreibung berücksichtigt.

Für die einzelnen Stufen ist

$$h_i' = i' - i_2' + A\,\frac{c^2 - c_2'^2}{2g},$$

$$h_i'' = i'' - i_2'' + \frac{A\,(c_2'^2 - c_2''^2)}{2g},$$

$$\dots\dots\dots\dots\dots$$

$$h_{i_n} = i_n - i_{2n} = \frac{A\,(c_{2n}^2 - c_{2(n+1)})}{2g}$$

wenn c die Zuströmgeschwindigkeit zur Turbine, $c_2' \dots c_{2(n+1)}$ die Austrittsgeschwindigkeiten der einzelnen Stufen. Durch Summation ist dann, η_s für alle Stufen gleich angenommen,

$$\Sigma\,(h_i) = H_i = \eta_s\,(H_t + H_r) + \frac{A\,(c^2 - c_{2(n+1)}^2)}{2g}.$$

Wird c vernachlässigt, so ist nach Division durch H_t der innere Gesamtwirkungsgrad

$$\eta_{ig} = \frac{H_i}{H_t} = \eta_s\left(1 + \frac{H_r}{H_t}\right) - \frac{h_a}{H_t},$$

da $\frac{A\,c_{2(n+1)}^2}{2g} = h_a$; bezeichnet man den Anteil des Austrittsverlustes $\frac{h_a}{H_t} = \zeta_a$, dann ist mit ϱ und μ wie oben

$$\eta_{ig} = \eta_s\,(1 + \varrho) - \zeta_a = \mu\,\eta_s - \zeta_a\,. \tag{79}$$

Bei ausgeführten Turbinen kann die innere Leistung unter Umständen in einfacher Weise gemessen werden. Dazu muß durch Messung von Druck und Temperatur bzw. Dampfgehalt der Zustand p, t vor der ersten Leitvorrichtung und der Zustand p_0, t_0 bzw. x_0 am Austritt aus der Turbine bestimmt werden. Sucht man diese Zustandspunkte A bzw. E im is-Diagramm auf (Abb. 93), so ist die Differenz der Wärmeinhalte in A und E das innere Gefälle $H_i = i - i_e$. Wird noch die stündliche Dampfmenge G_{st} gemessen, was bei Oberflächenkondensation durch Wägen des Kondensates bequem möglich ist, bei Gegendruckturbinen durch Speisewassermessung unter Berücksichtigung der Leitungsverluste bis zur Turbine erfolgen kann, so ist die innere Leistung

$$N_i = \frac{H_i\,G_{st} \cdot 427}{3600 \cdot 75} = \frac{H_i\,G_{st}}{632{,}3}\,\mathrm{PS_i}\,. \tag{80}$$

Liegt der Endzustand E oder auch der Anfangszustand A im Sättigungsgebiet, so muß der Dampfgehalt x bestimmt werden, was umständlich ist, besonders im Vakuum[1].

Die Bestimmung des Dampfgehaltes kann bei geringer Feuchtigkeit (höchstens 5%) mittels des Drosselkolorimertes erfolgen, wobei Ausströmung in die Atmosphäre stattfinden muß; dieses Verfahren ist deshalb nur für Überdruck anwendbar. Der zu messende Dampf wird vom Druck p_1 auf einen tieferen Druck p_2 gedrosselt, wodurch er überhitzt wird (Abb. 94) und die Temperatur t_2 hat. Vor dem Drosseln ist $i_1 = i_1' + x r_1$ mit i_1' und r_1 entsprechend dem Druck p_1, nach dem Drosseln ist

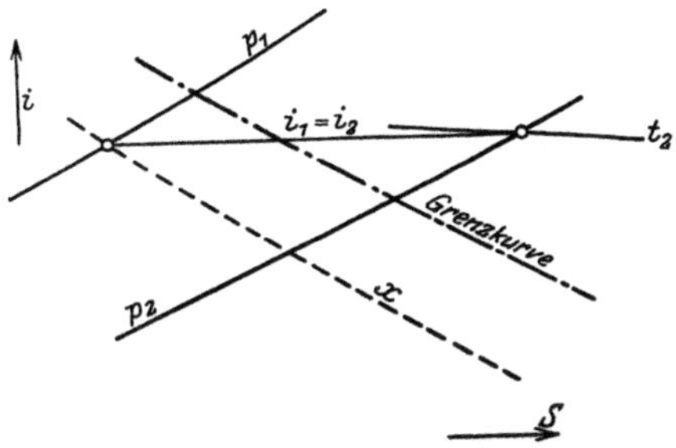

Abb. 94. Bestimmung des Dampfgehaltes.

$$i_2 = i_2'' + c_{pm}\,(t_2 - t_{2s})$$

[s. Gl. (8a), S. 4] und da $i_1 = i_2$ ist, kann x errechnet werden. Bequemer kann x aus dem is-Diagramm gefunden werden, indem vom gemessenen Endzustand p_2, t_2 die Wagerechte bis auf p_1 gezogen wird (Abb. 94).

Der Dampfgehalt kann auch nach Prof. Lorenz wie folgt ermittelt werden. Der Dampf vom Druck p_1 wird in ein Messinggefäß vom Gewicht G_m kg geleitet, in welchem sich G_w kg Wasser vol $t_1{}^0$ C befinden; durch den Dampf werden Wasser und Gefäß auf $t_2{}^0$ erwärmt, wobei das Gewicht des Gefäßes mit Inhalt auf G kg steigt. Der Wärmeinhalt des Dampfes ist $i = i' + xr$ und es gilt für die Mischung, wenn c_m die spezifische Wärme vom Messing,

$$G_m c_m (t_2 - t_1) + G_w \cdot 1 \cdot (t_2 - t_1) = G_d (i - t_2) = G_d (i' + xr - t_2).$$

Da $c_m = 0{,}092$ und $G_d = G - G_m - G_w$, so kann x errechnet werden.

Nach Berücksichtigung der mechanischen Verluste und der Abkühlungs- und Strahlungsverluste (letztere können meist vernachlässigt werden) erhält man das in Nutzarbeit umgesetzte Gefälle, d. h. das am Wellenstumpf bzw. an der Kupplung verfügbare effektive Gefälle oder die **effektive Leistung**

$$A L_e = h_e = h_i - h_l - h_{str} = h_t - \sum (\text{Verluste}),$$

oder bequemer

$$h_e = h_i\,\eta_m \text{ kcal/kg.} \tag{81}$$

Praktische Werte des mechanischen Wirkungsgrades $\eta_m = \frac{h_e}{h_i} = \frac{N_e}{N_i}$ gibt Abb. 95; für 3000 Umdr./min gelten die Werte zwischen den voll ausgezogenen Kurven, die durch senkrechte volle Schraffur verbunden sind; für $n = 1500$ Umdr./min gelten die Werte zwischen der unteren voll ausgezogenen und der gestrichelten Kurve, die durch gestrichelte Schraffur verbunden sind.

---

[1] Z. ges. Turbinenw. 1907, S. 433.

Die Nutzleistung N_e kann durch Bremsung mittels Wasserbremse gemessen werden.

Wichtig ist der effektive oder thermodynamische Wirkungsgrad, d. i. das Verhältnis der Nutzarbeit zum theoretischen Arbeitsvermögen bzw. des effektiven Gefälles zum adiabatischen

$$\eta_e = \frac{L_e}{L} = \frac{h_e}{h_t} = \frac{h_e}{h_i} \cdot \frac{h_i}{h_t} = \eta_m \cdot \eta_i, \tag{82}$$

derselbe umfaßt alle Verluste und ist ein Maß für die wirkliche Ausnutzung des Dampfes in der Turbine, d. h. für die Güte der Turbine.

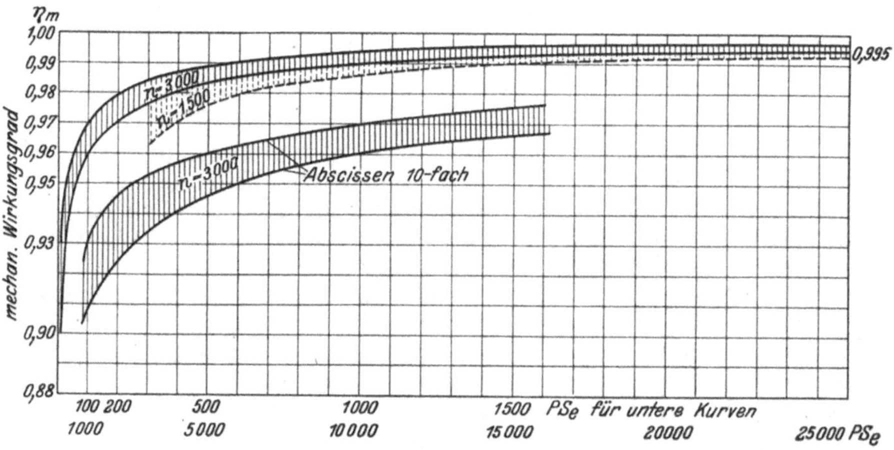

Abb. 95. Mechanische Wirkungsgrade.

Die Nutzleistung ist nun für G_{st} kg/h

$$N_e = \frac{h_e G_{st} \cdot 427}{3600 \cdot 75} = \frac{h_t \eta_e G_{st}}{632{,}3} \text{PS}_e \tag{83}$$

oder

$$N_e = G_{\text{sek}} \cdot 5{,}7\, h_t \eta_e \text{PS}_e, \tag{83a}$$

woraus wieder

$$\eta_e = \frac{N_e}{5{,}7\, h_t G_{\text{sek}}} \tag{84}$$

ermittelt werden kann, wenn N_e und G_{st} bzw. G_{sek} gemessen und h_t aus dem *is*-Diagramm entnommen wird. Ist die Dampfmenge gegeben, so kann mit Hilfe von η_e und h_t die erreichbare Nutzleistung aus Gl. (86) ermittelt werden; für eine vorgeschriebene Leistung kann daraus die dazu erforderliche Dampfmenge bestimmt werden. Bei neu zu entwerfenden Turbinen muß η_e zunächst geschätzt werden; natürlich ist η_e von der Leistungsgröße abhängig und nimmt mit zunehmender Leistung zu.

Aus einer großen Anzahl von Versuchen und Berechnungen kann η_e in Abhängigkeit von der Leistungsgröße ermittelt werden und als Grundlage für vorläufige Annahmen dienen. Neuzeitliche Ausführungen haben wesentlich höhere effektive Wirkungsgrade ergeben, als sie vor einigen Jahren erreicht wurden. Dazu hat die Verringerung der Strömungsverluste im Zusammenhang mit der Anwendung vieler Stufen viel beigetragen.

Folgende Zahlentafel enthält einige Versuchsergebnisse neuerer Turbinen.

Zahlentafel 4. Effektive (thermodynamische) Wirkungsgrade η_e ausgeführter Turbinen (bezogen auf den Zustand vor dem Absperrventil).

Leistung an der Kuppelung PS	Drehzahl in der Minute	Fabrikat	Dampfeintritt (vor Ventil) ata °C	Austrittsdruck ata	Thermodyn. (effektiver) Wirkgsgr. η_e	Bemerkungen (G = Gleichdruck-Stufen Ü = Überdruck- „)
2400	3000	BEW	11,7; 285	0,075	0,72	1 + 8 Gleichdr.-Stufen
4000	3000	WUMAG	12,8; 358	0,055	0,793	
4900	3000	AEG	14,4; 311	0,065	0,815	1 G 700 ⌀ + 8 G 800 ⌀ + 20 Ü.
8750	3000	EBM	12,9; 325	0,0687	0,817	12 G 800 ⌀ + 23 Ü. 650 ÷ 1210 ⌀
12000	3000	WUMAG		0,088	0,804	
16000	3000	EWC	14,0; 350	0,0473	0,816	1-Gehäuse-Turb.
18000	3000	BBC	12,5; 300		0,848	3-Gehäuse-Turb.
25000	—	Gebr. Stork	33,0; 400	0,04	0,829	4-Gehäuse-Turb. — 1-Wellen-Turb.
32700	3000	WUMAG	15,5; 345	0,0552	0,816	
55000	1500	BBC	—	—	0,864	3-Gehäuse
115000	1500	AEG	33,0; 400	—	0,85	4-Gehäuse. — 2 Wellen
1500	3000	BBC	10,8; 285	2,77	0,796	1 G 1000 ⌀ + 28 Ü. 500 ⌀
3000	3000	Borsig	12,0; 320	3,5	0,813	
3600	3000	EBM	13,5; 393	1,65	0,83	1 G 700 ⌀ + 9 G 600 ⌀ + 8 G 800 ⌀
14400	3000	AEG	19,6; 340	3,34	0,84	

Die aus zahlreichen Versuchen ermittelten effektiven Wirkungsgrade sind in Abb. 96 graphisch über den Leistungen aufgetragen. Die untere der beiden Kurven gibt normal erreichbare, die obere durch besondere Bauarten (viele Stufen, Mehrgehäuse) erreichbare Werte. Bei größeren Leistungseinheiten sind höhere Wirkungsgrade erreichbar, aber auch bei kleineren Einheiten sind z. T. wesentlich höhere Wirkungsgrade erreicht worden, wie die Zahlentafel zeigt.

Forner[1] hat versucht, für den effektiven Wirkungsgrad eine empirische Formel aus den bisherigen Versuchen an Dampfturbinen abzuleiten unter Berücksichtigung der maßgebenden Größen; Forner fand die Beziehung für Kondensationsturbinen:

$$\eta_e = 0{,}941 \frac{\left(1 + \frac{\tau_0}{1650}\right)\left[1 - \frac{(l-90)^3}{12000}\right]}{\left(\frac{0{,}27}{v} + \sqrt{v}\right)\left(1 + \frac{100}{N_e}\right)}, \tag{85}$$

worin τ_0 die Überhitzung in °C (über die Sättigungstemperatur), l der Unterdruck im Abdampfstutzen in Prozent von 760 mm Barometerstand,

[1] Z. V. d. I. 1926, Nr. 15, S. 502.

N_e die Nutzleistung in PS_e und $\nu = \frac{1}{91,5}\sqrt{\frac{\Sigma(u^2)}{H}}$, mit $\sum(u^2)$ als Summe der Quadrate der mittleren Umfangsgeschwindigkeiten der hintereinandergeschalteten Laufkränze in m^2/sek^2 (s. S. 100) und H als adiabatisches Gefälle der ganzen Turbine.

Um ν zu erhalten, muß die Stufenzahl und der mittlere Durchmesser der Laufschaufelkränze festgelegt werden (s. Aufteilung des Gefälles S. 112); mittlere Werte von ν liegen bei ausgeführten Turbinen zwischen 0,35 und 0,6.

Die Formel soll für Kondensationsturbinen für Anfangsdrücke von 9 bis 19 ata gelten. Für Gegendruckturbinen lagen noch zu wenig Er-

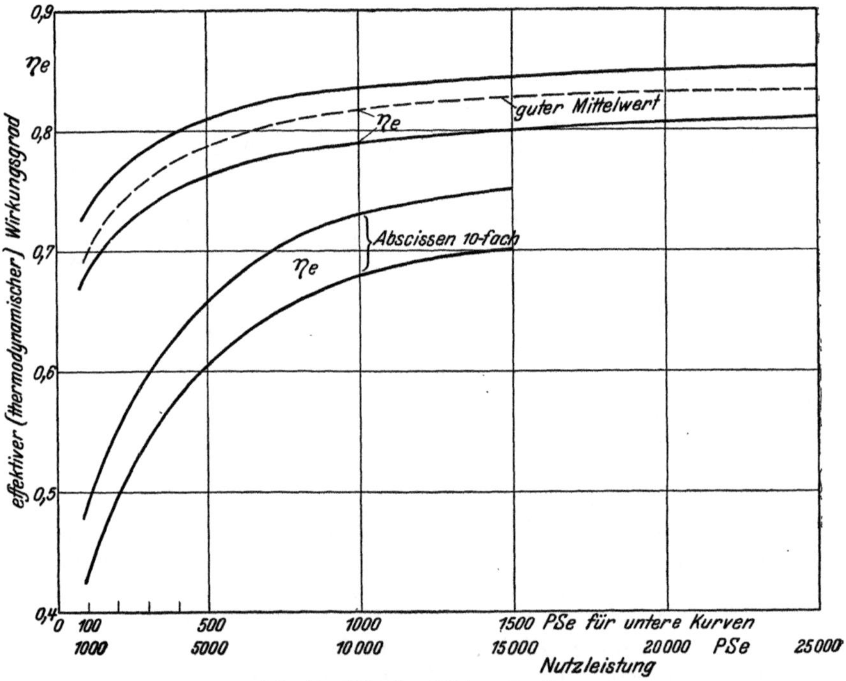

Abb. 96. Effektive Wirkungsgrade.

gebnisse vor, um mit einiger Sicherheit den Einfluß dieser maßgebenden Faktoren zu bestimmen.

Mit steigendem Anfangsdruck soll der Wirkungsgrad etwas sinken; bei gleichbleibender Druckverteilung ändert sich η_e für je $\pm 20^0$ C um etwa $\pm 1\%$.

Die effektiven (thermodynamischen) Wirkungsgrade η_e werden zweckmäßig auf den Dampfzustand vor der Turbine, auf das Vakuum im Kondensator und auf die Leistung an der Kupplung bezogen, wie in obigen Angaben. Auf den Zustand vor dem ersten Leitapparat bezogen sind die Werte von η_e höher, da auf ein kleineres adiabatisches Gefälle bezogen (Abb. 93); diese Angabe hat aber nur für Beurteilung der Vorgänge innerhalb der Turbine Bedeutung, nicht für die gesamte Ausnutzung des Dampfes, da sich ein Drosseln vor der Turbine (normal etwa 10% Spannungsabfall) nicht vermeiden läßt. Für den inneren Wirkungsgrad und bei Aufteilung des Gefälles oder Ermittlung der Dampfgeschwindigkeit bei einstufigen Turbinen kommt jedoch das gedrosselte Gefälle H_t in Betracht.

9. Qualitätsziffer.

Zur Beurteilung der Ausnutzung des Dampfes in der Turbine wird häufig die sog. Parsonssche Kennzahl, d. i. das Verhältnis der Summe der Quadrate der Umfangsgeschwindigkeiten aller Stufen zum adiabatischen Gefälle der Turbine.

Ist $z_1, z_2, \ldots$ die Zahl der Stufen gleicher Umfangsgeschwindigkeiten $u_1, u_2, \ldots$, so ist

$$z_1 u_1^2 + z_2 u_2^2 + \cdots = \Sigma (z_n u_n^2) = z \cdot u_m^2 = K \tag{86}$$

die Summe der Umfangsgeschwindigkeitsquadrate, wenn $z = z_1 + z_2 + \cdots$ die Gesamtstufenzahl und $u_m^2 = (z_1 u_1^2 + z_2 u_2^2 + \cdots) : z$ das mittlere Geschwindigkeitsquadrat. Ist

$$H = h_t^I + h_t^{II} + \cdots = (1 + \varrho) H_t = \mu H_t \tag{87}$$

die Summe der adiabatischen Einzelgefälle mit ϱ und μ nach S. 95, so ist

$$X = \frac{K}{H} = \frac{z u_m^2}{H} \tag{88}$$

die Parsonssche Kennzahl (Qualitätsziffer), die besonders bei Überdruckturbinen, aber auch bei den jetzt meist vielstufigen Gleichdruckturbinen zur Kennzeichnung der Güte der Turbine angegeben wird, da sie ebenso wie der Wirkungsgrad von u/c abhängt.

Denn da $h_t = \frac{A c_0^2}{2g} = A \frac{u^2}{2 g \chi^2}$, wenn $\frac{u}{c_0} = \chi$ gesetzt wird, so ist

$$H = A \frac{\Sigma z (u_m^2)}{2 g \chi^2}$$

und mit Gl. (88)

$$X = \frac{K}{H} = \frac{2g}{A} \chi^2. \tag{88a}$$

Mit X ist also auch der Wirkungsgrad festgelegt.

X ist unabhängig von der Stufenzahl und den Durchmessern, sofern nur $z u_m^2$ eingehalten wird.

Bei den jetzt üblichen Ausführungen liegt X zwischen 2000 und 3000.

Stodola[1] empfiehlt, weil anschaulicher, statt X das Verhältnis

$$\nu = \sqrt{\frac{AK}{2gH}} = \frac{1}{91{,}5} \sqrt{\frac{\Sigma (u_m^2)}{H}}, \tag{89}$$

das auch Forner in seiner Formel (85), S. 98 benutzt.

[1] Die Dampf- und Gasturbinen.

Zerkowitz[1] schlägt den reziproken Wert von X („spezifische Quadratsumme“) vor

$$\frac{1}{X} = \frac{H}{\Sigma(u_m^2)}$$

und nennt ihn „spezifisches Gefälle“, d. h. dasjenige Gefälle, welches eine Turbine bei $z = 1$, $u = 1$ und dem gewählten X aufzehren würde. Loschge[2] hat nachgewiesen, daß die Kennzahl X für alle Turbinensysteme unveränderlich sein muß, wenn der Wirkungsgrad gleich bleiben soll.

10. Der Wärmerückgewinn

wird, wie erwähnt, dadurch erzielt, daß die Verluste in der Turbine den Wärmeinhalt erhöhen und das Gefälle der folgenden Stufe vergrößern, da das Gefälle zwischen gleichen Drücken um so größer wird, je höher der Anfangswärmeinhalt. Hierdurch wird die Summe der Einzelgefälle größer als das ursprüngliche adiabatische Gefälle, wie Abb. 93 zeigte. Es war nach Gl. (87)

$$h_t^I + h_t^{II} + \cdots = \Sigma h_t = H_t + H_r = H$$

oder

$$H = \left(1 + \frac{H_r}{H_t}\right) H_t = (1 + \varrho)\, H_t = \mu\, H_t.$$

Die Größe des Wärmerückgewinnungsfaktors μ spielt bei der Ermittlung des Gesamtwirkungsgrades und bei der Aufteilung des Gefälles eine Rolle; μ wird um so größer, je größer die Stufenzahl z und je größer die Verluste in der Turbine. Daraus darf aber nicht geschlossen werden, daß große Verluste nicht ungünstig sind, denn der Wiedergewinn ist stets nur ein Teil der Verluste der vorhergehenden Stufe.

Die Größe des Rückgewinnungsfaktors μ wird auf Grund von Erfahrungen angenommen, man kann μ aber auch berechnen aus dem Verlauf der Zustandskurve im *is*-Diagramm.

Nach Gl. (78), S. 94 ist der innere Gesamtwirkungsgrad

$$\eta_{ig} = \left(1 + \frac{H_r}{H_t}\right) \eta_i = \mu \eta_i,$$

worin η_i der für alle Stufen gleich angenommene innere Wirkungsgrad der einzelnen Stufen; daraus kann

$$\mu = \frac{\eta_{ig}}{\eta_i}$$

ermittelt werden, wenn die Wirkungsgrade bekannt sind oder bestimmt werden. Der Wirkungsgrad η_{ig} kann nach den Angaben für η_e (Abb. 96) und η_m (Abb. 95) angenommen werden zu $\eta_{ig} = \frac{\eta_e}{\eta_m}$, wodurch der Endzustand E im *is*-Diagramm (Abb. 93) festgelegt ist und die ungefähre

[1] Z. ges. Turbinenw. 1912, H. 8, S. 117, und die Thermodynamik der Turbomaschinen. R. Oldenbourg 1913.

[2] Z. ges. Turbinenw. 1911.

Zustandskurve AE gezogen werden kann (leicht nach unten durchgebogen). Ist der Zustand vor dem Einlaßventil gegeben, so sind zunächst $\sim$ 10% Spannungsabfall anzunehmen. Teilt man die Strecke AE der Stufenzahl entsprechend in z gleiche Teile und zieht die Kurven gleichen Druckes $p_2, p_3 \ldots$, so ist der innere Einzelwirkungsgrad einer Stufe, z. B. der zweiten

$$\eta_i = \frac{h_{i_2}}{h_{t_2}} = \frac{\overline{A_2 A_3}}{\overline{A_2 A_2'}},$$

den man an anderen Stufen nachprüfen kann.

Man kann μ aber auch ermitteln aus der Summe der abzugreifenden Einzelgefälle und dem adiabatischen Gefälle H_t.

Zerkowitz[1] leitet für μ die Formel ab

$$\mu = 1 + (1 - \eta_{i\,g})\left[\frac{z}{\Sigma\left(\frac{T_k}{T_{n+1}}\right)} - 1\right], \tag{90}$$

worin

$$\sum \frac{T_k}{T_{n+1}} = T_k\left(\frac{1}{T_2} + \frac{1}{T_3} + \cdots \frac{1}{T_k}\right),$$

wenn T_k die absolute Kondensator-(End-)Temperatur in E und $T_2, T_3, \ldots$ die absolute Temperaturen in $A_2, A_3 \ldots$ (Abb. 93).

Diese Verfahren sind aber bei viel Stufen sehr umständlich. Wewerka[2] hat deshalb eine Näherungsformel für Hochdruckturbinen im Überhitzungsgebiet abgeleitet; unter Voraussetzung gleicher Wärmegefälle und Wirkungsgrade in den einzelnen Stufen ist danach

$$\mu = \frac{(1{,}1\,z - 1)(1 - \eta_{i\,g})\left[1 - \left(\frac{p_0}{p}\right)^{\frac{k-1}{k}}\right]}{2\,z - (z-1)\left[1 - \left(\frac{p_0}{p}\right)^{\frac{k-1}{k}}\right]} + 1\,. \tag{90a}$$

worin z die Stufenzahl, $\eta_{i\,g}$ der innere Wirkungsgrad der ganzen Turbine, p der Druck vor der ersten und p_0 hinter der letzten Stufe; für überhitzten Dampf kann $k = 1{,}3$ genommen werden.

Bei allen vorgenannten Ermittlungsverfahren muß die Stufenzahl angenommen werden, die aber wieder aus dem Gesamtgefälle H durch Division durch die Stufengefälle ermittelt werden müßte. Man ist deswegen bei Neuentwürfen auf Schätzungen angewiesen.

Praktisch liegt der Wärmerückgewinnungsfaktor μ zwischen 1,03 und 1,08, d. h. der Rückgewinn beträgt 3 bis 8%.

VIII. Dampfverbrauch und Wärmeverbrauch.

Für die Beurteilung der Wirtschaftlichkeit der Turbinen wird der Dampfverbrauch angegeben, der bei der Berechnung neuer Anlage zwecks Berechnung der Querschnitte und Angabe der garantierten Werte voraus bestimmt, bei ausgeführten Anlagen durch Versuche

[1] Thermodynamik der Turbomaschinen. S. Fußnote S. 101.
[2] Archiv f. Wärmewirtsch. 1926, H. 7.

festgestellt wird. Es wird der spezifische Dampfverbrauch, d. h. der auf eine PSh oder eine kWh bezogene angegeben.

Der theoretische Dampfverbrauch der verlustlosen Turbine kann aus dem Arbeitsvermögen (adiabatisches Gefälle) ermittelt werden; da 1 PSh 75·3600 mkg/h oder 75·3600 : 427 = 632,3 kcal/h entspricht, ein kg Dampf aber L mkg/kg oder $AL = i - i_0 = H_t$ kcal/kg leisten kann, so sind für 1 PSh erforderlich

$$D_{th} = \frac{75 \cdot 3600}{L} = \frac{632{,}3}{H_t} \text{ kg/PSh}. \qquad (91)$$

Der theoretische Dampfverbrauch kann somit leicht mit Hilfe des *is*-Diagramms ermittelt werden; er ist umgekehrt proportional dem Wärmegefälle und hängt von denselben Größen ab (vgl. S. 14). Je höher der Anfangs-, je tiefer der Enddruck und je höher die Anfangstemperatur, um so kleiner der Dampfverbrauch. Der theoretische Dampfverbrauch ist von der Größe der Leistung unabhängig.

Der innere Dampfverbrauch, d. h. der auf die innere Leistung bezogene ist

$$D_i = \frac{632{,}3}{AL_i} = \frac{632{,}3}{H_i} = \frac{632{,}3}{H_t \eta_i} = \frac{D_{th}}{\eta_i} \text{ kg/PS}_i\text{h} \qquad (92)$$

und kann durch Messung der Dampfmenge und der inneren Leistung (s. S. 93) bestimmt werden. Wichtiger ist der

effektive Dampfverbrauch, d. h. der auf 1 PS_eh bezogene

$$D_e = \frac{632{,}3}{AL_e} = \frac{632{,}3}{H_t \cdot \eta_e} = \frac{D_{th}}{\eta_e} \text{ kg/PS}_e\text{h} \qquad (93)$$

oder, auf die von der Dynamo abgegebene Leistung bezogen, wenn η_{dyn} der Dynamowirkungsgrad

$$D_e = \frac{632{,}3}{0{,}736\, H_t \cdot \eta_e \cdot \eta_{\text{dyn}}} = \frac{859{,}5}{H_t\, \eta_e \eta_{\text{dyn}}} \text{ kg/kWh}. \qquad (93\text{a})$$

Da η_e für eine gegebene Leistung nach Abb. 96, S. 99 angenommen werden kann, läßt sich der Dampfverbrauch für eine zu entwerfende Turbine angeben. Bei einer vorhandenen Turbine kann man den Dampfverbrauch je PS_eh durch Kondensatmessung oder durch Speisewassermessung ermitteln und daraus den effektiven Wirkungsgrad η_e feststellen; es muß noch die Nutzleistung gemessen werden. Ist G_{st} die stündliche Dampfmenge, N_e die Nutzleistung, so ist $D_e = G_{st} : N_e$ und

$$\eta_e = \frac{D_{th}}{D_e} = \frac{632{,}3}{H_t \cdot D_e}. \qquad (94)$$

Umgekehrt läßt sich für eine verfügbare stündliche Dampfmenge die erreichbare Leistung nach Schätzung von η_e ermitteln.

Bei Kondensationsturbinen kann der Dampfverbrauch auch einschließlich der für die Kondensation aufzuwendenden Arbeit angegeben werden. Wird die Kondensation durch Elektromotor angetrieben, dessen aufgewendete Leistung N_k PS_e ist, dann ist der Dampfverbrauch einschließlich Kondensation

$$D_e' = \frac{(N_e + N_k)}{N_e} D_e \text{ kg/PS}_e\text{h}. \qquad (95)$$

Bei dampfangetriebener Kondensationsanlage kann der Abdampf der Kondensationsantriebsturbine in die Hauptturbine oder in den Kondensator geführt werden, dann wird er bei der Kondensatmessung mitgemessen; anderenfalls muß die Dampfmenge zum Kondensationsantrieb gemessen werden. Ist sie G_k kg/h, so ist der Dampfverbrauch einschließlich Kondensation

$$D'_e = \frac{D_e N_e + G_k}{N_e} \text{ kg/PS}_e\text{h}. \tag{95a}$$

Die Größe des Arbeitsaufwandes für die Kondensation hängt vom Vakuum, von der Kühlwassermenge und der Förderhöhe derselben ab und beträgt etwa 2 bis 5% der Nutzleistung.

Der Wärmeverbrauch für eine PS$_e$h kann statt des Dampfverbrauches angegeben werden, insbesondere zum Vergleich mit den Verbrennungskraftmaschinen. Ist $i - i_w$ die einem kg Dampf zugeführte Wärme (Erzeugungswärme), wenn i der Wärmeinhalt des Dampfes und i_w ($= i'_0$) die Wärme in 1 kg des Speisewassers, dann ist der Wärmeverbrauch der Turbine für 1 PS$_e$h

$$Q_e = D_e (i - i_w) \text{ kcal/PS}_e\text{h}$$

oder mit D_e nach Gl. (93) und $H_t : (i - i_w) = \eta_{th}$ [Gl. (93), S. 103]

$$Q_e = \frac{632{,}3}{H_t \eta_e}(i - i_w) = \frac{632{,}3}{\eta_{th} \eta_e} \text{ kcal/PS}_e\text{h}. \tag{96}$$

Z. B. für $p = 20$ ata, 350^0 C, $p_0 = 0{,}66$ ata ist nach Tabelle II im Anhang $i = 750{,}2$ kcal/kg, $i_w = 35{,}8$ kcal/kg (entsprechend $p_0 = 0{,}06$) und mit $\eta_e = 0{,}80$

$$Q_e = \frac{632{,}3 \cdot 714{,}4}{238 \cdot 0{,}8} = 2370 \text{ kcal/PS}_e\text{h}.$$

Der Wärmeverbrauch bietet an sich keinen besseren Überblick über die Güte der Maschine als der Dampfverbrauch, da er nur ein Vielfaches des Dampfverbrauches ist und ebenso vom Dampfzustand abhängt. Zum Vergleich mit den Verbrennungskraftmaschinen muß der Wärmeverbrauch im Brennstoff angegeben werden, d. h. die im Kessel je kg Dampf aufgewendete Wärme

$$Q_{br} = \frac{Q_e}{\eta_k},$$

wenn η_k der Kesselwirkungsgrad, oder mit Gl. (96)

$$Q_{br} = \frac{632{,}3}{\eta_{th} \cdot \eta_e \eta_k} = \frac{632{,}3}{\eta_w} \text{ kcal/PS}_e\text{h}, \tag{97}$$

wenn η_w der „wirtschaftliche Wirkungsgrad", d. i. das Verhältnis der in Nutzarbeit umgesetzten Wärme zur im Brennstoff zugeführten.

Z. B. ist mit $\eta_k = 0{,}75$ der Wärmeverbrauch der ganzen Anlage im obigen Beispiel

$$Q_{br} = \frac{2370}{0{,}75} = 3160 \text{ kcal/PS}_e\text{h}$$

und der wirtschaftliche Wirkungsgrad

$$\eta_w = \frac{632{,}3}{3160} = 0{,}20 \text{ d. s. } 20\%.$$

Die Ermittlung des Dampfverbrauches kann mit dem Gefälle H_t aus dem *is*-Diagramm und η_e bequem erfolgen.

Bei **Belastungsänderungen** der Turbine gegenüber Vollast (Normallast) ändert sich auch der spezifische Dampfverbrauch; er nimmt bei kleineren Belastungen zu, da die Leerlaufsarbeit dieselbe bleibt und die inneren Verluste nur wenig abnehmen. Die Zunahme des Dampfverbrauches bei Teillast hängt auch von der Art der Reglung (s. S. 278) ab. Bei Überlastung nimmt der Dampfverbrauch ebenfalls zu, zunächst allerdings nur wenig, da der Druck und damit das Gefälle und die Dampfgeschwindigkeit mit Ausnahme der ersten Stufen steigt, also u/c_1 ungünstiger wird.

Die Zunahme des spezifischen Dampfverbrauchs beträgt bei Kondensationsturbinen mit Drosselreglung

bei	¾	½	¼	Last
	3	9	21 %	bei gleichbleibender Kühlwassermenge
	4	11	24 %	bei gleichbleibendem Vakuum
bei Überlastung um . . .	10	15	20	25%
	0	1	2	3%

bei Gegendruckturbinen:

bei	¾	½	Last
	7	21	%

Der stündliche Dampfverbrauch bei Leerlauf beträgt etwa 10% des Vollastverbrauches.

Bei **Änderung der Betriebsverhältnisse** ändert sich der Dampfverbrauch und der effektive Wirkungsgrad. Das Verhalten der Turbine hierbei ist für den Betrieb wichtig, da neben den Belastungsänderungen die Änderung der Betriebsverhältnisse häufig vorkommen und die Turbine nur für bestimmte Betriebsverhältnisse berechnet und bemessen wird. Die Drehzahl sei zunächst unverändert angenommen.

Mit steigendem Anfangsdruck nimmt zwar das Wärmegefälle zu und der Dampfverbrauch ab, aber auch der effektive Wirkungsgrad η_e nimmt ab, da die Verluste größer werden und das Verhältnis u/c_1 ungünstiger wird (c_1 nimmt zu). Im Mittel kann angenommen werden, daß der Dampfverbrauch zwischen 10 bis 15 at für je 1 at Druckzunahme bei Sattdampf um 1,7%, bei Heißdampf von 300° C um 1,0% abnimmt.

Bei steigender Temperatur (Überhitzung) nimmt das Wärmegefälle zu, demgemäß der Dampfverbrauch ab; hierbei nimmt aber η_e zu, d. h. die Ausnutzung wird besser. Dieses liegt nicht nur an der Verringerung der inneren Verluste (Radreibung, Undichtheit) durch Abnahme des spezifischen Gewichts, sondern auch an der geringeren Feuchtigkeit des Dampfes bei Expansion in das Sättigungsgebiet.

Der Dampfverbrauch ändert sich für je $\pm$ 7° C um $\mp$ 1,0% zwischen 225° und 350° C.

Bei Änderung des Vakuums wird ebenfalls das Wärmegefälle geändert; es nimmt bei höherem Vakuum, d. h. tieferem Druck zu, der Dampfverbrauch ab, aber auch η_e nimmt ab, wegen des ungünstigeren

Verhältnisses u/c_1. Man kann annehmen, das sich der Dampfverbrauch

für je 1% besseres Vakuum um 1,5% ermäßigt,

für je 1% schlechteres Vakuum um 1,6% erhöht

bis herab auf 85% Vakuum.

Es könnte fraglich erscheinen, ob eine Turbine ein höheres Vakuum als das der Berechnung zugrunde gelegte überhaupt ausnutzen kann, da die Leitquerschnitte zu klein sind. Lösel[1] hat nachgewiesen, daß eine Ausnutzung möglich ist.

Wird das Vakuum schlechter, so wird bei mehrstufigen Turbinen die durchströmende Dampfmenge nicht beeinflußt, es nimmt nur das Gefälle ab, derart, daß die letzten Stufen schließlich leer mitlaufen. Wird das Vakuum ganz vernichtet, so daß die Turbine mit Auspuff arbeitet, so verringert sich das Wärmegefälle auf etwa 0,5 bis 0,6 des ursprünglichen, die Leistung nimmt angenähert in demselben Maße ab, d. h. der spezifische Dampfverbrauch steigt auf etwas mehr als das Doppelte; der effektive Wirkungsgrad η_e wird schlechter, da die Radreibungsarbeit größer wird.

Änderung der Drehzahl bewirkt Änderung der Umfangsgeschwindigkeit u und damit u/c_1. Sinkt die Drehzahl, dann nimmt die Leistung ab, wenn auch anfangs wenig; die Dampfmenge bleibt fast unverändert; der Umfangswirkungsgrad η_u nimmt ab, die Radreibungsarbeit wird kleiner, die Stoßverluste werden etwas größer. Nach unten kann die Drehzahl in weiten Grenzen geändert werden, ohne daß eine wesentliche Verschlechterung eintritt. Bei Erhöhung der Drehzahl nimmt neben der Leistung zunächst η_u zu wegen günstigeren u/c_1, doch kann leicht Stoß auf den Schaufelrücken eintreten (s. S. 68), wodurch die Drehzahlerhöhung begrenzt ist.

Drehzahländerungen werden in weiteren Grenzen nur bei Pumpen-, Gebläse- und Kompressorantrieb verlangt.

IX. Änderung der Druckverteilung und der Dampfmenge bei Belastungsänderung.

Die Druckverteilung bei Belastungsänderung einer gegebenen Turbine bei unveränderlicher Drehzahl spielt bei der Leistungsreglung eine Rolle. Da die Querschnitte nicht geändert werden (mit Ausnahme der ersten Stufe bei Düsenreglung), so werden sich entsprechend der durchströmenden Dampfmenge andere Stufendrücke einstellen.

Ist der Anfangszustand vor dem Leitapparat gegeben, so kann für eine bestimmte stündliche Dampfmenge G_{st} bzw. sekundliche Menge G_{sk} der Endzustand der Expansion nach Zerkowitz[2] aus zwei Bedingungen bestimmt werden: aus der Stetigkeitsgleichung $G_{sk} v_1 = F \cdot c_1$ und der Energiegleichung $\frac{A c_1^2}{2g} = i - i_1$, worin i der Wärmeinhalt

[1] Z. V. d. I. 1912, S. 995. Ausnutzung hoher Luftleeren in Dampfturbinen.

[2] Thermodynamik der Turbomaschinen. R. Oldenbourg 1913.

des Anfangszustandes A und i_1 derjenige des gesuchten Endzustandes A_1 (Abb. 97). Man kann die beiden Gleichungen im is-Diagramm als geometrische Orte der Punkte darstellen, die der Energiegleichung bzw. der Stetigkeitsgleichung genügen. Der geometrische Ort der Punkte, die der Energiegleichung genügen, ist eine Kurve durch den Anfangspunkt A; die anderen Punkte werden gefunden, indem i_1 angenommen und das zugehörige adiabatische Gefälle h_t ermittelt wird, da $i - i_1 = h_t - h_d$ oder mit Gl. (55a), S. 67

$$h_d = h_t(1 - \varphi^2), \qquad h_t = \frac{i - i_1}{\varphi^2}.$$

Damit findet man den Druck p_1 und auf ihm mit i_1 den Punkt A_1. Für andere Werte von i_1 ergeben sich weitere Punkte der Kurve AA_1' (es genügen 2 oder 3 Punkte).

Der geometrische Ort der Punkte, die der Stetigkeitsgleichung genügen, wird gefunden aus der Erwägung, daß $\frac{c_1}{v_1} = \frac{G_{sk}}{F}$ einen bestimmten Wert hat, da G_{sk} und F gegeben sind. Für einen angenommenen Wert i_1 als Endwärmeinhalt ist c_1 aus dem wirklich umgesetzten Gefälle $h' = AA'$ zu ermitteln, $c_1 = 91{,}5\sqrt{h'}$ und damit $v_1 = \frac{c_1 F}{G_{sk}}$. Nun kann auf der Linie $i_1 = \text{const}$ derjenige Punkt ermittelt werden, der das Volumen v_1 hat. Für andere Werte von i_1 gefundene Punkte ergeben schließlich die Kurve BB', in deren Schnittpunkt mit der Kurve AA_1' der gesuchte Endpunkt A_1 auf dem Druck p_1 liegt, mit dem der Dampf aus der Leitvorrichtung tritt. Werden nun noch die übrigen Verluste (Schaufel-, Austritts-, Radreibungs- und Undichtheitsverlust) berücksichtigt, so erhält man den Anfangszustand der folgenden Stufe, für welche der Endzustand in der gleichen Weise ermittelt werden kann.

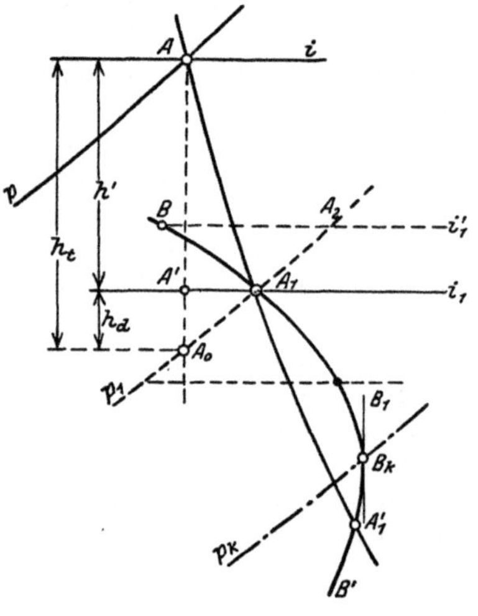

Abb. 97. Ermittlung des Druckverlaufes.

Bei Ausnutzung der Austrittsgeschwindigkeit c_2 ist zur Berechnung von c_1 als Gefälle $h' + \frac{A c_2^2}{2g}$ einzusetzen. Allgemein schneidet die Kurve BB' die Expansionslinie AA_1 in zwei Punkten: der erste (obere) A_1 entspricht vielstufigen Turbinen mit geringer Dampfgeschwindigkeit, der zweite Schnittpunkt A_1' entspricht überkritischer Geschwindigkeit. Der Berührungspunkt B_k der Kurve BB' mit der senkrechten Tangente entspricht dem kritischen Druckverhältnis.

Bei Überdruckturbinen ist für die Laufschaufel ebenfalls eine Kurve für die Stetigkeitsbedingung zu zeichnen.

Weitere Verfahren zur Ermittlung des Druckverlaufes s. Baer[1], Loschge[2], Forner[3], die v^2-Methode nach Stodola[4] und Renfordt[5].

Der Druckverlauf kann auch durch Rückwärtsrechnen, d. h. vom Endzustand der letzten Stufe aus ermittelt werden. Dazu muß der Endzustand schätzungsweise angenommen werden (bei Düsenreglung auf etwas tieferem Enddruck (Vakuum) und etwas mehr rechts als bei Vollast; bei Drosselreglung aus dem gedrosselten Gefälle und einem schlechteren Wirkungsgrad bei etwas tieferem Vakuum). Durch Schätzung der Verluste in der letzten Stufe nimmt man den Endpunkt der Expansion an und ermittelt c_1, da F, G_{sk} und v_1 bekannt sind; hieraus h', h_d und h_t gibt den Anfangszustand der letzten, zugleich Endzustand der vorhergehenden Stufe. In gleicher Weise fortgefahren, muß die Aufzeichnung in den Anfangspunkt führen, andernfalls ist ein anderer Endpunkt zu wählen und die Aufzeichnung nochmals durchzuführen; meist kommt man beim zweitenmal zum Ziel.

Stodola hat durch Versuche mit verschiedenen Anfangs- und Gegendrücken das Gesetz für die Abhängigkeit der durchströmenden Dampfmenge von den Drücken gefunden, das sich durch den „Kegel der Dampfgewichte" darstellen läßt. Trägt man in einem dreiachsigen Koordinatensystem auf der x-Achse die stündliche Dampfmenge, auf der y-Achse den Gegendruck und auf der z-Achse den Anfangsdruck auf (Abb. 98), so ergeben die zusammengehörigen Werte eine Kegelfläche, deren Grundlinie in der x-z-Ebene eine ellipsenförmige Kurve ist. Wird z. B. der Anfangsdruck unverändert $p = OA$ gehalten und der Gegendruck von $p_1 = 0$ bis auf $p_0 = p = OA$ gesteigert, so nehmen die Dampfgewichte von $G_{st} = AB$ nach der elliptischen Kurve $BEDC$ ab. (Die elliptische Form läßt sich auch theoretisch nachweisen[6].) Durch diese eine Kurve sind alle Punkte der Kegelfläche $OBEDC$ bestimmt. Bei einem kleineren aber unveränderlichen Anfangsdruck, z. B. OA_1, verläuft die Kurve nach $C_1F_1B_1$.

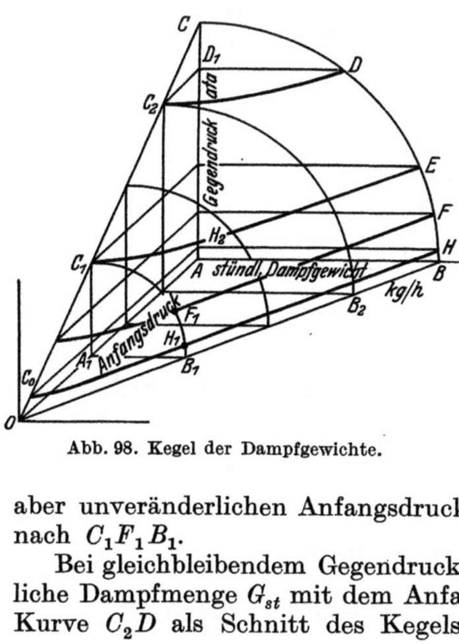

Abb. 98. Kegel der Dampfgewichte.

Bei gleichbleibendem Gegendruck, z. B. AD_1, ändert sich die stündliche Dampfmenge G_{st} mit dem Anfangsdruck nach der hyperbolischen Kurve C_2D als Schnitt des Kegels mit der wagrechten Ebene. Je

[1] Z. V. d. I. 1909, S. 1056, und Forsch.-Arb. H. 86.
[2] Z. ges. Turbinenw. 1918.
[3] Z. V. d. I. 1909, S. 674.
[4] Die Dampf- und Gasturbinen.
[5] Archiv f. Wärmewirtsch. 1927, H. 10 und 1928, H. 1.
[6] Siehe Stodola: Dampf- und Gasturbinen, 5. Aufl., S. 266.

niedriger der Gegendruck, um so mehr nähert sich die Schnittkurve, z. B. $C_0 H_1 H$ beim Gegendruck AH_2, einer Geraden.

Man kann die Maßstäbe für G_{st} und p so wählen, daß die Strecke $G_{st} \equiv p$, dann erhält man als Grundfigur Kreise statt Ellipsen (s. Abb. 273, S. 281).

Für tiefen Gegendruck (Unterdruck) und veränderlichen (gedrosselten) Anfangsdruck ergeben sich daraus folgende, durch die Erfahrung bestätigte Sätze:

1. Das sekundliche (oder stündliche) Dampfgewicht einer gegebenen Turbine mit gleichbleibenden Querschnitten ändert sich angenähert proportional dem Anfangsdruck.
2. Die Nutzleistung nimmt mit dem Anfangsdruck linear zu.
3. Der Leerlaufsdampfverbrauch beträgt etwa 10% des Verbrauchs bei Vollast.
4. Bei tiefem Unterdruck ändern sich, mit Ausnahme der letzten Stufen, die Stufendrücke proportional dem Anfangsdruck (und der Dampfmenge).

Ändern sich die Querschnitte, so gelten die ersten drei Sätze nicht mehr. Bei hohen Gegendrücken gelten die Sätze nur bis zu einem bestimmten Anfangsdruck herunter, da der Verlauf der Schnittkurve immer mehr von seiner Geraden abweicht.

Wird der Anfangsdruck heruntergedrosselt, so bleibt $i = \text{const}$ und die Drosselkurve stimmt angenähert mit der Kurve $pv = \text{const} = k$ überein. Nach Satz 1. ist $G_{sk} = Cp$, wenn C eine Konstante, oder

$$G_{sk} = \frac{C'}{v} \quad \text{und} \quad G_{sk}\, v = \text{const}\,.$$

Demnach ist bei Drosselung das die Turbine durchströmende sekundliche Dampfvolumen unveränderlich.

Da

$$G_{sk} = C\,\sqrt{p \cdot p} = C\sqrt{p\frac{k}{v}} = C'\sqrt{\frac{p}{v}}\,,$$

ist

$$G_{st} = 3600\,C'\sqrt{\frac{p}{v}} = C_1\sqrt{\frac{p}{v}}\,. \tag{98}$$

Durch Messung der Dampfmenge kann man für jede Turbine deren Konstante C_1 ermitteln.

Diese Sätze finden bei der Berechnung und der Ausführung der Reglung Anwendung.

Zweiter Abschnitt.

Berechnung der Dampfturbinen.

I. Wahl der Ausführungsart.

Die Hauptabmessungen der Turbinen sind im allgemeinen nicht durch die Größe der Leistung in engen Grenzen festgelegt wie bei den Kolbenmaschinen, sondern sie hängen ab von der an sich freien Wahl der Raddurchmesser bzw. der Stufenzahl und damit des Stufengefälles und der Dampfgeschwindigkeit. Für die Wahl der Ausführungsart sind folgende Gesichtspunkte maßgebend: höchster Wirkungsgrad, niedrigste Herstellungskosten und größte Betriebssicherheit.

Die letztere Forderung muß in jedem Falle erfüllt sein, während die erste und zweite so vereinigt werden müssen, daß die Anlage die höchste Wirtschaftlichkeit ergibt. Diese beiden Forderungen stehen einander entgegen, denn höchster Wirkungsgrad wird bei größeren Leistungen nur durch vielstufige Turbinen, also teuere Anlage, erreicht; billige Turbinen ergeben schlechtere Wärmeausnutzung. Es muß von Fall zu Fall entschieden werden, welche Ausführungsart zu wählen ist.

Im Laufe der Entwicklung des Dampfturbinenbaues haben auch die Anforderungen an die Turbinen Wandlungen durchgemacht: die ersten Turbinen mit Druckstufung waren vielstufig, also teuer; dann wurde zwecks Verringerung der Anlagekosten die Stufenzahl wesentlich herabgesetzt, dabei der Durchmesser bis an die Grenze der zulässigen Materialfestigkeit vergrößert, womit eine schlechtere Wärmeausnutzung verbunden war. Die Nachkriegszeit mit der Forderung höchster Brennstoffausnutzung und die Anwendung hoher Drücke verlangte die Rückkehr zur vielstufigen Turbine („Brünner Turbine") mit kleinen Durchmessern und mäßigen Dampfgeschwindigkeiten.

Es darf nun nicht angenommen werden, daß stets die vielstufige Turbine am Platze ist, es kommt vielmehr auf die Umstände und auf die Betriebsverhältnisse an, wobei nicht die Kosten der Anlage oder des Betriebsstoffes allein, sondern die geringsten Gesamtkosten maßgebend sind. Die Wahl der Ausführungsart hängt hauptsächlich von der Leistungsgröße ab: eine Turbine kleiner Leistung wird man möglichst billig, also einfach ausführen, da der Wirkungsgrad an sich nicht hoch sein wird und die Brennstoffkosten unbedeutend sind; hingegen werden bei großen Leistungen schon einige Prozent schlechterer Wirkungsgrad erheblich höhere Brennstoffkosten verursachen und eine teuere Anlage rechtfertigen. Kleinturbinen werden deswegen nur mit einer, höchstens zwei Druckstufen mit Geschwindigkeitsstufung und nur als Gleichdruckturbinen ausgeführt, da Überdruckturbinen volle Beaufschlagung erfordern, die bei kleinen Dampfmengen nicht ausführbar ist. Bei Leistungen von etwa 500 PS ab kann reine Druckstufung oder besser die erste Stufe mit Geschwindigkeitsstufung und die anderen Stufen als Gleichdruck- oder Überdruckstufen.

Um die Strömungsverluste zu verringern, wird auch bei Gleichdruckturbinen volle Beaufschlagung angestrebt, wodurch sich bei kleinen Dampfmengen kleine Durchmesser und dementsprechend große Stufenzahl ergibt, die natürlich auch vom verfügbaren Gefälle abhängt. Die Stufenzahl kann herabgesetzt werden durch hohe Drehzahl der Turbine und Herabsetzung derselben durch Zahnradvorgelege auf die gewünschte Drehzahl; durch diese Maßnahme werden auch die Durchmesser kleiner, so daß volle Beaufschlagung erreichbar ist und die Turbine billiger wird. Ferner werden die inneren Verluste, insbesondere die Radreibung, kleiner, während die mechanischen Verluste nur unwesentlich größer werden, dank der jetzt erreichbaren guten Wirkungsgrade der Zahnradübersetzung (98%). Solche Getriebeturbinen werden auch bei Hochdruckturbinen angewendet.

Bei hoher Stufenzahl werden die Turbinen mehrgehäusig mit gekuppelten Wellen, bei ganz großen Leistungen auch mehrwellig (nebeneinander liegend) ausgeführt.

Da in der Wahl der Ausführung weitgehende Freiheit gegeben ist. gehört zur Berechnung der Turbinen Übung und Erfahrung; die Berechnung kann wie folgt durchgeführt werden.

II. Gang der Berechnung.

1. Ermittlung des verfügbaren Gefälles. Dieses wird für den gegebenen Anfangszustand des Dampfes vor der Turbine p, t bzw. p, x und den Enddruck p_0 aus dem is-Diagramm entnommen; hierbei wird zweckmäßig beim Eintritt in die Turbine ein Spannungsabfall von etwa 10% angenommen durch Drosseln des Dampfes im Absperr- und im Regelventil, aber auch um gewisse Druckschwankungen zu berücksichtigen. Ist bei Kondensationsturbinen nicht das Vakuum bzw. der Druck im Kondensator gegeben, sondern die Kühlwassertemperatur und die Menge, so muß danach das erreichbare Vakuum ermittelt werden.

2. Annahme des effektiven Wirkungsgrades η_e nach Abb. 96, S. 99. Soll die Turbine besonders wirtschaftlich arbeiten, so ist der höhere Wert von η_e, soll sie billig in der Ausführung sein, so ist der niedrigere Wert zu wählen, was später bei der Ausführung zu berücksichtigen ist.

3. Der Dampfverbrauch für eine $PS_e h$ ist dann nach Gl. (93), S. 103

$$D_e = \frac{632{,}3}{H_t \cdot \eta_e} \text{ kg/PS}_e\text{h}$$

und die sekundliche Dampfmenge

$$G_{sk} = \frac{D_e \cdot N_e}{3600} \text{ kg/sek}.$$

Der Dampfverbrauch ist zunächst für die Ermittlung der Radreibungs- und der Undichtheitsverluste nötig; für die Berechnung der Strömungsquerschnitte muß der sich aus der thermischen Berechnung ergebende genaue Dampfverbrauch zugrunde gelegt werden.

4. Die Wahl der Ausführungsart hängt, wie erwähnt, von verschiedenen Umständen, hauptsächlich von der Leistungsgröße ab. Die Drehzahl wird durch die anzutreibende Maschine vorgeschrieben sein; bei Dynamoantrieb beträgt sie meist 3000 Umdr./min, bei großen Aggregaten 2000, 1500 oder 1000, bei Pumpen etwa 1500, bei Kompressoren 3000 bis 6000. Soll ein Übersetzungsgetriebe angewendet werden, so kann die Drehzahl der Turbine 5000 bis 9000 Umdr./min betragen.

Bei Kleinturbinen bis etwa 300 PS wird man einstufige Bauart wählen, ebenso bei Gegendruckturbinen mit kleinem Gefälle. Die Lavalturbine kommt nur für kleine Gefälle in Frage, da sonst wegen der begrenzten Umgangsgeschwindigkeit das Verhältnis u/c_1 ungünstig wird (Lavalturbinen werden stets mit Vorgelege ausgeführt); bei kleinem u/c_1 haben aber mehrkränzige Räder (Geschwindigkeitsstufung) einen besseren Wirkungsgrad (vgl. Abb. 57, S. 60). Meist wird deshalb Geschwindigkeitsstufung gewählt mit 2, 3 oder 4 Stufen je nach Gefälle, Drehzahl und Leistung (je größer das Gefälle, je kleiner die Drehzahl und je kleiner die Leistung, um so mehr Stufen).

Für Leistungen über etwa 500 PS kann auch reine Druckstufung angewendet werden, häufig wird die erste Stufe mit Geschwindigkeitsstufen ausgeführt, da bei geringen Dampfmengen die Verluste im Hochdruckteil geringer werden können; man wendet diese Bauart aber auch bei großen Leistungen an, da sich hierbei die Mengenreglung (s. S. 286) gut durchführen läßt.

Bei Leistungen über 1000 PS kommt auch Überdruck in Frage, wo das zunehmende Volumen volle Beaufschlagung bei genügender Schaufellänge zuläßt; um dieses zu erreichen, wird bei mittleren, aber auch bis zu den größten Leistungen die Hochdruckstufe mit Geschwindigkeitsstufung, also Gleichdruck, ausgeführt, wodurch auch bei Überdruckturbinen Mengenreglung angewendet werden kann. Im Hochdruckteil ist Überdruck etwas ungünstiger als Gleichdruck wegen der verhältnismäßig großen Undichtheitsverluste bei kleinen Schaufellängen.

5. Wahl der Stufendurchmesser. Bei einstufigen Turbinen hängt der günstigste Durchmesser vom Gefälle und von der Zahl der Geschwindigkeitsstufen ab, diese von der Drehzahl und von der Leistung; 3 und 4 Geschwindigkeitsstufen werden nur bei kleineren Leistungen angewendet, meist werden 2 Geschwindigkeitsstufen genügen. Der Durchmesser ist nun so zu wählen, daß der innere Wirkungsgrad möglichst hoch wird (s. S. 140).

Bei mehrstufigen Turbinen wäre man in der Wahl des Durchmessers frei, aus dem günstigsten Stufengefälle ergibt sich dann die Stufenzahl; man strebt aber auch bei Gleichdruckturbinen volle Beaufschlagung an und muß dann wie bei den Überdruckturbinen den Durchmesser ermitteln, der bei dem vorliegenden Dampfvolumen genügend große Schaufellängen ergibt (s. S. 156).

6. Die Aufteilung des Gefälles und die Ermittlung der Stufenzahl muß nach Festlegung der Durchmesser so erfolgen, daß die dem Einzelgefälle entsprechende Dampfgeschwindigkeit im Verhältnis zu der durch den Durchmesser gegebenen Umfangsgeschwindigkeit einen günstigsten inneren Wirkungsgrad ergibt, wie in den Berechnungsbeispielen gezeigt wird.

Ist H_t das adiabatische Gesamtgefälle, so wird durch den Wärmerückgewinn (s. S. 101) das aufzuteilende Gefälle $H = \mu H_t$, wobei $\mu = 1{,}02$ bis $1{,}08$; sind die Einzelgefälle $h_{t1}, h_{t2}, \ldots$, so ist

$$h_{t1} + h_{t2} + \cdots = H\,,$$

woraus die Zahl der Stufen folgt.

Meist wird man für eine Anzahl z_1 von Stufen gleiche Durchmesser, also gleiche Gefälle wählen und den Durchmesser erst vergrößern, wenn die Schaufellänge zu groß würde; es ist dann

$$z_1 h_{t1} + z_2 h_{t2} + \cdots = H .$$

Man kann aber auch, besonders bei Überdruckturbinen, die Qualitätsziffer (Parsonssche Kennzahl) (S. 100) der Turbine annehmen (statt η_e) und daraus die Stufenzahl berechnen. Nach Gl. (88), S. 100 ist

$$X = \frac{\Sigma u^2}{\mu H_t} = \frac{z_1 u_1^2 + z_2 u_2^2 + \cdots}{\mu H_t}$$

oder

$$z_1 u_1^2 + z_2 u_2^2 + \cdots = X \mu H_t ,$$

worin

$$u_1, u_2, \ldots$$

die Umfangsgeschwindigkeiten der Stufengruppen. Ist

$$Z = z_1 + z_2 + z_3 + \cdots$$

die Gesamtzahl der Stufen und $(u^2)_m$ ein mittleres Geschwindigkeitsquadrat, also

$$Z (u^2)_m = z_1 u_1^2 + z u_2^2 + \cdots = X H ,$$

so ist

$$Z = \frac{X H}{(u)_m} .$$

Näheres s. Berechnung der Überdruckturbinen.

7. Durchrechnung der Stufen, indem die Geschwindigkeitspläne gezeichnet, die Verluste ermittelt und die Dampfzustände in das *is*-Diagramm eingetragen werden.

Dieses Durchrechnen der einzelnen Stufen macht bei größerer Stufenzahl einige Mühe; es sind deshalb eine Reihe verschiedener zeichnerischer und analytischer Berechnungsmethoden vorgeschlagen worden zum Zwecke der Vereinfachung der Berechnung. Für den Anfänger empfiehlt es sich aber, zunächst die Stufen einzeln zu rechnen, oder bei Überdruckturbinen in Gruppen von einigen Stufen, um die Einflüsse der verschiedenen Größen, der Verluste u. a. m. kennen und beurteilen zu lernen. Da sich der Berechnungsgang in den Stufen wiederholt, kann auch die Einzelrechnung bei einiger Übung schnell erfolgen. Da die Verluste bei Überdruckturbinen nicht so genau einzeln bestimmbar sind, wie bei Gleichdruckturbinen, so ist man mehr auf Annahmen angewiesen.

8. Ermittlung des inneren Gesamtgefälles H_i durch den erreichten Endzustand im *is*-Diagramm (s. Abb. 93, S. 94) und des inneren Gesamtwirkungsgrades $\eta_{ig} = H_i : H_t$. Nach Schätzung des mechanischen Wirkungsgrades (s. Abb. 95, S. 97) erhält man den effektiven Wirkungsgrad der Turbine $\eta_e = \eta_i \cdot \eta_m$, der mit dem ursprünglich geschätzten (s. unter 2.) möglichst gut übereinstimmen muß; kleine Abweichungen haben wenig Einfluß.

Mit dem so ermittelten Wert von η_e wird nun der genaue Dampfverbrauch bestimmt und der Berechnung der Querschnitte zugrunde gelegt. Der zu garantierende Dampfverbrauch wird meist mit einem Zuschlag zu dem rechnungsmäßigen angegeben (etwa 2% bei Kondensations- und etwa 5% bei Gegendruckturbinen), oder aber es wird der rechnungsmäßige Wert mit einer Toleranz von 2 bis 5% angegeben, um bei zufälligen Abweichungen von der Berechnung die Garantie einhalten zu können.

Nun kann noch die Größe des Wärmerückgewinnungsfaktors nachgeprüft werden als Verhältnis der Summe der adiabatischen Einzelgefälle zum ursprünglichen adiabatischen Gesamtgefälle. Diese Ermittlung ist empfehlenswert, um Unterlagen für ähnliche Berechnungen zu sammeln. Ebenso kann die Parsonssche Kennzahl bestimmt werden, um Vergleiche mit anderen Ausführungen ziehen zu können.

9. Berechnung der Strömungsquerschnitte, d. h. der Leit- und der Laufschaufeln. Bei Gleichdruckturbinen wird diese Berechnung stets für jede Stufe einzeln durchgeführt, bei Überdruckturbinen können gruppenweise gleiche Querschnitte, also gleiche Schaufellängen angenommen werden, doch werden auch ständig zunehmende Durchmesser und Querschnitte ausgeführt. Näheres s. S. 123 u. 125.

Da die Berechnung der Gleichdruck- und der Überdruckturbinen verschieden ist, so soll sie für beide Arten einzeln angegeben werden, obgleich sich eine strenge Grenze bei den neueren Ausführungen nicht immer ziehen läßt.

III. Berechnung der Gleichdruckturbinen.

A. Einstufige Turbinen.

1. Eine reine Druckstufe (Turbine von de Laval).

Aus dem gegebenen Anfangszustand und dem Enddruck wird das adiabatische Gefälle als dem *is*-Diagramm festgestellt, wobei, wie S. 111 erwähnt, etwa 10% Spannungsabfall beim Eintritt angenommen werden kann. Nach Schätzung des effektiven Wirkungsgrades η_e ergibt sich der Dampfverbrauch für eine PS_e-Stunde und der sekundliche Dampfverbrauch; aus dem Gefälle erhält man die theoretische Dampfgeschwindigkeit $c_0 = 91{,}5 \sqrt{h_t}$ m/sek und die wirkliche Geschwindigkeit $c_1 = \varphi c_0$, worin φ der Geschwindigkeitskoeffizient der Düse (s. S. 67). Die Umfangsgeschwindigkeit und damit der Durchmesser des Laufrades muß nun so gewählt werden, daß der innere Wirkungsgrad den höchsten Wert erhält. Die Drehzahl der Lavalturbinen wird zwischen 6000 und 30000 Umdr./min gewählt und stets durch Räderübersetzung auf die Drehzahl der anzutreibenden Maschine herabgesetzt.

Um den günstigsten Durchmesser zu ermitteln, muß für einige Werte von u/c_1, die niedriger liegen als dem günstigsten Umfangswirkungsgrad entspricht, die innere Leistung h_i bestimmt werden. Dazu wird der Geschwindigkeitsplan gezeichnet, wobei zweckmäßig der Düsenneigungswinkel

$$\alpha_1 = 20^0$$

angenommen werden kann, und aus dem Geschwindigkeitsplan die Leistung am Radumfang

$$h_u = u\,(w_{1u} + w_{2u}) : g \text{ kcal/kg}$$

(s. S. 45) errechnet. Der Schaufeleintrittswinkel β_1 ergibt sich aus der Richtung von w_1, wobei zur Vermeidung des Rückenstoßes (S. 68) dieser Winkel etwas größer gewählt wird (etwa 2 bis 5^0) als der zeichnerische Winkel von w_1; den Schaufelaustrittswinkel β_2 wählt man meist gleich dem Eintrittswinkel $\beta_2 = \beta_1$. Nun wird noch der Radreibungs- und Ventilationsverlust h_{rv} bestimmt, wozu die Schaufellänge und bei der Gleichung von Stodola auch der Beaufschlagungsgrad geschätzt werden muß. Das spezifische Gewicht ergibt sich aus dem Zustand im *is*-Diagramm nach Eintragen der Verluste bzw. von h_u (Punkt A_3 in Abb. 80, S. 72); dann ist $h_i = h_u - h_{rv}$ und $\eta_i = h_i : h_t$. Führt man diese Berechnung für einige Werte von u/c_1 durch und trägt die gefundenen Werte von über u/c_1 bzw. Durchmesser D auf, so ist der günstigste Wert dort, wo die Wirkungsgradkurve einen Höchstwert hat; dieser liegt bei einem um so kleineren Wert von u/c_1, je kleiner die Leistung ist.

Berechnung der Düsen s. S. 123, der Laufschaufeln s. S. 125.

Berechnungsbeispiel s. S. 127.

2. Eine Druckstufe mit Geschwindigkeitsstufung (Curtisrad).

Die Ermittlung des Gefälles, der Dampfgeschwindigkeit und der Dampfmenge nach Schätzung des effektiven Wirkungsgrades nach Abb. 96, S. 99 erfolgt in der gleichen Weise, wie bei 1. angegeben; dann muß die Zahl der Geschwindigkeitsstufen festgelegt werden. Bei großem Gefälle werden bei Leistungen über etwa 100 PS zwei oder drei Stufen zu wählen sein, je nach der Drehzahl; bei 3000 Umdr./min werden wohl nur 2 Stufen in Frage kommen. Bei kleinen Leistungen und wo es auf billige Ausführung und kleine Abmessungen ankommt, werden drei, seltener vier Stufen angewendet.

Da der Leistungsanteil der folgenden Kränze rasch abnimmt und zwar um so mehr, je höher u/c_1, ist manchmal der letzte Kranz nicht mehr lohnend, man wird auf ihn verzichten und besser einen etwas größeren Durchmesser wählen.

Für das Zeichnen der Geschwindigkeitspläne muß der Düsenwinkel α_1 angenommen werden, und zwar sind praktisch brauchbare Werte:

für zweikränzige Räder . . $\alpha_1 = 20^0$, entsprechend 35% Neigung
„ dreikränzige Räder . . $\alpha_1 = 22^0$, „ 40% „
und
„ vierkränzige Räder . . $\alpha_1 = 24$ bis 25^0 „ 45% „

Die Schaufeleintrittswinkel β_1 ergeben sich aus dem Geschwindigkeitsplan entsprechend der Richtung der realtivenDampfgeschwindigkeit w_1, wobei der Schaufelwinkel zur Vermeidung des Rückenstoßes ein paar Grad größer genommen wird. Der Schaufelaustrittswinkel β_2 kann gleich dem Eintrittswinkel gemacht werden; man kann die Austrittswinkel aber auch nach praktisch günstigen Ergebnissen[1] wie folgt annehmen:

für zweikränzige Räder			
1. Laufschaufelkranz	$\beta_2 = 25^0$	bzw.	$\operatorname{tg} \beta_2 = 0{,}45$, das sind 45%
Umleitkranz. . .	$\beta_2 = 33^0$	„	$\operatorname{tg} \beta_2 = 0{,}65$
2. Laufschaufelkranz	$\beta_2 = 45^0$	„	$\operatorname{tg} \beta_2 = 1{,}00$
für dreikränzige Räder			
1. Laufschaufelkranz	$\beta_2 = 26^0$	bzw.	$\operatorname{tg} \beta_2 = 0{,}49$
I. Umleitkranz. .	$\beta_2 = 30^0$	„	$\operatorname{tg} \beta_2 = 0{,}58$
2. Laufschaufelkranz	$\beta_2 = 34^0$	„	$\operatorname{tg} \beta_2 = 0{,}68$
II. Umleitkranz .	$\beta_2 = 40^0$	„	$\operatorname{tg} \beta_2 = 0{,}84$
3. Laufschaufelkranz	$\beta_2 = 45^0$	„	$\operatorname{tg} \beta_2 = 1{,}00$
für vierkränzige Räder			
1. Laufschaufelkranz	$\beta_2 = 26^0$	bzw.	$\operatorname{tg} \beta_2 = 0{,}49$
I. Umleitkranz .	$\beta_2 = 28^0$	„	$\operatorname{tg} \beta_2 = 0{,}54$
2. Laufschaufelkranz	$\beta_2 = 31^0$	„	$\operatorname{tg} \beta_2 = 0{,}59$
II. Umleitkranz .	$\beta_2 = 33^0$	„	$\operatorname{tg} \beta_2 = 0{,}65$
3. Laufschaufelkranz	$\beta_2 = 36^0$	„	$\operatorname{tg} \beta_2 = 0{,}72$
III. Umleitkranz .	$\beta_2 = 40^0$	„	$\operatorname{tg} \beta_2 = 0{,}84$
4. Laufschaufelkranz	$\beta_2 = 45^0$	„	$\operatorname{tg} \beta_2 = 1{,}00$

Die Annahme der Austrittswinkel kleiner als die Eintrittswinkel ergibt wesentlich höhere Umfangswirkungsgrade als nach Abb. 57, S. 60, allerdings werden dadurch die Schaufeln länger.

Nun muß man die Umfangsgeschwindigkeit bzw. den Raddurchmesser so wählen, daß der innere Wirkungsgrad den höchsten Wert erreicht; dazu führt man die Berechnung für einige Werte von u/c_1, die tiefer liegen als der für η_u günstigste Wert (vgl. Abb. 57, S. 60), z. B.

für zweikränzige Räder . .	$u/c_1 = 0{,}11$,	0,14,	0,17,	0,20
„ dreikränzige Räder . .	$u/c_1 = 0{,}06$,	0,08,	0,10,	0,12
„ vierkränzige Räder . .	$u/c_1 = 0{,}04$,	0,06,	0,08;	0,10

Ermittelt man für diese Werte von u/c_1 bzw. für die zugehörigen Durchmesser die Leistung am Radumfang aus dem Geschwindigkeitsplan und die Radreibungsverluste (hierfür ist die Gleichung von Forner, s. S. 77, gut geeignet), so erhält man die innere Leistung $h_i = h_u - h_{rv}$ kcal/kg und den inneren Wirkungsgrad $\eta_i = h_i : h_t$; durch Auftragen desselben über u/c_1 bzw. D wird ersichtlich wo, der Höchstwert von η_i liegt. Meist wählt man für die Ausführung einen etwas kleineren Durchmesser, da in der Nähe des Höchstwertes von η_i der Wirkungsgrad sich wenig ändert und bei abnehmender Dampfgeschwindigkeit oder zunehmender Umfangsgeschwindigkeit der Wirkungsgrad sinken würde (da die Kurve wieder abfällt).

Mit dem nunmehr festliegenden Durchmesser wird die weitere Berechnung durchgeführt; man schätzt den mechanischen Wirkungsgrad (s. S. 97) und erhält den effektiven Wirkungsgrad $\eta_e = \eta_i \cdot \eta_m$, der mit dem anfangs geschätzten brauchbar übereinstimmn muß. Damit

---

[1] Wagner, P.: Der Wirkungsgrad von Dampfturbinen-Beschauflungen. Berlin: Julius Springer 1913.

wird der genauere Dampfverbrauch ermittelt, für die die Düsen und die Schaufeln zu berechnen sind, wie S. 123 und 125 angegeben.

Trägt man die Zustände unter Berücksichtigung der Verluste in den Schaufeln in das *is*-Diagramm ein, so erhält man den Endzustand beim Austritt des Dampfes aus der Turbine.

B. Mehrstufige Turbinen.

1. Reine Druckstufen (Zoelly-Turbinen).

Für den gegebenen Anfangszustand und den Enddruck wird das adiabatische Gesamtgefälle H_t aus dem *is*-Diagramm entnommen (mit etwa 10% Druckabfall durch Drosseln beim Eintritt in die Turbine), der effektive Wirkungsgrad nach Abb. 96, S. 99 geschätzt und der Dampfverbrauch für 1 PS_eh und für eine Sekunde bestimmt. Mit dem mechanischen Wirkungsgrad nach Abb. 95, S. 97 erhält man den inneren $\eta_i = \eta_e : \eta_m$ und die innere Gesamtleistung H_i und kann den voraussichtlichen Endzustand im *is*-Diagramm sowie den ungefähren Zustandsverlauf einzeichnen (Abb. 93, S. 94) als eine etwas durchgebogene oder fast gerade Linie AE.

Durch den Wärmerückgewinn (s. S. 101) wird das aufzuteilende Gefälle H größer als das ursprüngliche adiabatische H_t, $H = \mu H_t$, worin μ der Rückgewinnungsfaktor, der je nach der Größe des Gefälles und der Zahl der Stufen zwischen 1,02 und 1,08 liegt.

Die Aufteilung des Gefälles in einzelne Stufengefälle muß nun so erfolgen, daß die Turbine einen möglichst hohen Wirkungsgrad ergibt.

Sind Durchmesser und Drehzahl gegeben (der Durchmesser kann für bestimmte Leistungsgrößen vorgeschrieben sein, um ähnliche Modelle verwenden zu können), so ist damit auch die Umfangsgeschwindigkeit u festgelegt und es muß das zugehörige günstigste Wärmegefälle h_t der Stufe gefunden werden, d. h. dasjenige, welches den besten inneren Wirkungsgrad ergibt. Dieses Gefälle hängt aber von der Leistungsgröße bzw. von der Dampfmenge und vom Dampfzustand ab, die die Größe der Radreibungsverluste (S. 74) und der Undichtheitsverluste beeinflussen; das Gefälle müßte demnach von Fall zu Fall bestimmt werden. Als vorläufigen Anhalt kann jedoch das Gefälle in Abhängigkeit von u/c_1 angenommen werden, indem für verschiedene Werte von $u/c_1 = \chi$ die dem gewählten oder gegebenen Durchmesser D entsprechende Umfangsgeschwindigkeit $u = \pi D n : 60$ m/sek, daraus $c_1 = u/\chi$, dann $c_0 = c_1/\varphi$ und endlich $h_t = A c_0^2 : 2g$ kcal/kg ermittelt wird.

In Abb. 99 sind die den Durchmessern D entsprechenden Wärmegefälle für $n = 3000$ Umdr./min und $\varphi = 0{,}95$ für verschiedene Werte von u/c_1 über den Durchmessern und u aufgetragen; daraus können die Gefälle bequem entnommen werden. Umgekehrt kann für ein vorliegendes Gefälle der einem bestimmten u/c_1 zugehörige Durchmesser festgestellt werden; für andere Drehzahlen ändern sich die Durchmesser bei gleicher Umfangsgeschwindigkeit im umgekehrten Verhältnis der Drehzahlen, für andre φ wie in der Abb. angegeben.

Nun muß für einige Werte von u/c_1 bzw. h_t der innere Wirkungsgrad ermittelt werden durch Aufzeichnen des Geschwindigkeitsplanes, Bestimmung der Umfangsleistung h_u (s. S. 45) und der Radreibung h_{rv}, woraus $h_i = h_u = h_{rv}$ und $\eta_i = h_i : h_t$.

Wird η_i über h_t aufgetragen, so zeigt sich, bei welchem Gefälle der höchste Wirkungsgrad erreicht wird.

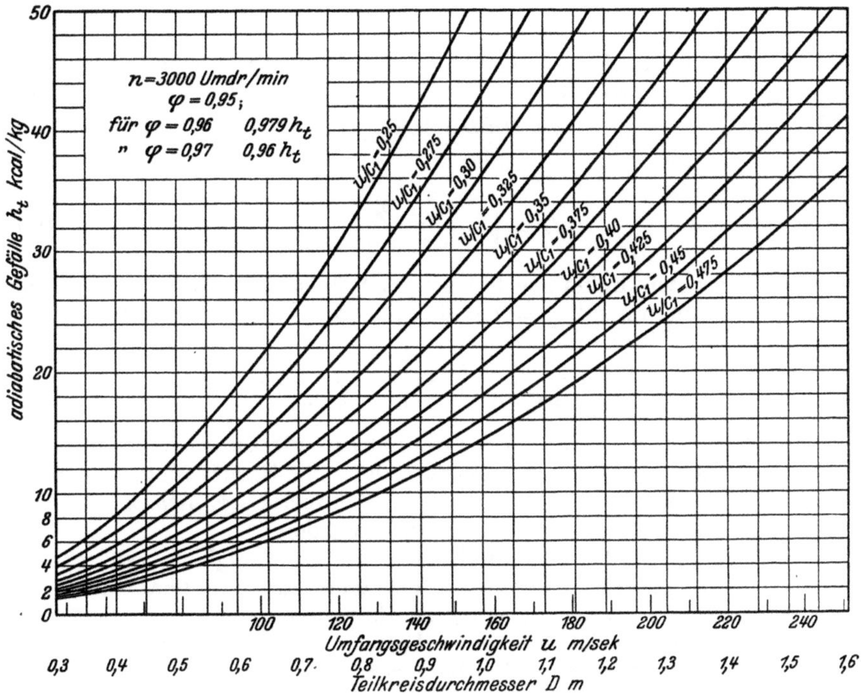

Abb. 99. Wärmegefälle für verschiedene Laufraddurchmesser.

Sollen alle Stufen gleiche Durchmesser erhalten, was bei Gegendruckturbinen und Turbinen mittlerer Leistung, die in den letzten Stufen nicht zu große Schaufellängen erhalten, möglich ist, so ist die Stufenzahl $z = H : h_t$, wobei das Gefälle der letzten Stufen etwas größer genommen werden kann, damit z eine volle Zahl wird.

Soll volle Beaufschlagung möglichst auch in der ersten Stufe erreicht werden, so muß der Durchmesser derart ermittelt werden, daß die radiale Kanalhöhe a (Abb. 101) des Leitkanales nicht zu klein wird, und zwar soll sie nach praktischen Gesichtspunkten bei

bei gefrästen Kanälen. . . . . . $a = 4$ mm
und bei eingegossenen Leitschaufeln $a = 7$ „

nicht unterschreiten.

Aus der Stetigkeitsbedingung $F c_1 = G_{sk} v_1$, worin F m² der Leitquerschnitt und v_1 m³/kg das spezifische Volumen am Austritt aus dem Leitkanal, folgt mit $F = a\delta z$ nach Abb. 101, wenn z die Zahl der Leitkanäle am Umfang, wobei $z = \pi D : t$, mit t als Teilung und $\delta = t \sin\alpha_1 - s = (t - s/\sin\alpha_1)\sin\alpha_1$

$$F c_1 = a\,\delta\,z\,c_1 = \frac{t - s/\sin\alpha_1}{t}\sin\alpha_1 \cdot a\,\pi\,D\,c_1 = G_{sk}\,v_1 .$$

Da

$$\frac{t - s/\sin\alpha_1}{t} = \tau \tag{99}$$

der Verengungsfaktor durch die Schaufelstärke s, $c_1 = u/\chi$ und $u = \pi D n : 60$ ist, so wird

$$\frac{\tau\,a\,\pi\,D\,\pi\,D\,n \sin\alpha_1}{60\,\chi} = G_{sk}\,v_1 ,$$

woraus

$$D = \sqrt{\frac{G_{sk}\,v_1\,60\,\chi}{\pi^2\,\tau\,a\,n \cdot \sin\alpha_1}}\ \text{m} . \tag{100}$$

Das Geschwindigkeitsverhältnis χ ist je nach Größe der Leistung mit dieser zunehmend $\chi = 0{,}3$ bis $0{,}45$, der Verengungsfaktor ist bei $\alpha_1 = 14^0$ (s. S. 124) und $s = 2$ mm

bei	$t =$ 35	43	50	mm
	$\tau =$ 0,751	0,81	0,835	

Wird χ und τ angenommen, dann kann für die kleinste zulässige Kanalhöhe a der größte Durchmesser, der volle Beaufschlagung ermöglicht für das vorliegende sekundliche Volumen $G_{sk} v_1$ m³/sek am Austritt aus der Leitvorrichtung ermittelt werden.

In Abb. 100 sind diese Durchmesser in Abhängigkeit vom sekundlichen Volumen über diesem aufgetragen für $n = 3000$ Umdr./min für verschiedene Geschwindigkeitsverhältnisse χ und $\tau = 0{,}75$ und $0{,}84$. Um den Durchmesser zu erhalten, muß erst das sekundliche Volumen bekannt sein, d. h. das spezifische Volumen am Leitradaustritt. Um dieses zu finden, muß man den Durchmesser zunächst schätzungsweise annehmen, nach Annahme von χ und τ das zugehörige Gefälle aus Abb. 99, S. 118 entnehmen und $h_1 = h_t \cdot \varphi^2$ bestimmen. Trägt man nun h_1 in das *is*-Diagramm vom Anfangszustand ein, so kann in Punkt A_1 (Abb. 89) das Volumen v_1 bestimmt werden; mit dem dadurch sich ergebenden $G_{sk} \cdot v_1$ erhält man den Durchmesser aus Abb. 100. Stimmt er mit dem schätzungsweise angenommenen nicht genügend überein, so muß die Ermittlung nach Annahme eines anderen Durchmessers wiederholt werden.

Beispiel. $p = 20$ ata, $t = 400^0$ C, $n = 3000$, $G_{sk} = 5$ kg/sek; angenommen $\chi = 0{,}40$, $\tau = 0{,}75$, $\varphi = 0{,}95$. Geschätzt $D = 0{,}9$ m, dem entspricht nach Abb. 99, $h_t = 16{,}5$ kcal/kg; $h_1 = h_t\,\varphi^2 = 16{,}5 \cdot 0{,}95^2 = 14{,}9$ und aus dem *is*-Diagramm nach Abtragen von h_1 $v_1 = 0{,}185$ m³/kg, also $G_{sk}\,v_1 = 5 \cdot 0{,}185 = 0{,}925$ und damit aus Abb. 100 $D = 0{,}88$ m. Der geschätzte Wert war also annähernd richtig; würde sich ein höherer Wert ergeben, als geschätzt, so müßte mit neuer Schätzung in gleicher Weise verfahren werden.

Ist der ermittelte Durchmesser so klein, daß er mit Rücksicht auf den Wellendurchmesser nicht ausführbar ist, so muß er größer genommen werden, die Beaufschlagung kann aber nicht voll sein. Man wird

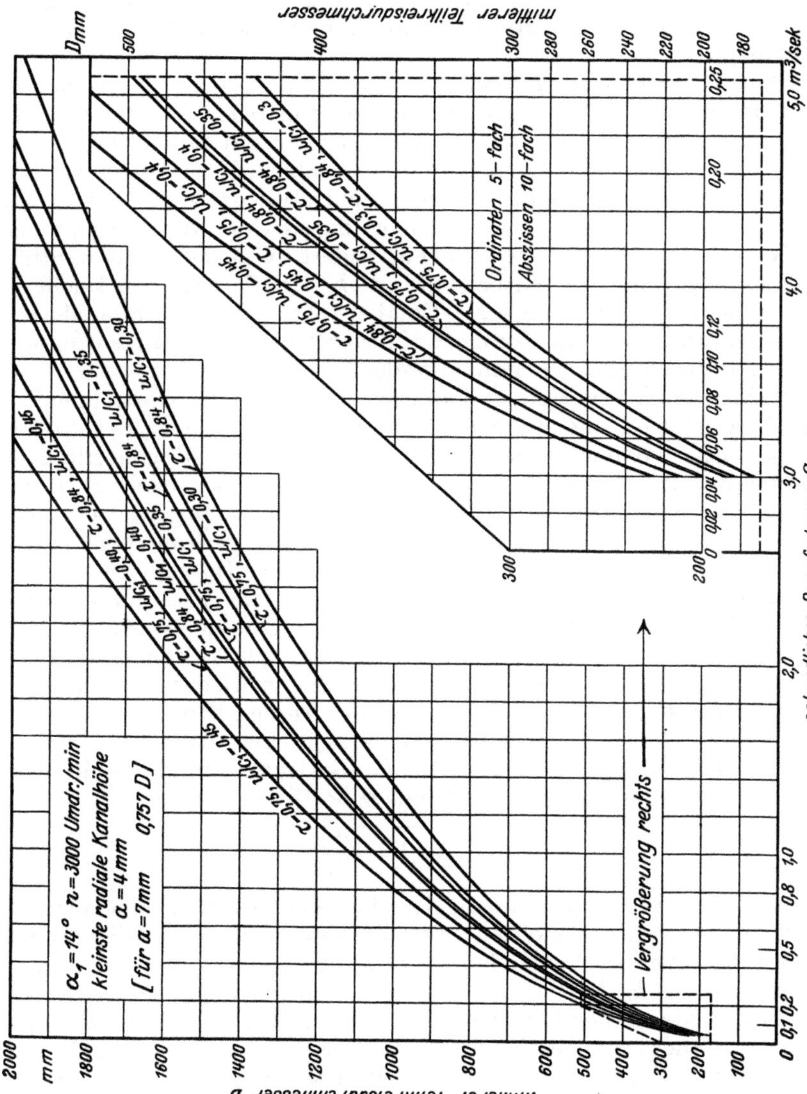

Abb. 100. Laufraddurchmesser in Abhängigkeit vom sekundlichen Volumen.

in solchen Fällen die erste Stufe mit Geschwindigkeitsstufung ausführen, oder die ersten Stufen nur teilweise beaufschlagen.

Wird hingegen die Schaufellänge zu groß (s. S. 125), so muß der Durchmesser vergrößert werden; häufig wird auch ohne zu große Schaufellänge der Durchmesser größer genommen, besonders, wenn die Stufen in einem anderen Gehäuse liegen, um weniger Stufen zu erhalten; der neue Durchmesser ergibt sich wieder aus Gl. (100), S. 119. Man läßt wohl auch den Durchmesser von Stufe zu Stufe größer werden (vgl. Abb. 112, S. 144), um kontinuierliche Querschnittserweiterung zu erhalten und dabei die Austrittsgeschwindigkeit in jeder Stufe ausnutzen zu können.

Ist der Durchmesser festgelegt, so muß mit diesem eine genauere Berechnung durchgeführt werden, um das günstigste Gefälle hinsichtlich η_i zu ermitteln, wozu wieder Aufzeichnung des Geschwindigkeitsplanes, Ermittlung von h_u und h_{rv} für verschiedene Gefälle nötig ist. Für die Ausführung nimmt man meist ein etwa größeres Gefälle, als das günstigste, also u/c_1 etwas kleiner, da sich der Wirkungsgrad in der Nähe seines Höchstwertes wenig ändert. Von der zweiten Stufe an muß noch der Undichtheitsverlust h_{sp} (s. S. 81) berücksichtigt werden, wodurch das günstigste Gefälle etwas größer würde als bei der ersten Stufe. Da man aber das Gefälle größer gewählt hat, so können die Gefälle gleich groß genommen werden.

Ist das Gefälle ermittelt, so kann die Aufteilung des Gesamtgefälles $H = H_t\,\mu$ erfolgen und die Stufenzahl bestimmt werden. Bei großen Dampfmengen können die Schaufellängen bei gleich groß beibehaltenem Durchmesser zu groß werden. Um zu ermitteln, bis zu welchem Druck der gleiche Durchmesser verwendet werden kann, ohne zu große Schaufellänge zu erhalten, kann man für die größte zulässige Kanalhöhe a, die im Hochdruckteil $^1/_{10}$, im Niederdruckteil $^1/_7$ des Durchmessers nicht überschreiten sollte, aus Gl. (100), S. 119 das Volumen v_1 ermitteln und erhält auf der Kurve dieses Volumens im is-Diagramm etwas unterhalb der Zustandskurve den Druck und den Zustandspunkt von dem an ein größerer Durchmesser genommen werden muß, der wieder nach Gl. (100) mit einer zulässigen Kanalhöhe a errechnet werden kann.

Der mindestens erforderliche Durchmesser einer Stufe, um nicht zu große Schaufellängen zu erhalten (z. B. die letzte Stufe), ergibt sich aus Gl. (100), wenn für $a = D : \vartheta$ (mit $\vartheta \geqq 7$) einsetzt zu

$$D = \sqrt[3]{\frac{G_{sk} \cdot v_1 \cdot \vartheta \cdot 60\,\chi}{\tau \cdot \pi^2\, n \sin \alpha_1}}\,. \tag{100a}$$

Nun folgt die Durchrechnung der einzelnen Stufen in der angegebenen Weise; von der zweiten Stufe ab sind noch die Undichtheitsverluste (Spaltverluste) nach S. 81 zu ermitteln, um die innere Leistung $h_i = h_u - h_{rv} - h_{sp}$ kcal/kg zu erhalten. Trägt man die Verluste für jede Stufe entsprechend in das is-Diagramm ein, so erhält man den Anfangszustand der folgenden Stufe usw., bis der Enddruck erreicht ist. Bei Ausnutzung der Austrittsenergie, die nach Möglichkeit angestrebt werden muß, ist dieses bei der Berechnung der Stufen zu berücksichtigen (S. 49).

Ist der Endzustand erreicht, so kann der innere Gesamtwirkungsgrad $\eta_{ig} = H_i : H_t$ festgestellt werden, ebenso nach Schätzung von η_m der effektive Wirkungsgrad $\eta_e = \eta_{ig} \cdot \eta_m$; die Übereinstimmung mit dem ursprünglich geschätzten Wirkungsgrad muß genügend sein, doch spielt eine Abweichung um einige Prozent keine wesentliche Rolle, da ja die von der Dampfmenge abhängenden Verluste mit steigender Leistung überhaupt abnehmen und wenig Einfluß haben. Man kann auch den angenommenen Zustandsverlauf mit dem endgültigen vergleichen.

Mit dem errechneten η_e wird der genaue Dampfverbrauch bestimmt und der Berechnung der Querschnitte zugrunde gelegt, s. S. 123 und Berechnungsbeispiel S. 138.

2. Druck- und Geschwindigkeitsstufen.

Die erste Stufe erhält meist zwei Geschwindigkeitsstufen, die übrigen sind reine Druckstufen.

Diese Anordnung hat den Vorteil, daß durch Verwertung eines größeren Gefälles in der 1. Stufe, das Volumen größer wird und volle Beaufschlagung der folgenden Stufen ermöglicht; ferner ergeben sich weniger Stufen. Der Umfangswirkungsgrad ist bei Geschwindigkeitsstufung allerdings niedriger als bei Druckstufung, doch auch die Verluste durch Radreibung werden geringer, so daß bei kleinen Leistungen der innere Wirkungsgrad sogar höher sein kann als bei Druckstufung. Bei großen Leistungen sind die Verluste relativ gering, so daß reine Druckstufung höhere Wirkungsgrade ergeben wird, doch wird Geschwindigkeitsstufung von vielen Werken auch bei den größten Leistungen beibehalten, da bei Düsenreglung (s. S. 286) die Überlastung einfacher wird.

Die Ermittlung des Gefälles und des Dampfverbrauches erfolgt in der selben Weise wie bei reiner Druckstufung; nach Schätzung des effektiven und des mechanischen Wirkungsgrades kann wieder der voraussichtliche Zustandsverlauf in das *is*-Diagramm eingetragen werden.

Die Wahl des Durchmessers und damit des Gefälles der ersten Stufe ist an sich willkürlich, falls nicht ein Durchmesser für bestimmte Leistungsgrößen vorgeschrieben ist. Zuweilen ist der Druck nach der ersten Stufe gegeben (z. B. bei Entnahmeturbinen oder bei Anzapfdampfvorwärmung) und damit das Gefälle; es ist dann der Durchmesser wie bei der einstufigen Turbine mit Geschwindigkeitsstufung zu bestimmen (S. 115). Der Durchmesser der reinen Druckstufen ergibt sich dann aus der Forderung voller Beaufschlagung, wie S. 118 ausgeführt.

Wenn weder Durchmesser noch Gefälle der ersten Stufe vorgeschrieben sind, so kann man für den kleinsten zulässigen Durchmesser der reinen Druckstufen aus Gl. (100), S. 119 zunächst das Volumen v_1 ermitteln und im *is*-Diagramm auf der eingezeichneten Zustandskurve im Schnitt mit der v_1-Kurve den Druck entnehmen, auf den die Expansion in der ersten reinen Druckstufe führen muß, um volle Beaufschlagung zu erhalten. Trägt man das dem Durchmesser entsprechende Gefälle nach Abb. 99, S. 118 und $h_u = \eta_u h_t$ mit η_u nach Abb. 57, S. 60 in das *is*-Diagramm ein, so ergibt sich der Anfangszustand der ersten reinen Druckstufe und der Enddruck der ersten Stufe und deren Gefälle, wonach der günstigste Durchmesser derselben ermittelt werden kann. Bei kleinen Leistungen wird dabei das Gefälle der ersten Stufe sehr groß, man wird es entsprechend dem zulässigen größten Durchmesser festlegen und erreicht bei den reinen Druckstufen nicht gleich volle Beaufschlagung, besonders bei hohen Drücken; es kommt dann gegebenenfalls eine Vorschaltturbine in Frage.

Die weitere Berechnung gestaltet sich genau so wie bei reiner Druckstufung. Berechnungsbeispiel s. S. 148.

C. Berechnung der Leitvorrichtungen.

1. Düsen.

Wird das kritische Druckverhältnis (s. S. 24) überschritten, so muß die Leitvorrichtung als Düse mit zunehmendem Querschnitt ausgeführt werden.

Der engste Querschnitt ist nach Gl. (36a/b), S. 27

für überhitzten Dampf $$F_{\min} = \frac{100\, G_{sk}}{2{,}09\sqrt{\frac{p}{v}}}\ \text{cm}^2,$$

für trocken gesättigten Dampf $$F_{\min} = \frac{100\, G_{sk}}{1{,}99\sqrt{\frac{p}{v}}}\ \text{cm}^2,$$

mit G_{sk} in kg/sek, p in kg/cm, v in m³/kg.

Dieser Querschnitt ist in eine Anzahl z Düsen zu unterteilen, deren Querschnitt $f_{\min} = F_{\min} : z$ cm² bei gegossenen Düsen etwa 7·7 mm ≌ 0,5 cm² und bei gefrästen Düsen etwa 4·4 mm aus Herstellungsrücksichten nicht unterschreiten soll. Bei genügend großem Querschnitt $F_{\min}$ kann volle Beaufschlagung erreicht werden, doch muß auf die erforderlichen Abschaltungen für die Reglung Rücksicht genommen werden (s. Reglung, S. 286, und Berechnungsbeispiel, S. 289).

Der Endquerschnitt ist aus der Stetigkeitsgleichung

$$F_1 = G_{sk}\, v_1 : c_1\ \text{m}^2 = 10000\, G_{sk}\, v_1 : c_1\ \text{cm}^2,$$

also für jede Düse

$$f_1 = F_1 : z.$$

Da geringer Überdruck beim Austritt vorteilhaft ist (s. S. 26), macht man den auszuführenden Querschnitt etwas kleiner als dem wirklichen Enddruck entspricht, gegebenenfalls wird bei geringer Überschreitung des kritischen Druckverhältnisses die Düse als Leitkanal ohne Erweiterung ausgeführt. Die Strahlablenkung (s. S. 35) muß hierbei beachtet werden, sie ist aber meist gering und kann durch etwas größere Schaufeleintrittswinkel β_1 Berücksichtigung finden.

Erweiterte Düsen kommen wohl nur bei de Lavalturbinen und bei Geschwindigkeitsstufung zur Anwendung.

Düsenwinkel s. S. 115.

2. Leitkanäle ohne Erweiterung.

Der aus der Stetigkeitsgleichung folgende Gesamtquerschnitt ist

$$F_1 = G_{sk} v_1 : c_1 \text{ m}^2 = 10000\, G_{sk} v_1 : c_1 \text{ cm}^2 .$$

Da mit Ausnahme der ersten Stufe ein Teil des Dampfes durch den Spalt zwischen Leitradscheibe und Laufradnabe hindurchtritt (s. Undichtheitsverluste S. 81), muß der Leitradquerschnitt entsprechend kleiner gemacht werden. Ist die durch den Spalt strömende Dampfmenge G_{sp} kg/sek (s. S. 82), dann wird der erforderliche Querschnitt.

$$F = (G_{sk} - G_{sp})\, v_1 : c_1 \text{ m}^2 ,$$

oder, wenn F_{sp} der Spaltquerschnitt und φ der Kontraktionskoeffizient,

$$F = F_1 - \varphi F_{sp} \qquad \text{mit } \varphi = 0{,}6 - 0{,}8 .$$

Der ganze Querschnitt muß nun in eine Anzahl z Kanäle unterteilt werden; war volle Beaufschlagung vorgesehen, so ist die Teilung t zu wählen und die Zahl z folgt aus $\pi D = z t$; war der Durchmesser nach anderen Gesichtspunkten gewählt, so ist die Zahl der Kanäle so zu wählen, daß die Beaufschlagung möglichst groß wird, jedoch darf die radiale Kanalhöhe a (Abb. 101) bei eingegossenen Leitschaufeln nicht unter 7 mm, bei allseitig gefrästen Kanälen 4 mm nicht unter betragen.

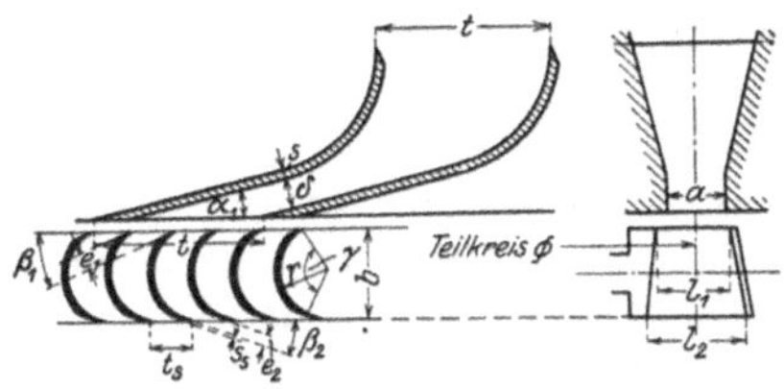

Abb. 101. Leitkanalberechnung.

Der Querschnitt eines Kanales ist nach Abb. 101

$$f = F : z = a \cdot \delta \text{ cm}^2 ,$$

wobei $\delta = t \sin \alpha_1 - s$, wenn t die Teilung und s die Schaufelstärke, die meist 2 mm beträgt. Die radiale Kanalhöhe ist dann

$$a = f : \delta = F : (\delta z) .$$

Die Teilung t beträgt bei eingegossenen Schaufeln etwa $t \cong 42$ bis 50 mm, bei sehr großer Leistung evtl. mehr, bei gefrästen Schaufeln etwa $t = 30$ bis 40 mm. Die Teilung muß natürlich so gewählt werden, daß sie am Umfang aufgeht, wobei die Zahl der Teilungen wegen der Herstellung der Kerne mit den einzugießenden Schaufeln durch die vorhandene Vorrichtung (Kernformmaschine) festgelegt ist und wegen der Teilung in zwei Leitradhälften durch zwei teilbar sein muß, häufig aber durch 4 teilbar genommen wird; z. B. für

$D =$	500	600	800	1000	1200	1500 mm
$z =$	40	48	64	80	96	120
$t =$	39,27	39,27	39,27	39,27	39,27	39,27 mm
$z =$	36	44	56	72	84	100
$t =$	43,64	42,84	44,88	43,63	44,88	47,12 mm

Der Leitschaufelwinkel α_1 wird meist zu 14^0, seltener zu 12^0 (bei Stahlablenkung) angenommen und steigt nötigenfalls in den letzten Stufen, um zu große Kanalhöhen zu vermeiden, auf 16, 18 oder 20^0.

Ausführung der Leitvorrichtung s. S. 175.

D. Berechnung der Laufschaufellängen.

Die Schaufelwinkel β_1 und β_2 sind durch den Geschwindigkeitsplan festgelegt, wobei β_1 zur Vermeidung des Rückenstoßes etwas größer genommen wird als die Richtung der relativen Geschwindigkeit w_1; β_2 wird gleich β_1 oder etwas kleiner gewählt, oder bei Geschwindigkeitsstufung wie S. 116 angegeben.

Die Schaufelbreite b ist durch Festigkeitsrücksichten bedingt (s. S. 191), man bevorzugt jetzt allgemein größere Breiten von 25 bis 35 mm. Die Schaufelbreite beeinflußt den Krümmungshalbmesser und dieser die Teilung und die Schaufelzahl, da nach Gl. (56), S. 71 die günstigste Teilung

$$t_s = \frac{0{,}5\,r}{\sin\beta_1}\,; \tag{56}$$

da $z = \pi D : t_s$ eine volle Zahl sein muß, so wird die genaue Teilung

$$t_s = \pi D : z\,.$$

Zur Bestimmung von r muß das Schaufelprofil entworfen werden, s. Konstruktion der Schaufeln S. 190.

Die Schaufelhöhe (Länge) l_1 am Eintritt (Abb. 101) könnte gleich der Kanalhöhe a gemacht werden, da die Verengung durch die Laufschaufeleintrittskante, die meist noch zugeschärft ist, geringer ist als durch die Leitschaufel. Man macht jedoch die Schaufel innen und außen je etwa 0,5 bis 1 mm (bei großer Schaufellänge 2 bis 5 mm) größer als die Kanalhöhe a, um den Strahl sicher aufzufangen (Streuung!) und kleine Ungenauigkeiten und Wärmedehnung zu berücksichtigen, so daß $l_1 = a + 1$ bis 2 mm (bei langen Schaufeln mehr).

Die Schaufelaustrittshöhe l_2 muß den erforderlichen Querschnitt ergeben unter Berücksichtigung der kleineren Dampfgeschwindigkeit w_2 und des größer gewordenen Volumens v_2; aus der Stetigkeitsbedingung ist der Querschnitt

$$F_2 = G_{sk}\,v_2 : w_2$$

oder mit Abb. 101, S. 124

$$e_2\,l_2\,z = G_{sk}\,v_2 : w_2$$

und da $e_2 = t_s \sin\beta_2 - s_s = (t_s - s_s/\sin\beta)\sin\beta_2$ und $z = \pi D : t_s$

$$l_2 = \frac{G_{sk}\,v_2}{e_2\,z\,w_2} = \frac{G_{sk}\,v_2\,t_s}{\pi\,w_2 \sin\beta_2\,D\,(t_s - s_s/\sin\beta)}$$

oder endlich

$$l_2 = \frac{G_{sk}\,v_2}{W_{2a}\,\pi\,D\,\tau_s}\,, \tag{101}$$

worin $\tau_s = (t_s - s_s/\sin\beta_2) : t_s$ der Verengungsfaktor durch die Schaufelstege, der für ein gegebenes Schaufelprofil einen festliegenden Wert hat, und $w_{2a} = w_2 \sin\beta_2$ die axiale Komponente der relativen Austrittsgeschwindigkeit w_2, die aus dem Geschwindigkeitsplan entnommen werden kann (s. Abb. 44, S. 44).

Bei Teilbeaufschlagung muß der Beaufschlagungsgrad, d. h. das Verhältnis der Anzahl der Kanäle zur Gesamtzahl der Teilungen am Umfang, berücksichtigt werden; dieses ist unbequem, wenn die Teilung nicht im Umfang aufgeht, was bei Düsen häufig der Fall ist. Es empfiehlt sich deshalb, eine andere Berechnungsart, davon ausgehend, daß die aus den Leitschaufeln austretende Dampfmenge auch durch den Austrittsquerschnitt der Laufschaufeln hindurch muß. Aus der Stetigkeitsbedingung ist nach Abb. 101, S. 123, wenn z bzw. z_s die Zahl der beaufschlagten Leitschaufel- bzw. Laufschaufelkanäle

$$G_{sk} = \frac{z\,\delta\,a\,c_1}{v_1} = \frac{z_s\,e_2\,l_2\,w_2}{v_2}, \quad \text{woraus} \quad l_2 = a\,\frac{z}{z_s}\cdot\frac{\delta\,c_1}{e_2\,w_2}\cdot\frac{v_2}{v_1}.$$

Der beaufschlagte Bogen muß gleich sein $z\,t = z_s\,t_s$, woraus $\frac{z}{z_s} = \frac{t_s}{t}$; ferner ist

$$\delta = t\sin\alpha_1 - s = (t - s/\sin\alpha_1)\sin\alpha_1$$

und

$$e_2 = t_s\sin\beta_2 - s_s = (t_s - s_s/\sin\beta_2)\sin\beta_2,$$

also

$$l_2 = a\,\frac{t_s}{t}\,\frac{(t - s/\sin\alpha_1)}{(t_s - s_s/\sin\beta_2)}\cdot\frac{c_1\sin\alpha_1}{w_2\sin\beta_2}\,\frac{v_2}{v_1}$$

oder, da $\frac{t - s/\sin\alpha_1}{t} = \tau$ der Verengungsfaktor der Leitvorrichtung [siehe Gl. (99), S. 119] und $\frac{t_s - s_s/\sin\beta_2}{t} = \tau_s$ und ferner $c_1\sin\alpha_1 = w_1\sin\beta_1 = w_{1a}$, $w_2\sin\beta_2 = w_{2a}$ (vgl. Abb. 44, S. 44), so ist endlich

$$l_2 = a\,\frac{\tau}{\tau_s}\cdot\frac{w_{1a}}{w_{2a}}\cdot\frac{v_2}{v_1}. \tag{102}$$

Das Verhältnis w_{1a}/w_{2a} kann als Streckenverhältnis aus dem Geschwindigkeitsplan entnommen werden.

Gl. (102) kann auch bei Berechnung der Schaufellängen bei Geschwindigkeitsstufung angewendet werden, nur ist von der zweiten Schaufelreihe an statt a die Austrittslänge l_2' der vorhergehenden Schaufel und für τ deren Verengungsfaktor τ_s' zu setzen; also

$$l_2 = l_2'\,\frac{\tau_s'}{\tau_s}\cdot\frac{w_{1a}}{w_{2a}}\cdot\frac{v_2}{v_1}. \tag{102a}$$

Wie ersichtlich (Abb. 44) ergibt ein kleiner Winkel β_2 eine kleine Komponente w_{2a}, also großes Verhältnis $w_{1a} : w_{2a}$ und demnach starke Erweiterung, d. h. Zunahme der Schaufellänge, was besonders bei langen Schaufeln zu berücksichtigen ist; ferner muß die Zunahme der Kanalhöhen und der Schaufellängen in den aufeinanderfolgenden Stufen möglichst kontinuierlich sein (vgl. Abb. 112, S. 144), worauf bei der Annahme der Austrittswinkel β_2, aber auch der Leitschaufelwinkel α_1 zu achten ist.

Da das Volumen sich in der Schaufel wenig ändert, kann meist $v_2 : v_1 = 1$ angenommen werden.

Sind die Kanalhöhen und Schaufellängen ermittelt, so kann der Schaufelschnitt (vgl. Abb. 112, S. 144) gezeichnet werden, wobei sich auch die Zweckmäßigkeit der Annahmen prüfen läßt.

E. Berechnungsbeispiele.

1. Berechnung einer einstufigen Gleichdruckturbine

(Lavalturbine) von 25 PS_e bei $n = 15000$ Umdr./min, übersetzt auf 3000 Umdr./min:

Dampfeintritt: 10 atü, trocken gesättigt,

Gegendruck: 2 ata.

Das adiabatische Gefälle ist, eine at Drosselung beim Eintritt angenommen, also $p = 10$ ata, 180° C aus dem *is*-Diagramm (Abb. 102),

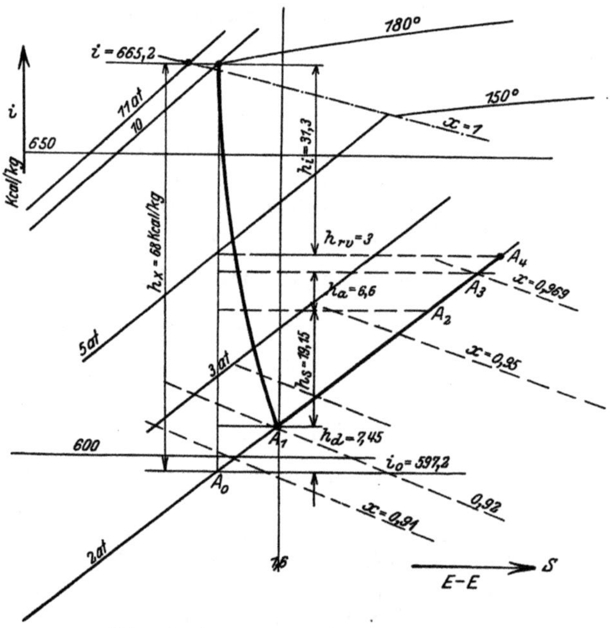

Abb. 102. *is*-Diagramm, Berechnungsbeispiel.

$h_t = i - i_0 = 665{,}2 - 597{,}2 = 68$ kcal/kg; effektiver (thermodynamischer) Wirkungsgrad geschätzt $\eta_e = 0{,}37$, damit der Dampfverbrauch

$$D_e = \frac{632{,}3}{h_t\,\eta_e} = \frac{632{,}3}{68 \cdot 0{,}37} = 25{,}1 \text{ kg/PS}_e\text{h}.$$

und die Dampfmenge je Sekunde

$$G_{sk} = \frac{N_e \cdot D_e}{3600} = \frac{25 \cdot 25{,}1}{3600} = 0{,}174 \text{ kg/sek}.$$

Theoretische Ausflußgeschwindigkeit

$$c_0 = 91{,}5\,\sqrt{h_t} = 91{,}5\,\sqrt{68} = 754 \text{ m/sek}$$

wirkliche Geschwindigkeit mit $\varphi = 0{,}94$ (gegossene Düsen)

$$c_1 = \varphi\, c_0 = 0{,}94 \cdot 754 = 710 \text{ m/sek}.$$

Es werde der Düsenneigungswinkel $\alpha_1 = 20^0$ angenommen; der höchste Umfangswirkungsgrad liegt nach S. 48 bei

$$\frac{u}{c_1} = \frac{\cos\alpha_1}{2} = \frac{0{,}9397}{2} = 0{,}4698.$$

Für die Wahl von u bzw. des Durchmessers ist aber der innere Wirkungsgrad maßgebend, der durch die Radreibungsverluste wieder vom Durchmesser abhängig ist. Es muß deshalb für verschiedene Durchmesser bzw. u/c_1 der innere Wirkungsgrad ermittelt werden. So ist z. B. für

$$\frac{u}{c_1} = 0{,}25 \qquad u = 0{,}25 \cdot 710 = 177{,}5\,\text{m/sek};$$

$$D = 60\,u : \pi \cdot n = 60 \cdot 177{,}5 : \pi \cdot 15000 = 0{,}226\,\text{m}.$$

Aus dem Geschwindigkeitsplan (Abb. 103) (das Austrittsdreieck ist um die Senkrechte herumgeklappt), mit $\beta_1 = \beta_2$ und $\psi = 0{,}68$ (schmale Schaufel und kleinem Krümmungshalbmesser) ist die Leistung am Radumfang

$$h_u = \frac{u}{g}(w_{1u} + w_{2u}) = \frac{177{,}5}{9{,}81}(490 + 330) = 34{,}3\,\text{kcal/kg},$$

also

$$\eta_u = \frac{h_u}{h_t} = 34{,}3 : 68 = 0{,}505.$$

h_u in das *is*-Diagramm eingetragen gibt den Zustand A_3 am Austritt aus der Schaufel mit $x = 0{,}969$ und $v = xv'' = 0{,}969 \cdot 0{,}903 = 0{,}875\,\text{m}^3/\text{kg}$ (v'' aus den Dampftabellen),

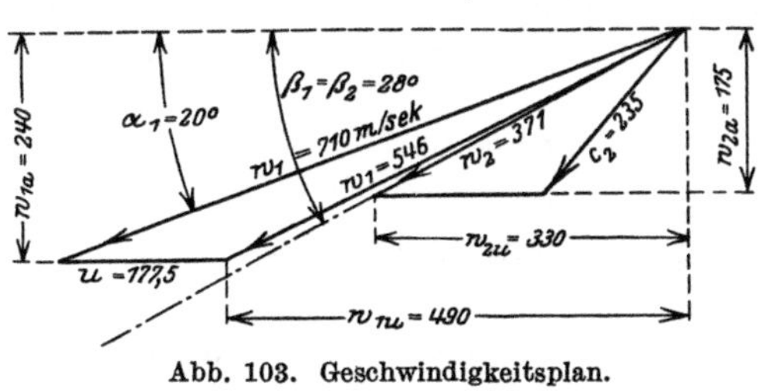

Abb. 103. Geschwindigkeitsplan.

$$\gamma = \frac{1}{v} = 1{,}142\,\text{kg/m}^3.$$

Die Radreibungs- und Ventilationsarbeit ist nach der Gl. (59), S. 75 von Stodola mit $\alpha = 1{,}3$, einer geschätzten Beaufschlagung von $\varepsilon = 0{,}2$ und einer Schaufellänge von $l = 1{,}5$ cm

$$N_{rv} = \alpha\,[1{,}46 \cdot D^2 + 0{,}83\,(1 - \varepsilon)\,D\,l^{1,5}]\,u^3 \cdot 10^{-6} \cdot \gamma\ \text{PS}$$
$$= 1{,}3\,[1{,}46 \cdot 0{,}226^2 + 0{,}83\,(1 - 0{,}2)\,0{,}226 \cdot 1{,}5^{1,5}]\,1{,}775^3 \cdot 1{,}142$$
$$= 2{,}94\ \text{PS},$$

damit ist [Gl. (63), S. 81]

$$h_{rv} = \frac{N_{rv}}{5{,}7\,G_{sk}} = \frac{2{,}94}{5{,}7 \cdot 0{,}174} \cong 3{,}0\,\text{kcal/kg}$$

und

$$h_i = h_u - h_{rv} = 34{,}3 - 3 = 31{,}3\,\text{kcal/kg},$$

$$\eta_i = \frac{h_i}{h_t} = \frac{31{,}3}{68} = 0{,}461,\ \text{d. s. } 46{,}1\%.$$

Führt man diese Berechnung für andere u/c_1 durch, z. B. für $u/c_1 = 0{,}20$, $0{,}3$, $0{,}35$, so ergeben sich die Werte der folgenden Zahlentafel.

Zahlentafel 5.

$u/c_1 =$	0,2	0,25	0,3	0,35	
$u =$	142	177,5	213	248,5	m/sek
$D =$	181	226	271	316,5	mm
$h_u =$	29,7	34,3	38,6	41,5	kcal/kg
$\eta_u =$	43,6	50,5	56,8	61,6	%
$N_{rv} =$	1,15	2,94	6,35	12,25	PS
$h_{rv} =$	1,16	3,0	6,4	12,3	kcal/kg
$h_i =$	28,1	31,3	32,2	29,2	„
$\eta_i =$	41,3	46,1	47,3	42,9	%

Trägt man η_i über dem Verhältnis u/c_1 bzw. über D auf (Abb. 104), so hat die Kurve einen Höchstwert bei $u/c_1 = 0,285$ bzw. $D = 238$ mm. Würde man diesen ausführen, so würde bei Verringerung von c_1 also größerem u/c_1, der Wirkungsgrad rasch abnehmen, während vor dem Scheitel der η_i-Kurve die Änderung gering ist; aus diesem Grunde wählt man zweckmäßig einen etwas kleineren Durchmesser, in vorliegendem Falle sei $u/c = 0,25$ und $D = 226$ mm angenommen, wofür die Berechnung oben bereits durchgeführt wurde.

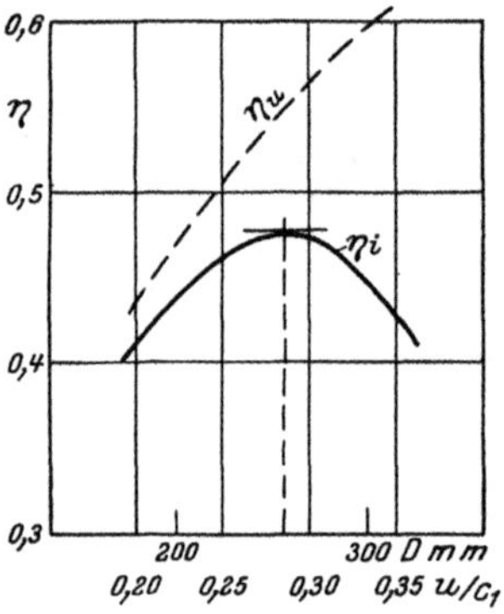

Abb. 104. Innere Wirkungsgrade.

Schätzt man den mechanischen Verlust bei der kleinen Leistung und wegen des Vorgeleges zu 15%, die Strahlungs- und Abkühlungsverluste zu 4%, zusammen 19%, also $\eta_m = 0,81$, so ist

$$\eta_e = \eta_i \cdot \eta_m = 0,461 \cdot 0,81 = 0,374,$$

stimmt also mit der Annahme gut überein.

Die Schauflungsverluste betragen im einzelnen:

Düsenverlust

$$h_d = A\,(c_0^2 - c_1^2) : 2\,g = (1 - \varphi^2)\; h_t = (1 - 0,94^2) \cdot 68 = \quad 7,45 \text{ kcal/kg}$$

Schaufelverlust

$$h_s = (1 - \psi^2)\,\frac{A\,w_1^2}{2\,g} = (1 - 0,68^2)\,\frac{546^2}{427 \cdot 2 \cdot 9,81} \qquad = 19,14 \quad „$$

Austrittsverlust

$$h_a = A\,c_2^2 : 2\,g = 235^2 : 8377 \qquad = \quad 6,59 \quad „$$

Σ der Schauflungsverluste	33,18 kcal/kg
Radreibungsverlust . . .	3,00 „
innere Leistung	31,3 „
Zusammen	67,48 kcal/kg

Die kleine Differenz gegenüber $h_t = 68$ kcal/kg ist auf kleine Ungenauigkeiten des Geschwindigkeitsplanes und der Rechnung zurückzuführen.

Trägt man die Verluste in das is-Diagramm (Abb. 102) ein, so erhält man die Zustandspunkte A_1 bis A_4, aus denen die Volumina entnommen oder errechnet werden können.

Düsen. Da das kritische Druckverhältnis (s. S. 24) überschritten wird, müssen Düsen mit Erweiterung des Querschnitts ausgeführt werden.

Der engste Querschnitt ist (s. S. 27)

$$F_{\min} = \frac{100 \cdot G_{sk}}{1{,}99\sqrt{\frac{p}{v}}} = \frac{100 \cdot 0{,}174}{1{,}99\sqrt{\frac{10}{0{,}1985}}} = 1{,}235\,\text{cm}^2 = 123{,}5\,\text{mm}^2,$$

der Endquerschnitt

$$F_1 = \frac{G_{sk} \cdot v_1}{c_1}\,\text{m}^2, \quad \text{mit} \quad v_0'' = 0{,}903 \quad \text{mit} \quad x = 0{,}921$$

in Punkt A_1, also $v_1 = 0{,}921 \cdot 0{,}903 = 0{,}832\,\text{m}^3/\text{kg}$

$$F_1 = \frac{0{,}174 \cdot 0{,}832}{710} \cdot 10000 = 2{,}045\,\text{cm}^2 = 204{,}5\,\text{mm}^2.$$

Da etwas Überdruck beim Austritt aus der Düse günstig ist (s. S. 26), sei der Austrittsquerschnitt etwas kleiner angenommen, und zwar

$$F_1 = 200\,\text{mm}^2.$$

Bei so kleiner Leistung wird Drosselreglung (s. S. 279) vorgesehen, jedoch evtl. einzeln von Hand abschaltbare Düsen. Wählt man 5 Düsen, so ist für jede

$$f_{\min} = F_{\min} : 5 = 123{,}5 : 5 = 24{,}7\,\text{mm}^2$$

und bei kreisrundem Querschnitt $d_{\min} = 5{,}61$ mm ∅

$$f_1 = F_1 : 5 = 200 : 5 = 40\,\text{mm}^2;$$

bei kreisrundem Endquerschnitt wäre $d_1 = 7{,}14$ mm ∅, doch ist rechteckiger Querschnitt vorzuziehen, da der Strahl die Laufschaufeln besser ausfüllt (vgl. Schaufelverluste, S. 68); es werde

$$f_1 = 5{,}8 \times 6{,}9\,\text{mm}$$

gewählt.

Beim Abschalten einzelner Düsen wird der spezifische Dampfverbrauch steigen, da die Leerlaufsverluste unverändert bleiben. Schätzt man bei Abschaltung einer Düse, also bei 4 arbeitenden Düsen den Wirkungsgrad zu $\eta_e = 0{,}35$ und bei 3 arbeitenden Düsen zu $\eta_e = 0{,}30$, so ist, da bei 4 Düsen $^4/_5$ und bei 3 Düsen $^3/_5$ der Dampfmenge durch die Turbine strömt, bei 4 Düsen

$$D_e' = \frac{632{,}3}{68 \cdot 0{,}35} = 26{,}55\,\text{kg/PS}_e\text{h}$$

und

$$N_e' = \frac{4}{5}\,\frac{(N_e D_e)}{D_e'} = \frac{4}{5} \cdot \frac{25 \cdot 25{,}1}{26{,}55} = 19\,\text{PS}_e, \text{ d. s. } \sim 3/4 \text{ Last};$$

bei 3 Düsen ist

$$D_e'' = 632{,}3 : (68 \cdot 0{,}30) = 31\,\text{kg/PS}_e\text{h} \quad \text{und} \quad N_e'' = \frac{3}{5} \cdot \frac{(25 \cdot 25{,}1)}{31} = 12{,}2\,\text{PS}_e,$$

d. s. ~ $^1/_2$ Last.

Die Düsenform zeigt Abb. 105. Die Schaufeln sind für $\beta_1 = \beta_2 = 28^0$ aus dem Geschwindigkeitsplan zu entwerfen; die Breite sei zu $b = 10$ mm angenommen, der Krümmungshalbmesser wird dann $r = 6$ mm (Abb. 105) und die Teilung nach Gl. (56), S. 71

$$t_s = 0{,}5\, r : \sin \beta_2 = 0{,}5 \cdot 6 : 0{,}4695 = 6{,}39 \text{ mm},$$

somit Schaufelzahl $z = \pi D : t_s = \pi \cdot 226 : 3{,}29 = \sim 111$ und die genaue Teilung $t_s = \pi D : z = 6{,}396$ mm. Der Verengungsfaktor ist nach Gl. (99), S. 119

$$\tau_s = \frac{6{,}396 - \dfrac{0{,}5}{0{,}4695}}{6{,}396} = 0{,}834$$

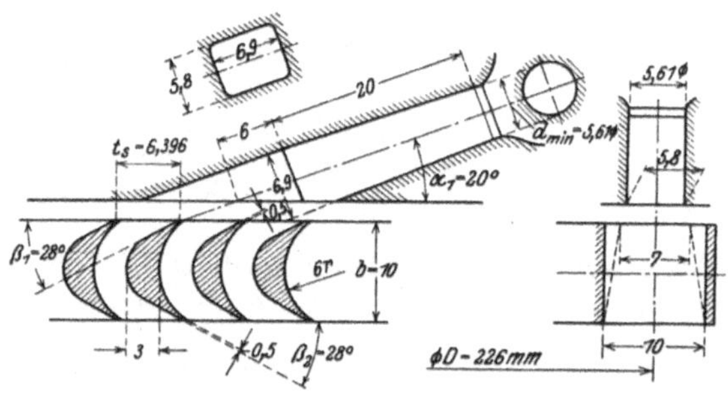

Abb. 105. Schauflungsschnitt.

und mit den axialen Komponenten $w_{1a} = 240$ und $w_{2a} = 175$ aus dem Geschwindigkeitsplan, die Schaufellänge am Schaufelaustritt nach Gl. (102), S. 126 (unter Vernachlässigung des Düsenverengungsfaktors, $\tau = 1$ und $v_2 \sim v_1$)

$$l_2 = a \frac{\tau}{\tau_s} \frac{w_{1a}}{w_{2a}} = \frac{5{,}8}{0{,}834} \cdot \frac{240}{175} = 9{,}6 \sim 10 \text{ mm},$$

am Eintritt kann

$$l_1 = 5{,}8 + 1{,}2 = 7 \text{ mm},$$

gemacht werden, bei so schmalen Schaufeln würde man aber wohl l_1 auch 10 mm machen, wegen der Schwierigkeit der Erweiterung; die dadurch ungünstigere Strömung ist im geringeren Geschwindigkeitskoeffizienten ψ berücksichtigt. Den Schaufelschnitt zeigt Abb. 105.

2. Berechnung einer einstufigen Gleichdruckturbine mit Geschwindigkeitsstufung.

Für $N_e = 80$ PS$_e$, $n = 4000$ Umdr./min, Dampfzustand vor der $p = 12$ atü 300^0 C, Gegendruck $p_0 = 2$ ata.

Eine Atmosphäre Spannungsabfall durch Drosseln vor den Düsen, also 12 ata (298^0 C) angenommen, ist das adiabatische Gefälle aus dem *is*-Diagramm (Abb. 106),

$$h_t = i - i_0 = 728{,}5 - 638{,}5 = 90 \text{ kcal/kg};$$

damit ist

$$c_0 = 91{,}5 \sqrt{h_t} = 91{,}5 \sqrt{90} = 868 \text{ m/sek}$$

und mit $\varphi = 0{,}95$ (sauber gegossene und etwas nachgearbeitete Düsen)

$$c_1 = \varphi\, c_1 = 0{,}95 \cdot 868 = 825 \text{ m/sek}.$$

Der effektive Wirkungsgrad werde zu $\eta_e = 0{,}42$ geschätzt (vgl. Abb. 96, S. 99), damit ist der spezifische Dampfverbrauch

$$D_e = \frac{632{,}3}{h_t \cdot \eta_e} = \frac{632{,}3}{90 \cdot 0{,}42} = 16{,}75\ \text{kg/PS}_e\text{h}$$

oder

$$G_{sk} = \frac{N_e D_e}{3600} = \frac{80 \cdot 16{,}75}{3600} = 0{,}372\ \text{kg/sek}.$$

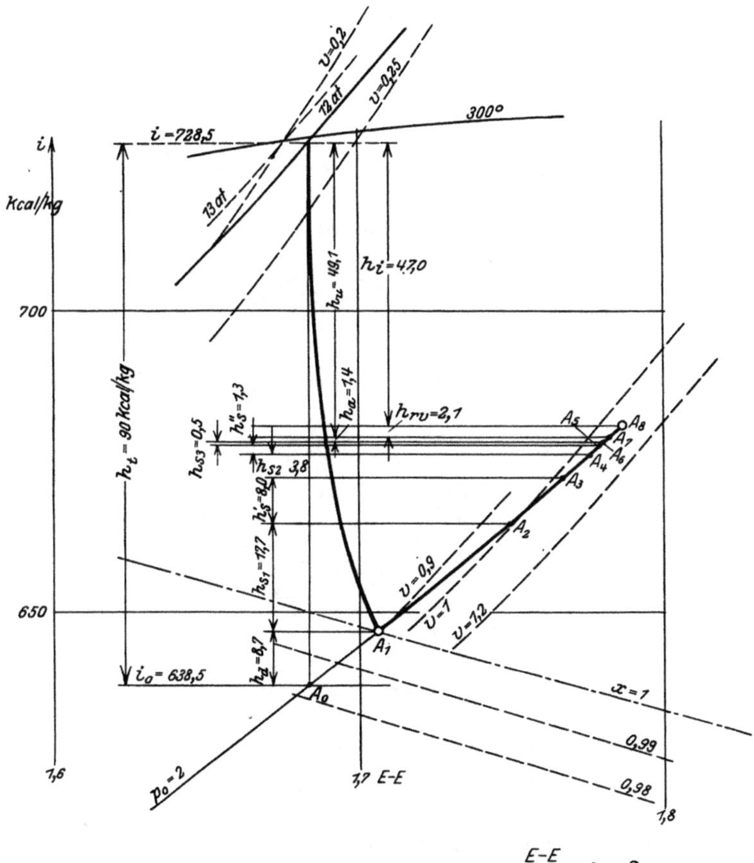

Abb. 106. *is*-Diagramm, Geschwindigkeitsstufung.

Um kleine Abmessungen zu erhalten, sei d r e i f a c h e G e s c h w i n d i g k e i t s s t u f u n g (dreikränziges Rad) gewählt. Der Umfangswirkungsgrad η_u hat nach Abb. 57, S. **60** einen Höchstwert bei $u/c_1 \sim 0{,}15$[1], der beste innere Wirkungsgrad wird bei einem kleineren Wert liegen; um diesen zu ermitteln, werden die η_i für einige Werte von u/c_1 bzw. D

[1] Bei Annahme verkleinerter Austrittswinkel nach S. 116 ist ein höherer Wirkungsgrad zu erwarten.

gefunden. Z. B. für $D = 0{,}5$ m, $u = \pi D n : 60 = 104{,}6$ m/sek und $u/c_1 = 104{,}6 : 825 = 0{,}1269$ ergibt der Geschwindigkeitsplan (Abb. 107), mit einem Düsenneigungswinkel nach S. 115

$$\alpha_1 = 22^0 \text{ bzw. } \sim 40\,\% \text{ Neigung}$$

und den ebenda angegebenen Schaufelaustrittswinkeln

$$\beta_2 = 26^0,\ 34^0,\ 40^0 \text{ und } 45^0$$

und den Geschwindigkeitskoeffizienten nach Abb. 79, S. 72 eine Leistung am Radumfang

$$h_u = A \cdot \frac{u}{g}(w_{1u} + w_{2u} + w'_{1u} + w'_{2u} + w'_{2u} + w'_{2u})$$

$$= \frac{104{,}6}{427 \cdot 9{,}81}(661 + 556 + 297 + 272 + 71 + 106)$$

$$= \frac{104{,}6 \cdot 1963}{4189} = 49{,}1 \text{ kcal/kg}.$$

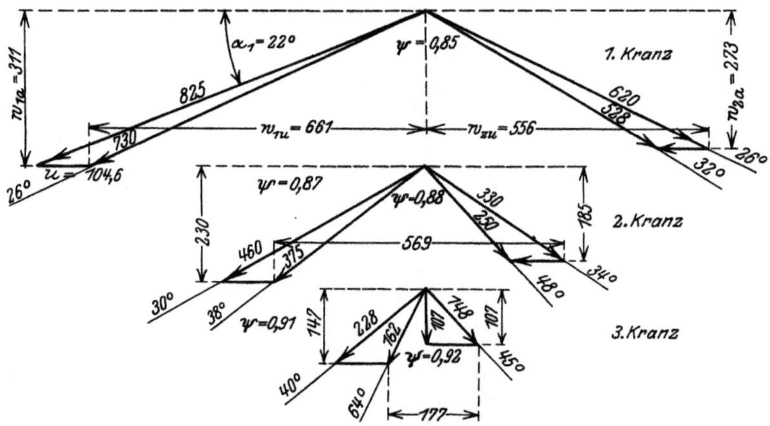

Abb. 107. Geschwindigkeitsplan.

Die Radreibungs- und Ventilationsarbeit werde nach Gl. (61), S. 77 errechnet

$$N_{rv} = \beta D^4 l_m n^3 10^{-10} \gamma \text{ PS}$$

mit $\beta = 3{,}8$, $l_m = 3{,}0$ cm geschätzt und $\gamma = \frac{1}{v} = \frac{1}{1{,}05} = 0{,}95$ aus dem is-Diagramm in Punkt A_7 nach Abtragen von h_u

$$N_{rv} = 3{,}8 \cdot 0{,}5^4 \cdot 3 \cdot 4000^3 \cdot 10^{-10} \cdot 0{,}95 = 4{,}4 \text{ PS}$$

und

$$h_{rv} = \frac{N_{rv}}{5{,}7 \cdot G_{sk}} = \frac{4{,}4}{5{,}7 \cdot 0{,}372} = 2{,}1 \text{ kcal/kg}.$$

Die innere Leistung ist dann

$$h_i = h_u - h_{rv} = 49{,}1 - 2{,}1 = 47 \text{ kcal/kg}$$

und

$$\eta_i = h_i : h_t = 47 : 90 = 0{,}522.$$

Die für andere Durchmesser in gleicher Weise errechneten Ergebnisse sind in folgender Zahlentafel angegeben; trägt man η_i über D auf (Abb. 108), so ist ersichtlich, daß der höchste innere Wirkungsgrad bei $D = 0{,}55$ und $u/c_1 \cong 0{,}14$ liegt.

Zahlentafel 6.

$D =$	0,4	0,45	0,5	0,55	0,6	m
$u =$	83,8	94,3	104,6	115,1	125,66	m/sek
$u/c_1 =$	0,1015	0,1142	0,1274	0,1396	0,152	
$h_u =$	43,3	46,1	49,1	51,3	52,2	kcal/kg
$\eta_u =$	0,481	0,512	0,545	0,57	0,58	
$N_{rv} =$	1,7	2,7	4,4	6,5	10,5	PS
$h_{vr} =$	0,8	1,2	2,1	3,1	4,9	kcal/kg
$h_i =$	42,5	44,9	47,0	48,2	47,3	„
$\eta_i =$	0,472	0,499	0,522	0,537	0,526	

Da bei großem u/c_1 die nach S. 116 fest angenommenen Austrittswinkel wesentlich kleiner sind als die Eintrittswinkel (s. Geschwindigkeitsplan) und sich demgemäß starke Schaufelerweiterung der letzten Schaufelreihen ergeben würden, der Leistungsanteil der letzten Stufe sehr klein wird und η_i sich in der Nähe des Höchstwertes wenig ändert, zudem die Radreibungsverluste nicht genau zu bestimmen sind, so wird für die Ausführung zweckmäßig ein kleinerer Durchmesser angenommen; es sei $D = 0{,}5$ m gewählt, wofür die Berechnung oben durchgeführt ist.

Schätzt man den mechanischen Wirkungsgrad (vgl. Abb. 95, S. 97) zu $\eta_m = 0{,}9$ und die Abkühlungsverluste zu 2%, so ist

$$\eta_e = \eta_i \cdot \eta_m \cdot 0{,}98 = 0{,}522 \cdot 0{,}9 \cdot 0{,}98 = 0{,}455;$$

damit ist $$D_e = \frac{632{,}3}{90 \cdot 0{,}455} \cong 15{,}5\,\text{kg/PS}_e\text{h}$$

und $$G_{sk} = \frac{80 \cdot 15{,}5}{3600} = 0{,}345\,\text{kg/sek}.$$

Wärmebilanz (s. is-Diagramm Abb. 106):

Düsenverlust $h_d = (1 - \varphi^2)\, h_t = (1 - 0{,}95^2) \cdot 90 =$ 8,7 kcal/kg,

Schaufelverluste:

1. Kranz $h_{s_1} \cong A \dfrac{w_1^2 - w_2^2}{2g} = \dfrac{730^2 - 620^2}{8380} = 17{,}7$ „

I. Umleitkranz $h_s' = \dfrac{528^2 - 460^2}{8380} = 8{,}0$ „

2. Kranz $h_{s_2} = \dfrac{375^2 - 330^2}{8380} = 3{,}8$ „

II. Umleitkranz $h_s'' = \dfrac{250^2 - 228^2}{8380} = 1{,}3$ „

3. Kranz $h_{s_3} = \dfrac{162^2 - 148^2}{8380} = 0{,}5$ „

Austrittsverlust $h_a = \dfrac{107^2}{8380} = 1{,}4$ „

	41,4 kcal/kg
Radreibungsverlust	2,1 „
innere Leistung	47,0 „
	90,5 kcal/kg

Der Leistungsanteil des 1. Kranzes ist 62,0%, des 2. 28,98% und des 3. Kranzes 9,02%.

Düsen. Nach Gl. (36a), S. 27 ist mit $v = 0{,}219$ (nach Tabelle III im Anhang) der engste Querschnitt

$$F_{\min} = \frac{100\,G_{sk}}{2{,}09\sqrt{\frac{p}{v}}} = \frac{100 \cdot 0{,}345}{2{,}09\sqrt{\frac{12}{0{,}219}}} = 2{,}204\,\text{cm}^2 = 220{,}4\,\text{mm}^2.$$

Es seien 6 Düsen angenommen, also jede mit

$$f_{\min} = F_{\min}:6 = 220{,}4:6 = 36{,}73\,\text{mm}$$

und bei rechteckigem Querschnitt

$$f_{\min} = 6{,}0 \times 6{,}13\,\text{mm}.$$

Der Endquerschnitt ist

$$F_1 = \frac{G_{sk}\,v_1}{c_1}\,\text{m}^2,$$

wobei v_1 das Volumen beim Austritt aus der Düse, also in Punkt A_1 (Abb. 106) ($i_1 = i_0 + h_a = 638 + 8{,}7 = 646{,}7$ kcal/kg); da der Dampf gerade trocken gesättigt, ist $v_1 = 0{,}90$ und

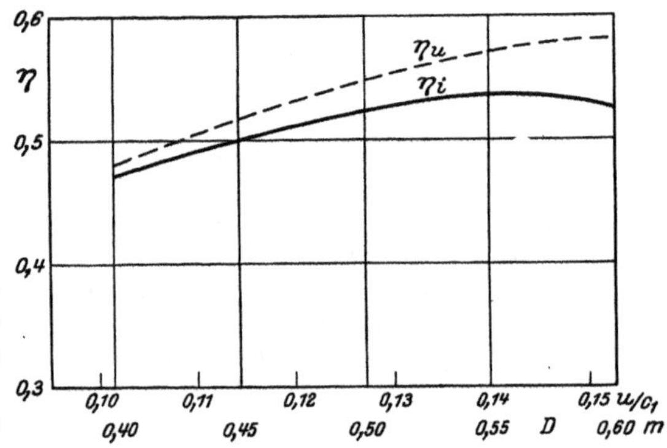

Abb. 108. Wirkungsgrade.

$$F_1 = \frac{0{,}345 \cdot 0{,}9}{825} \cdot 10000 = 3{,}26\,\text{cm}^2 = 326\,\text{mm}^2.$$

Da etwas Überdruck beim Austritt günstig ist, werde der Endquerschnitt etwas kleiner angenommen, und zwar

$$F_1 = 306\,\text{mm}^2,\quad f_1 = 306:6 = 51\,\text{mm}^2,\quad f_1 = 6{,}0 \cdot 8{,}5\,\text{mm}.$$

Die Düsenform zeigt Abb. 109; es könnten auch eingegossene gefräste Düsenschaufeln ausgeführt werden.

Für Überlastung seien noch 2 Düsen vorgesehen, dann ist bei Annahme desselben Wirkungsgrades, wie bei Vollast, die erreichte Leistung 4/3

$$N_{\ddot{u}} = \frac{4}{3} \cdot 80 = 106{,}5\,\text{PS}_e.$$

Werden für Teilbelastung Abschaltungen von Düsen vorgesehen, so wird der spezifische Dampfverbrauch zunehmen (S. 105), und zwar schätzungsweise bei 5 offenen Düsen um $\sim 5\%$, bei 4 Düsen um $\sim 10\%$ und bei 3 Düsen $\sim 21\%$. Dann ist bei 5 offenen Düsen: $D_e' = 1{,}05 \cdot 15{,}5 = 16{,}3$ kg/PS$_e$h

$$N_e' = \frac{5}{6}\,\frac{N_e \cdot D_e}{D_e'} = \frac{5}{6}\,\frac{80 \cdot 15{,}5}{16{,}3} \cong 63{,}5\,\text{PS}_e,$$

bei 4 offenen Düsen: $D_e'' = 1{,}10 \cdot 15{,}5 = 17{,}1$ kg/PS$_e$h

$$N_e'' = \frac{4}{6} \cdot \frac{80 \cdot 15{,}5}{17{,}1} = \sim 48{,}3\,\text{PS}_e,$$

bei 3 offenen Düsen: $D_e''' = 1{,}21 \cdot 15{,}5 = 18{,}8$ kg/PS$_e$h

$$N_e''' = \frac{3}{6} \cdot \frac{80 \cdot 15{,}5}{18{,}8} = \sim 33 \text{ PS}_e .$$

Schaufeln. 1. Kranz: Winkel aus Geschwindigkeitsplan

$$\beta_1 = \beta_2 = 26^0,$$

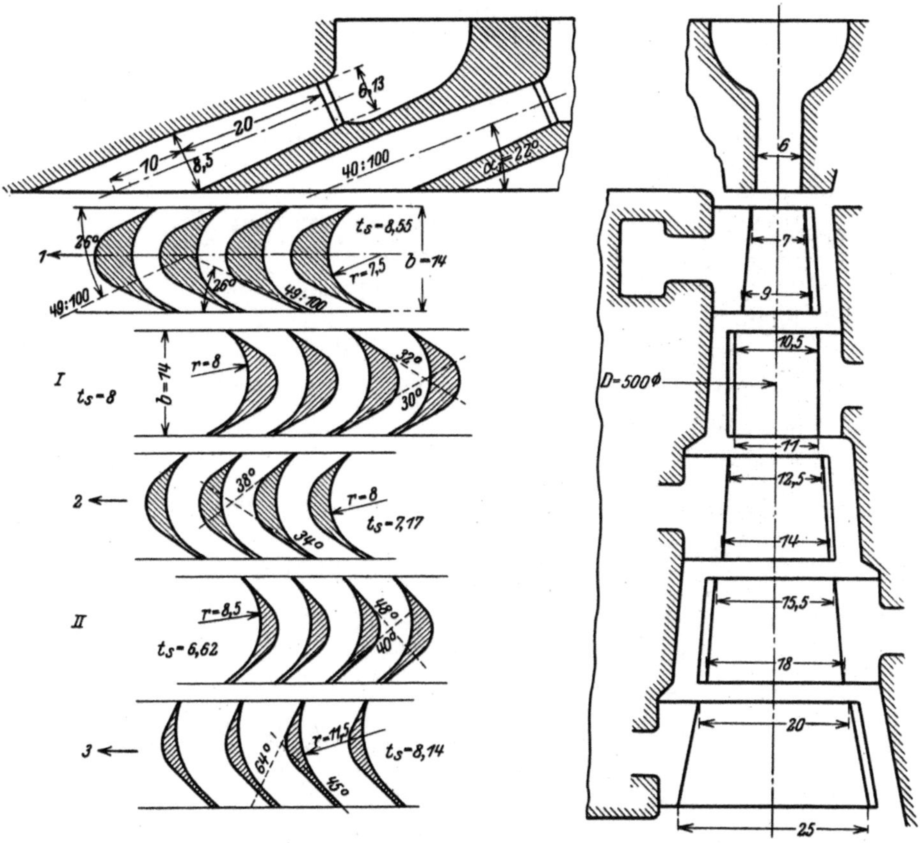

Abb. 109. Schauflungsschnitt für Geschwindigkeitsstufung.

nach Schaufelentwurf (Abb. 107) $r = 7{,}5$ mm, damit ist nach Gl. (56) (S. 71)

$$t_s = \frac{r}{2 \sin \beta} = \frac{7{,}5}{2 \cdot 0{,}4384} = 8{,}55 \text{ mm}.$$

Schaufelzahl $z = \pi D : t_s = \pi \cdot 500 : 8{,}55 = \sim 183$ Schaufeln, damit genaue Teilung $t_s = \pi \cdot 500 : 183 = 8{,}59$ mm, Verengungsfaktor

$$\tau_s = \frac{t_s - 0{,}5/\sin \beta}{t_s} = \frac{8{,}59 - 0{,}5/0{,}4384}{8{,}59} = 0{,}867$$

Schaufellänge am Eintritt

$$l_1 = a \mp 1 = 6 + 1 = 7 \text{ mm}$$

Schaufellänge am Austritt nach Gl. (102), S. 126. (Die Verengung durch die Düsenstege ist nicht berücksichtigt, $\tau = 1$, da bei so geringer Düsenzahl eine gleichmäßige Verteilung des Strahles nicht zu erwarten ist.)

$$l_2 = \frac{a}{\tau} \cdot \frac{w_{1a}}{w_{2a}} \cdot \frac{v_2}{v_1} = \frac{6}{0,867} \cdot \frac{311}{273} \cdot \frac{1}{0,9} = 6 \cdot 1,46 = 8,77 \sim 9\,\text{mm}.$$

(w_{1a} und w_{2a} aus Geschwindigkeitsplan, Abb. 107, v_2 und v_1 aus *is*-Diagramm, Abb. 106.)

I. Umleitkranz:

$$\beta_1 = 32^0, \quad \beta_2 = 30^0,$$

$$r = 8\,\text{mm}; \quad t_s = 8/2 \cdot \sin 30^0 = 8/2 \cdot 0,5 = 8\,\text{mm},$$

$$\tau_s = \frac{8 - 0,5/0,5299}{8} = 0,883,$$

$$l_1 = 9 + 1,5 = 10,5\,\text{mm}; \quad l_2 = \frac{8,77 \cdot 0,867}{0,883} \cdot \frac{273}{230} \cdot \frac{1,04}{1,0} = 8,77 \cdot 1,21$$

$$= 10,6 \cong 11,0\,\text{mm}.$$

2. Kranz:

$$\beta_1 = 38^0, \quad \beta_2 = 34^0,$$

$$r = 8\,\text{mm}; \quad t_s = 8/2 \cdot 0,559 = 7,15\,\text{mm}; \quad z = \pi \cdot 500 : 7,15 \sim 219$$

Schaufeln. Genaue Teilung

$$t_s = \pi \cdot 500 : 219 = 7,17\,\text{mm},$$

$$\tau_s = \frac{7,15 - 0,5/0,615\,66}{7,15} = 0,887; \quad l_1 = 11 + 1,5 = 12,5\,\text{mm},$$

$$l_2 = \frac{11 \cdot 0,883}{0,887} \cdot \frac{230}{185} = 11,0 \cdot 1,236 = 13,6 \sim 14,0\,\text{mm}.$$

(Volumensvergrößerung, weil gering, vernachlässigt.)

II. Umleitkranz:

$$\beta_1 = 48^0, \quad \beta_2 = 40^0; \quad r = 8,5\,\text{mm},$$

$$t_s = 8,5/2 \cdot 0,6428 = 6,63\,\text{mm}; \quad \tau_s = \frac{6,63 - 0,5/0,6428}{6,63} = 0,894,$$

$$l_1 = 14 + 1,5 = 15,5\,\text{mm}; \quad l_2 = \frac{14 \cdot 0,887}{0,894} \cdot \frac{185}{147}$$

$$= 14 \cdot 1,247 = 17,5 \cong 18\,\text{mm}.$$

3. Kranz:

$$\beta_1 = 64^0, \quad \beta_2 = 45^0; \quad r = 11,5\,\text{mm},$$

$$t_s = 11,5/2 \cdot 0,707 = 8,13\,\text{mm}; \quad z_s = \pi \cdot 500 : 8,93 \sim 193 \text{ Schaufeln}.$$

Genaue Teilung

$$t_s = \pi \cdot 500 : 193 = 8,14\,\text{mm},$$

$$\varepsilon_s = \frac{8,13 - 0,5/0,707}{8,13} = 0,913; \quad l_1 = 18 + 2 = 20\,\text{mm},$$

$$l_2 = \frac{18 \cdot 0,894}{0,913} \cdot \frac{147}{107} = 18 \cdot 1,345 = 24,3 \sim 25\,\text{mm}.$$

Den Schaufelschnitt zeigt Abb. 109.

3. Berechnung einer vielstufigen Gleichdruckturbine (Zoelly).

$N_e = 6000$ PS$_e$, $n = 3000$ Umdr./min.
Dampfeintritt: 20 ata, 380° C.
Enddruck: 0,05 ata (95% Vakuum).

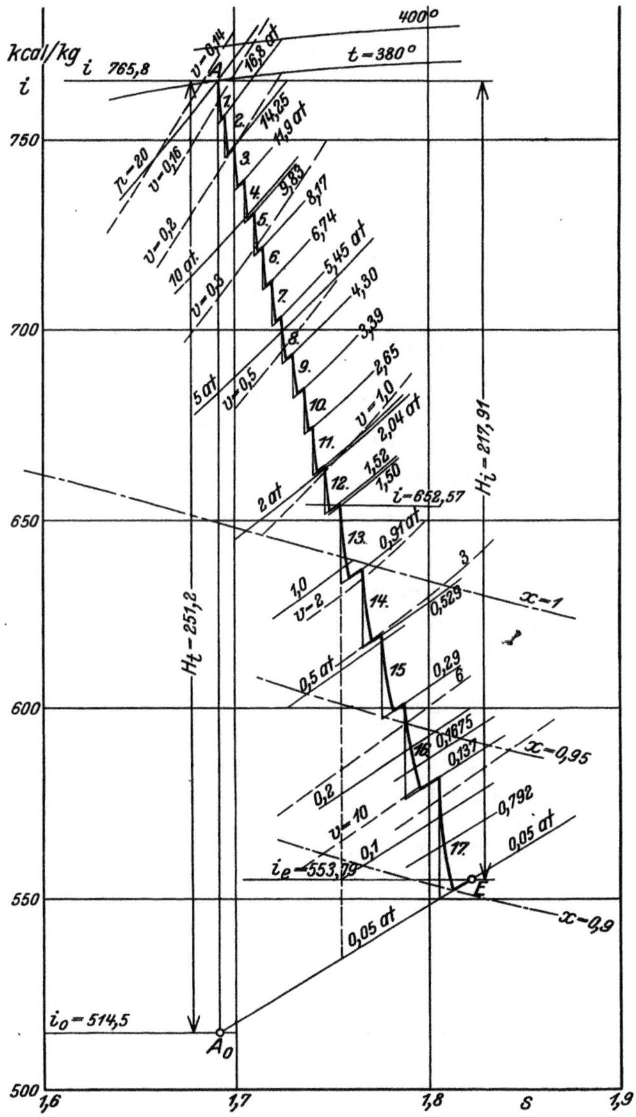

Abb. 110. *is*-Diagramm einer vielstufigen Gleichdruckturbine.

Forderung: guter Wirkungsgrad, volle Beaufschlagung (gefräste Leitkanäle bis ~ 20 mm radiale Höhe), Ausnutzung der Austrittsgeschwindigkeiten. Adiabatisches Gefälle aus dem *is*-Diagramm (Abb. 110[1])

$$H_t = i - i_s = 765{,}7 - 514{,}5 = 251{,}2 \text{ kcal/kg};$$

effektiver Wirkungsgrad geschätzt nach Abb. 96 · (S. 99) $\eta_e = 0{,}8$, damit der Dampfverbrauch [Gl. (93), S. 103]

$$D_e = \frac{6323}{H_t\,\eta_e} = \frac{632{,}3}{251{,}2 \cdot 0{,}8} = 3{,}15 \text{ kg/PS}_e\text{h},$$

der stündliche Dampfverbrauch $G = 6000 \cdot 3{,}15 = 18900$ kg/h und die sekundliche Dampfmenge

$$G_{sk} = \frac{18900}{3600} = 5{,}25 \text{ kg/sek}.$$

Nach Schätzung von η_m zu 0,98 (Abb. 95) ist $\eta_i = 0{,}8 : 0{,}98 = 0{,}817$, und es kann der zu erwartende Endzustand im *is*-Diagramm gefunden werden nach Abtragen von $H_i = \eta_i \cdot H_t$.

Schätzt man den Teilkreisdurchmesser zu $D = 0{,}9$ m, so entspricht dem bei $\chi = u/c_1 = 0{,}45$ nach Abb. 99 bei $\varphi = 0{,}95$ ein Gefälle $h_t = 13$ kcal/kg und bei $\varphi = 0{,}96$ (für gefräste Kanäle)

$$h_t = 0{,}979 \cdot 13 = 12{,}71 \text{ kcal/kg};$$

das im Leitkanal umgesetzte Gefälle ist

$$h_i = h_t \cdot \varphi^2 = 12{,}71 \cdot 0{,}96^2 = 11{,}47,$$

dieses in das *is*-Diagramm eingetragen ergibt auf dem durch h_t festgelegten Druck das Volumen am Leitkanalaustritt $v_1 = 0{,}174$.

Damit ist das sekundliche Austrittsvolumen

$$G_{sk} \cdot v_1 = 5{,}25 \cdot 0{,}174 = 0{,}913 \text{ m}^3\text{/s}$$

und aus Abb. 100 mit einem geschätzten Verengungsfaktor (s. S. 119) $\tau = 0{,}75$ der Durchmesser $D = 1{,}0$ m, welcher bei der kleinsten zulässigen Kanalhöhe von $a = 4$ mm volle Beaufschlagung ergeben würde (da die Schätzung mit 0,9 m zu klein war, wird der Durchmesser größer werden als 1,0 m).

Wegen der Forderung eines guten Wirkungsgrades werde der Durchmesser kleiner, und zwar

$$D = 0{,}85 \text{ m}$$

gewählt, also

$$u = \frac{\pi\, D\, n}{60} = \frac{\pi \cdot 0{,}85 \cdot 3000}{60} = 133{,}52 \text{ m/sek}$$

(mehr Stufen, größere Kanalhöhe). Dafür werde das günstigste Gefälle ermittelt, indem für einige Gefälle bzw. u/c_1 der innere Wirkungsgrad bestimmt wird. Aus dem Geschwindigkeitsplan, wobei $\alpha_1 = 14^0$, ermittelt man die Leistung am Umfang nach Gl. (44) oder den Umfangswirkungsgrad nach Gl. (46), S. 48 [bzw. Gl. (48)]. Die Radreibungs-

---

[1] In der Abb. ist irrtümlich $i = 765{,}8$ und $H_i = 217{,}91$ (statt 211,91) angegeben.

arbeit werde nach der Beziehung von Stodola, Gl. (59), S. 75, berechnet mit $\alpha = 1{,}0$ (hochüberhitzter Dampf), wonach wegen $\varepsilon = 1$

$$N_r = \alpha \cdot A \cdot \gamma \text{ PS},$$

wobei A aus Abb. 82 (S. 76) entnommen werden kann (für $D = 0{,}85$ ist $A = 2{,}5$); der Reibungsverlust ist dann

$$h_r = \frac{N_r}{5{,}7\, G_{sk}} \text{ kcal/kg}$$

und mit $h_i = h_u - h_r$ wird $\eta_i = h_i/h_t$.

Die Ergebnisse der Durchrechnung sind in folgender Zahlentafel angegeben.

Zahlentafel 7.

$u/c_1 =$	0,375	0,4	0,425	0,45	0,475	0,5
$c_1 =$	365	334	314,5	297	281,4	267 m/sek
$c_0 =$	371,5	348	328	309,4	293,2	278,2 „
$h_t =$	16,47	14,46	12,81	11,41	9,64	9,23 kcal/kg
$\eta_u =$	78,1	79,9	81,2	82	82,6	82,7 %
$h_u =$	12,86	11,55	10,40	9,37	7,96	7,63 kcal/kg
$N_r =$	13,7	13,9	14,4	14,7	15,0	15,4 PS
$h_r =$	0,46	0,47	0,48	0,49	0,51	0,52 kcal/kg
$h_i =$	12,40	11,08	9,92	8,88	7,45	7,11 „
$n_i =$	75,3	76,7	77,4	77,8	77,3	77,0 %

Trägt man die Werte von η_i über h_t oder über u/c_1 auf, so zeigt es sich, daß der höchste Wert bei $u/c_1 = 0{,}44$ und $h_t = 11{,}5$ kcal/kg liegt. Dieses Gefälle werde für die ersten Stufen zugrunde gelegt. Von der zweiten Stufe ab kommen noch die Undichtheitsverluste hinzu, jedoch auch die Ausnutzung der Austrittsenergie.

Die Schaufelaustrittswinkel sind zunächst klein angenommen ($\beta_2 = 18^0$); dort wo die Schaufelhöhe anfängt stärker zuzunehmen — von der 7. Stufe ab — ist $\beta_2 = 20^0$ gewählt und die Teilkreisdurchmesser um je 10 mm steigend angenommen. Der Geschwindigkeitskoeffizient ψ ist nach Abb. 79 (S. 72) entsprechend den oberen Werten angenommen. Von der 7. Stufe ab ist das Gefälle, den Durchmessern entsprechend, größer gewählt bis zur 12. Stufe; von hier ab würde die Schaufellänge rascher zunehmen, deshalb ist von der 13. Stufe ab der Durchmesser wesentlich größer angenommen (1200 mm) und der Niederdruckteil in ein zweites Gehäuse verlegt, also ergab sich die Zweigehäusebauart. Beim Überströmen vom Hochdruck- zum Niederdruckteil ist eine kleine Drosselung angenommen (von 1,52 auf 1,50 ata).

Der Durchmesser der letzten Stufe ergibt sich bei Annahme von $D : a = \vartheta \geqq 7$, $\chi = u/c_1 = 0{,}475$, $\tau = 0{,}85$, $\alpha_1 = 18^0$ und v_1 aus dem is-Diagramm etwas unter dem durch η_i gegebenen Endpunkt zu $v_1 = 26$ m³/kg, aus Gl. (100a), S. 121 zu

$$D = \sqrt[3]{\frac{G_{sk} \cdot v_1\, \vartheta \cdot 60 \cdot \chi}{\tau \cdot \pi^2 \cdot n \sin \alpha_1}} = \sqrt[3]{\frac{5{,}25 \cdot 26 \cdot 7 \cdot 60 \cdot 0{,}475}{0{,}85 \cdot 9{,}86 \cdot 3000 \cdot 0{,}309}} = 1{,}525 \text{ m}.$$

Der Durchmesser werde zu 1,5 m angenommen, dann ergibt eine probeweise Aufteilung die einzelnen Stufendurchmesser und Gefälle, wonach der Niederdruckteil 5 Stufen erhält.

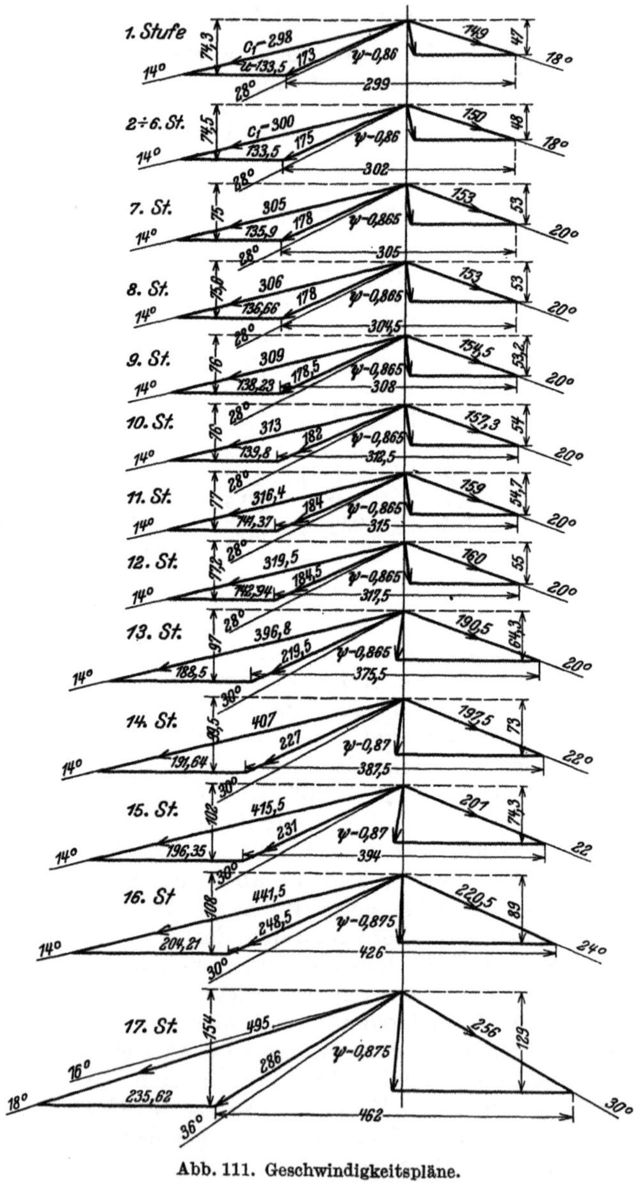

Abb. 111. Geschwindigkeitspläne.

Es ist natürlich auch eine andere Aufteilung möglich mit einer größeren Anzahl Stufen im Hochdruckteil, oder auch mit weniger Stufen; der Durchmesser könnte für alle Stufen im Hochdruckteil gleich oder auch durchweg steigend angenommen werden. Um beide Möglichkeiten zu zeigen, ist die vorliegende Ausführung gewählt worden.

Nach Berechnung einer Stufe werden die Gefälle h_u, h_i und zur Berechnung der Leitschaufelhöhen a auch $h_1 = h_t \cdot \varphi^2$ bzw. der Düsenverlust $h_d = (1 - \varphi^2)\, h_t$ in das is-Diagramm eingetragen. Werden für mehrere Stufen gleiche Durchmesser und Gefälle angenommen wie für Stufe 2 bis 6, so vereinfacht sich die Berechnung, da der Geschwindigkeitsplan derselbe ist (vgl. Abb. 111).

Es empfiehlt sich im Anschluß an die thermische Berechnung gleich die Leitquerschnitte, die Kanalhöhen a und die Schaufellängen zu ermitteln und den Schauflungsschnitt (Abb. 112 u. 113) zu zeichnen, um gleich die Zweckmäßigkeit der Wahl der Winkel zu prüfen. Der Gang der Berechnung sei für einige Stufen einzeln durchgeführt.

1. Stufe. Gefälle $h_t = 11{,}5$ kcal/kg, Enddruck 16,8 at,

$$i_0 = i - h_t = 765{,}7 - 11{,}5 = 754{,}2 \text{ kcal/kg}; \quad u = 133{,}52 \text{ m/sek},$$

$$c_0 = 91{,}5 \sqrt{h_t} = 91{,}5 \sqrt{11{,}5} = 310{,}2, \quad c_1 = 0{,}96 \cdot 310{,}2 = 298 \text{ m/sek},$$

$$\frac{u}{c_1} = 0{,}4485\,.$$

Aus dem Geschwindigkeitsplan (Abb. 111) ist

$$h_u = \frac{A u}{g}(w_{1u} + w_{2u}) = \frac{133{,}52}{427 \cdot 9{,}81} \cdot 299 = 9{,}43 \text{ kcal/kg},$$

$$\eta_u = 9{,}43 : 11{,}5 = 0{,}82\,.$$

Radreibungsarbeit (s. oben)

$$N_r = \frac{1 \cdot 2{,}5}{0{,}175} = 14{,}7 \text{ PS}$$

mit $\gamma = 1/v$ aus dem is-Diagramm (Abb. 110) [oder nach Gl. (3), S. 2] nach Abtragen von h_u.

Radreibungsverlust

$$h_r = \frac{14{,}7}{5{,}7 \cdot 5{,}25} = 0{,}49 \text{ kcal/kg},$$

innere Leistung

$$h_i = h_u - h_r = 9{,}43 - 0{,}49 = 8{,}94 \text{ kcal/kg}$$

und

$$\eta_i = 8{,}94 : 11{,}5 = 0{,}777\,.$$

Endzustand, zugleich Anfangszustand der 2. Stufe,

$$i_e = i - h_i = 765{,}7 - 8{,}94 = 756{,}76 \text{ kcal/kg}\,.$$

Leitvorrichtung:

$$\alpha_1 = 14^0,$$

Düsenverlust

$$h_d = (1 - \varphi^2)\, h_t = (1 - 0{,}9216) \cdot 11{,}5 = 0{,}902 \text{ kcal/kg},$$

$$i_1 = i_0 + h_d = 754{,}2 + 0{,}9 = 775{,}1 \text{ kcal/kg}$$

und

$$v_1 = 0{,}173 \text{ m}^3/\text{kg} \quad (t = 357{,}5^0).$$

Damit ist nach S. 124 der Leitquerschnitt (mit der sich aus der Durchrechnung der Turbine [s. unten] ergebenden Dampfmenge)

$$F_1 = \frac{G_{sk} \cdot v_1}{c_1} \cdot 10000 = \frac{5{,}08 \cdot 0{,}173 \cdot 10000}{298} = 29{,}5 \text{ cm}^2 = 2950 \text{ mm}^2 .$$

Wegen der gefrästen Leitkanäle sei die Teilung zwischen 30 und 40 mm gewählt, sie wird bei $z = 80$ Kanälen

$$t = \pi D : 80 = \pi \cdot 850 : 80 = 33{,}38 \text{ mm}.$$

Nach Abb. 101, S. 124 ist bei $s = 2$ mm Stegstärke

$$\delta = t \sin \alpha_1 - s = 33{,}38 \cdot 0{,}2419 - 2 = 8{,}075 - 2 = 6{,}075 \text{ mm}$$

und der Verengungsfaktor

$$\tau = \frac{\delta}{t \sin \alpha_1} = \frac{6{,}075}{8{,}075} = 0{,}7525 .$$

Die radiale Kanalhöhe ist

$$a = \frac{F_1}{z \cdot \delta} = \frac{2950}{80 \cdot 6{,}075} = 6{,}07 \text{ mm} .$$

Laufschaufeln: $\beta_1 = 28^0$ (aus Geschwindigkeitsplan), $\beta_2 = 18^0$ (gewählt), Breite 25 mm; aus dem Entwurf des Profils (Abb. 112) ist der Krümmungshalbmesser $r = 14$ mm und nach Gl. (56) S. 71 die Teilung $t_s = r : 2 \sin \beta_1 = 14{,}90$ mm und die Schaufelzahl $z_s = \pi D : t_s = 179$, damit die genaue Teilung $t_s = \pi \cdot 850 : 179 = 14{,}92$ mm und der Verengungsfaktor bei $0{,}5 = s_s$ Stegstärke am Austritt

$$\tau_s = \frac{t_s - 0{,}5 / \sin \beta_2}{t_s} = 0{,}892 .$$

Die Schaufellänge am Eintritt ist

$$l_1 = a + \sim 1{,}5 = 6{,}07 + 1{,}43 = 7{,}5 \text{ mm}$$

und mit $w_{1a} : w_{2a} = 1{,}58$ aus dem Geschwindigkeitsplan und Vernachlässigung des geringen Volumenunterschiedes die

Schaufellänge am Austritt nach Gl. (102)

$$l_2 = a \frac{\tau}{\tau_s} \cdot \frac{w_{1a}}{w_{2a}} \cdot \frac{v_2}{v_1} = 6{,}07 \cdot \frac{0{,}7525}{0{,}892} \cdot 1{,}58 = 8{,}10 \text{ mm}$$

ausgeführt $l_2 = 8{,}5$ mm.

2. Stufe. Gefälle $h_t = 11{,}5$ kcal/kg, Enddruck $p_0 = 14{,}25$ ata, $i_0 = i - h_t = 756{,}76 - 11{,}5 = 745{,}26$ kcal/kg; die Austrittsgeschwindigkeit von 48 m/sek werde fast voll ausgenutzt, dann ist nach Gl. (47), S. 49

$$c_0 = 91{,}5 \sqrt{h_t + \frac{A c_2^2}{2g}} = 91{,}5 \sqrt{11{,}5 + \frac{48^2}{8379}} = 312{,}5 \text{ m/sek} ,$$

$$c_1 = 0{,}96 \cdot 312{,}5 = 300 \text{ m/sek}, \quad u/c_1 = 0{,}445,$$

$$h_u = 9{,}62 \text{ kcal/kg}, \quad \eta_u = 0{,}836, \quad v_r = 0{,}198 \text{ m}^3\text{/kg};$$

$$N_r = 1 \cdot 2{,}5/0{,}198 = 12{,}6 \text{ PS}, \quad h_r = 0{,}43 \text{ kcal/kg} .$$

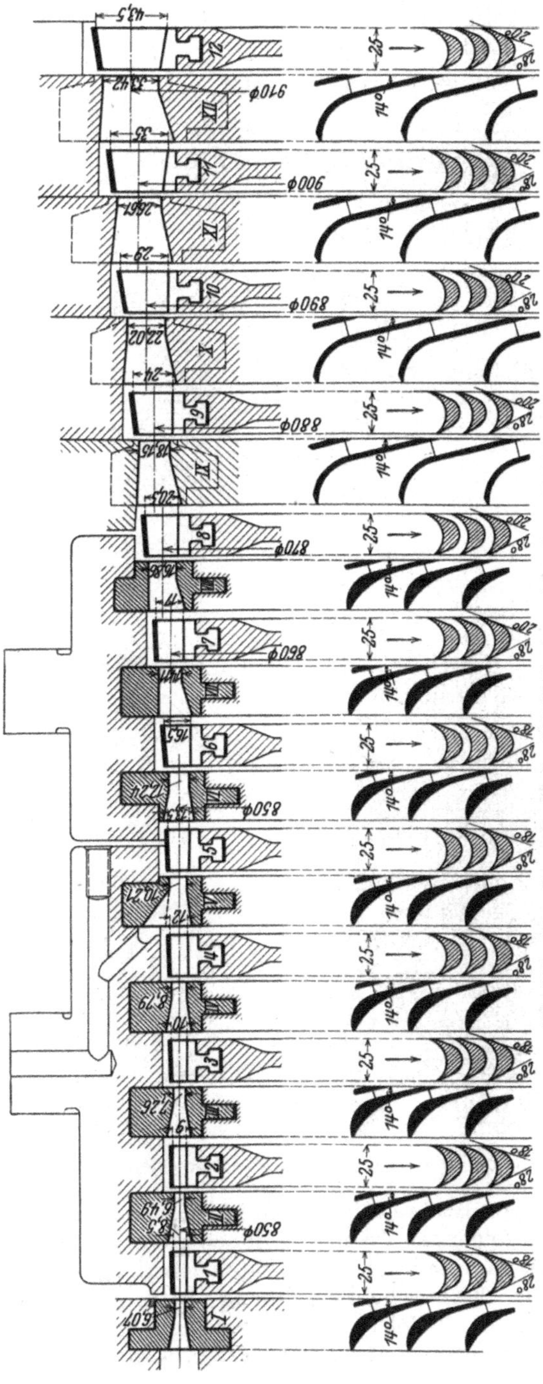

Abb. 112. Schaufelungsschnitt des *HD*-Teils einer vielstufigen Gleichdruckturbine.

Wird der Nabendurchmesser zu 200 mm geschätzt und der Nabenspalt zu 0,5 mm angenommen, dann ist der Spaltquerschnitt

$$F_{sp} = \pi d_n \cdot s = \pi \cdot 200 \cdot 0{,}5$$
$$= 314\ \mathrm{mm}^2$$

und der wirksame Spalt $\varphi \cdot F_{sp} = 0{,}65 \cdot 314 \cong 200\ \mathrm{mm}^2$. Die durch den Spalt strömende Dampfmenge ist damit

$$G_{sp} = \frac{F_{sp}^{(\mathrm{cm}^2)} c_1}{10000 \cdot v_1}$$
$$= \frac{2 \cdot 300}{10000 \cdot 0{,}198}$$
$$= 0{,}303\ \mathrm{kg/sek}$$

und der Spaltverlust nach Gl. (66), S. 84

$$h_{sp} = \frac{G_{sp}}{G_{sk}} (h_u - h_r)$$
$$= \frac{0{,}303}{5{,}25} (9{,}62 - 0{,}43)$$
$$= 0{,}53\ \mathrm{kcal/kg}\,,$$

die innere Leistung ist dann

$$h_i = h_u - h_r - h_{sp}$$
$$= 9{,}62 - 0{,}43 - 0{,}53$$
$$= 8{,}66\ \mathrm{kcal/kg}$$

und

$$\eta_i = 8{,}66 : 11{,}5 = 0{,}753\,.$$

Der Endzustand der Stufe, zugleich Anfangszustand der dritten, ist

$$i_e = i - h_i = 756{,}76 - 8{,}66$$
$$= 748{,}10\ \mathrm{kcal/kg}\,.$$

Leitapparate: $\alpha_1 = 14^0$, Düsenverlust wie oben $h_d = 0{,}9\ \mathrm{kcal/kg}$, $i_1 = 745{,}26 + 0{,}9 = 746{,}16\ \mathrm{kcal/kg}$, $v_1 = 0{,}1976\ \mathrm{m^3/kg}$, damit der Leitquerschnitt

$$F_1 = \frac{5{,}08 \cdot 0{,}196 \cdot 10000}{300} = 33{,}54\,\text{cm}^2 = 3354\,\text{mm}^2.$$

Da der wirksame Spaltquerschnitt zu $\varphi F_{sp} = 200$ mm angenommen wurde, wird nach S. 124 der erforderliche Leitquerschnitt

$$F = F_1 - \varphi F_{sp} = 3354 - 200 = 3154\ \text{mm}^2.$$

Bei gleicher Kanalzahl und Teilung wie die 1. Stufe ist die radiale Kanalhöhe

$$a = \frac{F}{z \cdot \delta} = \frac{3154}{80 \cdot 6{,}075} = 6{,}49\ \text{mm}.$$

Die Laufschaufeln sind in gleicher Weise zu berechnen wie bei der 1. Stufe.

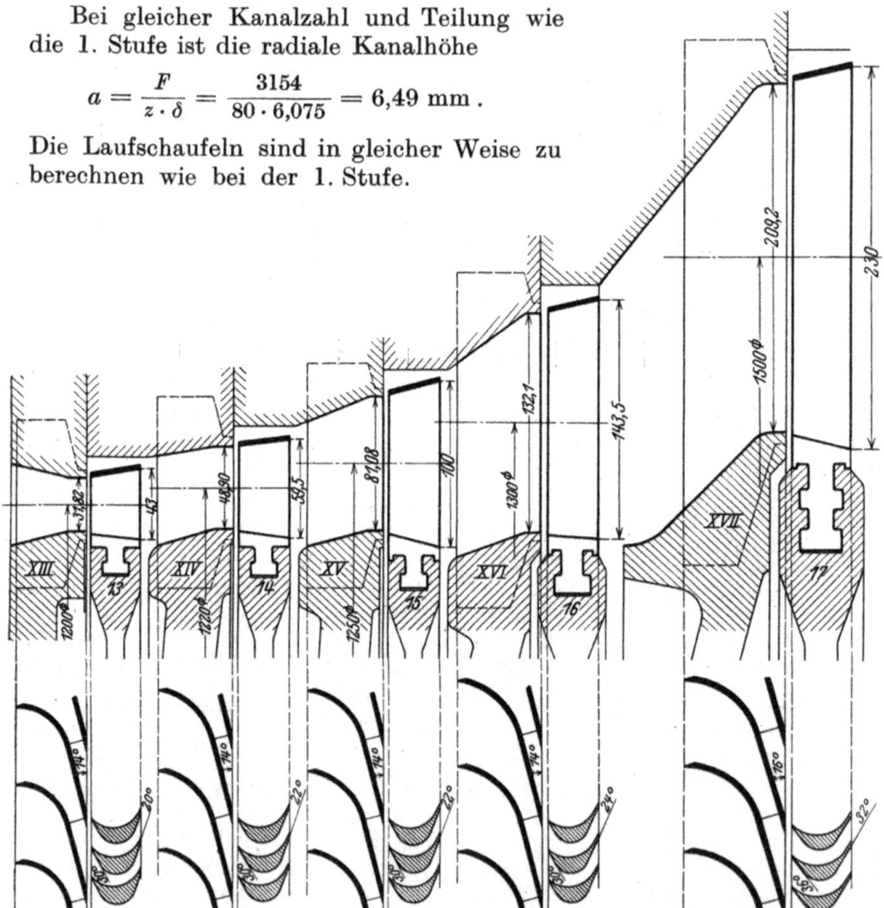

Abb. 113. Schauflungsschnitt des *ND*-Teils einer vielstufigen Gleichdruckturbine.

So kann die Berechnung von Stufe zu Stufe weitergeführt werden. Die Ergebnisse sind in den folgenden Zahlentafeln eingetragen, wie man sie zweckmäßig aufstellt und dadurch einen guten Überblick hat. Die Zahlentafel 8 enthält die thermische Berechnung, 9 (S. 148) die Berechnung der Leitapparate und Tafel 10 die Berechnung der Laufschaufeln. Die beiden letzten Stufen arbeiten mit überkritischem Druck-

Zahlentafel 8.

Stufe	p ata	p_0 ata	i kcal/kg	i_0 kcal/kg	h_t kcal/kg	D mm ∅	u m/sek	u/c_1	c_0[1] m/sek	c_1 m/sek
1	20,0	16,8	765,7	754,2	11,5	850	133,52	0,449	310,2	298
2	16,8	14,25	756,76	745,26	11,5	850	133,52	0,446	312,2	300
3	14,25	11,90	740,10	736,6	11,5	850	133,52	0,446	312,5	300
4	11,9	9,83	739,32	727,82	11,5	850	133,52	0,446	312,5	300
5	9,83	8,17	730,42	718,92	11,5	850	133,52	0,446	312,5	300
6	8,17	6,74	721,42	709,92	11,5	850	133,52	0,446	312,5	300
7	6,74	5,45	712,33	700,51	11,82	860	135,9	0,446	317	305
8	5,45	4,30	702,99	691,04	11,95	870	136,66	0,447	318,5	306
9	4,30	3,39	693,46	681,24	12,22	880	138,23	0,448	322	309
10	3,39	2,65	683,66	671,15	12,51	890	139,8	0,447	326	313
11	2,65	2,04	673,54	660,76	12,78	900	141,37	0,447	329,5	316,4
12	2,04	1,52	663,17	650,10	13,07	910	142,94	0,448	333	319,5
13	1,50	0,91	652,57	632,17	20,4	1200	188,5	0,475	413,4	397
14	0,91	0,529	636,10	614,90	21,2	1220	191,64	0,471	424,0	407
15	0,529	0,29	618,69	596,57	22,12	1250	196,35	0,473	433	415,5
		(0,1675)							(400)	(389)
16	0,290	0,137	600,44	575,42	25,02	1300	204,21	0,473	460	441,5
		(0,0792)							(387,6)	(376)
17	0,137	0,05	579,96	548,16	31,8	1500	235,6	0,476	516	495
			553,79	$\Sigma =$ 263,89						

verhältnis, aber ohne Erweiterung. Der Winkel α_1 ist bei Stufe 16 noch zu 14° angenommen, die geringe Strahlablenkung vernachlässigt bzw. durch größeren Schaufeleintrittswinkel berücksichtigt; bei der letzten Stufe ist der Winkel $\alpha_1 = 16°$ und Strahlablenkung auf 18° angenommen. Für die Berechnung der Leitradquerschnitte kommt die kritische Geschwindigkeit, der entsprechende Druck (in Zahlentafel 1 in Klammern gesetzt) und das zugehörige Volumen in Frage; deshalb mußten auch die Schaufellängen unabhängig von a berechnet werden, wozu Gl. (101), S. 125, dient, wobei v_2 aus dem is-Diagramm entnommen wurde.

Den Schaufelschnitt für den Hochdruckteil (Stufe 1 bis 12) zeigt Abb. 112, für den Niederdruckteil Abb. 113.

Ist die ganze Berechnung durchgeführt, so erhält man den Endzustand E im is-Diagramm mit $i_e = 533{,}79$ kcal/kg, damit $H_i = 211{,}91$ kcal/kg[2] (denselben Betrag muß die Summe aller h_i ergeben) und

$$\eta_{ig} = \frac{211{,}91}{251{,}2} = 0{,}843,$$

Die Summe der adiabatischen Einzelgefälle ergibt $\Sigma\,(h_t) = 263{,}89$, so daß der Wärmerückgewinnungsfaktor

$$\mu = \frac{\Sigma(h_t)}{H_t} = \frac{263{,}89}{251{,}2} = 1{,}046$$

ist.

Die Summe der Quadrate der Umfangsgeschwindigkeit ist

$$\sum(u^2) = 430\,430$$

---

[1] Mit Ausnutzung der Austrittsenergie. [2] S. Fußnote S. 39.

Thermische Berechnung.

h_u kcal/kg	η_u %	v_r m³/kg	N_r PS	h_r kcal/kg	G_{sp} kg/sek	h_{sp} kcal/kg	h_i kcal/kg	η_i %	N_i PS$_i$
9,43	82,0	0,175	14,7	0,49	0	0	8,94	77,7	258,5
9,62	83,6	0,198	12,6	0,43	0,303	0,53	8,66	75,3	250,4
9,62	83,6	0,218	11,1	0,37	0,270	0,48	8,78	76,3	253,9
9,62	83,6	0,267	9,4	0,314	0,228	0,41	8,90	77,4	257,4
9,62	83,6	0,310	8,1	0,27	0,197	0,35	9,00	78,3	260,3
9,62	83,6	0,366	6,8	0,23	0,165	0,30	9,09	79,0	262,9
9,82	83,1	0,435	6,6	0,22	0,142	0,26	9,34	79,0	270,1
9,94	83,2	0,525	5,8	0,19	0,118	0,22	9,53	79,7	275,6
10,16	83,2	0,637	5,0	0,17	0,099	0,19	9,80	80,3	283,4
10,42	83,3	0,782	4,2	0,14	0,079	0,16	10,12	80,9	292,7
10,62	83,2	0,965	3,7	0,12	0,065	0,13	10,37	81,2	300,0
10,83	82,9	1,24	3,1	0,10	0,052	0,13	10,6	81,2	306,6
16,9	82,9	1,894	8,9	0,30	0,042	0,133	16,47	80,8	476,5
17,72	83,6	3,05	6,6	0,22	0,0267	0,09	17,41	82,2	503,7
18,45	83,5	5,30	4,3	0,145	0,0158	0,055	18,25	82,5	528,0
20,6	82,4	10,5	2,6	0,09	0,0076	0,03	20,48	81,9	592,5
26,26	82,6	26,2	2,1	0,07	0,003	0,014	26,17	82,3	757,0
			115,6	3,73		3,44	211,91		6129,5

und die Qualitätsziffer (Parsonsche Kennzahl)

$$X \frac{\Sigma(u^2)}{H_t} = \frac{430\,430}{251{,}2} = 1712\,.$$

Wird nach Abb. 95 $\eta_m = 0{,}98$ geschätzt, so ist der effektive Wirkungsgrad

$$\eta_e = \eta_i\,\eta_m = 0{,}843 \cdot 0{,}98 = 0.827\,,$$

also besser als ursprünglich angenommen.

Damit ist der spezifische Dampfverbrauch

$$D_e = \frac{632{,}3}{251{,}2 \cdot 0{,}827} = 3{,}05\,\text{kg/PS}_e\text{h}$$

und die sekundliche Dampfmenge

$$G_{sk} = \frac{6000 \cdot 3{,}05}{3600} = 5{,}08\ \text{kg/sek}$$

statt 5,25. Mit dem genaueren Wert sind die Querschnitte berechnet. Ferner sind in Zahlentafel 8 die inneren Leistungen der einzelnen Stufen angegeben

$$N_i = \frac{h_i\,G_{sk} \cdot 427}{75} = 5{,}7 \cdot 5{,}08\,h_i = 28{,}95\,h_i\,.$$

Die Summe ergibt

$$N_i = 6129{,}5\,\text{PS}_i \quad \text{und} \quad N_e = 0{,}98 \cdot 6129{,}5 = 6006\,\text{PS}_i\,,$$

demnach genau die erforderliche Leistung.

Zahlentafel 9. Leitapparate.

Stufe	Teilkreis-Ø D mm	α_1 °	Düsenverlust h_d kcal/kg	$i_0+h_d = i_1$ kcal/kg	v_1 m³/kg	F_1 mm²	F mm²	Kanalzahl z	Teilung t mm	lichte Kanalweite δ mm	Vereng.-Faktor τ	radiale Kanalhöhe a mm
1	850	14	0,90	755,1	0,173	2950	2950	80	33,38	6,075	0,7525	6,07
2	850	14	0,90	746,16	0,196	3354	3154	80	33,38	6,075	0,7525	6,49
3	850	14	0,90	737,5	0,220	3726	3526	80	33,38	6,075	0,7525	7,26
4	850	14	0,90	728,72	0,264	4470	4270	80	33,38	6,075	0,7525	8,79
5	850	14	0,90	719,82	0,305	5165	4965	80	33,38	6,075	0,7525	10,21
6	850	14	0,90	710,82	0,363	6150	5950	80	33,38	6,075	0,7525	12,24
7	860	14	0,93	701,44	0,430	7170	6970	80	33,77	6,17	0,755	14,11
8	870	14	0,94	691,98	0,52	8640	8440	80	34,165	6,26	0,758	16,86
9	880	14	0,96	682,20	0,627	10300	10100	56	49,37	9,94	0,833	18,15
10	890	14	0,98	672,13	0,778	12620	12420	56	49,93	10,08	0,835	22,02
11	900	14	1,00	661,76	0,960	15410	15210	56	50,49	10,21	0,837	26,61
12	910	14	1,02	651,12	1,23	19560	19360	56	51,05	10,35	0,839	33,42
13	1200	14	1,60	633,77	1,885	24100	23900	80	47,124	9,40	0,824	31,82
14	1220	14	1,66	616,56	3,02	37700	37500	80	47,91	9,59	0,827	48,90
15	1250	14	1,73	598,30	5,25	64200	64000	80	49,09	9,87	0,831	81,08
16	1300	14	1,96	577,38	8,4	109400	109200	80	51,05	10,34	0,839	132,1
17	1500	16	2,49		17,34	233600	233400	92	51,22	12,12	0,859	209,2

Zahlentafel 10. Laufschaufeln.

Stufe	Teilkreis-Ø D mm	β_1 °	β_2 °	ψ	Schaufelzahl z_s	Teilung t_s mm	Breite b mm	Vereng.-Faktor τ_s	w_{1a}/w_{2a}	v_2 m³/kg	Länge am Eintritt l_1 mm	Länge am Austritt gerechn. mm	Länge am Austritt ausgef. l_2 mm
1	850	28	18	0,86	179	14,92	25	0,892	1,58	—	7,5	8,10	8,5
2	850	28	18	0,86	179	14,92	25	0,892	1,556	—	8	8,53	9,0
3	850	28	18	0,86	179	14,92	25	0,892	1,556	—	8,5	9,55	10,0
4	850	28	18	0,86	179	14,92	25	0,892	1,556	—	10,5	11,55	12,0
5	850	28	18	0,86	179	14,92	25	0,892	1,556	—	12,5	13,42	13,5
6	850	28	18	0,86	179	14,92	25	0,892	1,556	—	14,5	16,08	16,5
7	860	28	20	0,865	175	15,44	25	0,906	1,415	—	16	16,63	17,0
8	870	28	20	0,865	177	15,44	25	0,906	1,425	—	18,5	20,1	20,5
9	880	28	20	0,865	179	15,45	25	0,906	1,427	—	20	23,8	24
10	890	28	20	0,865	181	15,45	25	0,906	1,407	—	24	28,55	29
11	900	28	20	0,865	183	15,45	25	0,906	1,406	—	28	34,56	35
12	910	28	20	0,865	185	15,45	25	0,906	1,402	—	35	43,2	43,5
13	1200	30	20	0,865	210	17,95	30	0,92	1,507	—	33,5	42,9	43
14	1220	30	22	0,87	213	17,99	30	0,928	1,362	—	51	59,3	59,5
15	1250	30	22	0,87	218	18,01	30	0,928	1,375	—	84	99,9	100
16	1300	30	24	0,875	226	18,07	30	0,932	(1,214)	10,3	135	143,1	143,5
17	1500	36	32	0,89	260	18,12	35	0,945	(1,193)	26,0	213	229,7	230

4. Berechnung einer Gleichdruck-Gegendruckturbine mit Geschwindigkeits- und Druckstufung.

(Hochdruckstufe, ein 2kränziges Curtisrad, dann reine Druckstufen).

$N_e = 2000$ PS$_e$, $n = 3000$, Dampfzustand vor der Turbine 30 ata, 400° C, Gegendruck 6 ata.

Forderung: Raddurchmesser nicht über 800 mm zwecks Verwendung vorhandener Modelle; möglichst hoher Wirkungsgrad.

Wäre nichts in bezug auf die Durchmesser vorgeschrieben, so könnte von der Forderung ausgegangen werden, daß volle Beaufschlagung erreicht wird. Da die erste Stufe als Regulierstufe mit abschaltbaren Düsen ausgeführt wird, weil bei Gegendruckturbinen nur Mengenreglung angebracht ist, so braucht die erste Stufe nicht voll beaufschlagt zu sein, was auch bei dem kleinen spezifischen Volumen nicht möglich wäre.

Geht man vom vorgeschriebenen Durchmesser von 800 mm aus, dem eine Umfangsgeschwindigkeit von $u = 125{,}66$ m/sek entspricht, so kann damit für die erste Stufe, die Geschwindigkeitsstufung erhalten soll, das benötigte Gefälle ermittelt werden. Das übrigbleibende Gefälle muß dann für die Druckstufen aufgeteilt werden, deren Zahl nach dem Einzelgefälle zu bestimmen ist.

Das adiabatische Gesamtgefälle ist aus dem *is*-Diagramm Abb. 114

$$H_t = i - i_0 = 772{,}2 - 679{,}4$$
$$= 92{,}8 \text{ kcal/kg},$$

wobei 2 at Drosselung in den Ventilen angenommen ist. Schätzt man nach Abb. 96, S. 99 den effektiven Wirkungsgrad zu $\eta_e = 0{,}73$, so ist der voraussichtliche Dampfverbrauch

$$D_e = \frac{632{,}3}{92{,}8 \cdot 0{,}73} = 9{,}33 \text{ kg/PS}_e\text{h}$$

oder

$$G_{sk} = \frac{2000 \cdot 9{,}33}{3600} = 5{,}19 \text{ kg/sek}.$$

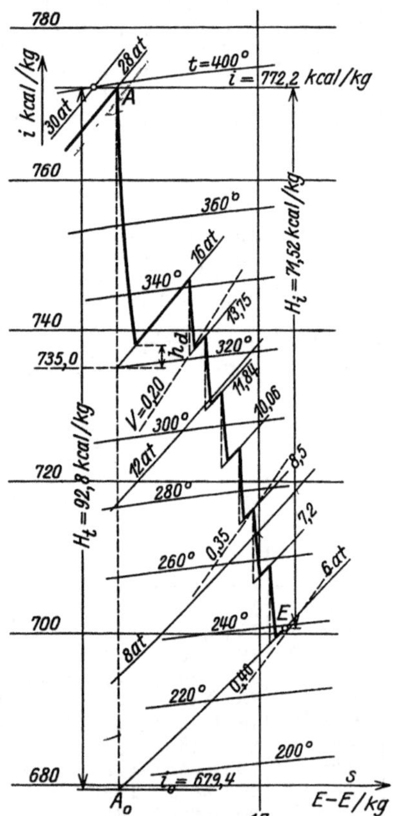

Abb. 114. *is*-Diagramm einer Gleichdruck-Gegendruckturbine.

Das Gefälle der ersten (Curtis-)Stufe ist aus dem günstigsten Verhältnis u/c_1 zu ermitteln, für die Leistungsgröße kommen nur 2 Geschwindigkeitstufen zur Ausführung; dazu muß für das gegebene u für verschiedene u/c_1 (s. S. 151) die Geschwindigkeit c_1, daraus $c_0 = c_1/\varphi$ und $h_t = A\,c_0^2/2\,g$ bestimmt werden, ferner h_u und h_{rv} und η_i. Durch Auftragen von η_i über u/c_1 ist ersichtlich, wo der günstigste Wert von u/c_1 liegt. Damit ist dann das Gefälle und der Enddruck der ersten Stufe festgestellt (vgl. Berechnungsbeispiel S. 131). Im vorliegenden Falle ist nach diesen Gesichtspunkten der Enddruck mit 16 ata angenommen, womit $h_t = 772{,}2 - 735{,}0 = 37{,}2$ kcal/kg, nach Abb. 114. Damit ist

$$c_0 = 91{,}5\,\sqrt{37{,}2} = 558\ \text{m/sek} \quad \text{und} \quad c_2 = \varphi\, c_0 = 0{,}96 \cdot 558 = 536\ \text{m/sek}.$$

Mit $\alpha_1 = 20$ und den S. 116 angegebenen Austrittswinkeln der Schaufeln wird der Geschwindigkeitsplan gezeichnet (Abb. 115) mit auf stoßfreien Eintritt eingestellten Eintrittswinkeln und ψ nach Abb. 79, S. 72. Daraus ist die Umfangsleistung nach S. 60

$$h_u = \frac{A u}{g}\,(w_{1u} + w_{2u} + w'_{1u} + w'_{2u}) = \frac{125{,}66}{427 \cdot 9{,}81}\,(720 + 158) = 26{,}33\ \text{kcal/kg}.$$

Die Radreibungs- und Ventilationsarbeit wurde nach der Gleichung von Stodola [Gl. (59a), S. 75] berechnet

$$N_{rv} = \lambda\,[A + (1 - \varepsilon)\,B]\,\gamma\ \text{PS}$$

mit $\lambda = 1$ für hochüberhitzten Dampf, der Beaufschlagungsgrad $\varepsilon = 0{,}5$ geschätzt, A und B nach Zahlentafel 1, S. 78 bzw. Abb. 82 für ge-

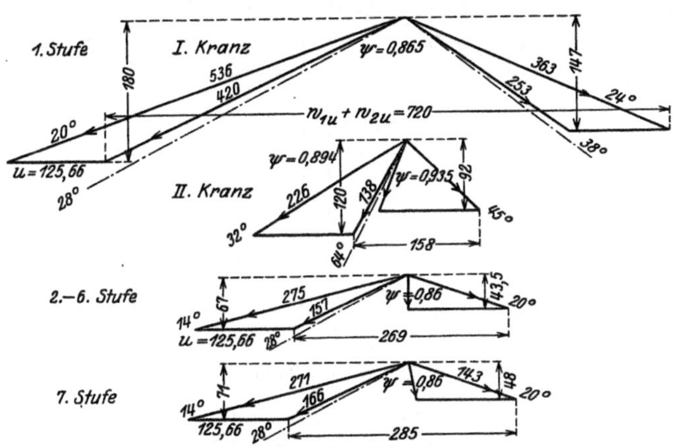

Abb. 115. Geschwindigkeitspläne.

schätzte Schaufellänge $l = 25$ mm ($A = 1{,}85$, $B = 5$) und $\gamma = 1/v$ aus dem is-Diagramm nach Abtragen von h_u. Damit ist

$$N_{rv} = 1 \cdot [1{,}85 + (1 - 0{,}5) \cdot 5]\,\frac{1}{0{,}1785} = \sim 25\ \text{PS}$$

und der Radreibungsverlust [Gl. (63), S. 81]

$$h_{rv} = \frac{N_{rv}}{5{,}7 \cdot G_{sk}} = \frac{25}{5{,}7 \cdot 5{,}19} = 0{,}84\ \text{kcal/kg}.$$

Nun ist

$$h_i = h_u - h_{rv} = 26{,}33 - 0{,}84 = 25{,}49\ \text{kcal/kg}$$

und

$$\eta_i = 25{,}49 : 37{,}2 = 0{,}685.$$

Wärmeinhalt am Ende der ersten Stufe

$$i_I = 772{,}2 - 25{,}49 = 746{,}71\ \text{kcal/kg}.$$

Das Gefälle für die reinen Druckstufen ist damit

$$746{,}71 - 688{,}5 = 58{,}21 \text{ kcal/kg};$$

schätzt man den Wärmerückgewinn auf $\sim 2\%$, so ist das aufzuteilende Gefälle $1{,}02 \cdot 58{,}21 = 59{,}4$ kcal/kg. Nun muß für den gegebenen Durchmesser das günstigste Gefälle ermittelt werden. Dazu muß für einige Werte von u/c_1 h_t ermittelt, der Geschwindigkeitsplan gezeichnet, h_u, h_{rv}, h_i und η_i errechnet werden. Da die Beaufschlagung voll ist, also $\varepsilon = 1$, so fällt in der Gl. (59a) für N_{rv} das Glied mit B fort. Der Undichtheitsverlust ist, weil klein und wenig veränderlich, vernachlässigt. Trägt man η_u, η_i und h_t über u/c_1 auf (Abb. 116), so zeigt es sich, daß η_i einen Höchstwert bei $u/c_1 = 0{,}485$ hat. Da die Aufteilung

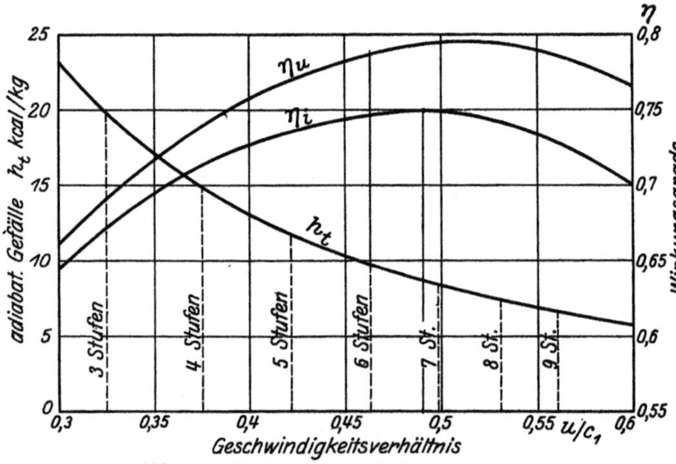

Abb. 116. Wirkungsgrade, Wahl der Stufenzahl.

eine volle Stufenzahl ergeben muß, sind in Abb. 116 die Gefälle angegeben, welche bei 4, 5, 6, 7, 8 und 9 Stufen das ganze Gefälle aufzehren würden, woraus auch das zugegörige u/c_1 festgestellt werden kann. Wie ersichtlich, liegt der günstigste Wert von u/c_1 zwischen 6 und 7 Stufen, man wird demnach 6 Stufen wählen, zumal der Wirkungsgrad η_i zwischen beiden Stufenzahlen nur wenig veränderlich ist. Das Stufengefälle ist dann $59{,}4 : 6 = 9{,}9$ kcal/kg, es ist aber nur $h_t = 9{,}8$ kcal/kg angenommen worden, um bei nicht zutreffender Schätzung des Wärmerückgewinns bei der letzten Stufe nicht ein kleineres Gefälle zu erhalten. Mit diesem Gefälle ist die Berechnung durchgeführt. Die Stufen 2 bis 6 haben gleiche Geschwindigkeitspläne (Abb. 115), das Gefälle der 7. Stufe ist $h_t = 10{,}1$ kcal/kg. Um das innere Gefälle h_i zu erhalten, muß noch der Undichtheits(Spalt-)Verlust h_{sp} bestimmt werden. Schätzt man den Nabendurchmesser zu 200 mm, das Spiel zu 0,5 mm, so ist der Spaltquerschnitt $f_{sp} = 314$ mm² und die durch den Spalt strömende Dampfmenge, wenn der wirksame Spalt $= \varphi_{sp} f_{sp} \cong 180$ mm mit $\varphi_{sp} \cong 0{,}6$, nach Gl. (64), S. 82.

$$G_{sp} = \frac{\varphi_{sp} \cdot f_{sp} \cdot c_1}{10000 \cdot v_1} \text{ kg/sek}$$

und der Spaltverlust [Gl. (66, S. 84)] $h_{sp} = \frac{G_{sp}}{G_{sk}}(h_u - h_{rv})$, damit ist

$$h_i = h_u - h_{rv} - h_{sp} \text{ kcal/kg}.$$

Das spezifische Volumen v_1 erhält man aus dem *is*-Diagramm nach Abtragen des Düsenverlustes h_d.

Die ermittelten Werte sind in Zahlentafel 11, S. 153 angegeben und in das *is*-Diagramm Abb. 114 eingetragen. Das für die innere Leistung ausgenutzte Gesamtgefälle ist nun

$$H_i = 772{,}2 - 700{,}68 = 71{,}52 \text{ kcal/kg}$$

und

$$\eta_i = 71{,}52 : 92{,}8 = 0{,}771, \text{ d. s. } 77{,}1\,\%.$$

Schätzt man nach Abb. 95, S. 97 den mechanischen Wirkungsgrad einschließlich Stopfbüchsenverlust zu $\eta_m = 0{,}98$, so ist

$$\eta_e = \eta_i \cdot \eta_m = 0{,}754$$

und der Dampfverbrauch

$$D_e = \frac{632{,}3}{92{,}8 \cdot 0{,}754} \cong 9{,}1 \text{ kg/PS}_e\text{h}; \qquad G_{sk} = \frac{2000 \cdot 9{,}1}{3600} = 5{,}06 \text{ kg/sek}.$$

Mit diesem Wert erfolgt die Berechnung der Leitquerschnitte und Laufschaufellängen.

1. Stufe. Da kritisches Druckverhältnis nicht überschritten, ist keine Erweiterung erforderlich.

$$F_1 = G_{sk} \cdot \frac{v_1}{c_1} = \frac{5{,}06 \cdot 0{,}173 \cdot 10000}{536} = 16{,}36 \text{ cm}^2 = 1636 \text{ mm}^2$$

Teilung $t = \frac{\pi D}{z} = 20{,}27$ bei $z = 124$ (gewählt), lichte Kanalweite (vgl. Abb. 101) bei 2 mm Stegstärke

$$\delta = t \sin \alpha_1 - 2 = 6{,}93 - 2 = 4{,}93 \text{ mm},$$

offene Kanäle $z_1 = 62$, radiale Kanalhöhe $a = \frac{F_1}{z_1 \cdot \delta} = 5{,}36$ mm.

Schaufellängen: 1. Kranz nach Schaufelentwurf für Schaufelwinkel aus Geschwindigkeitsplan

$$z_s = 203, \quad t_s = 12{,}38 \text{ mm}, \quad \tau_s = 0{,}897, \quad l_2 = a \cdot \frac{w_{1a}}{w_{2a}} \cdot \frac{\tau}{\tau_s}$$

nach Gl. (102); da nicht voll beaufschlagt, ist der Verengungsfaktor der Leitschaufeln nicht berücksichtigt ($\tau = 1$).

$$l_2 = 5{,}36 \frac{180}{147} \cdot \frac{1}{0{,}897} = 7{,}35 \sim 7{,}5 \text{ mm}.$$

Umleitkranz: $t_s = 10{,}92$, $\tau_s = 0{,}913$

$$l_2 = 7{,}35 \frac{147}{120} \cdot \frac{0{,}897}{0{,}913} = 8{,}85 = \sim 9 \text{ mm}.$$

2. Kranz: $z_s = 251$, $t_s = 10{,}05$ mm, $\tau_s = 0{,}932$

$$l_2 = 8{,}85 \cdot \frac{120}{92} \cdot \frac{0{,}913}{0{,}932} = 11{,}3 = \sim 11{,}5 \text{ mm}.$$

Zahlentafel 11.

Stufe	1	2	3	4	5	6	7
Anfangsdruck . . kg/cm²	28	16	13,75	11,84	10,06	8,5	7,2
Anfangswärmeinhalt i kcal/kg	772,2	746,71	739,3	731,81	724,25	716,62	708,93
Endwärmeeinheit i_0 kcal/kg	735,0	736,9	729,5	722,01	714,45	706,82	698,83
adiab. Gefälle $h_t = i - i_0$ kcal/kg	37,2	9,8	9,8	9,8	9,8	9,8	10,1
Teilkreisdurchmesser D mm	durchweg 800 mm						
Umfangsgeschw. u m/sek	durchweg 125,66 m/sek						
theor. Dampfgeschw. c_0 m/sek	558	286,4	286,4	286,4	286,4	286,4	290,8
wirkl. Dampfgeschw. c_1 m/sek	536	275	275	275	275	275	279
Geschw.-Verhältnis u/c_1 .	0,234	0,457	0,457	0,457	0,457	0,457	0,451
Leistung am Umfang h_u kcal/kg	26,33	8,08	8,08	8,08	8,08	8,08	8,56
spez. Vol. f. Radreib. m³/kg	0,1785	0,202	0,2285	0,26	0,299	0,342	0,395
Radreibung N_{rv} . . . PS	25	9,2	8,1	7,1	6,19	5,35	4,7
,, h_{rv} . . kcal/kg	0,84	0,31	0,27	0,24	0,21	0,18	0,16
Spaltdampfmenge G_{sp} kg/sek	—	0,246	0,218	0,190	0,167	0,147	0,129
Spaltverlust h_{sp} . . kcal/kg	—	0,37	0,32	0,28	0,24	0,21	0,20
inneres Gefälle h_i kcal/kg	25,49	7,40	7,49	7,56	7,63	7,69	8,20
innerer Wirkungsgrad η_i %	68,5	75,5	76,4	77,1	77,9	78,5	81,2
Stufenleistung N_i . . . PS	734,5	213	215,7	217,8	219,7	221,5	236,1
$\Sigma h_i =$ 71,46 kcal/kg			$\Sigma N_i =$ 2058,3 PS$_i$				
Leitwinkel α_1 . . . . . °	20	14	14	14	14	14	14
Düsenverlust h_d . kcal/kg	2,91	0,76	0,76	0,76	0,76	0,76	0,82
Wärmeeinheit am Austritt $i_1 = i_0 + h_d$ kcal/kg	737,91	737,66	730,26	722,77	715,21	707,58	699,65
spez.Vol. am Austritt v_1 .	0,173	0,201	0,227	0,26	0,296	0,337	0,390
Querschnitt F_1 . . . mm²	1636	3700	4176	4785	5450	6200	7080
Querschnitt korrigiert F .	1636	3520	3996	4605	5270	6020	6900
Zahl der Kanäle z	62/124	76/76	76	76	76	76	76
Teilung t . . . . . . mm	20,27	33,07	33,07	33,07	33,07	33,07	33,07
lichte Kanalweite δ . mm	4,93	6,3	6,3	6,3	6,3	6,3	6,3
Verengungsfaktor τ . . .	0,712	0,759	0,759	0,759	0,759	0,759	0,759
radiale Kanalhöhe a . mm	5,36	7,36	8,35	9,62	11,0	12,56	14,61
Eintrittswinkel β_1 ° . . .	28/38/64	28	28	28	28	28	28
Austrittswinkel β_2 ° . . .	24/32/45	20	20	20	20	20	20
Geschwindigk.-Koeffiz. ψ .		0,86	0,86	0,86	0,86	0,86	0,86
Schaufelzahl z_s		168	168	168	168	168	168
Teilung t_s . . . . . . mm		14,96	14,96	14,96	14,96	14,96	14,96
Schaufelbreite b . . . mm	20	25	25	25	25	25	25
Verengungsfaktor τ_s . . .		0,903	0,903	0,903	0,903	0,903	0,903
Geschwind.-Verh. w_{1a}/w_{2a} .		1,54	1,54	1,54	1,54	1,54	1,54
Schaufellänge a. Eintritt l_1 . . . . . mm		9,0	9,5	11,0	12.5	14,0	16,5
Schaufellänge a. Austritt, gerechnet . . . . mm		9,5	10,76	12,4	14,2	16,2	18,85
Schaufellänge a. Austritt, l_2 ausgeführt . . . . mm		9,5	11,0	12,5	14,5	16,5	19,0

2. Stufe:

$$F_1 = \frac{G_{sk} \cdot v_1}{c_1} = \frac{5{,}06 \cdot 0{,}201}{275} = 3700\ \text{mm}^2;$$

wegen Spalt $F_{korr} = F_1 - \varphi_{sp} \cdot f_{sp} = 3700 - 180 = 3520\,\text{mm}^2$

Kanäle 76, $t = 33{,}07$ mm, $\delta = t \sin\alpha_1 - 2 = 8{,}3 - 2 = 6{,}3$ mm,

$$\tau = 0{,}759,$$

radiale Kanalhöhe

$$a = \frac{F_1 - 180}{z \cdot \delta}\,\text{mm} = \frac{3520}{76 \cdot 6{,}3} = 7{,}36\,\text{mm}.$$

Schaufellänge am Austritt mit $z_s = 168$, $t_s = 14{,}96$ mm, $\tau_s = 0{,}903$ (Stegstärke am Austritt 0,5 mm)

$$l_2 = a \cdot \frac{w_{1a}}{w_{2a}} \cdot \frac{\tau}{\tau_s} = 7{,}36 \cdot 1{,}54 \frac{0{,}759}{0{,}903} = 9{,}5\,\text{mm}.$$

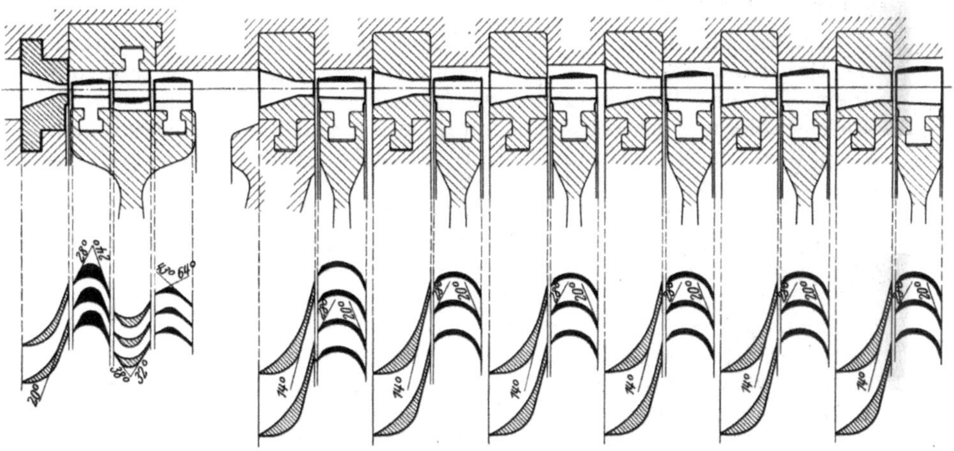

Abb. 117. Schauflungsschnitt einer Gleichdruck-Gegendruckturbine.

In gleicher Weise werden die Leitkanäle und die Schaufellängen der übrigen Druckstufen berechnet; die Ergebnisse sind in der Zahlentafel 11, S. 153 enthalten.

Den Schauflungsplan (Längsschnitt und Schaufelschnitte) zeigt Abb. 117.

IV. Berechnung der Überdruckturbinen.

A. Gefällsaufteilung, Wahl des Durchmessers.

Da der günstigste Umfangswirkungsgrad bei $u = c_1 \cos\alpha_1$ liegt (s. S. 53), also hohe Umfangsgeschwindigkeit erfordert, so werden Überdruckturbinen nur vielstufig ausgeführt. Wegen der erforderlichen vollen Beaufschlagung kommen reine Überdruckturbinen nur für große Dampfmengen in Frage, in den meisten Fällen wird eine oder mehrere Gleichdruckstufen vorgeschaltet, wenn auch nur als Regulierstufe bei Düsen-(Mengen-)Reglung. Die häufigste Ausführungsart ist die mit einem zweikränzigen Gleichdruckrad im Hochdruckteil, Überdruck im Niederdruckteil.

Die Wirkungsgrade η_e und η_m sind dieselben wie bei Gleichdruckturbinen (s. Abb. 96, S. 99 und Abb. 95, S. 97), also auch der innere Wirkungsgrad η_i. Eine Überlegenheit einer der Systeme ist demnach allgemein nicht festzustellen. Der innere Wirkungsgrad ist bei Überdruckturbinen in den einzelnen Stufen stärker veränderlich, da er hauptsächlich vom Schaufelverlust und von dem bei kleinen Schaufellängen bedeutenden Undichtheitsverlust abhängt. Man ist bei letzterem mehr auf Annahmen angewiesen als bei Gleichdruck, die Berechnung erfordert daher mehr Übung und Erfahrung. Infolge der großen Stufenzahl ist die Einzelberechnung der Stufen umständlich; es gibt vereinfachende Verfahren, jedoch empfiehlt es sich für den Anfänger, in kleinen Gruppen oder die einzelnen Stufen durchzurechnen, was bei den letzten Stufen ohnehin nötig ist.

Der Einfluß der Undichtheitsverluste ist bereits S. 83 erwähnt; die Radreibungsarbeit an den Trommenabsätzen (Stirnseiten) und einem Teil des Trommelumfanges (zwischen den Schaufeln) und an den Deckbändern ist verhältnismäßig gering und kann meist vernachlässigt werden, zumal wenn nur Mitteldruck- und Niederdruckteil als Überdruckturbine ausgeführt werden.

Für die Berechnung muß zunächst das adiabatische Gesamtgefälle H_t aus dem *is*-Diagramm ermittelt werden, womit nach Schätzung des effektiven Wirkungsgrades nach Abb. 96, S. 99 der Dampfverbrauch bestimmt werden kann. Wird weiter der mechanische Wirkungsgrad nach Abb. 95, S. 97 angenommen, so kann der innere Wirkungsgrad $\eta_i = \eta_e : \eta_m$ ermittelt werden, womit das innere Gefälle $H_i = H_t \cdot \eta_i$ bestimmt ist. Um das wirksame Gefälle, d. h. das in Geschwindigkeit umgesetzte zu finden, muß der Austrittsverlust der letzten Stufe geschätzt und zu H_i hinzugefügt werden, da $H_w = H_i + \frac{A c_2^2}{2g}$ ist.

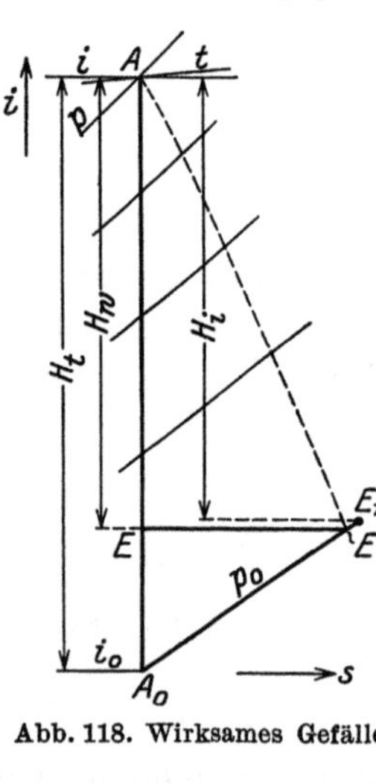

Abb. 118. Wirksames Gefälle.

Um gleich das wirksame Gefälle zu erhalten, schätzt man den Schaufelverlust ζ einschließlich der Undichtheitsverluste im Mittel zu $\zeta = 0{,}2$ bis $0{,}3$ (steigend mit abnehmender Leistung) und erhält

$$H_w = (1 - \zeta) H_t .$$

Nach Abtragen von H_w im *is*-Diagramm (Abb. 118) kann man den ungefähren Zustandsverlust AE' einzeichnen, zweckmäßig anfangs als etwas nach rechts durchgebogene, weiter unten als fast gerade Linie; danach kann das Volumen für die vorläufige Ermittlung des Durchmessers bzw. der Schaufellängen bestimmt werden.

Für die genaue Berechnung muß die Veränderlichkeit der Schaufelverluste in den Stufen berücksichtigt werden.

Zur besseren Übersicht und zur Gefällsaufteilung kann man nach dem Vorgehen von **Stodola** die Zustandsgrößen, hauptsächlich das Volumen aus dem *is*-Diagramm auf der angenommenen Zustandskurve AE' und die Geschwindigkeiten als Abhängige des Gefälles H_w über diesem auftragen (Abb. 119 u. 120), dann muß u bzw. D festgelegt werden, entweder in einer Gruppe von Stufen gleich und absatzweise zunehmend, oder von Stufe zu Stufe allmählich zunehmend. Im ersteren Falle wählt man das Gefälle einer Gruppe von Stufen so, daß die Volumensvergrößerung in einer Gruppe etwa 1,3 bis 1,5 und von einem Volumen über 6 m³/kg an etwa 1,6 bis 1,8 beträgt, um gleich lange Schaufeln ausführen zu können. Danach ergeben sich die Gruppengefälle $H_{iI}, H_{iII} \ldots$, durch Abtragen der Gruppengefälle im *is*-Diagramm erhält man auf der Zustandskurve den Druck und auf diesem das adiabatische Gefälle $H_{tI}, H_{tII} \ldots$ (Abb. 122).

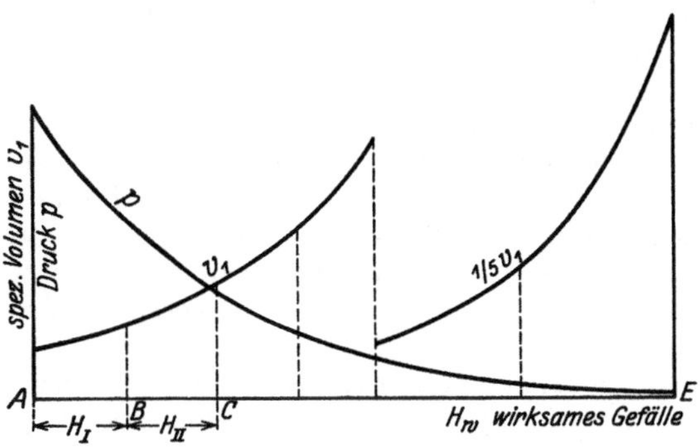

Abb. 119. Gefällsaufteilung.

Der **Durchmesser der ersten Stufe** ist mit Rücksicht auf die kleinste zulässige Schaufellänge zu ermitteln, die möglichst nicht unter 25 mm betragen sollte und nur bei kleinen Leistungen geringer ausfällt, doch kann zu kleine Schaufellänge durch Vorschalten eines Gleichdruckrades vermieden werden.

Setzt man in Gl. (100), S. 119 für a die zugelassene Schaufellänge l ein, so ist

$$D = \sqrt{\frac{G'_{sk}\, v_1\, 60\, \psi}{\tau\, \pi^2\, n\, l\, \sin\alpha_1}}\ \mathrm{m}, \tag{100}$$

wenn G'_{sk} die arbeitende Dampfmenge, d. h. die um den durch den Spalt strömenden Dampf verringerte Menge $G'_{sk} = G_{sk} - G_{sp}$ (s. u.).

Der **größte Durchmesser** (der letzten Stufe) ist mit Rücksicht auf die größte zulässige Schaufellänge, die $^1/_7$ bis $^1/_6$ des Durchmessers betragen darf, zu bestimmen, d. h. es soll das Verhältnis

$$\vartheta = \frac{D}{l} = 6 \text{ bis } 7$$

nicht unterschreiten. Nach Gl. (100a), S. 121 ist dann der Durchmesser der letzten Stufe

$$D = \sqrt[3]{\frac{G'_{sk}\, v_1\, 60 \cdot \vartheta\, \chi}{\tau \cdot \pi^2 \cdot n \cdot \sin\alpha_1}}\ \mathrm{m} \tag{100a}$$

mit G'_{sk} wie oben; der Dampfverlust durch den Spalt kann nach Gleichung S. 57 ermittelt werden $G_{sp} = \zeta_{sp} \cdot G_{sk}$, oder es kann $\zeta_{sp} = 2\, s/l$ angenommen werden mit s als Spaltweite und l als Schaufellänge. Da diese erst geschätzt werden müßten, kann man zunächst in den ersten

Stufen $\zeta_{sp} = 0{,}065$ bis 0,1 abnehmend bis $\zeta_{sp} = 0{,}012$ bis 0,025 in den Niederdruckstufen (Vakuum) annehmen.

Das Volumen v_1 wird aus dem *is*-Diagramm (oder aus dem Verlauf über H_w) entnommen für die erste Stufe etwas unterhalb A (Abb. 118) für die letzte in E'.

Das Geschwindigkeitsverhältnis $\chi = u/c_1$ wird praktisch 0,45 bis 0,6 angenommen, selten höher, da sonst die Stufenzahl zu groß wird.

Der Verengungsfaktor $\tau = (t - s/\sin\alpha_1) : t$ [s. Gl. (99), S. 119] ist je nach der Teilung $\tau = 0{,}85$ bis 0,95.

Der Schaufelwinkel α_1 wird in den ersten Stufen $\alpha_1 = 20^0$ bis 25^0, in den letzten zur Vermeidung zu großer Schaufellängen wachsend bis $\alpha_1 = 40^0$ bis 50^0 angenommen.

Der Durchmesser der ersten Stufe kann kleiner sein als sich aus Gl. (100) ergibt und derjenige der letzten Stufe kann größer sein als nach Gl. (100a). Sind diese beiden Durchmesser festgelegt, so können die Durchmesser der zwischenliegenden Stufe bzw. die zugehörigen Umfangsgeschwindigkeiten entweder sprungweise wachsend oder besser allmählich zunehmend gewählt werden (s. unten); den Verlauf trägt man über H_w auf.

Für die Durchmesser bzw. u ermittelt man nun nach dem Geschwindigkeitsverhältnis u/c_1 (s. weiter unten) die Dampfgeschwindigkeit c_1; das umgesetzte Einzelgefälle einer Stufe ist dann aus dem Geschwindigkeitsplan zu ermitteln oder aus

$$h_i = h_u - h_{sp} = \frac{A u}{g} (2 c_1 \cos\alpha_1 - u) - h_{sp}\,.$$

Man kann aber auch das adiabatische Teilgefälle ermitteln nach Gl. (49c), S. 53.

$$h_t = A \left(\frac{c_1^2}{\varphi^2} - w_1^2\right) : g$$

oder mit $\zeta_s = 1/\varphi^2 - 1$

$$h_t = \frac{A}{g} \left[(1 + \zeta_s)\, c_1^2 - w_1^2\right],$$

wobei für $\varphi = \psi$ die Werte nach Abb. 79, S. 72 genommen werden können, und w_2 sich aus dem Geschwindigkeitsplan ergibt.

Nun muß die **Aufteilung des Gefälles** vorgenommen werden, daß sich eine volle Stufenzahl ergibt. Die Aufteilung kann nach folgenden Gesichtspunkten erfolgen.

1. $u = \text{const}$.

a) $u/c_1 = \text{const}$ in jeder Gruppe, demnach auch $c_1 = \text{const}$ und $h_i = \text{const}$ unter Vernachlässigung der Verschiedenheit des Spaltverlustes. Die Einteilung in die Gruppengefälle erfolgt aus der Volumenskurve wie S. 156 erwähnt. Aus dem ganzen Gruppengefälle H_{iI} ergibt sich damit die Stufenzahl $z_1 = H_{iI} : h_{iI}$; nötigenfalls muß das Ende der Gruppe etwas verschoben werden, damit z eine ganze Zahl wird.

Sollen die Schaufeln einer Gruppe gleiche Länge erhalten, so müssen die Winkel α_1 und β_2 entsprechend größer werden, was weder in bezug auf Herstellung noch auf die Ausnutzung der Dampfenergie von Vorteil ist. Diese Art der Einteilung und Berechnung ist deshalb nicht mehr in Anwendung.

b) u/c_1 veränderlich innerhalb einer Gruppe von Stufen, also bei gleichbleibendem Durchmesser veränderliche Dampfgeschwindigkeit c_1, die so gewählt werden kann, daß in einer Gruppe die Schaufellängen und die Winkel gleich bleiben. Die Dampfgeschwindigkeit muß dann im gleichen Verhältnis zunehmen wie das Volumen; deshalb wird das Gefälle jeder Gruppe entsprechend einer 1,4- bis 1,8fachen Volumenszunahme gewählt (Abb. 119).

Der Durchmesser der ersten Gruppe ist nach Gl. (100) mit Rücksicht auf die kleinste zulässige Schaufellänge und der Durchmesser der letzten Stufen (die nicht mehr in Gruppen vereinigt werden) nach Gl. (100a), S. 121 für ein zulässiges Verhältnis $D/l = \vartheta$ zu ermitteln. Die Durchmesser der zwischenliegenden Gruppen müssen nach dem Volumen mit Rücksicht auf die Schaufellänge und des Verhältnis u/c_1 gewählt werden, das meist von 0,5 bis 0,3 abnimmt. Man kann die Durchmesser mehrerer aufeinanderfolgender Gruppen auch nur so viel größer werdend wählen, daß die Trommel den gleichen Durchmesser behalten kann (vgl. Abb. 383, S. 368) und derselbe in meist 3 größeren Absätzen zunimmt. Der letzte Absatz mit dem größten Durchmesser umfaßt dann ungefähr ⅓ des ganzen Gefälles, die Schaufeln werden mit zunehmender Länge und zunehmenden Winkeln ausgeführt, um der schnellen Volumenzunahme Rechnung zu tragen.

Aus der c_1-Kurve der Gruppen kann man das Gefälle h_i einer Stufe berechnen, der Spaltverlust kann zunächst nach den Angaben S. 157 geschätzt werden. Die einzelnen Gefälle zusammen müssen natürlich im Gruppengefälle aufgehen, nötigenfalls müssen kleine Änderungen in der Einteilung vorgenommen werden.

Anstatt die einzelnen Stufengefälle rechnerisch zu ermitteln und aneinander zu reihen, kann man nach Stodola folgendes praktische Verfahren anwenden.

Das ausgenutzte Stufengefälle war nach Gl. (51), S. 53

$$h_i = A \cdot \frac{u}{g} \cdot (2\,c_1 \cos\alpha_1 - u) = \left(c_1 - \frac{u}{2 \cdot \cos\alpha_1}\right) \frac{A\,u\,2\cos\alpha_1}{g}$$

oder mit $u' = \dfrac{u}{2\cos\alpha_1}$ und $\lambda = A\,u\,2\cos\alpha_1 : g$

$$h_i = (c_1 - u') \cdot \lambda\,.$$

Zeichnet man in Abb. 120 ein rechtwinkliges Dreieck im wesentlich vergrößerten Maßstab (hundert- oder zweihundertfach) der Geschwindigkeiten c_1 und u der Abbildung mit der senkrechten Kathete 1 m/sek und der wagerechten Kathete λ, so ist $\dfrac{h_i}{c_1 - u'} = \dfrac{\lambda\ (\text{kcal})}{1\ \text{m/sek}}$ und h_i kann as ähnlichen Dreiecken ermittelt werden, wenn in Abb. 120 u' eingetragen und von A_1 der c_1-Kurve eine Parallele zur Hypotenuse des Hilfsdreieckes gezogen wird bis zum Schnitt mit der u'-Linie; dann ist $A_0 B_0 = h_i$*. Von B_1 in gleicher Weise fortgefahren, erhält man die Gefälle der anderen Stufen, bis das ganze Stufengefälle aufgezehrt ist. Stimmt der Endpunkt nicht mit der ursprünglichen Einteilung überein, so wird er entsprechend verlegt. Für die anderen Gruppen wird mit anderem u, c_1 (wieder entsprechend $u/c_1 = 0{,}5 - 0{,}3$) und nötigenfalls anderem α_1 ebenso verfahren. Bei größerem Teilgefälle (im Niederdruckteil) muß das Gefälle in die Anteile für Leit- und für Laufschaufel getrennt werden $h_1 = (c_1 - u')\,\lambda'$ und

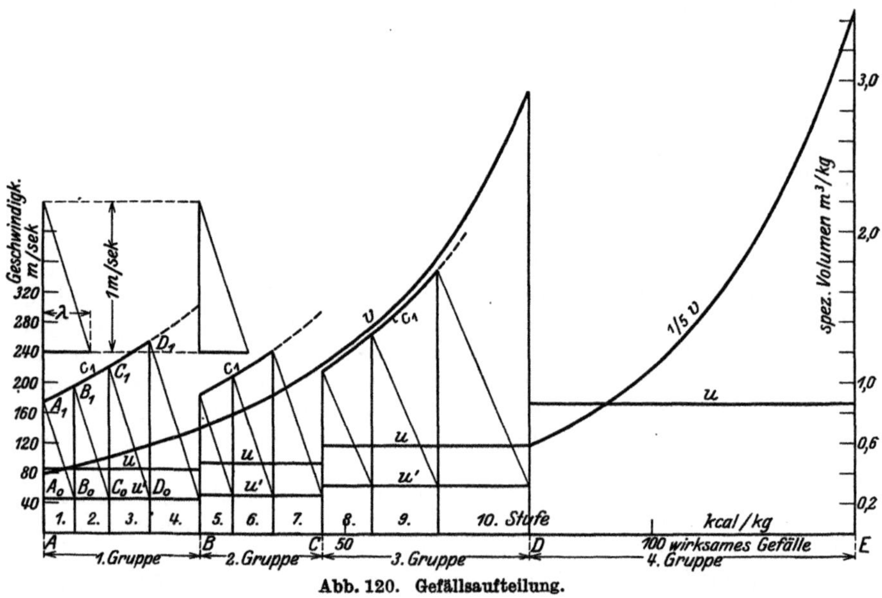

Abb. 120. Gefällsaufteilung.

$h_2 = (c_1 - u')\,\lambda'$ mit $\lambda' = \lambda/2$ und durch Ziehen der Parallelen zur Hypotenuse für 1 m/sek und λ'.

In Abb. 120 ist diese Konstruktion durchgeführt und ergibt 3 Gruppen gleicher Schaufellängen bei gleichen Schaufelwinkeln. Der übrigbleibende Gefällsteil kann in 4 Stufen mit fast gleichem Gefälle aufgeteilt werden, die Schaufeln können infolge der schnellen Volumenzunahme nicht mehr gleich lang werden und gleiche Winkel erhalten, sondern beide zunehmend. Der Längsschnitt würde wie in Abb. 121 gezeigt aussehen.

Nach erfolgter Gefällsaufteilung kann dieselbe in das is-Diagramm

* Stodola führt die Konstruktion mit um die Senkrechte herumgeklapptem Dreieck durch, es ist dann von A_0 aus die Parallele zur Hypotenuse zu ziehen bis zum Schnitt mit der c_1-Linie; dadurch ergeben sich etwas größere Gefälle. Es wird dabei aber die Geschwindigkeit c_1 der ersten Stufe gleich der Ordinate durch B_1 gesetzt, während sie gleich AA_1 vorgesehen war; ferner kann es bei stärkerem Ansteigen von c_1 (in den Niederdruckstufen) vorkommen, daß der Schnitt der Parallelen mit c_1 unsicher wird.

übertragen werden (Abb. 122), wodurch sich auf der angenommenen Zustandslinie AE' die Gruppenanfangspunkte B', C', ... und die zugehörigen Drücke ergeben. Ebenso können die Stufengefälle eingetragen und die Stufendrücke bestimmt werden. Ferner können die adiabatischen Gruppengefälle H_{tI}, H_{tII}, ... als senkrechte Strecken AA_0', $B'B_0'$ ... bzw. die adiabatischen Stufengefälle h_{t1}, h_{t2} ... gefunden werden. Durch Vernichten der Austrittsgeschwindigkeit an den Trommelabsätzen steigt der Wärmeinhalt um den Betrag $h_a = A c_2^2 : 2g$, so daß sich in der Zustandskurve kleine Sprünge ergeben, was aber beim Vorentwurf vernachlässigt werden kann.

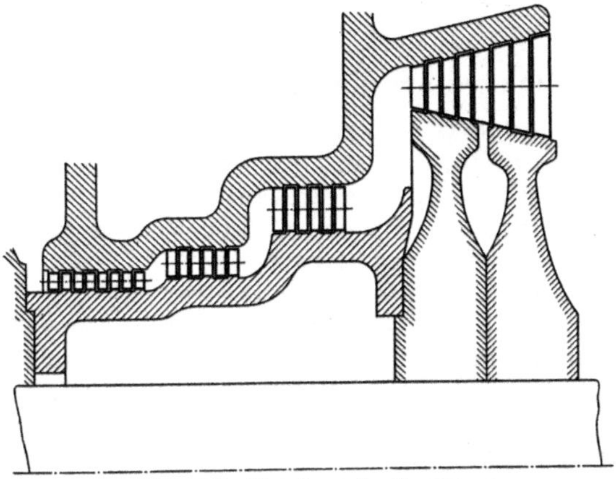

Abb. 121. Abstufung der Durchmesser.

Nun kann die genaue Durchrechnung erfolgen auf Grund der ermittelten adiabatischen Gefälle. Dazu zeichnet man für eine mittlere Stufe einer Gruppe den Geschwindigkeitsplan, aus dem die Schaufelwinkel entnommen werden, mit denen die Schaufellänge für das mittlere Volumen bestimmt wird, wie S. 164 angegeben. Aus dem Stufengefälle h_t ermittelt man c_1 nach Gl. (49c), S. 53, wobei $\varphi = \psi$ nach Abb. 79, S. 72 angenommen werden kann bzw. $\zeta = 1/\psi^2 - 1$ errechnet wird. Die Verluste in den Schaufeln sind $h_s = \zeta A c_1^2/g$ und der Spaltverlust nach Anderhub, S. 83

$$h_{sp} = 1{,}72 \frac{s^{1,4}}{l} \cdot h_t ,$$

wofür die Schaufellänge l überschläglich bestimmt werden kann.

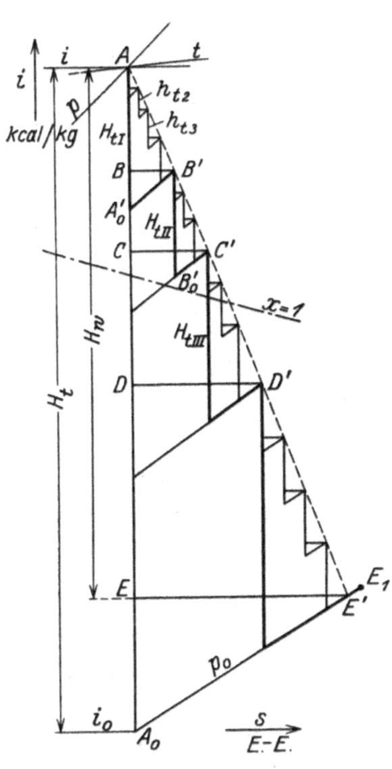

Abb. 122. Gefällsaufteilung im is-Diagramm.

Nach Durchrechnung der Stufen werden die inneren Gefälle in das is-Diagramm eingetragen und ergeben den genaueren Verlauf der Zustandskurve und die Volumina, den wirklichen Endzustand, und mit dem Austrittsverlust der letzten Stufe den Zustand beim Austritt aus der Turbine, damit H_i der ganzen Turbine und den Dampfverbrauch, mit dem, unter Berücksichtigung der Spaltdampfmenge, die Schaufellängen nach S. 164 zu berechnen sind.

2. *u* veränderlich von Stufe zu Stufe.

Diese Ausführung wird neuerdings bevorzugt, sie hat den Vorteil, daß die Austrittsenergie aller Stufen, bis auf die letzte, ausgenutzt wird, da keine Absätze vorhanden sind; ferner kann für alle Stufen das günstige Verhältnis u/c_1 eingehalten werden. Der Vorteil gleich langer Schaufeln ist für die Herstellung nicht so groß, wie häufig angegeben wird, und wiegt die vorerwähnten Vorteile nicht auf.

Der Durchmesser der aufeinanderfolgenden Stufen kann so allmählich zunehmen, daß der Trommeldurchmesser für eine größere Anzahl Stufen gleich groß bleiben kann (vgl. Abb. 383, S. 368) oder er kann stärker zunehmen, was besonders im Vakuum erforderlich sein wird. Bei den letzten Stufen kommt man sehr häufig nicht ohne plötzliche Vergrößerung des Durchmessers aus. Die Berechnung kann nun nicht mehr für mehrere Stufen gemeinsam, also in Gruppen erfolgen, wie bei der vorhergehenden Berechnungsart, sondern muß für die Stufen einzeln durchgeführt werden; bei einiger Übung kann allerdings die Berechnung für einige Stufen gemeinsam erfolgen, indem die erste und die letzte Stufe einer solchen Gruppe berechnet wird und daraus durch kontinuierlichen Verlauf die mittleren Stufen.

Für die Berechnung wird, wie S. 155 erwähnt, das wirksame Gefälle H_w bestimmt (bei vorgeschaltetem Gleichdruckteil nur für den Überdruckteil) und damit im *is*-Diagramm der voraussichtliche Zustandsverlauf (vgl. Abb. 122 oder Abb. 124, S. 165) eingetragen und aus diesem die Volumina über H_w aufgetragen (Abb. 120 oder 126). Nun muß der größte mögliche Durchmesser der ersten Stufe mit Rücksicht auf die kleinste zulässige Schaufellänge nach Gl. (100), S. 119 und der kleinste Durchmesser der letzten Stufe mit Rücksicht auf die größte zulässige Schaufellänge bzw. auf $\vartheta = D/l$ nach Gl. (100a), S. 121 berechnet werden nach Annahme des Winkels α_1. Man muß dabei versuchen, mit kleinerem Winkel α_1 auszukommen — 35^0 — und nur wenn der Durchmesser hinsichtlich Festigkeit durch die Fliehkräfte oder auch konstruktiv zu groß wird, müssen größere Winkel (40 bis 50^0) genommen werden.

Beträgt der Durchmesser der letzten Stufe mehr als das 1,6- bis 1,7fache des Durchmessers der ersten Stufe, so wird man ohne plötzliche Zunahme des Durchmessers für die letzten Stufen nicht auskommen.

Nun müssen die Durchmesser der zwischenliegenden Stufen gewählt werden, zweckmäßig so, daß sie erst ganz allmählich ansteigen, dann schneller zunehmen, wobei für den Verlauf der über H_w aufgetragenen Durchmesser die Volumenkurve einigen Anhalt bietet. Mit den sich ergebenden Umfangsgeschwindigkeiten u und dem anzunehmenden Verhältnis u/c_1 (= 0,45 bis 0,6) erhält man die Dampfgeschwindigkeiten c_1. Es empfiehlt sich für einige Zwischenwerte von u die Schaufellängen nach S. 164 probeweise zu ermitteln, um kontinuierliche Zunahme der Schaufellängen zu erhalten; dazu entnimmt man aus der Gefällsaufteilung (Abb. 126, S. 168) für einige Gefälle H_x die Werte für u und v und berechnet l aus Gl. (100), S. 119.

Ferner bestimmt man aus c_1 das wirksame Stufengefälle

$$h_i = A\,(2\,c_1 \cos\alpha_1 - u)\,\frac{u}{g} - h_{sp}$$

mit dem Spaltverlust h_{sp} nach S. 160 oder $h_i = h_t - h_s$ mit h_t nach Gl. (49c), S. 53 und dem Verlust $h_s = A\,\zeta\,c_1^2 : g$, wobei in ζ auch der Spaltverlust inbegriffen ist ($\zeta = 0{,}3$ für die ersten, abnehmend bis 0,2 für die letzten Stufen); für h_t muß der Geschwindigkeitsplan gezeichnet werden, um w_1 zu erhalten. Sind einige Werte von h_i ermittelt, so trägt man sie über H_w beim zugehörigen c_1 auf, zweckmäßig in größerem Maßstabe als die Abszissen, und verbindet die erhaltenen Punkte durch eine schlank verlaufende Linie, die h_i-Kurve. Diese bzw. die zunehmenden Durchmesser kann man so weit führen, bis die Schaufellängen anfangen unzulässig stark zuzunehmen, oder man kann, falls plötzliche Zunahme des Durchmessers nötig ist, feststellen, nach Gl. (100a), bis zu welchem Volumen v der größte Durchmesser (der letzten Stufe) ausgeführt werden kann bei $\vartheta = D/l = 9$ bis 10 (Punkt D in Abb. 126, S. 168).

Mit Hilfe der h_i-Kurve kann nun die Aufteilung des Gefälles bequem zeichnerisch vorgenommen werden. Trägt man das errechnete Gefälle h_{i1} der ersten Stufe auf der Abszissenachse ab, Strecke AA_1 (Abb. 126, S. 168), so ist auch die zugehörige Ordinate A_1A' gleich h_{i1}; verbindet man A mit A' und zieht aus A_1 eine Parallele zu AA', so erhält man durch den Schnitt mit der h_i-Kurve das Gefälle der zweiten Stufe auf der Abszissenachse als Strecke A_1A_2 und reiht durch Fortführung dieser Konstruktion die Gefälle aneinander bis das mit zunehmendem Durchmesser zu verwertende Gefälle AD aufgezehrt ist; erforderlichenfalls verlegt man das Ende des Gefälles etwas oder ändert die h_i-Kurve ein wenig. Das übrige Gefälle DE für gleichbleibenden Durchmesser teilt man in ungefähr gleiche Teile, die letzte Stufe vielleicht mit etwas größerem Gefälle, wobei h_i dem c_1 aus dem gewählten Verhältnis u/c_1 (in den Niederdruckstufen $= 0{,}6$ oder etwas mehr) entspricht.

Die Gefälle werden nun in das is-Diagramm übertragen (Abb. 124, S. 165), auf der Zustandskurve ergeben sich die zugehörigen Drücke und zwischen den Drücken die adiabatischen Einzelgefälle h_t.

Mit diesen Stufengefällen erfolgt nun die genauere Berechnung der einzelnen Stufen, indem aus h_t die Dampfgeschwindigkeit c_1 nach Gl. (49c), S. 53 bestimmt wird, wobei die Veränderlichkeit von $\zeta = 1/\psi^2 - 1$ (mit ψ nach Abb. 79, S. 72) nach den Schaufelwinkeln (aus dem Geschwindigkeitsplan) zu berücksichtigen ist. Mit dem Schaufelverlust

$$h_s = \zeta\,A \cdot \frac{c_1^2}{g}$$

und dem Spaltverlust h_{sp} nach S. 160 erhält man den genaueren Wert von h_i, der in das *is*-Diagramm eingetragen, den genauen Verlauf der Zustandskurve und die Werte von v ergibt. Wird vom Endpunkt noch der Austrittsverlust der letzten Stufe abgetragen, so erhält man das innere Gefälle H_i der ganzen Turbine und damit den genaueren Dampfverbrauch nach Annahme des mechanischen Wirkungsgrades, in welchem auch die Stopfbüchsenverluste inbegriffen sind oder als Zuschlag berücksichtigt werden können. Mit dem genauen Dampfverbrauch wird die Berechnung der Schaufellängen vorgenommen. Der ermittelte Zustandsverlauf im *is*-Diagramm muß mit dem angenommenen brauchbar übereinstimmen, kleinere Abweichungen spielen keine Rolle.

Neben den vorerwähnten Berechnungsarten gibt es eine Anzahl Vorschläge für die bequemere Berechnung, Bestimmung der Stufenzahl ohne genauere Durchrechnung und Vermeidung der umständlichen Berechnung der einzelnen Stufen. Es sei hier auf die diesbezüglichen Abhandlungen[1] hingewiesen, sie erfordern im allgemeinen eine mehr oder weniger eingehende Kenntnis der möglichen Berechnungsarten und der Zusammenhänge.

Ein Berechnungsbeispiel für eine Überdruckturbine S. 164.

B. Berechnung der Schaufellängen.

Leit- und Laufschaufeln erhalten bei halbem Reaktionsgrad gleiche Profile; nur in den Niederdruckstufen müssen mit Rücksicht auf die Schaufellänge die Winkel und damit die Profile für Leit- und Laufschaufel verschieden werden. Die Austrittswinkel α_1 und β_2 werden angenommen, die Eintrittswinkel ergeben sich aus dem Geschwindigkeitsplan, damit werden die Schaufelprofile entworfen (s. S. 193). Aus dem entworfenen Profil erhält man die Teilung und den Verengungsfaktor τ.

Der erforderliche freie Querschnitt folgt aus der Stetigkeitsbedingung zu

$$F = G v_1 : c_1 \quad \text{bzw.} \quad F = G v_2 : w_2$$

für die Leit- bzw. Laufschaufel, wobei $G = G_{sk} - G_{sp}$ die durch die Schaufeln strömende Dampfmenge, wenn die durch den Spalt gehende Menge G_{sp} ist, die entweder nach S. 82 ermittelt oder zu

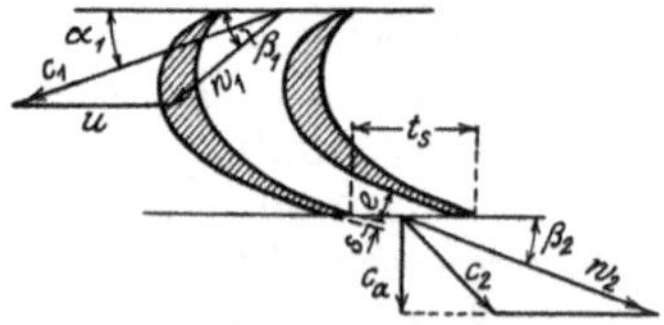

Abb. 123. Querschnittsberechnung.

$$G_{sp} = 2 \frac{s}{l} G_{sk} \text{ kg/sek}$$

angenommen werden kann für den Spalt s und die Schaufellänge l,

[1] Zerkowitz, G.: Thermodynamik der Turbomaschinen. Henne, E.: Beitrag zur Berechnung der Dampfturbinen auf zeichnerischer Grundlage. Forsch.-Arb. H. 260. Fichtner, R.: Über die Anwendung der v^2-Methode bei der Berechnung von Dampfturbinen. Z. ges. Turbinenw. Oppitz, A.: Zeichnerische Berechnung der Dampfturbinen. Arch. Wärmewirtsch. 1925, H. 10.

die zunächst überschläglich aus Gl. (100) ohne Berücksichtigung des Spaltverlustes bestimmt werden kann.

Die Schaufellänge folgt dann mit Abb. 123 aus

$$F = G v : w_2 = e l \pi D : t_s$$

mit

$$e = t_s \sin \beta_2 - s_s = (t_s - s_s / \sin \beta_2) \sin \beta_2 \quad \text{und} \quad w_2 \sin \beta_2 = w_{2a} = c_a$$

zu

$$l = \frac{G v t_s}{w_{2a} e \pi D} = \frac{G v}{\pi D c_a} \cdot \frac{t_s}{t_s - s_s / \sin \beta_2} = \frac{G v}{\pi D c_a \cdot \tau} \text{ m}, \qquad (103)$$

wenn $\tau = (t_s - s_s/\sin \beta_s) : t_s$ der Verengungsfaktor aus dem Schaufelprofil, c_a die axiale Komponente der Dampfgeschwindigkeit, die aus dem Geschwindigkeitsplan entnommen werden kann und v das spezifische Volumen am Austritt aus der Leit- bzw. aus der Laufschaufel.

Die Spaltweite s kann durch zugeschärfte Kämme an den Deckringen der Schaufeln wesentlich verringert werden; man kann mit etwa 0,5 mm oder weniger rechnen.

C. Berechnungsbeispiel.

Überdruckturbine mit vorgeschalteter Gleichdruckstufe.

Berechnung einer Überdruckturbine für $N_e = 5000$ PS$_e$ bei $n = 3000$ Umdr./min mit vorgeschalteter Gleichdruckstufe mit Geschwindigkeitsstufung, für Dampf von 16 ata, 320° C und 94% Vakuum, also $p_0 = 0{,}06$ ata. Aus dem *is*-Diagramm (Abb. 124) findet man:

ungedrosseltes Gefälle

$$H_t = i - i_0' = 734{,}8 - 511{,}5 = 223{,}3 \text{ kcal/kg},$$

mit 1 at Drosselung

$$H_t = i - i_0 = 734{,}8 - 513{,}7 = 221{,}1 \text{ kcal/kg},$$

effektiver Wirkungsgrad nach Abb. 96, S. 99 $\eta_e = 0{,}78$,
mechanischer Wirkungsgrad nach Abb. 95, S. 97 $\eta_m = 0{,}98$,
Dampfverbrauch

$$D_e = \frac{632{,}3}{H_t \cdot \eta_e} = 3{,}67 \text{ kg/PS}_e\text{h} \quad \text{und} \quad G_{sk} = \frac{N_e D_e}{3600} = 5{,}10 \text{ kg/sek}.$$

Gleichdruckstufe. Um nicht zu viel Überdruckstufen zu erhalten, sei der Druck in Gleichdruckteil zu 6 ata gewählt, wofür

$$h_t = 734{,}8 - 682{,}1 = 52{,}6 \text{ kcal/kg}, \qquad c_0 = 91{,}5 \sqrt{h_t} = 655 \text{ m/sek}$$

und mit $\varphi = 0{,}96$ $c_1 = 634$ m/sek.

Man kann nun in derselben Weise, wie im Berechnungsbeispiel (S. 131), den günstigsten Durchmesser ermitteln, der den besten inneren Wirkungsgrad ergibt, indem für einige Durchmesser bzw. u/c_1 die Leistung am Umfang und die Radreibungsverluste bestimmt werden, wofür die Gl. (59a) nach Stodola zugrunde gelegt sei, so daß die Berechnung mit Hilfe der Abb. 82, S. 76 leicht durchzuführen ist.

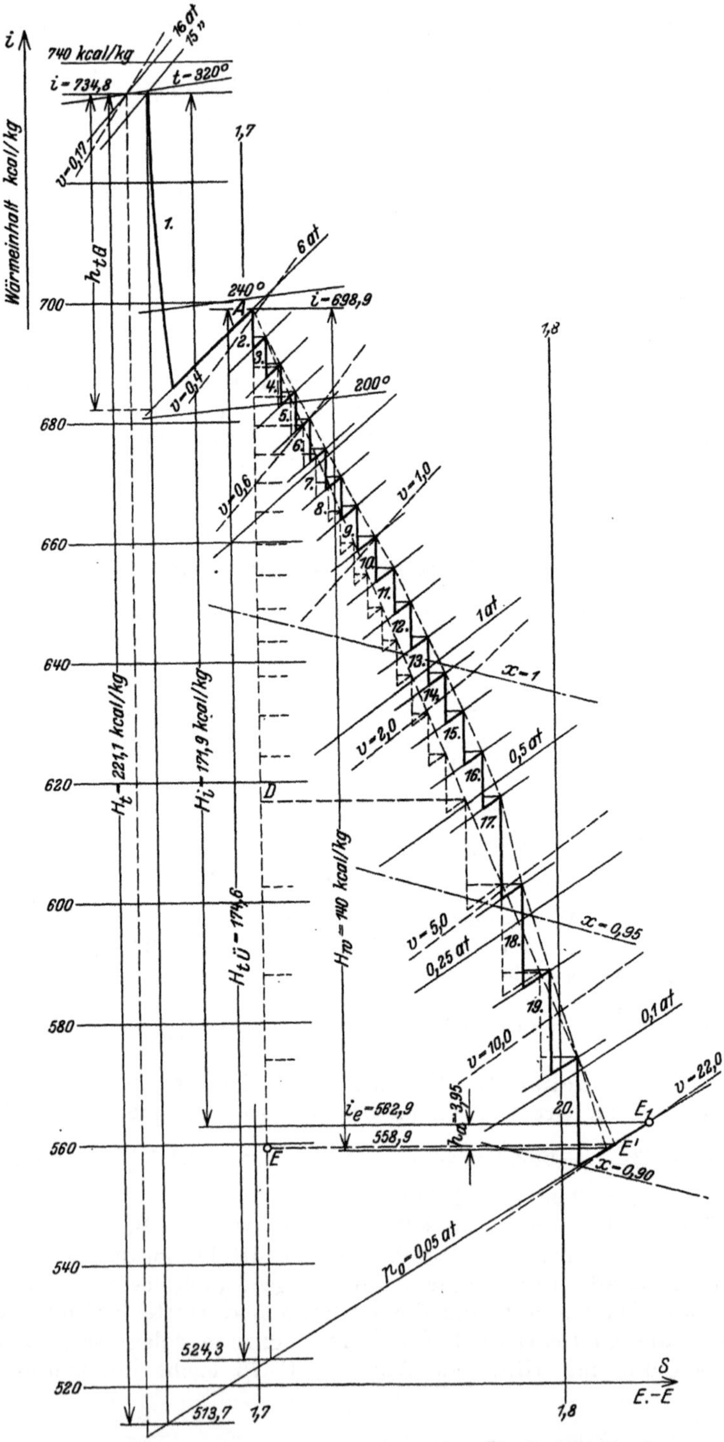

Abb. 124. *is*-Diagramm, Berechnung einer Überdruckturbine.

Der günstigste Durchmesser liegt etwa bei $D = 1{,}0$ m, der für die Ausführung angenommen sei. Aus dem Geschwindigkeitsplan (Abb. 125) mit den Schaufelaustrittswinkeln nach S. 116 ist die Leistung am Umfang

$$h_u = 37{,}1 \text{ kcal/kg}, \qquad \eta_u = 37{,}1 : 52{,}7 = 0{,}704$$

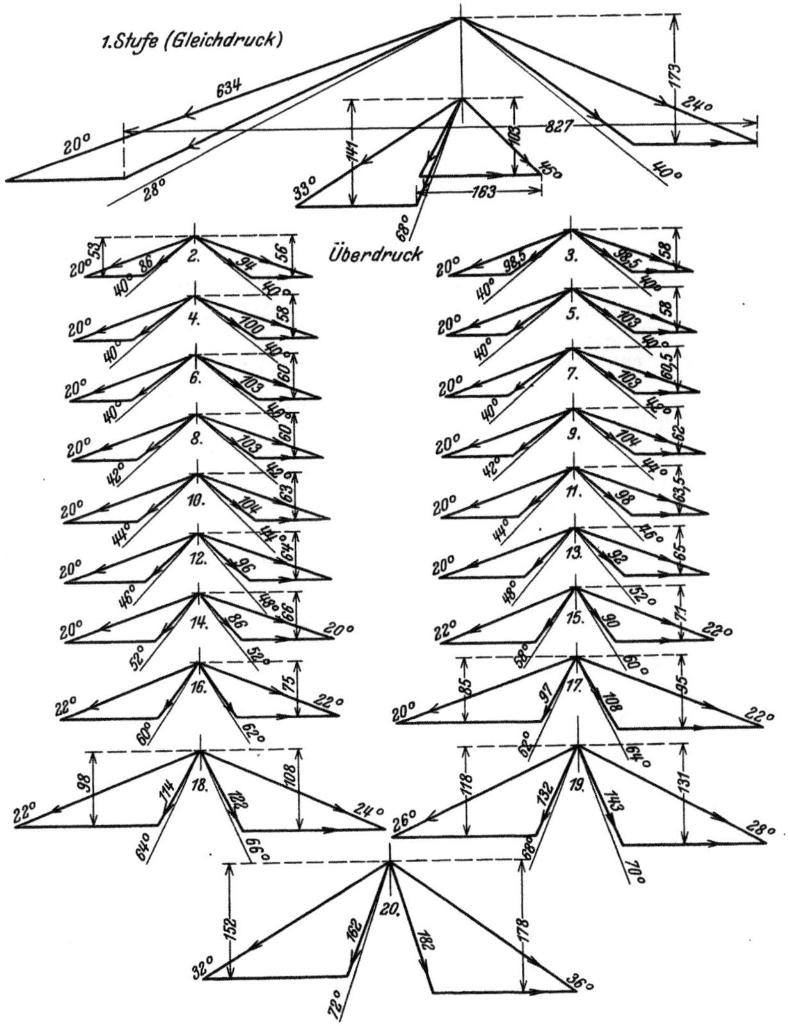

Abb. 125. Geschwindigkeitspläne.

und die Radreibungs- und Ventilationsarbeit nach Gl. (59a) mit $\alpha = 1$ und $\varepsilon = 0{,}7$ Beaufschlagungsgrad, $A = 5{,}66$ und $B = 25{,}7$ nach Abb. 82 und v aus dem is-Diagramm

$$N_{rv} = 1\,(5{,}66 + 0{,}3 \cdot 25{,}7)\,\frac{1}{0{,}39} = 34{,}3 \text{ PS},$$

womit

$$h_{rv} = 34{,}3 : (5{,}7 \cdot 5{,}1) = 1{,}2\,\text{kcal/kg}$$

und

$$h_i = h_u - h_{rv} = 37{,}1 - 1{,}2 = 35{,}9\,\text{kcal/kg}\,,$$

$$\eta_i = 35{,}9 : 52{,}7 = 0{,}681\,.$$

Der Endwärmeinhalt der Gleichdruckstufe ist somit

$$i_e = 734{,}8 - 35{,}9 = 698{,}9\,\text{kcal/kg}\,.$$

Überdruckteil. Adiabat. Gefälle aus dem *is*-Diagramm

$$H_t = 698{,}9 - 524{,}3 = 174{,}6\,\text{kcal/kg}\,.$$

Es werde für den ganzen Überdruckteil $\zeta = 0{,}20$ geschätzt, dann ist das wirksame Gefälle

$$H_w = (1 - \zeta)\,H_t = 0{,}8 \cdot 174{,}6 = 139{,}6\,\text{kcal/kg}.$$

Damit erhält man den Endpunkt E' im *is*-Diagramm (Abb. 124) und kann die Zustandskurve AE', annehmen, die im vorliegenden Falle als fast gerade Linie gezogen wurde. Nun können die Volumina aus dem *is*-Diagramm für die verschiedenen Gefälle entnommen und über H_w aufgetragen werden (Abb. 126); auch der Druckverlauf kann eingetragen werden.

Der größte Durchmesser, mit dem die erste Stufe ausgeführt werden kann bei einer Mindestlänge der Schaufel von $l = 25$ mm ist nach Gl. (100), S. 119 ohne Berücksichtigung der Spaltdampfmenge

$$D = \sqrt{\frac{G_{sk} \cdot v_1 \cdot 60\,\chi}{\tau \cdot \pi^2 \cdot n \cdot l \sin\alpha_1}} = \sqrt{\frac{5{,}1 \cdot 0{,}4 \cdot 60 \cdot 0{,}45}{0{,}8 \cdot \pi^2 \cdot 3000 \cdot 0{,}025 \cdot 0{,}342}} = 0{,}521\,\text{m}\,,$$

wobei $v_1 \cong 0{,}4\,\text{m}^3/\text{kg}$ aus dem *is*-Diagramm etwas unterhalb A, $\chi = u/c_1 = 0{,}45$ angenommen, $\tau = 0{,}8$ geschätzt und $\alpha_1 = 20^0$ gewählt ist.

Für die Ausführung sei $\boldsymbol{D = 0{,}5\,\text{m} = 500\,\text{mm}}$ gewählt, mit $u = 78{,}54$ m/sek.

Für die letzte Stufe ist $v = 22\,\text{m}^3/\text{kg}$ (in Punkt E', Abb. 124), ferner werde $\chi = 0{,}55$ angenommen, $\vartheta = D/l = 7$ zugelassen und $\alpha_1 = 35^0$ vorläufig gewählt; der Verengungsfaktor kann zu $\tau = 0{,}9$ angenommen werden (wegen der großen Winkel). Dann ist nach Gl. (100a)

$$D = \sqrt[3]{\frac{G_{sk} \cdot v_1 \cdot 60\,\vartheta \cdot \chi}{\tau \cdot \pi^2 \cdot n \cdot \sin\alpha_1}} = \sqrt[3]{\frac{5{,}1 \cdot 22 \cdot 60 \cdot 7 \cdot 0{,}55}{0{,}9 \cdot 9{,}86 \cdot 3000 \cdot 0{,}5736}} = 1{,}193\,\text{m}$$

ein gut brauchbarer Wert, es können die Annahmen beibehalten werden. Für die Ausführung sei $D = 1200$ mm gewählt, $u = 188{,}5$ m/sek.

Da dieser Durchmesser 2,4 mal größer ist als der Durchmesser der ersten Stufe, so kann der Übergang nicht durchgehend allmählich erfolgen, der Durchmesser der letzten Stufen wird durch größeren Absatz erreicht. Der Umfangsgeschwindigkeit von 188,5 m/sek entspricht bei $u/c_1 = 0{,}6$ und $\alpha_1 \cong 35^0$ ein h_i von etwa 14,3 kcal/kg. Schätzt man dafür 4 Stufen, so würde deren Gefälle etwa in Punkt D (Abb. 126) anfangen, die überschläglich nach Gl. (103), S. 164 errechnete Schaufellänge (mit $\alpha_1 \cong 25^0$) ist ~ 85 mm, also noch günstig. Nimmt man für die letzte Stufe der mit allmählich ansteigenden Durchmessern ausgeführten Reihe $D/l \sim 8{,}5$ als Wert, der nicht zu schnelle Zunahme der Schaufellänge ergibt (diese ist etwa 95 mm bei $\alpha_1 \cong 24^0$), so erhält man nach Gl. (100a) $D \cong 0{,}85$ m. Zwischen dem Durchmesser der ersten Überdruckstufe mit $D = 500$ mm und dem Durchmesser von 850 mm muß der Verlauf der Durchmesser angenommen werden (Abb. 126), womit auch er festgelegt ist. Das Verhältnis u/c_1 ist von $\sim 0{,}45$ bis 0,65 steigend angenommen und dafür c_1 und h_i errechnet und ebenfalls über H_w in Abb. 126 eingetragen; dadurch ist die h_i-Kurve im Vorentwurf festgelegt. Mit der S. 159 erläuterten Konstruktion kann die Aufteilung des Gefälles vorgenommen werden, wodurch der Endpunkt D des für wachsenden Durchmesser verwerteten Gefälles bestimmt ist. Weicht er erheblich von der ersten Annahme ab, so kann die h_i-Kurve

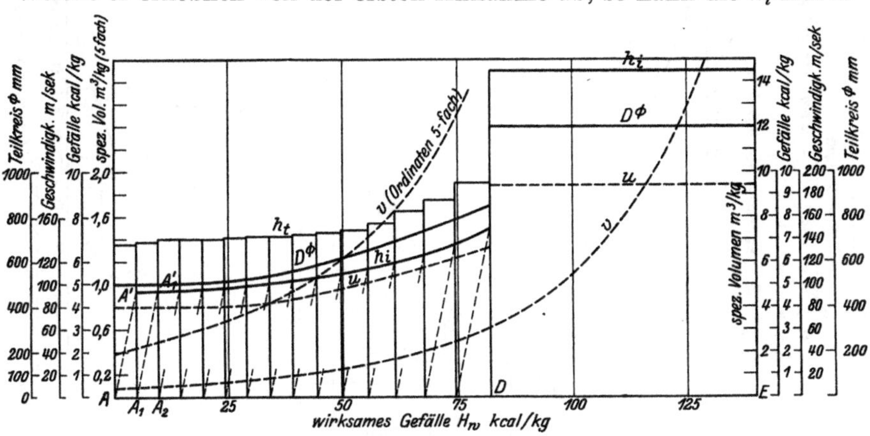

Abb. 126. Gefällsaufteilung, Entwurf.

etwas geändert werden. Diese Aufteilung wird in das *is*-Diagramm (Abb. 124) auf der Senkrechten AD eingetragen, wodurch man die Endpunkte der Stufen auf der angenommenen Zustandskurve und dadurch die Drücke erhält. Zwischen diesen hat man die adiabatischen Stufengefälle h_t.

Nun kann die genauere Durchrechnung vorgenommen werden, sie sei im folgenden für einige Stufen angegeben. Die ermittelten Größen trägt man wieder über den ausgenutzten Gefällen auf (Abb. 127), wobei sich jetzt Abweichungen von den ursprünglichen Annahmen ergeben, da die Verluste u. a. genauer angenommen werden.

2. Stufe (1. Überdruckstufe).
$h_t = 6{,}75$ kcal/kg, $D = 0{,}5$ m, $u = 78{,}54$ m/sek; $\psi = 0{,}88$ (nach Abb. 79) oder $\zeta = 0{,}29$, $\alpha_1 = 20^0$.

Wird die Zuströmgeschwindigkeit zur Leitschaufel zu $c = 50$ m/sek geschätzt, so ist nach Gl. (49c), S. 53 ($w_1 = c$)

$$c_1 = \psi \sqrt{\frac{g}{A} h_t + c^2} = 0{,}88 \sqrt{6{,}75 \cdot 4189 + 50^2} = 154{,}3 \text{ m/sek}.$$

Damit wird das Eintrittsdreieck (Abb. 125) gezeichnet, daraus $w_1 = 86$ m/sek und

$$w_2 = \psi \sqrt{h_t \cdot g / A + w_1^2} = 166{,}6 \text{ m/sek},$$

womit das Austrittsdreieck zu zeichnen ist.

Der Schaufelverlust für Leit- und Laufschaufel mit einem Mittelwert von c_1 und w_2 ist

$$h_s = \frac{A c_1^2}{g} \cdot \zeta = \frac{160^2}{4{,}89} \cdot 0{,}29 = 1{,}78 \text{ kcal/kg};$$

der Spaltverlust nach Anderhub (s. S. 83) mit $\zeta_{sp} = 1{,}72 \frac{s^{1,4}}{l}$, wobei

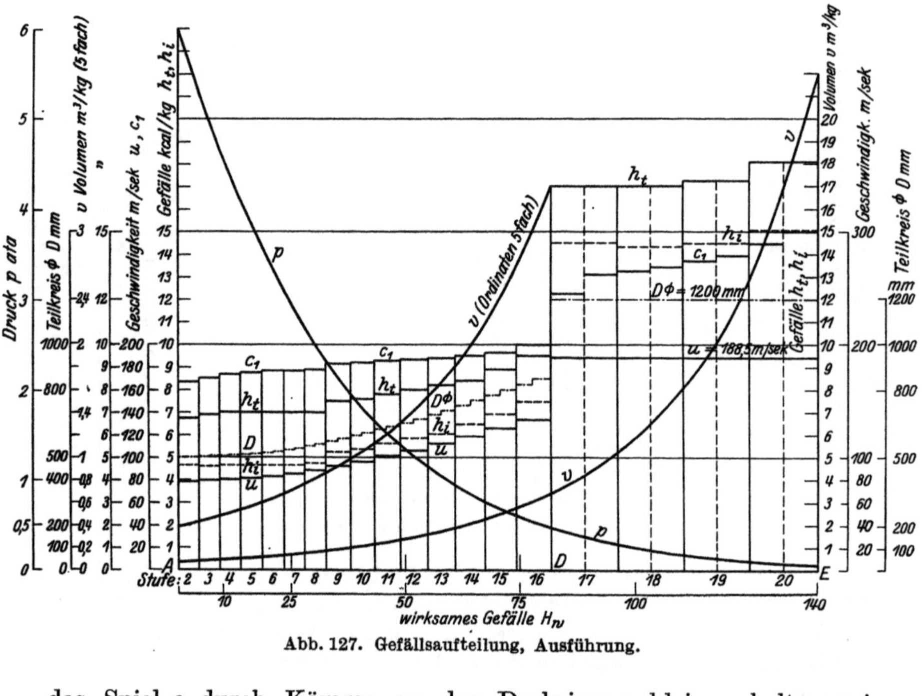

Abb. 127. Gefällsaufteilung, Ausführung.

das Spiel s durch Kämme an den Deckringen klein gehalten sei, $s = 0{,}75$ mm und die Schaufellänge l nach Gl. (103), S. 164 überschläglich (für die ganze Dampfmenge G_{sk}) zu $l = 28$ mm ermittelt wurde, ist

$$h_{sp} = \zeta_{sp} \cdot h_t = \frac{1{,}72 \cdot 0{,}75^{1,4}}{28} \cdot 6{,}75 = 0{,}32 \text{ kcal/kg}.$$

Damit ist

$$h_i = h_t - h_s - h_{sp} = 6{,}75 - 2{,}1 = 4{,}65 \text{ kcal/kg}$$

und der genaue Endzustand der Stufe

$$i_e = i - h_i = 698{,}9 - 4{,}65 = 694{,}25 \text{ kcal/kg},$$

womit auch das Volumen genauer festgestellt werden kann, das in Abb. 127 eingetragen wird (am Ende des Gefälles h_i).

3. Stufe.

$$h_t = 6{,}9\,\text{kcal/kg}, \quad D = 505\,\text{mm}, \quad u = 79{,}3\,\text{m/sek}, \quad \alpha_1 = 20^0,$$

$$\psi = 0{,}88, \quad \zeta = 0{,}29.$$

Der geringe Unterschied der Eintrittsgeschwindigkeiten in Leit- und Laufschaufel ist vernachlässigt, daher $c_1 = w_2$ und gleiche Geschwindigkeitsdreiecke. Im übrigen ist die Berechnung die gleiche wie bei der 2. Stufe.

4. bis 16. Stufe. Berechnungsgang wie vor. Stufe 15 und 16 müssen $\alpha_1 = 22^0$ erhalten, um zu plötzliche Zunahme der Schaufellängen zu vermeiden. Die Zahlenwerte sind in Zahlentafel 12 (S. 171) angegeben. Die Verlustkoeffizienten ζ sind entsprechend den aus den Geschwindigkeitsplänen zu entnehmenden Winkeln mit ψ nach Abb. 79, S. 72 ermittelt worden.

17. bis 20. Stufe. $D = 1200$ mm; die Winkel α_1 und β_2 mußten, von Stufe zu Stufe steigend, auch bei Leit- und Laufschaufeln angenommen werden, um der starken Volumenszunahme Rechnung zu tragen. Um noch gute Wirkungsgrade zu erreichen, ist u/c_1 höher gewählt, in den letzten beiden Stufen wieder etwas abnehmend, wegen größerer erforderlicher Geschwindigkeit c_1 und w_2. Die Werte enthält Zahlentafel 1.

Nach durchgeführter Berechnung erhält man das ganze im Überdruckteil umgesetzte Gefälle $H_w = 140$ kcal/kg in guter Übereinstimmung mit dem angenommenen Wert. Mit dem Austrittsverlust der letzten Stufe $h_a = \frac{A\,c_2^2}{2g} = \frac{182^2}{8378} = 3{,}95$ kcal/kg ist der Endwärmeinhalt $i_e = 562{,}88$ kcal/kg und das ganze innere Gefälle der Turbine

$$H_i = 734{,}8 - 562{,}88 = 171{,}9\,\text{kcal/kg}$$

also

$$\eta_i = 171{,}9 : 221{,}1 = 0{,}779$$

und mit $\eta_m = 0{,}98$ (einschließlich Stopfbüchsenverlust)

$$\eta_e = 0{,}779 \cdot 0{,}98 = 0{,}763 = 76{,}3\%.$$

Damit ist der Dampfverbrauch

$$D_e = \frac{632{,}3}{221{,}1 \cdot 0{,}763} = \mathbf{3{,}75}\,\text{kg/PS}_e\text{h}$$

und

$$G_{sk} = 5000 \cdot 3{,}75 : 3600 = \mathbf{5{,}21}\,\text{kg/sek}.$$

Mit dieser Dampfmenge müssen die Schaufellängen berechnet werden, s. unten.

Die Summe Umfangsgeschwindigkeitsquadrate ist für den Überdruckteil

$$\sum (u^2) = 288318\,(\text{m/sek})^2$$

Zahlentafel 12.

Stufe	Druck	Wärmeinhalt		Gefälle	Teilkreis-∅ D	Umfgs.-Geschw.	Dampfgeschwindigkeit				ζ	Schaufelverlust		Spaltverlust	Σ-Verluste	h_i	η_i	i_e	u/c_1
		i	i_o	h_t		u	c_2'	c_1	w_1	w_2		h_s'	h_s''	h_{sp}					
	ata				mm	m/sek											%		
Gl. 1	16/15	734,8	682,1	52,7	1000	157,08	—	634		—			$h_{rv}=1,2$	—		35,9	68,1	698,9	0,248
Ü. 2	6	698,9	692,15	6,75	500	78,54	50	154,3	86	166,6	0,29	1,78		0,32	2,10	4,65	68,9	$i_e = i$ der folgenden Stufe	0,51
3	5,30	694,25	687,35	6,9	505	79,3	94	170,6	98,5	170,6	0,29	2,02		0,29	2,31	4,59	66,5		0,465
4	4,62	689,66	682,66	7,0	510	80,1	98,5	174,0	99	174	0,29	2,1		0,27	2,37	4,63	66,2		0,46
5	4,07	685,03	678,03	7,0	515	80,9	100	174,9	101	174,9	0,29	2,1		0,26	2,36	4,64	66,3		0,462
6	3,60	680,39	673,39	7,0	520/525	82,5	103	176,8	103	176,8	0,28	2,1		0,24	2,34	4,66	66,6		0,466
7	3,10	675,73	668,73	7,0	530/540	84,82	103	176,8	103	176,8	0,28	2,1		0,24	2,34	4,66	66,6		0,48
8	2,69	671,07	664,07	7,0	550/560	87,96	103	177,6	103	177,6	0,26	1,96		0,22	2,18	4,72	67,4		0,495
9	2,33	666,35	658,85	7,5	575/585	91,85	103	183,5	103	183,5	0,25	2,0		0,23	2,23	5,27	70,3		0,50
10	1,965	661,10	653,50	7,6	600/610	95,82	104	185	104	185	0,25	2,0		0,23	2,23	5,37	70,7		0,517
11	1,65	655,73	647,93	7,8	625/640	100,53	104	186,5	104	186,5	0,235	1,96		0,22	2,18	5,62	72,1		0,529
12	1,38	650,1	642,1	8,0	655/670	105,24	104	187	98	187	0,235	1,97		0,2	2,17	5,83	72,9		0,563
13	1,15	644,27	636,07	8,2	690/710	111,53	98	188	96	188	0,235	1,97		0,18	2,16	6,04	73,7		0,592
14	0,928	638,22	629,82	8,4	734/756	118,75	92	190	92	190	0,21	1,75		0,16	1,91	6,49	77,3		0,632
15	0,760	631,73	622,83	8,9	780/800	125,66	86	192,9	86	192,5	0,2	1,78		0,18	1,96	6,94	78,0		0,652
16	0,600	624,79	615,29	9,5	825/850	133,52	90	201	90	201	0,19	1,83		0,19	2,02	7,48	78,8		0,665
17	0,468	617,31	600,31	17,0	1200	188,5	50	250	97	262,3	0,18	0,881	0,969	0,64	2,49	14,51	85,4		0,754
18	0,293	602,80	585,80	17,0	1200	188,5	108	265	114	268,6	0,17	0,981	1,01	0,7	2,7	14,3	84,2		0,754
19	0,181	588,5	571,25	17,25	1200	188,5	122	274,3	132	278,4	0,16	1,04	1,15	0,59	2,78	14,47	84,0		0,687
20	0,108	574,03	555,93	18,1	1200	188,5	143	289	162	300	0,15/0,14	1,14	1,22	0,64	3,0	15,1	83,5		0,653
	0,06	558,93 + 3,95 = 562,88					182												

Zahlentafel 13.

Stufe	Dampfmenge		Leitschaufeln								Laufschaufeln							
	Spalt G_{sp}	Schaufel	Teilkreis-Ø D_1	Schaufelzahl z_1	Schaufelteilung t_1	Vereng.-Faktor τ_1	Wink.-Eintr./Austr. α_2/α_1	Spez. Vol. v_1	axiale Geschw. w_{1a}	Schaufellänge l_1	Teilkreis-Ø D	Schaufelzahl z_2	Schaufelteilung t_2	Vereng.-Faktor τ_2	Wink.-Eintr./Austr. β_1/β_2	Spez. Vol. v_2	axiale Geschw. w_{2a}	Schaufellänge l_2
	kg/sek	kg/sek	mm		mm		0	m³/kg	m/sek	mm	mm		mm		0	m³/kg	m/sek	mm
1	0,29	4,92	500	157	10,0	0,854	40/20	0,41	53	28,4	500	157	10,0	0,854	40/20	0,43	56	28,4
2	0,26	4,95	505	159	9,99	0,854	40/20	0,45	58	28,4	505	159	9,99	0,854	40/20	0,48	58	30,0
3	0,24	4,97	510	160	10,01	0,854	40/20	0,50	58	31,3	510	161	10,01	0,854	40/20	0,53	58	33,2
4	0,24	4,97	515	162	9,99	0,854	40/20	0,56	58	34,7	515	162	9,99	0,854	40/20	0,595	58	36,9
5	0,23	4,98	520	163	10,01	0,854	40/20	0,63	60	37,5	525	165	9,99	0,854	40/20	0,675	60	39,8
6	0,22	4,99	530	167	9,97	0,853	40/20	0,715	60,5	41,5	540	170	9,99	0,854	40/20	0,76	60,5	43,3
7	0,17	5,04	550	173	9,99	0,854	42/20	0,81	60	46,1	560	176	9,99	0,854	42/20	0,86	60	48,1
8	0,16	5,05	575	180	10,02	0,854	42/20	0,91	62	49,0	585	184	9,99	0,854	42/20	0,995	62	51,7
9	0,15	5,06	600	189	9,98	0,854	44/20	1,06	63	52,9	610	192	9,99	0,854	44/20	1,13	63	55,5
10	0,15	5,06	625	194	9,99	0,854	44/20	1,21	63,5	57,5	640	201	10,00	0,854	44/20	1,31	63,5	60,8
11	0,15	5,06	655	206	9,99	0,854	46/20	1,42	64	63,9	670	211	9,99	0,854	46/20	1,54	64	67,7
12	0,14	5,07	690	217	9,99	0,854	48/20	1,66	65	70,0	710	223	10,00	0,854	48/20	1,80	65	73,7
13	0,14	5,07	734	231	9,99	0,854	52/20	1,98	66	77,3	756	238	9,99	0,854	52/20	2,175	66	82,4
14	0,13	5,08	780	245	10,0	0,866	52/22	2,45	71	82,5	800	251	10,01	0,866	58/22	2,70	71	88,8
15	0,12	5,09	825	260	9,99	0,866	60/22	3,05	75	92,3	850	267	10,00	0,866	60/22	3,40	75	99,9
16	0,17	5,04	1200	377	10,00	0,854	62/20	4,20	85	77,4	1200	377	10,00	0,866	62/22	5,20	95	84,5
17	0,16	5,05	1200	290	12,97	0,898	64/22	6,50	98	98,9	1200	290	12,97	0,907	64/24	8,10	108	110,6
18	0,15	5,06	1200	290	12,97	0,913	66/26	10,05	118	125,1	1200	290	12,97	0,919	68/28	12,9	131	143,6
19	0,12	5,09	1200	252	14,96	0,939	70/32	17,0	152	161,6	1200	270	14,96	0,940	72/36	22,0	178	177,4
20																		

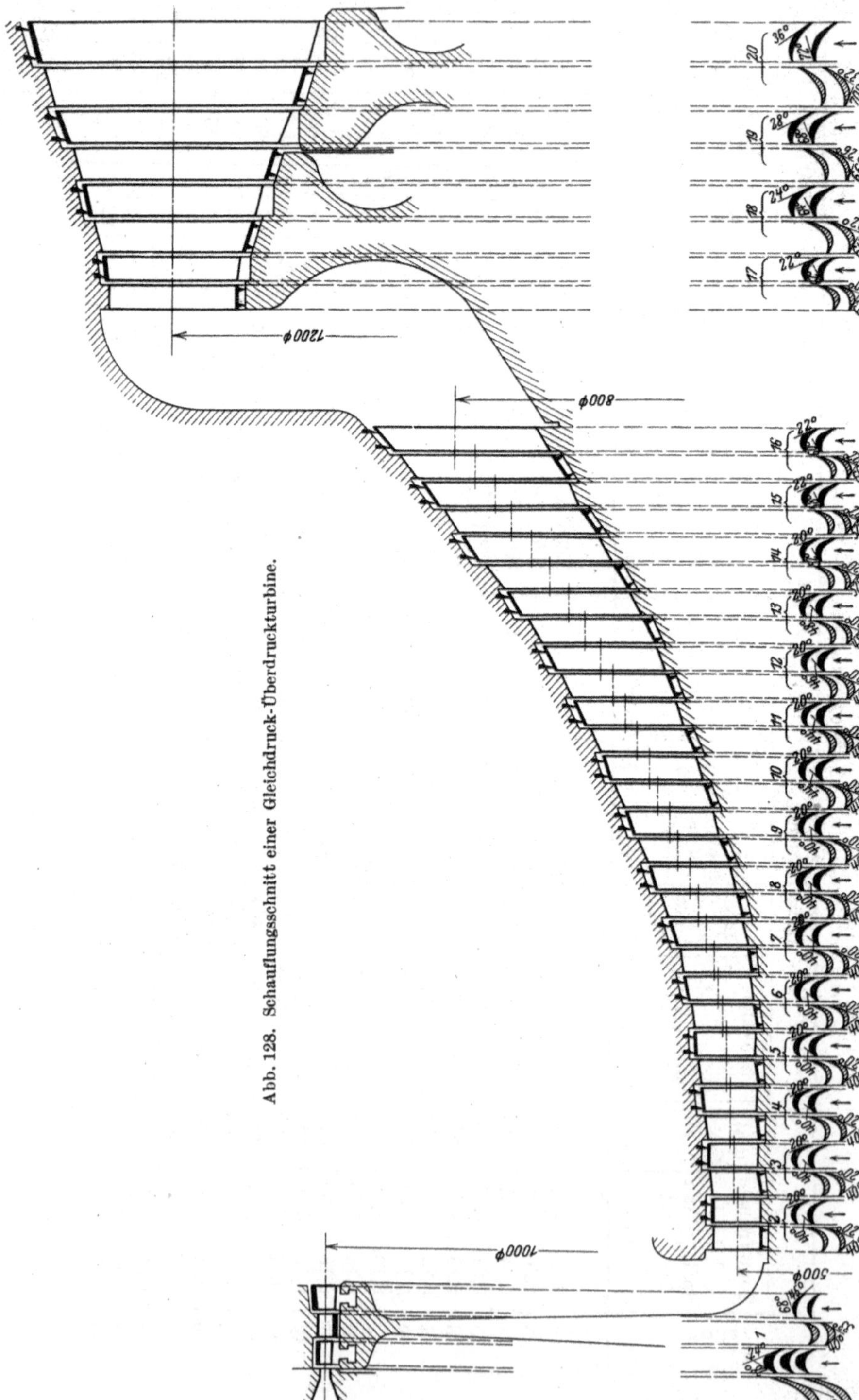

Abb. 128. Schauflungsschnitt einer Gleichdruck-Überdruckturbine.

und die Summe der adiabatischen Einzelgefälle

$$\sum (h_t) = 183{,}9 \text{ kcal/kg}.$$

Die Qualitätsziffer (Parsonssche Kennzahl, s. S. 100) ist

$$X = \frac{288318}{183{,}9} = 1567,$$

(auf das adiabatische Gesamtgefälle bezogen 1650) und der Wärmerückgewinnungsfaktor des Überdruckteils

$$\mu = \frac{183{,}9}{174{,}6} = 1{,}0525 \text{ d. s. } 5{,}25\%.$$

Berechnung der Schaufellängen.

1. Stufe. Wie für Berechnungsbeispiel S. 152 durchgeführt. Leitkanäle (ohne Erweiterung, $F_1 = F_{\min} = 2626 \text{ mm}^2$ (nach Gl. 36a, S. 27), $z = 90$ (156 am Umfang). Winkel s. Abb. 125 u. 128. Laufschaufeln: 1. Kranz $l_1 = 7{,}5$, $l_2 = 8{,}5$ mm; Umleitkranz $l_1 = l_2 = 10$ mm, 2. Kranz $l_1 = 11{,}5$, $l_2 = 13{,}5$ mm.

2. Stufe. Nach Gl. (103) S. 164 ist

$$l = \frac{G v_1}{\pi D \cdot c_a \tau},$$

wobei $G = G_{sk} - G_{sp}$ die durch die Schaufel strömende Menge mit $G_{sp} = 2 \cdot s/l \cdot G_{sk}$; als l wird die auch für den Spaltverlust überschläglich ermittelte Schaufellänge $l = 28$ mm angenommen

$$G_{sp} = 2 \cdot 0{,}75/28 \cdot 5{,}21 = 0{,}28 \text{ kg/sek},$$

$$G = 5{,}21 - 0{,}28 = 4{,}93.$$

c_a aus dem Geschwindigkeitsplan, τ aus dem entworfenen Schaufelprofil (Abb. 128).

Leitschaufel

$$l_1 = \frac{4{,}93 \cdot 0{,}41}{\pi \cdot 0{,}5 \cdot 53 \cdot 0{,}854} = 28{,}4 \text{ mm}.$$

Laufschaufel

$$l_2 = \frac{4{,}93 \cdot 0{,}43}{\pi \cdot 0{,}5 \cdot 56 \cdot 0{,}854} = 0{,}0284 = 28{,}4 \text{ mm}.$$

3. bis 20. Stufe. Die Zahlenwerte sind in Zahlentafel 13, S. 172 enthalten. Die Spiele sind mit der Schaufellänge zunehmend angenommen.

Mit den errechneten Schaufellängen und den entworfenen Profilen ist der Längs- und Schaufelschnitt (Abb. 128) gezeichnet, der den kontinuierlichen Verlauf der Querschnitte und Schaufellängen zeigt, worauf bei der Wahl der Schaufelwinkel, der Durchmesser und der Dampfgeschwindigkeiten Rücksicht zu nehmen war. Näheres über den Entwurf der Schaufelprofile s. S. 193.

Dritter Abschnitt.

Konstruktion und Berechnung der Einzelteile.

I. Die Leitvorrichtungen.

Die Ausführung der Leitvorrichtungen kann recht verschieden sein, zunächst hängt sie davon ab, ob eine Energieumsetzung oder nur eine Richtungsänderung erreicht werden soll. Bei Energieumsetzung wird je nachdem, ob das kritische Druckverhältnis (s. S. 24) überschritten wird oder nicht eine Düse mit engstem Querschnitt und Erweiterung oder Leitkanäle mit gleichbleibendem Querschnitt angewendet. Bei Überdruckturbinen besteht die Leitvorrichtung aus den ganzen Umfang ausfüllenden Schaufeln, gleich oder ähnlich den Laufschaufeln und soll bei diesen mit behandelt werden.

Soll keine Engerieumsetzung stattfinden, sondern nur eine Änderung der Strömungsrichtung zwecks weiterer Verwertung der Strömungsgeschwindigkeit bei Geschwindigkeitsstufung, so werden die Umleitvorrichtungen als Umleitschaufeln, oder, bei wiederholter Beaufschlagung als Umleitkanäle ausgefürt.

Allgemein herrscht das Bestreben, die Verluste in den Leitvorrichtungen herabzusetzen; durch geeignete Form, welche Krümmung des Strahles im energieumsetzenden Teil vermeiden soll und sorgfältige Ausführung zur Erzielung glatter Wandungen ist es gelungen, den Geschwindigkeitskoeffizienten zu erhöhen, man kann im Mittel mit $\varphi = 0{,}94 - 0{,}95$ rechnen, bei besonders sauberer Ausführung und kleinen Geschwindigkeiten ist aber schon 0,96 bis 0,97 erreicht worden, was einer Verringerung des Düsenverlustes von 11,64 bzw. 9,75% auf 7,84 bzw. 5,01% entspricht. Es werden immer mehr gefräste Leitvorrichtungen angewendet, die auch den Vorteil haben, daß kleinere Einzelquerschnitte ausführbar werden, also auch bei kleineren Leistungen volle Beaufschlagung erreicht werden kann.

A. Düsen mit Querschnittserweiterung.

Berechnung der Querschnitte s. S. 123.

Die Form der Düse soll keine zu scharfe Querschnittserweiterung (Strahlablösung!) ergeben; der Erweiterungskegel soll 10 bis 15° nicht überschreiten. Der engste Querschnitt kann kreisrund sein oder rechteckig, der Endquerschnitt ist stets rechteckig; die Begrenzung in Achsenrichtung wird meist geradlinig ausgeführt, obgleich Krümmung entsprechend den Stromlinien (s. S. 39) theoretisch richtig wäre. Die Düsen werden zu Segmenten vereinigt und sind so nahe aneinander zu reihen, als es die Ausführung der Wandstärke zuläßt, um Wirbel durch Stromschatten (S. 69) zu vermeiden; bei gegossenen Düsen können 2 bis 3 mm als Kleinstmaß gelten. Einzelne Düsen oder Gruppen von mehreren Düsen werden bei Mengenreglung (S. 286) abschaltbar angeordnet, wobei sich größere Abstände zwischen den Gruppen nicht immer vermeiden lassen.

1. Gegossene Düsensegmente ermöglichen bequeme Herstellung, besonders bei einer größeren Anzahl von Segmenten, man kann dabei den Düsen jede gewünschte Form geben, runden engsten Quer-

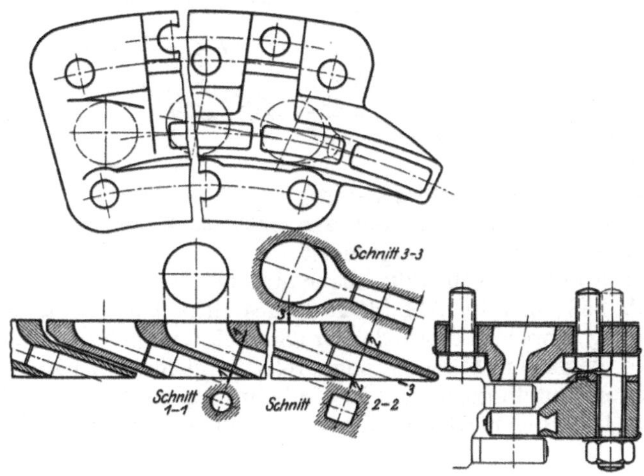

Abb. 129. Gegossene Düsen (AEG).

schnitt der auf genaues Maß nachgerieben werden kann und sanften Übergang in den Endquerschnitt. Die Achse der Düsen kann ohne Schwierigkeit geradlinig ausgeführt werden, sie sollte tangential an den Teilkreis (mittleren Beaufschlagungskreis) gerichtet stehen und die Stege zwischen den Düsen nicht radial gerichtet, sondern einen Kreis berührend vom Halbmesser $r = s : \operatorname{tg} \alpha_1$, wenn s das Spiel zwischen Düse und Laufschaufel und α_1 der Düsenleitwinkel, damit der Stahl nicht schräg auf die Schaufelkante trifft, wie S. 179 erläutert.

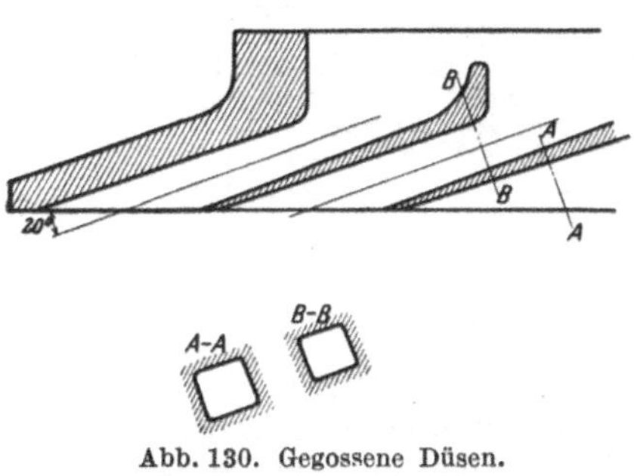

Abb. 130. Gegossene Düsen.

Für das Einformen der Düsensegmente fertigt man ein Modell des Düsenkernes an, formt dieses in Gips und benutzt die Form als Kernkasten; die Kerne müssen möglichst glatte Oberfläche haben und sich genau in die Form des Segmentes einsetzen lassen. Das Material ist zähes dichtes Gußeisen (Heißdampfeisen).

Abb. 129 zeigt ein gegossenes Düsensegment der AEG mit geradliniger Achse; die Wandungen können nachgeschabt und geglättet werden. Eine einfachere Form mit rechteckigen Querschnitten ist in

Abb. 130 dargestellt. Auch eingegossene profilierte Düsenschaufeln werden angewendet, jedoch nur für kleine billige Turbinen.

2. Eingenietete Düsenschaufeln zeigt Abb. 131 (MSW-Kleinturbine); die Schaufeln werden von gezogenen Profilstangen aus Ni-Stahl abgeschnitten, die Zapfen gefräst und in Winkelringe eingenietet.

3. Gefräste Düsen ergeben die beste Ausführung; sie bestehen entweder aus gefrästen und zusammengesetzten Schaufelkanälen, wie bei den Leitschaufeln (S. 182) erwähnt, oder sie werden in einem Ni-Stahlring eingefräst Abb. 132 (BBC), und mit einem äußeren Deckring abgeschlossen, der angedrückt wird (Abb. 143, S. 184).

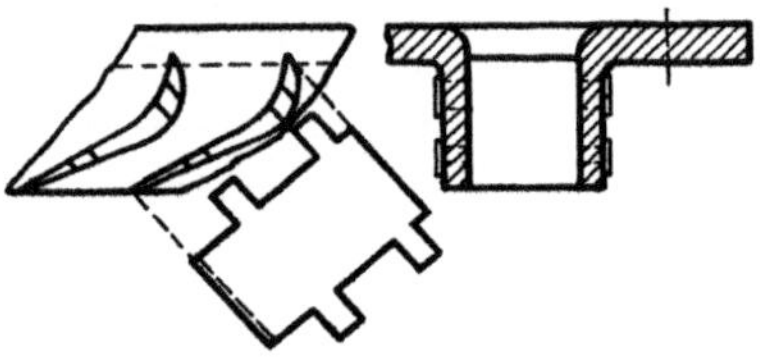

Abb. 131. Eingenietete Düsenschaufeln.

4. Die Befestigung der Düsensegmente am Düsenkasten oder am Dampfkanal im Gehäuse erfolgt meist durch Anschrauben (Abb. 129). Eine einfache Befestigungsart der BBC zeigt Abb. 358; das in Abb. 132 dargestellte Düsensegment *A* und der Deckring *B* werden durch das Druckstück *C* mittels der Schrauben *D* durch die kegeligen Flächen angepreßt, zugleich wird der Ring mit den Umleitschaufeln gehalten. In ähnlicher Art erfolgt die Befestigung der Düsen bei einigen Kleinturbinen (s. Abb. 356, S. 344 und Abb. 361, S. 348).

5. Die Umleitvorrichtungen sind bei mehrkränzigen Rädern den Laufschaufeln ähnliche Schaufeln, deren Winkel durch den Geschwindig-

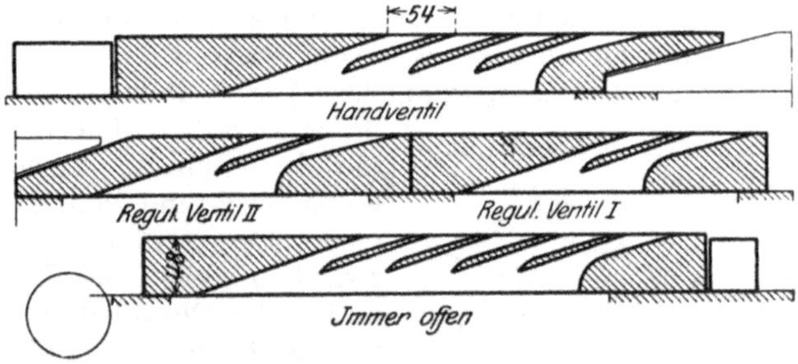

Abb. 132. Gefräste Düsen (BBC).

keitsplan festgelegt sind; sie werden in gleicher Weise wie die Laufschaufeln, oder, da sie keine Fliehkräfte aufzunehmen haben, in einfacherer Weise durch Füße in einem Ring gehalten, oder direkt in das Gehäuse gesetzt; die Ringe werden auf verschiedene Art befestigt (vgl. Abb. 129, 311, S. 310), Ausführung der Schaufeln s. unter Laufschaufeln.

Bei wiederholter Beaufschlagung desselben Kranzes, wie sie bei Kleinturbinen angewendet wird, muß der Dampf um fast 180° umgelenkt werden, wodurch natürlich recht große Energieverluste entstehen; diese Art hat aber den Vorteil, daß nur ein Schaufelkranz nötig ist und die Beaufschlagung wesentlich größer, also der Ventilationsverlust kleiner wird, was bei kleinen Leistungen den Energieverlust aufwiegt. Die Umleitkammern werden entweder gegossen (dichtes Guß-

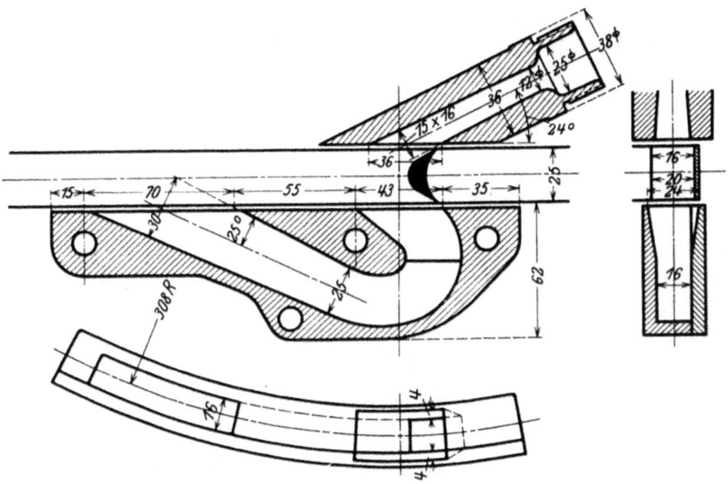

Abb. 133. Umleitkammer für wiederholte Beaufschlagung.

eisen) und nachgeschabt oder gefräst. Abb. 133 zeigt eine Umleitkammer einer axialen Kleinturbine, Bauart Kienast, von E. Nacke (vgl. auch Abb. 354, S. 343).

B. Leitkanäle.

Leitkanäle ohne Erweiterung werden bei größeren radialen Kanalhöhen wie bisher mit beiderseitig eingegossenen Blechschaufeln ausgeführt; bei kleineren Höhen werden nach dem Vorbild der Ersten Brünner Maschinenfabriks-Gesellschaft die Kanäle aus allseitig gefrästen Schaufeln gebildet, die geringere Verluste haben. Man kann dabei auf 4 mm radialer Höhe heruntergehen, wodurch volle Beaufschlagung leichter zu erreichen ist; bei eingegossenen Schaufeln geht man nicht unter 7 mm.

Wenn auch der Spalt zwischen Leit- und Laufrad bei den Gleichdruckturbinen nicht die Rolle spielt wie bei den Überdruckturbinen, so ist doch wegen der Wirbelbildung und der Saugwirkung des Dampfes im Spalt ein möglichst kleiner Spalt angebracht; man ist auf 2 mm, bei kleinen Durchmessern sogar auf 1 mm Spaltweite gegangen, was aber eine genaue Fixierung der gegenseitigen Lage von Leit- und Laufrad erfordert. Einige Werke ordnen besondere Einstellvorrichtungen an, die das Spiel von außen erkennen und im Betriebe einstellen lassen.

Neben diesen Gesichtspunkten wird eine Verbesserung des Wirkungsgrades noch durch die konstruktive Ausbildung der Kanäle und richtige Strahlführung in die Laufschaufel erreicht. Würde man die Leitschaufeln mit radial gerichteter Austrittskante ausführen, wie es früher geschah

(Abb. 134), so würde die Schnittfigur $abcd$ der Austrittsebene sich tangential bewegen und als Schnittfigur $a' b' c' d'$ auf die Laufschaufeleintrittsebene treffen, die Strahlkante $b' c'$ also durch die radial stehende Schaufelkante schräg geschnitten werden, wodurch Wirbel entstehen müssen. Ferner würde bei kreisförmiger (zylindrischer) äußerer und innerer Begrenzung der Kanäle eine wenn auch geringe Stahlkrümmung eintreten (s. Strömung in krummlinigen Kanälen, S. 18). Endlich hat diese Ausführung noch den Nachteil, daß infolge der tangentialen Verschiebung der Schnittfigur, die Laufschaufeln so lang gemacht werden müssen, daß die äußersten Punkte b' und d' noch in die Laufschaufel eintreten können; die übrigen Schaufeln werden aber nicht voll ausgefüllt, was wieder Wirbel verursacht. Diese Nachteile sind offenbar um so größer, je weiter der Spalt ist.

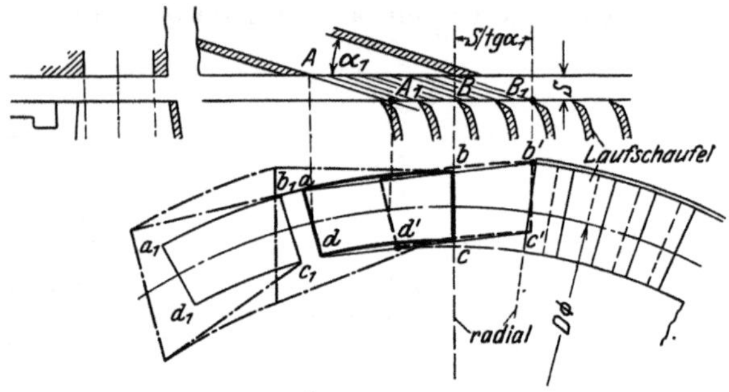

Abb. 134. Ältere Leitkanalform.

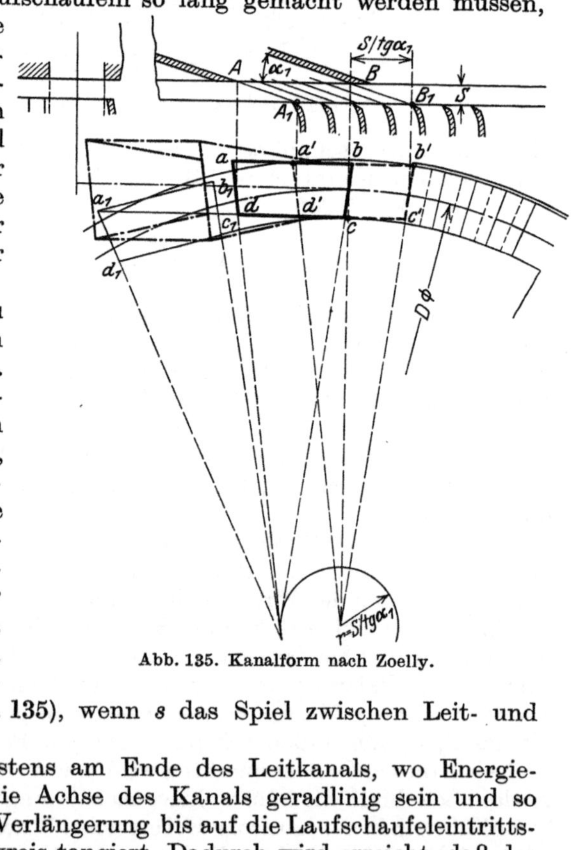

Abb. 135. Kanalform nach Zoelly.

Um diese Nachteile zu vermeiden, müßte nach dem Zoelly-Patent D.R.P. 235753 die Austrittskante der Leitschaufeln nicht radial gerichtet sein, sondern parallel zur Laufschaufelkante, auf welche der Strahl nach Durchströmen des Spaltes auftrifft, d. h. parallel zur Radialen durch B_1 bzw. A_1 oder tangential an einen Kreis vom Halbmesser $r = s/\text{tg}\,\alpha_1$ (Abb. 135), wenn s das Spiel zwischen Leit- und Laufschaufel.

Ferner müßte, wenigstens am Ende des Leitkanals, wo Energieumsetzung stattfindet, die Achse des Kanals geradlinig sein und so gerichtet, daß sie in der Verlängerung bis auf die Laufschaufeleintrittsebene den mittleren Teilkreis tangiert. Dadurch wird erreicht, daß der

Strahl mit den Begrenzungskreisen der Laufschaufeln gut übereinstimmt und die Schaufeln viel kürzer gehalten werden können wie die Abb. 135 zeigt, und die Wirbelverluste geringer werden. Die äußere und die innere Begrenzung des Leitkanals wird nicht zylindrisch, sondern geradlinig ausgeführt, damit sie bequem bearbeitet werden kann, was auch bei eingegossenen Leitschaufeln durch kleine Spezialstoßmaschinen möglich ist. Es sehen die Kanäle eines Leitrades am Austritt dann so aus wie Abb. 136 zeigt.

Abb. 136. Ansicht der Austrittsseite.

Um die Austrittsenergie in der folgenden Leitvorrichtung auszunutzen, muß die Leitschaufeleintrittskante so nahe an die vorhergehende Laufschaufel herangeführt werden, als dies konstruktiv möglich ist; da hier wegen des größeren Abstandes der Strahl noch schräger auf die Leitschaufelkante trifft, als oben bei der Laufschaufel erwähnt, so gilt für die Richtung der Leitschaufeleintrittskante dasselbe, will man den Schrägschnitt vermeiden. Mit Rücksicht auf die Schwierigkeit der Herstellung wird meist auf die volle Anpassung verzichtet, zumal der Strahl aus den Laufschaufeln wegen der kleineren Schaufelstärke viel geschlossener austritt als bei den Leitschaufeln. Jedenfalls wird man den Leitschaufeleintrittswinkel α_0 (Abb. 137) dem Austrittswinkel des Strahles aus der Laufschaufel (s. Abb. 47, S. 49) anpassen. Um gute Strahlführung zu erhalten, muß die parallelwandige Strecke c (Abb. 137) so gewählt werden, daß an der äußeren Seite mindesten $c = 2$ mm beträgt.

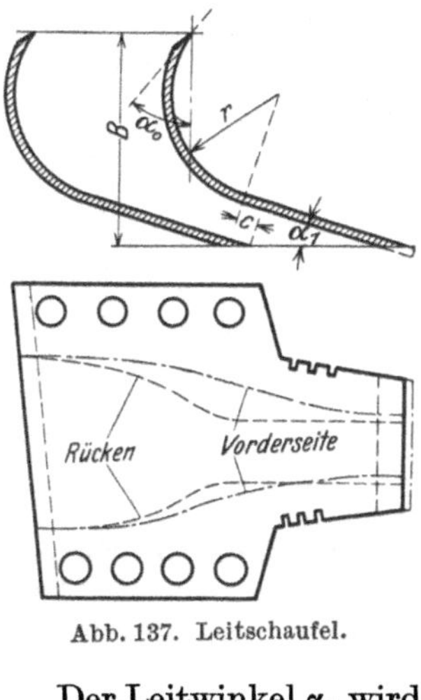

Abb. 137. Leitschaufel.

Zwecks Verringerung der Wirbelverluste werden die Leitschaufeln zuweilen zum Austritt hin etwas zugeschärft, bis auf 1 mm Stärke (vgl. Abb. 141); eine Querschnittserweiterung wird vermieden durch seitliche Verengung oder dadurch, daß die Zuschärfung außerhalb des allseitig umschlossenen Kanalteils liegt.

Der Leitwinkel α_1 wird meist nicht unter 14° genommen, es sind aber auch kleinere Winkel ausgeführt (EWC 12°), was bei Strahlablenkung vorteilhaft sein kann. Im Niederdruckteil muß α_1 nötigenfalls größer werden.

1. Eingegossene Leitschaufeln

werden aus gewalzten 5%-Ni-Stahlbändern von entsprechender Stärke hergestellt; sie werden auf die erforderliche Form geschnitten, mit den gestanzten Löchern an den einzugießenden Enden versehen, zwecks besseren Haltes im Guß und dann auf der Presse gebogen. Die Enden werden mit Säure gereinigt und verzinnt, um beim Gießen saubere Oberflächen und gutes Vereinigen mit dem Gußeisen zu erzielen. Abb. 137 zeigt eine solche Schaufel in Schnitt und Abwicklung; die gestrichelte bzw. strichpunktierte Linie ist die Begrenzung des Kanals auf der Vorder- bzw. Rückenseite der Schaufel. Die axiale Breite B solcher Schaufeln ist 40 bis 100 mm, die Stärke meist 2 mm, nur bei sehr großer Länge mehr.

Die Leitradscheiben (Zwischenwände) sind in der Mittelebene geteilt, um die obere Hälfte des Gehäuses mit den Leitapparaten abheben zu können. Einen solchen Leitapparat zeigt Abb. 138 (MAN) in der Draufsicht auf die Teilfuge, Schnitte durch dieselbe mit der Abdichtung durch Feder und Nut und den Schnitt durch die Leitschaufeln; in der Teilfuge wird eine Schaufel geschnitten, was aber belanglos ist.

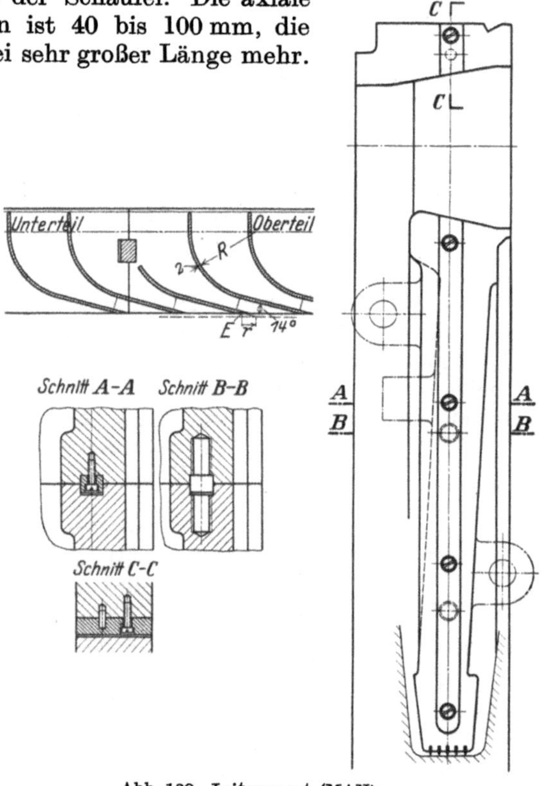

Abb. 138. Leitapparat (MAN).

Die Wumag (GMA) führt bei nicht zu großen Kanalhöhen die Blechschaufeln an den Austrittsenden mit Verstärkungen aus Stahl aus, um an der Stelle hoher Dampfgeschwindigkeit die Bewegung an einer Gußwand zu vermeiden; die Verstärkungen werden durch Spezialmaschinen sauber bearbeitet. Diese Konstruktion (D.R.P. 398325) hat den Vorteil, daß das Ausbrechen der gußeisernen, spitz zulaufenden Keile, die durch die Schaufelneigung entstehen, vermieden wird.

Das Herstellen des Kernes mit den eingesetzten Leitschaufeln kann auf besonderen Formmaschinen erfolgen, die große Genauigkeit der Teilung ermöglichen. Abb. 139 zeigt eine solche Maschine (GMA).

Der drehbare Arm wird durch Einschnappen in die am äußeren Winkelring angebrachten Löcher genau auf eine Teilung eingestellt, die einzuformende Schaufel wird auf den Schaufelklotz gelegt, durch Herumlegen des oben links sichtbaren Gewichtshebels werden die seitlichen Backen mit genauer seitlicher

Kanalform herangeführt und die Kernmasse in den so gebildeten Raum, der der Kanalform entspricht, eingestampft, dann werden die Backen gelöst, der Apparat um eine Teilung verschoben und der Arbeitsvorgang wiederholt.

Abb. 139. Leitapparat-Formmaschine (WUMAG).

2. Gefräste Leitkanäle

werden bei kleineren Kanalhöhen und dort, wo es auf große Wirtschaftlichkeit ankommt, auch bis zu 50 mm radialer Höhe jetzt vorwiegend ausgeführt. In die einzelnen Schaufelstücke aus Ni- oder nichtrostendem Stahl werden die Kanäle mit der Kopierfräsmaschine eingefräst, durch Aneinanderreihen entstehen sauber bearbeitete Kanäle. Die Schaufelstücke werden in die meist aus Stahlformguß gefertigten Leitradscheiben eingesetzt und durch Stifte, Nieten oder geeignete Nuten gehalten. Abb. 140 zeigt aus nichtrostendem Stahl hergestellte Leitschaufeln der Ersten Brünner, wie sie auch von den Lizenznehmern in Deutschland ausgeführt wird. Die Schaufelstücke sind mit ihrem etwas konischen Fuß in die Leitradscheiben eingesetzt und vernietet; auch L-förmige Füße, die weiter keiner Befestigung bedürfen, werden angewendet. Die axiale Breite B ist 20 bis 30 mm. Brünn ordnet in den Leitschaufelstücken der entsprechenden Stufe gleich die Überlastkanäle (in Abb. 140 strichpunktiert) an. Einen Schnitt durch die Leitvorrichtungen zeigt Abb. 146.

Bei größeren Raddurchmessern kommt man mit der angegebenen Breite nicht aus und muß größere Breiten anwenden, wodurch die Schaufeln allerdings teuer werden.

Die gefräste Leitschaufel der GMA zeigt Abb. 141, die nach dem

Zoelly-Patent (S. 179) ausgeführt ist; um nicht zu große Länge der Schaufeln zu erhalten, sind sie in der dargestellten Form geschnitten, wodurch auch Vernietung der benachbarten Schaufeln möglich ist, um Dichthalten zu erreichen, zudem werden die Fugen verschweißt. An den Teilfugen der Leitapparathälften erfolgt die Dichtung durch Feder und Nut in den Schaufeln. Die Schaufeln sind am Austritt von 2 mm auf 1 mm zugeschärft, jedoch erst außerhalb des Kanals (siehe S. 180).

Eine andere Ausführungsform der Leitkanäle wendet die AEG an: die Leitkanäle werden durch gewöhnliche Schaufeln aus geeignetem Material ähnlich den Überdruckschaufeln und durch Zwischen- oder Füllstücke gebildet und mit schwalbenschwanzförmigen Füßen direkt in den Düsenträger gesetzt oder in Ringe, die mit den Leitradscheiben verschraubt werden.

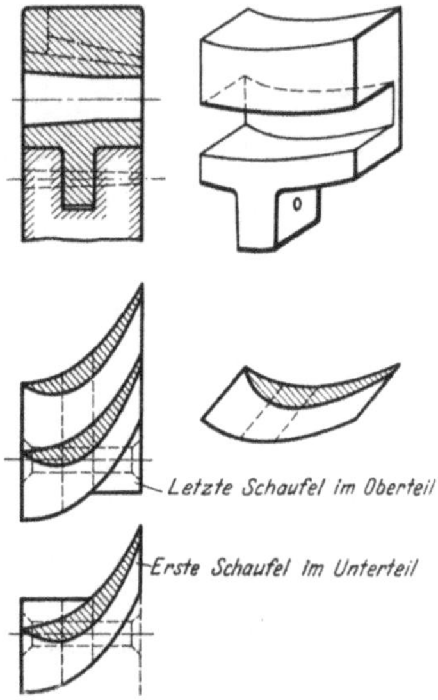

Abb. 140. Gefräste Leitschaufeln (Brünn).

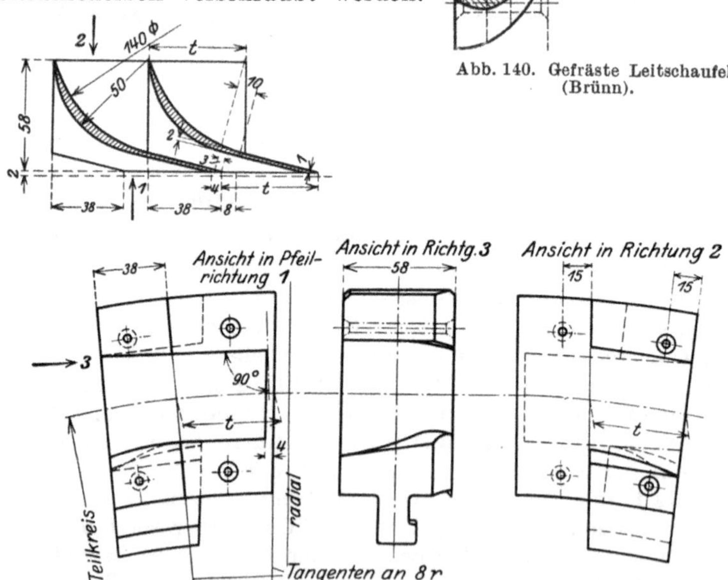

Abb. 141. Gefräste Leitschaufeln (WUMAG).

Abb. 142[1] zeigt diese Ausführungen. Die Schaufeln können mit den Füllstücken verschweißt oder verlötet werden.

Durch die große Zahl der Kanäle mit dünnen Stegen (0,5 mm) wird die Verengung gering und der Strahl tritt geschlossen aus; die

[1] Aus Kraft, E. A.: Die neuzeitliche Dampfturbine.

Verbindung des äußeren Leitradringes mit der inneren Leitradscheibe erfolgt durch Stege, die Schaufeln haben keine Kräfte aufzunehmen.

Bei vielstufigen Turbinen mit Ausnutzung der Austrittsgeschwindigkeit werden die

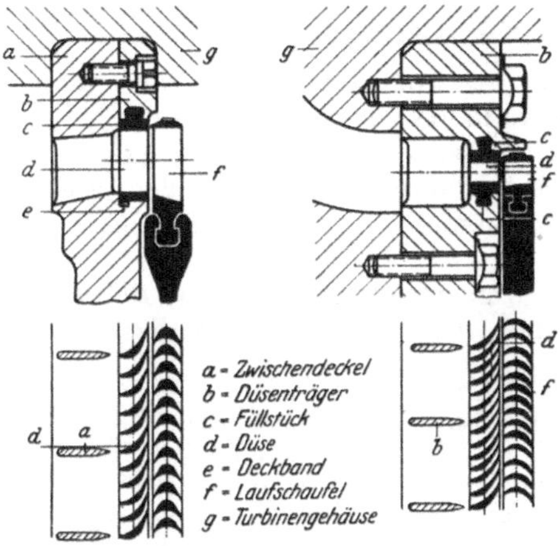

Abb. 142. Gefräste Düsen mit Düsenträger (AEG).

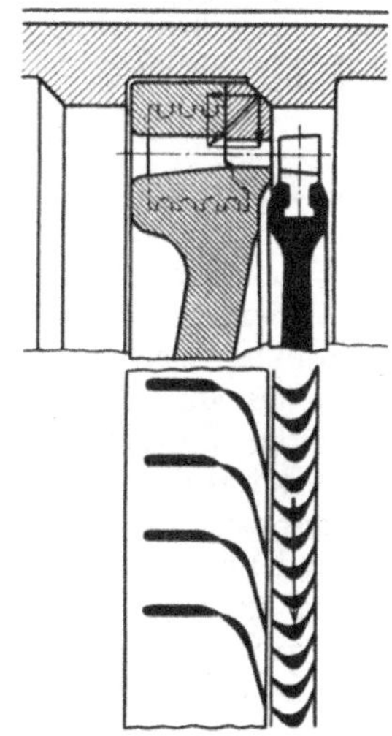

Abb. 143. Leitschaufeln von BBC.

Leitschaufeln breiter ausgeführt und reichen bis etwa 4 mm an die vorhergehende Laufschaufel (Abb. 142).

Brown, Boveri & Cie (BBC) wenden bei großen Durchmessern und demzufolge großen Druckunterschieden eingegossene starke Bleche

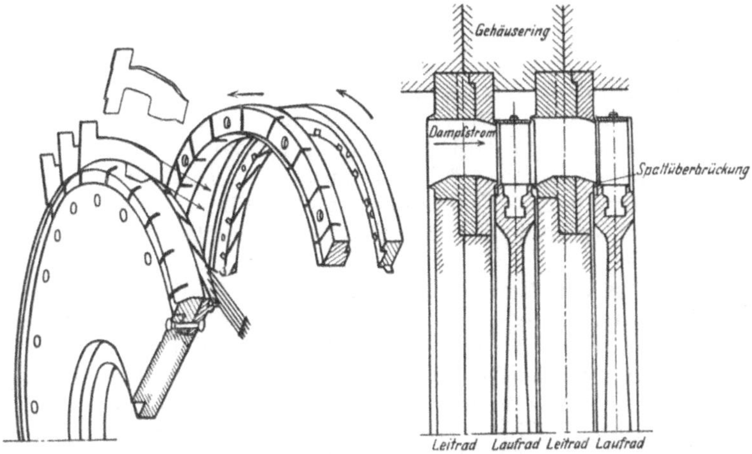

Abb. 144. Leitapparat von Humboldt.

als Tragkonstruktion an und setzen die vollständig bearbeiteten Leitkanäle, wie in Abb. 143 dargestellt, ein; sie werden durch die kegelige Auflagefläche mittels des Dampfdruckes angepreßt.

Eine besondere Leitradschaufelung wendet Humboldt an (Abb. 144), die für Hochdruck ausgeführt wird.

Die Stahlschaufeln werden radial in Einschnitte der Innenringe eingeschlagen und am Eintritts- und Austrittsende durch je einen Ansatz, der in einen entsprechenden Einschnitt des Innenringes eingreift, befestigt. Darüber werden die Außenringe gepreßt, die ebenfalls mit Einschnitten versehen sind, in denen die Schaufeln mit ihren Oberkanten und einem Ansatz der Eintrittsseite festgehalten werden. Die Austrittsenden sind tangential gerichtet (vgl. S. 179).

3. Befestigung der Leitapparate.

Die Befestigung der Leitapparate im Gehäuse ist sehr wichtig; einerseits muß wegen der kleinen radialen Überstände und des geringen Spaltes der Leitschaufel gegenüber der Laufschaufel der Leitapparat genau fixiert sein und im Gehäuse dampfdicht abschließen, andererseits muß er sich frei ausdehnen können, ohne sich im Gehäuse zu verschieben oder zu spannen.

Für die Befestigung gibt es verschiedene Lösungen, die für die radiale Befestigung im allgemeinen darin besteht, daß die einzelnen Leitapparate, oder die Einsätze, in denen mehrere Leitapparate gehalten werden, in dem Gehäuse mit reichlichem Spiel durch Federkeile gehalten werden, wie Abb. 145 veranschaulicht. Die Federkeile K halten die Leitradhälften, den Oberteil noch durch die Platte P, während die seitliche Verschiebung durch die Keile F oben und unten verhindert wird.

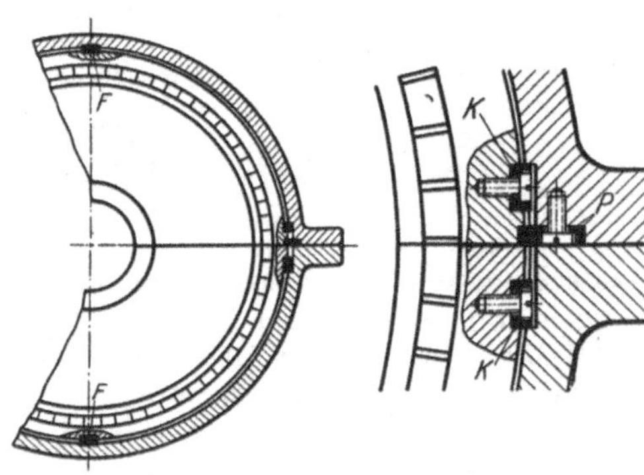

Abb. 145. Leitapparatbefestigung.

Das Abdichten erfolgt meist durch Asbestschnur, die in eingedrehte Rillen um die Leitapparate herumgelegt und zusammengedrückt wird. Beim Leitapparat von BBC (Abb. 143) erfolgt die Dichtung durch Anpressen der konischen Flächen durch den Dampfdruck, während das Verschieben durch Federkeile, wie geschildert, verhindert wird; dadurch kann in radialer, wie in axialer Richtung genügend Spiel gegeben werden.

Bei der Brünner Turbine werden mehrere Leitapparate in einem zweiteiligen Einsatz befestigt (Abb. 146), dessen äußerer Bund in eine Eindrehung im Gehäuse eingesetzt und durch Paßbleche axial gehalten wird. Dichtung durch Asbestschnüre. Der Einsatzunterteil ist durch besonders ausgebildete Federkeile K im Gehäuse gehalten, der Oberteil ist mit dem Unterteil durch Schrauben S zusammengehalten und durch Federkeile F, die auch die Leitschaufeln des Oberteiles halten, in ihrer gegenseitigen Lage gesichert. Da der Einsatz nur an einem schmalen Bund im Gehäuse gehalten wird und gleichmäßig von Dampf umspült wird, kann er sich frei ausdehnen.

Die Leitapparate der GMA-Turbine (Abb. 147) sind im Hochdruckteil zu 2 oder 3 durch äußere Ringe gefaßt, die durch Schrauben zusammengehalten werden; die Ringe sitzen mit radialem Spiel im Gehäuse und sind gemäß Abb. 145 gehalten; sie stützen sich in der Strömrichtung

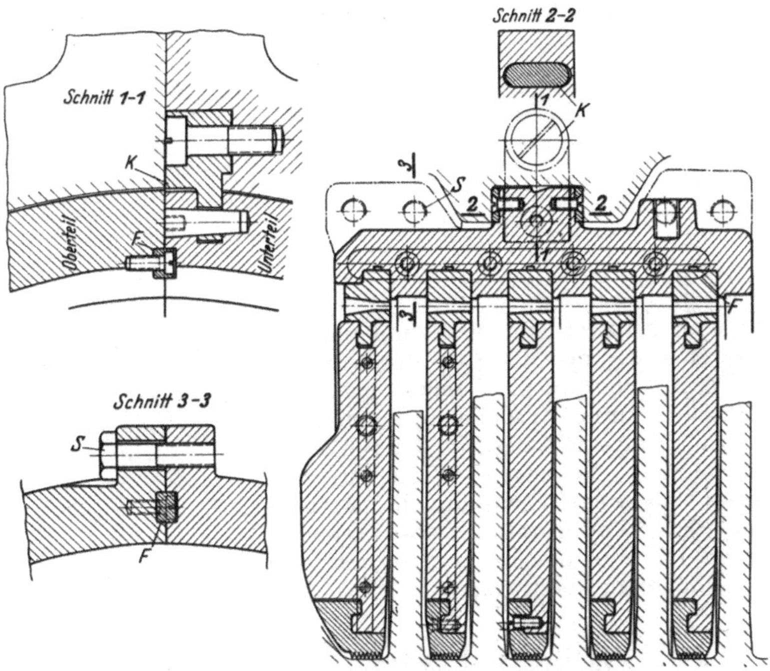

Abb. 146. Leitapparatbefestigung der Ersten Brünner.

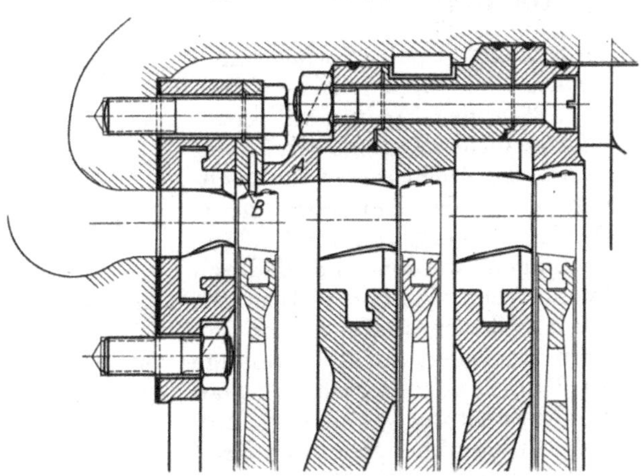

Abb. 147. Leitapparatbefestigung der WUMAG.

an einen Bund im Gehäuse; axialer Halt und Ausdehnungsmöglichkeit wird dadurch erreicht, daß der vordere Ring *A* sich gegen einen mit tiefer Eindrehung versehenen Ring *B* stützt, der bei Wärmedehnung und etwaigem Wachsen des Ringes sich durchbiegen kann und Spannungen im Gehäuse vermeidet.

Eine eigenartige Befestigung der Leitapparate ist die von EWC ausgeführte (Abb. 148). Die Leitapparate werden mittels Bund im

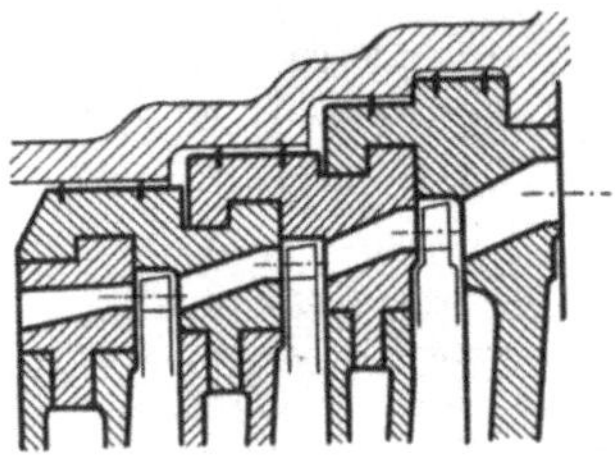

Abb. 148. Leitapparatbefestigung von EWC.

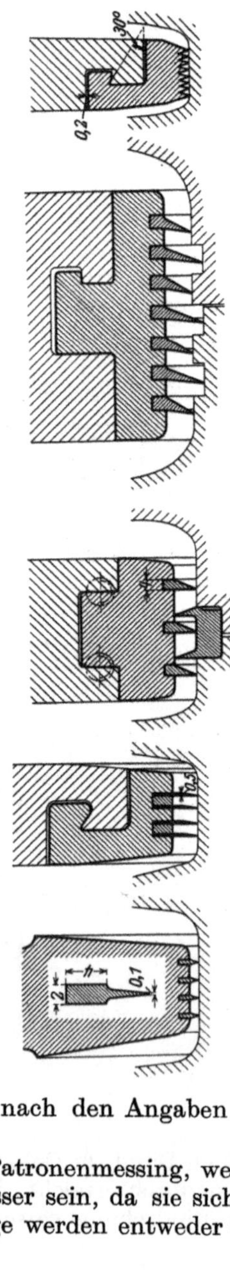

Abb. 151.

Abb. 150 c.

Abb. 150 b.

Abb. 150 a.

Abb. 149.

Abb. 149—151. Nabendichtungen.

folgenden Apparat eingesetzt und nur der letzte einer Gruppe mit Spiel durch Federkeile (vgl. Abb. 145) im Gehäuse gehalten; dadurch ist freie Ausdehnungsmöglichkeit gegeben. Die Abdichtung erfolgt durch radial eingestemmte Messingringe, die an den Kanten zugeschärft sind und bei Ausdehnung der Leitapparate etwas gestaucht werden, ohne nennenswerte Spannung auf das Gehäuse zu übertragen.

C. Zwischendichtungen (Nabenbüchsen)

sollen die Undichtheits- (Spalt-)Verluste möglichst klein halten, sie wirken meist durch Labyrinthe (S. 85); der Spalt muß klein, die Zahl der Labyrinthe möglichst groß sein, andrerseits muß die Dichtung etwas nachgeben können, damit bei Auftreten unvorherzusehender Erschütterungen, die Büchsen nicht ausgeschlagen werden und dadurch große Spalte entstehen. Bei den vielstufigen Turbinen ist der Zwischenraum zwischen den Laufrädern mit Rücksicht auf die Baulänge klein, aber auch die Druckunterschiede; man kann nur wenig Dichtung geben und muß eine gewisse Spaltdampfmenge in den Kauf nehmen. Die durchströmende Menge kann nach den Angaben S. 87 errechnet werden.

Meist werden besondere Dichtringe aus Patronenmessing, weil elastisch, verwendet; Nickelbronze soll aber besser sein, da sie sich glatt abnutzt, während Messing schmiert. Die Ringe werden entweder direkt in die Leitradscheiben eingestemmt (Abb. 149) oder aber in besondere Büchsen, Abb. 150a (Krupp), 150b (GMA) und 150c (BBC); auch in die Gußeisenbüchse direkt eingedrehte Kämme, Abb. 151 (Brünn), werden angewendet. Die Radnaben können glatt bleiben oder mit Kämmen versehen sein (Abb. 150c); Abb. 150b hat besondere Kammringe, deren Kämme an der Büchse dichten und so die Zahl der Labyrinthe vergrößern.

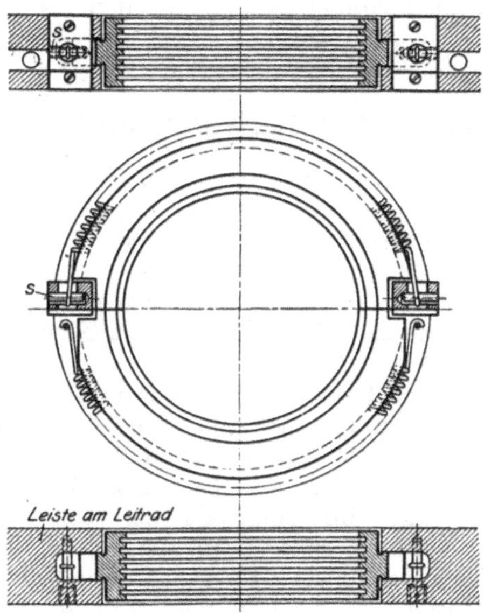

Abb. 152. Nabendichtung (Gebr. Stork).

Um den Spalt auch bei Erschütterungen unverändert zu erhalten, werden die Dichtungen auch nachgiebig ausgeführt. Bei der Dichtung Abb. 152[1] (Gebr. Stork) wird der zweiteilige Dichtungsring, der mit Eindrehungen versehen ist, durch zwei in der Zwischenwand fest aufgehängte Federn zusammengedrückt und umschließt die Nabe dicht, aber ohne Druck; die untere Feder ist etwas stärker gespannt, um die Nabe vom Gewicht der Ringe zu entlasten und die Reibung und den Verschleiß zu verringern.

Beweglichkeit und Ausgleich des Gewichtes wird auch bei der Büchse Abb. 153a[1] (AEG) angestrebt. Da die Büchse oben aufliegen will, strömt unten wegen des dort größeren Spaltes der Dampf unter Druckabfall hindurch und der oben größere Druck p_1 hebt den Ring soweit an, bis Ausgleich von Druck und Gewicht eintritt.

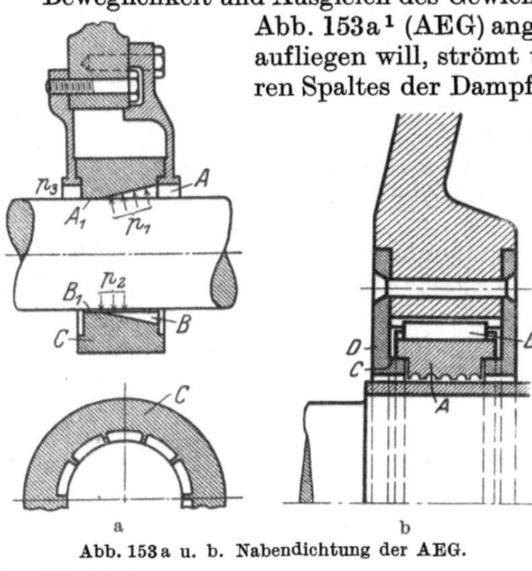

Abb. 153a u. b. Nabendichtung der AEG.

Ähnliche Wirkung auf andre Weise soll die Ausführung Abb. 153b[1] (EWC) erreichen. In die untere Aussparung B tritt Dampf der hinteren Seite mit dem Druck p_2, in die obere Aussparung A der Anfangsdruck $p_1 p_2$; durch die Druckdifferenz wird der Ring gehoben, wobei die

[1] Aus Stodola: Die Dampf- und Gasturbinen.

Größe der im Grundriß schraffierten Flächen *B* und *A* so bemessen sein müssen, daß das Ringgewicht aufgehoben wird.

Bei größerem Zwischenraum zwischen den Laufrädern und nicht zu hohen Temperaturen werden auch Kohleringe wie bei den Stopfbüchsen (s. dieses) angewendet.

D. Baustoff und Festigkeit der Leitradscheiben.

Bei Ausführung der Leitvorrichtungen mit gefrästen Leitschaufeln werden die Leitradscheiben meist aus Stahlformguß, bei eingegossenen Schaufeln, also im Mittel- und Niederdruckteil hingegen aus Gußeisen hergestellt.

Stahlformguß hat den Vorteil nicht zu wachsen, doch treten starke Gußspannungen auf, weshalb mehrfaches Ausglühen erforderlich ist (s. unter Gehäuse).

Gewöhnliches Gußeisen zeigt unter Einwirkung des Dampfes, besonders bei hohen Temperaturen, Neigung zum Wachsen, d. h. zur bleibenden Ausdehnung (Treiben). Deshalb muß besonders für den Zweck geeignetes Gußeisen verwendet werden; man bevorzugt Spezialeisen mit niedrigem Kohlenstoff- und Siliziumgehalt, da hoher Si-Gehalt Zementit in Ferrit und Graphit spaltet; in die Adern des letzteren dringt der Dampf und verursacht das Wachsen; es soll aber Gußeisen mit Si und nur 0,2% C nicht wachsen. Mangan gibt dichten Guß; wertvoll ist Nickel und Chromzusatz, Näheres s. Gehäuse (S. 267).

Gegen das Wachsen soll auch mehrmaliges Ausglühen bei 400°, aber nur über wenige Stunden, helfen; das Ausglühen ist auch bei Gußeisen zweckmäßig, um Gußspannungen zu vermeiden.

Bei Hochdruckturbinen findet man ungeteilte Scheiben, es müssen dann die Laufräder zugleich mit den Leiträdern zusammengebaut werden, d. h. Leit- und Laufräder werden bei senkrecht gehaltener Welle nacheinander aufgebracht und das Ganze in das Gehäuse geschoben (vgl. Abb. 439, S. 417).

Bei großen Abmessungen und geringeren Drücken wird man wegen des bequemeren Zusammenbaues die Leitradscheiben wagerecht geteilt ausführen.

Die Berechnung der ungeteilten Scheiben kann als frei aufliegende Platte erfolgen; ist δ die gleichmäßige Stärke der Scheibe, d_a der äußere Durchmesser und p kg/cm² der Überdruck, so ist nach der Theorie für eine ebene kreisrunde Platte[1] die Spannung

$$\sigma_{\max} = \frac{3}{8}(3+\nu)\frac{(d_a/2)^2}{\delta^2}\cdot p \text{ kg/cm}^2 \qquad (1)$$

und die Durchbiegung in der Mitte

$$y_{\max} = \frac{3}{16}(1-\nu)(5+\nu)\frac{(d_a/2)^4}{\delta^3\cdot E}\cdot p \text{ cm} \qquad (2)$$

[1] Vgl. Föppl: Technische Mechanik Bd. 3.

oder mit $\nu = 0{,}3$

$$\sigma_{\max} = 1{,}24\,\frac{d_a^2}{4\,\delta^2}\cdot p\,, \tag{1a}$$

$$y_{\max} = 0{,}7\,\frac{(d_a/2)^4}{\delta^3}\cdot\frac{p}{E}\ \text{cm}\,. \tag{2a}$$

Bei Scheiben mit einem Loch in der Mitte, wie sie für Leiträder stets in Frage kommen, soll bei kleiner Bohrung die Spannung bis auf das Doppelte steigen können.

Für ungeteilte kegelige Scheiben ist nach Rateau die Durchbiegung in der Mitte

$$y = \frac{d_a - d_i}{2}\cdot\frac{d_a + 2\,d_i}{E\,(\delta^2 + f^2)\ln(d_a/d_i)}\cdot p\ \text{cm} \tag{2b}$$

wenn d_i der innere (Loch-)Durchmesser und f die Pfeilhöhe der Wölbung oder des Kegels und der Mitte.

Für geteilte Scheiben ist bisher keine Gleichung gefunden worden, selbst neuere Versuche[1] geben keinen vollen Aufschluß, da alle Einflüsse, so auch derjenige der eingegossenen Schaufeln, schwer erfaßt werden können; scheinbare Genauigkeit hat keinen praktischen Wert. Es spielt bei der Größe der Durchbiegung auch die zur Abdichtung in der Teilfuge angebrachte Feder und Nut eine Rolle.

Nach den Versuchen von Stodola[2] kann aber angenommen werden, daß für geteilte Scheiben im Vergleich zur vollen Scheibe Spannung und Durchbiegung betragen:

$$\sigma_{\text{halb}} = 1{,}6\,\sigma_{\text{voll}} \quad \text{bzw.} \quad y_{\text{halb}} = 2{,}4\,y_{\text{voll}}\,. \tag{2c}$$

Im übrigen ist man auf Erfahrungen angewiesen und wird gut tun, das Spiel in axialer Richtung zwischen Laufrad und Leitrad genügend groß zu machen.

II. Laufschaufeln.

Die Laufschaufeln sind eines der wichtigsten Teile der Dampfturbine, von ihrer Haltbarkeit und strömungstechnisch richtiger Ausführung hängt die Betriebssicherheit und die Wirtschaftlichkeit in hohem Maße ab.

Für die Ausführungsform sind zunächst die Winkel β_1, β_2 maßgebend, die durch den Geschwindigkeitsplan festgelegt sind. Bei den Gleichdruckturbinen sind die Winkel entweder gleich, $\beta_1 = \beta_2$, oder β_2 etwas kleiner als β_1; bei den Überdruckturbinen ist stets β_2 viel kleiner als α_1, wobei bei halbem Reaktionsgrad (s. S. 53) Leit- und Laufschaufeln gleiche Profile erhalten.

1. Gleichdruckschaufeln.

Sie können entweder als Blechschaufeln (Zoellyschaufeln) mit gleichbleibender Stärke im Querschnitt bis auf die Eintritts- und Aus-

[1] Forsch.-Arb. und Z. V. d. I. 1927, S. 949. Huggenberger: Festigkeit halbkreisförmiger Platten.

[2] Stodola, A.: Die Dampf- und Gasturbinen.

trittskante oder als Profil (Stock-)Schaufeln ausgeführt werden (vgl. Abb. 74 u. 75, S. 69). Erstere sind leichter und lassen eine kleine Änderung des Eintrittswinkels β_1 zu Abb. 154, man kommt deshalb mit weniger Profilen aus, d. h. mit weniger Werkzeugen, sie bedürfen aber bei gleicher Festigkeit gegen Biegung eine etwas größere Breite als Profilschaufeln. Bei Geschwindigkeitsstufung kommen nur Profilschaufeln zur Anwendung, da sie bei der Umlenkung bessere Strahlführung ermöglichen.

Die Schaufelbreite b ist recht verschieden, man findet Schaufeln von 10 mm bei kleinen Längen und solche von 35 mm, bei besonders langen Schaufeln noch mehr; je größer die Breite, um so größer kann

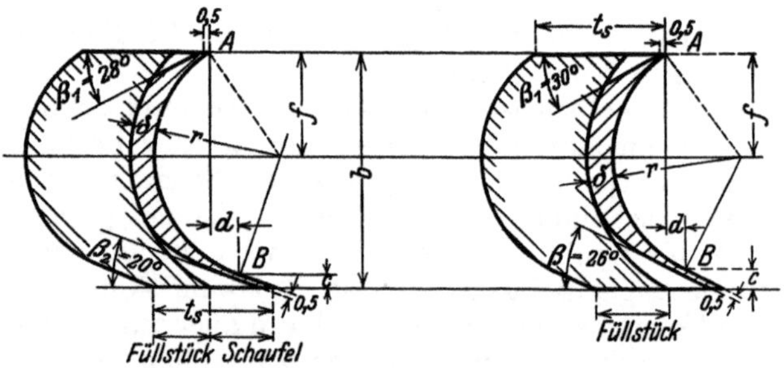

Abb. 154a u. b. Zoellyschaufeln.

der Krümmungsradius ausgeführt werden, was günstig hinsichtlich der Strömungsverluste ist (s. S. 71), es wird dabei aber der Reibungsweg größer. Man wählt die Breite in einer gewissen Abhängigkeit von der Länge, sie soll nicht unter $^1/_{12}$ der Länge betragen, mit Rücksicht auf Schaufelschwingungen. Meist führen die Werke nur einige Breiten aus, z. B. 20, 25 und 30 mm oder 10, 20 und 25 mm, je nach der Leistung. Im allgemeinen werden in neuerer Zeit größere Breiten bevorzugt, sofern man nicht bei viel Stufen im Hochdruckteil an Baulänge sparen will.

Die Schaufelteilung t_s kann nach Briling zu

$$t_s = \frac{r}{2 \sin \beta} \text{ mm}$$

angenommen werden, wenn r der Krümmungsradius und $\beta = \frac{\beta_1 + \beta_2}{2}$ ist; man findet aber auch davon abweichende Werte, etwa $t_s = r$ bis $1{,}3\,r$. Es ist aber darauf zu achten, daß am Schaufelende die Teilung nicht zu groß wird (vgl. Abb. 78, S. 71).

Der Entwurf der Schaufelform muß nun nach der angenommenen Breite und den durch den Geschwindigkeitsplan festgelegten Winkeln erfolgen. Um dem Dampfstrahl mit Sicherheit am Austritt die dem Winkel β_2 entsprechende Richtung zu geben, führt man die Schaufel an der Austrittsseite auf etwa $c = 0{,}1\,b$ der Breite (bei kleinen Winkeln von 18 bis 20° etwas weniger) geradlinig aus (Abb. 154 bis 156) mit 0,5 mm Stärke. Der Mittelpunkt der anschließenden Krümmung liegt alsdann auf der Lotrechten im Punkt B (Abb. 154 und 155).

Bei Zoellyschaufeln (Abb. 154), bei denen stets $\beta_2 < \beta_1$ ist, ist der Mittelpunkt der Krümmung so zu wählen, daß der Anfangspunkt A um ein kleines Maß d (etwa 1 bis 3 mm) in der Laufrichtung vor B liegt, wobei die Tangente in A keinesfalls einen kleineren Winkel als β_1 bilden darf (er kann gleich oder wenig größer sein) um nicht eine zu lange

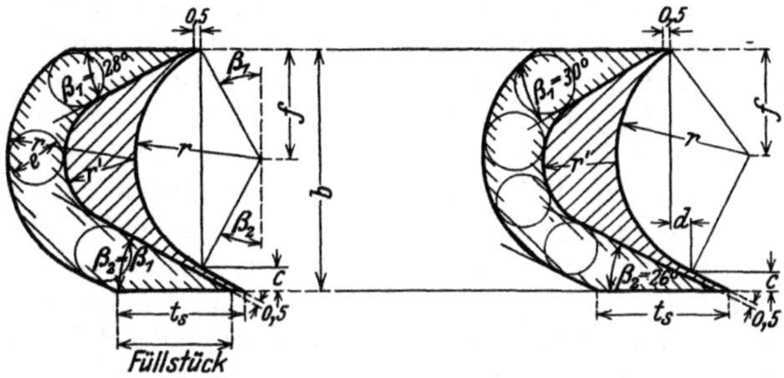

Abb. 155 a u. b. Profilschaufeln.

dünne Kante zu erhalten; damit ist dann der Krümmungsradius konstruktiv festgelegt. Die Schaufelstärke δ kann etwa 0,1 b betragen; beim Übergang in die Stegstärke am Austritt ist gute Abrundung zu geben. Bei langen Schaufeln läßt man die Stärke vom äußeren Ende nach dem Fuß hin zunehmen, um größere Festigkeit zu erhalten, wodurch sich die Stärke am Fuß ergibt, das Profil der Füllstücke ist durch das Schaufelprofil am Fuß festgelegt entsprechend der Teilung. Bei großen Fliehkräften wird die Schaufel mit dem Füllstück aus einem Stück hergestellt (Abb. 159).

Bei Profilschaufeln mit gleichen Winkeln $\beta_1 = \beta_2$ (Abb. 155a) ist $d = 0$, woraus $r = (b - c) : 2 \cos \beta$;, soll die Schaufel wiederholt beaufschlagt werden (s. Abb. 133, S. 178), so erhält sie symmetrisches Profil, wobei c beim Eintritt und Austritt gleich, aber wesentlich kleiner als 0,1 b wird. Das Rückenprofil, d. h. r' und die Stärke in der Mitte ergibt sich nach Einzeichnen der hohlen Seite der Nachbarschaufel (zugleich Rücken des Füllstückes) dadurch, daß die Strahlstärke e unverändert bleiben soll.

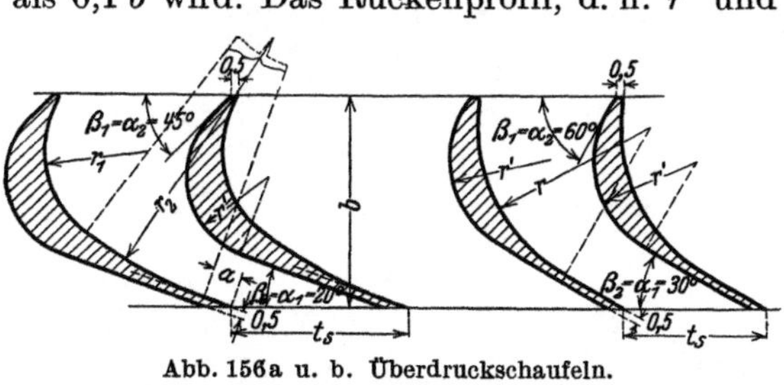

Abb. 156a u. b. Überdruckschaufeln.

Bei ungleichen Winkeln ist die innere (hohle) Schaufelform (Abb. 155b) in gleicher Weise zu entwerfen wie bei den Blechschaufeln; die Form des Schaufelrückens soll so gewählt werden, daß die Strahlstärke e_1 allmählich auf e_2 abnimmt.

Lange Schaufeln werden nach dem äußeren Ende hin verjüngt ausgeführt, nötigenfalls mit dem Füllstück als Ganzes.

2. Überdruck-Leit- und Laufschaufeln.

Sie haben wegen der sehr verschiedenen Ein- und Austrittswinkel die spezifische gestreckte Form (Abb 156); bezüglich der Breite und der Teilung gilt allgemein dasselbe wie bei den Gleichdruckschaufeln. Da in den Schaufeln Energieumsetzung stattfindet, muß am Ende des Profils gute Strahlführung vorhanden sein; bisweilen wird die Schaufel an der Austrittseite verjüngt ausgeführt (nach Parsons), die Winkel sind dann das Mittel aus den Winkeln der Begrenzungsflächen. Der Vorteil soll darin liegen, daß die Stegdicke am Austritt kleiner wird, doch kann diese auch bei parallellinigem Austritt klein gehalten werden (0,5 mm). Wie bei den Leitvorrichtungen der Gleichdruckturbinen ist es vorteilhaft, die Energieumsetzung erst im letzten Teil des Schaufelkanals vor sich gehen zu lassen, also den Querschnitt vor dem Kanalende groß und den Übergang in die Verengung möglichst kurz auszuführen. Bei kleinen Austrittswinkeln wird die Schaufelkrümmung aus zwei Kreisbogen bestehen müssen, um nicht zu lange Ausdehnung der geringen Schaufelstärke zu erhalten (Abb. 156a), bei großen Winkeln (Abb. 156b) kommt man mit einem Kreisbogen aus. Das gerade Stück a soll mindestens 2 mm betragen. Die Rückenkrümmung r' ergibt sich aus der Teilung und der erforderlichen parallelen Strahlführung.

3. Herstellung und Ausführungsformen der Schaufeln.

Blechschaufeln werden bei kleinen Längen aus gewalzten Bändern hergestellt, den Herstellungsgang zeigt Abb. 157a für die Schaufeln

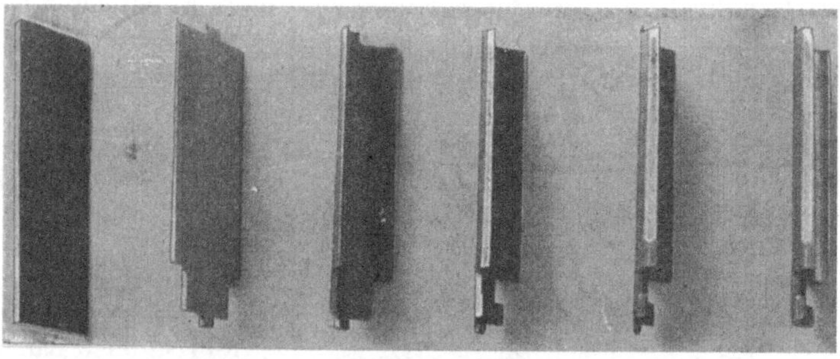

Abb. 157a. Schaufelherstellung (EWC).

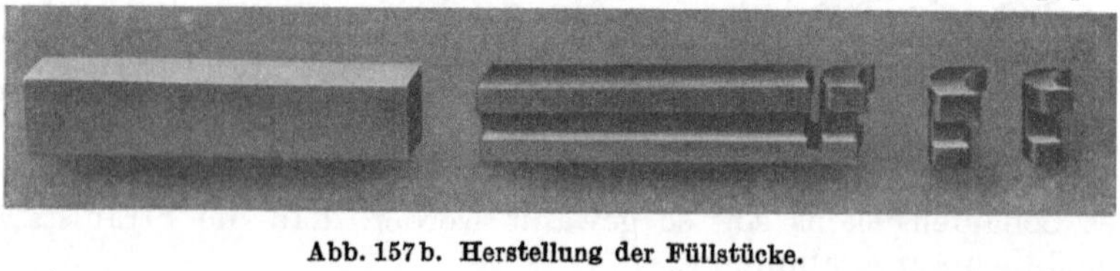

Abb. 157b. Herstellung der Füllstücke.

und Abb. 157b für die Füllstücke. Vom Band wird die nötige Länge geschnitten, die Zäpfchen gefräst (unten zum Halten während der

Bearbeitung, oben zum Annieten des Deckbandes), dann die Schaufel warm auf die Profilform gebogen, die Nuten des Fußes und die Winkel gefräst und die Abrundung (s. Abb. 154) gefeilt; endlich wird das untere Zäpfchen weggestanzt und die Schaufel geschliffen. Die Zwischenstücke werden nach dem Fräsen der Nuten für den Fuß durch Hohlfräser von der rechteckigen Stange geschnitten und der Rücken durch Formfräser bearbeitet, wobei gleichzeitig die Neigung entsprechend der radialen Verjüngung hergestellt wird.

Bei nach außen abnehmender Schaufelstärke (Abb. 158) werden die Schaufelstücke, die schon mit Neigung im Gesenk geschmiedet oder gepreßt sein können, zunächst auf die richtige Stärke

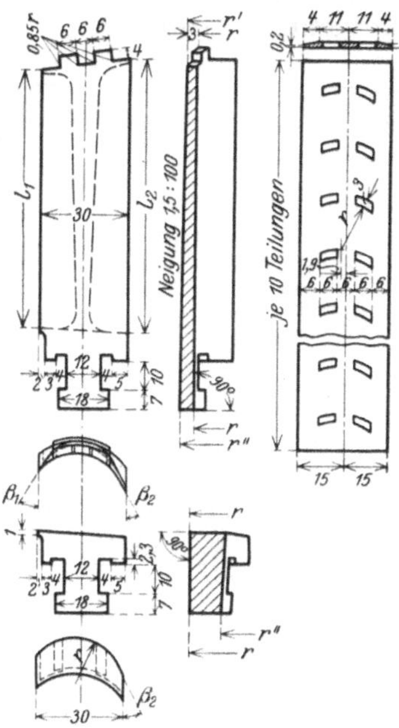

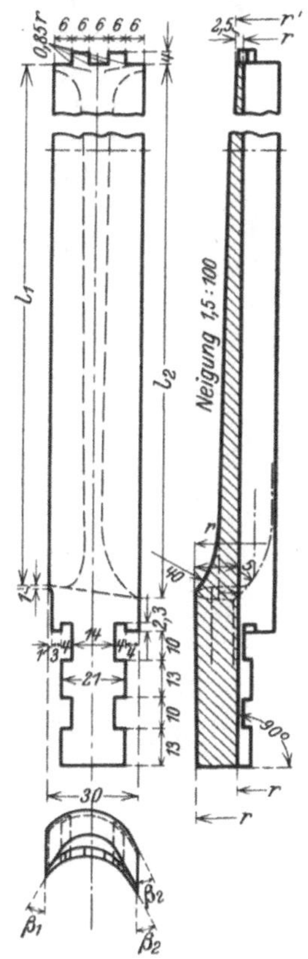

Abb. 158 u. 159. Laufschaufeln der WUMAG.

beiderseitig gefräst, dann warm gebogen und in gleicher Weise bearbeitet, wie oben angegeben.

Wird bei großen Fliehkräften die Schaufel mit dem Füllstück als Ganzes hergestellt, so wird entweder das im Gesenk in entsprechender Form vorgeschmiedete flache Stück nach dem Fräsen der Verjüngung warm gebogen und wie oben behandelt, Abb. 159 (WUMAG), oder die Schaufel wird aus dem Vollen mit dem Füllstück zusammen gefräst, Abb. 160a (EWC). Den Herstellungsgang dieser Schaufel zeigt Abb. 160b[1].

---

[1] Aus Stodola: Die Dampf- und Gasturbinen.

1. Abschneiden auf richtige Länge und Fräsen des prismatischen Stückes. 2. Fräsen der hohlen Schaufelfläche. 3. Anfräsen der schrägen Schaufelschulter. 4. Fräsen des Schaufelrückens mit abnehmender Schaufelstärke. 5. Fräsen der Eintrittskante. 6. Desgl. der Austrittskante. 7. Anfräsen des Nietzapfens. 8. Kegeligfräsen des Fußes. 9. Fräsen der Nuten im Fuß. 10. Fräsen der Ausrundung der Schaufelschulter am Rücken. 11. Polieren mit Schmirgelscheiben.

Der Schaufelfuß ist rechteckig, was für die Befestigung und das Schaufelschloß (Abb. 170) günstig ist.

Eine eigenartige Schaufelkonstruktion wenden die BEW an (Abb. 161). Die Schaufeln werden aus Nickelstahlblech in die ersichtliche Form gepreßt und reitend in Einschnitte des Radkranzes gesetzt; die innere Begrenzung des Kanals bildet die abgebildete Beilage, die mit der Schaufel am Radkranz vernietet wird; außerdem wird das Deckband aufgenietet. Die Ausführungsart hat den Vorteil geringen Gewichtes.

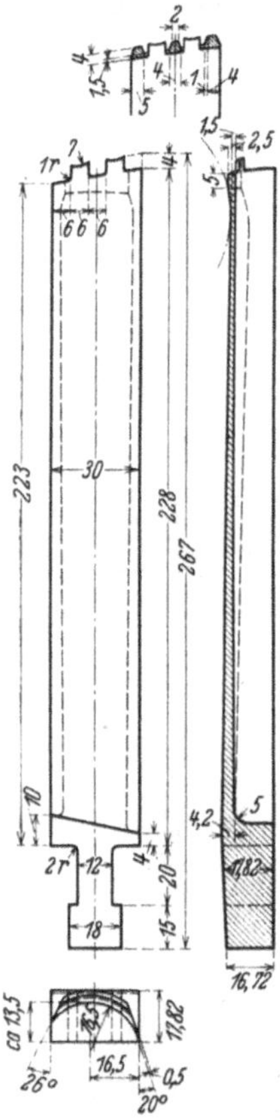

Abb. 160a. Laufschaufel von EWC.

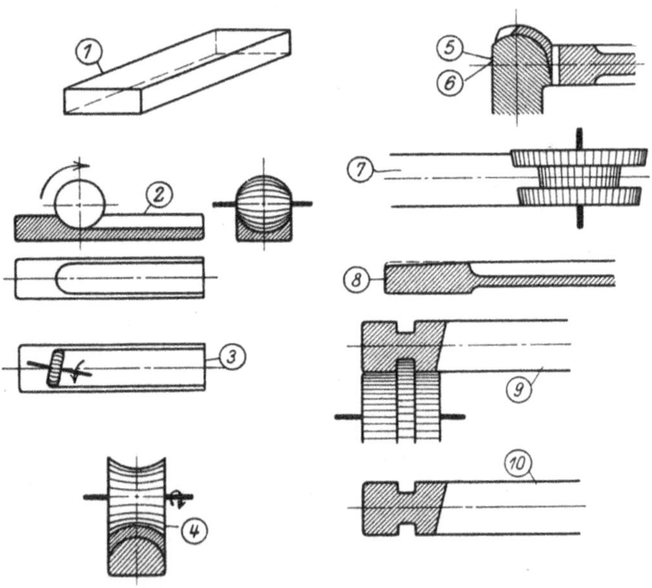

Abb. 160b. Bearbeitung der Schaufeln (EWC).

Profil- (Stock-)Schaufeln werden bei kleinen Längen von gezogenen Profilstangen geschnitten, die Nuten der Füße und die Nietzapfen gefräst; auch die Füllstücke werden von Profilstangen geschnitten, die Füße, die Kanalbegrenzung und die Neigung gefräst.

Häufig wird aber die Schaufel vollständig aus einem Vorprofil gefräst. Abb. 162 zeigt eine Schaufel von de Laval, bei der auch gleich das Deckband angefräst ist. BBC fräsen alle Gleichdruckschaufeln aus dem Vollen (Abb. 163)[1], ebenso die AEG (Abb. 164)[1] und die

[1] Aus Stodola: Die Dampf- und Gasturbinen.

BEW (Abb. 176), die bei kleinen Längen auch das Deckband anfräsen.

Bei längeren Schaufeln werden dieselben nach außen verjüngt.

Abb. 161. Schaufelherstellung und Befestigung der BEW.

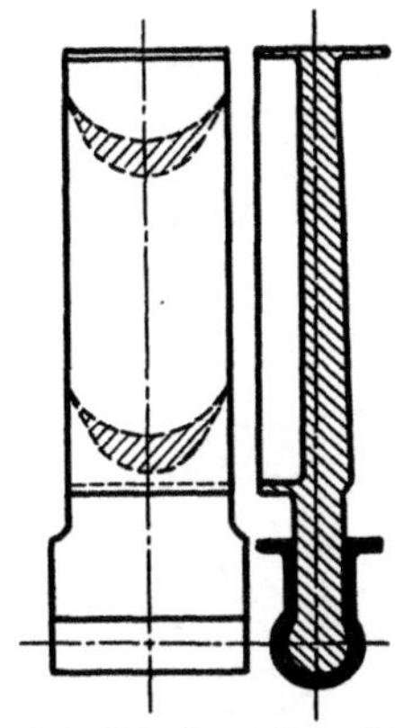

Abb. 162. Laval-Schaufel.

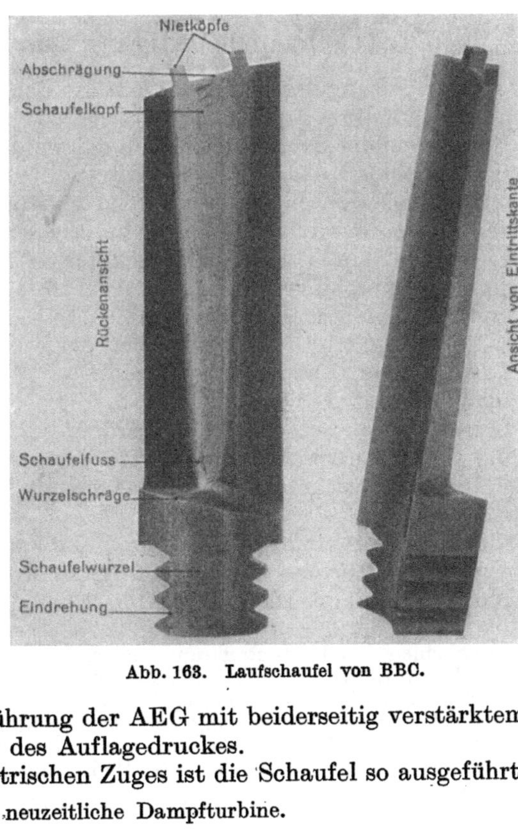

Abb. 163. Laufschaufel von BBC.

Abb. 165[1] zeigt eine Ausführung der AEG mit beiderseitig verstärktem Fuß zwecks Verringerung des Auflagedruckes.

Zur Vermeidung exzentrischen Zuges ist die Schaufel so ausgeführt,

[1] Aus Kraft, E. A.: Die neuzeitliche Dampfturbine.

daß die Verbindungslinie der Schwerpunkte der Schaufel- und Fußquerschnitte eine senkrecht zur Welle stehende Gerade ist und die Verbindungslinie der Schwerpunkte der Auflageflächen am Fuß schneidet, um kein Kippmoment zu ergeben.

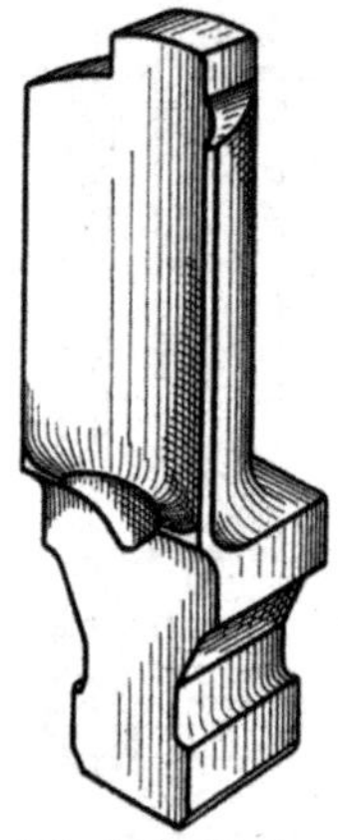

Abb. 164. Schaufel der AEG.

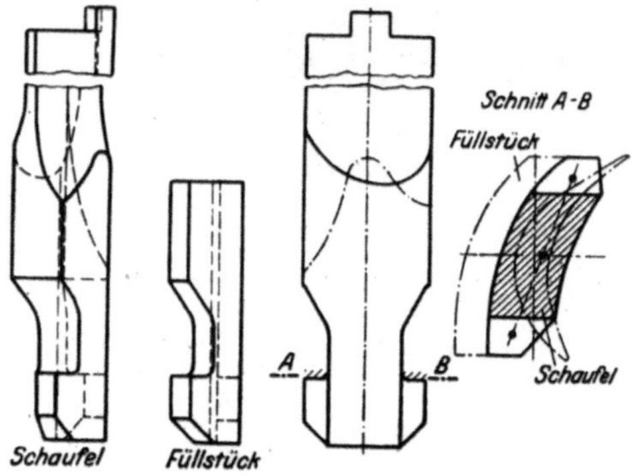

Abb. 165. Schaufel der AEG.

4. Schaufelbefestigung und Schaufelschloß.

Die Befestigung der Schaufeln im Rad oder in der Trommel, d. h. der Schaufelfuß, muß mit Rücksicht auf sicheren Halt und bequemes Einbringen der Schaufeln ausgebildet werden; ferner muß ein einfaches Schaufelschloß, das ist die Sicherung der letzten einzubringenden Schaufel, möglich sein. Je nach der Größe der Fliehkraft kann die Befestigung verschieden ausgeführt werden. Bei kleinen Umfangsgeschwindigkeiten genügt manchmal ein Verstemmen der Schaufeln, bei großen Geschwindigkeiten und langen Schaufeln macht die Befestigung Schwierigkeiten und verlangt besondere Maßnahmen.

Abb. 162 zeigt den Schaufelfuß der Lavalturbine, bei der nur kleine Geschwindigkeiten vorkommen; die Schaufeln werden mit ihrem verdickten Fuß in entsprechende Schlitze des Radkranzes geschoben und seitlich verstemmt.

Die Befestigung der Laufschaufeln der Radialturbine von Kühnle, Kopp & Kausch erfolgt nach Abb. 166.

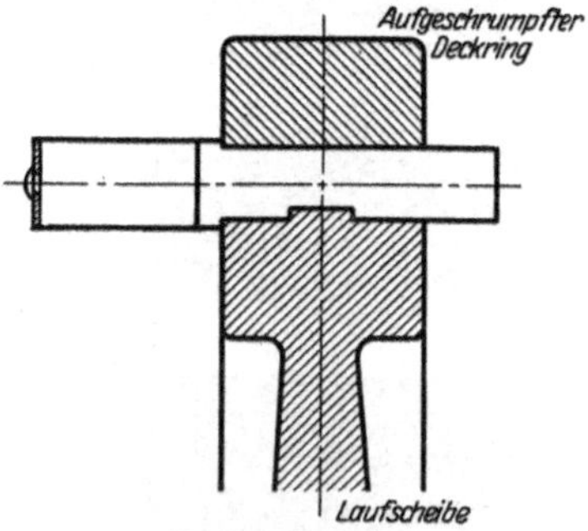

Abb. 166. Schaufelbefestigung der Radialturbine (KKK).

Die Schaufeln und Füllstücke, welche durch einen Bund am Radkranz und entsprechende Einschnitte axial gehalten sind, werden durch einen aufgeschrumpften Deckring befestigt; zur Vermeidung von Biegungsbeanspruchungen durch die Fliehkräfte sind die Schaufelfüße auf der anderen Seite so verlängert, daß der Schwerpunkt in der Mittelebene der Radscheibe liegt.

Auch bei Axialturbinen ist die Befestigung durch Schrumpfring ausgeführt, wie Abb. 167 (Nema, Netzschkauer Maschinenfabrik Stark & Söhne) zeigt.

Die Profilschaufeln *S* werden mit einem geraden Fuß versehen, in ein mit Einschnitten versehenes Schaufelband *B* eingepaßt und nach dem Einsetzen in die

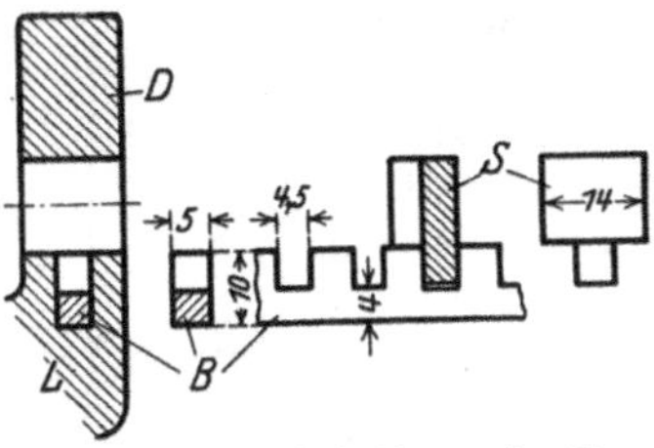

Abb. 167. Schaufelbefestigung der Nema.

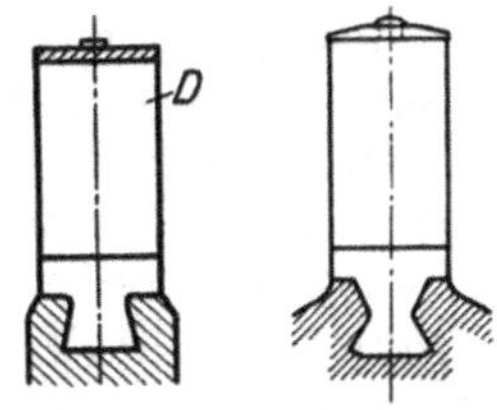

Abb. 168 a u. b. Schaufelbefestigung.

Eindrehung des Laufrades *L* gut verstemmt. Nach dem Überdrehen der Schaufelenden wird der Deckring *D* aufgeschrumpft.

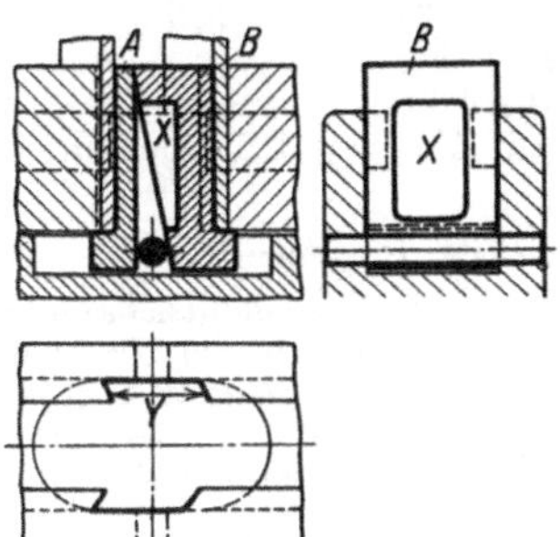

Abb. 169. Schaufelschloß (WUMAG).

Natürlich sind solche Schrumpfverbindungen nur bei mäßigen Umfangsgeschwindigkeiten möglich, da der Schrumpfring sich selbst und die Schaufeln und Füllstücke als freier Ring tragen muß.

Die Befestigung durch schwalbenschwanzförmigen Fuß nach Abb. 168 a wird wohl nur für Leit- und Umleitschaufeln in Frage kommen, für Laufschaufeln kann die Befestigung nach Abb. 168 b für kleine Geschwindigkeiten und Schaufellängen angewendet werden.

Die am meisten angewendete Befestigungsart ist diejenige durch Hammerkopf (s. Abb. 158, 159, 160, 165). Um Kerbwirkung zu vermeiden, sind die Ecken gut abzurunden. Bei großen

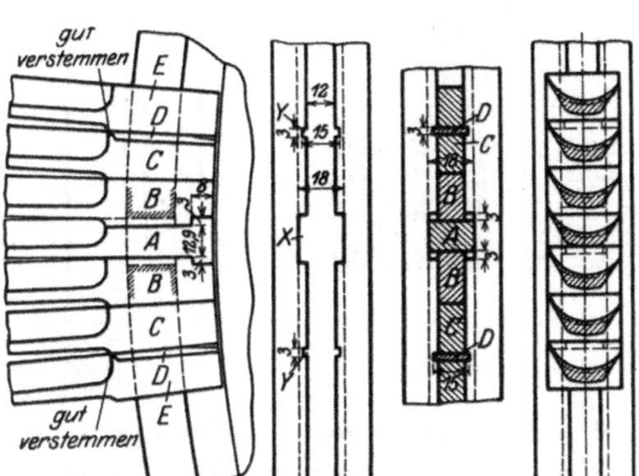

Abb. 170. Schaufelschloß (EWC).

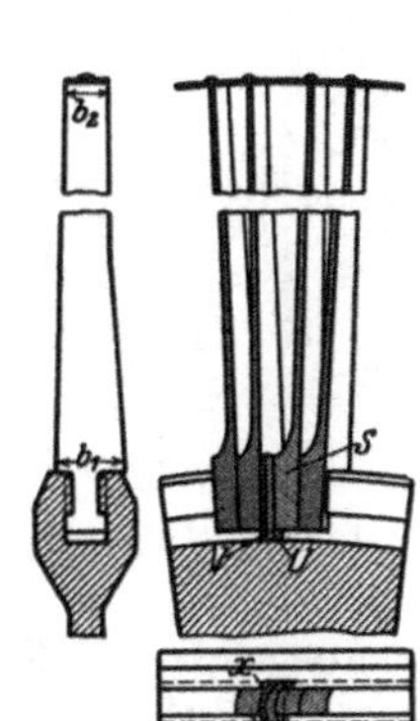

Abb. 171. Schaufelschloß (MAN).

Fliehkräften führt die WUMAG doppelten Hammerkopf aus (Abb. 159), um die Flächenpressung an den Auflagestellen in mäßigen Grenzen zu halten. Zum Schutz des Laufradkranzes gegen das seitliche Abbiegen sind die Schaufeln mit Nuten versehen, in welche die angedrehten Ringe des Radkranzes greifen; dadurch sind geringere Kranzbreiten möglich und die Radscheibe wird weniger beansprucht. Um beim Anlaufen des rotierenden Teiles an den Feststehenden das Schleifen des Radkranzes mit seinen Folgen zu vermeiden, sind die Schaufelfüße, die Füllstücke und dcr Radkranz 1 bis 2 mm unterschnitten (Abb. 158, 159), d. h. die Schaufelkanten stehen vor und streifen zuerst an.

Das Schaufelschloß der WUMAG zeigt Abb. 169.

An der Einbringstelle der Schaufeln ist der Radkranz auf die Länge *Y* ausgespart, darunter ist eine Vertiefung eingefräst. Das eine Schlußstück *A* wird eingeführt und mit dem unteren Vorsprung unter die benachbarte Schaufel geschoben (evtl. bis unter das Füllstück), darauf wird das andere keilförmige Schlußstück *B* eingebracht und ebenfalls unter die Nachbarschaufel geschoben. Durch einen Stift, der an den Enden verstemmt wird, werden die Schlußstücke in ihrer Lage gehalten. Die Aussparung *X* dient zur Gewichtsverminderung.

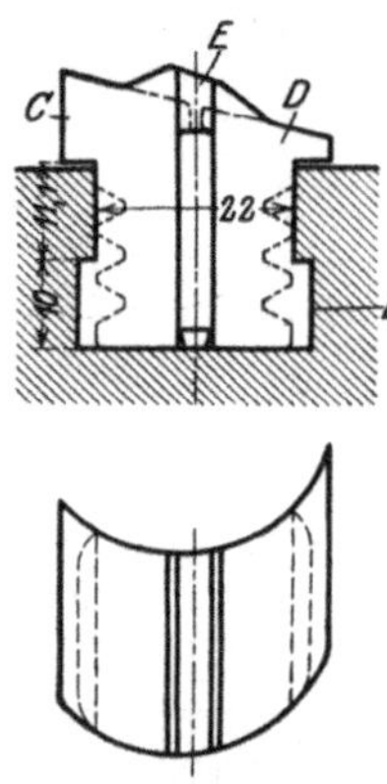

Abb. 172. Schaufelschloß (BBC).

Das Schaufelschloß von EWC ist in Abb. 170[1] dargestellt.

Die Schaufeln werden durch den Ausschnitt *X* eingebracht, die Schlußschaufel *A* hat T-förmigen Fuß und kann damit in Ausschnitte an den Füßen der Nachbarschaufeln *B* greifen, die etwas stärker, während die Füße der Schaufeln *C* etwas dünner sind als die übrigen. Nach dem Einsetzen der Schaufel *A* werden durch die Einschnitte *Y* im Kranz Keile *D* eingeschlagen und die Kanten der Schaufelfüße *C* und *E* darüber verstemmt.

Beim Schaufelschloß der MAN (Abb. 171) wird an der Aussparung *X* die letzte Schaufel so verschoben, daß sie mit dem Fuß noch unter den

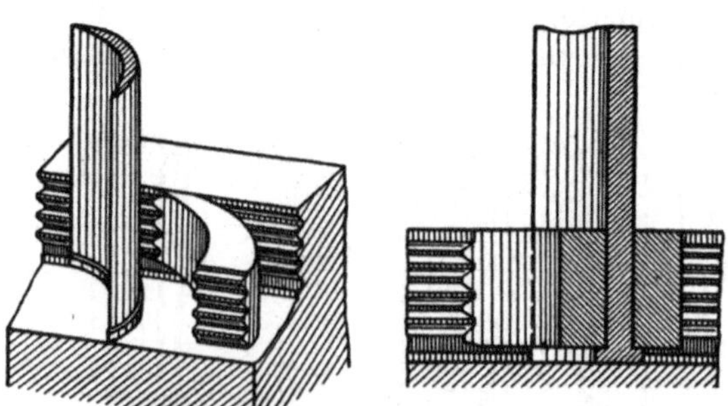

Abb. 173a. Schaufelbefestigung durch T-Fuß (BBC).

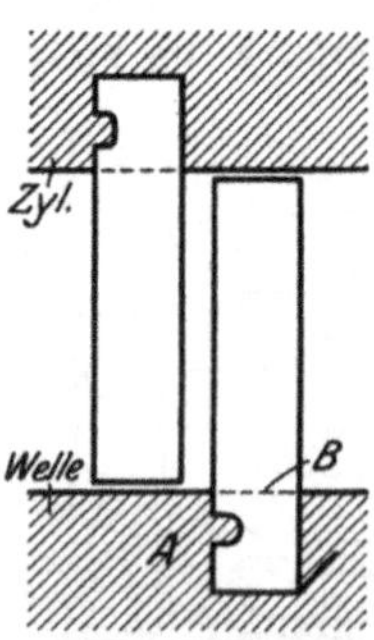

Abb. 173b. Schaufelbefestigung (BBC).

nicht ausgesparten Kranzteil greift; dann wird die L-förmige Beilage *U* mit dem Ansatz unter diese Schaufel geschoben, der Keil *V* eingeschlagen und *U* darüber verstemmt. Die letzte Teilung ist dabei etwas größer, was aber belanglos ist und ausgeglichen werden kann.

[1] Aus Stodola: Die Dampf- und Gasturbinen.

Eine andere Befestigung wenden BBC bei den Gleichdruckschaufeln an (Abb. 163); die Schaufelfüße und angeschmiedete Füllstücke erhalten dreieckige Nuten. Das Schloß ist nach Abb. 172[1] ausgebildet.

Im Kranz ist die Aussparung von der Breite des Fußes angebracht und unten die Erweiterung B eingefräst; nach Einsetzen der letzten Schaufel werden die Füllstücke C und D eingebracht, die durch Vorsprünge in die Einfräsungen B greifen. Darauf wird der Keil E eingetrieben und durch Umnieten der Nasen an C und D gehalten.

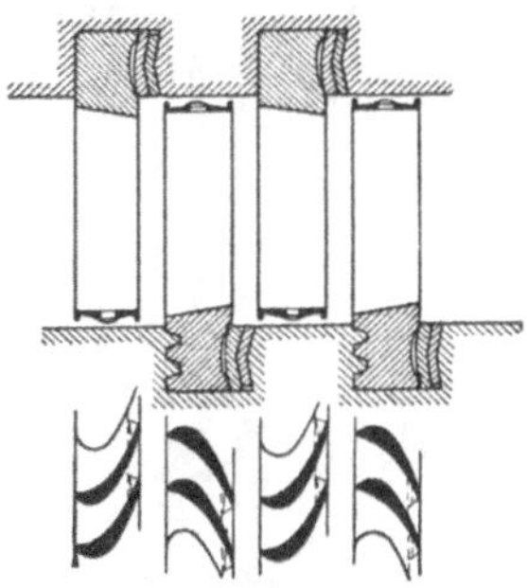

Abb. 174. Schaufelbefestigung (SSW-Röder).

Die Befestigung der Überdruckschaufeln führt dieselbe Firma bei hohen Beanspruchungen nach Abb. 173a aus. Der Schaufelfuß wird T-förmig angestaucht und greift unter die Füllstücke, die mit dreieckigen Nuten im Laufrad oder in der Trommel gehalten werden; dadurch bleiben die Schaufeln ungeschwächt und lassen den ganzen Kanalquerschnitt frei ohne Abrundungen beim Übergang in den Fuß.

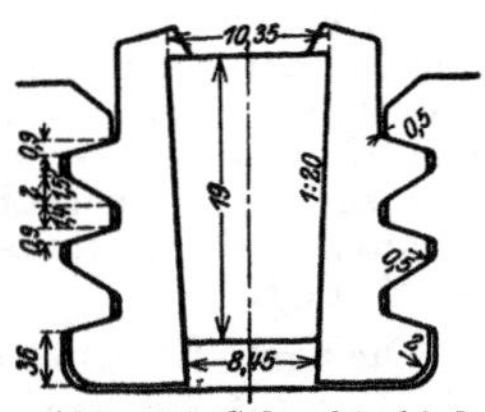

Abb. 175. Schaufelschloß (SSW).

Bei mäßig beanspruchten Überdruckschaufeln verwenden BBC die Befestigung nach Abb. 173b[1].

Befestigung durch dreieckige Nuten verwenden auch SSW bei

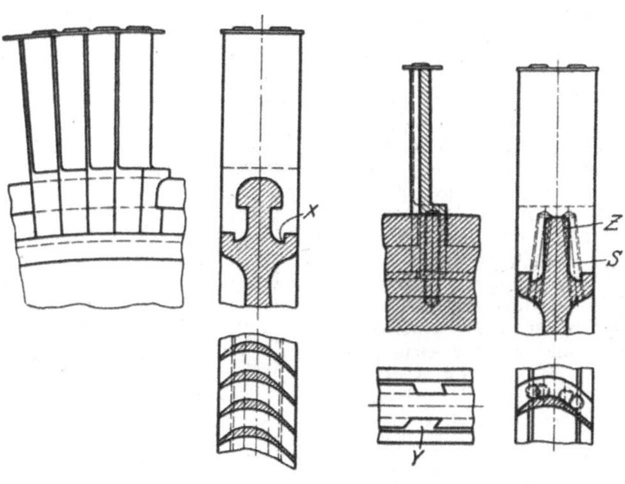

Abb. 176a u. b. Schaufeln und -schloß der BEW.

Gleichdruck- und hochbeanspruchten Überdruckschaufeln Abb. 174, das Schaufelschloß für beidseitige Dreiecknuten zeigt Abb. 175.

Eine Aussparung im Kranz ist nicht erforderlich wegen der Schaufelneigung,

[1] Aus Stodola: Die Dampf- und Gasturbinen.

die ein Hineinbringen durch Drehen der Schaufel ermöglicht; das letzte Füllstück ist dreiteilig, der keilförmige Mittelteil wird durch Umnieten der Seitenteile gehalten.

Reitend aufgesetzte Schaufeln verwenden die BEW (Abb. 176)[1]; sie sind aus dem Vollen gefräst und eignen sich für hohe Beanspruchung.

Der Falz *X* verhindert das Aufbiegen des gabelförmigen Fußes; Ausschnitte *Y* im Radkranz dienen zum Einbringen der Schaufeln. Die Schlußschaufel hat nur rechteckigen Ausschnitt, entsprechend der Kranzform am Ausschnitt *Y* und wird durch Schrauben *S* gehalten, deren Gewinde auch bei *Z* trägt.

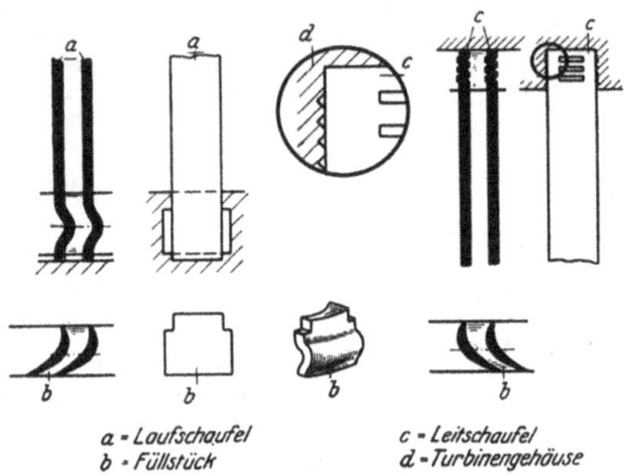

Abb. 177. Überdruckschaufelbewegung der EBM.

Die Erste Brünner biegt die Füße der Überdruckschaufeln in S-Form ohne Schwächung (Abb. 177)[2] und hält sie durch die der Form angepaßte Füllstücke *b*, welche durch die seitlichen Ansätze in den Nuten der Trommel sitzen; die Leitschaufeln *c* werden in einfacherer Weise durch Einkerbungen im Fuß und in den Gehäusenuten gehalten.

Die Schaufelbefestigung der Turbine von Melms & Pfenninger[3] erfolgt im Überdruckteil nach Abb. 178.

Die Schaufeln werden von gezogenen Profilstangen *1* auf die erforderliche Länge geschnitten, der Fuß nach Einstanzen eines Einschnittes *2* in die Form *3* gepreßt, das Nietzäpfchen *4* und der untere Ausschnitt *5* ausgefräst oder gestanzt; darauf werden die Schaufeln in das Deckband (Abb. 178a), das mit Dichtungsringen versehen ist, eingenietet und in einen Grundring *a* (s. auch Abb. 178) gesteckt, der auf die gewünschte Kreisform gebracht und mit schrägen Einschnitten von Schaufelstärke versehen ist. Diese fertigen Segmente werden in die schwalbenschwanzförmigen Nuten der Trommel, die Leitschaufeln in rechteckige Nuten des Gehäuses gesetzt (Abb. 178a), die Keilbeilage *b* eingebracht und Keilsegmente *c* eingeschlagen und durch Übernieten der Kante des Keiles *b* gehalten.

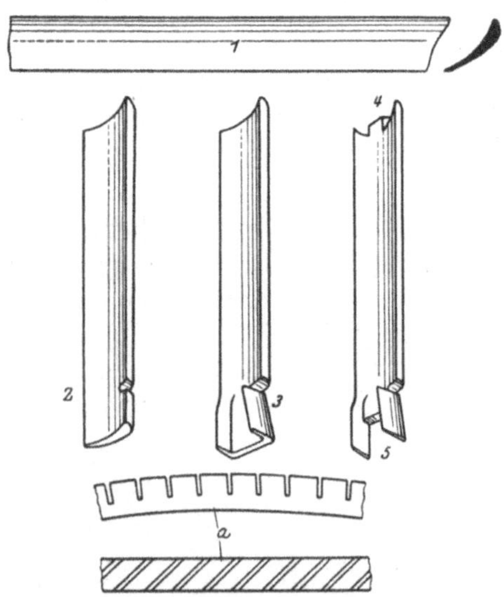

Abb. 178. Überdruckschaufelbefestigung (I. A. Maffei).

[1] Aus Stodola: Die Dampf- und Gasturbinen.
[2] Aus Kraft, E. A.: Die neuzeitliche Dampfturbine.
[3] Ausführende Firma: I. A. Maffei, München.

Für höhere Beanspruchung wird die Befestigung nach Abb. 178b ausgeführt. Die Befestigung der Gleichdruckschaufeln erfolgt in ähnlicher Weise mit der Fußform nach Abb. 178c. Eine andere Ausführung

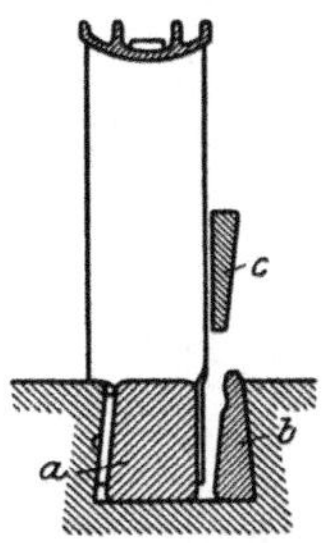

Abb. 178a. Überdruckschaufelbefestigung (Maffei).

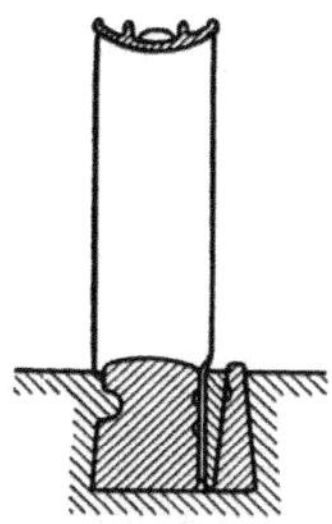

Abb. 178b. Überdruckschaufelbefestigung (Maffei).

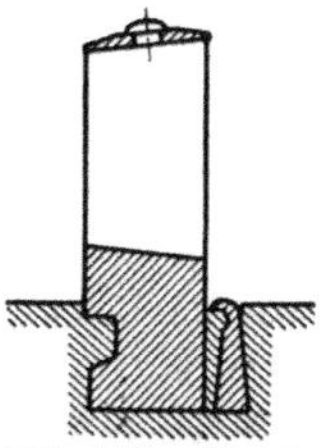

Abb. 178c. Gleichdruckschaufelbefestigung (Maffei).

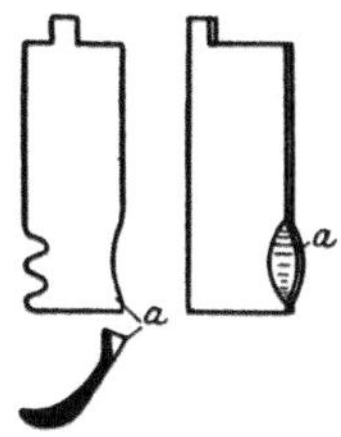

Abb. 179. Überdruckschaufel (Maffei).

für höher beanspruchte Überdruckschaufeln zeigt Abb. 179; die Schaufel hat auf der Eintrittsseite dreieckige Nuten und erhält auf der Austrittsseite eine Einbuchtung *a* zum besseren Halt.

5. Die Abdichtung und Versteifung der Schaufeln.

Obwohl bei Gleichdruckturbinen eine Abdichtung am äußeren Umfang zur Vermeidung von Spaltverlusten (s. S. 82) nicht nötig wäre, werden durchweg Deckringe angebracht, um das Hinausschleudern des Dampfes zu verhindern, Wirbel im Spalt zu vermeiden und eine bessere Strahlwirkung zu erhalten. Die Deckbänder sind Streifen von rechteckigem oder nach den Seiten verjüngtem Querschnitt (Abb. 158). Sie werden bei Blechschaufeln durch zwei, bei Profilschaufeln durch einen Nietzapfen an den Schaufeln gehalten, was sorgfältige Herstellung und Nietung erfordert, um Risse und Abreißen der Zapfen zu verhüten. Da die Zapfen meist senkrecht zur oberen Schaufelkante stehen, mit Rücksicht auf die Herstellung, besonders der Lochung der Deckbänder, so darf die Schrägung der Kante (durch verschiedene Länge am Ein- und Austritt) nicht zu groß werden, um die Biegungsbeanspruchung in den Zapfen in mäßigen Grenzen zu halten. EWC setzen die Zapfen auch bei schräger Kante radial an (Abb. 160) und vermeiden die Biegungsbeanspruchung.

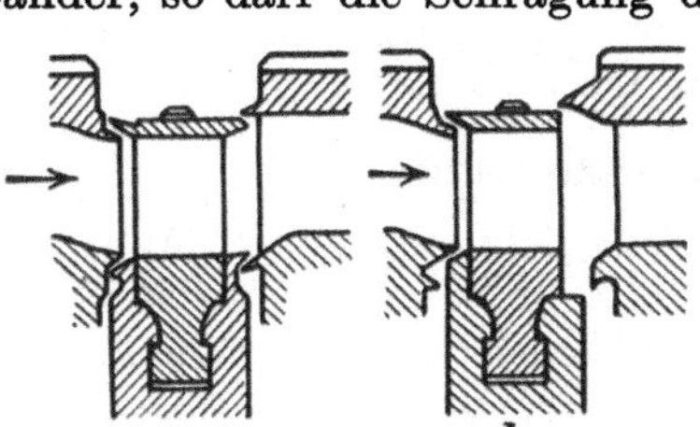

Abb. 180a u. b. Spaltüberbrückung (Humboldt).

Humboldt wendet bei den Hochdruckturbinen eine besondere Spaltdichtung an (Abb. 180a/b).

Beim Hochdruck- und Mitteldruckteil ermöglicht der axiale Zusammenbau der Turbine (ungeteilte Leitradscheiben, vgl. Abb. 144) radiale Überdeckungen nach Abb. 180a, wodurch seitliches Entweichen des Dampfes verhindert wird, wobei das axiale Spiel mit Rücksicht auf Betriebssicherheit genügend groß gehalten werden kann. Beim Niederdruckteil mit wagerecht geteiltem Gehäuse ist die Spaltdichtung nach Abb. 180b ausgeführt; der Gehäuseoberteil wird so aufgesetzt, daß die Laufräder dicht an den Leitapparaten vorbeigehen, dann wird der Läufer mittels der Einstellvorrichtung (Abb. 259) nach der Dampfeintrittsseite herangeholt, wodurch sich gleiche Überdeckung und Spaltdichtung ergibt wie im Hochdruckteil.

Bei den Überdruckturbinen dienen die Deckbänder auch zur Abdichtung am Schaufelumfang; bisweilen werden die Bänder mit Ringen versehen (Abb. 178a/b, 174), welche ein kleines radiales Spiel zulassen (0,3 mm), da beim Anlaufen nur die Spitzen der Ringe abgeschliffen werden und die Schaufeln unbeschädigt bleiben.

BBC wenden die sogenannte Spaltüberbrückung an (Abb. 181) durch treppenartige Anordnung der Deckbänder.

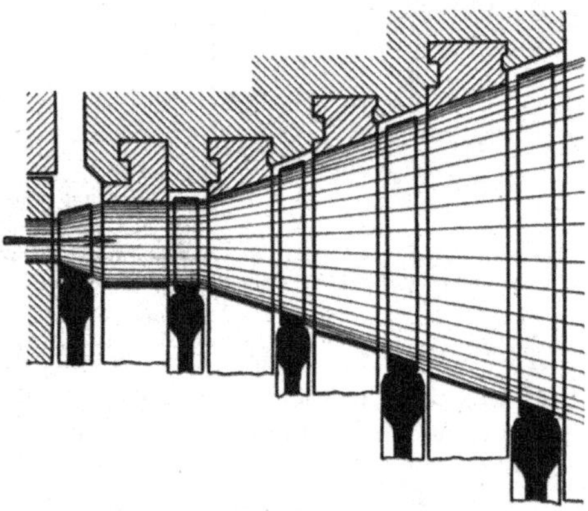

Abb. 181. Spaltüberbrückung (BBC).

Der mit hoher Geschwindigkeit austretende, den Spalt überspringende Strahl erzeugt auf der einen Seite der Schaufel durch Strahlwirkung (Ejektor) einen gewissen Unterdruck, auf der anderen Seite durch Stauung einen Überdruck, das vermindert den Druckunterschied von Schaufel zu Schaufel außerhalb des Schaufelkanals und damit den Spaltverlust

Werden keine Deckbänder angewendet, so werden, um geringe Spiele zulassen zu können, die Schaufeln an den Enden durch Abfräsen am Rücken, zugeschärft (BBC); laufen die Schaufeln an, so schleift sich die Kante ab oder biegt sich schlimmstenfalls um, ohne Schaufelbruch zu verursachen.

Die Versteifung der Schaufeln, besonders gegen Schwingungen (s. Festigkeit der Schaufel) bei langen Schaufeln, wird ebenfalls durch die Deckbänder bewirkt. Wo diese nicht vorhanden sind, werden ein oder mehrere Bindedrähte durch die Schaufeln gezogen und mit ihnen hart verlötet, was sorgfältige Arbeit erfordert; die einzelnen Drähte sollten an den Stoßstellen gut miteinander verbunden werden.

6. Besondere Schaufelformen.

Sie machen sich bei sehr langen Schaufeln notwendig. Außer der bereits erwähnten Verjüngung der Schaufeln zum äußeren Ende hin (Abb. 158 bis 160) werden lange Schaufeln mit nach außen abnehmender Breite ausgeführt, entweder nur einseitig (Abb. 171) oder beiderseitig Abb. 182 (AEG)[1], wobei auch die Leitschaufeln zum Ende hin schmäler werden, um den Spalt gleich groß zu halten.

Da bei langen Schaufeln der für den mittleren Beaufschlagungsdurchmesser aus dem Geschwindigkeitsplan ermittelte Eintrittswinkel am Schaufelfuß und am Schaufelende wegen der abweichenden Um-

[1] Aus Kraft, E. A.: Die neuzeitliche Dampfturbine.

fangsgeschwindigkeit und der gleichbleibenden Dampfgeschwindigkeit c_1, nicht mehr mit der Strahlrichtung übereinstimmt, so kann am Schaufelende ein bedeutender Stoß auf den Schaufelrücken eintreten. Besonders bei feuchtem Dampf macht sich dieses bemerkbar, da die Wassertröpfchen eine kleinere Geschwindigkeit annehmen als der Dampf[1].

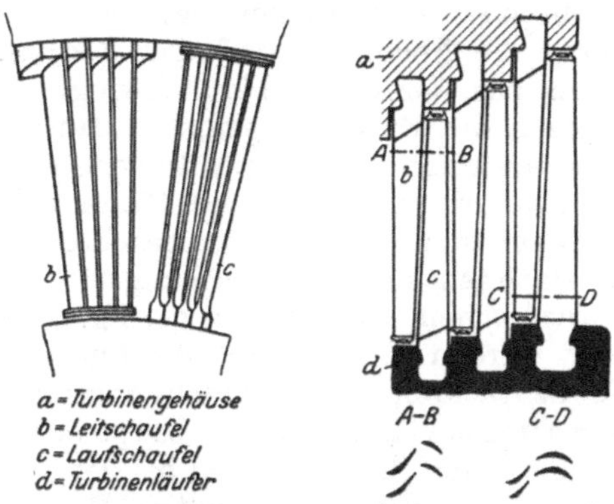

Abb. 182. *ND*-Schaufeln der AEG.

Um diese Nachteile zu vermeiden und überall günstige Verhältnisse zu haben, führt man die Schaufeln mit veränderlichem Eintrittswinkel aus (Abb. 183)[2], wobei zu beachten ist, daß die Schwerpunkte der Querschnitte auf einer zur Turbinenachse senkrechten Geraden liegen müssen. Die veränderlichen Winkel sind auch in Abb. 182 sichtbar.

Ein Verfahren zur Winkeländerung nach DRP. 300829 (BBC und Christlein) zeigt Abb. 184[3]. Man kann sich die Schaufel als Teil eines Hohlkörpers denken, dessen innere Fläche ein elliptischer Zylinder, die äußere ein elliptischer Kegel ist, so daß die Stärke nach unten zunimmt (die Abbildung zeigt die Ansicht von oben). Dadurch werden die Eintrittswinkel nach oben und die Austrittswinkel nach unten vergrößert, die Querschnittsverengung am Fuße wird kleiner.

Ein anderes Verfahren ist das nach DRP. 296456.

Solche Schaufeln mit veränderlichem Winkel können nicht gefräst werden, man schmiedet sie im Gesenk mit geringer Zugabe und schleift sie dann auf Maß.

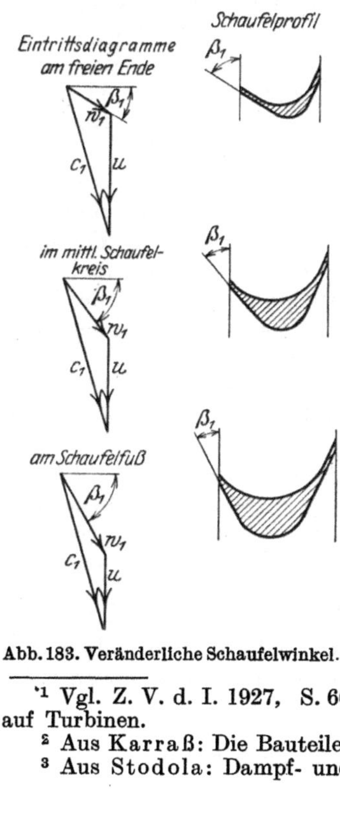

Abb. 183. Veränderliche Schaufelwinkel.

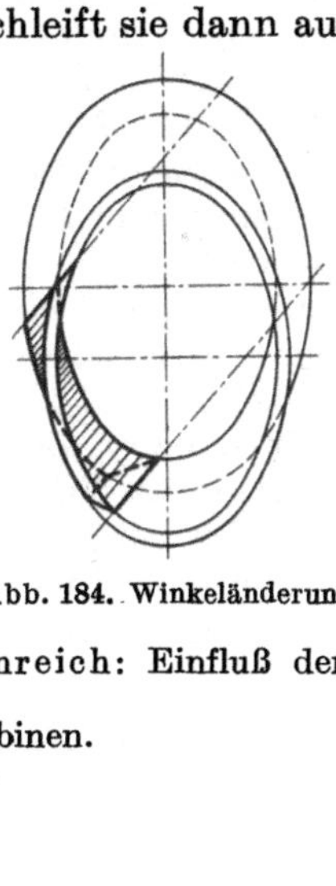
Abb. 184. Winkeländerung.

[1] Vgl. Z. V. d. I. 1927, S. 664. v. Freudenreich: Einfluß der Dampfnässe auf Turbinen.
[2] Aus Karraß: Die Bauteile der Dampfturbinen.
[3] Aus Stodola: Dampf- und Gasturbinen.

7. Die Baustoffe der Laufschaufeln.

Die Verwendung zweckentsprechenden Materials für die Laufschaufeln ist von grundlegender Wichtigkeit für den Dampfturbinenbau; für die Wahl des Baustoffes ist nicht nur die Festigkeit gegenüber den normalen Beanspruchungen durch die Fliehkraft und den Schaufeldruck maßgebend, sondern auch das Verhalten bei Schwingungen und die Widerstandsfähigkeit gegen die Einwirkungen des Dampfes, einerseits bei hoher Temperatur, andrerseits bei Feuchtigkeit, sowie gegen chemische Einflüsse durch unreinen Dampf und Säuren. Bei hohen Temperaturen ist die Abnahme der Festigkeit zu beachten, im Sättigungsgebiet kann Rosten eintreten und Auswaschungen durch vom Dampf mitgerissene Wassertröpfchen; diese haben geringere Geschwindigkeit als der Dampf und werden zudem durch die Fliehkraft nach außen geschleudert, wo sie die Rückseite der Schaufeln angreifen[1].

Als Baustoffe kommen verschiedene Legierungen hauptsächlich mit Kupfer und mit Stahl in Frage, deren Eigenschaften bei der Wahl zu berücksichtigen sind, entsprechend den vorliegenden Betriebsverhältnissen. Wertvolle Aufschlüsse über das Verhalten der Baustoffe hat die Veröffentlichung von Lasche[2] gegeben.

Bronze, das ist eine Kupfer-Zinn-Legierung, kommt für Turbinenschaufeln nicht in Frage; auch Aluminiumbronze mit 88% Cu, 9% Al und 3% Fe hat sich trotz hoher Festigkeit nicht bewährt, da sie schon bei mäßigen Temperaturen empfindlich gegen chemische Einflüsse ist.

Messing, eine Kupfer-Zink-Legierung, ist ein sehr häufig angewendeter Baustoff, meist als Patronenmessing mit 72% Cu und 28% Zn, seltener als Messing mit 63% Cu und 37% Zn (für Füllstücke). Bleigehalt macht spröde, er darf deshalb 0,1% nicht überschreiten.

Messing kann kalt gezogen werden und hat den Vorteil, rostbeständig zu sein und sich leicht bearbeiten zu lassen; es ist auch gegen chemische Einflüsse widerstandsfähig. Messing besitzt aber geringe Festigkeit — gezogen etwa 36 kg/mm², gegossen 33 kg/mm² — die mit steigender Temperatur noch abnimmt (Abb. 185) und Messing über 200° C unverwendbar macht; für Füllstücke wird es bis 250° C angewendet. Auch für lange Schaufeln ist Messing nicht zu empfehlen wegen der Abnahme der Festigkeit bei Erschütterungen; es tritt bei längerer Belastung auch bei mäßiger Temperatur Fließen ein, wodurch die Bruchfestigkeit stark herabgesetzt wird.

Nickelmessing mit 50% Cu, etwa 40% Zn, 10% Ni, evtl. 0,1% Pb hat wesentlich höhere Festigkeit als Messing — 54 kg/mm² Festigkeit, 45 kg/mm Streckgrenze, 40% Dehnung — ist demnach auch für lange Schaufeln mit höherer Beanspruchung anwendbar, jedoch auch nur bei Temperaturen bis 200° C (s. Abb. 185).

Nickelkupfer mit 79% Cu, 14% Ni, 4% Fe und 2% Mn hat 44 kg/mm² Festigkeit, 32 kg/mm² Streckgrenze und 30% Dehnung, ist widerstandsfähig gegen chemische Einflüsse und behält die Festigkeit bis zu hohen

---

[1] S. Fußnote 1, S. 204.

[2] Lasche-Kieser: Konstruktion und Material im Bau von Dampfturbinen.

Temperaturen, ist deshalb noch dort anwendbar, wo Messing ausscheidet. Die Bearbeitung auf Fertigprofil muß durch Fräsen erfolgen.

Monelmetall ist einer der hochwertigsten Schaufelbaustoffe; es ist eine in Amerika vorkommende natürliche Legierung und wird in der Zusammensetzung von ungefähr 67% Ni, 28% Cu und 5% anderen Metallen aus den Erzen gewonnen, enthält kein Zn, Sn oder Antimon. Warm gewalztes Monelmetall hat eine Festigkeit[1] von 55 bis 65 kg/mm², eine Streckgrenze von 34 kg/mm² und etwa 40% Dehnung; die Härte (normal 150 bis 190 Brinell) und die Festigkeit kann durch Kaltbearbeitung gesteigert werden. Da die Festigkeit bis über 400° C sich wenig ändert (s. Abb. 185), ist Monelmetall für hohe Temperaturen geeignet, ferner widersteht es sehr gut chemischen Einflüssen und oxydiert nicht. Ein Nachteil ist sein hoher Preis (etwa viermal so teuer wie 5% Ni-Stahl).

Stahl kommt mit Beimengungen von Nickel, Chrom und Mangan zur Verwendung; S-M-Stahl und Kohlenstoffstahl wird für Schaufeln nicht mehr verwendet, höchstens für Füllstücke.

Nickelstahl mit hohem Ni-Gehalt hat sich als ungeeignet im strömenden Dampf erwiesen; hingegen hat Ni-Stahl mit höchstens 5% Ni-Gehalt, aus Tiegeln oder Elektroöfen, gute Festigkeitseigenschaften — 60 kg/mm² Festigkeit, 45 bis 55 kg/mm² Streckgrenze und etwa 20% Dehnung; das Material wird gewalzt, vor dem Walzen überdreht, um Risse feststellen zu können. Ist für hohe Temperaturen geeignet (s. Abb. 185), rostet aber im feuchten Dampf.

Wärmebehandlung des Ni-Stahles nach Vorschrift der WUMAG: Schmieden bei 950 bis 1000°, danach Glühen bei 630 bis 650°, Warmbiegen der gefrästen Stücke bei 630 bis 650°, letztes Glühen zwecks Beseitigung etwaiger Spannungen bei 600 bis 630° mit nachfolgendem Erkalten an der Luft.

Nichtrostender Stahl; hauptsächlich kommt für Turbinenschaufeln der Kruppsche V5M-Stahl in Frage mit etwa 1% Ni, 0,5% Mn und 12 bis 13% Cr von 75 kg/mm² Festigkeit, 57 kg/mm² Streckgrenze und 16% Dehnung ($10 \cdot d$). Dieser Stahl ist sehr gut für hohe Temperaturen geeignet, da sich die Festigkeit bis 400° C sehr wenig ändert (s. Abb. 185 V5M-Kurven[2]); er ist nur etwa halb so teuer wie Monelmetall, aber nicht so säurefest (bei saurem Wasser käme evtl. der V2A-Stahl in Frage).

Die Wärmebehandlung ist nach Angaben von Krupp bzw. WUMAG: Schmieden: langsam auf 800° vorwärmen, dann rasch auf Schmiedeanfangstemperatur von 1110 bis 1150° bringen, während des Schmiedens nicht unter 900° abkühlen lassen. Glühen zwecks mechanischer Bearbeitung (Fräsen): langsam und gleichmäßig auf etwa 750 bis 780° erhitzen, in Luft oder Ofen erkalten lassen. Warmbiegen bei 850 bis 900°; Hartwerden wird vermieden durch nachfolgendes Glühen bei 670 bis 700°; Glühen zwecks mechanischer Fertigbearbeitung bei 650 bis 680°, weitere Wärmebehandlung nicht notwendig.

---

[1] Nach Mitteilung der Monel-Metall-Gesellschaft, Frankfurt a/M.

[2] Nach Angaben der Friedr. Krupp A.-G.

Neben dem V5M-Stahl stellt Krupp noch einen etwas weicheren nichtrostenden Chromstahl Marke V11M her, der zur Herstellung weniger beanspruchter Schaufeln und für Leitschaufeln geeignet ist

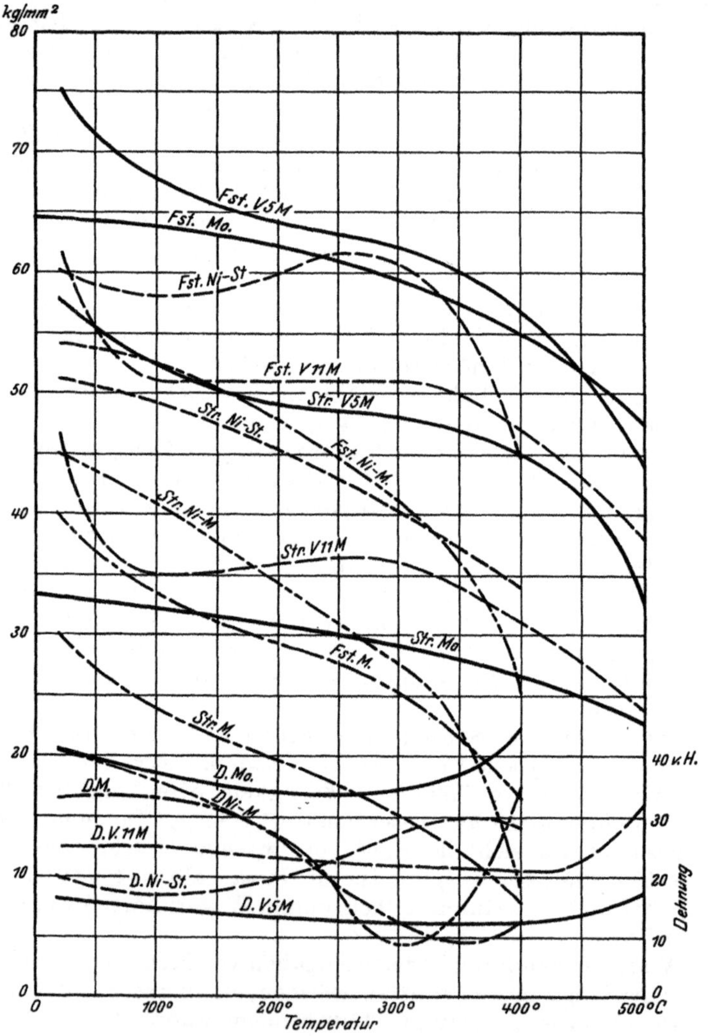

Fst. Festigkeit kg/mm², *Str.* Streckgrenze kg/mm², *D.* Dehnung %, *M.* Messing, *Ni-M.* Nickelmessing, *Ni-St.* Nickelstahl, *Mo.* Monelmetall, *V5M* u. *V11M* Krupp-Stahle.

Abb. 185. Festigkeitseigenschaften der Schaufelbaustoffe.

und auch in Gußeisen eingegossen werden kann. Er hat etwa 60 kg/mm² Festigkeit, 45 kg/mm² Streckgrenze und 25% Dehnung ($5 \cdot d$) und zeigt geringe Änderungen dieser Eigenschaften bis etwa 350°, s. Abb. 185 (nach Angaben der Friedr. Krupp A.-G.).

Bi-Metall — Stahlseele von Messing umgeben — kommt wegen der Schwierigkeit der Herstellung für Schaufeln nicht zur Anwendung, sondern nur als Bindedraht zur Versteifung.

Zusammenfassend ergeben sich folgende Richtlinien für die Wahl des Baustoffes:

Im Hochdruckteil bis 275° C 5% Ni-Stahl, über 275° und hohen Beanspruchungen V5M-Stahl (oder Monelmetall).

Im Niederdruckteil unter 200° und bei geringen Beanspruchungen (500 kg/cm²) Messing, bei hohen Beanspruchungen Ni-Messing und über 1000 kg/cm² Ni-Stahl und bei gesättigtem Dampf V5M-Stahl oder Monelmetall.

8. Die Festigkeitsberechnung der Laufschaufeln.

Die Beanspruchungen, denen die Schaufeln im Betriebe ausgesetzt sind, sind statische durch die Fliehkraft, den Dampfdruck und den Reibungsdruck und dynamische durch Schwingungen der Schaufeln infolge Erschütterungen, Erzittern des Rotors und Flattern der Radscheiben, sowie durch periodische Dampfstöße beim Vorbeilauf an den Leitschaufelstegen und besonders bei Teilbeaufschlagung.

Der auf Biegung wirkende Dampfdruck ist die Resultierende aus dem Ablenkungsdruck und dem Reibungsdruck (s. Abb. 14, S. 20) und bei Überdruckturbinen der Überdruck in axialer Richtung (Axialschub). Die Resultierende P kann in zwei Komponenten zerlegt werden (Abb. 186), den Umfangsdruck P_u und den Axialdruck P_a, deren Größe aus dem Geschwindigkeitsplan (Abb. 44) ermittelt werden kann. Daneben kann noch der Überdruck $P_ü$ wirken.

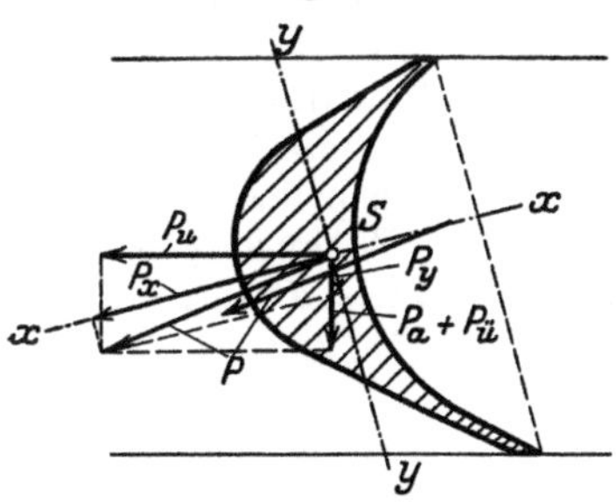

Abb. 186. Schaufelberechnung.

Ist z die Zahl der beaufschlagten Schaufel bei z_s-Schaufeln am Umfang, L_u mkg/kg die Leistung am Umfang, G_{sk} die sekundliche Dampfmenge und u m/sek die Umfangsgeschwindigkeit, so ist die ganze Umfangsleistung

$$L_u \cdot G_{sk} = P_u u z \text{ m/kg},$$

woraus

$$P_u = \frac{L_u G_{sk}}{u z} \text{ kg}$$

oder mit L_u nach Gl. (44), S. 45

$$P_u = \frac{u(w_{1u} + w_{2u})\, G_{sk}}{g u z} = \frac{G_{sk}}{g z}(w_{1u} + w_{2u}) \text{ kg}. \tag{3}$$

Statt z kann auch der beaufschlagte Bogen l_b eingeführt werden, da $z t_s = l_b$ oder $z = l_b : t_s$, wenn t_s die Teilung; bei voller Beaufschlagung ist $z = z_s = \pi D : t_s$.

Der Axialdruck P_a kann analog ermittelt werden, es ist nur statt $(w_{1u} + w_{2u})$ die Differenz $(w_{1a} - w_{2a})$ zu setzen, (da beide Geschwindigkeiten gleichgerichtet sind, siehe Ableitung von L_u aus dem Satz vom Antrieb S. 45. Dann ist

$$P_a = \frac{G_{sk}}{z g} (w_{1a} - w_{2a}) \text{ kg}. \tag{3a}$$

Bei Überdruckturbinen ist meist $w_{1a} = w_{2a}$, also $P_a = 0$, dafür ist der Überdruck $P_ü$ wirksam; ist der Druckunterschied zu beiden Seiten der Schaufeln $p_1 - p_2$ und l die freie Schaufellänge, so ist

$$P_ü = l t (p_1 - p_2) \text{ kg}. \tag{3b}$$

Der resultierende Schaufeldruck ist dann

$$P = \sqrt{P_u^2 + (P_a + P_ü)^2} \text{ kg}, \tag{4}$$

wobei P_a oder $P_ü$ gleich 0 sein kann.

Um die Biegungsmomente zu ermitteln, muß P in Komponenten P_x und P_y in Richtung der Hauptträgheitsachsen $X - X$ und $Y - Y$ zerlegt werden. Die genaue Bestimmung der Hauptträgheitsachsen ist sehr umständlich, man nimmt zur Vereinfachung an, daß die Y-Achse für das kleinste Trägheitsmoment parallel zur Verbindungslinie der Schaufelkanten liegt (Abb. 186), die X-Achse ist natürlich senkrecht dazu und beide gehen durch den Schwerpunkt S des Profils. Da die Richtung von P meist nicht durch den Schwerpunkt geht, so entsteht ein Drehmoment, das aber vernachlässigbar ist, zumal die Schaufeln durch das Deckband oder die Bindedrähte gehalten werden; man nimmt die Kraft P durch S gehend an. Ferner ist die Biegungsbeanspruchung um die X-Achse klein im Vergleich zu derjenigen der Y-Achse, man kann deshalb die erstere vernachlässigen und ferner $P_x = P$ setzen. Dann ist das Biegungsmoment

$$M_b = P \cdot \frac{l}{2} = W_y \cdot \sigma_b$$

und die Spannung

$$\sigma_b = \frac{P l}{2 W_y} \text{ kg/cm}, \tag{5}$$

wenn l die Schaufellänge.

Das Widerstandsmoment W_y ist für jedes Profil ein für allemal zu bestimmen, wozu man sich des zeichnerischen Verfahrens nach Mohr[1] bedienen kann. Ein anderes Verfahren mittels des „Integrator" ermöglicht eine einfache Bestimmung[2].

Die Zugbeanspruchungen erfolgen durch die Fliehkraft

$$C = C_b + C_s = f \cdot \sigma_z \text{ kg},$$

wenn f der beanspruchte Querschnitt, $C_b = G_b \, \omega^2 \, R_b : g$ kg die Fliehkraft des Deckbandes von Gewicht G_b je Schaufel, R_b der Schwerpunktsabstand von der Drehachse, $C_s = G_s \, \omega^2 \, R_s : g$ kg die Fliehkraft der

[1] S. Bach-Baumann: Elastizität und Festigkeit, 9. Aufl., S. 241.
[2] S. Johow-Förster: Hilfsbuch für den Schiffsbau, 4. Aufl., S. 227.

Schaufel vom Gewicht G_s über dem kleinsten Querschnitt am Fuß, R_s der Schwerpunktsabstand, der bei gleichbleibendem Schaufelquerschnitt etwas kleiner ist als der Teilkreishalbmesser und bei veränderlichem Querschnitt durch Auswiegen ermittelt werden kann. Für die Winkelgeschwindigkeit muß die höchste auftretende Drehzahl eingesetzt werden, $\omega = n_{\max} : 30$, die um 10 bis 15% höher ist als die Betriebsdrehzahl (s. Sicherheitsregler, S. 333).

Nun ist die Zugspannung $\sigma_z = C : f$ kg/cm und es muß $\sigma_b + \sigma_z = \sigma_{zul}$ sein, wobei

$\sigma_{zul} = 500$ kg/cm für Messing,
$\sigma_{zul} = 800$ „ „ Ni-Messing,
$\sigma_{zul} = 1200$ „ „ Ni-Stahl,
$\sigma_{zul} = 1500$ „ „ nichtrostenden Stahl und Monelmetall.

Ferner muß die Flächenpressung an den Auflageflächen geprüft werden, wobei die Fliehkraft der ganzen Schaufel einzusetzen ist. Die zulässige Flächenpressung k darf betragen

bei Messing $k = 800$ bis 1000 kg/cm,
„ Ni-Messing $k = 1500$ kg/cm,
„ Ni-Stahl, nichtrostendem Stahl und Monelmetall $k = 2000$ kg.

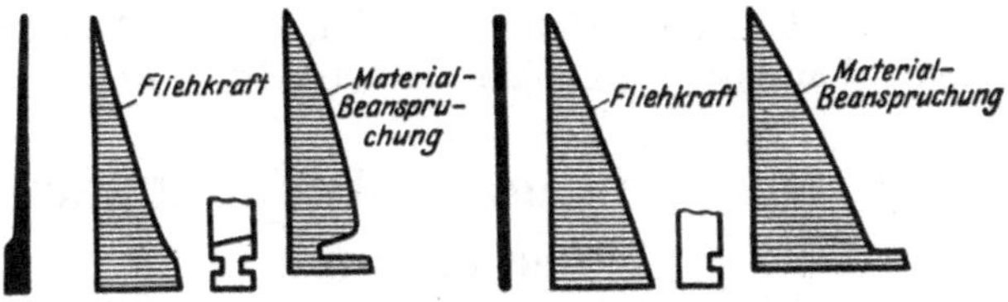

Abb. 187. Fliehkräfte und Beanspruchungen der Schaufeln.

Die Beanspruchungen bzw. die Flächenpressung kann herabgesetzt werden durch Anwendung nach außen verjüngter Schaufeln, Herstellung von Schaufel und Füllstück aus einem Stück, abnehmende Schaufelbreite und mehrfache Auflage am Fuß (Abb. 159).

Einen Vergleich der Fliehkräfte und der Beanspruchungen bei verjüngter Schaufel mit angeschmiedetem Füllstück und einer Schaufel mit gleichbleibendem Querschnitt und besonderem Füllstück zeigt Abb. 187.

Die **dynamischen** Beanspruchungen durch Schwingungen sind schwer zu übersehen, da diese von verschiedenen Umständen abhängen. Es muß unbedingt vermieden werden, daß die Schwingungszahl der Schaufel mit der Impulszahl übereinstimmt. Die tiefste theoretische sekundliche Schwingungszahl der einseitig eingespannten Schaufel von der Masse $m = G_s : g$, der freien Länge l und dem Trägheitsmoment J ist

$$n_{sk} = 0{,}560 \sqrt{\frac{J E}{m l^3}}. \qquad (6)$$

Es sei auf die diesbezüglichen Abhandlungen[1] hingewiesen.

[1] Stodola, A.: Die Dampf- und Gasturbinen, 5. Aufl., S. 296. Jahrbuch der Schiffbautechn. Ges. 1914, S. 113 und 1916, S. 154 und 201. Z. V. d. I. 1926, S. 1375. Dr. W. Hort: Schwingungen der Räder und Schaufeln.

Die Schwingungen werden gedämpft durch die Deckbänder und die Bindedrähte, doch muß auch das Verhalten des Baustoffes berücksichtigt und derselbe entsprechend gewählt werden.

III. Laufräder.

Neben den Schaufeln sind die Laufräder die am höchsten beanspruchten Teile der Turbinen und erfordern deshalb eine genaue Ermittlung der auftretenden Spannungen, ausreichende Bemessung, Wahl geeigneten Baustoffes und sorgfältige Herstellung. Die Laufräder haben drei zu unterscheidende Teile: den Kranz, die Scheibe und die Nabe. Da der Kranz nur bei kleinen Umfangsgeschwindigkeiten seine eigene Fliehkraft und die der in ihm befestigten Schaufeln aufzunehmen vermag, so muß die Scheibe einen Teil der Beanspruchungen übernehmen und auf die Nabe übertragen. Es ist Aufgabe der Konstruktion und der Berechnung, die Abmessungen so zu ermitteln, daß bei ausreichender Festigkeit eine günstige Materialausnutzung vorhanden ist, wobei aber auch Schwingungen (Flattern) der Radscheiben vermieden werden müssen, da anderenfalls Anlaufen an die Leiträder oder die gefährlichen Schaufelschwingungen zu befürchten sind.

A. Die Berechnung der Laufräder.

1. Der Radkranz.

Zur Aufnahme der Schaufeln muß der Kranz eine entsprechend der Schaufelfußform ausgebildete Eindrehung oder, bei reitend aufgesetzten Schaufeln (vgl. Abb. 176) eine entsprechende Kranzform erhalten. Durch die Fliehkraft der Schauflungsteile und durch die eigene Fliehkraft treten Zug- und Biegungsbeanspruchungen auf. Meist wird man die Kranzform entwerfen und dann die Beanspruchungen ermitteln. Bei hammerkopfförmigem Schaufelfuß (Abb. 188) treten in den Querschnitten *1—1* Zug und Biegungsbeanspruchungen (durch exzentrischen Zug) und im Querschnitt *2—2* Biegungs- und Scherbeanspruchung auf. Bei andrer Fußform ist die Richtung der Kraftkomponenten zu beachten, so beim schwalbenschwanzförmigen Fuß (Abb. 189), die Komponente $N = C : 2 \sin \alpha$ der Schaufelfliehkraft, die die Querschnitte $1-2$, $1-3$,

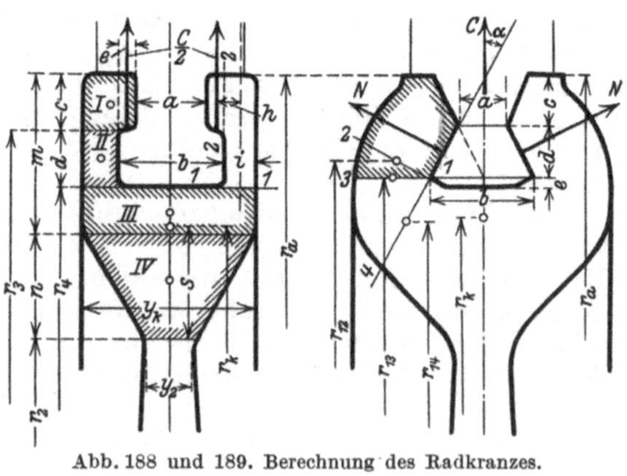

Abb. 188 und 189. Berechnung des Radkranzes.

1—4 auf Biegung und den Querschnitt *1—3* durch $C/2$ noch auf Zug beansprucht.

Man kann zur Vereinfachung der Rechnung die gesamte Fliehkraft der Schaufeln mit Deckband und Zwischenstücken auf 1 cm Umfang am betrachteten Querschnitt beziehen, d. h. annehmen, als sei der Kranz durch radiale Einschnitte geteilt, so daß nur radiale Spannungen auftreten, während die sich daraus ergebenden tangentialen Spannungen zunächst nicht beachtet werden.

Ist C die Fliehkraft der Schaufeln, Füllstücke und des Deckbandes auf 1 cm Umfang im Schnitt *1—1* (Abb. 188) bezogen, so ist

$$C = \frac{G_s z_s r_s \omega^2}{g\, 2\pi r_4}\,\text{kg},$$

wenn G_s das Gewicht einer Schaufel mit Füllstück und Deckband, z_s die Zahl der Schaufeln, r_s der Schwerpunktsabstand dieser Teile und r_4 der Radius des Schnittes *1—1*; dazu kommt die Fliehkraft C_2 durch den Kranzteil links von *2—2*, $(\mu = \gamma/g)$

$$C_2 = e c\, 1\, \mu\, (r_a - 0{,}5\, c)\, \omega^2\,\text{kg}.$$

Das Biegungsmoment ist nun

$$M_b = [C/2 + C_2]\, h = W \sigma_b = i^2 \cdot 1/6,$$

woraus die Biegungsspannung σ_b zu ermitteln ist. Auf Zug wirkt noch die Fliehkraft des Querschnittes $i \cdot (c + d)$

$$C_1 = i\,(c + d) \cdot 1\, \mu\, [r_a - 0{,}5\,(c + d)]\, \omega^2\,\text{kg},$$

so daß die Zugbeanspruchung aus dem Gleichgewicht der Kräfte und Spannungen

$$\sigma_z \cdot f = (0{,}5\, C + C_1 + C_2) \quad \text{mit} \quad f = i \cdot 1\,\text{cm}^2$$

zu ermitteln ist. Nun muß $\sigma_{\text{zul}} \geqq \sigma_b + \sigma_z$ sein, wobei

$$\sigma_{\text{zul}} = 1000\,\text{kg/cm für S-M-Stahl},$$
$$\sigma_{\text{zul}} = 1500\,\text{kg/cm für Ni-Stahl}$$

betragen kann.

Die Biegungsbeanspruchung im Querschnitt *2—2* kann in gleicher Weise ermittelt werden, die Scherbeanspruchung ist meist gering.

Die Biegungsbeanspruchung im Querschnitt *1—1* kann fast ganz vermieden werden, wenn die Schaufeln und Füllstücke eine Abbiegung der Flanken verhindern (vgl. Abb. 159, S. 194).

In ähnlicher Weise kann die Berechnung des Kranzes nach Abb. 189 erfolgen.

Durch die Schaufeln wird ein Druck auf die Auflagefläche ausgeübt, der den zulässigen Wert nicht überschreiten darf; ist 0,5 C die Fliehkraft der Schaufeln, so ist der Flächendruck $p_s = 0{,}5\, C : f_a$, wenn f_a die Auflagefläche am Schaufelfuß. Diese ist, besonders bei Blechschaufeln, meist klein, so daß bei größeren Kräften die Schaufeln mit dem Füllstück als Ganzes ausgeführt werden müssen, wodurch die Auflagefläche wesentlich größer wird (es ist aber noch die Fliehkraft des Füllstückes zu berücksichtigen) oder es muß mehrfache Auflage (vgl. Abb. 159, S. 194) angewendet werden. Der zulässige Flächendruck kann betragen

1200—1500 kg/cm bei S-M-Stahl,

1800—2000 kg/cm bei Ni-Stahl.

Beispiel 1. Es sei nach Abb. 188 $a = 10$ mm, $b = 15$ mm, $c = d = 7$ mm, $y_k = 24$ mm bei einem Teilkreisdurchmesser $D = 1{,}9$ m und $n = 1500$ Umdr./min; $z_s = 500$, das Gewicht einer Schaufel mit Füllstück und Deckband sei $G_s = 55$ g, der Schwerpunktsabstand von Fußunterkante 26 mm, $r_a = 92$ cm. Dann ist $r_s = 92 + 1{,}3 = 93{,}3$ cm (im Grunde der Eindrehung 1 mm Spiel zwischen Fuß und Kranz angenommen) und bei 15% Drehzahlerhöhung, also $n_{max} = 1{,}15 \cdot 1500 = 1725$, ist $\omega = 1725 \cdot \pi/30 = 180{,}5$ und $\omega^2 = 32580$. Somit ist die Fliehkraft einer Schaufel

$$C_s = 0{,}055 \cdot 32580 \cdot 0{,}933 : 9{,}81 = 170\ \text{kg};$$

auf 1 cm Umfang des Querschnittes *1—1* bezogen ($r_4 = 90{,}6$ cm)

$$C/ = 0{,}5\ C_s\ 500 : 2\,\pi\ 90{,}6 = 75\ \text{kg}.$$

Auf Biegung wirkend kommt dazu noch Teil links von *2—2* vom Gewicht $G_1 = 0{,}7 \cdot 0{,}25 \cdot 1 \cdot 8{,}4 = 1{,}48$ g $= 0{,}00148$ kg, wenn $\gamma = 8{,}4$ g/cm³, mit der Fliehkraft $C_2 = 0{,}00148 \cdot 32500 \cdot 0{,}9165 : 9{,}81 = 5$ kg.

Damit ist die Biegungsbeanspruchung aus dem Biegungsmoment

$$M_b = (75 + 5) \cdot 0{,}35 = W\sigma_b \qquad (h = 0{,}35\ \text{cm})$$

mit

$$W = 0{,}45^2 \cdot 1 : 6 = 0{,}0337\ \text{cm}^3,$$

$$\sigma_b = 80 \cdot 0{,}35 : 0{,}0337 = 831\ \text{kg/cm}^2.$$

Auf Zug wirkt neben den Kräften $C/2$ und C_2 noch das Gewicht der Flanke $0{,}45 \cdot 1{,}4 \cdot 1 \cdot 8{,}4 = 5{,}3$ g $= 0{,}0053$ kg mit der Fliehkraft $C_1 = 0{,}0053 \cdot 32580 \cdot 0{,}913 : 9{,}81 = 16$ kg und die Zugbeanspruchung ist, da der Querschnitt $0{,}45 \cdot 1 = 0{,}45$ cm² ist, $\sigma_z = (75 + 5 + 16) : 0{,}45 = 213$ kg/cm². Somit die Gesamtbeanspruchung $\sigma_b + \sigma_z = 831 + 213 = 1044$ kg/cm².

Der Auflagedruck ist, wenn Schaufel und Füllstück als Ganzes ausgeführt sind, mit $r_3 = r_a - c = 92 - 0{,}7 = 91{,}3$

$$p_s = C_s \cdot z_s : 2\,e \cdot \pi\,2\,r_3 = 170 \cdot 500 : 2 \cdot 0{,}25 \cdot 2\,\pi \cdot 91{,}3 = 297\ \text{kg/cm}^2.$$

Wäre die Schaufel als Blechschaufel von $\delta = 3$ mm Stärke am Fuß mit gesondertem Füllstück ausgeführt, so wäre bei einem Gewicht von Schaufel und Deckband, der Schwerpunkt im Teilkreis angenommen, die Fliehkraft von $G_s' = 40$ g

$$C_s' = \frac{G_s'}{g} \cdot r\,\omega^2 = \frac{0{,}040}{9{,}81} \cdot 0{,}95 \cdot 32{,}500 = \sim 126\ \text{kg}$$

und

$$p_s = C_s' : 2 \cdot e \cdot \delta = 126 : 2 \cdot 0{,}25 \cdot 0{,}3 = 842\ \text{kg/cm}^2.$$

Beispiel 2. Es sei nach Abb. 189 $a = 7$ mm, $b = 14$, $c = 6$, $d = 7$ mm, der Teilkreisdurchmesser $D = 1{,}2$ m, n $= 3000$ mit 15% Erhöhung, Schaufelzahl 315, Gewicht mit Deckband und Füllstück $G_s = 42$ g, Schwerpunktsabstand vom Teilkreis 11 mm, also $r_s = 58{,}9$ cm; ferner $r_a = 58{,}6$ cm, $r_{12} = 57{,}6$ cm, $r_{13} = 57{,}35$ cm und $r_{14} = 56{,}65$ cm, Kranzstärke *1—2* 12 mm, *1—3* 13 mm und *1—4* 15,5 mm, $\alpha = 26^0\,30'$. Dann ist die Fliehkraft der Schaufelung für eine Schaufel ($\omega = 1{,}15 \cdot 3000 \cdot \pi/30 = 361$, $\omega^2 = 130321$)

$$C_s = 0{,}042 \cdot 130321 \cdot 0{,}589 : 9{,}81 = 325\ \text{kg}$$

und die Normalkraft $N_s = C_s : 2 \sin\alpha = 364$ kg. Damit sind die Beanspruchungen in Schnitt *1—2*:

$$N = \frac{364 \cdot 315}{2\,\pi \cdot 57{,}6} = 317\ \text{kg auf 1 cm Umfang},$$

$$M_b = 317 \cdot 0{,}5 = W \cdot \sigma_b \quad \text{und mit} \quad W = 1 \cdot 1{,}2^2 : 6 = 0{,}24\ \text{cm}^3,$$

$$\sigma_b = 317 \cdot 0{,}5 : 0{,}24 = 628\ \text{kg/cm}^2.$$

Schnitt *1—3*:

$$N = \frac{364 \cdot 315}{2\,\pi\,57{,}35} = 318\ \text{kg}, \qquad \text{Hebelarm} = 0{,}8\ \text{cm},$$

$$W = 1 \cdot 1{,}3^2 : 6 = 0{,}282\ \text{cm}^3$$

und

$$\sigma_b = 318 \cdot 0{,}8 : 0{,}282 = 900\ \text{kg/cm}^2.$$

Schnitt *1—4*:

$$N = \frac{364 \cdot 315}{2 \cdot \pi\, 56{,}65} = 323\,\text{kg}, \qquad \text{Hebelarm} = 1{,}25,$$

$$W = 1 \cdot 1{,}55^2 : 6 = 0{,}40\ \text{cm}^3$$

und $\sigma_b = 323 \cdot 1{,}25 : 0{,}4 = 1000\ \text{kg/cm}^2.$

Dazu käme noch die geringe Biegungsbeanspruchung durch exzentrischen Zug und die Zugbeanspruchung durch den schraffierten Kranzteil.

Sind die oberen Kranzabmessungen festgelegt, so wird die weitere Kranzform mit schlankem Übergang in die Scheibe ausgeführt. Zur Ermittlung der Beanspruchungen im Kranzquerschnitt muß dessen Größe und die Lage des Schwerpunktes ermittelt werden. Letzterer kann aus den Flächenmomenten leicht bestimmt werden.

Bezeichnen $f_I, f_{II} \ldots$ die Inhalte der Flächen *I, II* ... in Abb. 188 und s_I, s_{II} die Abstände der Schwerpunkte dieser Flächen von einer Bezuglinie, z. B. vom inneren Rand des Kranzes mit dem Halbmesser r_2, so ist, wenn $f_k = 2 f_I + 2 f_{II} + \cdots$ der Kranzquerschnitt und s der gesamte Schwerpunktsabstand von r_2

$$2 f_I \cdot s_I + 2 f_{II} \cdot s_{II} + \cdots = f_k \cdot s,$$

woraus

$$s = (2 f_I s_I + 2 f_{II} s_{II} + \cdots) : f_k \tag{7}$$

und

$$r_k = r_2 + s.$$

Beispiel. Es sei mit den Bezeichnungen nach Abb. 188 $a = 10$, $b = 15$, $c = d = 7$, $m = 20$, $n = 25$ mm, $y_2 = 8$ mm, $y_k = 24$ mm, $r_2 = 87{,}5$ mm.

Der Kranzquerschnitt ist

$$f_k = 2 f_I + 2 f_{II} + f_{III} + f_{IV} = 2 \cdot 7 \cdot 7 + 2 \cdot 7 \cdot 4{,}5$$
$$+ 6 \cdot 4 + 25 \cdot (24 + 8) : 2 = 98 + 63 + 144 + 400 = 705\ \text{mm}^2 = 7{,}05\ \text{cm}^2$$

und

$$s = \frac{98 \cdot 41{,}5 + 63 \cdot 34{,}5 + 144 \cdot 28 + 400 \cdot 14{,}6}{705} \cong 22{,}9\ \text{mm} = 2{,}29\ \text{cm},$$

somit

$$r_s = r_2 + s = 87{,}5 + 2{,}29 \cong 89{,}8\ \text{cm}.$$

Wäre der Kranz ein frei rotierender Ring ohne Zusammenhang mit der Scheibe, so wäre durch seine eigene Fliehkraft die Umfangsspannung (Tangentialspannung) bei Annahme gleichmäßiger Verteilung (s. Berechnung der Trommeln S. 228)

$$\sigma_u = \mu \omega^2 r_k^2 = \mu u^2\ \text{kg/cm}^2;$$

dazu käme die Beanspruchung durch die Schaufeln auf den Schwerpunktskreis bezogen

$$\sigma_{rs} = C_s \cdot z_s : 2 \pi r_k \cdot y_k\ \text{kg/cm}^2 \tag{8}$$

Über den halben Umfang verteilt ist die in 2 diametral gegenüberliegenden Querschnitten wirkende Kraft (vgl. Abb. 205, S. 228)

$$\int\limits_0^{180^\circ} \sigma_{rs} \cdot r_k \sin \varphi \cdot y_k\, d\varphi = 2 \sigma_{rs} y_k \cdot r_k = 2 f_k \sigma_{ts}$$

und die Tangentialspannung

$$\sigma_{ts} = \sigma_{rs} \cdot (y_k / f_k) \cdot r_k\ \text{kg/cm}^2; \tag{9}$$

die Gesamtbeanspruchung ist dann

$$\sigma_t = \sigma_u + \sigma_{ts}.$$

Für das Beispiel 1, S. 212 und 214 wäre

$$\sigma_u = \mu \omega^2 r_k^2 = \frac{0{,}0084}{981} \cdot 32\,580 \cdot 89{,}8^2 = 2250 \text{ kg/cm}^2,$$

$$\sigma_{rs} = \frac{170 \cdot 500}{2\pi\, 89{,}8 \cdot 2{,}4} = 62{,}8 \text{ kg/cm}^2$$

und

$$\sigma_{ts} = 62{,}8 \cdot \frac{2{,}4}{7{,}05} \cdot 89{,}8 = 1924 \text{ kg/cm}^2.$$

Man sieht daraus, daß der Kranz sich nicht selbst tragen könnte.

2. Die Radscheibe.

Sie wird durch die Spannung vom Kranz durch die Radialkraft R und durch die eigene Fliehkraft F radial und durch die Kräfte T als Komponenten tangential beansprucht.

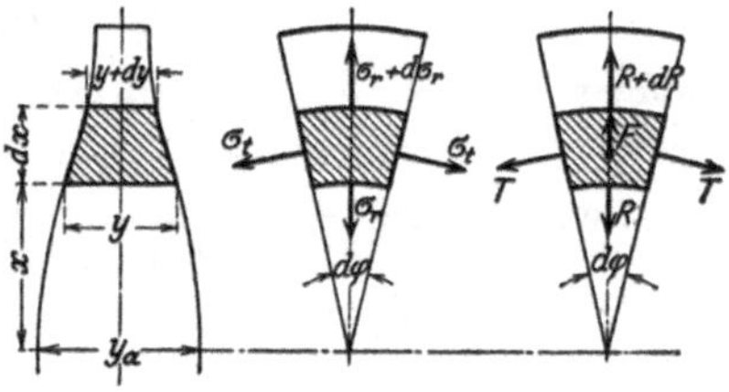

Abb. 190. Kräfte am Scheibenelement.

Ist $\mu = \gamma/g$ die spezifische Masse, d. h. die Masse der Raumeinheit (1 cm³) mit γ in kg/cm³ und $g = 981$ cm/sek², ω die Winkelgeschwindigkeit, so wirken an einem Scheibenelement (Abb. 190) die radialen Spannungen σ_r und die tangentialen Spannungen σ_t, somit die Kräfte $R = \sigma_r\, y\, x\, d\varphi$ innen, $R + dR = (\sigma_r + d\sigma_r)(y + dy)(x + dx)\, d\varphi$ außen, $T = \sigma_t \cdot y\, dx$ und die Fliehkraft $F = \mu\, y\, x\, d\varphi\, dx\, \omega^2 x$*.

Unter Vernachlässigung der unendlich kleinen Glieder höherer Ordnung ist

$$R + dR = (\sigma_r\, y\, x + \sigma_r\, dy\, x + \sigma_r\, y\, dx + d\sigma_r\, y\, x)\, d\varphi.$$

Aus dem Gleichgewicht der Kräfte am Scheibenelement folgt

$$R + dR - R - T\, d\varphi + F = 0,$$

worin $2T \sin d\varphi/2 = 2T\, d\varphi/2 = T\, d\varphi$ die Summe der radialen Komponenten von T; nach Einsetzen und Streichung von $d\varphi$ ist

$$\sigma_r y x + \sigma_r dy\, x + \sigma_r y\, dx + d\sigma_r\, y x - \sigma_r y x - \sigma_t y\, dx + \mu\, y\, dx\, \omega^2 x^2 = 0$$

oder

$$\sigma_r\, x \frac{dy}{dx} + \sigma_r\, y + y\, x \frac{d\sigma_r}{dx} - \sigma_t\, y + \mu\, y\, \omega^2 x^2 = 0,$$

$$\frac{d}{dx}(x\, y\, \sigma_r) - \sigma_t\, y + \mu\, y\, \omega^2 x^2 = 0. \qquad (10)$$

---

* Allgemein ist $F = m r \omega^2 = \frac{\gamma \cdot V}{g} r \omega^2$, wobei $V = y \cdot x\, d\varphi \cdot dx$, da $x\, d\varphi$ die innere Bogenlänge.

Durch die Spannungen werden Dehnungen ε hervorgerufen, welche nach der Elastizitätstheorie senkrecht dazu Zusammenziehungen $\nu\varepsilon$ verursachen. Die radiale Ausdehnung durch die Spannung σ_r ist $\alpha\sigma_r$, wenn α die Dehnungszahl ($\alpha = 1/E$, E Elastizitätsmodul), und die Tangentialspannung ruft gleichzeitig eine Querverkürzung $\nu\sigma_t\alpha$ hervor. Dann ist die spezifische Dehnung

$$\text{radial } \varepsilon_r = \alpha(\sigma_r - \nu\sigma_t), \tag{11a}$$

$$\text{tangential } \varepsilon_t = \alpha(\sigma_t - \nu\sigma_r). \tag{11b}$$

Ist ξ die durch die Dehnung entstehende Verschiebung, so wächst der innere Umfang eines sehr dünnen Ringes vom Halbmesser x von $2\pi x$ auf $2\pi(x+\xi)$, und die spezifische Dehnung im Umfange ist

$$\varepsilon_t = \frac{2\pi(x+\xi) - 2\pi x}{2\pi x} = \frac{\xi}{x}. \tag{12}$$

Durch die außen am Ring wirkende größere Spannung $\sigma_r + d\sigma_r$ wird der äußere Halbmesser $x + dx$ eine Verschiebung $\xi + d\xi$ erfahren, d. h. die Ringstärke dx wird $dx + d\xi$, so daß ihre Dehnung

$$\varepsilon_r = \frac{dx + d\xi - dx}{dx} = \frac{d\xi}{dx} \tag{13}$$

ist. Nach Einsetzen in Gl. (11a/b) wird ($E = 1/\alpha$)

$$\sigma_r = \frac{E}{1-\nu^2}(\varepsilon_r + \nu\varepsilon_t) = \frac{E}{1-\nu^2}\left(\frac{d\xi}{dx} + \nu\frac{\xi}{x}\right), \tag{14a}$$

$$\sigma_t = \frac{E}{1-\nu^2}(\varepsilon_t + \nu\varepsilon_r) = \frac{E}{1-\nu^2}\left(\nu\frac{d\xi}{dx} + \frac{\xi}{x}\right). \tag{14b}$$

Durch Einsetzen in Gl. (10) erhält man

$$\frac{d^2\xi}{dx^2} + \left[\frac{d(\ln y)}{dx} + \frac{1}{x}\right]\frac{d\xi}{dx} + \left[\frac{\nu}{x}\frac{d(\ln y)}{dx} - \frac{1}{x^2}\right]\xi + \frac{\mu\omega^2 x(1-\nu^2)}{E} = 0. \tag{15}$$

Die Gl. (14a/b) und (15) dienen zur Ermittlung der unbekannten Größen, wenn die Bedingungen für die Spannungen eingeführt werden. Es können entweder die Scheibenabmessungen angenommen und die Spannungen ermittelt werden, oder man schreibt die Spannungen und die Scheibenstärke an einer Stelle vor und ermittelt die Scheibenform.

Nach Gl. (14a/b) sind die Spannungen durch die Funktion von ξ voneinander abhängig; aus Gl. (11b) und (12) ist $\xi = (\sigma_t - \nu\sigma_r)x\alpha$, und die Ableitung davon dem Werte aus Gl. (13) gleichgesetzt, gibt

$$\frac{d\sigma_t}{dx} - \nu\frac{d\sigma_r}{dx} = (1+\nu)\frac{\sigma_r - \sigma_t}{x}, \tag{16}$$

woraus bei Annahme einer Spannung in Abhängigkeit von x die andere bestimmt ist.

a) Scheibe gleicher Festigkeit. Hierbei sollen die radialen und tangentialen Spannungen überall denselben Wert haben, also $\sigma_r = \sigma_t = \sigma$

sein; Gl. (10) geht dann wegen $\frac{d\sigma}{dx} = 0$ über in

$$\sigma x \frac{dy}{dx} + \sigma y + y x \frac{d\sigma}{dx} - \sigma y + \mu y \omega^2 x^2 = 0,$$

$$\frac{dy}{dx} + \frac{\mu \omega^2}{\sigma} x y = 0, \tag{10a}$$

mit der allgemeinen Lösung

$$y = y_a e^{-\frac{\mu \omega^2}{2\sigma} x^2} \tag{17}$$

wenn y_a die Scheibenstärke in Wellenmitte, Abb. 191 ($x = 0$). Ist die Scheibenstärke y_2 in $x = r_2$ vorgeschrieben, so ist

$$y_a = y_2 e^{\frac{\mu \omega^2}{2\sigma} r_2^2}, \tag{17a}$$

und im Abstand $x = r_1$

$$y_1 = y_2 e^{\frac{\mu \omega^2}{2\sigma}(r_2^2 - r_1^2)} \tag{17b}$$

oder

$$\lg \frac{y_1}{y_2} = 0{,}434 \frac{\mu \omega^2}{2\sigma}(r_2^2 - r_1^2). \tag{17c}$$

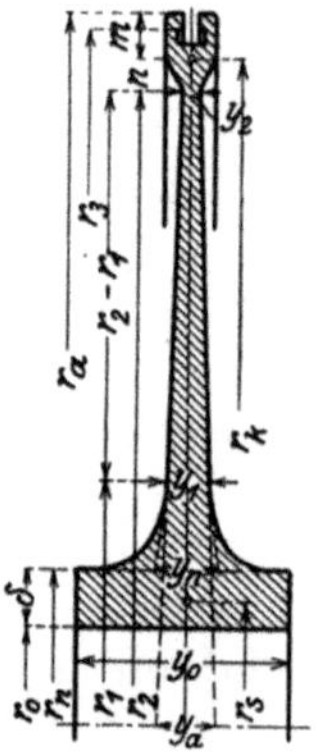

Abb. 191. Laufradberechnung.

Ebenso muß die spezifische Dehnung in allen Richtungen gleich sein, und die lineare Ausdehnung beträgt [aus Gl. (11a/b) und (12)]

$$\xi = (1 - \nu)\alpha \sigma x. \tag{18}$$

Um die Scheibe zu berechnen, müssen die Randbedingungen, d. h. die Spannung vom Kranz und von den Schaufeln berücksichtigt werden.

Ist σ_{rs} die spezifische Spannung nach Gl. (8) auf den Schwerpunktkreis des Kranzes bezogen, so ist für 1 cm Umfang dieses Kreises die Spannung $\sigma_{rs} \cdot y_k$; die Fliehkraftspannung durch den Kranz ist $\mu f_k \cdot 1 \cdot r_k \omega^2$ und die im Anschluß an die Scheibe wirkende Spannung, auf den Schwerpunktkreis bezogen $\sigma y_2 r_2 / r_k$, wenn y_2 die Scheibenstärke in r_2. Dann wirkt auf 1 cm Umfang radial nach außen die Kraft

$$q_1 = \sigma_{rs} \cdot y_k + \mu f_k r_k \omega^2 - \sigma y_2 \cdot r_2 / r_k. \tag{19}$$

Aus dem Gleichgewicht der Kräfte und Spannungen im halben Kranz folgt

$$2 f_k \sigma_t = \int_0^{180^\circ} q_1 r_k \sin\varphi \, d\varphi = q_1 2 r_k \quad \text{oder} \quad \sigma_t = \frac{q_1 r_k}{f_k}. \tag{20}$$

Außer der Tangentialspannung herrscht von den Schaufeln noch eine radiale Spannung, die in den Flanken des Kranzes $\sigma_{r4} = \sigma_{rs} \cdot y_k / 2i$ (Abb. 188) beträgt und allmählich in σ in r_2 übergeht; ist der Mittelwert dieser Spannungen σ_{rm}, so ist die Umfangsdehnung des Kranzes

$$\varepsilon_t = (\sigma_t - \nu \sigma_{rm})\alpha = \xi_k / r_k.$$

Die radiale Verschiebung ξ_2 in r_2 kann $= \xi_k$ in r_k gesetzt werden, dann ist

$$\xi_2 = (\sigma_t - \nu\,\sigma_{rm})\, r_k\, \alpha. \tag{21}$$

Die Verschiebung des Scheibenrandes ist aber nach Gl. (18)

$$\xi_2' = (1 - \nu)\, r_2\, \sigma\, \alpha,$$

und da wegen des Zusammenhangs von Kranz und Scheibe $\xi_2 = \xi_2'$ sein muß, so folgt aus Gl. (19), (20) und (21) die Spannung

$$\sigma = \frac{\sigma_{rs}\, y_k\, r_k^2 + \mu\, r_k^3\, f_k\, \omega^2 - \nu\, \sigma_{rm}\, r_k\, f_k}{(1 - \nu)\, r_2\, f_k + y_2\, r_2\, r_k}.$$

Man kann das letzte Glied im Zähler fortlassen, also die Radialspannung durch die Schaufeln im Kranz vernachlässigen, dann ist

$$\sigma = \frac{\sigma_{rs}\, y_k\, r_k^2 + \mu\, r_k^3\, f_k\, \omega^2}{(1 - \nu)\, r_2\, f_k + y_2\, r_2\, r_k} \tag{22}$$

mit $\nu = 0{,}3$; zur weiteren Vereinfachung kann $r_2 = r_k$ gesetzt und Zähler und Nenner durch r_k dividiert werden.

War in r_2 die Scheibenstärke y_2 angenommen, so kann mit σ aus Gl. (22) die Stärke der Scheibe an jeder Stelle nach Gl. (17b) oder (17c) ermittelt werden.

Beispiel. Für dieselben Verhältnisse wie im Beispiel 1, S. 212 und S. 214, sei ferner nach Abb. 188 und 191 $m = 20$, $n = 25$, $y_2 = 8$ mm, $r_2 = 87{,}5$, also $r_k = 89{,}8$, $r_1 = 26{,}5$ mm (Beginn des Übergangs in die Nabe), nach S. 215 war $\sigma_{rs} = 62{,}8$ kg/cm², $\mu\omega^2 = 0{,}279$, damit wird

$$\sigma_2 = \frac{62{,}8 \cdot 2{,}4 \cdot 89{,}8^2 + 0{,}279 \cdot 89{,}8^2 \cdot 7{,}05}{0{,}7 \cdot 87{,}5 \cdot 7{,}05 + 0{,}8 \cdot 87{,}5 \cdot 89{,}8} = 540 \text{ kg/cm}^2.$$

Bei gleicher Festigkeit muß die Stärke in r_1 nach Gl. (17b) bzw. (17c)

$$\lg \frac{y_1}{y_2} = \frac{0{,}434 \cdot 0{,}279}{2 \cdot 540}\,(87{,}5^2 - 26{,}5^2) = 0{,}77,$$

$$\frac{y_1}{y_2} = 5{,}9, \qquad y_1 = 5{,}9 \cdot 8 = 47{,}2 \text{ mm},$$

an der Nabe von $r_n = 200$ mm

$$\lg \frac{y_n}{y_2} = \frac{0{,}434 \cdot 0{,}279 \cdot (87{,}5^2 - 20^2)}{2 \cdot 540} = 0{,}803$$

$$\frac{y_1}{y_2} = 6{,}37, \qquad y_n = 8 \cdot 6{,}37 = 50{,}96 = 51 \text{ mm},$$

und in Wellenmitte

$$\lg \frac{y_a}{y_2} = \frac{0{,}434 \cdot 0{,}279 \cdot 87{,}5^2}{1080} = 0{,}848,$$

$$\frac{y_a}{y_2} = 7{,}07; \qquad y_a = 8 \cdot 7{,}07 = 56{,}56 = 57 \text{ mm},$$

Ausdehnung in r_2 nach Gl. (18)

$$\xi_2 = \frac{(1-\nu)\,\sigma \cdot r_2}{E} = \frac{0{,}7 \cdot 540 \cdot 87{,}5}{2\,200\,000} = 0{,}0152 \text{ cm} = 0{,}152 \text{ mm}.$$

Meist führt man die seitliche Begrenzung des Scheibenquerschnittes geradlinig aus, dann ist die Spannung nicht mehr überall gleich; weicht die Stärke wenig von der für gleiche Spannung ermittelten ab, so kann die Spannung angenähert aus Gl. (17b) für einen Abstand r_1 zu

$$\sigma_1 = 0{,}434 \frac{\mu \omega^2 (r_2^2 - r_1^2)}{2 \lg (y_1/y_2)} \text{ kg/cm}^2$$

ermittelt werden

b) Scheibe gleicher Stärke. Solche Scheiben kommen im Hochdruck- und Mitteldruckteil vor, wenn sie aus dem Vollen (s. S. 237) hergestellt werden; sie haben dann keine einzelne Nabe und keine innere Bohrung Da die Beanspruchungen in der Scheibe gleicher Stärke nach der Nabe hin zunehmen, sind solche Scheiben nur für geringe Umfangsgeschwindigkeit geeignet. Bei größeren Geschwindigkeiten wird höchstens ein Teil in der Nähe des Kranzes mit gleicher Stärke ausgeführt (vgl. Abb. 197, S. 225).

Da $y = \text{const}$, geht Gl. (15), S. 216, über in

$$\frac{d^2\xi}{dx^2} + \frac{1}{x}\frac{d\xi}{dx} - \frac{\xi}{x} + (1 - \nu^2)\frac{\mu\omega^2}{E} = 0\,.$$

Durch Integration wird

$$\frac{1}{x}\frac{d}{dx}(\xi x) = -(1-\nu^2)\frac{\mu\omega^2 x^2}{2E} + 2b_1$$

und endlich

$$\xi = -\frac{(1-\nu^2)\mu\omega^2}{8E}x^3 + b_1 x + \frac{b_2}{x}, \tag{23}$$

oder mit der Abkürzung $A = \dfrac{(1-\nu^2)\mu\omega^2}{E}$

$$\xi = -\frac{A}{8}x^3 + b_1 x + \frac{b_2}{x}. \tag{23a}$$

Die Spannungen werden dann aus Gl. (14a/b)

$$\sigma_r = \frac{E}{1-\nu^2}\left[-(3+\nu)\frac{A}{8}x^2 + (1+\nu)b_1 - (1-\nu)\frac{b_2}{x^2}\right], \tag{24a}$$

$$\sigma_t = \frac{E}{1-\nu^2}\left[-(1+3\nu)\frac{A}{8}x^2 + (1+\nu)b_1 + (1-\nu)\frac{b_2}{x^2}\right]. \tag{24b}$$

Die Konstanten b_1 und b_2 ergeben sich aus den Randbedingungen. Es sei hier nur die volle Scheibe, d. h. ohne Bohrung für die Welle, betrachtet.

Bei freiem Rand, d. h. ohne Spannung, ist für den Rand mit $x = r_2$, $\sigma_r = 0$ und für $x = 0$ ist $\xi = 0$; nach Gl. (23) ist allgemein auch $b_2 = 0$ und auch $b_2/x^2 = 0$, weil im Mittelpunkt $\sigma_r = \sigma_t$ sein muß. Für b_1 ergibt sich aus Gl. (24a/b)

$$b_1 = \frac{3+\nu}{1+\nu}\frac{A}{8}r_2^2 = \frac{(3+\nu)}{8}\,\frac{(1-\nu^2)\mu\omega^2}{E} \tag{25}$$

und die Spannungen

$$\text{für } x = 0 \qquad \sigma_r = \sigma_t = \frac{3+\nu}{8}\mu\omega^2 r_2^2, \tag{26a}$$

$$\text{für } x = r_2 \qquad \sigma_r = 0,\ \sigma_t = \frac{1-\nu}{4}\mu\omega^2 r_2^2. \tag{26b}$$

Für die r u h e n d e Scheibe mit der Radialspannung σ_{rs} am Rand (durch die Schaufel) ist $b_2 = 0$ und $b_1 = (1 - \nu)\,\alpha\,\sigma_{rs}$. Daraus folgt nach Gl. (24a/b), daß überall

$$\sigma_r = \sigma_t = \sigma_{rs}.$$

Für die umlaufende Scheibe mit der Randspannung σ_{rs} ist die Beanspruchung die algebraische Summe der Spannungen, somit

$$\text{für } x = 0 \qquad \sigma_r = \sigma_t = \frac{3+\nu}{8}\,\mu\,\omega^2 r_2^2 + \sigma_{rs}, \tag{27a}$$

$$\text{,, } x = r_2 \qquad \sigma_r = \sigma_{rs}; \quad \sigma_t = \frac{1-\nu}{4}\,\mu\,\omega^2 r_2^2 + \sigma_{rs}. \tag{27b}$$

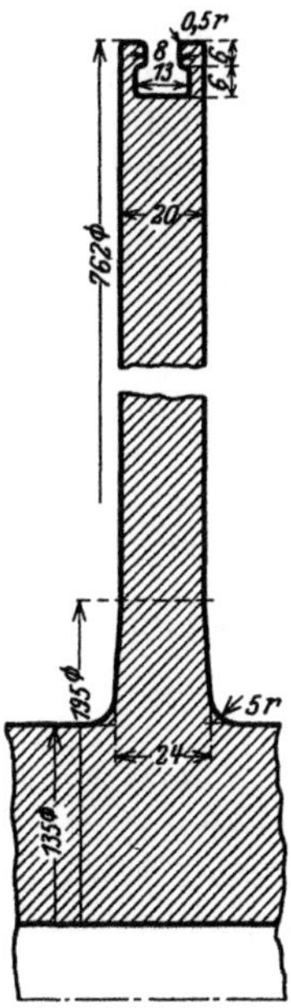

Abb. 192. Scheibe gleicher Stärke.

Da die Scheiben mit der Welle aus dem Vollen hergestellt sind, so ist die Scheibendicke beim Übergang in die Welle gleich dem Abstand der Scheibenmitten. Dadurch wird die Spannung in der Wellenmitte wesentlich geringer als Gl. (27a) ergibt.

Die Ausdehnung wird

$$\xi = (1 - \nu)\,\alpha\,\sigma\,x. \tag{28}$$

Beispiel. Für eine Scheibe gleicher Stärke $y = 20$ mm nach Abb. 192 sei das Schaufelgewicht einschließlich Deckband und Füllstück $G_s = 25$ g, Schaufelzahl $z_s = 230$, n = 2000; bei 15% Überschreitung ist

$$\omega = \frac{1{,}15 \cdot 3000\,\pi}{30} = 361{,}22, \quad \omega^2 = 130\,520.$$

Die Fliehkraft einer Schaufel ist mit $r_s = r_a = 381$ mm

$$C_s = \frac{G_s}{g}\,r_s\,\omega^2 = \frac{0{,}025}{9{,}81} \cdot 0{,}381 \cdot 130\,520 \cong 127 \text{ kg},$$

und die Spannung in $r_4 = 381 - 12 = 369$ mm auf die ganze Stärke verteilt angenommen

$$\sigma'_{rs} = \frac{C_s \cdot z_s}{2\pi r_4 \cdot y} = \frac{127 \cdot 230}{2\pi \cdot 36{,}9 \cdot 2} \cong 63 \text{ kg/cm}^2.$$

Vom Eigengewicht des Kranzes bis r_4 ist die Fliehkraft, auf die ganze Stärke verteilt ($a\,b, \ldots$ s. Abb. 188)

$$\sigma_{ru} = \frac{(y-b)(c+d)\,2\pi\,r_3\,\gamma \cdot r_3\,\omega^2}{g \cdot 2\pi\,r_4 \cdot y} + \frac{(b-a) \cdot c\,2\pi\,(r_a - 0{,}5\,c)^2\,\omega^2}{g\,2\pi\,r_4 \cdot y}$$

$$= \frac{\gamma\,\omega^2}{g \cdot r_4 \cdot y}\,[(y-b)(c+d)\,r_3^2 + (b-a)\,c\,(r_a - 0{,}5\,c)^2]$$

$$= \frac{0{,}0082 \cdot 130\,520}{981 \cdot 36{,}9 \cdot 2}\,(0{,}7 \cdot 1{,}2 \cdot 37{,}5^2 + 0{,}5 \cdot 0{,}6 \cdot 37{,}8^2) \cong 24 \text{ kg/cm}^2$$

$$\sigma_{rs} = \sigma'_{rs} + \sigma_{ru} = 63 + 24 = 87 \text{ kg/cm}^2.$$

Nach Gl. (27b) ist die Spannung in $r_4 = 36{,}9$ cm

$$\sigma_r = \sigma_{rs} = 87 \text{ kg/cm}^2; \qquad \sigma_t = \frac{0{,}7}{4}\,\mu\,\omega^2\,r_4^2 + \sigma_{rs}$$

$$= \frac{0{,}7}{4} \cdot 1{,}09 \cdot 36{,}9^2 + 87 = 260 + 87 = 347 \text{ kg/cm}^2.$$

In Wellenmitte wäre nach Gl. (27a)

$$\sigma_r = \sigma_t = \frac{3{,}3}{8}\,1{,}09 \cdot 36{,}9^2 + 87 = 615\ \text{kg/cm}^2.$$

3. Die Radnabe.

Sie dient zur Befestigung des Laufrades auf der Welle, wo sie mit einer gewissen Montagespannung (Schrumpfungsdruck) p_0 kg/cm² aufgesetzt wird; diese Spannung muß im Ruhezustande so bemessen sein, daß sich im Betriebe das Laufrad bei Dehnung durch die Fliehkraft nicht lockert, sondern noch ein Anpressungsdruck σ_0 ($= 50$ kg/cm²) übrigbleibt. Betrachtet man die Nabe zunächst als Ring von geringer radialer Dicke δ (Abb. 191), der außer durch die radiale Scheibenspannung σ_{rn}, welche auf der Scheibenstärke y_n angreift, innen durch die über die Nabenbreite verteilte Spannung σ_0 und ferner durch die eigene Fliehkraftspannung $\mu\,\omega^2\,r_s^2$ belastet ist, dann ist für die als gleichmäßig angenommene Tangentialspannung in der Nabe σ_{t0}

$$\sigma_{t0}\,2 \cdot y_0\,\delta = \sigma_{rn}\,y_n\,2\,r_n + \sigma_0\,y_0\,2\,r_0 + \mu\,\omega^2\,r_s^2 \cdot 2\,\delta\,y_0$$

und

$$\sigma_{t0} = (\sigma_{rn}\,y_n\,r_n + \sigma_0\,y_0\,r_0 + \mu\,\omega^2\,r_s^2\,y_0\,\delta)\,\frac{1}{y_0\,\delta}. \tag{29}$$

Die radiale Ausdehnung der Nabe ist dann

$$\xi_n = \sigma_{t0}\,r_s\,\alpha \tag{30}$$

und muß gleich sein der Ausdehnung der Scheibe im Anschluß an die Nabe, welche bei der Scheibe gleicher Festigkeit $\sigma = \sigma_{rn}$

$$\xi_n' = (1 - \nu)\,\alpha\,\sigma\,r_n = \xi_n \tag{30a}$$

ist. Aus Gl. (29), (30) und (30a) kann σ_{t0} und y_0 bestimmt werden, wenn δ angenommen wird; meist ergibt sich y_0 konstruktiv, dann kann aus Gl. (29) die Spannung σ_{t0} ermittelt werden. Wird σ_{t0} zu groß, so muß δ vergrößert werden.

Beispiel. Es sei für das Rad nach Beispiel S. 218 $y_n = 5{,}1$ cm, $r_n = 20$ cm, $r_0 = 15$ cm, $\delta = 5$ cm, $y_0 = 12$ cm und $\sigma_0 = 50$ kg/cm²; $\sigma = \sigma_{rn} = 540$ kg/cm². Dann ist nach Gl. (29) ($\mu\,\omega^2 = 0{,}279$)

$$\sigma_{t0} = (540 \cdot 5{,}1 \cdot 20 + 50 \cdot 12 \cdot 15 + 0{,}279 \cdot 17{,}5^2 \cdot 5 \cdot 12)\,\frac{1}{5 \cdot 12} = 1155\ \text{kg/cm}^2.$$

Gl. (29) gilt jedoch nur bei kleiner Dicke δ im Vergleich zum Nabendurchmesser; ist δ groß, wie im obigen Beispiel, so kann die Spannung nicht mehr als gleichmäßig im Querschnitt angesehen werden, sondern die Nabe ist als Scheibe gleicher Dicke zu berechnen.

Für die Ausdehnung der Scheibe in r_n, die aus Gl. (30) bekannt ist, gilt Gl. (23), S. 219

$$\xi_n = -\frac{(1 - \nu^2)\,\mu\,\omega^2}{8\,E}\,r_n^3 + b_1\,r_n + \frac{b_2}{r_n}, \tag{23}$$

ferner ist am inneren Umfang r_0 der Nabe die Spannung $\sigma_r = -\sigma_0$

(als Druck nach außen) wirksam, für welche Gl. (24a) gilt:

$$-\sigma_0 = \frac{E}{1-\nu^2}\left[-\frac{3+\nu}{8}\cdot\frac{\mu\omega^2(1-\nu^2)}{E}\cdot r_0^2 + (1+\nu)\,b_1 - (1-\nu)\,\frac{b_2}{r_0^2}\right]. \quad (24\text{a})$$

Aus diesen Gleichungen können b_1 und b_2 ermittelt werden und damit nach Gl. (24a), S. 219

$$\sigma_{rn} = \frac{E}{1-\nu^2}\left[-\frac{3+\nu}{8}A\,r_n^2 + (1+\nu)\,b_1 - (1-\nu)\,\frac{b_2}{r_n^2}\right]. \quad (31)$$

Diese Spannung verteilt sich auf die Breite y_0 (Abb. 191), wobei bei gleichmäßiger Verteilung die auf 1 cm Umfang wirkende Kraft $\sigma_{rn}\,y_0\cdot 1$ gleich der von der Scheibe tatsächlich auf die Nabe übertragenen Kraft $\sigma\,y_n$ angenommen sei, d. h.

$$\sigma_{rn}\,y_0 = \sigma\,y_n, \quad (32)$$

was jedoch nur bei wenig abweichenden Breiten y_0 und y_n zulässig ist.

Aus Gl. (32) kann die Nabenlänge angenähert bestimmt werden.

Es empfiehlt sich, die Scheibe mit schlanker Abrundung in die Nabe übergehen zu lassen, wie in Abb. 191 angegeben. Die größte auftretende Spannung ist die Tangentialspannung in r_0, die nach Gl. (24b), S. 219 berechnet werden kann.

Im allgemeinen wird man die Nabe, wie auch die Scheibe symmetrisch nach den Seiten ausführen; unsymmetrische Naben haben natürlich abweichende Spannungsverteilung, die Spannungen werden in dem Teil mit größerer Nabenlänge kleiner ausfallen, ebenso die Dehnungen, so daß die Scheibe durch die Nabe nicht gleichmäßig beeinflußt wird. Durch die Verschiedenheit der Nabendehnung kann sich die Scheibe verwölben[1].

Beispiel. Für dieselbe Nabe nach Beispiel S. 221 mit $r_n = 20$ cm, $r_0 = 15$ cm, $\delta = 5$ cm, $\sigma_0 = 50$ kg/cm² und $\sigma = 540$ kg/cm² ist die radiale Ausdehnung nach Gl. 30a

$$\xi_n = (1-\nu)\,\sigma\,r_n\cdot\alpha = \frac{0{,}7\cdot 540\cdot 20}{E} = \frac{7660}{E}$$

und damit aus Gl. (23) und (24a) S. 219, mit

$$A = \frac{(1-\nu^2)\,\mu\omega^2}{E} = \frac{0{,}2539}{E}, \quad \text{wird} \quad b_1 = \frac{184{,}9}{E} \quad \text{und} \quad b_2 = \frac{84\,278}{E}$$

und die radiale Spannung an der Nabe außen nach Gl. (31)

$$\sigma_{rn} = \frac{E}{1-\nu^2}\left[-\frac{3+\nu}{8}\cdot\frac{0{,}2539}{E}\cdot 400 + 1{,}3\cdot\frac{184{,}9}{E} - 0{,}7\cdot\frac{84\,278}{E\cdot 400}\right] = 56{,}4\,\text{kg/cm}^2.$$

Die Berechnung der Scheiben kann auch graphisch erfolgen, indem die Formänderung vorgeschrieben wird und daraus die Spannungen und die Scheibenabmessungen bestimmt werden. Ein graphisches Verfahren wendet Holzer[2] an, wobei σ_r graphisch angenommen wird.

---

[1] Vgl. BBC-Mitteilungen 1922, H. 5, S. 109: Über das Verhalten einseitig verstärkter Naben.

[2] Z. ges. Turbinenw. 1913, S. 401 u. 1915, S. 4.

Bei gegebenen Scheiben kann auf verschiedene Art der Spannungsverlauf ermittelt werden. Es sei auf die Verfahren von Grübler[1], H. Keller[2] und Donath[3] hingewiesen. Donath nimmt statt des wirklichen Profils ein Näherungsprofil an, das aus einer Anzahl von Ringen gleicher Stärke besteht, für welche die Gl. (24a/b) gelten; es wird die Summe S und die Differenz D der Tangential- und Radialspannungen gebildet und der Unterschied ΔS bzw. ΔD dieser Werte in den aufeinanderfolgenden Ringen für die Berechnung benutzt, wobei die Konstanten aus errechneten Kurvenscharen entnommen werden. Für die Scheibe gleicher Dicke ist das Verfahren ganz genau, bei veränderlicher Dicke genügend genau, wenn die Ringe so gewählt werden, daß das Stärkenverhältnis in den aufeinanderfolgenden Ringen nahe an 1 ist.

4. Baustoffe der Laufräder.

Martinstahl wird nur unter $u = 200$ m/sek Umfangsgeschwindigkeit zu verwenden sein; bei höheren Beanspruchungen kommen Sonderstahle in Frage. Die Festigkeitseigenschaften der einzelnen Stahlarten sind folgende:

	Festigkeit kg/mm²	Streckgrenze kg/mm²	Dehnung vH
Martinstahl	52—60	30	18
Spezialmartinstahl . .	60—70	35	18
Nickelstahl	62—70	38	18
Chromnickelstahl . . .	75	60	13
Spez.-Manganstahl . .	70	45	15

Die Beanspruchung der Laufräder ist am größten in der Innenfaser der Nabenbohrung. Für normale Geschwindigkeit wird sie zu 0,25 bis 0,4 der Streckgrenze zugelassen. Die Laufräder werden zwecks Prüfung mit bis zu 50% höherer Drehzahl geschleudert, wobei man sogar bis über die Streckgrenze gekommen ist. Die Laufräder erfordern sorgfältige Herstellung, die Spannungen müssen durch Glühen nach dem Schruppen und nach weiteren Bearbeitungsgängen ausgeglichen werden. Um die Eigenschaften des Baustoffes nachprüfen zu können, werden Probestäbe von der Nabe entnommen, die mit entsprechender Zugabe hergestellt werden muß.

B. Ausführung und Befestigung der Laufräder.

Bei einstufigen Turbinen hat de Laval eine gute Laufradausführung und Befestigung angegeben (Abb. 193), ohne Bohrung als Scheibe gleicher Festigkeit (Schaufelbefestigung s. Abb. 162, S. 196). Um die verheerende Wirkung eines Radscheibenbruches bei Über-

[1] Z. V. d. I. 1906, S. 535. [2] Schweiz. Bauzg. 1909, Bd. 54, S. 307.
[3] Die Berechnung rotierender Scheiben und Ringe. Berlin: Julius Springer 1912.

beanspruchung zu vermeiden, erhält der Kranz häufig eine Eindrehung, damit zunächst der leichtere Kranz abreißt.

Auch bei zwei Laufrädern läßt sich die Bohrung in der Mitte vermeiden, wie Abb. 194 (SSW) zeigt, die Laufräder sind durch Bolzen mit den Flanschen der Welle verschraubt.

Können die Laufräder nicht ohne Bohrung ausgeführt werden, so müssen sie mit Spannung aufgezogen werden, die so groß sein muß, daß im Betriebe, trotz der Dehnung durch die Fliehkraft, noch ein Restbetrag σ_0 an Anpressungsdruck vorhanden ist, um Lockerwerden zu verhüten. Ist die Tangentialspannung in der Nabe nach Gl. (24b), S. 219 oder Gl. (29), S. 221 berechnet, so ist die radiale Ausdehnung nach Gl. (23) oder (30) zu bestimmen; um diesen Betrag muß der Halbmesser der Nabenbohrung kleiner sein als der Durchmesser der Welle bzw. der Tragringe. Die Laufräder werden gleichmäßig angewärmt und auf die Welle oder die Ringe geschoben; um Verziehen bei ungleicher Erwärmung oder beim Erkalten zu vermeiden, werden die Räder häufig hydraulisch auf die Welle gepreßt. Zum Übertragen des Drehmomentes dienen Federkeile, die für den auftretenden Flächendruck zu bemessen sind; bei größeren Durchmessern werden je zwei Keile diametral gegenüber angeordnet.

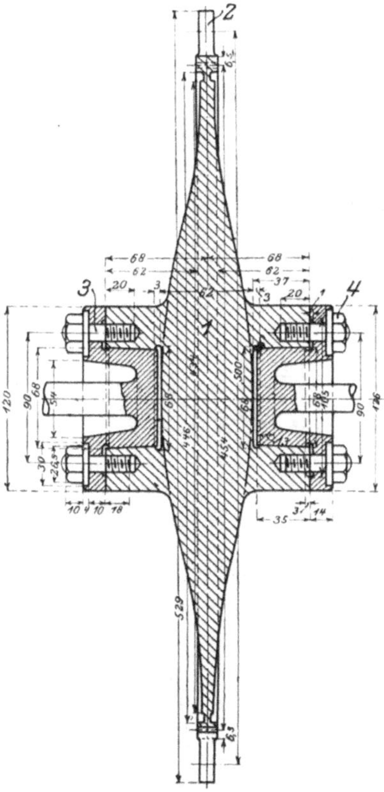

Abb. 193. Laufrad von Laval.

Abb. 195 zeigt ein Laufrad der WUMAG mit Verstärkung der Scheibe an der Nabe, um Verspannen beim Aufpressen zu vermeiden; Abb. 196 stellt ein Geschwindigkeits- (Curtis-) Rad derselben Firma dar. Die Ausgleichlöcher erhöhen die Spannung am Lochrand, weswegen diese Löcher an den weniger beanspruchten Stellen der Scheibe angebracht werden müssen.

Ein Laufrad der Bergmann E.-W. zeigt Abb. 197[1] für reitend aufgesetzte Schaufeln nach Abb. 176, S. 200.

Daß Aufziehen der Laufräder direkt auf die Welle (Abb. 198) ist zwar die einfachste Art, hat aber den Nachteil, daß bei etwas zu groß ausgefallener Nabenbohrung das Rad nicht verwendbar ist, während bei Tragringen (Abb. 199) diese angepaßt werden können; ferner ist

[1] Nach Karraß: Bauteile der Dampfturbinen. Berlin: Julius Springer.

das beim Auswechseln eines Rades erforderliche Abziehen der Räder schwieriger und ein nochmaliges Aufziehen derselben ergibt vielleicht

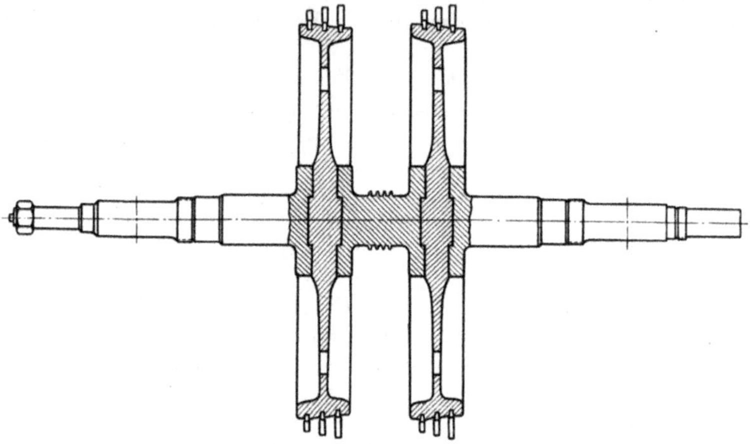

Abb. 194. Laufradbefestigung (SSW).

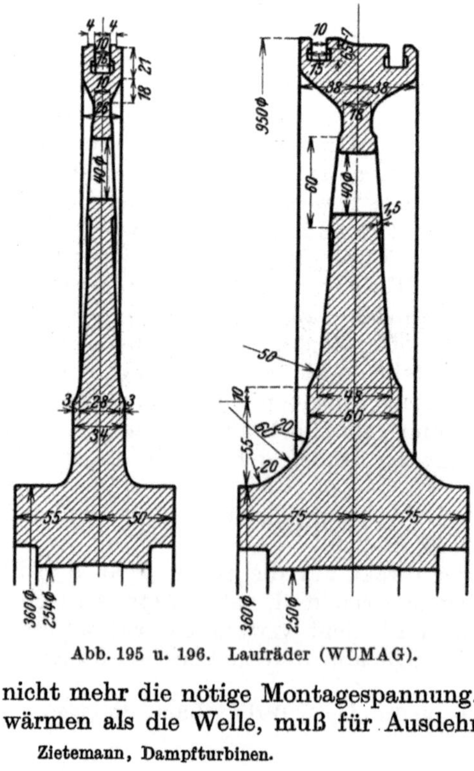

Abb. 195 u. 196. Laufräder (WUMAG).

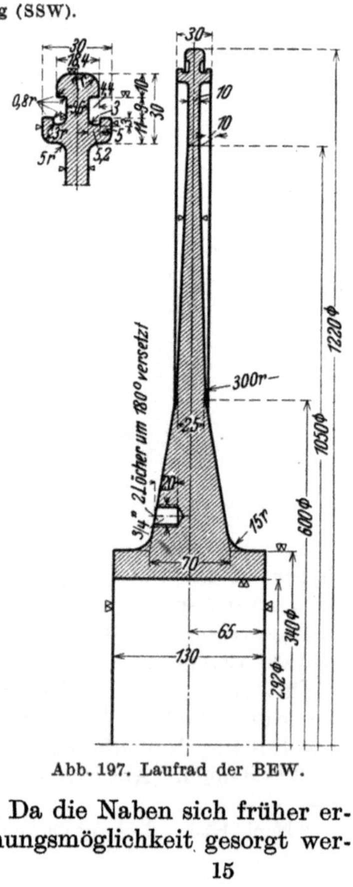

Abb. 197. Laufrad der BEW.

nicht mehr die nötige Montagespannung. Da die Naben sich früher erwärmen als die Welle, muß für Ausdehnungsmöglichkeit gesorgt werden, was nach Abb. 198 durch eine starke Asbestscheibe *a* geschehen kann, deren Herausschleudern durch den übergreifenden Ring *b* vermieden wird; dann wird die Mutter nicht zu fest angezogen und durch Schraubenstifte (Madenschrauben) gesichert.

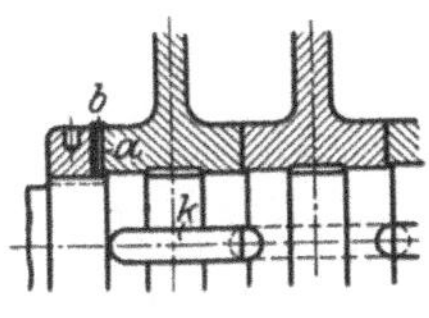

Abb. 198. Laufradbefestigung.

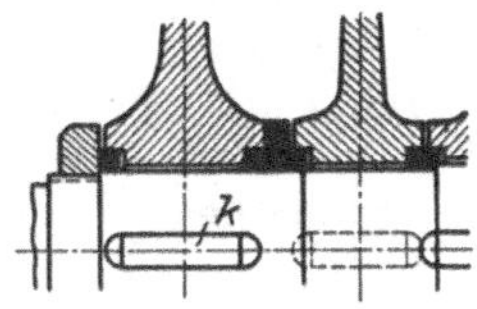

Abb. 199. Laufradbefestigung.

Vorzuziehen ist die Befestigung durch Tragringe; die Welle kann hierbei überall gleichen Durchmesser erhalten oder mit Absätzen versehen sein (Abb. 199), gegen welche sich die Tragringe stützen und das Verschieben in der einen Richtung verhindern, während axiales Spiel zwischen Nabe und Ring

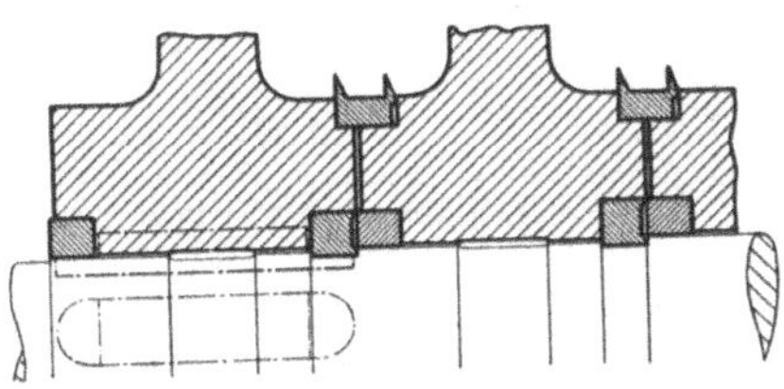
Abb. 200. Laufradbefestigung (WUMAG).

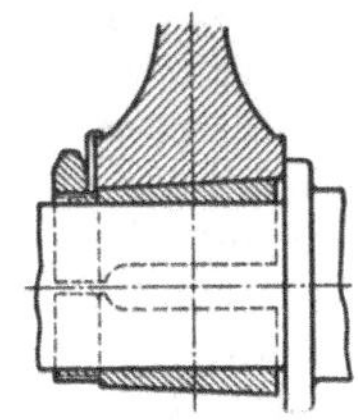
Abb. 201. Laufradbefestigung.

bzw. zwischen den benachbarten Naben Ausdehnung zuläßt. Die Ringe sind geschlitzt, um sie leichter über die Welle streifen zu können und sind genau auf Wellenbohrung ausgedreht. Eine andere Befestigungsart mittels Tragringen zeigt Abb. 200 (WUMAG); jedes Rad sitzt auf zwei besonderen Ringen, die geschlitzt sind, der eine greift kolbenringartig in eine Eindrehung in der Welle ein und hat so axialen Halt.

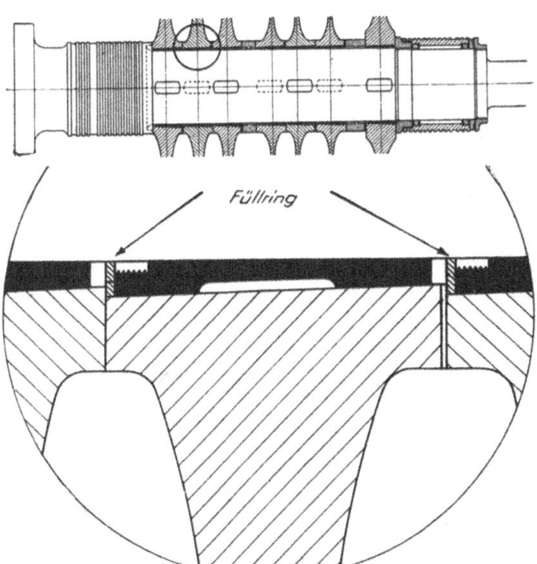

Abb. 202. Laufradbefestigung der AEG.

Gut bewährt hat sich die Befestigung mittels Konus; die Laufräder werden mit gewünschter Spannung aufgepreßt und können leicht wieder abgezogen werden. Bei nur einem Laufrad kann der Konus gleich auf der Welle angebracht sein (vgl. Abb. 353, S. 342) oder es wird eine geschlitzte kegelige Büchse angewendet (Abb. 201). Bei mehreren

Rädern wendet die AEG die Konstruktion nach Abb. 202[1] an; die Räder werden auf die geschlitzten Büchsen gepreßt und gemeinsam durch eine Mutter gehalten. Das Abziehen der Laufräder wird erleichtert durch das in die Aussparungen der Büchsen gedrückte starre Fett, das durch Füllringe am Abfließen gehindert wird; eine Abziehvorrichtung dazu zeigt Abb. 203[2].

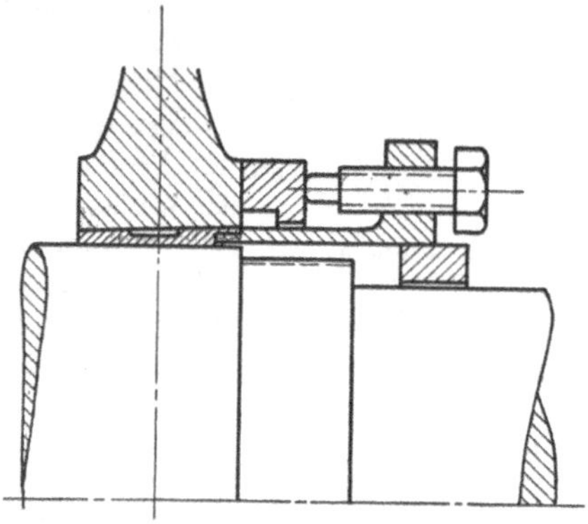
Abb. 203. Abziehvorrichtung.

Eine andere Befestigungsart, durch elastische U-förmige Ringe, wenden BBC an (Abb. 204); zu starke Beanspruchung durch Schrumpfspannungen wird vermieden, die Ringe sind radial federnd, aber steif gegen exzentrische Kräfte.

Bei kombinierten Gleichdruck-Überdruckturbinen werden die Radscheiben auf die Trommel geschrumpft oder mit der Trommel axial verschraubt, wobei sie ohne Bohrung ausgeführt werden können (vgl. Abb. 207, S. 230).

Die sicherste Ausführung hinsichtlich Befestigung ist die Herstellung der Laufräder mit der Welle aus dem Vollen nach dem Vorgang der Ersten Brünner Maschinenfabriks-Gesellschaft; diese Art hat noch den Vorteil, daß die Baulänge kleiner werden kann, da der Radabstand geringer wird als durch die bei Einzelrädern erforderliche Nabenlänge möglich ist. Der Nachteil dieser Ausführung ist die schwierige Herstellung des Schmiedestückes, das keine Fehler aufweisen darf, die sich aber erst bei der Bearbeitung zeigen und bei einem Fehler an nur einer Scheibe das ganze Stück unbrauchbar machen. Der ganze Läufer muß durch mehrfaches Glühen nach dem Vordrehen und nach weiterer Bearbeitung spannungsfrei gemacht werden. Einen solchen Läufer zeigt Abb. 217, S. 238.

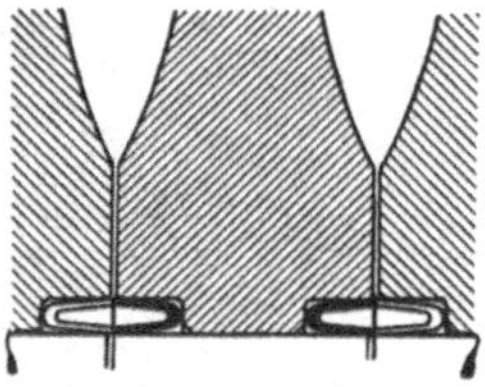
Abb. 204. Laufradbefestigung von BBC.

IV. Trommeln.

Die Anordnung der Schaufeln auf Trommeln wird bei Überdruckschauflung angewendet, da die Schaufelreihen dicht nebeneinander sitzen müssen und Zwischenböden nicht möglich sind. Trommeln sind jedoch nur für mäßige Umfangsgeschwindigkeiten geeignet (etwa bis 120 m/sek), bei größeren Geschwindigkeiten werden die Schaufeln in Radscheiben gesetzt.

[1] Aus Lasche-Kieser: Konstruktion und Material im Bau von Dampfturbinen.

[2] Aus Karraß: Bauteile der Dampfturbinen. Berlin: Julius Springer.

A. Berechnung.

Die Festigkeitsberechnung der Trommeln ist einfacher als diejenige der Laufräder, da man die Trommel als frei rotierenden Ring von geringer radialer Stärke δ auffassen kann. Durch die eigene Fliehkraft tritt nur eine Tangentialspannung σ_u auf, welche den Ring in zwei Hälften zerreißen würde; greift man einen Ring von der Breite b heraus, wobei b z. B. gleich dem Abstand von Mitte zu Mitte Schaufelreihe ist, so wirkt die Spannung auf zwei Querschnitte $f = b \cdot \delta$.

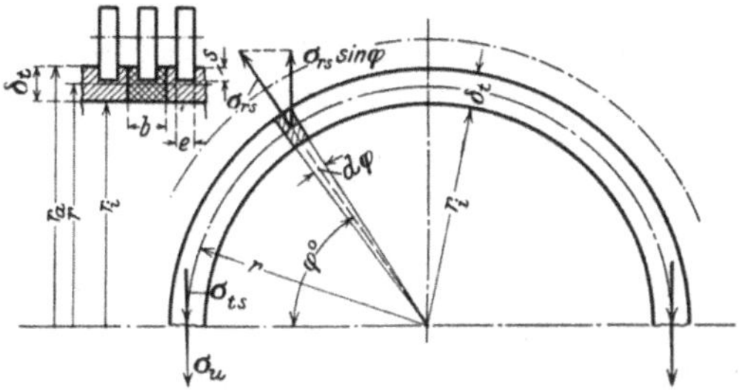

Abb. 205. Trommelberechnung.

Die Fliehkraft des halben Ringes ist (Abb. 205)

$$F = m\, r_s\, \omega^2 \text{ und mit } m = f\frac{\pi r \gamma}{g},\; r_s = \frac{2r}{\pi},$$

$$F = f\frac{\pi r}{g}\gamma\frac{2r}{\pi}\omega^2 = 2 f r^2 \omega^2 \frac{\gamma}{g}.$$

Aus dem Gleichgewicht der Kräfte und Spannungen folgt

$$2 f \sigma_u = F = 2 f r^2 \omega^2 \frac{\gamma}{g},$$

$$\sigma_u = \frac{\gamma}{g} r^2 \omega^2 = \mu u^2, \tag{33}$$

wenn $\mu = \frac{\gamma}{g}$ die spezifische Masse und u die Umfangsgeschwindigkeit.

Die Spannung ist demnach nur von der Umfangsgeschwindigkeit abhängig und beträgt für $\gamma = 0{,}0082$, $g = 981$ cm/sek²

bei $u =$	25	50	75	100	125	150	200 m/sek,
bei $\sigma_u =$	50	200	450	800	1250	1800	3200 kg/cm².

Daraus ist ersichtlich, daß selbst ohne Beanspruchung durch die Schaufeln die Umfangsgeschwindigkeit 100 m/sek nicht überschreiten sollte.

Die Spannung wird noch erhöht durch die Radialspannung infolge der Fliehkraft der Schaufeln. Nimmt man diese gleichmäßig verteilt über den Umfang an als Radialspannung σ_{rs}, so ist die in der Richtung von F wirkende Komponente für ein Element von der Länge $r\,d\varphi$ (Abb. 205)

$$\sigma_{rs}\, b\, r\, d\varphi \sin\varphi,$$

wenn als Breite der Abstand der Schaufelreihenmitten gesetzt wird; die dazu senkrechten Komponenten heben sich gegenseitig auf. Für die Ringhälfte ergibt sich die Resultierende durch Integration

$$C_s = \int_0^{180} \sigma_{rs}\, b\, r \sin\varphi\, d\varphi = 2\sigma_{rs}\, b\, r,$$

die in den zwei Querschnitten von je $b\delta$ die Spannung σ_{ts} hervorruft, die aus dem Gleichgewicht der Kräfte und Spannungen

$$\sigma_{ts} \cdot 2\,\delta\, b = C_s = 2\,\sigma_{rs}\, b\, r$$

sich zu

$$\sigma_{ts} = \sigma_{rs}\frac{r}{\delta} \tag{34}$$

ergibt.

Hierbei ist δ die reduzierte Trommelstärke unter Berücksichtigung der Nuten für die Schaufeln; ist δ_t die wirkliche Trommelstärke, s die Tiefe und e die Breite der Nuten, so ist aus $\delta b = b\,\delta_t - e s$

$$\delta = \delta_t - \frac{e_s}{b} \quad \text{und} \quad \sigma_{rs} = \frac{C \cdot z_s}{b \cdot r} = \frac{G_s}{g},$$

wenn C die Fliehkraft einer Schaufel mit Deckband und Füllstück, z_s die Schaufelzahl.

Somit ist die Gesamtspannung

$$\sigma = \sigma_u + \sigma_{rs}\frac{r}{\delta}. \tag{35}$$

Hinzu kommen noch die Spannungen durch die Befestigung der Trommel und durch etwaiges Verstemmen der Schaufeln. Auch Biegungsspannungen durch das Eigengewicht treten auf, die allerdings meist sehr klein sind.

Als **Baustoff** für die Trommel wird meist Martin-Flußeisen von 40 bis 47 kg/mm² Festigkeit, 22 kg/mm² Streckgrenze und 22% Dehnung oder Spezial-Martinstahl von 52 bis 60 kg/mm² Festigkeit, 32 kg/mm² Streckgrenze und 18% Dehnung verwendet. Bei besonders hoher Beanspruchung (bis $u = 150$ m/sek) wird Ni-Stahl gewählt.

B. Ausführung und Befestigung der Trommeln.

Das Aufschrumpfen der Trommel wird immer noch viel angewendet, es darf jedoch die Spannung nicht zu groß sein wegen der zusätzlichen Beanspruchung der Trommel; meist wird das Übermaß der Welle über

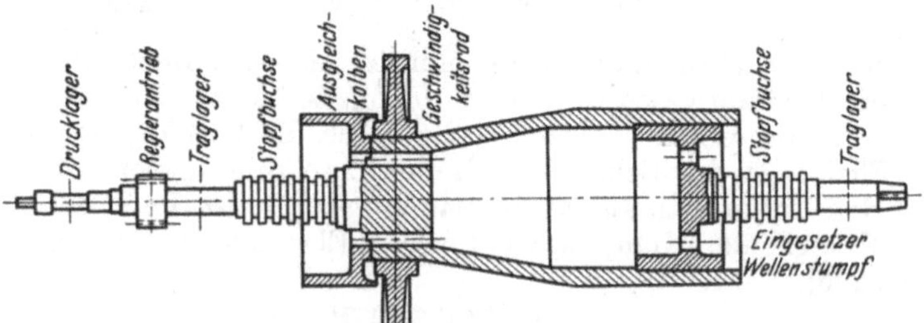

Abb. 206. Läufer von BBC.

die Trommelbohrung ein Tausendstel des Innendurchmessers derselben genommen, was sich praktisch bewährt hat und auch rechnerisch nachgewiesen werden kann[1].

[1] S. **Stodola**: Die Dampf- und Gasturbinen, 5. Aufl., S. 343.

Die ursprüngliche Ausführung von Parsons mit beiderseitig eingeschrumpfter Welle hat man verlassen zugunsten der Ausführung der Welle am Hochdruckende mit der Trommel aus einem Stück (Abb. 206, BBC) und Aufschrumpfen am Niederdruckende; dadurch wird die gerade im Hochdruckteil bestehende Gefahr des Lockerwerdens beseitigt und Spannungen vermieden. Das Curtisrad ist aufgepreßt oder mit 1 bis 1,4 vom Tausend Übermaß. Der Ausgleichkolben ist verschraubt, die Bohrungen in das Trommelinnere dienen zum Druckausgleich.

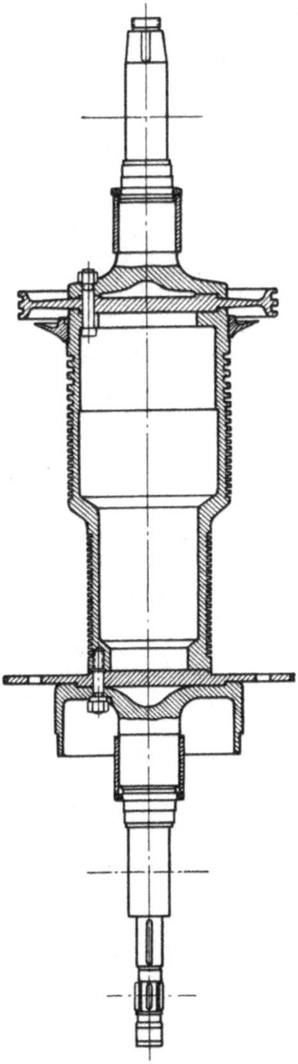

Abb. 207. Läufer von SSW.

Um die Schrumpfspannungen zu vermeiden, werden die Trommeln mit den Wellen axial verschraubt. Abb. 207 (SSW-Röder) zeigt eine solche Ausführung, bei welcher die Laufradscheiben ohne Bohrung ausgeführt und die letzten Überdruckstufen als Scheiben ausgebildet werden können.

Verschraubung hat auch der Rotor einer Doppelend- (Zweifluß-) Turbine System Melms & Pfenninger[1] (Abb. 208), wobei die Trommeln aus dem Vollen mit der Welle hergestellt sind, so daß nur eine Verschraubung nötig ist. Die radialen Eindrehungen in den Trommeln zwischen den Schaufelreihen dienen zum gleichmäßigen Erwärmen des Rotors; zu diesem Zweck kann der Dampf durch Bohrungen auch in das Trommelinnere gelangen, welches durch Deckel gegen die Wellenbohrung abgedichtet ist. Die seitlichen Eindrehungen dienen zum Einsetzen von Balancierstücken *B* beim Auswuchten des Rotors (s. S. 244).

Die beste Ausführung ist auch bei den Trommeln die Herstellung aus dem Vollen, was selbst bei Anordnung eines Geschwindigkeitsrades möglich ist. Abb. 209 (Melms & Pfenninger[1]) zeigt eine solche Ausführung, die für höchste Beanspruchung geeignet ist.

BBC wenden statt der Hohltrommeln auch breite Laufscheiben und bei großen Umfangsgeschwindigkeiten Einzelräder im Überdruckteil an (vgl. Abb. 216, S. 239).

[1] Ausführende Firma: I. A. Maffei A.-G. München.

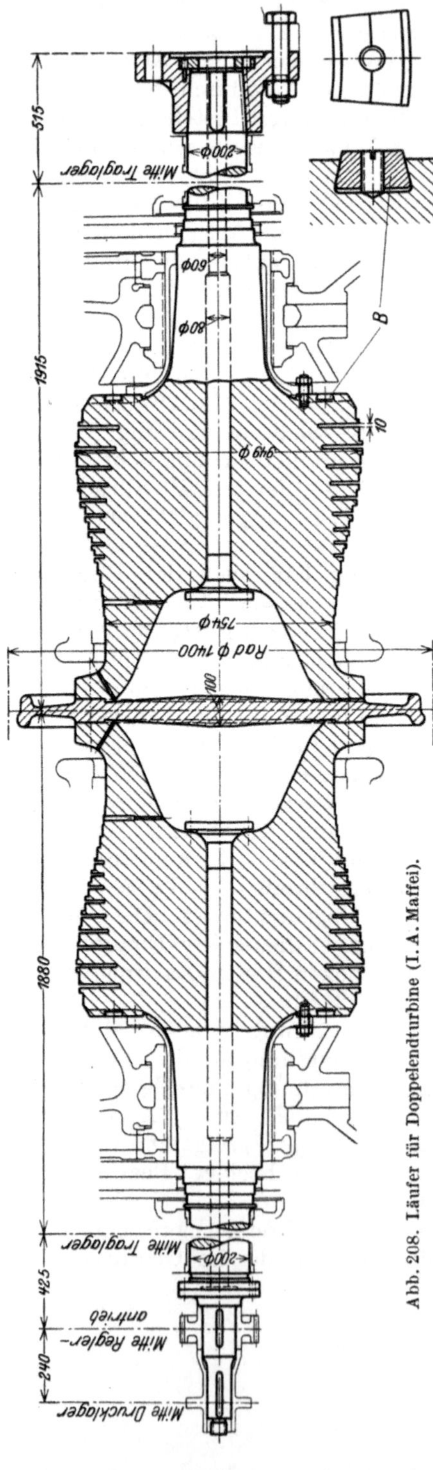

Abb. 208. Läufer für Doppelendturbine (I. A. Maffei).

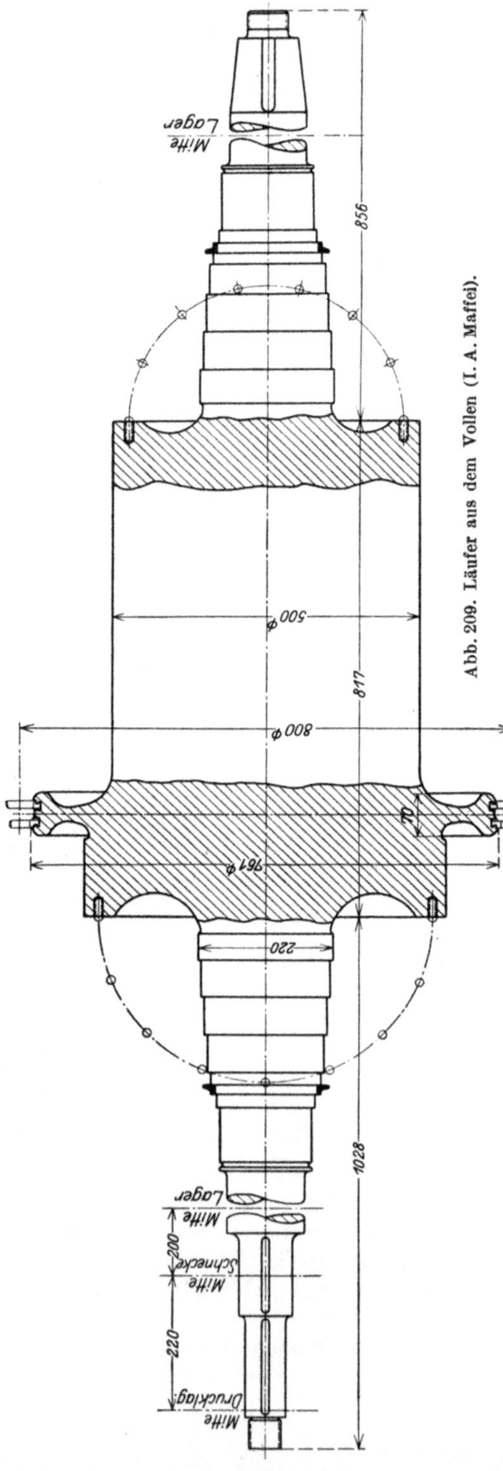

Abb. 209. Läufer aus dem Vollen (I. A. Maffei).

Die GHH ist zur Ausführung des ganzen Überdruckteils mit Laufscheiben übergegangen, die im Hoch- und Mitteldruckteil mehrere Radkränze, im Niederdruckteil nur je zwei oder einen Radkranz tragen (s. Abb. 386, S. 371).

C. Ausgleich des Axialschubes.

Bei Überdruckturbinen tritt eine in der Achsenrichtung wirkende Kraft auf durch den Dampfüberdruck auf die Schaufeln und auf die Stirnseiten der Trommelabsätze. Diese Kraft muß durch geeignete Maßnahmen, Ausgleich- oder Entlastungskolben, ausgeglichen werden, da sie von den Drucklagern nicht aufgenommen werden kann.

Ist p_1 der Druck vor, p_2 derjenige hinter dem Schaufelkranz und f_s die Stirnfläche desselben, so ist unter Vernachlässigung des Reibungsdruckes und des geringen Unterschiedes der Axialkomponenten der Dampfein- und -austrittsgeschwindigkeiten der Axialschub einer Schaufelreihe

$$f_s(p_1 - p_2);$$

wäre f_s für alle Schaufelreihen gleich, so wäre der Axialschub aller Schaufelreihen zusammen $f_s(p_1 - p_0)$, wenn p_1 der Anfangs- und p_0 der Enddruck des Überdruckteils. Da f_s aber veränderlich ist, so kann mit einem Mittelwert f_{sm} gerechnet werden, dann ist der Axialschub aller Schaufelreihen $f_{sm}(p_1 - p_0) = S_1$.

Der Schub durch den Druck auf die Stirnflächen der Trommelabsätze ist, wenn F_1, F_2, F_3 die Ringflächen, p_1, p', p'' die Drücke in den Räumen vor den Absätzen und p_0 der Austrittsdruck

$$S_2 = F_1(p_1 - p_0) + F_2(p' - p_0) + F_3(p'' - p_0)$$

und somit der gesamte Axialschub $S = S_1 + S_2$.

Um diesen Axialschub nach Möglichkeit auszugleichen, wurden früher so viel Entlastungskolben an der Hochdruckseite angeordnet, als Trommelabsätze vorhanden waren; jetzt wird meist nur ein Entlastungskolben ausgeführt, dessen Durchmesser so bemessen ist, daß der Druck auf denselben den ganzen Axialschub ausgleicht; die andere Seite des Kolbens wird mit dem Vakuum verbunden bzw. mit dem Außendruck bei Gegendruckturbinen.

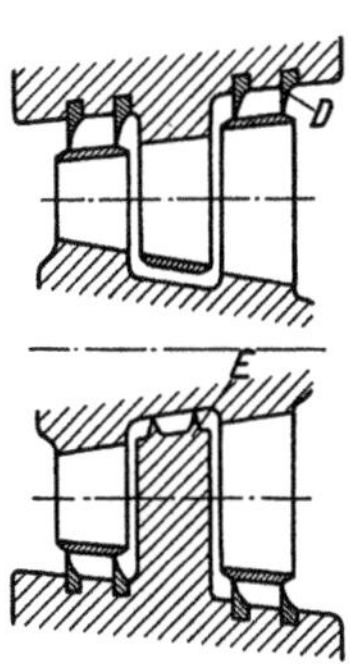

Abb. 210. Ausgleich des Axialschubes von BBC.

Da der Axialschub mit der Belastung veränderlich ist, kann er nicht immer voll ausgeglichen werden, der übrigbleibende Teil muß vom Drucklager aufgenommen werden.

Man hat den Ausgleich durch andere Mittel versucht, da die Entlastungskolben die Baulänge der Turbine vergrößern und außerdem eine Quelle für Dampfverluste sind. So wird von BBC die Saugkraft des strömenden Dampfes beim Gleichdruckrad dazu benutzt, auf der Vorderseite desselben einen Unterdruck zu erzeugen; dazu muß das Gleichdruckrad ohne Druckausgleichlöcher ausgeführt sein, die Schaufelkränze sind durch Dichtringe D (Abb. 210) und durch Ringe E zwischen den Schaufelreihen, an den Stellen, wo keine Umleitschaufeln sitzen, abzudichten.

Der beste Ausgleich ist derjenige durch entgegengesetzte Stromführung, wie er bei Mehrgehäuseturbinen möglich ist (vgl. Abb. 385, S. 370); der Axialschub des Hochdruckteils wird durch den entgegengesetzt gerichteten Schub des Mitteldruckteils aufgehoben. Auch bei den Doppelend- (Zweifluß-) Turbinen ist vollständiger Ausgleich erreicht (Abb. 387, S. 372).

Die Ausgleichkolben werden zum besseren Abdichten mit Labyrinthen versehen, wie sie auch bei den Stopfbüchsen angewendet werden.

V. Wellen.

A. Berechnung.

Die Wellen sind Biegungs- und Drehungsbeanspruchungen ausgesetzt und wären demzufolge wie belastete Wellen mit dem ideellen Biegungsmoment

$$M_i = 0{,}35\, M_b + 0{,}65 \sqrt{M_b^2 + (\alpha_0 M_d)^2} = W k_b$$

zu berechnen. Bei der hohen Drehzahl ist aber das Drehmoment meist sehr klein und die Biegungsbeanspruchung erreicht auch nur mäßige Höhe; wichtiger ist die Durchbiegung der Welle und ihr Verhalten bei hoher Drehzahl.

Die **kritische Drehzahl** der Wellen.

Ist bei einer gewichtslosen Welle der Schwerpunkt der Laufradscheibe vom Gewicht G kg um e aus der Wellenmitte verschoben (Abb. 211) und biegt sich die Welle um y cm durch, so ist die Fliehkraft

$$C = m\,(y + e)\,\omega^2 = \frac{G}{g}(y + e)\,\omega^2.$$

Dieser Fliehkraft hält die elastische Spannung der Welle das Gleichgewicht; ist P diese Gegenkraft für 1 cm Durchbiegung, so ist $P y$ die ganze Kraft und es ist

$$C = Py = m\,(y + e)\,\omega^2,$$

woraus

$$y = \frac{e}{P - m\,\omega^2}. \qquad (36)$$

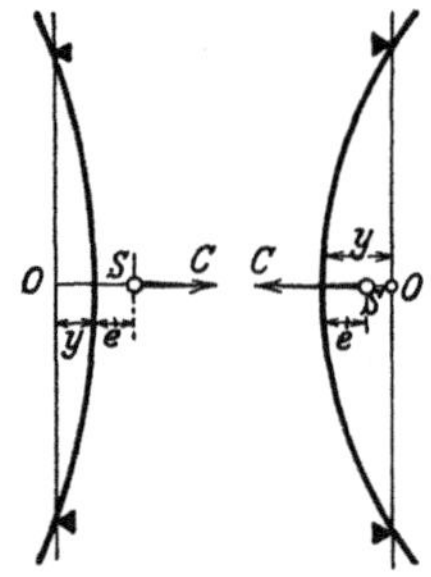

Abb. 211 u. 212. Kritische Drehzahl.

Die Durchbiegung nimmt demnach mit wachsender Winkelgeschwindigkeit schnell zu und wird unendlich groß, wenn der Nenner Null wird, d. h. wenn $P = m\omega^2$ wird. Die zugehörige kritische Winkelgeschwindigkeit ist alsdann

$$\omega_k = \sqrt{P : m} = \sqrt{\frac{P}{G} \cdot g}. \qquad (37)$$

In Wirklichkeit wird die Durchbiegung durch die Lagerung begrenzt oder die Geschwindigkeit wird so rasch gesteigert, daß sich die Durchbiegung nicht ausbilden kann; dann kann ω über ω_k gesteigert werden, die Durchbiegung wird negativ, sie kommt auf dieselbe Seite wie e (Abb. 212), d. h. die Exzentrizität verschwindet bei überkritischer Winkelgeschwindigkeit. Bei $\omega = \infty$ wäre $y = e$.

Die der kritischen Winkelgeschwindigkeit entsprechende kritische Drehzahl ist

$$n_k = \frac{30\,\omega_k}{\pi} = \frac{30}{\pi}\sqrt{\frac{P}{G}\,g} \approx 300\sqrt{\frac{P}{G}},$$

da $g = 981$ cm/sek². Die zur Durchbiegung y erforderliche Kraft war Py, d. h. für ein cm P kg; es ist demnach die Durchbiegung im Ruhezustande durch das Gewicht G $f = G : P$ cm und damit die kritische Drehzahl

$$n_k = 300\sqrt{1/f}. \tag{38}$$

Somit ist die kritische Drehzahl abhängig von der Durchbiegung im Ruhezustande und aus dieser zu ermitteln.

Bei einer beiderseitig frei gelagerten Welle mit Belastung in der Mitte ist bei einer Lagermittenentfernung l die Durchbiegung $f = \frac{G\,l^3}{E\,J\,48}$ cm; bei Belastung außer der Mitte im Abstande a bzw. b von den Auflagern, wobei $a + b = l$, ist $f = \frac{G\,a^2\,b^2}{E\,J\,3\,l}$ und bei fliegend angeordnetem Rad $f = \frac{G\,l^3}{E\,J\,3}$ cm.

Wird das Eigengewicht der Welle berücksichtigt, so kann man bei glatter Welle die Durchbiegung bei gleichmäßig verteilter Last ermitteln und als gesamte Durchbiegung für n_k die Summe der Durchbiegungen durch Rad- und Wellengewicht einsetzen. (Bei frei aufliegender gleichmäßig belasteter Welle ist $f_w = 0{,}01302\,\frac{G_w\,l^3}{E\,J}$ und bei einseitig eingespannter Welle $f_w = \frac{G_w\,l^3}{E\,J}$ cm.)

Bei mehreren Laufrädern gilt für die kritische Winkelgeschwindigkeit ω_k die empirische Gleichung von Dunkerley

$$\frac{1}{\omega_k^2} = \frac{1}{\omega^2} + \frac{1}{\omega_1^2} + \frac{1}{\omega_2^2} + \cdots,$$

wenn ω die kritische Winkelgeschwindigkeit der Welle ohne Scheiben, ω_1, ω_2, ... die kritische Winkelgeschwindigkeiten der gewichtslosen Welle nur mit der Scheibe *1* bzw. nur mit der Scheibe *2* usw. belastet. Man kann das Gewicht der Welle in einzelne Teile geteilt zu den Gewichten der Laufscheiben hinzuschlagen, dann fällt $1/\omega$ fort.

Nach Gl. (37) ist mit $G : P = f$

$$\omega_1 = \sqrt{g/f_1}, \quad \omega_2 = \sqrt{g/f_2}, \ \ldots$$

und

$$1/\omega^2 = f_1/g + f_2/g + \cdots = \sum(f) : g,$$

somit

$$\omega_k = \sqrt{\frac{g}{\Sigma(f)}} \quad \text{und} \quad n_k = 300\sqrt{\frac{1}{\Sigma(f)}}.$$

Auf dieser Beziehung beruht das Verfahren von M. Krause[1] zur Ermittlung der kritischen Drehzahl mehrfach belasteter Wellen, indem die einzelnen Durchbiegungen graphisch bestimmt werden; es ergibt jedoch bei frei aufliegenden Wellen um etwa 4,5% und für fliegende Anordnung etwa 1% zu niedrige Werte.

Genauer ist das Verfahren von G. Kull[2], bei welchem mit der reduzierten Durchbiegung gerechnet wird.

Das einfachste und sicherste Verfahren ist jedoch die graphische Ermittlung der Durchbiegung nach dem Mohrschen Verfahren, wie es in Abb. 213 an einem Beispiel durchgeführt ist. Der Einfachheit halber sind nur 3 Räder angenommen (für eine Gegendruck-Entnahmeturbine).

Man zeichnet die Welle im Maßstabe $1 : n$, ermittelt für die Wellenteile das Eigengewicht und das Gewicht der darauf befindlichen Laufräder, Büchsen u. dgl. und trägt diese Belastungen in einem Kräfteplan a im beliebigen Maßstab 1 mm $= p$ kg auf. Dann wählt man einen beliebigen Polabstand $H_I = a$ mm $= pa$ kg und zieht das Seileck b, das die Momentenflächen bildet. Nun werden für die verschiedenen Wellendurchmesser die Trägheitsmomente J_1, J_2, ... ermittelt und die Ordinaten des Seilecks b auf eins von diesen Trägheitsmomenten oder ein beliebiges mittleres J_m bezogen, um für alle Teile dasselbe Trägheitsmoment einsetzen zu können; dazu sind die Ordinaten im Verhältnis $J_1 : J_m$, $J_2 : J_m$, ... zu ändern, wodurch sich die gebrochene strichpunktierte Linie ergibt und die Momentenflächen auf das Trägheitsmoment J_m reduziert erscheinen.

Dann werden die einzelnen Flächeninhalte dieser Momentenflächen in cm² bestimmt und als in den Schwerpunkten der Flächen angreifende Kräfte aufgefaßt, die in einem neuen Kräfteplan c aufgetragen werden. Da 1 cm² $= n^2$ cm² in Wirklichkeit ist, so müßten die ermittelten Flächen mit n^2 multipliziert werden, man wird aber zweckmäßig statt dessen den Polabstand des Kräfteplanes c n^2mal kleiner machen. Dieser Polabstand ist nun nicht mehr beliebig, sondern er muß

$$H_{II} = \frac{J_m}{H_I} \frac{E}{n^2} \, (\mathrm{cm}^2) \quad \text{werden mit} \quad H_I = p\,a \,\mathrm{kg}.$$

Den Kräftemaßstab für den Kräfteplan c wählt man beliebig 1 mm $= q$ cm², dann wird der zugehörige Polabstand $H'_{II} = H_{II} : q = r$ mm. Da dieser Wert meist nicht auf die Zeichnung paßt, so nimmt man ihn $r : m$, $H''_{II} = H_{II} : q\,m$ und zeichnet das Seileck d, dessen Ordinaten sich dann in $m$facher Vergrößerung ergeben, andererseits aber wegen des Zeichnungsmaßstabes $n$mal zu klein, so daß, wenn $y_{\max}$ die gemessene größte Ordinate in cm, die wirkliche Durchbiegung

$$f = y_{\max} \cdot \frac{n}{m} \,\mathrm{cm}$$

wird. Alsdann ist die kritische Umlaufzahl

$$n_k = 300 \sqrt{1/f} \quad \text{mit } f \text{ in cm}.$$

---

[1] Z. V. d. I. 1914, S. 878. [2] Z. V. d. I. 1918, S. 249.

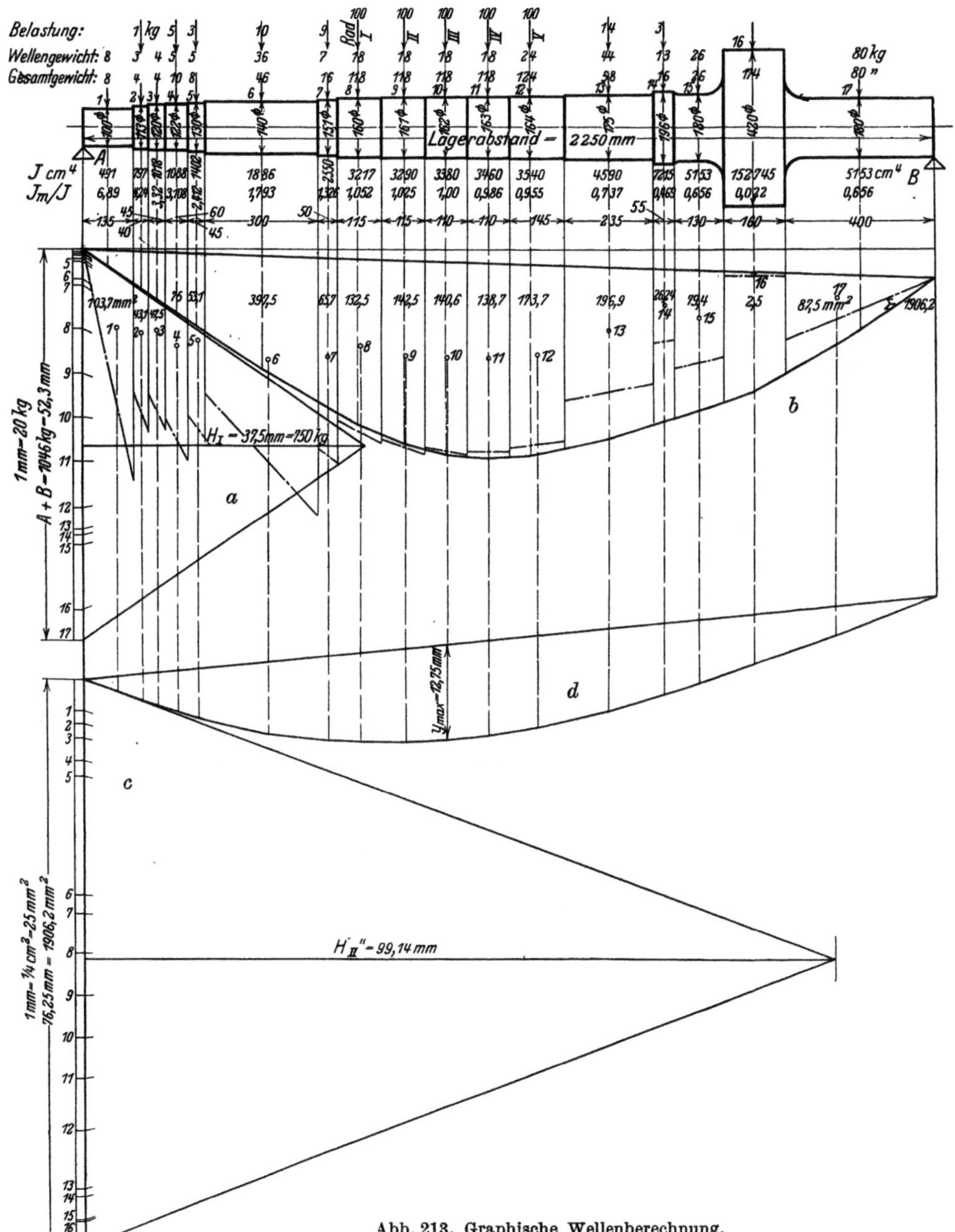

Abb. 213. Graphische Wellenberechnung.

Längenmaßstab 1 : 20. Maßstab der Momentenflächen $1:20^2 = 1:400$.

$$H_{II} = \frac{E \cdot J_m}{H_I} = \frac{2\,200\,000 \cdot 3380}{750} = 9\,913\,540 \text{ cm}^2; \quad H'_{II} \text{ im Maßstab } 1:20^2 = 24\,784 \text{ cm}^2;$$

H'_{II} im Maßstab $1:1000 = 24{,}784$ cm² $= 24{,}784 : 0{,}25 = 99{,}14$ mm (1 mm $= 0{,}25$ cm²).
Vergrößerung der Durchbiegung $1000 : 20 = 50$ fach. Durchbiegung $12{,}75 : 50 = 0{,}255$ mm $= 0{,}0255$ cm; $n_k = 300\sqrt{1:0{,}0255} = 1870$ Umdr./min.

Im Beispiel Abb. 213 ist der Zeichnungsmaßstab $1 : n = 1 : 20$, ferner $1\,\text{mm} = p\,\text{kg} = 20\,\text{kg}$, $1\,\text{mm} = q = 0{,}25\,\text{cm}^2$, $H_I = 37{,}5\,\text{mm} = 750\,\text{kg}$ und $m = 1000$, damit $y = 12{,}75$ mm und die Durchbiegung

$$f = 1{,}275 \cdot \frac{20}{1000} = 0{,}0255\,\text{cm} \text{ und } n_k = 300\sqrt{\frac{1}{0{,}0255}} = 1870\ \text{Umdr./min.}$$

Die wirkliche kritische Drehzahl wird höher liegen, da die Radnaben, Büchsen und Trommeln versteifend wirken. Die Größe dieser Versteifung ist im voraus nicht zu bestimmen, nach praktischen Erfahrungen beträgt sie etwa 15 bis 30%, das heißt, die kritische Drehzahl liegt um diesen Betrag höher als die Berechnung ergibt.

Man kann auch die Durchbiegungen vorschreiben und daraus den Durchmesser der Welle ermitteln.

Liegt die kritische Drehzahl über der Betriebsdrehzahl, so wird sie nicht erreicht, man bezeichnet eine solche Welle häufig als starre Welle. Die kritische Drehzahl muß aber genügend weit von der Betriebszahl liegen, um auch bei erhöhter Drehzahl nicht in den Bereich der kritischen zu kommen; ist n die Betriebsdrehzahl, so soll

$$n_k = n + 500 \text{ bis } n + 800$$

betragen.

Solche starren Wellen erfordern aber meist große Durchmesser besonders bei hoher Drehzahl, was bei Gleichdruckturbinen große Undichtheitsverluste nach sich zieht. Deshalb werden vielfach sogenannte elastische Wellen angewendet, deren kritische Drehzahl unter der Betriebsdrehzahl liegt, so daß beim Anfahren die kritische Drehzahl durchlaufen werden muß. Dieses ist aber praktisch belanglos, da wegen der Lagerung die kritische Drehzahl sich nur durch leichte Vibrationen bemerkbar macht und man schnell durch diese Drehzahl hindurchgehen kann. Man muß nur die kritische Drehzahl genügend weit vor die Betriebsdrehzahl legen, meist liegt sie bei $^1/_2$ bis $^2/_3$ der letzteren. Es ist noch zu beachten, daß es noch weitere kritische Drehzahlen gibt; die zweite liegt etwa bei dem 2,8fachen der ersten.

B. Baustoff und Ausführung der Wellen.

Als Baustoff der Wellen wird bester homogener S-M-Stahl von mindestens 60 kg/mm² Festigkeit, 30 kg/mm² Streckgrenze und 20%

Abb. 214. Welle der WUMAG.

Dehnung verwendet, sofern nicht für die Herstellung des Läufers aus dem Vollen ein legierter Stahl nach S. 223 verwendet werden muß. Nach dem Schmieden und Vordrehen wird die Welle mehrfach geglüht, um sie spannungsfrei zu machen, da ein Verziehen derselben im Betriebe zu schweren Schäden führen kann.

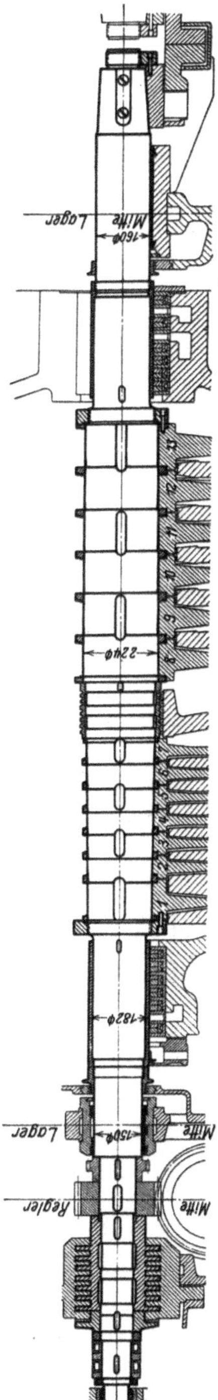

Abb. 215. Welle der MAN (Entnahmeturbine).

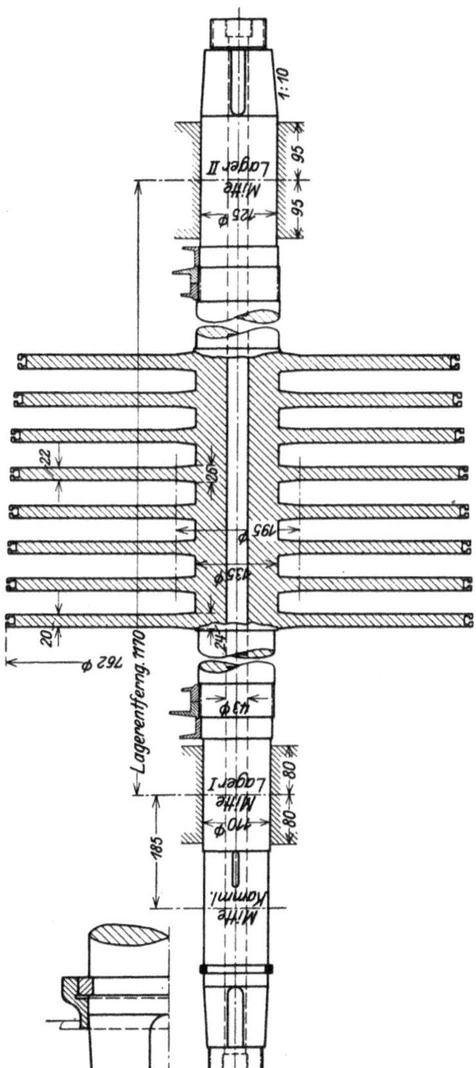

Abb. 217. Läufer der EBM aus dem Vollen.

Nach dem Fertigdrehen werden die Nuten für die Federkeile eingefräßt, wobei scharfe Ecken wegen der Gefahr der Rißbildung zu vermeiden sind; die Kanten der Keile sind ebenfalls abzurunden. Auch an den Wellenabsätzen

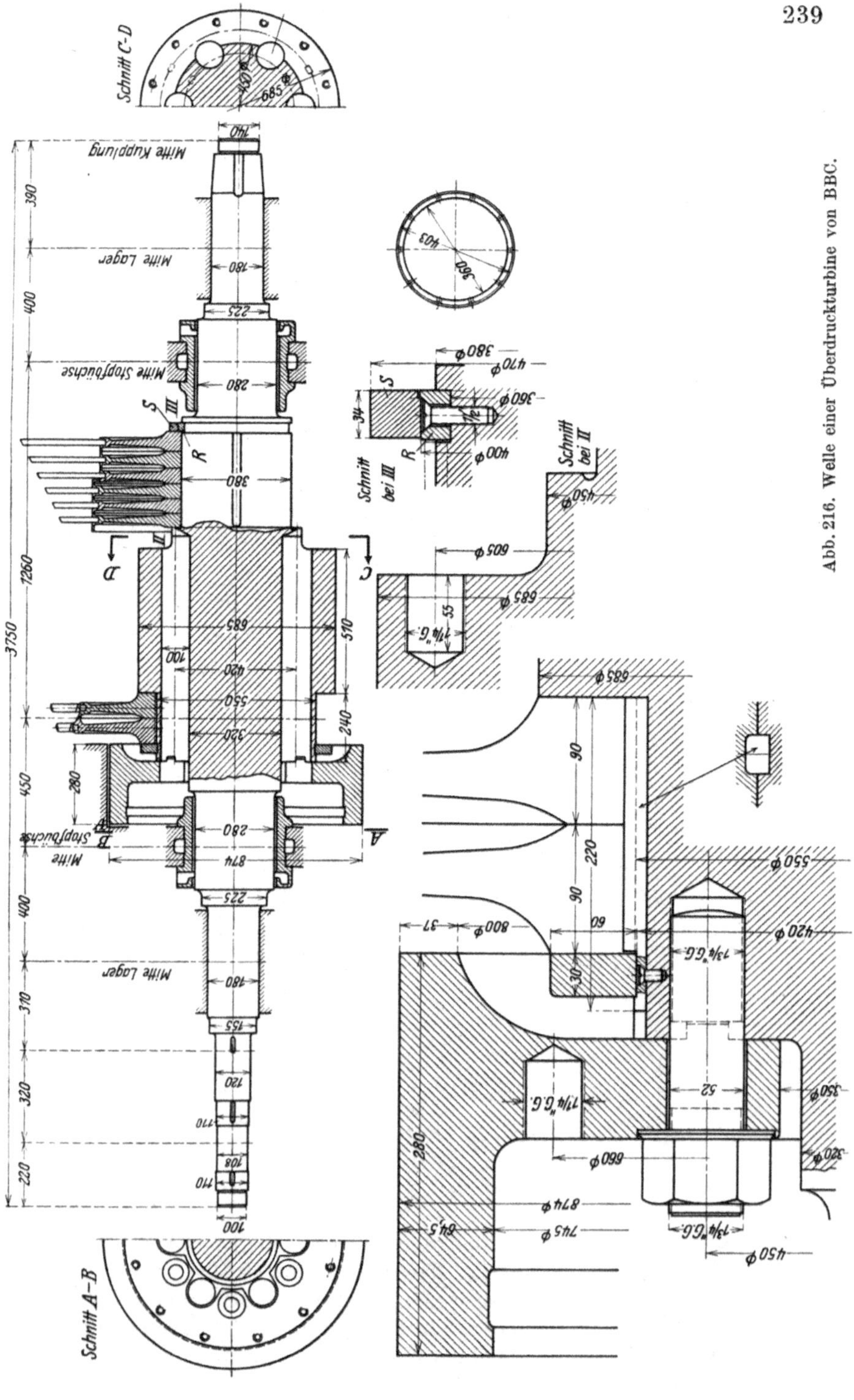

Abb. 216. Welle einer Überdruckturbine von BBC.

sind scharfe Übergänge zu vermeiden durch konische Verjüngung oder gute Hohlkehle. An den Lagerzapfen und an den Sitzstellen der Laufräder und Stopfbüchsen werden die Wellen sauber geschliffen.

Abb. 214 zeigt eine Welle der WUMAG mit angeschmiedetem Kupplungsflansch für Dreilageranordnung, Abb. 215 eine solche mit aufzusetzender Klauenkupplung der MAN (s. Abb. 220).

Die Konstruktionszeichnung einer Welle einer Überdruckturbine von BBC gibt Abb. 216[1] wieder, aus der die Einzelheiten zu ersehen sind.

Einen Läufer aus dem Vollen der Ersten Brünner zeigt Abb. 217. Weitere Wellenausführungen, auch für Kleinturbinen, s. Ausführungen der Turbinen.

VI. Kupplungen.

Die Kupplungen zur Verbindung der Turbinenwelle mit der Welle der anzutreibenden Maschinen oder mit dem Rädervorgelege werden entweder als starre oder als nachgiebige Kupplungen ausgeführt, je nach der Lagerung. Bei Dreilageranordnung wird stets eine starre Kupplung verwendet, die an der Welle angeschmiedet sein kann (Abb. 214), oder aber als besonderer Teil aufgesetzt wird (Abb. 218, WUMAG); der Wellenstumpf wird im letzteren Falle konisch ausgeführt, der Kupplungsflansch durch die Mutter fest aufgepreßt und durch zwei Keile gegen Drehen gesichert. Die Kupplungsbolzen werden mit Paßsitz eingesetzt, die Löcher der beiden Kupplungsflanschen werden gemeinsam aufgerieben; die Schrauben sollen so fest angezogen werden, daß der Gleitwiderstand das Drehmoment übertragen kann und die Bolzen nicht auf Abscherung beansprucht werden.

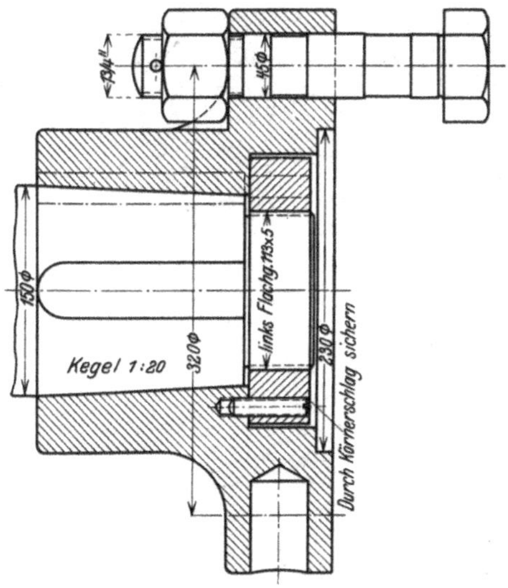

Abb. 218. Starre Kupplung der WUMAG.

Auch bei Doppellagern können starre Kupplungen angewendet werden, doch muß dann wenigstens das eine Lager nachgiebig, d. h. kugelig gelagert sein (s. Lager, S. 256); meist werden aber in solchen Fällen nachgiebige Kupplungen angewendet. Man findet viel die von Parsons eingeführte Doppelklauenkupplung, wie sie Abb. 219 in der Ausführung von BBC wiedergibt; die Teilung des äußeren Teiles ermöglicht bequemen Ein- und

[1] Nach Stodola: Die Dampf- und Gasturbinen.

Ausbau der Kupplung, der äußere Zahnkranz dient zum Eingriff der Wellenschaltvorrichtung für die Montage oder zum Drehen (Törnen)

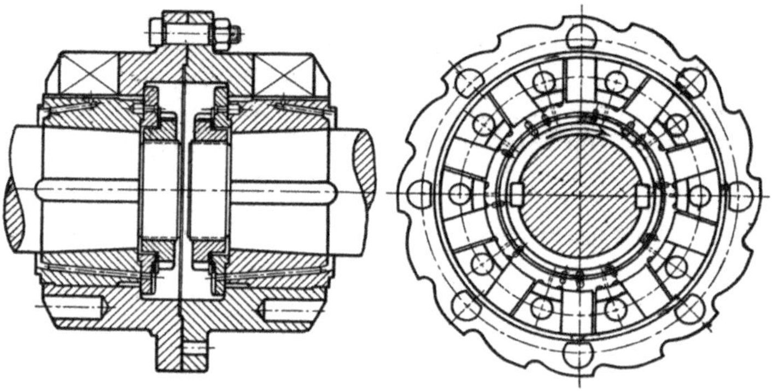

Abb. 219. Doppelklauenkupplung von BBC.

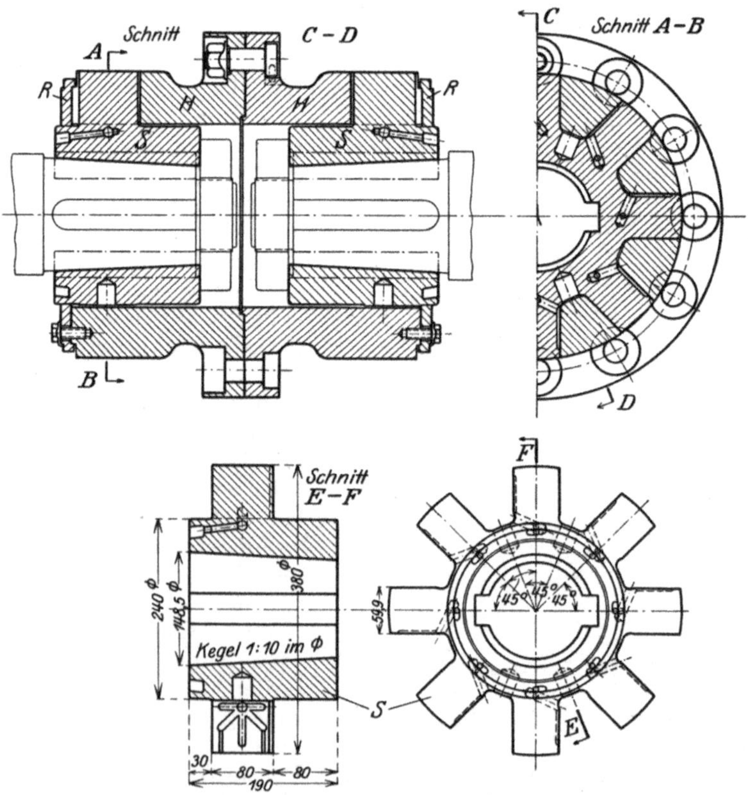

Abb. 220. Doppelklauenkupplung der MAN.

der Welle beim Anwärmen der Turbine. Eine ähnliche Ausführung der MAN zeigt Abb. 220, aus der auch die Einzelheiten ersichtlich sind; wesentlich ist gute Schmierung der Klauen (s. die Schmiernuten im Kupplungsstern *S*), damit eine elastische Ölschicht zum Ausgleich kleiner Verschiebungen vorhanden ist. Die seitlichen Ringe *R* dienen zur Begrenzung der axialen Verschiebung der äußeren Hülse.

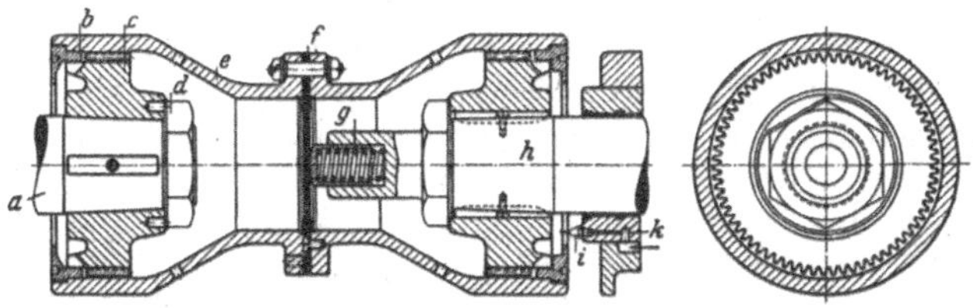

Abb. 221. Doppelverzahnungskupplung der AEG.

Für die Kupplung der Turbine mit einem Zahnradvorgelege verwendet die AEG eine Doppelverzahnungskupplung nach Abb. 221[1].

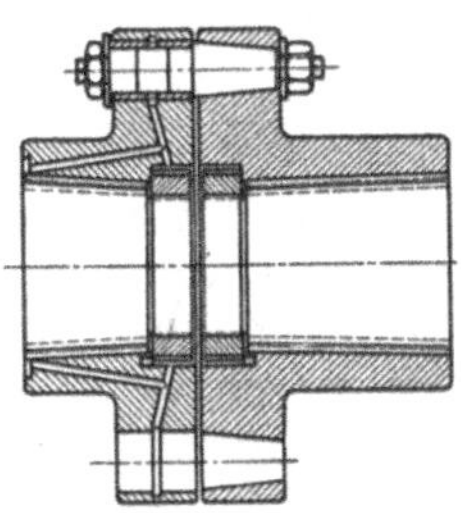

Abb. 222. Bolzenkupplung der GHH.

Die GHH wendet eine Bolzenkupplung an (Abb. 222), die ebenfalls nachgiebig ist; die Bolzen sind mit kegeligem Sitz in der einen Kupplungshälfte gehalten, in der anderen sind Bronzebüchsen, die gegen die Bolzen und die Kupplung etwas Spiel haben, welches durch Bohrungen mit Schmieröl ausgefüllt wird.

Bei Kleinturbinen werden als nachgiebige Kupplungen meist Bolzenkupplungen einfacherer Art angewendet, wobei, die Bolzen mit Kautschuk oder mit Lederringen umkleidet sind; eine Bolzenkupplung mit Kautschukeinsatz von Weise Söhne zeigt Abb. 223, eine solche der WUMAG Abb. 223b. Auch gewöhnliche Lederscheibenkupplungen finden Anwendung. Bei den Kupplungen ist die Beanspruchung der Bolzen auf Biegung durch die Fliehkraft zu beachten, da diese größer ist als die Beanspruchung durch das zu übertragende Drehmoment.

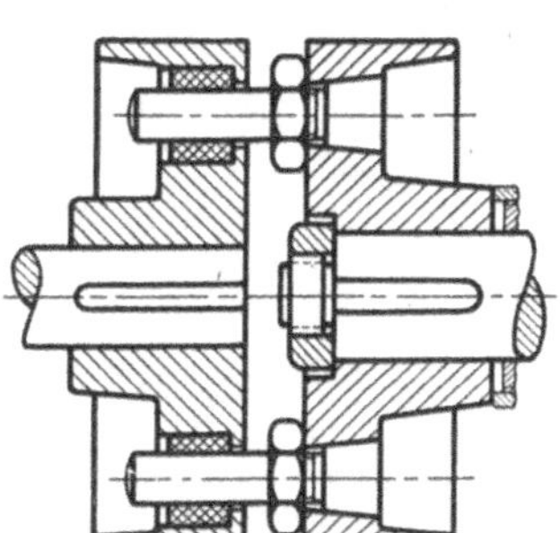

Abb. 223a. Bolzenkupplung von Weise Söhne.

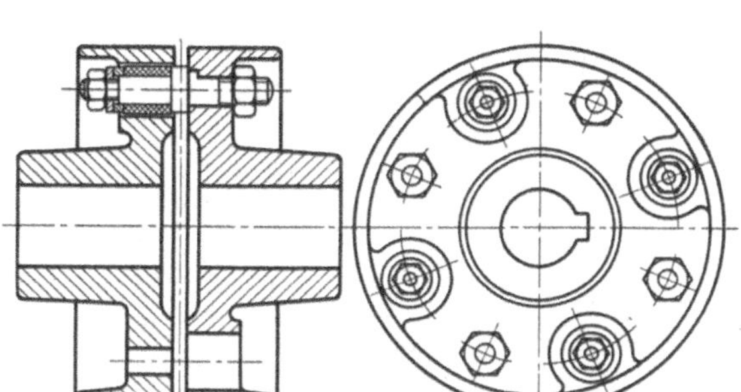

Abb. 223b. Bolzenkupplung der WUMAG.

[1] Aus Kraft, E. A.: Die neuzeitliche Dampfturbine.

VII. Das Auswuchten der Läufer.

Um Erschütterungen im Betriebe zu vermeiden, müssen die Läufer sorgfältig von jeder Unbalance befreit werden. Bei einzelnen Laufrädern wird man zunächst die Unbalance durch das statische Auswuchten vornehmen, indem die Laufradscheiben auf Büchsen zentriert werden, deren Achsen man auf genau wagerecht ausgerichtete, sauber geschliffene Lineale setzt (Abb. 224), wobei die Scheibe, sich selbst überlassen, pendelt und endlich, mit dem Schwerpunkt nach unten, zur Ruhe kommt. Durch ein oben mit Wachs angeklebtes Gegengewicht wird die Größe des Übergewichtes festgestellt und dementsprechend an der entgegengesetzten Seite (unten, an der Seite des Übergewichtes) etwas vom Kranz weggeschabt, bis nach mehrfachem Ausgleichen indifferentes Gleichgewicht erreicht ist. Nach dem Beschaufeln wird nochmals ausbalanciert durch Wegschaben an den Füllstücken.

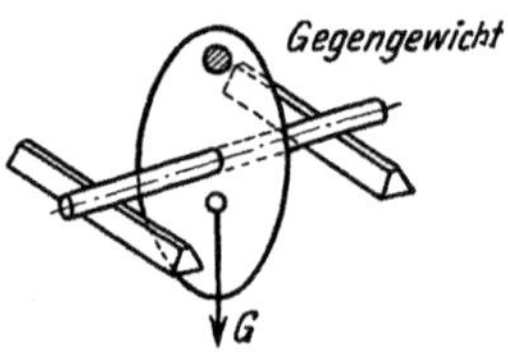

Abb. 224. Statisches Auswuchten.

Der fertige Läufer wird nun dynamisch ausgewuchtet; bei aufgesetzten, vorher statisch ausbalancierten Laufrädern wird die beim Rotieren auftretende Unbalance nur gering sein; sie kann aber bei Trommeln erheblich sein. Es genügt nicht, daß der Schwerpunkt aller Massen in die Drehachse fällt, denn die Unbalance kann in verschiedenen zur Achse senkrechten Ebenen so entgegengesetzt sein, daß die Resultierende der Fliehkrafte Null wird (Abb. 225), also keine freie Kraft ergibt; es bleiben dann aber immer noch Momente der Fliehkräfte übrig, deren Gegenkräfte auf die Lager wirken und in dem Läufer

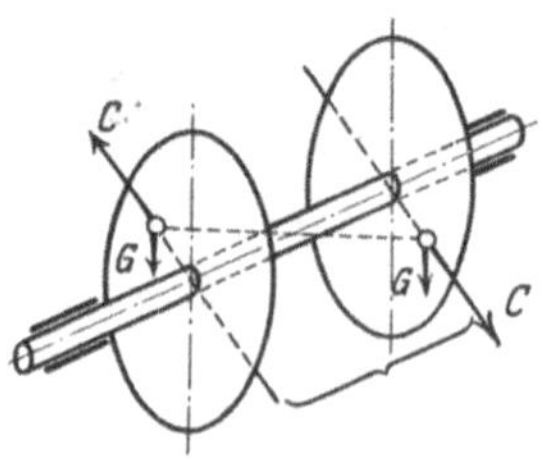

Abb. 225. Dynamisches Auswuchten.

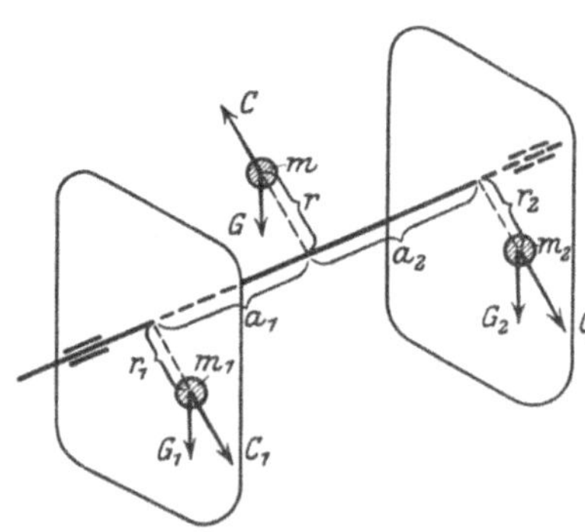

Abb. 226. Dynamisches Auswuchten.

Deformationen hervorrufen können, denn 1 g im Abstande von 0,5 m ergibt bei 3000 Umdr./min schon eine Fliehkraft von 5 kg, also das 5000fache des Übergewichtes.

Das Auswuchten erfolgt durch Anbringen zusätzlicher Massen in beliebigen Ebenen; ist z. B. die unausgeglichene Masse m (Abb. 226), so bringt man dieser Masse entgegengesetzt in 2 Ebenen die Massen m_1 und m_2 im Abstande r_1 und r_2 an, so daß r, r_1 und r_2 in einer Ebene liegen und die Fliehkräfte sich das Gleichgewicht halten, d. h. es muß

$$m\, r\, \omega^2 = m_1\, r_1\, \omega^2 + m_2\, r_2\, \omega^2$$

sein, und ferner

$$m_1\, r_1\, \omega^2\, a_1 = m_2\, r_2\, \omega^2\, a_2\,,$$

damit die Momente ausgeglichen sind. Macht man die Massen gleich groß $m = m_1 = m_2$, so wird $r = r_1 + r_2$ und $r_1 a_1 = r_2 a_2$, d. h. die Abstände der Massen von der Achse sind umgekehrt verhältnisgleich den Abständen a_1, a_2 der Ebenen von der Ebene der auszugleichenden Masse. Es ist demnach vollständiger Ausgleich möglich; jedoch muß dazu die Lage und die Größe der auszugleichenden Masse bekannt sein. Diese könnte z. B. durch Pendelversuche ermittelt werden, doch wären die Ergebnisse bei den großen Gewichten der Läufer zu ungenau. Man verfährt nun praktisch so, daß man den Läufer in verschiebbare Lager legt und in Drehung versetzt, wobei die Lager in Schwingungen geraten; erreicht die Drehzahl die Eigenschwingungszahl der ganzen Einrichtung, so tritt Resonanz ein, d. h. die Schwingungen werden vergrößert und es läßt sich selbst eine kleine Unbalance leicht feststellen. Durch Ankreiden kann die Seite der Unbalance ermittelt werden, worauf durch versuchsweise an den Stirnseiten der Trommel angebrachte Balanciermassen (s. B, Abb. 208, S. 231) der Ausgleich der freien Kräfte und der Momente erreicht werden kann.

Zur Vornahme des Ausgleichs dienen Auswuchtmaschinen, von denen die nach dem System Lawaczek-Heymann[1] häufig angewendet werden. Bei dieser Vorrichtung sind die Lager beide federnd aufgehängt, zunächst wird das eine festgestellt und das Auswuchten vorgenommen; dabei ist die durch das feststehende Lager gehende Kraft noch nicht ausgeglichen, man läßt dieses nun frei und stellt das andere fest, worauf wieder ausgewuchtet wird.

Ein anderes Verfahren ist das von Akimoff, bei welchem der Rahmen der Vorrichtung um eine wagerechte Achse drehbar schwingen kann, während eines der auf ihm befindlichen Lager für den zu prüfenden Läufer in der senkrechten Ebene federnd geführt wird.

VIII. Stopfbüchsen.

Das Abdichten der Wellen beim Durchtritt derselben durch das Gehäuse ist ein schwieriges Problem, wodurch sich auch die Mannigfaltigkeit der Ausführungen erklärt.

Die Hochdruckstopfbüchse hat gegen den Dampfdruck im Gehäuse und nur bei geringer Belastung bei Kondensationsturbinen, wenn das Vakuum in die ganze Turbine dringt, gegen Lufteintritt zu dichten; die Niederdruckstopfbüchse hat hingegen bei Kondensationsturbinen stets gegen Lufteintritt und nur bei Gegendruckturbinen gegen Dampfdruck zu dichten. Da der durchtretende Dampf für die Arbeit verloren ist, muß von einer guten Dichtung verlangt werden, daß die durchströ-

[1] Ausgeführt von C. Schenk: Eisengießerei und Maschinenfabrik Darmstadt.

mende Menge möglichst gering ist und Lufteintritt vollständig vermieden wird, da das Vakuum verschlechtert würde. Dabei darf aber keine metallische Berührung des rotierenden Teils mit dem feststehenden eintreten. Der durchtretende Dampf darf nicht in das Lager blasen und auch nicht in das Maschinenhaus entweichen; deshalb führt man den Undichtheitsdampf aus einer Kammer der Stopfbüchse ab (s. Dampfführung in den Stopfbüchsen).

Die Abdichtung kann durch Labyrinthwirkung erfolgen oder durch nichtmetallische Liderung; dementsprechend werden zwei Hauptarten von Stopfbüchsen ausgeführt: Labyrinthstopfbüchsen und Liderungs- (Kohle-) Stopfbüchsen.

A. Labyrinthstopfbüchsen.

Wie bereits bei der Betrachtung der Verluste durch Labyrinthe (S. 85) erwähnt, bestehen die Labyrinthe aus einer Reihe aufeinanderfolgender Verengungen und Erweiterungen, so daß der Dampf im engen Spalt gedrosselt und seine Geschwindigkeit durch Richtungsänderung und die Erweiterung vernichtet wird. Die durchströmende Menge war nach Gl. (67), S. 86

$$G_{stb} = f_{sp}\sqrt{\frac{g\,(P_1^2 - P_2^2)}{z \cdot P_1 v_1}}\ \text{kg/sek}, \tag{39}$$

wenn der Enddruck p_2 größer als der kritische Druck und nach Gl. (69).

$$G_{stb} = f_{sp}\sqrt{\frac{g}{z + 1{,}4}} \cdot \left(\frac{P_1}{v_1}\right)\ \text{kg/sek}, \tag{40}$$

wenn der Enddruck kleiner als der kritische Druck p_k ist; die Menge ist also außer von der Druckdifferenz vor und hinter der Stopfbüchse, die durch die Gefällsaufteilung, d. h. vom Druck in der ersten Stufe festgelegt ist, von der Zahl z der Labyrinthe und vom Spaltquerschnitt f_{sp} abhängig. Der Verlust kann demnach durch große Zahl von Labyrinthen herabgesetzt werden, da man den Spalt ohnehin so klein als praktisch zulässig machen wird. Dadurch werden jedoch die Stopfbüchsen sehr lang, was neben der großen Baulänge größeren Lagerabstand und dadurch stärkere Wellen erfordert, was wieder Vergrößerung des Spaltquerschnittes nach sich zieht. Man muß somit eine gewisse Verlustdampfmenge in den Kauf nehmen.

Die häufigste Ausführung besteht in einer Anzahl von Kämmen auf der Welle oder auf einer auf die Welle geschobenen Kammbüchse und Dichtringen aus Messing oder Nickellegierung, die in das Stopfbüchsengehäuse eingestemmt werden. Die Dichtung erfolgt hierbei entweder nur radial (Abb. 227) oder nur axial (Abb. 228) (Mehrfachlabyrinthe, Dichtung der Entlastungskolben der Turbinen von Melms & Pfenninger), oder aber radial und axial (Abb. 229). Die Zuschärfung verhindert bei etwaigem Anlaufen Bruch der Ringe.

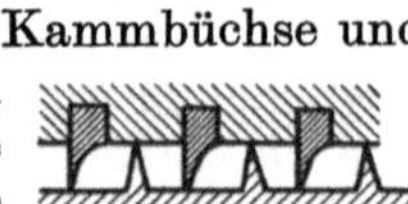
Abb. 227. Dichtungen.

Abb. 230 zeigt eine Labyrinthstopfbüchse der Melms & Pfenninger-Turbine, bei der neben radialer Dichtung auch etwas axiale Verengung vorhanden ist; die Stopfbüchsenhälften werden durch das Gehäuse zusammengehalten. Eine neuere Ausführung von Melms & Pfenninger zeigt Abb. 231; die Kammbüchsen sind an die Trommel geschraubt (vgl. Abb. 208), die zugeschärften Kämme dichten in den Eindrehungen und auf den Vorsprüngen des Stopfbüchsengehäuses, das in der wagerechten Teilfuge verschraubt ist.

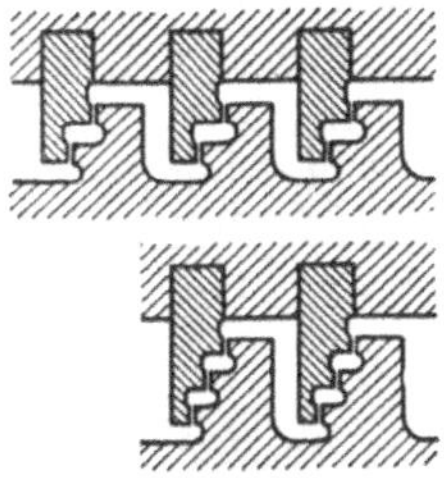

Abb. 228.

Abb. 229.

Abb. 228 u. 229. Dichtungen.

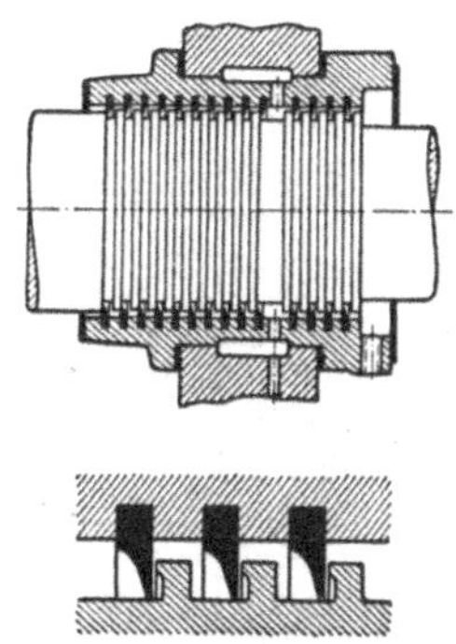

Abb. 230. Stopfbüchse von Melms & Pfenninger.

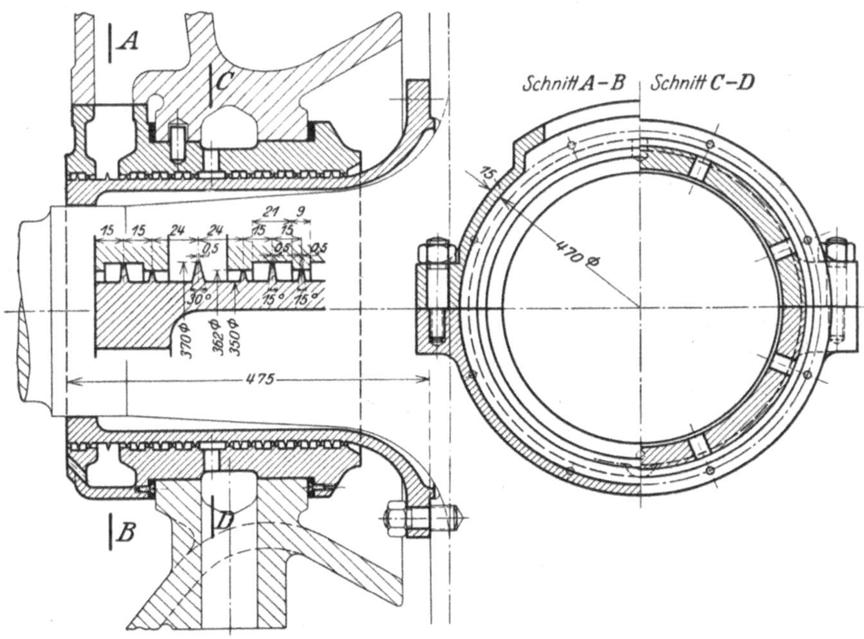

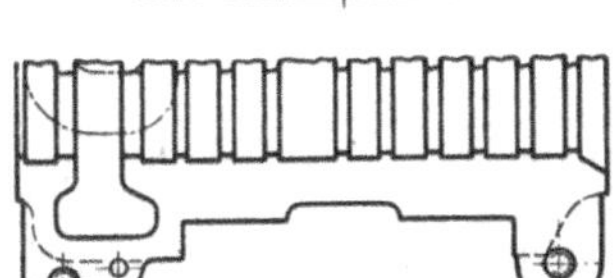

Abb. 231. Stopfbüchse von Melms & Pfenninger (I. A. Maffei).

Abb. 232 zeigt eine Stopfbüchse von BBC; die Dichtringe sind etwas geneigt, damit sie bei Vibrationen des Läufers besser nachgeben können. Aus dem Ringraum wird der Dampf durch L_1 abgeführt oder Sperrdampf eingeführt.

Die Stopfbüchse nach Abb. 233, wie sie die A.-G. „Weser“ ausführte, hat zwei Kammern; aus der inneren wird der Dampf als Sperrdampf für die Niederdruckstopfbüchse entnommen, aus der äußeren

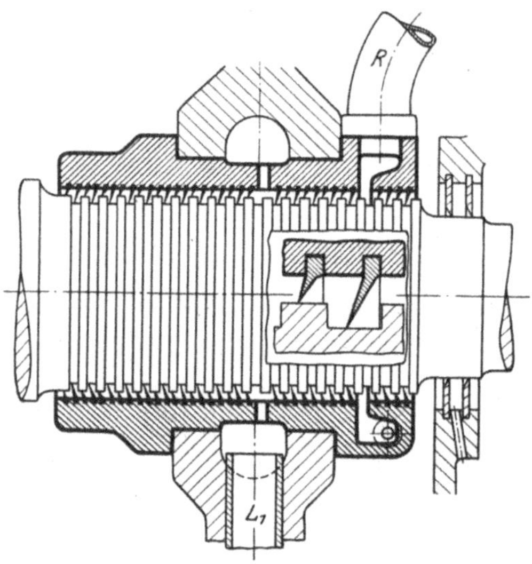

Abb. 232. Stopfbüchse von BBC.

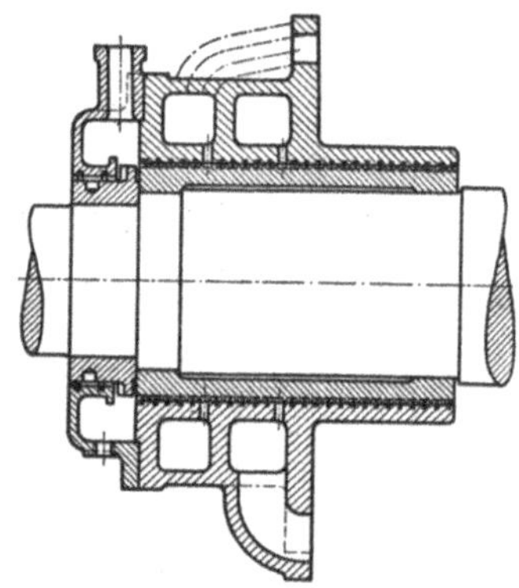

Abb. 233. Stopfbüchse der A.-G. „Weser“.

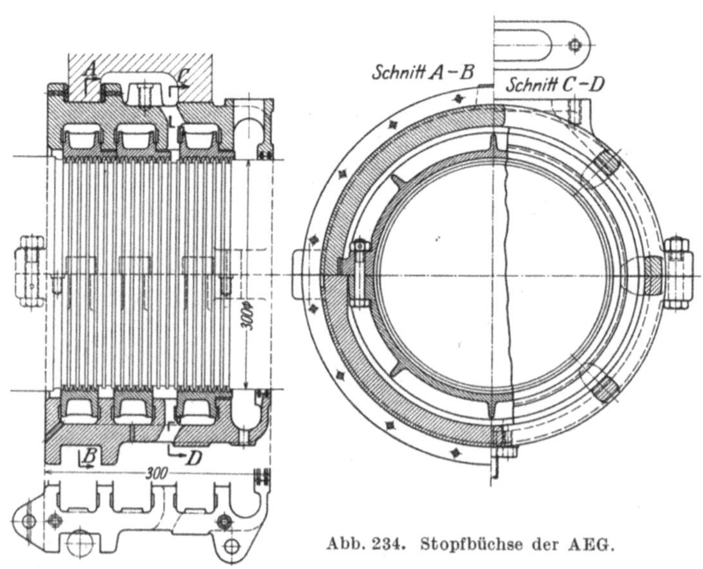

Abb. 234. Stopfbüchse der AEG.

der übrige Dampf durch ein Drosselventil in den Kondensator gesaugt.

Nachgiebigkeit in radialer Richtung wird erreicht durch besondere Einsätze; Abb. 234 zeigt eine Ausführung der AEG, die Einsätze aus

Nickelbronze sind mit schmalen zugeschärften Dichtringen versehen, die zwischen und auf den Kämmen der Kammbüchse dichten. Die Einsatzhälften sind verschraubt, die untere greift durch Ansätze in Eindrehungen des Stopfbüchsengehäuses mit geringem radialen Spiel, die obere stützt sich durch Vorsprünge am Flansch auf einen Vorsprung

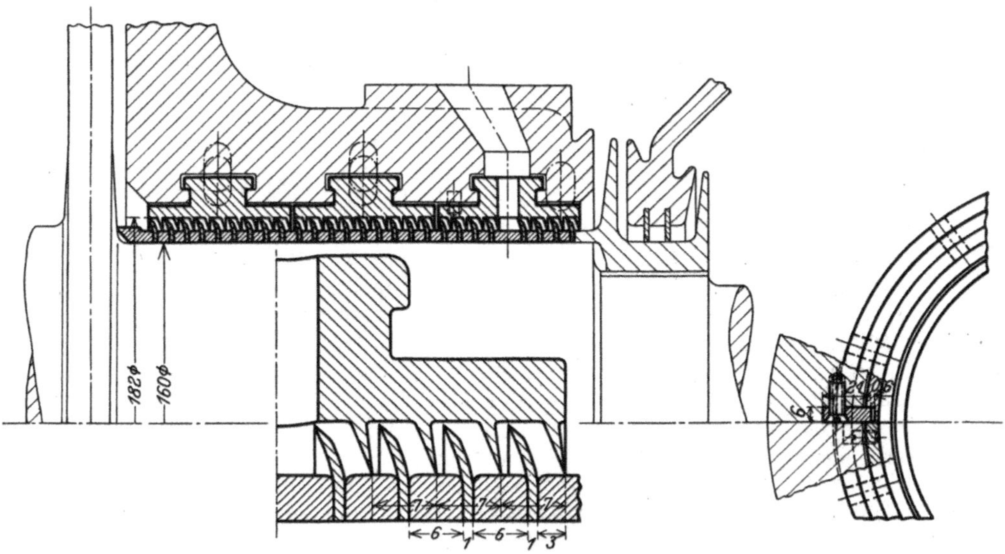

Abb. 235. Stopfbüchse der EBM.

unter der Teilfuge der unteren Gehäusehälfte; durch das Spiel ist die Nachgiebigkeit gegeben.

Eine ähnliche Ausführung verwendet Humboldt bei größeren Turbinen.

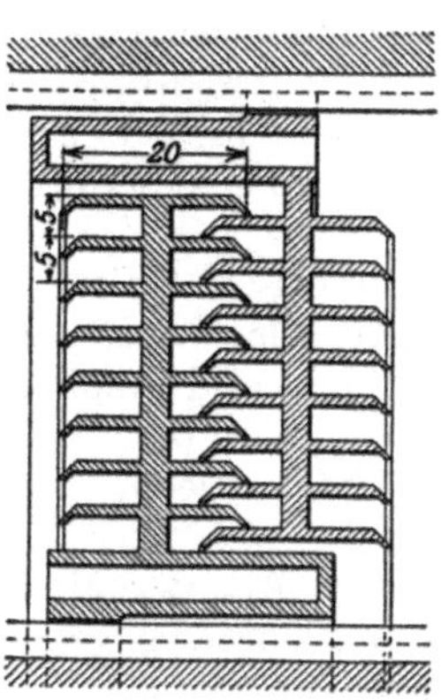

Abb. 236. Ljungström-Stopfbüchse.

Nachgiebig ist auch die Stopfbüchse der Ersten Brünner (Abb. 235); die Einsatzhälften sitzen direkt im Turbinengehäuse mit etwas radialem Spiel und sind mit scharfen schrägstehenden Dichtringen versehen. Die Kämme aus der Welle bestehen aus schirmförmigen Messingringen, die durch Stahlringe gehalten werden; es ist dadurch doppelte Dichtung vorhanden, während die Schirmform eine weitere federnde Nachgiebigkeit der Ringe ermöglicht. Die Einsätze werden ähnlich wie die Leitradhälften durch Federkeile im Gehäuse gehalten.

Radial aufeinanderfolgende Labyrinthe hat die Stopfbüchse der Radialturbine von Ljungström; Abb. 236[1] zeigt ein Element, die ganze

[1] Aus Stodola: Die Dampf- und Gasturbinen. Berlin: Julius Springer.

Stopfbüchse besteht aus vier solcher Doppelelemente, so daß 128 Dichtungsstellen vorhanden sind. Die zugeschärften Kämme sind federnd nachgiebig; der Ein- und Ausbau der Stopfbüchse erfolgt axial.

B. Liderungsstopfbüchsen.

Die Wirkung dieser Stopfbüchsen beruht auf dem besonders engen Spalt, da eine Berührung zwischen Dichtung und Welle ungefährlich ist; dadurch sind weniger Labyrinthkammern erforderlich, allerdings von größerer Breite. Die Liderungsringe bestehen aus gepreßter graphitreicher Kohle (*K*, Abb. 237) von fast quadratischem Querschnitt mit einer außen herumgehenden Rille für die Schlauchfeder *F*, welche die drei oder bei großem Durchmesser vier Segmente der Kohlenringe zusammenhalten, so daß diese die Welle mit ganz geringem Spiel umschließen. Die Kohlenringe sitzen in Grundringen *G* von winkelförmigem Querschnitt, in welchen sie durch Sicherungsbleche *S* oder andere Vorrichtungen (U-Bügel oder dergleichen) gegen das Mitdrehen gesichert sind, im übrigen sind sie in den Grundringen frei beweglich (das seitliche Spiel beträgt etwa 0,2 mm), so daß sie den Bewegungen der Welle nachgeben können, aber durch den Dampfdruck seitlich angedrückt werden und dicht halten. Die Grundringe werden durch den Stopfbüchsendeckel im Stopfbüchsengehäuse oder direkt im Turbinengehäuse zusammengedrückt, so daß der Dampf nicht um die Grundringe herum abströmen kann.

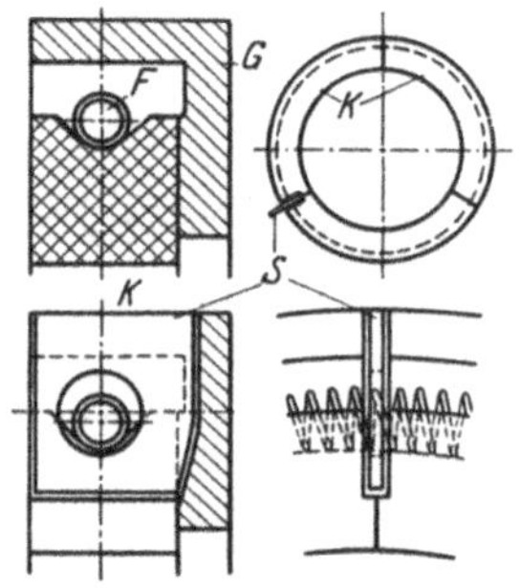

Abb. 237. Kohle-Liderungsring.

Häufig wird auf die Welle eine besondere gußeiserne Laufbüchse gesetzt, da diese sich durch den Kohlenstaub besser spiegelglatt schleift als Stahl; die Laufbüchse wird durch eine Mutter an einem Ende gegen einen Absatz der Welle gedrückt und kann sich nach der anderen Seite frei ausdehnen. Damit die Kohlenringe nicht durch ihr Gewicht aufliegen und schnell einseitig ausgeschliffen werden, werden sie durch Blattfedern *F* (Abb. 238) in der Schwebe gehalten.

Die durchtretende Dampfmenge läßt sich nicht rechnerisch ermitteln, die Zahl der Dichtungsringe muß nach Erfahrungen oder nach ausgeführten Versuchen angenommen werden. Ist Verschleiß und erhöhter Dampfverlust eingetreten, so können die Kohlenringe in den Teilfugen nachgeschabt werden, wodurch sich das Spiel wieder einstellen läßt.

Abb. 238 zeigt eine Stopfbüchse der beschriebenen Art der MAN mit direktem Einbau in das Turbinengehäuse; die Sicherung gegen Mitdrehen der Kohleringe erfolgt durch den U-förmigen Bügel *S*, in welchem auch die Schlauchfedern befestigt sind. Der durchtretende nicht abgesaugte Dampf kann durch das Abführrohr *D* nach oben entweichen, das Hineinblasen ins Lager verhindern die Abstreichbleche *C* und der Spritzring *R*.

Die Kohlenstopfbüchse der WUMAG (Abb. 239) hat an dem Hochdruckende ein besonderes Stopfbüchsengehäuse, dessen innerer Teil einteilig, der äußere zweiteilig ist, um die Stopfbüchse ohne Abheben

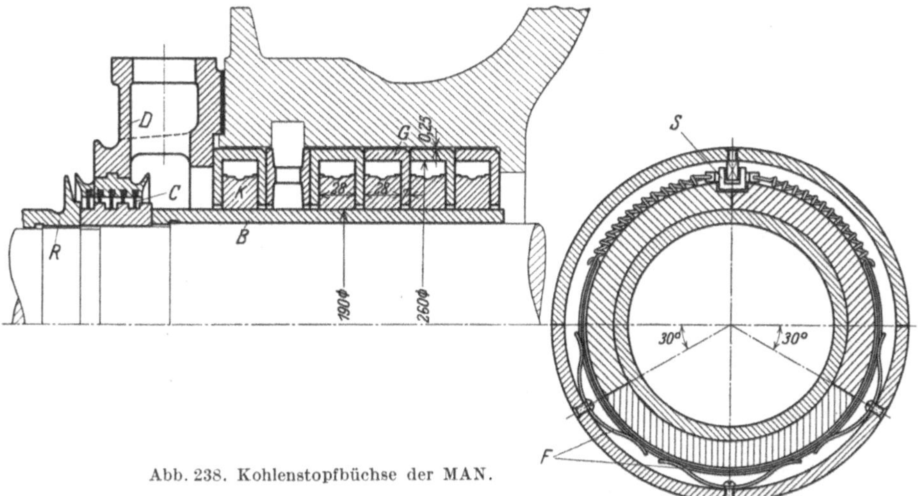

Abb. 238. Kohlenstopfbüchse der MAN.

des Gehäuseoberteiles ein- und ausbauen zu können; aus diesem Grunde sind auch die äußeren Grundringe zweiteilig.

Bei Wellen, deren kritische Drehzahl unterhalb der Betriebsdrehzahl liegt (biegsame Welle), sind Kohlestopfbüchsen vorzuziehen, da sie eine größere Nachgiebigkeit besitzen.

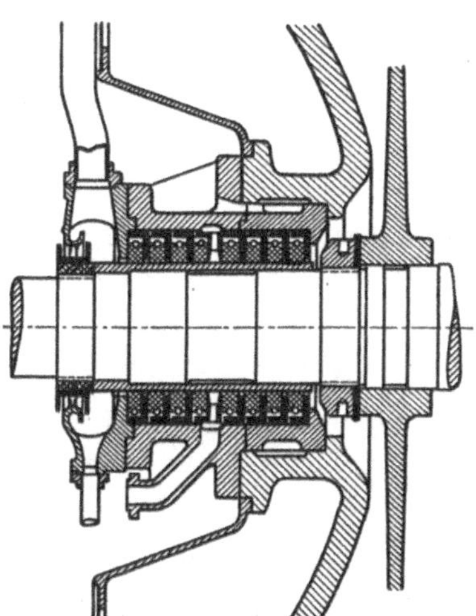

Abb. 239. Stopfbüchse der WUMAG.

Eine neue Art der Kohlestopfbüchsen ist die Patent-Kohle-Wellfederstopfbüchse von Huhn[1], die sich auch bei hohen Drücken und Temperaturen und hohen Umfangsgeschwindigkeiten gut bewährt hat. Sie unterscheidet sich von den Kohlestopfbüchsen der oben beschriebenen Art dadurch, daß sie zwei dreiteilige Ringe *K* in einer Kammer hat, die außen kegelig sind (Abb. 240) und durch einen äußeren keilförmigen Druckring *R* aus Bronze, nichtrostendem Stahl oder Aluminium seitlich an die Wände der Grundringe *G* gedrückt werden, wo sie sich elastisch klebend halten, ohne die Welle zu belasten.

Die Druckringe *R* sind zur Verringerung des Gewichtes trapezartig

[1] Ausgeführt von Gustav Huhn, Berlin NW 87, Levetzowstr.

gedreht, wie der vordere Ring zeigt, und mit Durchbohrungen versehen; sie sind von einem Spanndraht D umgeben. Zwischen dessen

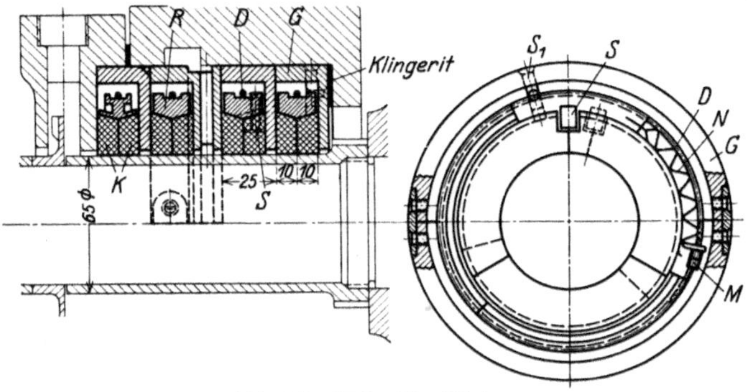

Abb. 240. Huhn-Stopfbüchse.

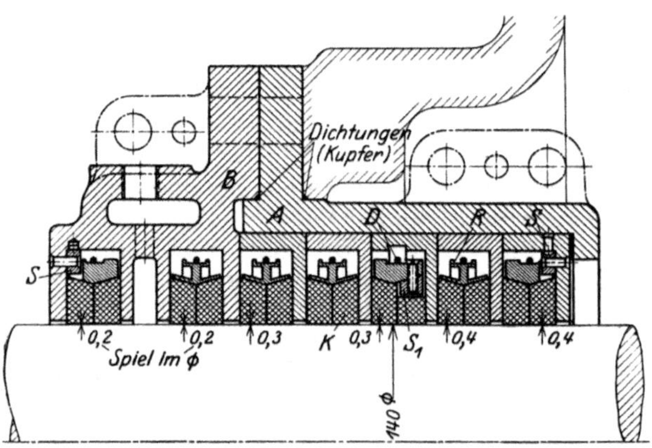

Abb. 241. Huhn-Stopfbüchse.

Enden und zwischen zwei Druckringstücken ist eine Wellfeder N eingeschaltet, welche ihre Spannung auf den Druckring überträgt, wodurch wiederum die Kohleringe K an die Kammerwände und an ihre Teilfugen, die Welle umschließend, gedrückt werden. Die Spannung kann durch die Mutter M eingestellt werden. Die Stopfbüchse Abb. 240 ist für Kleinturbinen mit 6000 Umdr./min bestimmt.

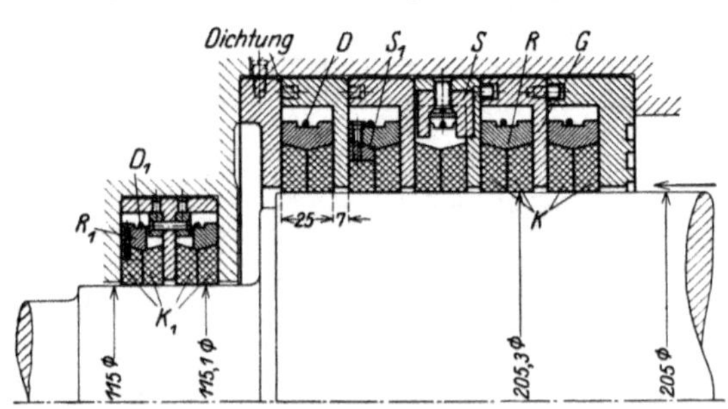

Abb. 242. Huhn-Stopfbüchse.

Eine Huhnsche Stopfbüchse für 3000 Umdr./min ($u = 22$ m/sek) und Dichtung gegen 15 at 375° C zeigt Abb. 241; die Dichtung sitzt in einem besonderen Stopfbüchsengehäuse A und B, das leichten Ausbau ermöglicht.

Eine Stopfbüchse einer Hochdruckturbine mit Dichtung gegen 32 atü, 375° C bei 5500 Umdr./min ($u = 59$ m/sek) zeigt Abb. 242, auffallend ist die geringe Baulänge der Stopfbüchse.

Die Niederdruckstopfbüchsen sind in gleicher Weise durchgebildet, erhalten nur weniger Dichtungsringe.

Kleinturbinen haben meist Liderungsstopfbüchsen mit Dichtungen der beschriebenen Arten. Eine etwas andere Art zeigt Abb. 243 von E. Nacke; neben dem eigentlichen Dichtungsring ist noch ein zweiter Ring vorhanden, der die seitliche Abdichtung bewirkt.

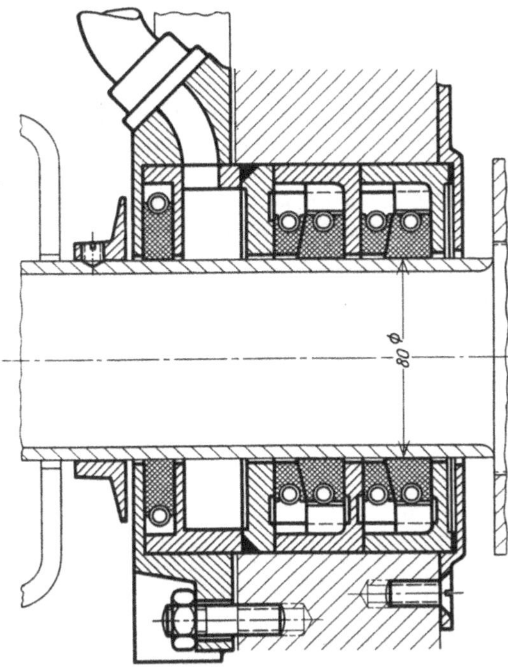

Abb. 243. Stopfbüchse von E. Nacke.

C. Stopfbüchsen mit Wasserabschluß.

Sie werden seltener angewendet, da sie verhältnismäßig hohen Kraftverbrauch haben und das Wasser, bei etwaigem Eindringen in das Innere der Stopfbüchse und in das Turbinengehäuse durch die plötzliche

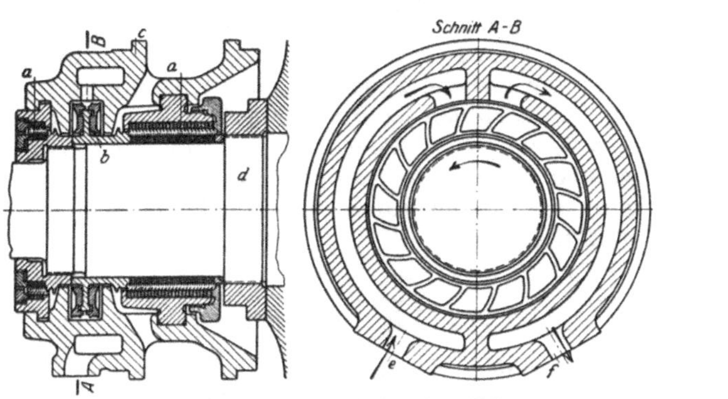

Abb. 244. Wasserstopfbüchse der AEG.

Abkühlung schädlich wirken kann. Solche Stopfbüchsen geben aber ziemlich vollkommene Abdichtung, besonders auch gegen Vakuum.

Abb. 244[1] zeigt eine Labyrinth- und Wasserstopfbüchse der AEG; das Wasser tritt bei *e* ein und bei *f* aus und wird durch einen in der Ringkammer kreisenden Läufer *b* geschleudert, wodurch ein dynamischer Druck erzeugt wird, der gegen den Innendruck dichtet.

D. Dampfführung der Stopfbüchsen.

Wie bereits erwähnt, muß die Hochdruckstopfbüchse gegen einen Überdruck p und die Niederdruckstopfbüchse bei Kondensationsturbinen gegen das Eindringen von Luft dichten. Damit das Eindringen von Luft in jedem Falle vermieden wird, führt man der Niederdruckstopfbüchse Sperrdampf zu; als solchen benutzt man zweckmäßig den Abdampf der Hochdruckstopfbüchse, der durch die Leitung L_1 (Abb. 245) geführt wird. Der überschüssige Dampf wird durch entsprechendes Öffnen des Ventils A durch die Leitung L_2 in den Abdampfstutzen gesaugt, und zwar in dem Maße, daß die Abführrohre R_1, R_2 ganz leicht dampfen. Reicht die Abdampfmenge der Hochdruckstopfbüchse nicht zum Sperren der Niederdruckstopfbüchse aus, so wird durch Öffnen des Ventils B Frischdampf zugesetzt.

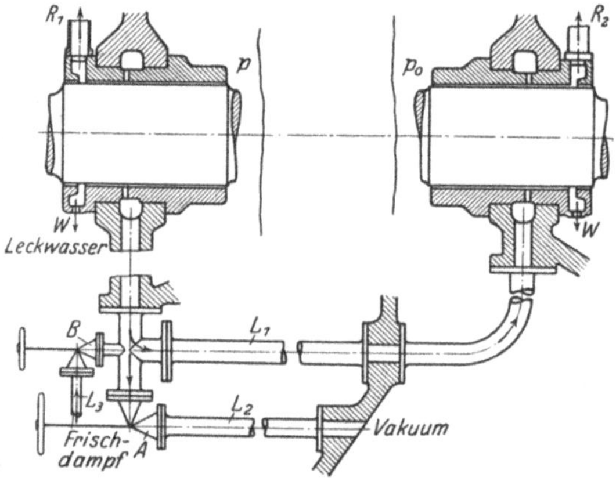

Abb. 245. Dampfführung der Stopfbüchsen.

Ursprünglich wurde der überschüssige Abdampf der Hochdruckstopfbüchse in eine Mittelstufe der Turbine geführt, um in derselben ausgenutzt zu werden; man ist jedoch davon abgekommen, da der feuchte Stopfbüchsendampf den Feuchtigkeitsgehalt in der Turbine erhöht, was wegen der Wirkung auf die Schaufeln (s. d.) nachteilig ist.

Bei Gegendruckturbinen ist Sperrdampf nicht erforderlich, und da kein Vakuum vorhanden, muß der Abdampf durch einen Strahlapparat abgesaugt werden, wobei die Dampfwärme ausgenutzt werden kann, oder man kann den Dampf durch das abfließende Kühlwasser des Ölkühlers absaugen lassen.

IX. Lager.

Die Lager halten den Läufer in radialer Richtung — **Traglager** — oder in axialer Richtung — **Drucklager**. Die Zapfenumfangsgeschwindigkeiten können bei den vorkommenden Drehzahlen recht hoch sein,

[1] Aus Kraft, E. A.: Die neuzeitliche Dampfturbine.

die Belastung durch das Läufergewicht ist bei großen Aggregaten erheblich, so daß die Lager hoch beansprucht werden. Neben der Verringerung der Lagerreibung und damit der hauptsächlichsten mechanischen Verluste (s. diese S. 88) muß geringer Verschleiß und größte Betriebssicherheit angestrebt werden. Wegen des geringen Spiels zwischen Läufer und feststehendem Teil darf eine Verlagerung nicht eintreten, andererseits muß die Lagerung den geringen Durchbiegungen der Welle nachgeben können, um einseitige zu hohe Belastung zu vermeiden.

Metallische Berührung zwischen Läufer und Schale darf keinesfalls stattfinden, da sofort Heißlauf eintreten würde, es muß deshalb eine genügend starke Ölschicht den Zapfen umgeben und die Reibungswärme ohne unzulässige Erwärmung abgeführt werden.

A. Traglager.

1. Anordnung der Lager.

Die Anordnung der Lagerung erfolgt in verschiedener Weise; bei Kleinturbinen genügt bei fliegendem Laufrad ein Lager (Abb. 246 *1*), wobei die anzutreibende Maschine (Pumpe oder dergleichen) ebenfalls fliegend angeordnet ist, oder durch Kupplung *K* (Abb. 246 *1a*), an-

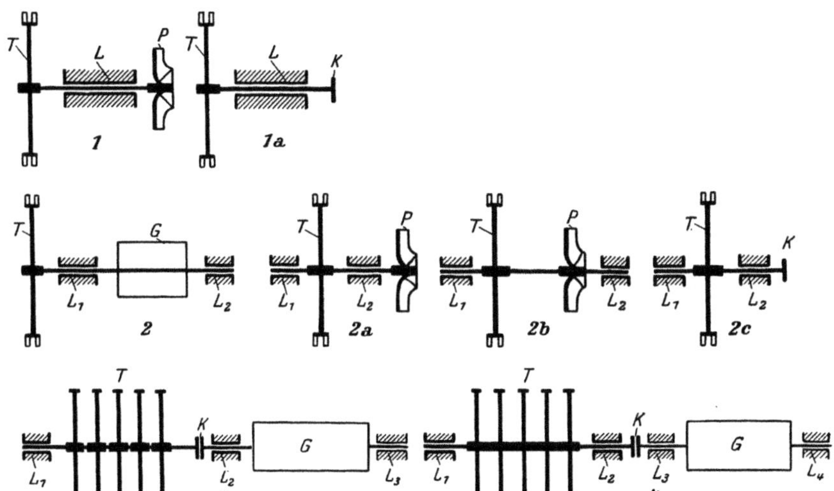

Abb. 246. Anordnung der Lagerung.

getrieben wird. Bei etwas größeren Leistungen werden meist zwei Lager ausgeführt, und zwar kann die anzutreibende Maschine zwischen den Lagern bei fliegendem Turbinenlaufrad *T* (Abb. 246 *2*), fliegend (*2a*), oder Turbine und Maschine zwischen den Lagern (*2b*) sitzen oder es kann der Antrieb durch Kupplung *K* erfolgen (*2c*), wobei die anzutreibende Maschine ihre eigenen Lager hat.

Turbinen mittlerer und großer Leistung führt man entweder in Dreilageranordnung aus (Abb. 246 *3*), wobei die Turbine starr mit dem Generator G gekuppelt ist und mit diesem ein gemeinsames Mittellager hat, oder in Vierlageranordnung *4*, wobei das Mittellager als Doppellager ausgebildet ist und die Wellen zwischen den Lagern starr oder meist nachgiebig gekuppelt sind.

Bei leichtem Läufer von Kleinturbinen genügt vielfach Ringschmierung, wenn die Flächenpressung am Lagerzapfen unter $k = 3$ bis 5 kg/cm² gehalten werden kann und das Produkt aus Flächendruck und Umfangsgeschwindigkeit des Zapfens $kv \leqq 20$ ist; daraus kann die für die Wärmeabführung erforderliche Zapfenlänge ermittelt werden. Kugellager haben sich nur bei ganz kleinen Turbinen eingeführt, da bei der hohen Drehzahl nur kleine Belastungen zugelassen werden können.

Die Reibungsarbeit war nach Gl. (71), S. 88

$$A_r = \mu\, l d k v \text{ mkg/sek}, \tag{41}$$

wenn l und d (Zapfenlänge und -durchmesser) in cm. Lasche fand den Arbeitswert der Wärmeabgabe, wenn t die Lager-, t_0 die Umgebungstemperatur, zu

$$A_r = \beta \pi\, d l (t - t_0) \text{ mkg/h},$$

mit l und d in cm, wobei die Vorzahl $\beta = 2$ bis 2,5, etwas steigend mit der Temperatur. Wird keine besondere Kühlung angewendet, so muß der Arbeitswert der Wärmeabgabe größer oder mindestens gleich sein der Reibungsarbeit, somit auf 1 Stunde bezogen

$3600\, \mu\, l d k v = \beta \pi\, l d\, (t - t_0)$ oder mit $\mu k = 2/t$ [nach Gl. (71a), S. 88]

$$t\,(t - t_0) = 3600 \frac{2\,v}{\pi \beta} = 3600 \frac{v}{\pi} \qquad (\beta = 2)$$

oder mit

$$v = \pi\, d n \cdot (60 \cdot 100),$$

da d in cm,

$$t\,(t - t_0) = 0{,}6\, d n, \tag{42}$$

woraus t errechnet werden kann. Diese Temperatur darf nicht zu hoch werden, zweckmäßig nicht über 70 bis 80°, da bei etwa 125° die Schmierfähigkeit nach Feststellung von Lasche plötzlich stark abnimmt. Ergibt die Rechnung eine zu hohe Temperatur, so muß eine besondere Kühlung vorgesehen werden, die bei kleinen Leistungen durch eine in den Ölraum des Lagers verlegte Kühlwasserschlange (vgl. Abb. 355, S. 344), bei größeren Leistungen aber durch besondere Kühlung des in reichlicher Menge zirkulierenden Öles erfolgt, wobei das Öl durch eine Ölpumpe (s. S. 275) in das Lager gefördert wird — Druckölschmierung. Die Flächenpressung kann hierbei bis $k = 10$ kg/cm² und $kv = 150$ bis 170 betragen.

Die Ölmenge Q, welche für ein Lager umlaufen muß, ergibt sich aus der Beziehung

$$A_r : 427 = Q c_ö\, (t_a - t_e),$$

mit A_r nach Gl. (41) und der spezifischen Wärme des Öles $c_ö = 0{,}29$, wenn t_e bzw. t_a die Eintritts- bzw. Austrittstemperatur des Öles. Lasche gibt die erforderliche Ölmenge für ein Lager zu

$$Q = q l d v \text{ g/min}$$

an, worin v die Zapfenumfangsgeschwindigkeit und q die spezifische Ölmenge, welche von der Zapfengeschwindigkeit und vom mittleren Flächendruck abhängig ist und beträgt:

bei	$v = 20$	$v = 40$	$v = 50$	$v = 60$ m/sek
bei $k = 6{,}5$ kg/cm²	$q = 0{,}38$	0,50	0,57	0,61
„ $k = 15$ „	$q = 0{,}46$	0,62	0,75	0,93

2. Konstruktion der Lager.

Die Zapfenstärke ergibt sich meist konstruktiv aus der Wellenberechnung (S. 233) unter Berücksichtigung der kritischen Drehzahl; die Länge ist dann hinsichtlich Flächenpressung zu bemessen, die Wärmeabfuhr ist durch entsprechende Ölmenge zu bewirken. Die richtige Ausführung der Lager, insbesondere zweckmäßige Ölführung, ist sehr wichtig. Der Zapfen muß in der Schale genügend Spiel haben, wie bereits S. 89 gezeigt wurde; das günstigste Lagerspiel δ ist im Verhältnis zum Zapfenhalbmesser r

$$\frac{\delta}{r} = \sqrt{\frac{2\,\eta\,\omega\,l}{k\,(d+l)}}\,,$$

worin $\eta = 0{,}002$ bis $0{,}003$ kg/sek/m² die Zähigkeitszahl des Öles, ω die Winkelgeschwindigkeit, $k = P : dl$, wenn P die Lagerbelastung. Wie aus Abb. 91, S. 89 ersichtlich, nimmt die Reibungsarbeit mit zunehmendem Spiel ab.

Die Schmierung muß mit möglichst geringem Druck erfolgen und die Ölschicht darf keine Unterbrechung erleiden; die früher üblichen Nuten haben sich als nachteilig erwiesen. Meist erhält die untere Schale gar keine oder nur Längsnuten zur Ölverteilung über den ganzen Zapfen in der Nähe der Schalenteilfuge; die obere Schale wird so ausgespart, daß das Öl frei ablaufen kann und keinen Druck von oben ausübt. Es sei hier nochmals auf die Versuche von Lasche[1] und von BBC hingewiesen.

Die Lagerschalen aus Gußeisen werden mit bestem hochzinnhaltigen Weißmetall (78% Zinn, Brinellhärte 35) ausgegossen und sauber tuschiert; sie sitzen entweder fest im Lagergehäuse oder sind kugelig gelagert.

Die AEG führt die Lagerbohrung derart aus, daß, nach dem Drehen des äußeren Schalenumfanges, in den Teilfugen eine Beilage von 0,4% des Durchmessers zwischen die Schalen gelegt und die Schale innen auf 0,5% größeren Durchmesser als der Zapfen ausgebohrt wird; nach

[1] Lasche: Konstruktion und Material im Bau von Dampfturbinen. Berlin: Julius Springer.

dem Entfernen der Beilagen und Einsetzen in den Lagerkörper ist dann ein radiales Spiel in der wagerechten Achse von 0,5% und in der senkrechten Mittelebene von 0,1% vorhanden.

Der Lagerkörper wird mit dem Turbinengehäuse zusammengegossen oder mit ihm verschraubt, häufig derart, daß das Turbinengehäuse in den Lagern hängt und dadurch stets zentrisch bleibt; um der axialen Wärmedehnung nachgeben zu können, ist das vordere Lager, welches

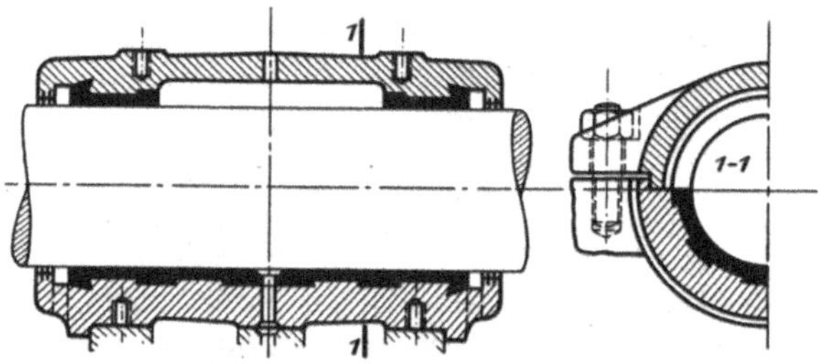

Abb. 247. Lagerschalen von EWC.

das Drucklager enthält, nicht mit dem Grundrahmen fest verschraubt, sondern axial verschiebbar geführt, wodurch das axiale Schaufelspiel fast unverändert erhalten wird.

Zur Messung der Lagertemperatur sind in den Schalen Bohrungen für Thermometer vorgesehen, in welche diese durch den Lagerdeckel eingeführt werden können. Auch am Öleintritts- und am Ölaustrittsstutzen werden Thermometer angeordnet.

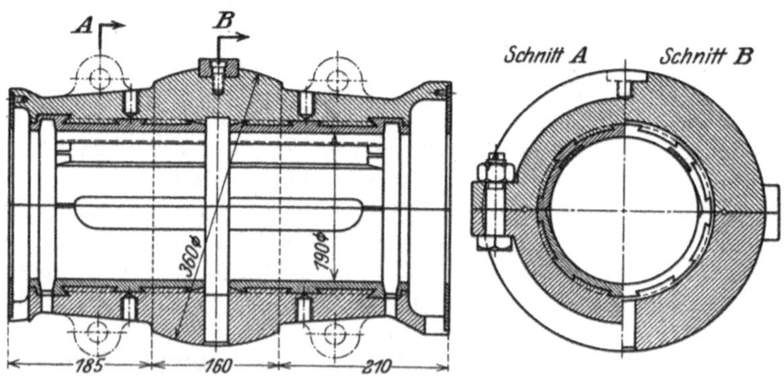

Abb. 248. Lagerschalen mit Kugelbewegung (WUMAG).

3. Ausführungen.

Ausführungen der Traglager zeigen folgende Beispiele. Die Lager der Kleinturbinen sind aus den Längsschnitten ausgeführter Turbinen (S. 343) ersichtlich. Bei diesen wird häufig mit dem Traglager auch das Kammlager verbunden (vgl. Abb. 358, S. 346). Auch bei Kleinturbinen findet man Druckölschmierung, wie Abb. 365, S. 352 zeigt.

Eine Lagerschale mit zylindrischer Lagerung derselben zeigt Abb. 247 von EWC; das Öl wird unten in die Ringnut eingeführt und verteilt

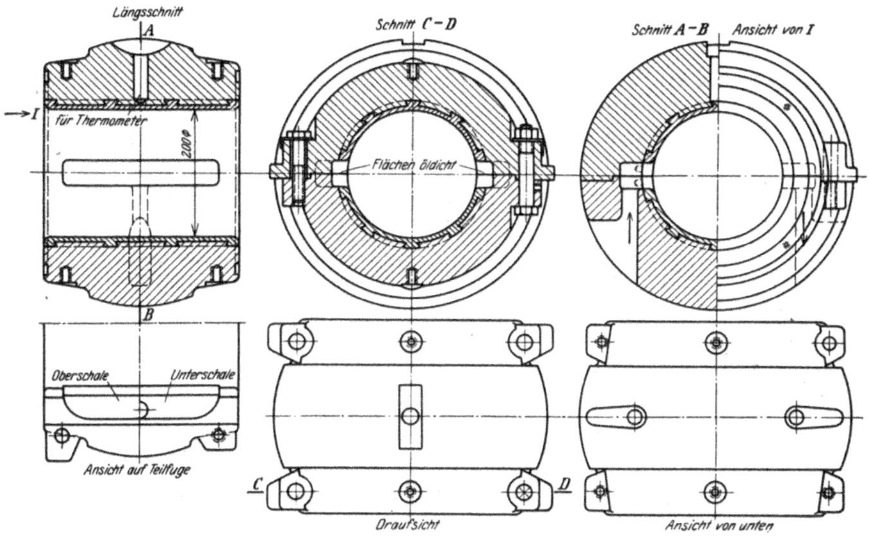

Abb. 249. Lagerschalen der AEG.

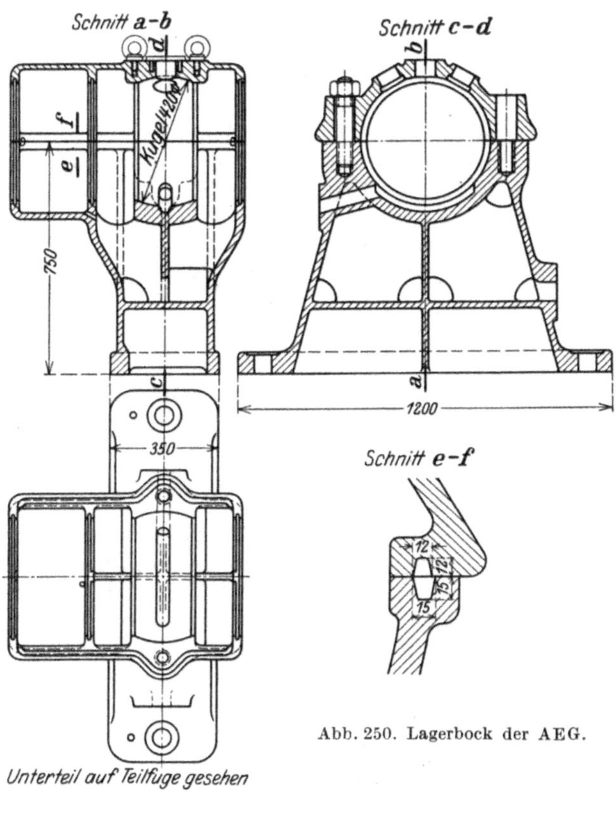

Abb. 250. Lagerbock der AEG.

sich durch Längsnuten über fast die ganze Schalenlänge, die Oberschale ist ausgespart, wodurch das Öl frei ablaufen kann. Die Schalen werden durch Verschrauben der Oberschale mit dem Lagergehäuse in diesem gehalten. Kugelig gelagerte Schalen der WUMAG zeigt Abb. 248, aus der die Nuten ersichtlich sind; die Schalen sind miteinander verschraubt, die Sicherung gegen Drehen erfolgt durch eine in der Oberschale angeschraubte runde Scheibe.

Kugelig gelagerte Schalen der AEG zeigt Abb. 249, den zugehörigen Lagerbock Abb. 250; das Öl tritt seitlich in den Lagerkörper, durch die Bohrung in die Aussparung an der Teilfuge der Lagerschalen, und wird durch den Zapfen unter denselben gesaugt.

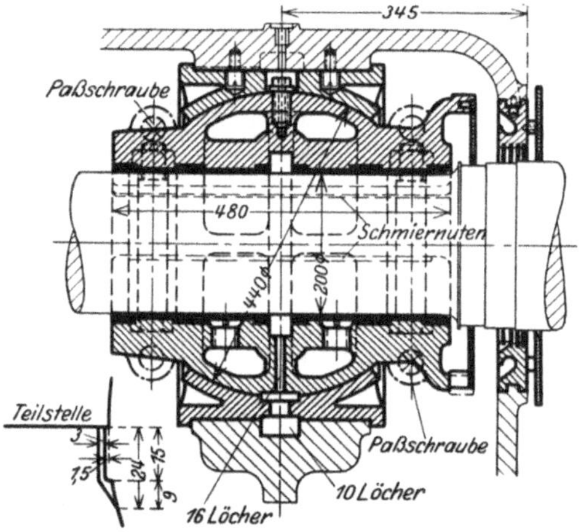

Abb. 251. Lagerschalen von I. A. Maffei.

Lagerschalen mit Kugelbewegung in der Ausführung von I. A. Maffei mit besonderem Einsatz im Lager zeigt Abb. 251; der Lagerkörper ist mit dem Gehäuse zusammengegossen (s. Abb. 266, S. 273).

Die Lagerschalen von BBC (Abb. 252) haben zylindrische Lagerung durch den Wulst W, jedoch auf einer schmäleren Auflage, so daß die Lagerschalen etwas kippen können und den Bewegungen der Welle nachgeben. Das Schmieröl tritt bei E ein in den Raum B, verteilt sich durch die Nuten C und D über den Zapfen, wird durch die Drehung unter denselben gesaugt und läuft bei A ab; der Ringraum K (bei einfachem Lager auf beiden Seiten) verhindert das seitliche Spritzen des Öles aus dem Lager.

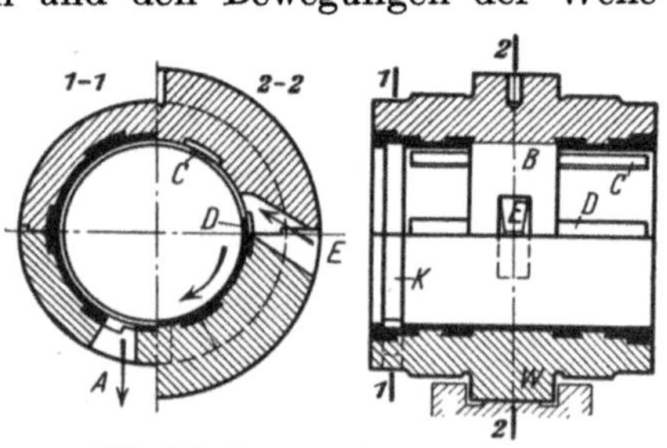

Abb. 252. Lagerschalen von BBC.

Ein Traglager mit beweglichen Tragklötzen in den Schalen nach Art des Michellagers führt die AEG nach Abb. 253[1] aus; die sechs Klötze sind durch Schlußstücke b gehalten und je um eine in Achsenrichtung liegende Kante kippbar. Das Öl wird durch das Lagergehäuse zugeführt und gelangt durch Bohrungen und Aussparungen an die Lauffläche. Die Reibungsverluste sind gering, die Baulänge des Lagers klein.

[1] Aus Kraft, E. A.: Die neuzeitliche Dampfturbine.

B. Drucklager.

Diese werden als Kammlager oder als Einscheibenlager (Michellager) ausgeführt. Bei den Kammlagern wird die tragende Fläche auf eine Anzahl Kämme verteilt; ist der ganze Axialschub S (s. S. 232), so ist

$$S = \frac{z \pi (d_k^2 - d_w^2) k}{4},$$

wenn d_k der äußere Durchmesser der Kämme und d_w der Wellendurchmesser, z die Zahl der Kämme und k der spezifische Flächendruck, der bei Druckölschmierung $k = 7$ kg/cm² und bei Ringschmierung $k = 2$ kg/cm² betragen darf. Aus obiger Gleichung kann die Zahl der Kämme ermittelt werden; wegen der ungleichmäßigen Reibung darf d_k nicht

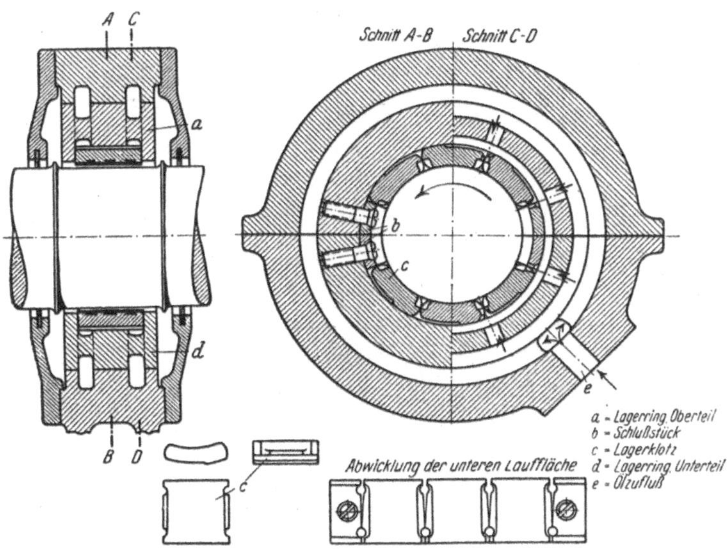

Abb. 253. Traglager mit Tragklötzen der AEG.

zu groß im Vergleich zu d_w werden. Für den Flächendruck sind die radialen Schmiernuten zu berücksichtigen.

Bei Gleichdruckturbinen sind die axialen Kräfte gering, das Drucklager hat nur die Welle zu halten zwecks Sicherung des axialen Schaufelspiels und zufällige geringe Kräfte aufzunehmen (auch den Druck durch die Druckdifferenz infolge der Saugwirkung des Dampfes bei Fehlen der Ausgleichlöcher in den Radscheiben). Bei Überdruckturbinen kann der Axialschub bedeutend sein, die Kammlager würden sehr groß und ergäben hohe Reibungsverluste, weswegen neuerdings meist Michellager angewendet werden; diese bestehen aus einer Anzahl segmentförmiger Tragklötze, die um eine radiale Kante etwas kippen können, wodurch das Öl in einer keilförmigen Schicht zwischen den Druckring und die Klötze gedrückt wird und metallische Berührung verhindert.

Der zulässige Flächendruck ist durch die Druckwirkung des Öles wesentlich größer als bei den Kammlagern, er kann bis 30 kg/cm² und die Geschwindigkeit in Klotzmitte bis 60 m/sek betragen.

Abb. 254 zeigt ein Kammlager der MAN; Ölführung und die Schmier-

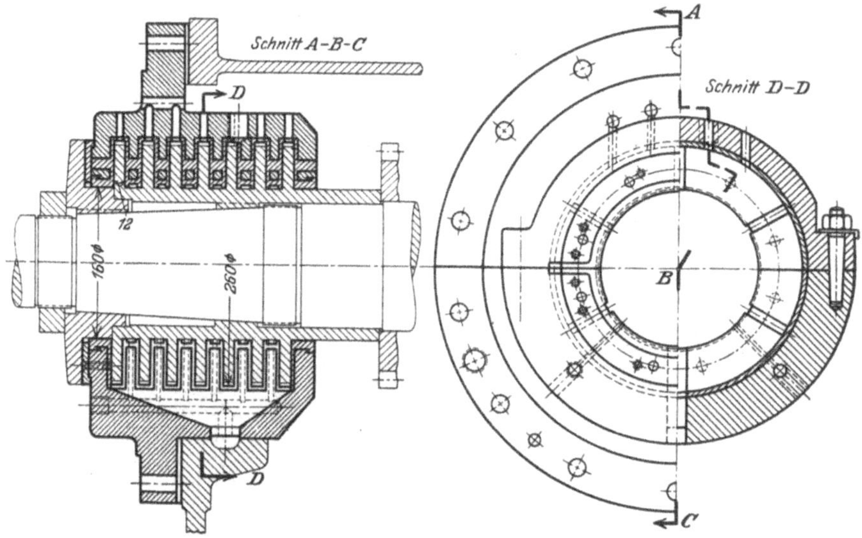

Abb. 254. Kammlagerschalen der MAN.

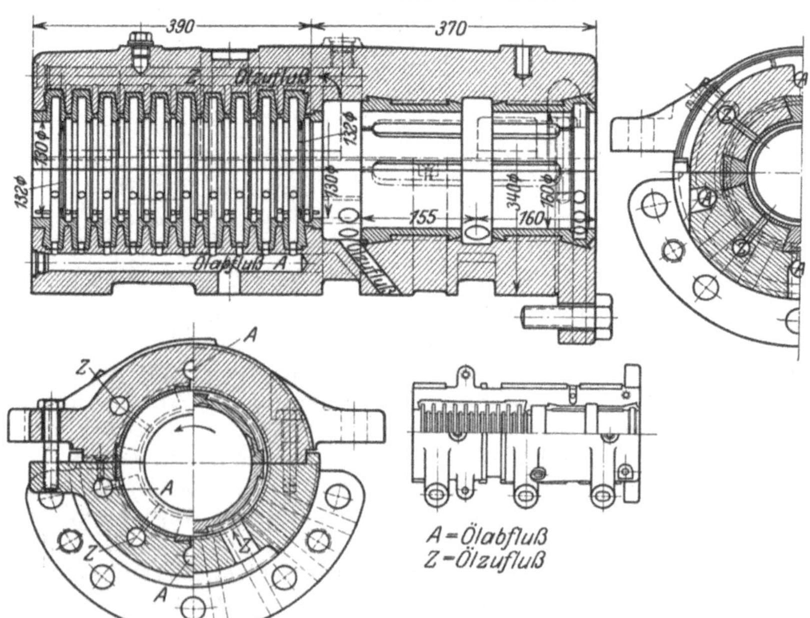

Abb. 255. Trag- und Kammlagerschalen der WUMAG.

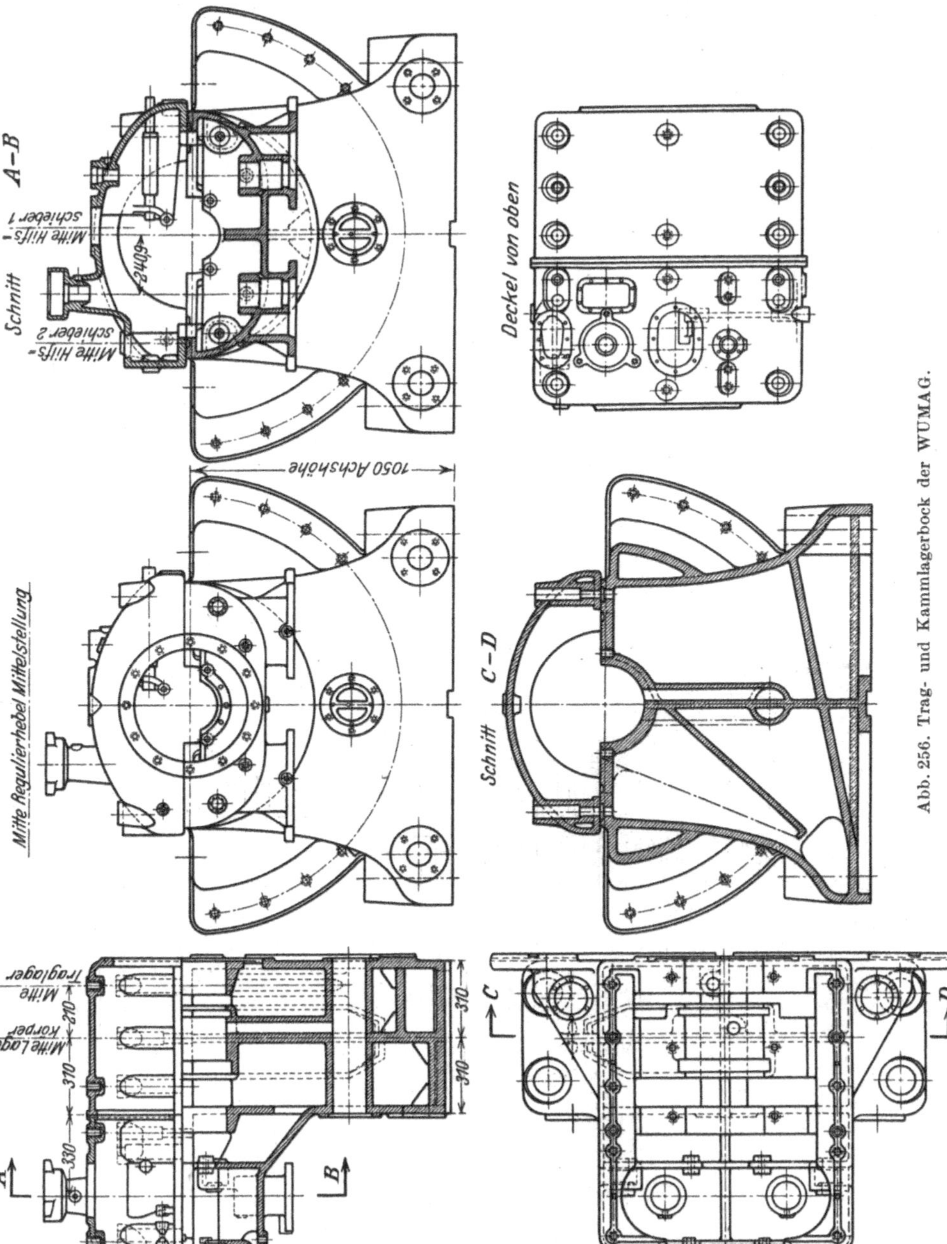

Abb. 256. Trag- und Kammlagerbock der WUMAG.

nuten sind aus der Abbildung ersichtlich, die Einstellung des Schaufelspiels erfolgt durch Beilagen am Flansch.

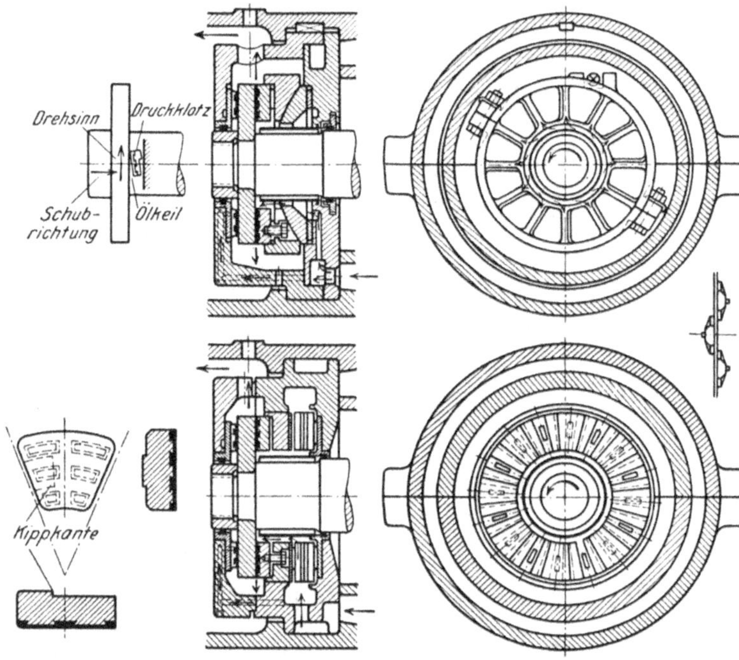

Abb. 257. Einring-Drucklager der AEG.

Ein Trag- und Kammlager der WUMAG zeigt Abb. 255, den zugehörigen Lagerbock Abb. 256; die Einstellung des Schaufelspiels er-

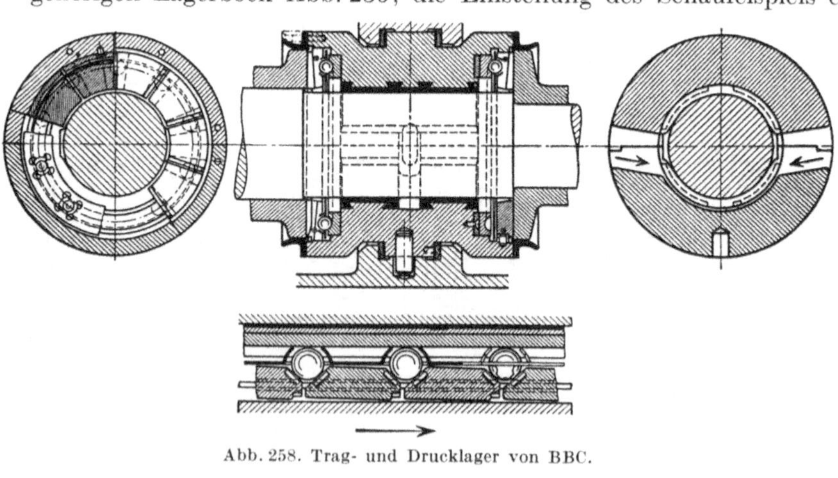

Abb. 258. Trag- und Drucklager von BBC.

folgt durch Zug- und Druckschrauben und durch Beilagen. Der Lagerbock wird an dem Flansch mit dem Turbinengehäuse verschraubt.

Das Einringdrucklager der AEG (Abb. 257[1]) besteht aus dem auf die Welle gesetzten Druckring, 12 um radiale Kanten kippbaren Klötzen, den zugehörigen, auf der Rückseite kugeligen zweiteiligen Halteringen und den zweiteiligen Auflageplatten, die ein Einstellen der Welle bei Durchbiegungen gestatten. Um gelegentlich auftretenden

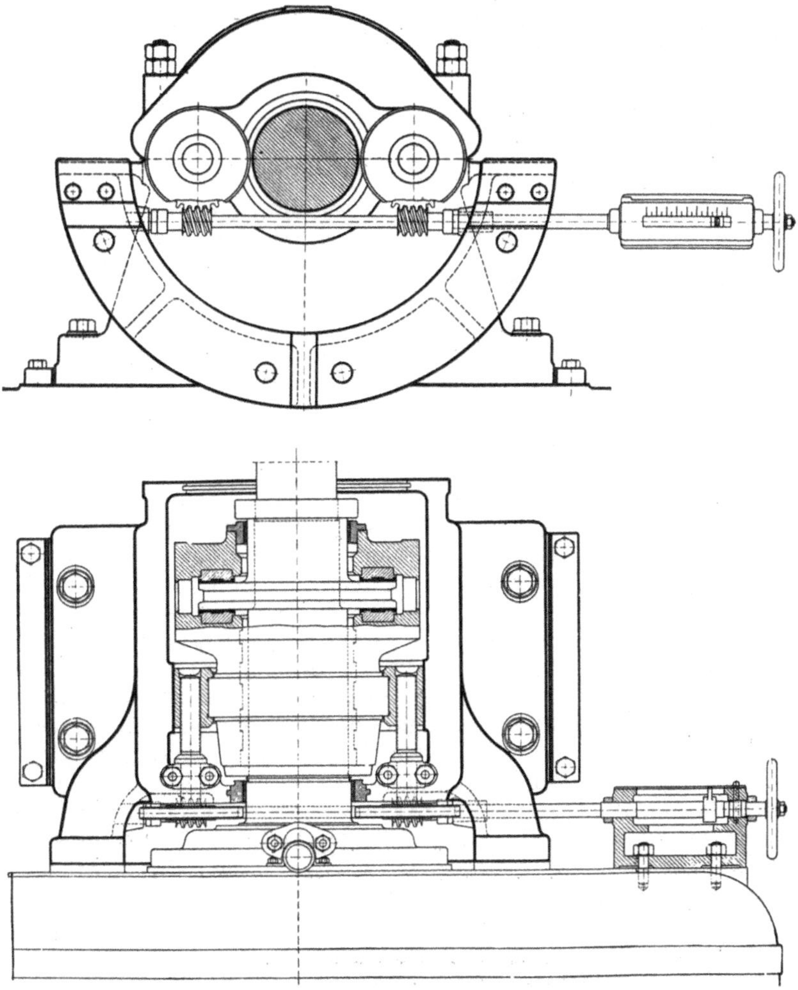

Abb. 259. Trag- und Drucklager von Humboldt.

links gerichteten Schub aufnehmen zu können, ist links vom Druckring ein festes Hilfsdrucklager angeordnet.

Ein vereinigtes Trag- und Drucklager von BBC ist in Abb. 258 dargestellt, bei dem die Druckklötze auf Kugeln gelagert sind und da-

[1] Kraft, E. A.: Die neuzeitliche Dampfturbine.

durch Kippen und Einstellung ermöglichen, das Öl wird vom Traglager zugeführt und gelangt durch die Fliehkraft nach außen.

Das Trag- und Drucklager von Humboldt (Abb. 259) besitzt Läufereinstellung von außen durch Schnecke und Schneckenrad, wodurch die Bolzen betätigt werden, die die Lagerschalen verschieben, zwecks Montage und Verringerung des axialen Schaufelspiels (s. Spaltüberbrückung Abb. 180a/b, S. 202), das durch eine Zeigervorrichtung genau eingestellt werden kann.

X. Turbinengehäuse.

1. Die Formgebung.

Die Formgebung des Turbinengehäuses muß nach den Leitapparaten und der Dampfzuführung erfolgen, wobei neben genügender Festigkeit auch eine einfache und gußtechnisch einwandfreie Form gewählt werden muß, die bequeme Bearbeitung gestattet. Um Guß- und Wärmespannungen zu vermeiden, muß gleichmäßige Baustoffverteilung angestrebt werden, Längsrippen sind zu verwerfen, Querrippen sind mit Vorsicht anzuordnen; besser ist es, Steifigkeit gegen Ovalziehen durch Einschnürungen im Gehäusemantel und durch die Stirnböden zu erzielen.

Die Gehäuse werden, bis auf wenige Ausnahmen bei Kleinturbinen und bei sehr hohen Drücken, in der wagerechten Mittelebene geteilt, um die Turbine aufdecken und den Läufer bequem einlegen zu können; meist wird der Abdampfstutzen angeschraubt, bisweilen auch der Hochdruckteil des Gehäuses gesondert hergestellt und mit dem übrigen Gehäuse verschraubt. Bei sehr großen Gehäusen ist Transportmöglichkeit und Bahnprofil zu beachten, wodurch eine weitere Teilung nötig werden kann. Zum Heben des Gehäuses bzw. der Teile desselben sind Hebeösen oder Knaggen vorzusehen. Um Beschädigungen der Schaufeln beim Aufsetzen und Abheben des Gehäuseoberteiles zu vermeiden, sind Führungsbolzen im Flansch anzuordnen, die länger sein müssen als der größte Schaufelkranzhalbmesser. Ferner muß bequeme Verkleidung des Gehäuses und Befestigung der Wärmeschutzmasse möglich sein. Die Führung des Gehäuses in der Achsenrichtung erfolgt durch Anhängen an die Lager oder durch Führungskeile im Grundrahmen (vgl. Abb. 373, S. 358); bei ersterer Art werden Gehäusefüße entbehrlich, es ist stets zentrische Lage des Gehäuses gewährleistet und das Gehäuse kann sich in allen Richtungen frei ausdehnen, da das vordere Lager axial verschiebbar ist.

Das Anschrauben des Abdampfstutzens hat den Vorteil der bequemeren Bearbeitung und Messung, da Ober- und Unterteil zusammen bearbeitet werden können. Bei zusammengegossenem Gehäuse und Abdampfstutzen bei Überdruckturbinen werden die Nuten für die Laufschaufeln nach mit Nutenmarken versehenen Schablonen in die zusammengeschraubten Hälften geschnitten.

Der Gehäusedeckel bzw. -boden ist gewölbt auszuführen und erhält einen Stopfbüchsenhals entsprechend der Stopfbüchse (s. d.); die

Flanschenschrauben sind hierbei so nahe als möglich in die Mitte zu rücken, um Dichthalten am Stopfbüchsenhals zu erreichen.

Bei der Formgebung des Gehäuses sind Vertiefungen, in denen sich Wasser ansammeln kann, zu vermeiden, nötigenfalls sind Entwässerungen vorzusehen, wenn kein natürlicher Abfluß durch die Leitkanäle möglich ist. Zur Messung des Druckes sind Meßstellen am Gehäuse vorzusehen.

Der Frischdampfstutzen soll mäßige Dampfgeschwindigkeit zulassen (40 bis 60 m/sek); die Dampfzuführung erfolgt entweder in einen Ringkanal im Gehäuse von möglichst kreisförmigem Querschnitt, von wo aus der Dampf in die Leitvorrichtung tritt, oder in Düsenkästen, die in das Gehäuse eingesetzt werden, um hohe Temperaturen und ungleichmäßige Erwärmung im Gehäuse zu vermeiden. Zu diesem Zweck wird der Dampf den einzelnen Düsenkästen nötigenfalls getrennt zugeführt.

Der Abdampfstutzen muß bei Vakuum und größeren Leistungen sehr großen Querschnitt erhalten, da das spezifische Volumen des Dampfes groß ist; die Dampfgeschwindigkeit wird deshalb groß gewählt, $w = 100$ bis 150 m/sek. Es ist auf günstige Dampfführung zu achten, um möglichst die Austrittsgeschwindigkeit aus der letzten Stufe auszunutzen und den Druck im Abdampfstutzen gleich dem Druck im Kondensator zu erhalten. Aus diesem Grunde wird Diffusorwirkung im Stutzen angestrebt.

Bei großem Abdampfvolumen werden zwei Abdampfstutzen und zwei Kondensatoren angeordnet, oder die Turbine als „Doppelend"-turbine ausgeführt (s. Abb. 375/76, S. 360 u. Abb 387, S. 372).

Zwischen Turbinenstutzen und Kondensator wird ein Ausdehnungsstück eingebaut, entweder eine Stopfbüchse mit Wasserdichtung oder ein elastischer Kompensator; dadurch wird der Abdampfstutzen von oben durch den Atmosphärendruck belastet, was bei der Ausführung der Füße bzw. bei der Aufhängung am Lager zu beachten ist (Kondensatorzug).

2. Die Berechnung der Wandstärken.

Die Berechnung der Wandstärken des Gehäuses, das durch den Dampfüberdruck p beansprucht ist, kann unter Vernachlässigung der Versteifungen als zylindrische Trommel vom inneren Durchmesser D und der Länge l erfolgen nach der Beziehung

$$D l p = 2 l \delta \sigma_z,$$

woraus die Zugbeanspruchung wie bei Kesselwandungen

$$\sigma_z = \frac{D p}{2 \delta} \text{ kg/cm}^2 .$$

Die Wandstärke kann nach dem Niederdruckteil hin abnehmen, doch müssen die Übergänge in kleinere Stärken allmählich erfolgen. Die Böden und Deckel sind wie die Leitradscheiben nach S. 189 zu berechnen.

Die Wandstärke der Abdampfstutzen ist bei Gegendruckturbinen für inneren Überdruck, bei Kondensationsturbinen für äußeren Überdruck zu bemessen, wobei die Wandstärke aus gußtechnischen Rücksichten zu wählen ist.

Die Gehäuseflanschen werden auf Biegung beansprucht und müssen so stark als möglich ausgeführt werden, um Verziehen derselben und Ovaldrücken des Gehäuses zu vermeiden. Ist l der Abstand zweier Flanschenschrauben (Teilung) und die wirkende Kraft $2Z = Dlp$, so beansprucht Z den Flanschenquerschnitt zwischen den Schraubenlöchern (Abb. 260) auf Biegung mit dem Moment

$$Zc = Wk_b\,, \quad \text{wobei} \quad W = a^2 b : 6\,;$$

die Flanschstärke wird dann

$$a = \sqrt{\frac{6\,Zc}{k_b b}} = \sqrt{\frac{Dlpc\,3}{k_b b}}\,\text{cm}.$$

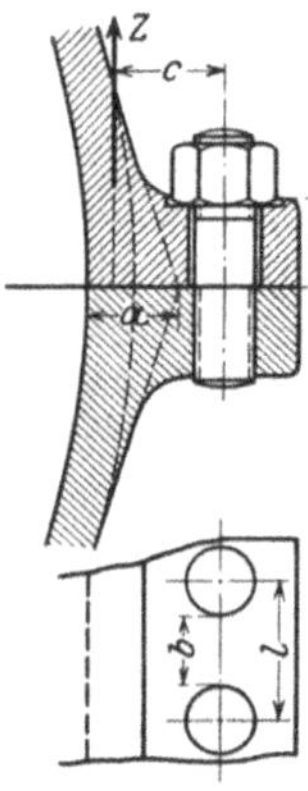

Abb. 260. Flanschberechnung.

Der Übergang vom Gehäusemantel in den Flansch muß schlank und mit guter Hohlkehle erfolgen (s. Abb. 260).

Die Flanschenschrauben sollen nicht nur fest sein, sondern auch dichten; dazu müssen sie mit größerer Kraft als der Dampfdruck ergibt, angezogen werden, da andernfalls im Betriebe der Anpressungsdruck (als Differenzdruck) aufhören würde und die Dichtung ungenügend wäre, denn durch den Zug Z nimmt der Dichtungsdruck um diesen Betrag ab. Es kommt aber noch die Beanspruchung der Schrauben durch das Moment Zc hinzu, welches den Flansch schief stellt und innen den Druck um Z vermindert, an der Außenkante des Flansches aber um Z vermehrt, wobei der Druck innen höchstens bis auf 0 abnehmen darf. Die Schrauben können demnach mit $4\,Z$ beansprucht werden. Die Schrauben werden aus Stahl hergestellt, das Gewinde ist auf der Drehbank zu schneiden oder zu fräsen; der Schraubenabstand (Teilung) soll wegen guter Dichtung so klein gewählt werden, als es bequemes Anziehen der Schrauben zuläßt. Bei hohen Drücken werden zwei Reihen Schrauben ausgeführt.

Die Dichtung in der Teilfuge erfolgt meist ohne Dichtungsmaterial durch saubere Flächen, eventuell mit etwas Schellack; aber auch dünne Asbestschnur wird als Dichtung benutzt. Um leichtes Abheben des Gehäuseoberteiles zu ermöglichen, sind im Flansch Abdrückschrauben vorzusehen.

3. Baustoff.

Der Baustoff für die Gehäuse muß zweckentsprechend sorgfältig gewählt werden, da sich bei ungeeignetem Baustoff Anstände ergeben. Gußeisen in gewöhnlicher Zusammensetzung zeigt, wie bei den Leitradscheiben erwähnt, Neigung zum Wachsen, d. h. zu bleibender Volumensvergrößerung durch den Einfluß des Dampfes, was wohl darauf zurückzuführen ist, daß sich beim Erkalten nach dem Gießen Graphit in Form grober Nadeln oder Adern ausscheidet, besonders bei hohem Siliziumgehalt; in die Graphitadern dringt der Dampf und bewirkt das Wachsen. Silizium spaltet Zementit in Ferrit und Graphit; man hat deswegen den Si-Gehalt herabgesetzt, bei nur 0,2% Si wächst Gußeisen nicht; Manganzusatz ergibt eine Besserung. Es ist gelungen, Gußeisen von rein perlitischem Gefüge ohne Ferrit herzustellen, bei dem Graphit in Form von Streifen oder Punkten enthalten ist und das eine Festigkeit von 30 kg/cm² hat (gegenüber nur 18 kg/cm² bei gewöhnlichem Gußeisen), jedoch erfordert es eine höhere Gießtemperatur.

Die AEG gibt als Gußeisen für Turbinen an: 3,2 bis 3,4% C, 1,2 bis 1,5% Si, 0,8 bis 1% Mn, 0,13 bis 0,14% P und 0,08 bis 0,1% S. Von anderer Seite[1] wird vorgeschlagen 3,2 bis 4% C, 1,2% Si, bis 0,25% P und bis 0,1% S. Neuere Untersuchungen von Schütz[2] haben gezeigt, daß auch hoher Si-Gehalt des Gußeisens gute Eigenschaften haben kann; bei 3 bis 3,5% Si wurde eine Festigkeit von 36 kg/cm² erreicht, nach dem Glühen auf 800 bis 850° wies das Material große Hitzebeständigkeit und gute Bearbeitbarkeit auf.

Im übrigen sei auf die diesbezügliche Literatur verwiesen[3].

Wichtig ist die Veredelung des Gußeisens durch Nickel und Chromgehalt, wie sie in den USA nach dem Bericht von Piwowarski[4] angewendet wird. Nickelzusatz erhöht die Festigkeit und die Zähigkeit des Gußeisens und macht das Gefüge gleichmäßig, besonders bei verschiedenen Wandstärken; der Guß wird dichter und neigt weniger zur Bildung poröser Stellen, Gußspannungen werden vermieden. Dabei ist Ni-haltiges Gußeisen bei einer Brinellhärte von 250 sehr gut bearbeitbar, während gewöhnliches Gußeisen bei 210 Brinellhärte schon Schwierigkeiten macht. Chromzusatz erhöht die Festigkeit noch weiter; Piwowarski fand, daß auch hochwertiges Gußeisen durch Ni und Cr weiter veredelt wird und 10 bis 30% höhere Festigkeit erhält. Bei einer Biegefestigkeit von 80 bis 130 kg/mm², einer Zugfestigkeit von 75 kg/mm² und 200 bis 300 Brinellhärte war das Material mit gewöhnlichem Stahl so gut bearbeitbar wie Grauguß.

Durch diese Eigenschaften kann Gußeisen auch dort noch angewendet werden, wo man bisher zu Stahlformguß übergehen mußte. Bei besonders hohen Beanspruchungen wird man aber dem Stahlguß den Vorzug geben, der ein gleichmäßigeres Gefüge (Perlit) und höhere Festigkeit besitzt; Wachsen tritt nicht ein. Ein Nachteil des Stahlformgusses sind die Gußspannungen, die durch mehrmaliges Ausglühen bis 800° beseitigt werden müssen; besonders nach dem Vorschruppen (Entfernung der Gußhaut) zeigen sich Spannungen und Neigung zum Verziehen, deshalb muß man nachher noch mehrmals

---

[1] Schiffbau 1927, Nr. 20, S. 441. [2] Stahleisen 1925, H. 19, S. 144.

[3] Bauer: Stahleisen 1926, S. 1022. Piwowarski: Gieß.-Zg. 1926, S. 481. Karpely: Desgl. S. 435. Maurer: Desgl. S. 805. Hanemann: V. d. I.-Nachr. 1926, Nr. 12; BBC-Mitteil. 1925, H. 10; desgl. 1926, H. 2, S. 58; AEG-Mitteil. 1924, H. 6, S. 182; desgl. 1928, H. 1. Nickel-Informationsbüro G. m. b. H. Frankfurt a. M.

[4] Gieß.-Zg. 1927, S. 585.

ausglühen auf 650° („Totglühen") und dann langsam abkühlen lassen — bis 10° je Stunde — wodurch höhere Kosten entstehen.

Bei sehr hohen Drücken (über 100 at) hat man die Gehäuse aus Schmiedestahl oder S-M-Stahl ohne Teilung hergestellt.

Vor dem Fertigdrehen oder nach demselben werden die zusammengeschraubten Gehäuseteile einer längeren Dampfdruckprobe unterworfen, bis 10 at Betriebsdruck mit dem 1,5fachen Druck, mindestens aber 1 at Überdruck, über 10 at mit 5 at höherem als der Betriebsdruck.

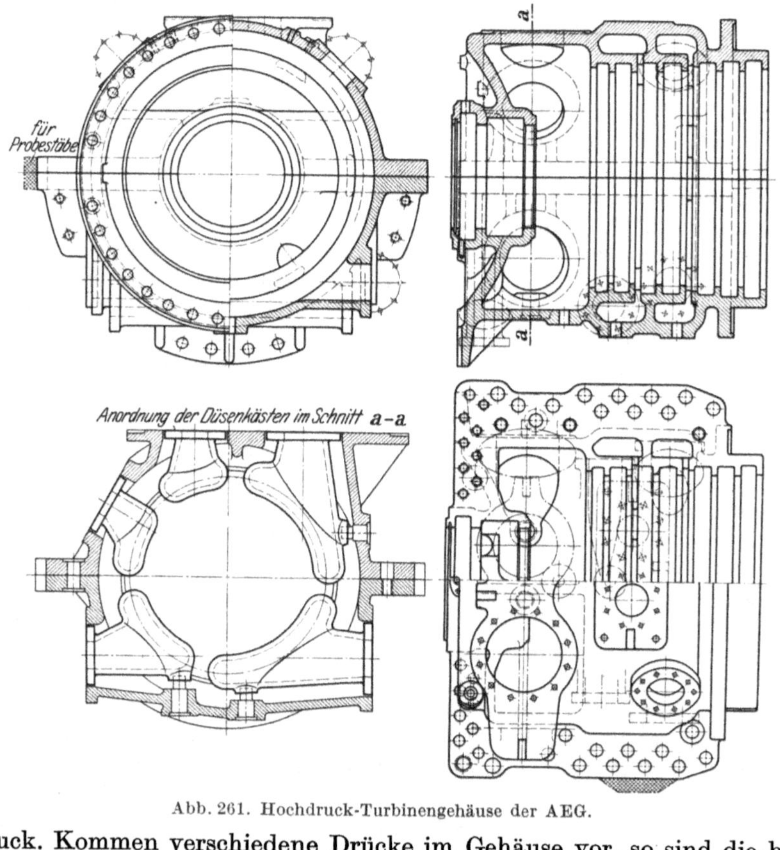

Abb. 261. Hochdruck-Turbinengehäuse der AEG.

druck. Kommen verschiedene Drücke im Gehäuse vor, so sind die betreffenden Räume durch eingesetzte Deckel zu trennen. Der Abdampfstutzen wird bei Kondensationsmaschinen mit 1 at innerem Überdruck geprüft.

4. Ausführungen von Turbinengehäusen.

Kleinturbinen erhalten entweder in der wagerechten Ebene nicht geteilte Gehäuse, die mit einem Deckel versehen sind, oder auch geteilte Gehäuse (vgl. Abb. 355, S. 344). Der Abdampfstutzen ist je nach der örtlichen Anordnung der Turbine nach unten oder nach oben gerichtet.

Turbinen mittlerer und größerer Leistungen erhalten geteilte Gehäuse. Abb. 261[1] zeigt ein Stahlguß-Hochdruckgehäuse der AEG mit einzeln einzusetzenden Düsenkästen, Abb. 262[2] das Abdampfgehäuse einer eingehäusigen 50000 kW-Turbine der AEG mit Dreiteilung des Dampfstromes zwecks besserer Dampfführung und Erreichung niedrigeren Druckes beim Austritt aus den Laufschaufeln; der obere Dampfstrom

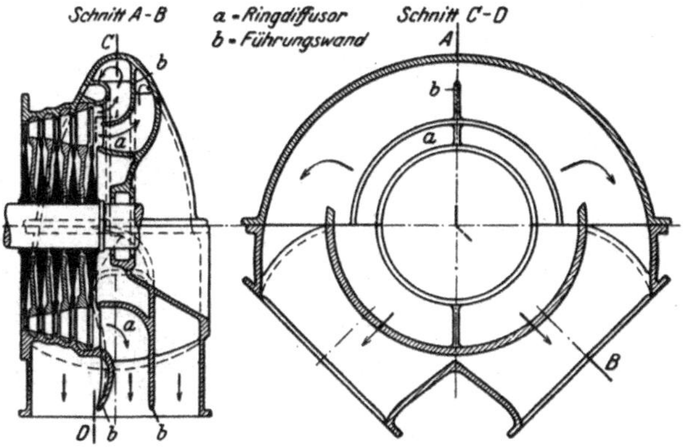

Abb. 262. Abdampfstutzen der AEG.

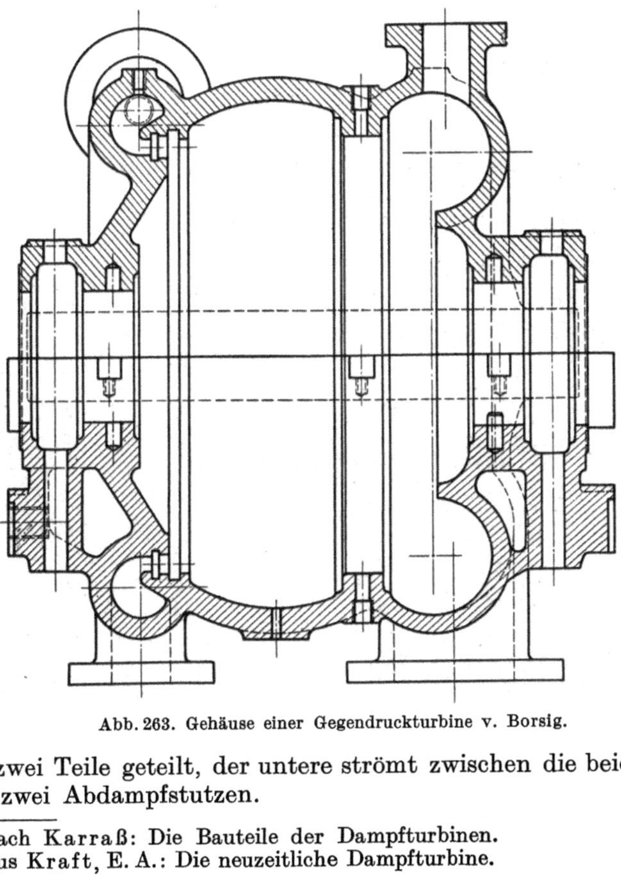

Abb. 263. Gehäuse einer Gegendruckturbine v. Borsig.

ist in zwei Teile geteilt, der untere strömt zwischen die beiden oberen in die zwei Abdampfstutzen.

[1] Nach Karraß: Die Bauteile der Dampfturbinen.
[2] Aus Kraft, E. A.: Die neuzeitliche Dampfturbine.

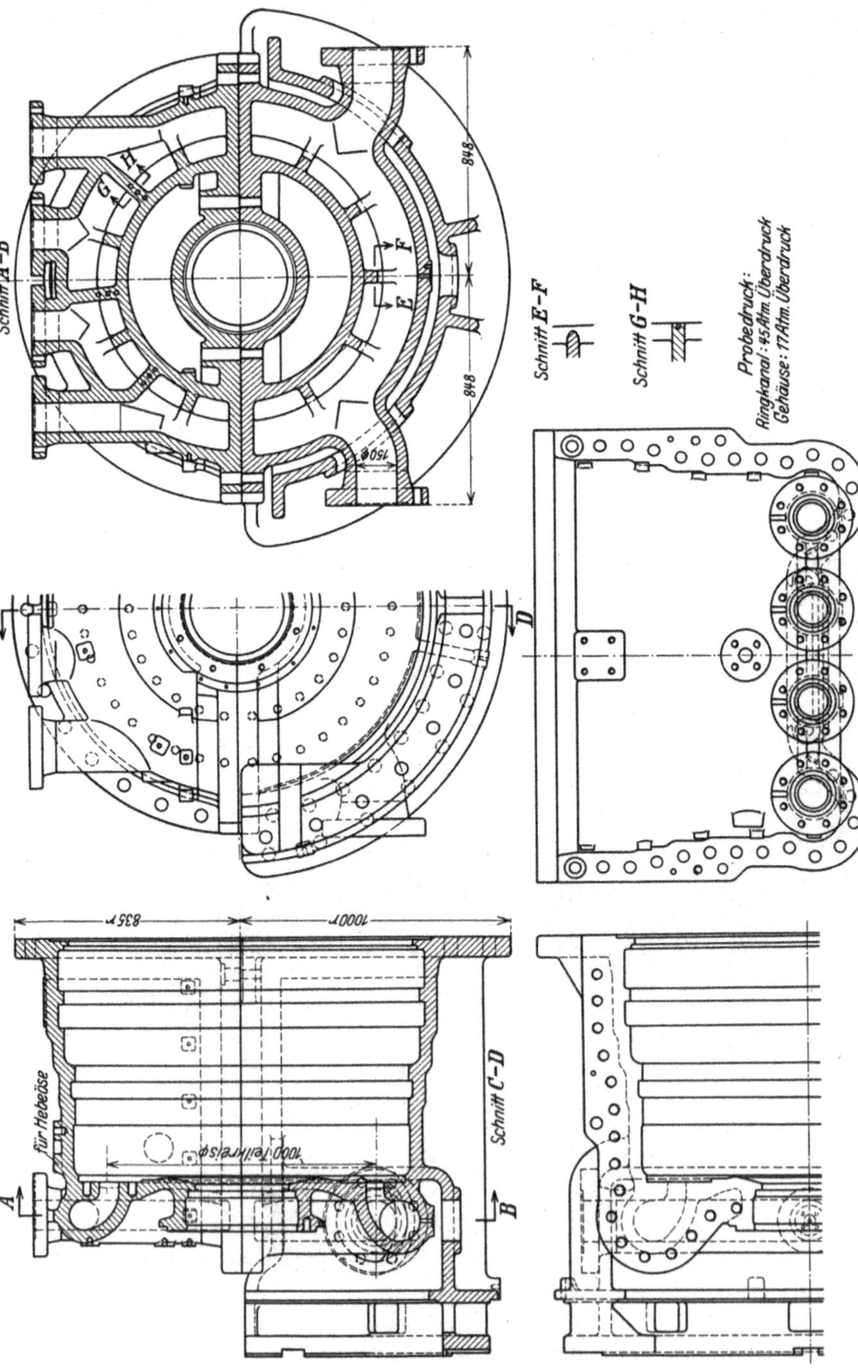

Abb. 264. Hochdruckgehäuse der WUMAG.

Ein Gehäuse einer Gegendruckturbine in kugeliger Form von **Borsig** zeigt Abb. 263.

Bei dem Hochdruckgehäuse einer Turbine für 40 at Anfangsdruck der WUMAG (Abb. 264) tritt der Dampf in den oberen und unteren Teil des in der Teilfuge getrennten Ringkanals, um Dichtung in der Teilfuge gegen den hohen Druck zu vermeiden; im Oberteil sind Flanschen für die Zuschaltventile (s. Abb. 319, S. 318) angebracht. Das Gehäuse wird an das Vorderlager gehängt durch den Flansch, welcher derart mit dem Gehäuse verbunden ist, daß er nicht am heißen Gehäuseteil

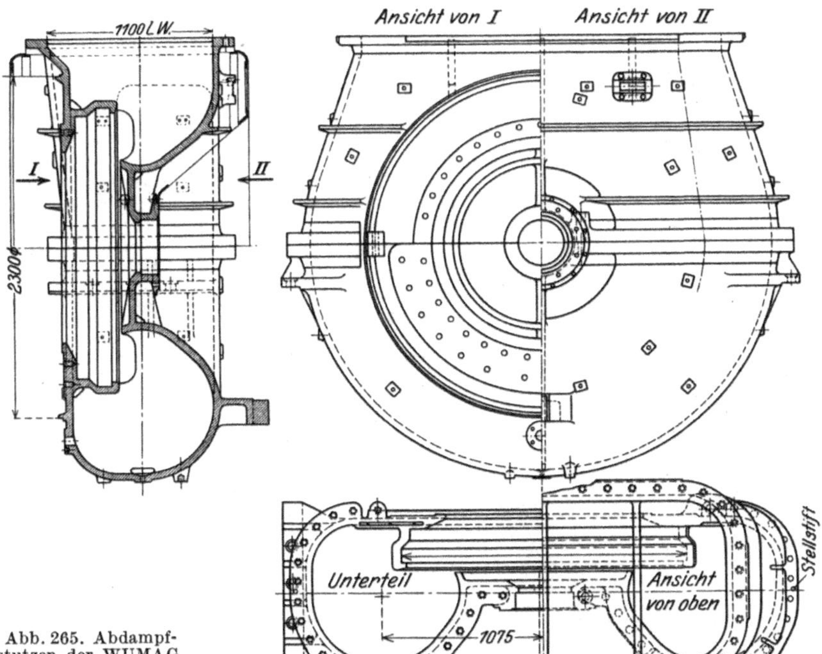

Abb. 265. Abdampfstutzen der WUMAG.

anschließt. Der Abdampfstutzen dazu (Abb. 265) mit nach oben gerichtetem Austrittsstutzen (vgl. Abb. 376, S. 361) sitzt mittels der seitlichen Pratzen auf besonderen Füßen.

Die MAN führt die Turbinengehäuse mit angegossenem Abdampfstutzen (Abb. 379, S. 364, Hochdruckteil) aus, mit oder ohne vorderem Deckel, oder mit angeschraubtem Abdampfteil (Abb. 379, ND-Teil).

Das Gehäuse der Überdruckturbine von **I. A. Maffei (Melms & Pfenninger)** (Abb. 266) ist mit den Lagern zusammengegossen, es stützt sich vorn auf das Lager und hinten beiderseitig auf angegossene Füße; die Dampfzuführung erfolgt durch in die segmentförmigen Öffnungen an der Stirnseite eingesetzte Düsenkästen. Die Nuten für die Leitschaufeln sind nicht eingezeichnet.

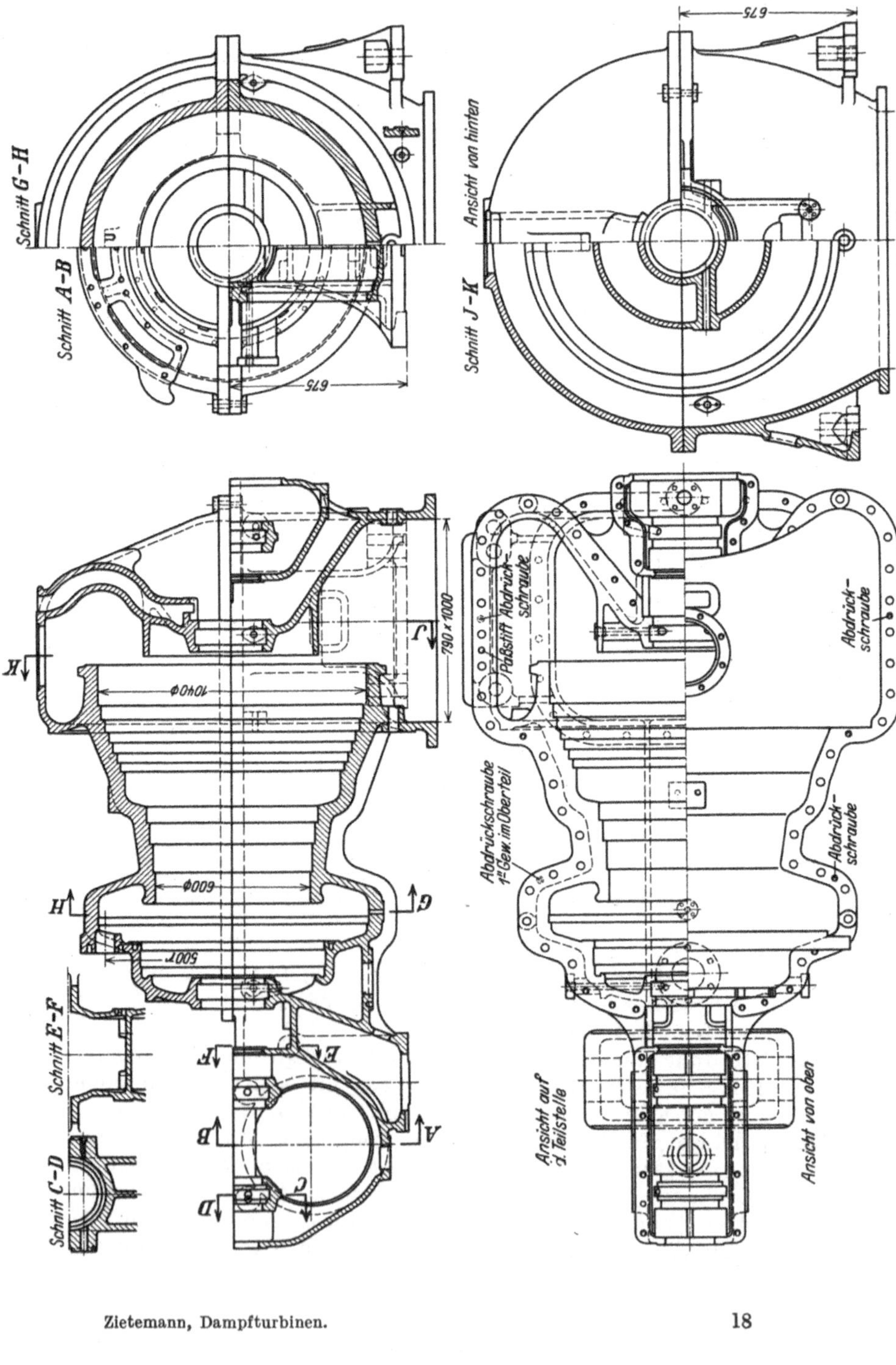

Abb. 266. Überdruckturbinengehäuse von I. A. Maffei.

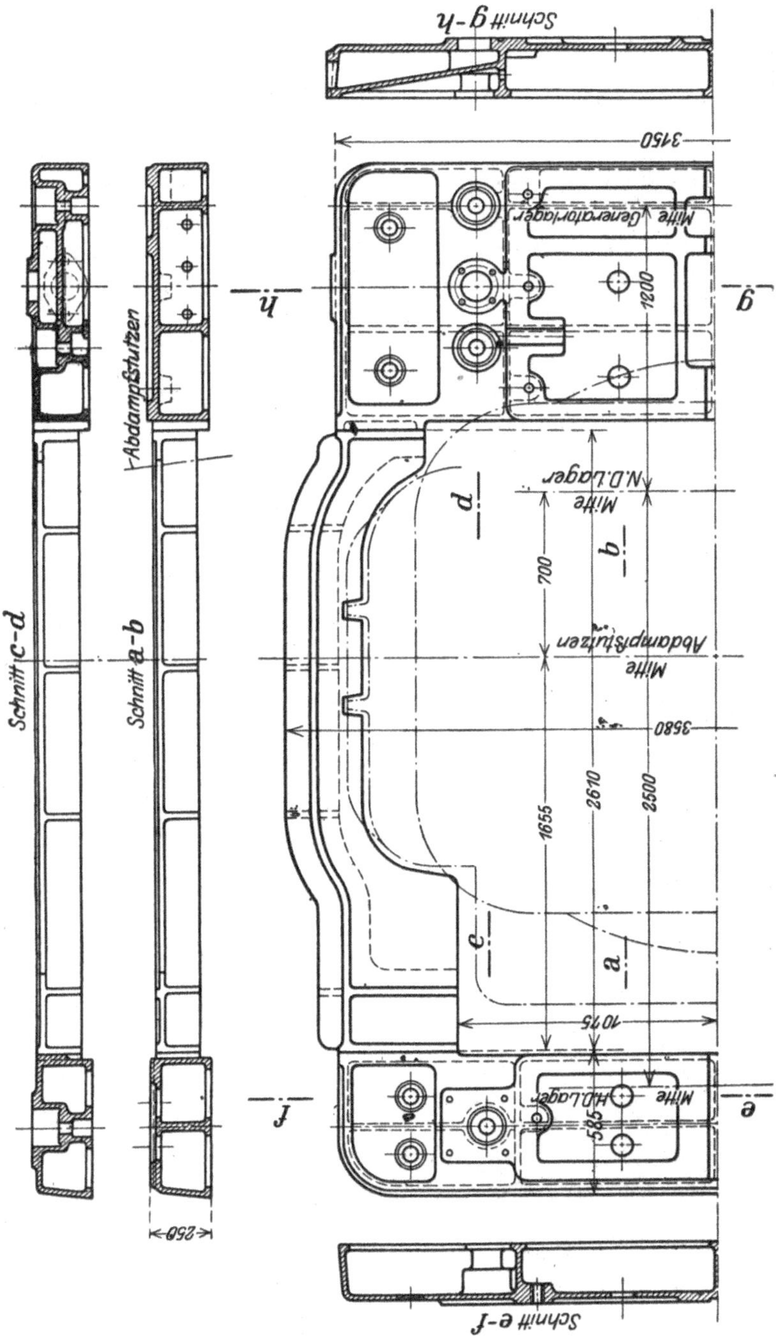

Abb. 267. Grundrahmen von EWC.

Das Gehäuse der SSW-Röder-Turbine (s. Abb. 436, S. 415) ist in axialer Richtung geteilt, ebenso dasjenige der Turbine der GHH. (Abb. 386, S. 371).

Weitere Gehäuseformen s. unter ausgeführte Turbinen S. 356.

XI. Fundamentrahmen (Grundplatten).

Diese sollen das Gehäuse und die Lager so abstützen, daß keine Durchbiegungen und Verlagerungen eintreten können. Die früher ausgeführten schweren Rahmen, deren Hohlräume häufig als Ölbehälter dienten, hat man mehr und mehr verlassen und wendet leichtere verschraubte Rahmen an, die mit dem Fundament durch Vergießen mit Beton fest verbunden werden. Die Form des Rahmens muß sich dem Gehäuse, insbesondere dem Abdampfstutzen und den Lagern, anpassen. Der Fundamentrahmen wird mit dem Rahmen der anzutreibenden Maschine verschraubt oder einstückig gegossen; Fundamentanker sind nicht erforderlich, da verschiebende Kräfte nicht auftreten.

Einen Grundrahmen von EWC zeigt Abb. 267[1].

XII. Ölpumpen.

Bei den Turbinen mit Druckölschmierung muß das Schmieröl und bei Servomotorreglung (s. S. 293) auch das Steueröl durch Pumpen

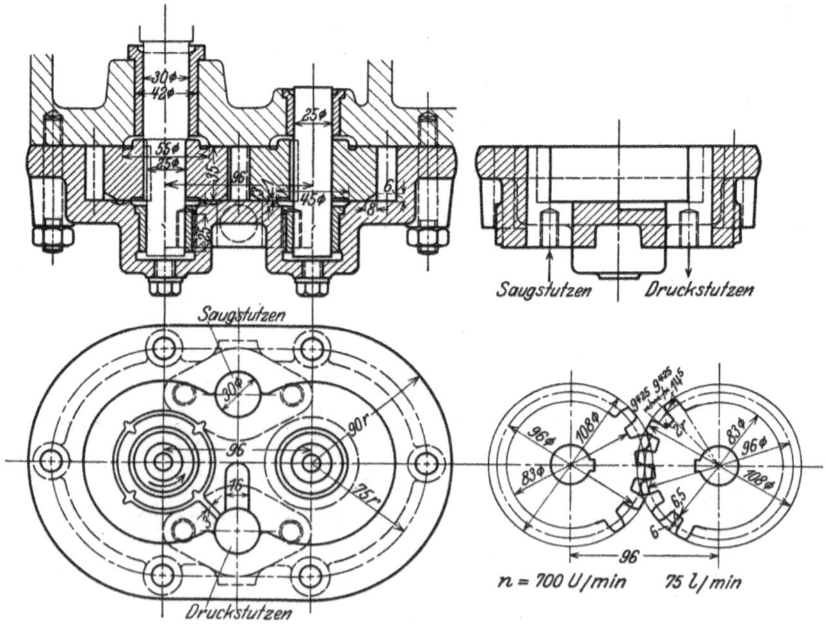

Abb. 268. Zahnradölpumpe (EBM).

[1] Karraß: Die Bauteile der Dampfturbinen.

gefördert werden. Hierzu verwendet man ausschließlich Zahnradpumpen, welche entweder das Lager- und das Steueröl getrennt fördern, d. h. durch zwei gesonderte Zahnradpaare, wobei das Lageröl auf etwa 0,3 bis 0,5 atü, das Steueröl auf etwa 5 bis 6 atü gedrückt wird, oder aber nur eine Pumpe fördert das Öl auf den Steueröldruck von etwa 2 bis 3 atü und der zur Schmierung benötigte Teil wird durch Drosselventile auf den Lageröldruck herabgesetzt. Bei gleichen Zahnrad-

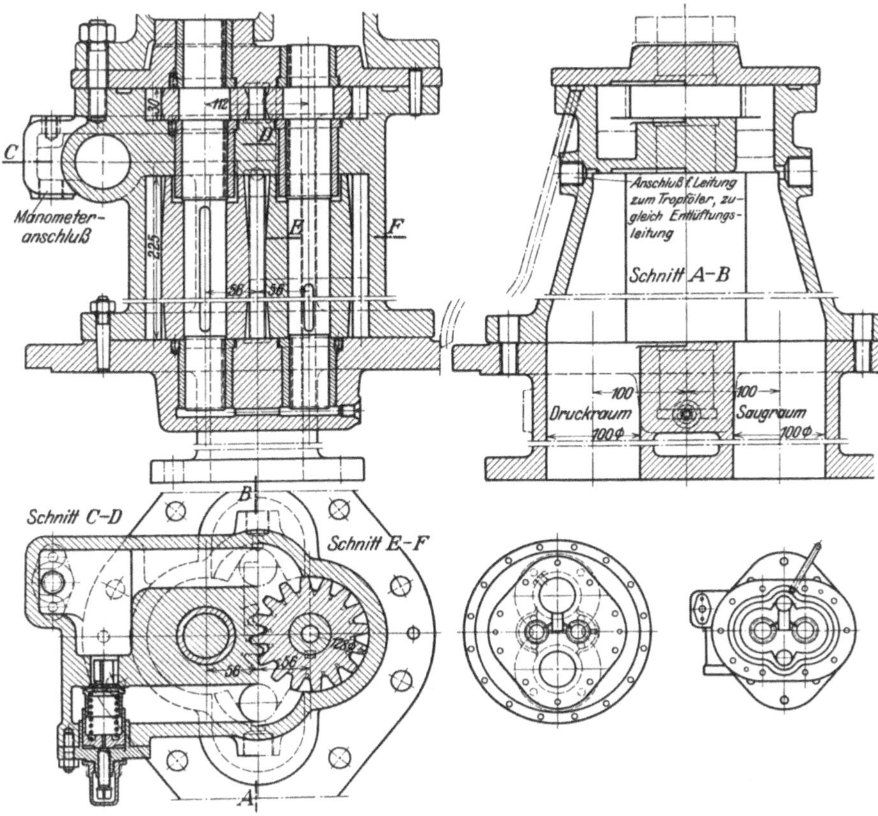

Abb. 269. Zahnradölpumpe (WUMAG).

profilen kann die gewünschte Ölmenge durch entsprechende Zahnradbreiten erreicht werden.

Die je Umdrehung der Pumpe geförderte Ölmenge ist gleich dem Lückenvolumen, d. h. 2 × Lückenquerschnitt × Zähnezahl × Zahnbreite unter Berücksichtigung des Lieferungsgrades, der zunehmend mit der Pumpengröße etwa $\eta_l = 0{,}9$ bis 0,95 angenommen werden kann; oder man rechnet die Ölmenge je Minute bei n Umdr./min, z Zähnen, Zahnbreite b cm, Zahnquerschnitt f_z cm² zu

$$Q = f_z\, 2\, z\, b\, n : 1000 \text{ l/min}.$$

Die Zähne erhalten kein Spiel, d. h. die Zahnstärke ist 0,5 Teilung; bei großer Zahnradbreite b wird das getriebene Rad in der Breite geteilt, um Klemmungen zu vermeiden. Das im Lückengrund eingeschlossene Öl muß durch eine Nut in der Stirnwand des Pumpengehäuses in den Druckraum entweichen können, da andernfalls das zusammengedrückte Öl Zahnbruch herbeiführen kann.

Um den gewünschten Öldruck gleichbleibend zu erhalten und zu hohe Drucksteigerung zu vermeiden, wird in die Druckleitung ein Sicherheitsüberströmventil (Überbordventil) eingebaut.

Der Antrieb der Ölpumpen erfolgt zweckmäßig von der Reglerwelle aus, da deren Drehzahl niedriger ist als die Turbinendrehzahl und ferner der Regler bei Drehzahlabnahme nicht voreilen kann, wodurch Zucken der Reglung vermieden wird.

Die verschiedenen Anordnungen der Ölpumpen sind aus den Längsschnitten der Turbinen (s. ausgeführte Turbinen S. 342) und aus den Ausführungen der Reglung ersichtlich.

Eine Zahnradölpumpe für 75 l/min bei $n = 700$ Umdr./min zeigt Abb. 268 (Erste Brünner). Eine größere Pumpe für getrennte Lieferung von Lager- und Steueröl zeigt Abb. 269 in der Ausführung der WUMAG für 70 l/min Steueröl und 390 l/min Lageröl bei $n = 350$ Umdr./min der Pumpe; in den Druckraum für das Steueröl ist das Überbordventil eingebaut, durch Spannen der Feder kann der Öldruck eingestellt werden.

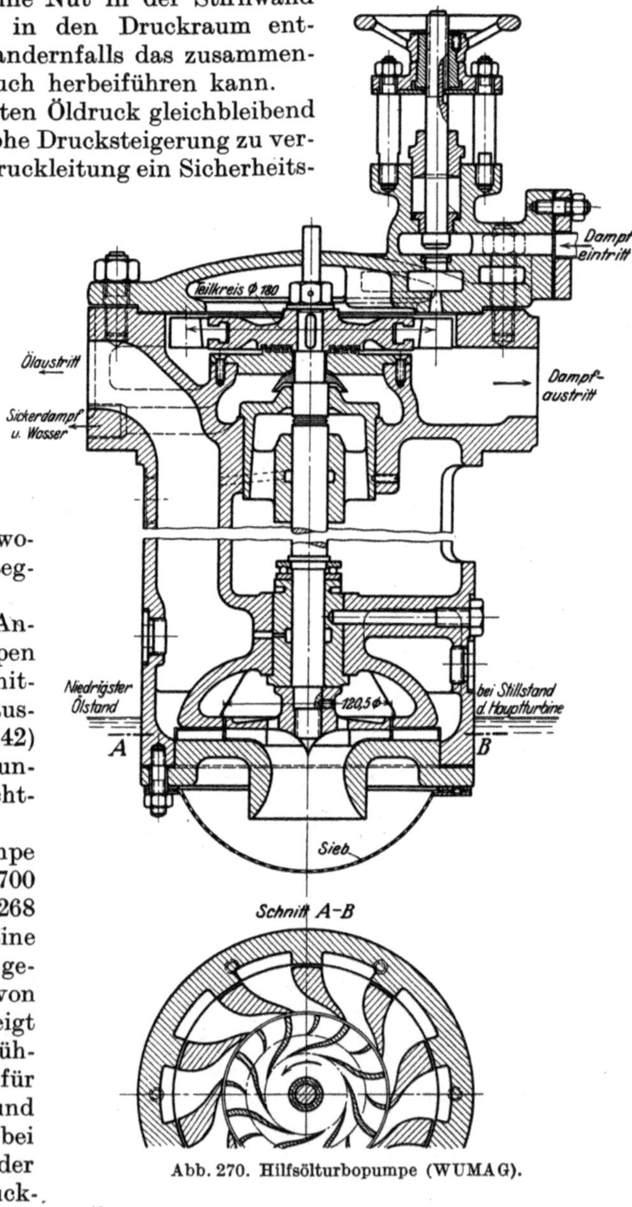

Abb. 270. Hilfsölturbopumpe (WUMAG).

Hilfsölpumpen. Da die Zahnradölpumpen bei Anfahren der Turbine noch kein Öl fördern und die Lager vorher mit Öl versehen werden müssen, muß solches vor Inbetriebsetzung der Turbine gefördert werden. Dieses erfolgt durch Hilfsölpumpen, die bei kleinen Aggregaten handangetriebene Zahnradpumpen sein können, meist aber, wie bei allen größeren Turbinen, durch kleine Dampfturbine angetriebene Kreiselpumpen sind; sie werden in den Ölbehälter eingesetzt, der im Grundrahmen angeordnet oder ein besonderes Gefäß sein kann, so daß die Kreiselpumpe in das Öl taucht und sofort ansaugt. Die Hilfsölpumpe muß alle Leitungen mit Öl füllen und wird erst abgestellt, wenn die Turbine die volle Drehzahl erreicht hat.

Die Ausführung einer Hilfsölpumpe der WUMAG zeigt Abb. 270.

Vierter Abschnitt.

Die Reglung der Dampfturbinen.

I. Die Arten der Reglung.

Die Reglung der Leistung, d. h. die Anpassung derselben an die Belastung, ist für den Betrieb und für die Wirtschaftlichkeit von größter Wichtigkeit. Die Einstellung der Leistung soll möglichst schnell erfolgen und dabei die Drehzahl möglichst wenig ändern (Drehzahlreglung) oder aber den Druck des geförderten Mittels (bei Pumpen und Kompressoren) konstant halten (Druckreglung); bei Gegendruckturbinen wird auch der Druck des austretenden Dampfes konstant gehalten. Die Einwirkung auf die Turbinen ist in allen Fällen die gleiche.

Aus der Gleichung für die Leistung [Gl. (83a), S. 97].

$$N_e = h_t G_{st} \eta_e : 632{,}3 = h_t G_{sk}\, 5{,}7\, \eta_e\, \mathrm{PS_e}$$

ist ersichtlich, daß dieselbe vom Gefälle h_t und von der arbeitenden Dampfmenge G_{st} kg/h bzw. G_{sk} kg/sek abhängt und demnach geändert werden kann durch Änderung des Gefälles durch Drosseln — Drosselreglung, wobei allerdings auch die Menge geändert wird, oder durch Ändern der arbeitenden Dampfmenge durch Abschalten von Leitquerschnitten — Mengenreglung (Düsen- oder Füllungsreglung). Endlich können beide Arten angewendet werden — vereinigte Drossel- und Mengenreglung, derart, daß bei kleinen Belastungen Drosselreglung, bei größeren im Bereiche der meist vorkommenden Belastungen Mengenreglung angewendet wird.

Reine Überdruckturbinen können wegen der erforderlichen vollen Beaufschlagung nur durch Drosseln geregelt werden; um auch Überdruckturbinen mit Mengenreglung ausführen zu können, wird die erste Stufe als Regulierstufe mit Gleichdruck angewendet.

A. Drosselreglung.

1. Allgemeines.

Sie bewirkt Verringerung des Gefälles, aber auch der Dampfmenge durch Druckminderung im Regelventil, wobei der Wärmeinhalt unverändert bleibt. Da das Drosseln ein nicht umkehrbarer Prozeß mit Entropievermehrung (s. S. 11) ist, so scheint diese Reglungsart zunächst sehr unwirtschaftlich zu sein, denn der spezifische Dampfverbrauch nimmt bei Teilbelastung stark zu, $D_e = 632{,}3 : (h_t \eta_e)$, denn sowohl h_t wie auch η_e nimmt ab. Die Drosselreglung hat aber neben dem Vorteil großer Einfachheit eine Verringerung der Verluste zur Folge; der Verlust an Gefälle (Abb. 271) wird um so kleiner, je höher die Überhitzung und je besser das Vakuum, außerdem wird der Gefällsverlust durch die Verringerung der durchströmenden Dampfmenge beschränkt. Ferner wird infolge der kleineren Dampfgeschwindigkeiten das Verhältnis u/c_1 (s. S. 48) günstiger (da man meist unter dem günstigsten bleibt) und durch Verringerung des spezifischen Gewichts nehmen die Radreibungs- und Ventilationsverluste ab; bei zu kleiner Geschwindigkeit c_1 kann allerdings Stoß auf den Schaufelrücken eintreten. Endlich wird auch das Vakuum bei der kleineren Dampfmenge besser.

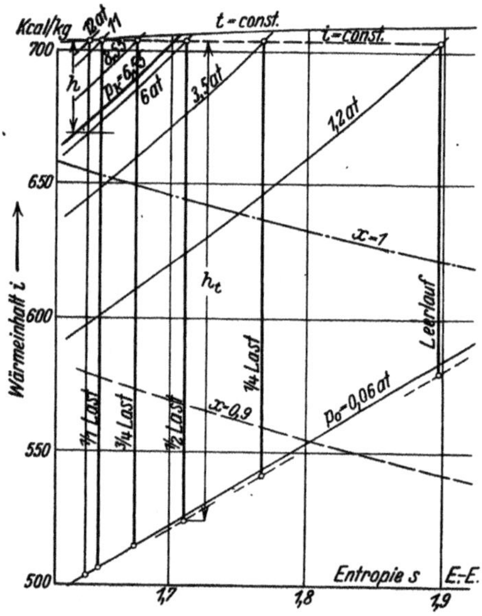

Abb. 271. Drosselreglung.

Die Zunahme des spezifischen Dampfverbrauches wird bedeutend bei kleiner Belastung und bei an sich kleinem verfügbaren Gefälle (Gegendruckturbinen) (vgl. Abb. 280).

Soll die Turbine längere Zeit mit geringer Belastung fahren, so kann Abschaltung von Leitquerschnitten in der ersten Stufe von Hand vorgesehen werden, wodurch bei der entsprechenden Belastung der volle Dampfdruck wirkt und erst bei weiterer Belastung wieder gedrosselt wird (s. vereinigte Reglung).

Durch den „Kegel der Dampfgewichte" (vgl. S. 108) ist das Gesetz für die Abhängigkeit der durchströmenden Menge von den Drücken vor der Turbine (nach dem Drosseln) gegeben; danach nähert sich der Verlauf der Kurve für die Dampfmenge um so mehr einer Geraden, je tiefer der Gegendruck ist (vgl. Abb. 98, S. 108 und Abb. 273).

Für genügend tiefen Gegendruck (Vakuum) ergeben sich daraus folgende Beziehungen:

1. Das durch die Turbinen strömende sekundliche oder stündliche Dampfgewicht ist angenähert dem Druck vor dem I. Leitapparat proportional.

2. Die Nutzleistung nimmt mit dem Druck vor dem I. Leitapparat linear zu.

3. Der Leerlaufsdampfverbrauch beträgt etwa 10% des Verbrauches bei Vollast.

4. Die Stufendrücke ändern sich mit Ausnahme der letzten Stufen verhältnisgleich dem Eintrittsdruck und der Dampfmenge.

Bei Verringerung der Belastung konzentriert sich die Leistung in den ersten Stufen; das Gefälle dieser bleibt fast ungeändert, das der letzten Stufe wird klein. Ferner ist (vgl. S. 109) das sekundlich durch die Turbine strömende Dampfvolumen bei allen Belastungen gleich, $G_{sk} \cdot v = \text{const}$ und

$$G_{sk} = C' \sqrt{\frac{p}{v}} \text{ kg/sek}. \qquad (103)$$

Da nach Satz 2. die Nutzleistung dem (gedrosselten) Druck vor dem I. Leitapparat proportional ist, so wird, wenn bei Vollast beim Druck p die Dampfmenge G_{st} ist, bei einer anderen Leistung mit der Dampfmenge G'_{st} der Druck $p' = p \cdot \frac{G'_{st}}{G_{st}}$ sein. Ist der Dampfverbrauch außer für Vollast noch für eine andere Belastung bekannt, z. B. für ½ Last oder wird er für Leerlauf mit 10% des Vollastverbrauches angenommen, so kann die stündliche (oder sekundliche) Dampfmenge über N_e angenähert als Gerade aufgetragen werden (Abb. 272). Damit ist dann auch der Druck vor dem I. Leitapparat, auf den gedrosselt werden muß, für jede Belastung gegeben und es kann das verfügbare Gefälle h_t und das im Ventil vernichtete Gefälle h (Abb. 271) aus dem is-Diagramm entnommen werden, woraus die im Ventil erzeugte Dampfgeschwindigkeit c und das Volumen v zu ermitteln sind.

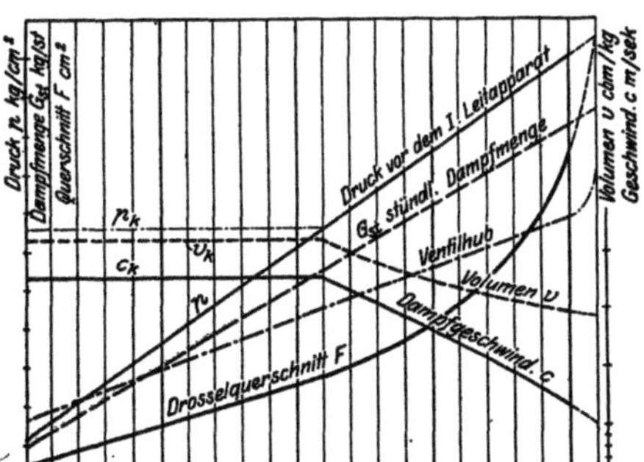

Abb. 272. Berechnung der Regelventile.

Bei **hohem Gegendruck** besteht die Proportionalität von p, G und N_e nicht mehr bei stärkerem Drosseln (vgl. Abb. 98, S. 109) und es muß die genauere Abhängigkeit aus dem Kegel der Dampfgewichte ermittelt werden. Zur Vereinfachung wählt man die Maßstäbe so, daß die Basis des Kegels ein Kreis ist (Abb. 273), d. h. beim Gegendruck 0 die Strecke $G_{sk} = p$ wird; bei einem anderen Gegendruck, z. B. $p_0 = OD$ ergibt sich die Abhängigkeit durch die Kurve DE aus der in Abb. 273 angegebenen Konstruktion, ebenso die Kurve D_1E_1 und D_2E_2 für den Gegendruck OD_1 bwz, OD_2. Diese Kurven entsprechen den Schnitten des Kegels der Dampfgewichte durch zu den pG-Achsen parallelen

Ebenen (s. Abb. 98). Um den Maßstab für die Dampfmenge zu erhalten, ist die Strecke BE bzw. BE_1 oder BE_2 dem sekundlichen Gewicht bei Vollast gleichzusetzen.

Um auch die Abhängigkeit zwischen der Leistung p und G_{sk} zu erhalten und letztere beiden Größen über N_e auftragen zu können, können noch die gedrosselten Gefälle h_t aus dem *is*-Diagramm (vgl. Abb. 271) abgegriffen und über p aufgetragen werden (Abb. 278, S. 285), ebenso das Produkt $G_{sk} \cdot h_t$. Aus der Beziehung

$$N_e = G_{sk} h_t \eta_e \, 5{,}7 \text{ PS}_e \qquad \text{(Gl. 83a, S. 97)},$$

wobei η_e auf das jeweilige gedrosselte Gefälle h_t bezogen ist, folgt

$$G_{sk} \cdot h_t = \frac{N_e}{5{,}7 \, \eta_e} \,. \qquad \text{(a)}$$

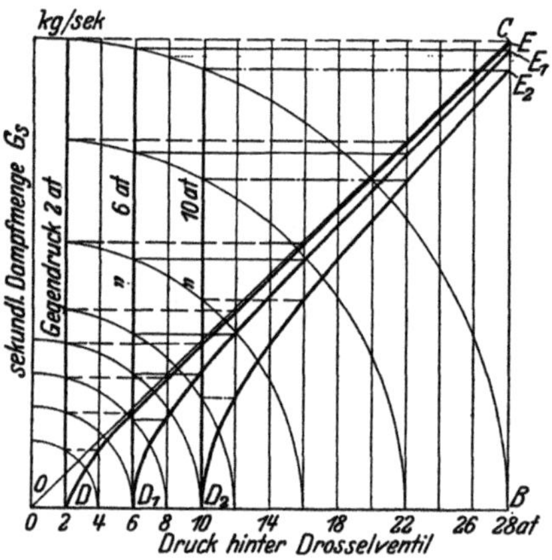

Abb. 273. Kegel der Dampfgewichte.

Es kann nun η_e in Abhängigkeit von N_e ermittelt werden, wenn der Wirkungsgrad oder der Dampfverbrauch für zwei Belastungen bekannt ist, da man alsdann N_e und N_{th} über N_e als Gerade auftragen kann, wobei N_e natürlich durch den Koordinatenanfang gehen muß (vgl. Abb. 279, S. 285). Für Vollast ist D_e und η_e bekannt und damit $N_{th} = N_e : \eta_e$; ist weiter der Dampfverbrauch für eine andere Belastung gegeben, z. B. für ½ Last D_e' (s. Zuschläge für Teillast S. 105), dann kann aus der zugehörigen sekundlichen Dampfmenge G_{sk} das gedrosselte Gefälle h_t' (Abb. 278) entnommen und aus $D_e' = \dfrac{632{,}3}{h_t' \eta_e'}$ der Wirkungsgrad η_e' bestimmt werden, womit N_{th}' ermittelt werden kann. Die durch N_{th} und N_{th}' festgelegte Gerade ermöglicht die Bestimmung von $\eta_e = N_e/N_{th}$ für jede Belastung (s. Abb. 279); damit läßt sich $N_e : 5{,}7 \, \eta_e$ errechnen und ebenfalls über N_e auftragen[1]. Dadurch kann für jede Belastung $N_e : 5{,}7 \, \eta_e$ entnommen und mit dem nach Gl. (a) gleich großen Wert $G_{sk} \cdot h_t$ der Druck bestimmt werden (Abb. 278), auf den gedrosselt werden muß, zugleich kann die zugehörige Dampfmenge für diesen Druck abgegriffen und über N_e aufgetragen werden. Aus dem *is*-Diagramm wird das im Ventil vernichtete Gefälle h (Abb. 271) entnommen und daraus die im Ventil erzeugte Geschwindigkeit c und das Volumen v bestimmt, worauf der erforderliche Ventildurchgangsquerschnitt F wie folgt ermittelt werden kann.

---

[1] Da $N_e : 5{,}7 \, \eta_e$ eine Gerade ist, so genügte die Bestimmung zweier Werte, ohne daß η_e für andere Belastung nötig wäre.

2. Berechnung der Drosselventile.

Die Hauptabmessungen der Regelventile, die stets als Doppelsitzventile mit möglichst voller Entlastung ausgeführt werden, d. h. mit gleichen Sitzdurchmessern, ergeben sich aus dem erforderlichen Durchgangsquerschnitt für die größte Dampfmenge. Zunächst berechnet man überschläglich den Sitzdurchmesser, wobei die Verengung durch die Arme, die Nabe, und den Ventilkörper geschätzt werden muß (etwa 20% bei großen, 40% bei kleinen Ventilen), aus der Stetigkeitsbedingung

$$G_{sk} \cdot v = 0{,}8 \frac{\pi d^2}{4} w \quad \text{bis} \quad 0{,}6 \frac{\pi d^2}{4} w,$$

mit einer Dampfgeschwindigkeit $w = 25$ bis 30 m/sek (bei großen Ventilen bis 60 m/sek). Nach dem ermittelten Durchmesser d wird der Spindeldurchmesser d_s konstruktiv angenommen, $d_s = 10$ bis 40 mm für $d = 50$ bis 400 mm und durch die Nabenstärke erhält man den Nabendurchmesser d_n (Abb. 274 und 275).

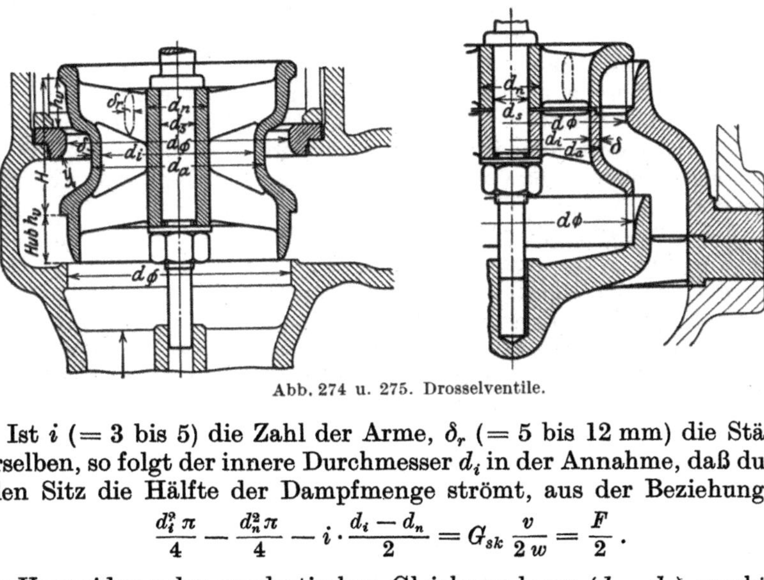

Abb. 274 u. 275. Drosselventile.

Ist i (= 3 bis 5) die Zahl der Arme, δ_r (= 5 bis 12 mm) die Stärke derselben, so folgt der innere Durchmesser d_i in der Annahme, daß durch jeden Sitz die Hälfte der Dampfmenge strömt, aus der Beziehung

$$\frac{d_i^2 \pi}{4} - \frac{d_n^2 \pi}{4} - i \cdot \frac{d_i - d_n}{2} = G_{sk} \frac{v}{2w} = \frac{F}{2}.$$

Zur Vermeidung der quadratischen Gleichung kann $(d_i - d_n)$ geschätzt werden. Mit der konstruktiv sich ergebenden Wandstärke δ (= 5 bis 12 mm) ist $d_a = d_i + 2\,\delta$ und endlich

$$\frac{d^2 \pi}{4} - \frac{d_a^2 \pi}{4} = \frac{F}{2},$$

woraus d zu ermitteln ist. Der Querschnitt im Ventil sollte etwa 25% größer sein als der Querschnitt der Dampfzuleitung, um Drosseln infolge der starken Richtungsänderung im Ventil zu vermeiden.

Die Ventilhöhe H erhält man aus dem Ventilhub (s. unten) h_v und der Forderung, daß bei größtem Ventilhub die Durchgangshöhe y (Abb. 274) den reichlichen Durchgangsquerschnitt $F/2$ ergeben muß.

Der Ventilhub h_v muß wesentlich größer gewählt werden, als dem Querschnitt für die größte Dampfmenge entspricht, da die Ventile am Sitz einen Drosselkegel erhalten müssen, um den für die Drosselung auf den erforderlichen Druck benötigten Querschnitt zu ergeben.

Der Drosselkegel kann am Ventil (Abb. 274) oder am festen Sitz (Abb. 275) angebracht sein; er wird so ausgebildet, daß der Hub der Belastung verhältnisgleich ist. Der Drosselquerschnitt, aus dem sich die Form des Kegels ergibt, kann aus der Stetigkeitsbedingung zu $F = G_{sk} \cdot v : c$ bestimmt werden, mit c und v aus dem Gefälle h (Abb. 271). Zweckmäßig wird F über N_e aufgetragen (Abb. 272). Da im Drosselquerschnitt höchstens die kritische Geschwindigkeit c_k auftreten kann, so kommt beim Drosseln unter das kritische Druckverhältnis für die Berechnung des Querschnittes der kritische Zustand in Frage, wie in Abb. 271 und 279 angegeben.

Der größte Ventilhub h_v wird bei Kleinturbinen 20 bis 40 mm, bei mittleren Leistungen 40 bis 60 mm und bei großen Leistungen 60 bis 100 mm, gegebenenfalls darüber, angenommen. Der Ventilhub kann bis Vollast (oder, wenn Drosselreglung nur bis zu einer vorgeschriebenen Belastung hinauf erfolgen soll, s. vereinigte Reglung, bis zu dieser Belastung) linear mit derselben zunehmend angenommen werden, obgleich die Querschnitte nur anfangs angenähert linear und dann rascher zunehmen; man kann dann aus der Stellung des Ventils auf die Belastung schließen. Über Vollast hinaus soll das Ventil noch weiter öffnen können, um etwas Überlast zu ermöglichen und bei etwa sinkendem Druck noch mit Sicherheit die volle Belastung zu ermöglichen. Bei Leerlauf hat das Ventil etwa 5 bis 8 mm Hub.

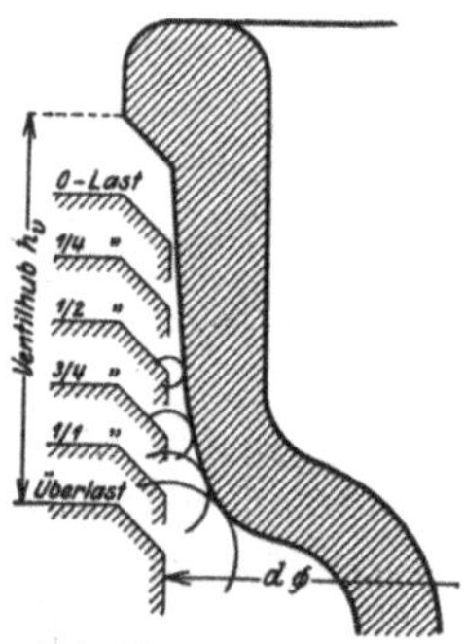

Abb. 276. Drosselkegel.

Die Form des Drosselkegels erhält man nach Einteilung des Hubes zwischen Leerlauf und Vollast in gleiche Teile durch Bemessung des Ringspaltes zwischen Kegel und Sitz entsprechend dem erforderlichen Querschnitt $F/2$ für jeden Sitz. Dabei ist es bei der Ausführung nach Abb. 274 (Kegel am Ventil) zweckmäßig, das Ventil feststehend und den Sitz bewegt anzunehmen (Abb. 276); bei größerem Hub, wenn die Abrundung des Kegels beginnt, muß die Neigung des Kegelmantels für den Querschnitt berücksichtigt werden.

3. Druckverlauf bei Teilbelastung.

Nach Satz 4, S. 280, ändern sich bei Drosselreglung die Stufendrucke bei Teillast proportional der Dampfmenge bzw. der Belastung; also ist für eine Änderung der Dampfmenge von G auf G' der Druck in der n-ten Stufe von p_n auf p'_n, und in der $(n+1)$ von p_{n+1} auf p'_{n+1} gesunken und es ist

$$\frac{G}{G'} = \frac{p_n}{p'_n} = \frac{p_{n+1}}{p'_{n+1}} \quad \text{oder} \quad \frac{p_{n+1}}{p_n} = \frac{p'_{n+1}}{p'_n}.$$

Mit Ausnahme der letzten Stufen bleibt somit das Druckverhältnis gleich; Versuchsergebnisse haben dieses bestätigt wie Abb. 277[1], nach Versuchen an einer AEG-Turbine von 3000 kW zeigt (erstes Rad zweikränzig, 2. bis 10. Stufe reine Druckstufen).

Bei den letzten Stufen muß der Verlauf probeweise angenommen werden durch Annahme des Gefälles, so daß der Stetigkeitsbedingung genügt wird; wird der Gegendruck konstant gehalten, so liegt der Endzustand bei allen Belastungen auf diesem (bei höherem Gegendruck gelten die obigen Verhältnisse nicht mehr), bei Kondensationsturbinen wird der Enddruck bei Teillast tiefer liegen, infolge der geringeren Dampfmenge bei gleicher Kühlwassermenge und kann aus dem Verhältnis der Kühlwassermenge zur Dampfmenge ermittelt werden.

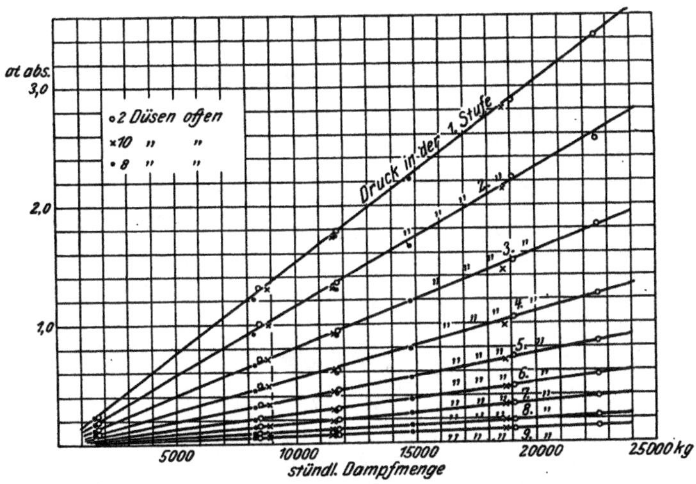

Abb. 277. Druckverlust bei Drosselreglung.

Der Druckverlauf im is-Diagramm kann nach S. 107 in den einzelnen Stufen ermittelt werden; der Anfangszustand vor dem I. Leitapparat liegt stets auf der Linie $i = \text{const}$ (Abb. 271 u. 282).

Man kommt häufig schneller zum Ziele, wenn man den Verlauf rückwärts bestimmt; dazu nimmt man den Endzustand der letzten Stufe entsprechend dem Wirkungsgrad im is-Diagramm an, er liegt etwas höher als bei Vollast und bei Kondensationsturbinen auf einem etwas tieferen Enddruck. Man schätzt die Verluste und erhält dadurch den Austrittszustand aus der Leitvorrichtung, mit welchem die dem Leitquerschnitt entsprechende Geschwindigkeit c_1 bzw. c_0 und daraus h_t ermittelt werden kann; durch Abtragen in das is-Diagramm ergibt sich der Anfangszustand der letzten Stufe, zugleich Endzustand der vorhergehenden, von dem aus in gleicher Weise verfahren wird. Die Leistung wird durch Zeichnen der Geschwindigkeitspläne bestimmt. Bei niedrigem Gegendruck (Vakuum) hilft die Proportionalität der Drücke (s. Abb. 277), bei hohem Gegendruck kann der jeweilige Druck wie beschrieben ermittelt werden. Die Rechnung muß in den gedrosselten Zustand vor dem I. Leitapparat führen, andernfalls ist die Berechnung nach neuer Annahme des Endzustandes zu wiederholen.

[1] Nach Baer: Forsch.-Arb. H. 86.

4. Beispiel.

Berechnung einer Drosselregelung für eine Gegendruckturbine[1] von $N_e = 2000$ PS$_e$, $n = 3000$, Eintrittszustand vor dem Absperrventil $p = 30$ ata, 400° C, Gegendruck $p_0 = 6$ ata (s. Berechnung dieser Turbine S. 148).

Bei Vollast war $D_e = 9{,}1$ kg/PS$_e$h, $G_{sk} = 5{,}06$ kg/sek und $\eta_e = 0{,}754$; damit kann der Verlauf der sekundlichen Dampfgewichte in Abhängigkeit vom Druck nach dem Drosseln ermittelt werden, Abb. 278 (nach dem Kegel der Dampfgewichte, vgl. Abb. 273, S. 281), wobei für Vollast eine Drosselung auf 28 at angenommen sei, $G_{sk} = 5{,}06$ kg/sek ist und sich daraus der angegbene Maßstab für die sekundliche Dampfmenge ergibt, wenn als Basis des Kegels ein Kreis angenommen wird. Ferner kann das gedrosselte Gefälle h_t aus dem *is*-Diagramm (Abb. 114, S. 149 oder Abb. 282) entnommen und über p aufgetragen werden, worauf $G_{sk} \cdot h_t$ ermittelt und ebenfalls über p verzeichnet wird. Nun kann noch (Abb. 278) das Gefälle h (vgl. Abb. 271), das zur Geschwindigkeitserzeugung im Drosselventil verwendbar ist (und nachher vernichtet wird) aus dem *is*-Diagramm entnommen werden, ebenso das Volumen am Ende der Expansion im Ventil, und über p aufgetragen werden.

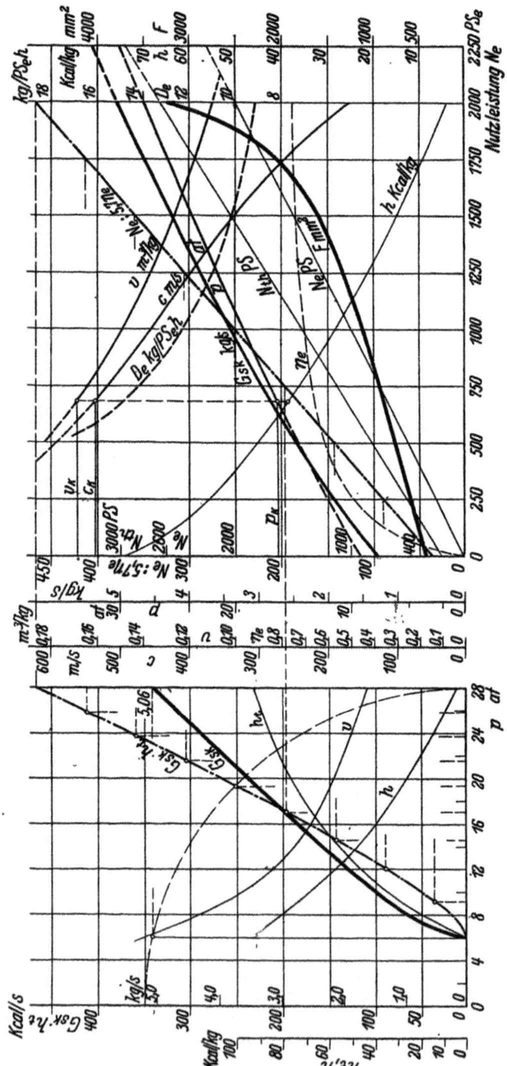

Abb. 278 u. 279. Berechnung einer Drosselreglung.

Bei ½ Last sei $\eta_e = 0{,}7$ auf das gedrosselte Gefälle bezogen, geschätzt (dieser Wert kann durch Berechnung der Turbine bei ½ Last nachgeprüft werden), dann kann für Vollast

$$N_{th} = N_e : \eta_e = 2000 : 0{,}754 = 2650 \text{ PS}$$

und für Halblast

$$N_{th} = 1000 : 0{,}7 = 1430 \text{ PS}$$

ermittelt und dadurch N_{th} als Gerade über N_e (Abb. 279) aufgetragen werden. Aus N_e, ebenfalls über N_e aufgetragen, und N_{th} kann für jede Belastung $\eta_e = N_e : N_{th}$ ermittelt und eingetragen werden und daraus $N_e : 5{,}7\,\eta_e$ bestimmt werden, wofür

[1] Gegendruckturbinen werden wohl meist mit Mengenregelung versehen, es sei hier des Vergleiches wegen Drosselregelung angenommen (s. Beispiel S. 289).

derselbe Maßstab zu wählen ist, wie für $G_{sk} \cdot h_t$ in Abb. 278. Für jede Belastung kann nun durch Übertragen der Werte $N_e : 5{,}7\,\eta_e = G_{sk} \cdot h_t$ in das Diagramm Abb. 278 der Druck gefunden werden, auf den bei dieser Belastung gedrosselt werden muß, ferner die Dampfmenge G_{sk} sowie h und v, welche in Abb. 279 übertragen werden. Damit kann die im Drosselventil erzeugte Geschwindigkeit $c' = 91{,}5\sqrt{h}$ und mit $\varphi = 0{,}94$ (angenommen) $c = 0{,}94\,c'$ ermittelt werden. Hierauf wird der erforderliche Drosselquerschnitt $F = G_{sk}\,v/c$ errechnet, wobei jedoch c nur den kritischen Wert $c_k = 537$ m/sek erreichen kann mit dem zugehörigen $v_k = 0{,}1686$ m³/kg (s. Abb. 279).

Die Zahlentafel auf S. 287 enthält die Werte für verschiedene Belastungen.

Der ganze Ventilhub sei zu 50 mm angenommen, davon 8 mm für Leerlauf und 10 mm für Überlastung.

Die Hauptabmessungen werden nach S. 282 ermittelt, es sei eine Dampfgeschwindigkeit $w = 40$ m/sek zugelassen und die Verengung zu 0,3 geschätzt; dann ist mit den Bezeichnungen nach Abb. 274 aus

$$w\,0{,}7\,d^2\,\frac{\pi}{4} = G_{sk}\,v \quad \text{mit} \quad G_{sk} = 5{,}06\,\text{kg/sek} \quad \text{und} \quad v = 0{,}1024\,\text{m/sek},$$

$$d^2\,\frac{\pi}{4} = 185{,}0\,\text{cm}^2 \quad \text{und} \quad d = 150\,\text{mm}.$$

Dafür $d_s = 20$ mm, $d_n = 32$ mm, $\delta_r = 8$ mm, $i = 4$ und nach S. 282

$$d_i^2\,\frac{\pi}{4} - d_n^2\,\frac{\pi}{4} - i\,\delta_r\,0{,}5\,(d_i - d_n) = G_{sk} v : 2\,w = 65\,\text{cm}^2;$$

wird $0{,}5\,(d_i - d_n) = 3{,}5$ cm geschätzt, so ist

$$d_i^2\,\frac{\pi}{4} = 65 + 8{,}04 + 4 \cdot 0{,}8 \cdot 3{,}5 = 85\,\text{cm}^2, \qquad d_i = 104\,\text{mm},$$

$$d_a = d_i + 2\,\delta = 104 + 16 = 120\,\text{mm}$$

und endlich

$$d^2\,\frac{\pi}{4} - d_a^2\,\frac{\pi}{4} = 65, \quad d^2\,\frac{\pi}{4} = 65 + 113 = 178\,\text{cm}^2,$$

woraus $d = 150$ mm in Übereinstimmung mit der angenäherten Berechnung.

Aus dem Drosselquerschnitt und dem Hub kann der Ventilkegel bemessen werden (vgl. Abb. 276).

Der Druckverlauf für Halblast ist im is-Diagramm (Abb. 282) eingetragen.

B. Mengenreglung (Düsen-, Füllungsreglung).

1. Allgemeines.

Bei dieser Reglungsart wird der Dampfzustand vor dem I. Leitapparat nicht geändert, es bleibt folglich auch das verfügbare Wärmegefälle dasselbe (bei Sinken des Kondensatordruckes kann es etwas größer werden); es werden Leitquerschnitte abgeschlossen, wodurch die Dampfmenge geändert wird.

Würden die Querschnitte in allen Stufen im selben Verhältnis und ganz kontinuierlich geändert, so würde der spezifische Dampfverbrauch nur durch die bei kleinerer Leistung relativ größeren Verluste etwas zunehmen; die Druckverteilung bliebe bei allen Belastungen dieselbe (die mechanischen Verluste bleiben dieselben, die Ventilationsverluste nehmen zu wegen abnehmender Beaufschlagung, die Radreibungsverluste bleiben absolut genommen dieselben). Den Dampfverbrauch einer solchen idealen Mengenreglung zeigt die untere gestrichelte Kurve der Abb. 280.

Die Abschaltungen können aber nicht ganz kontinuierlich erfolgen, sondern es werden natürlich ganze Düsen oder, bei größeren Aggregaten, ganze Düsengruppen zu- oder abgeschaltet, da die Zahl der Abschaltvorrichtungen praktisch begrenzt ist; es wird deshalb zwischen den Abschaltungen doch Drosseln eintreten, um die Leistung ununterbrochen einstellen zu können, dadurch steigt der Dampfverbrauch zwischen den Abschaltungen gegenüber der idealen Mengenreglung an, durch das Abschalten sinkt der Verbrauch wieder und in diesen Punkten ergeben sich zwei Dampfverbrauchswerte. Die Kurve des Dampfverbrauches verläuft deshalb sägeförmig (Abb. 280).

Aus konstruktiven Gründen läßt sich die Veränderung der Leitquerschnitte nur in der ersten Stufe durchführen, die andern Stufen arbeiten mit unveränderlichem Querschnitt, wodurch sich die Druckverteilung in den einzelnen Stufen wesentlich ändert und damit auch die Wirkungs-

Zahlentafel. Drosselreglung.

N_e ....=	0	250	500	750	1000	1250	1500	1750	2000	2250 PS_e
η_e	0	0,49	0,61	0,67	0,70	0,725	0,74	0,75	0,754	0,76
$N_e/5{,}7\,\eta_e$	37	89,6	143,5	196,3	251	303	356	409	466	519
p ....at	9,2	12	14,6	17,05	19,2	21,6	23,7	25,8	28	29,8
G_{sk} ....kg/sek	1,27	1,93	2,46	2,95	3,41	3,82	4,25	4,65	5,06	5,4
h ....kcal/kg	39	39	39	36,5	28,0	21,5	15,0	9,6	3,9	0,5
v ....m³/kg	0,1686	0,1686	0,1686	0,165	0,1495	0,1365	0,1265	0,1175	0,110	0,104
c_0 ....m/sek	572	572	572	553	484	425	355	283	181	65
c .... m/sek	537	537	537	521	455	399	333	267	170	61
F ....mm²	398	605	772	936	1120	1306	1615	2050	3270	9200
D_e ......kg/PS_eh	∞	27,8	17,7	14,15	12,28	11,00	10,20	9,58	9,12	8,9
Ventilhub.....mm	8	12	16	20	24	28	32	36	40	50

grade. Von den 4 Sätzen für Drosselreglung (S. 280) gilt nur der 4. Satz auch für Mengenreglung mit Ausnahme der letzten Stufen.

Bei Verringerung der Leistung nimmt das adiabatische Gefälle der ersten Stufe stark zu, in den mittleren ändert es sich wenig, in den letzten Stufen nimmt es stark ab; es konzentriert sich deshalb die Leistung im Hochdruckteil, besonders in der ersten Stufe, mehr als bei Drosselreglung, weshalb Mengenreglung unempfindlicher gegen Änderung des Vakuums ist.

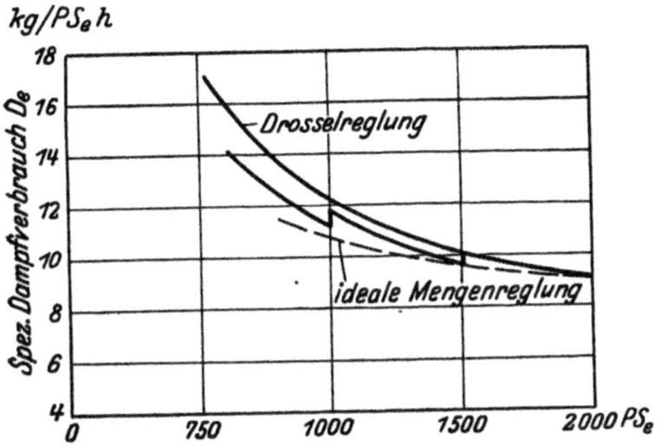

Abb. 280. Dampfverbrauch bei Mengen- und Drosselreglung.

2. Berechnung der Abschaltungen bei Mengenreglung.

Ist F der Querschnitt der Leitvorrichtung der ersten Stufe bei Vollast mit z offenen Kanälen, und ist bei einer anderen Belastung N_e' mit dem spezifischen Dampfverbrauch D_e' kg die sekundliche Dampfmenge $G_{sk}' = D_e' N_e' : 3600$ kg/sek und der erforderliche Leitquerschnitt

$$F' = G_{sk}' \frac{v'}{c'},$$

so ist die Zahl der erforderlichen Düsen oder Kanäle $z' = z \frac{F'}{F}$ und muß natürlich auf eine volle Zahl abgerundet werden, so daß bei geringer Kanalzahl die gewünschte Belastung nicht genau geschaltet werden kann.

Da bei Mengenreglung das Gefälle der ersten Stufe zunimmt, so wird die Dampfgeschwindigkeit ebenfalls zunehmen und erreicht bald den kritischen Wert c_k, was bei der Ermittlung von F' zu beachten ist.

Auf diese Weise wird die Anzahl der erforderlichen Leitkanäle für die gewünschten Belastungsabschnitte bestimmt und danach die Zuschaltventile bemessen, die den Zutritt zu den jeweils zu- oder abzuschaltenden Düsen beherrschen.

Die Berechnung der Zuschaltventile erfolgt in der gleichen Weise wie die der Drosselventile, nur werden sie ohne oder mit kleinem Drosselkegel ausgeführt; bei kleinen Abmessungen werden auch Tellerventile statt der Doppelsitzventile angewendet.

3. Druckverlauf bei Teilbelastung.

Dieser wird ein wesentlich anderer als bei Vollast, da die Leitquerschnitte der Stufen außer der ersten unverändert bleiben. Wenn auch das spezifische Volumen in den Stufen zunimmt (infolge des größeren Gefälles der ersten Stufe), so wird doch die Dampfgeschwindigkeit bei der kleineren Dampfmenge kleiner werden, demnach auch das erforderliche Gefälle. Da das Gesamtgefälle sich nicht ändert, muß die erste Stufe ein größeres Gefälle verzehren; dieses kann angenähert aus dem veränderten Druckgefälle ermittelt werden, denn es ist für Vollast, wenn p_1, v_1 der Zustand am Ende der ersten Leitvorrichtung [vgl. Gl. (98), S. 109] und F_1 der Querschnitt der zweiten Stufe

$$G_{sk} = F\,C\sqrt{\frac{p}{v}} = F_1 C\sqrt{\frac{p_1}{v_1}}$$

oder

$$F\frac{p}{\sqrt{p\,v}} = F_1\frac{p_1}{\sqrt{p_1 v_1}}$$

und für Teillast, wenn $\varepsilon = z'/z$ der Beaufschlagungsgrad gegenüber Vollast und p_1', v_1' der Austrittszustand aus der ersten Leitvorrichtung

$$G_{sk}' = \varepsilon\,F\frac{p}{\sqrt{p\,v}} = F_1\frac{p_1'}{\sqrt{p_1' v_1'}},$$

woraus

$$\frac{p_1'}{p} = \varepsilon\frac{p_1}{p}\frac{\sqrt{p_1' v_1'}}{\sqrt{p_1 v_1}}.$$

Da $p_1' v_1'$ nicht viel von $p_1 v_1$ verschieden ist, so ist angenähert

$$p_1'/p \sim= \varepsilon\,p_1/p \quad \text{oder} \quad p_1' \sim= \varepsilon\,p_1,$$

woraus man angenähert feststellen kann, ob der kritische Druck in der ersten Stufe bei Teillast überschritten wird, sofern dieses nicht schon bei Vollast der Fall war.

Genauer ist die Ermittlung des Druckverlaufes[1] nach S. 107. Man kommt bei nicht zu großer Stufenzahl auch hier durch Rückwärtsrechnen von der letzten Stufe vielfach schnell zum Ziel, wobei die Rechnung in den Anfangszustand A (s. Abb. 282) führen muß.

4. Beispiel.

Berechnung einer Mengenregelung für die S. 148 berechnete Gegendruckturbine von $N_e = 2000$ PS$_e$, $n = 3000$, $p = 30$ ata, 400° C vor dem Absperrventil, 28 ata vor der I. Leitvorrichtung; Gegendruck $p_0 = 6$ ata. Es sei Mengenregelung bis Halblast herunter verlangt (darunter Drosselregelung, s. Vereinigte Reglung).

Es ist für Vollast (S. 152) $D_e = 9{,}1$ kg/PS$_e$h, $G_{sk} = 5{,}06$ kg/sek, $\eta_e = 0{,}754$ und die Anzahl der Leitkanäle $z = 62$ mit $F = 1636$ mm² Querschnitt. Es sei nach S. 105 die Zunahme des Dampfverbrauches bei ¾ Last 7% und bei Halblast 21%. Da der Enddruck der ersten Stufe bei Vollast 16 ata ist und der kritische Druck $28 \cdot 0{,}5457 = 15{,}3$ at, so wird bei Teillast der kritische Zustand mit

$$c_k = 333\,\varphi\sqrt{p\,v} = 0{,}96 \cdot 333\sqrt{28 \cdot 0{,}102} = 540 \text{ m/sek}$$

und $v_k = 0{,}171$ m³/kg erreicht.

[1] S. auch: Druckverteilung und Dampfverbrauch bei Teillast von Gegendruckturbinen von A. Renfordt: Arch. Wärmewirtsch. 1927, H. 10 und 1928, H. 1.

Dann ist für ¾ Last $D_e' = 1{,}07 \cdot 9{,}1 = 9{,}74$ kg/PS$_e$h

$$G_{sk}' = 9{,}74 \cdot 1500 : 3600 = 4{,}06 \text{ kg/sek} \quad \text{und} \quad F' = G_{sk}' v_k : c_k$$
$$= 4{,}06 \cdot 0{,}171 : 540 = 1285 \text{ mm}^2$$

und

$$z' = z\frac{F'}{F} = 62 \cdot \frac{1285}{1636} = 48{,}8 = 49 \text{ Kanäle.}$$

Für Halblast wird

$$D_e'' = 1{,}21 \cdot 9{,}1 = 11{,}02 \text{ kg/PS}_e\text{h},$$
$$G_{sk}'' = 3{,}06 \text{ kg/sek}$$

und

$$F'' = 3{,}06 \cdot 0{,}171 : 540 = 970 \text{ mm}^2$$

und die Kanalzahl

$$z'' = 62\,\frac{970}{1636} = 36{,}8 = 37 \text{ Kanäle.}$$

Danach würden 37 Kanäle dauernd offen und die übrigen 25 Kanäle abschaltbar anzuordnen sein. Wird noch je eine Abschaltung zwischen 1/1 und 3/4 (7/8 Last), sowie zwischen 3/4 und 1/2 Last (5/8), ferner für Überlastung 6 Kanäle vorgesehen (etwa 9/8 Last), so sind folgende Schaltungen möglich (Abb. 281):

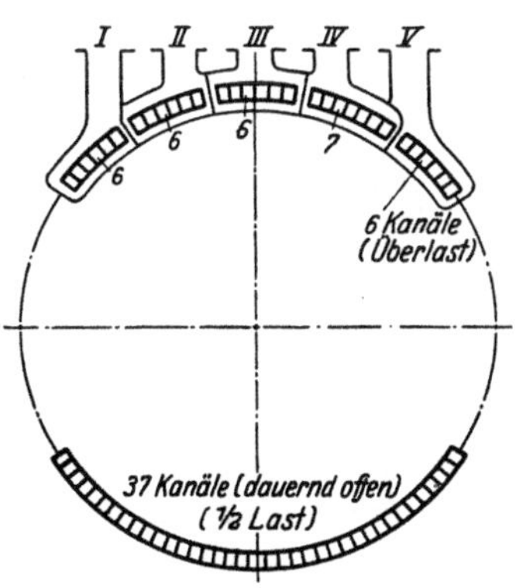

Abb. 281. Abschaltungen bei Mengenregelung.

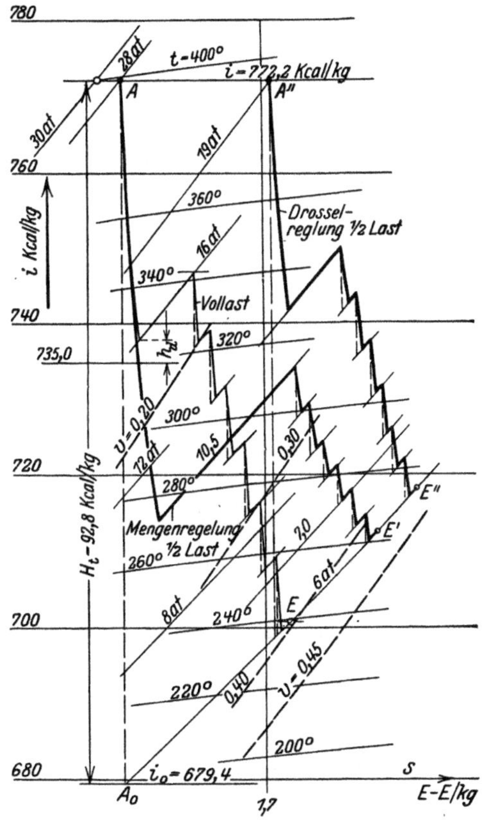

Abb. 282. Druckverlauf bei Teillast.

1/2 Last = 1000 PS$_e$: 37 Kanäle (dauernd offen),
5/8 „ = 1250 „ : 37 + 6 = 43 Kanäle, Ventil *I* offen,
3/4 „ = 1500 „ : 37 + 6 + 6 = 49 Kanäle, Ventil *I*, *II* offen,
7/8 „ = 1750 „ : 37 + 6 + 6 + 6 = 55 Kanäle, Ventil *I*, *II*, *III* offen,
1/1 „ = 2000 „ : 37 + 6 + 6 + 6 + 7 = 62 Kanäle, Ventil *I*—*IV* offen,
9/8 „ = 2250 „ : 37 + 6 + 6 + 6 + 7 + 6 = 68 Kanäle, Ventil *I*—*V* offen.

Den Verlauf des spezifischen Dampfverbrauchs zeigt im Vergleich mit der Drosselreglung Abb. 280.

Den Druckverlauf im *is*-Diagramm für Halblast zeigt Abb. 282, in der auch der Verlauf bei Vollast (vgl. Abb. 114, S. 149) und für Drosselreglung bei Halblast eingetragen ist.

C. Vereinigte Drossel- und Mengenreglung.

Da bei der vorstehend erwähnten Mengenreglung praktisch zwischen den einzelnen Abschaltungen infolge der allmählich öffnenden Ventile eine Drosselung eintritt, so ist reine Mengenreglung nicht ausführbar und die geschilderte Art könnte als Vereinigung beider Reglungsarten angesprochen werden. Man bezeichnet jedoch damit die Anwendung beider Arten nacheinander, derart, daß in der Nähe der Normallast (meist $^3/_4$ der Vollast) Mengenreglung und im Gebiete kleiner Belastungen, die selten vorkommen, etwa von $^1/_2$ Last abwärts, die einfachere reine Drosselreglung ausgeführt wird; besonders bei Gegendruckturbinen ist diese Reglungsart angebracht. Dieses kann dadurch erreicht werden, daß bei kleinen Belastungen die Turbine unter Einfluß des Drosselventils steht, welches den Dampfzutritt zu einer entsprechenden Anzahl ständig offener Leitvorrichtungen regelt, bei größerer Belastung aber den Querschnitt so weit vergrößert, daß der Dampf ungedrosselt hindurchströmt und die weitere Reglung durch Zuschalten von Düsen oder Düsengruppen mittels der Düsenventile erfolgt, die automatisch wirken; Betätigung der Ventile von Hand wird nur in Ausnahmefällen vorkommen.

Bei dem S. 289 durchgeführten Berechnungsbeispiel ist vereinigte Reglung vorgesehen, die Berechnung bis ½ Last würde genau dieselbe sein; von Halblast abwärts wäre die Berechnung in gleicher Weise durchzuführen, wie S. 285 beim Beispiel der Drosselreglung, nur wäre in Abb. 278 beim Druck $p = 28$ at der Dampfverbrauch für Halblast $G_{sk} = 3{,}06$ kg/sek zu setzen, woraus sich der Maßstab für die Dampfgewichte ergibt, mit denen dann zu rechnen ist. In Abb. 279 würde Drosselreglung bis 1000 PS_e mit den entsprechenden Werten den erforderlichen Drosselquerschnitt ergeben. Der Drosselkegel könnte kürzer werden, als bei der Reglung bis Vollast, der übrige Ventilhub könnte zur Betätigung der Düsenventile ausgenutzt werden (vgl. Abb. 315 S. 314).

II. Anordnung der Reglung.

Die Anforderungen, denen die Reglung genügen muß, sind stetige Wirkung, Erreichung des neuen Beharrungszustandes in kürzester Zeit, geringer Ungleichförmigkeitsgrad, Empfindlichkeit (geringe Drehzahländerung zur Einleitung der Verstellung), Vermeidung des Überregulierens (Pendeln) und die Möglichkeit, die Drehzahl während des Betriebes in gewissen Grenzen (meist $\pm$ 5%) ändern zu können.

Selbstverständlich muß jeder Belastung eine etwas andere Drehzahl entsprechen, nur darf diese Änderung nicht zu groß sein; im allgemeinen beträgt die für die Leistungsänderung erforderliche Drehzahländerung bei plötzlicher Be- oder Entlastung um 25% nicht mehr als $\pm$ 1,5% vorübergehend und nicht mehr als 0,5% im Beharrungszustand; bei plötzlicher Entlastung von Vollast auf Leerlauf (oder umgekehrt) ist die Drehzahländerung vorübergehend etwa 5% und die bleibende Änderung 3,5 bis 4%. Das Einstellen der neuen Drehzahl dauert meist nicht länger als eine Sekunde.

Die Beeinflussung des Regelventils durch den Drehzahlregler oder durch einen Druckregler (s. S. 328) kann unmittelbar durch die Kraft des Reglers erfolgen — **direkte Reglung**, wie sie nur bei Kleinturbinen angewendet wird, da der Regler die Reibungswiderstände zu überwinden hat; bei großen Turbinen würde die Kraft des Reglers nicht ausreichen, um gleichmäßige Verstellung zu gewährleisten, man läßt deshalb den Regler ein **Kraftgetriebe** einschalten, das mittels Drucköl betätigt wird — **indirekte** oder **Servomotorreglung**. Der Regler verstellt hierbei nur einen Steuerschieber (Hilfsschieber), der das Drucköl dem Kraftgetriebe (Servomotor) zuführt, welches das Drosselventil oder die Düsenventile betätigt.

A. Direkte Reglung.

Das Schema dieser für Kleinturbinen anwendbaren Reglung zeigt Abb. 283; die Drehzahlverstellung kann durch Federwage oder durch Verstellen des Drehpunktes des Reglerhebels erfolgen.

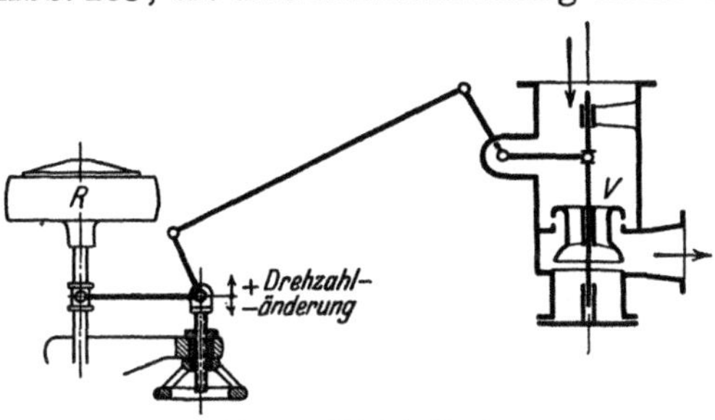

Abb. 283. Direkte Reglung.

Die Ausführung der direkten Reglung der Kleinturbine von de Laval ist in Abb. 284[1] wiedergegeben.

Der auf der Vorgelegewelle der Turbine sitzende Regler mit den zwei halbzylindrischen auf Schneiden *A* gelagerten Schwunggewichten *B*, die mittels Stelzen auf den Federteller drücken und die Spindel bewegen, bewirkt durch den Winkelhebel *H* Drehung der Welle, auf welcher im Innern des Ventilgehäuses der Ventilhebel sitzt (vgl. Abb. 360, S. 347), die Ver-

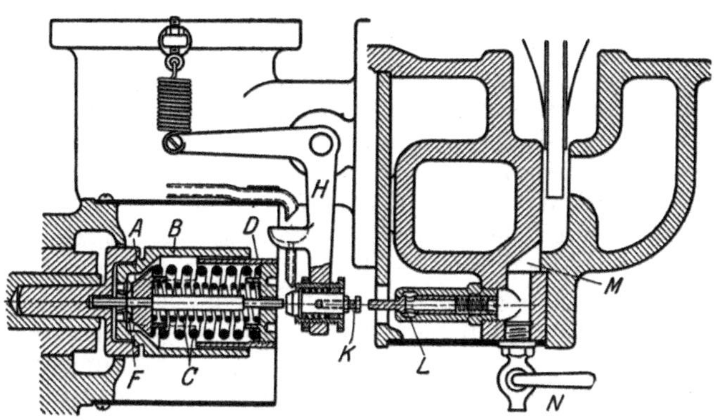

Abb. 284. Reglung von de Laval.

stellung des Ventils. Die Feder am anderen Ende des Winkelhebels bewegt das Ventil in entgegengesetzter Richtung. Im Hebel *H* sitzt der Bolzen *K*, der die Bewegung auf den Hebel *H* durch eine Feder überträgt, die stärker ist als die Feder am anderen Hebelende; ist das Ventil durch den Regler geschlossen,

[1] Aus Stodola, A.: Die Dampf- und Gasturbinen.

so wird die Feder in dem nunmehr feststehenden Hebel *H* zusammengedrückt, der Bolzen *K* stößt das Ventil *L* im Turbinengehäuse auf und läßt Luft in dasselbe treten, wodurch das Vakuum zerstört und Durchgehen der Turbine verhindert wird.

Weitere Ausführungen der Reglung s. Kleinturbinen S. 343.

B. Servomotorreglung.

1. Prinzip.

Hierbei wird das Drosselventil bzw. die Düsenventile von einem durch Drucköl (in einigen Ausführungen auch durch Dampf) betätigten Kraftkolben (Servomotor) verstellt; der Regler verschiebt nur den Steuerschieber, der das Drucköl auf die eine oder die andere Seite des Kraftkolbens treten läßt. Die Anordnung muß aber derart sein, daß

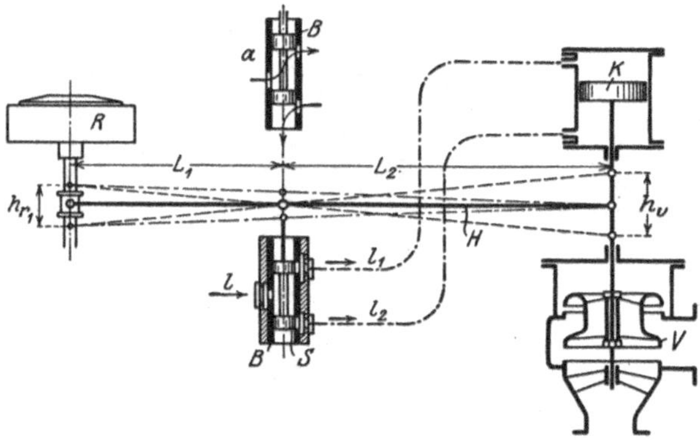

Abb. 285. Prinzip der Servomotorreglung.

durch die Bewegung des Regulierventils der Steuerschieber in seine die Ölzufuhr abschließende Mittellage (neutrale Stellung) zurückgeführt wird; ohne diese **Rückführung** wäre die Reglung unbrauchbar, da der Kolben sich stets in seine Endlage bewegen würde und die Einstellung der Leistung gar nicht möglich wäre.

Das Schema einer solchen Reglung veranschaulicht Abb. 285. Steigt z. B. die Muffe des Reglers *R* bei Entlastung, so verstellt der Hebel *H*, der an der Ventilspindel angreift und hier zunächst einen festen Drehpunkt hat, den Steuerschieber *S* nach oben und dieser läßt das bei *l* eintretende Drucköl durch die Leitung l_1 (s. Stellung *a*) über den Kolben *K* des Servomotors treten, wodurch der Kolben nach unten bewegt wird und das Regelventil *V* so weit schließt, bis durch den Hebel *H*, der nun an der Reglermuffe seinen Drehpunkt hat, der Steuerschieber *S* in seine Mittellage kommt und die Leitung l_1 abschließt. Während das Drucköl durch l_1 eintrat, konnte das Öl unter dem Kolben durch l_2 und den vom Steuerschieber freigegebenen Schlitz ablaufen. Bei Sinken der Drehzahl (Belastung) sinkt die Reglermuffe, der Steuerschieber gibt l_2 für das Drucköl frei, das unter den Kolben *K* tritt, während es oben durch l_1 ablaufen kann, und öffnet das Ventil V so weit, bis wieder Rückführung des Steuerschiebers eingetreten ist.

Die Bewegung des Kolbens kann auch zur Betätigung der Düsenventile bei selbsttätiger Mengenreglung benutzt werden.

Dem ganzen Ventilhub h_v muß ein möglichst kleiner Hub h_{r1} der Reglermuffe entsprechen, um geringe Ungleichförmigkeit, d. h. kleine Drehzahländerung zu erhalten. Das Hebelverhältnis $L_1 : L_2$ ist so zu wählen, daß $L_1 : L_2 = h_{r1} : h_v$ ist.

Außer der Reglung mittels Gestänge kann dieselbe auch gestängelos als Öldruckreglung ausgeführt werden; durch Ändern des Öldruckes unter dem Kraftkolben, der durch eine Feder belastet ist oder unter den mit verschieden starken abgestimmten Federn belasteten Kolben der Düsenventile wird, entsprechend dem Druck, das Drosselventil oder eine entsprechende Anzahl von Düsenventilen geöffnet.

2. Die Änderung der Drehzahl der Turbine.

Sie muß sich während des Betriebes leicht ermöglichen lassen, um die Turbine mit anderen Turbogeneratoren parallel schalten oder die Förderhöhe bzw. Menge bei direktem Antrieb von Pumpen, Kompressoren oder dergleichen ändern zu können; im ersteren Falle beträgt die verlangte Drehzahländerung meist $\pm 5\%$.

Die Drehzahländerung kann außer durch Federwage (Erhöhung der Muffenbelastung) auf folgende Weise erfolgen:

1. durch Vorlegen des Regulierhebelangriffspunktes an der Ventilspindel;

2. durch Verschieben der Büchse des Steuerschiebers;

3. durch Verschieben des Regulierhebelangriffspunktes an der Muffe bzw. des Drehpunktes eines Zwischenhebels.

In allen Fällen entspricht die neutrale Lage des Steuerschiebers einer anderen Muffenstellung, also einer anderen Drehzahl. Der Reglerhub muß demnach um den Gesamtbetrag der Muffenverschiebung für die Drehzahländerung größer sein als h_{r1}.

Ist a der Ungleichförmigkeitsgrad des Reglers (normal 4%), $\pm b\%$ die gewünschte Drehzahländerung (normal $\pm 5\%$) und h_r der hierzu erforderliche rechnungsmäßige Muffenhub, so ist

$$h_r = \frac{a + 2b}{a} \frac{L_1}{L_2} h_v .$$

Der dem Ventilhub h_v entsprechende Reglerhub ohne Drehzahlverstellung ist

$$h_{r1} = \frac{a}{a + 2b} \cdot h_v .$$

Die Verschiebung der Muffe zur Drehzahlverstellung um $b\%$ ist

$$h_2 = \frac{b}{a + 2b} h_r .$$

Der gesamte Reglerhub wird nach oben und nach unten um je etwa 2 mm größer genommen als der rechnungsmäßige Hub, um auch bei kleinen Ungenauigkeiten mit Sicherheit Schließen des Ventils zu gewährleisten,

$$h = h_r + 4\,\text{mm}.$$

Der gesamte Ungleichförmigkeitsgrad des Reglers ist dann

$$\delta_r = (a + 2\,b)\,\frac{h}{h_r}\,\% \,.$$

Die Drehzahlverstellung kann von Hand oder durch Elektromotor, der von der Schalttafel aus gesteuert wird, erfolgen.

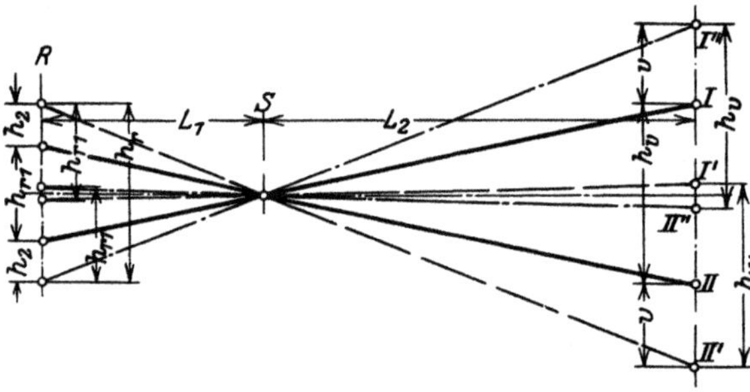

Abb. 286. Drehzahländerung.

1. Bei Verstellung der Drehzahl durch Verschieben des Hebelangriffspunktes an der Ventilspindel entspricht bei normaler Drehzahl der Ventilspindelbewegung *I—II* (Abb. 286) die Muffenbewegung h_{r1} (Hebelgrenzlagen voll ausgezogen); bei $+ b\%$ Verstellung der Drehzahl muß der Hebelangriffspunkt an der Spindel um $v = h_2 \cdot L_2/L_1$ nach unten verschoben werden, so daß dem Ventilhub h_v die Bewegung des Hebel-

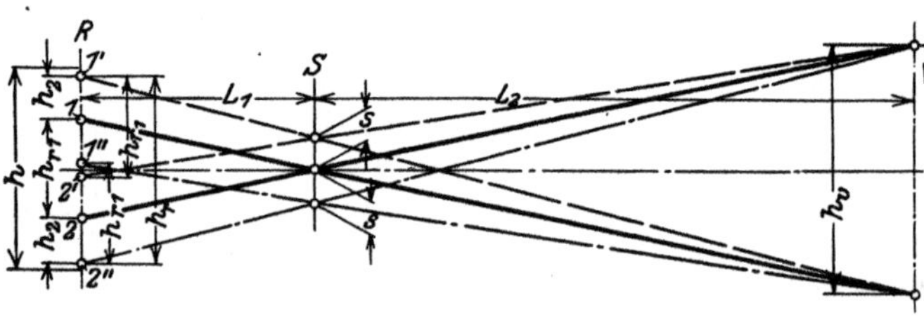

Abb. 287. Drehzahländerung.

endes *I′—II′* entspricht (Hebelgrenzlagen gestrichelt) und bei $-b\%$ Verstellung um denselben Betrag v nach oben, *I″—II″* (Hebelgrenzlager strichpunktiert).

2. Bei Verstellung der Drehzahl durch Verschieben der Büchse des Steuerschiebers (Abb. 287) wird auch die neutrale Lage desselben verschoben; es entspricht bei $+ b\%$ Drehzahländerung der um h_2 höheren Muffenstellung (Hebelgrenzlagen gestrichelt) eine Verschiebung der Steuerschieberbüchse nach oben um

$$s = h_2\,\frac{L_2}{L_1 + L_2}$$

und bei $-b\,\%$ Veränderung eine Verschiebung der Büchse um denselben Betrag s nach unten (Hebelgrenzlagen strichpunktiert).

3. Bei Verstellung der Drehzahl wird aus konstruktiven Gründen nicht der Hebelpunkt an der Reglermuffe, sondern der Drehpunkt A eines Zwischenhebels (Abb. 288) verschoben; dem Ventilhub h_v entspricht ein Reglerhub

$$h_{r1} = h_v \frac{L_1}{L_2} \frac{l_1}{l} = \frac{a}{a + 2\,b} h_r$$

und der rechnungsmäßige Reglerhub ist

$$h_r = \frac{a + 2\,b}{a} \frac{L_1}{L_2} \frac{l_1}{l} h_v.$$

Für die Verstellung der Reglermuffe um $h_2 = h_r \cdot b : (a + 2\,b)$ entsprechend der Drehzahländerung um $b\,\%$ muß die Verschiebung des Drehpunktes A

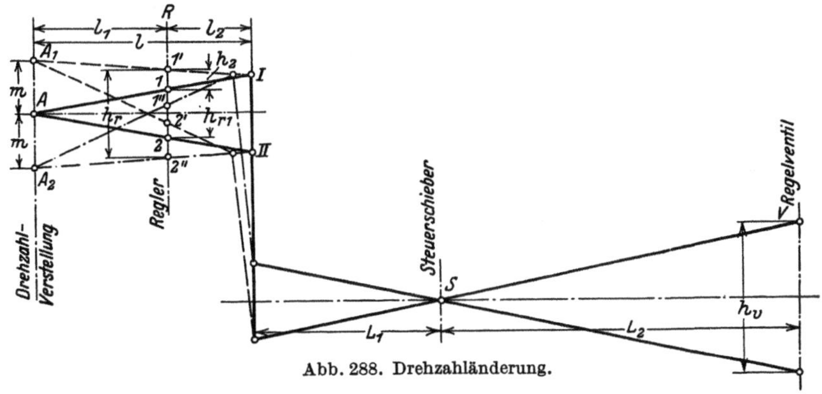

Abb. 288. Drehzahländerung.

$$m = h_2 \cdot \frac{l}{l_2}$$

betragen.

Bei normaler Drehzahl ist *1—2* die Muffenbewegung, die dem ganzen Ventilhub h_v entspricht (Hebelgrenzlagen voll ausgezogen); bei Erhöhung der Drehzahl um $b\,\%$ wird Punkt A nach A_1 verschoben, die Muffe bewegt sich dem Ventilhub entsprechend zwischen *1'—2'* (Hebelgrenzlagen gestrichelt). Bei Verminderung der Drehzahl um $b\,\%$ wird A nach A_2 verstellt, die Muffe bewegt sich zwischen *1''—2''* (Hebelgrenzlagen strichpunktiert).

III. Ausführungen der Reglungen.

Direkte Reglungen s. Ausführungen der Kleinturbinen S. 343.

A. Drosselreglungen.

Die Drosselreglung der Waggon- u. Maschinenbau A.-G. Görlitz (WUMAG) (Abb. 289) wirkt nach dem in Abb. 285 schematisch dargestellten und dort erläuterten Prinzip durch Verstellung des Hilfsschiebers S_1 durch den Regler R mittels Hebels H und Rückführung durch das Regelventil V. Die Drehzahlverstellung erfolgt durch Verschieben der Büchse B des Steuerschiebers S_1 (s. 2., S. 295, Abb. 287 und 290) mittels des Gewindes an der Büchse und der als Schnecken-

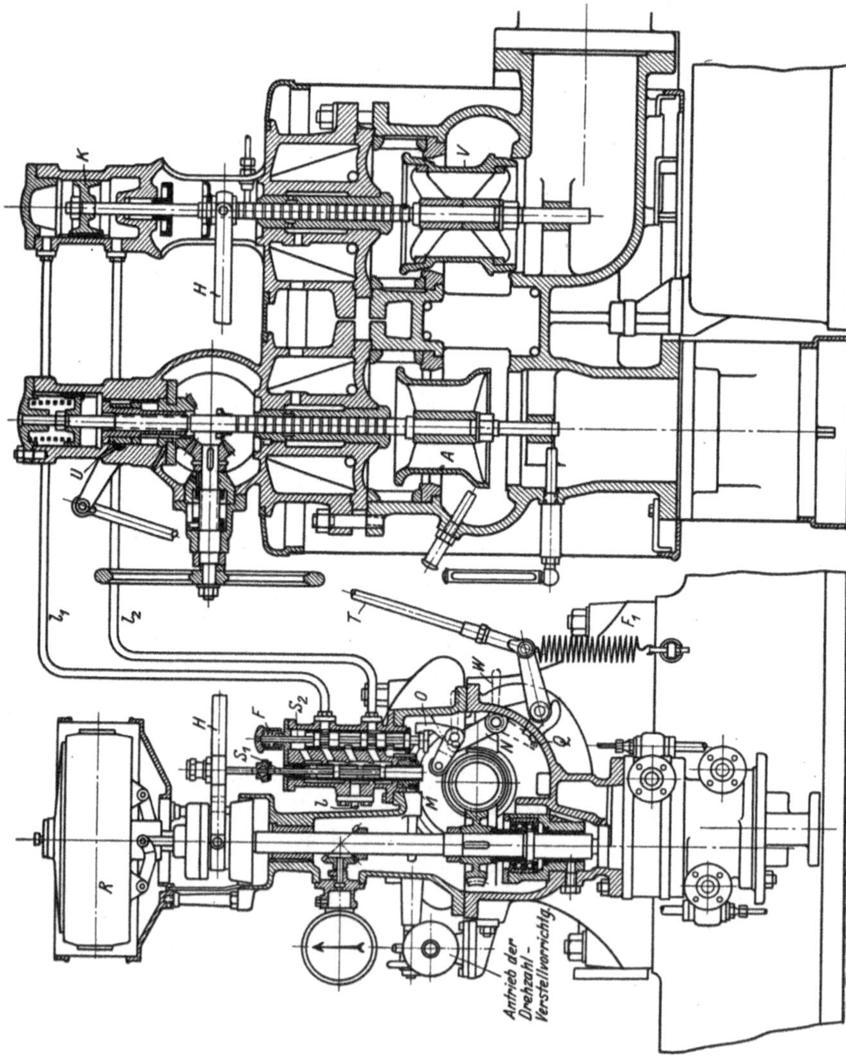

Abb. 289. Drosselreglung der WUMAG.

rad ausgebildeten Mutter M, die durch die Schnecke D (Abb. 290) von Hand oder durch einen vorgeschalteten weiteren Schneckentrieb unter Zwischenschaltung einer Rutschkupplung durch Elektromotor betätigt wird.

Neben dem Steuerschieber befindet sich der Umschaltschieber S_2, der nach Ausschlagen des Sicherheitsreglers (s. S. 333) und dadurch bewirkter Auslösung der Klinke *O* durch die Feder *F* nach oben gezogen wird und das Drucköl über den Servomotorkolben *K* treten läßt, während es unter demselben ablaufen kann (s. Abb. 290 Stellung rechts), so daß das Ventil *V* geschlossen und die Turbine stillgesetzt wird. Die Ausführung des Hilfs- und des Umschaltschiebers zeigt Abb. 290.

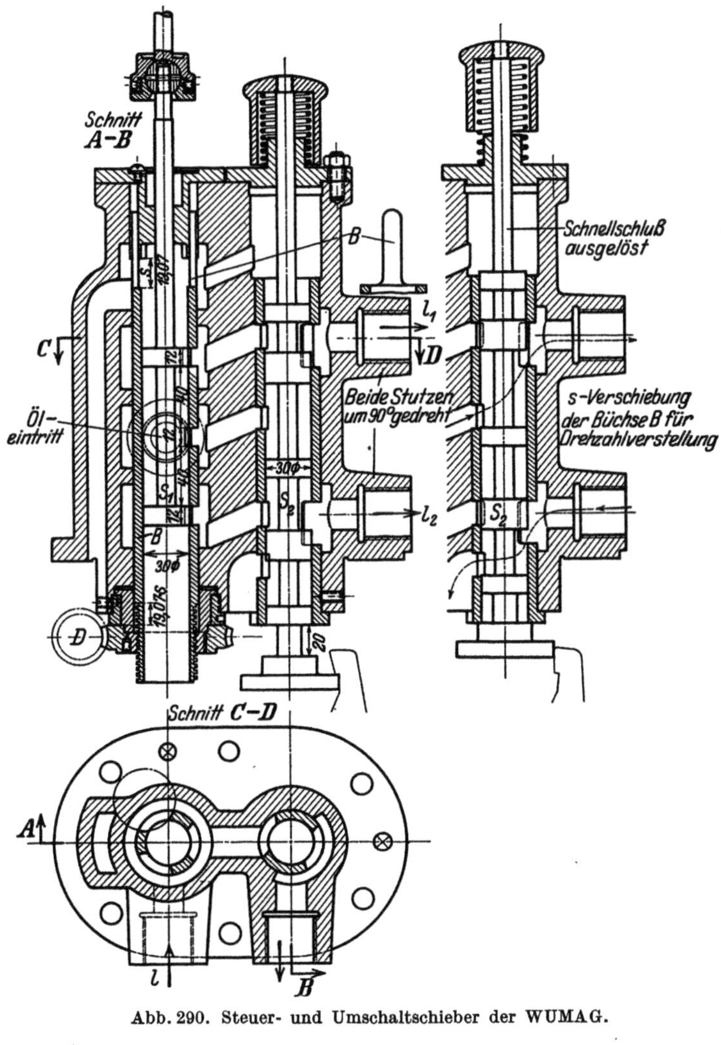

Abb. 290. Steuer- und Umschaltschieber der WUMAG.

Die Wirkung des zweiten, mechanischen Schnellschlusses s. S. 338.

Die Reglung von Escher, Wyss & Cie. (Abb. 291) wirkt ähnlich, jedoch mit einer Vorsteuerung; das Drucköl von der Ölpumpe *3* gelangt durch die Ölleitung und die Öffnungen in den Gehäusen des Umschaltschiebers *12* und des Steuerschiebers *6* über den federbelasteten Differentialkolben *4*, weiter durch eine kleine Bohrung, welche den Öldruck drosselt, auch unter den Kolben und kann durch eine weitere Bohrung durch das Innere der Kolbenspindel und die Bohrung *2* ablaufen. Durch die Druckdifferenz auf beiden Kolbenseiten und den Federdruck wird der Kolben so weit bewegt, daß die Bohrung *2* sich der Reglerspindel *1* nähert, bis durch Drosseln des Abflusses durch *2* der Druck unter dem Kolben sich so einstellt, daß Gleichgewicht der Kräfte über

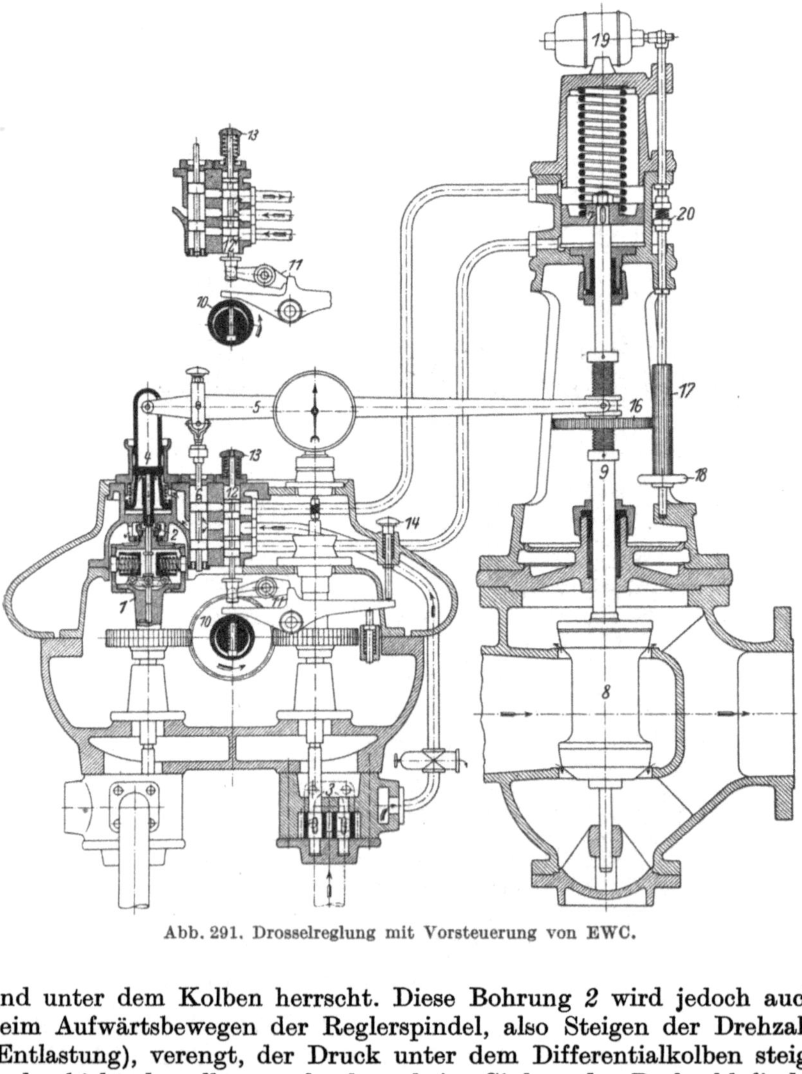

Abb. 291. Drosselreglung mit Vorsteuerung von EWC.

und unter dem Kolben herrscht. Diese Bohrung *2* wird jedoch auch beim Aufwärtsbewegen der Reglerspindel, also Steigen der Drehzahl (Entlastung), verengt, der Druck unter dem Differentialkolben steigt und schiebt denselben nach oben, beim Sinken der Drehzahl findet der umgekehrte Vorgang statt, so daß der Kolben stets den Bewegungen der Reglerspindel folgt. Der Kolben verstellt nun mittels des Hebels *5* den Steuerschieber *6* und bewirkt durch Ölzufuhr über oder unter den

Servomotorkolben *7* die Verstellung des Regelventils *8* und Rückführung des Steuerschiebers in der bekannten Weise.

Die Drehzahlverstellung erfolgt durch Verschieben des Regulierhebelpunktes an der Ventilspindel (s. 1., S. 295), durch Gewinde an dieser, der Mutter *16* mit Zahnkranz und Ritzel *17*, das von Hand mittels Handrad *18* oder durch den oben auf dem Kraftzylinder sitzenden Motor *19* mittels Schneckentrieb und Rutschkupplung *20* angetrieben wird.

Das Regelventil ist gleichzeitig als Schnellschlußorgan ausgebildet. Bei Überschreitung der zulässigen Drehzahl schlägt der Sicherheitsregler *10* (S. 334) aus und läßt den Hebel *11* ausklinken, wodurch der Umschaltschieber *12* durch die Felder *13* nach oben gezogen wird und das Drucköl über den Servomotorkolben treten läßt, während es unter demselben ablaufen kann; bei ungenügendem Öldruck bewirkt die Feder über dem Kolben *7* das Schließen des Ventils. Der Knopf *14* dient zum Auslösen der Vorrichtung von Hand.

Außer dem hydraulischen Schnellschluß wird noch davon unabhängig eine mechanische Schnellschlußvorrichtung betätigt, die das Absperrventil schließt (s. S. 339).

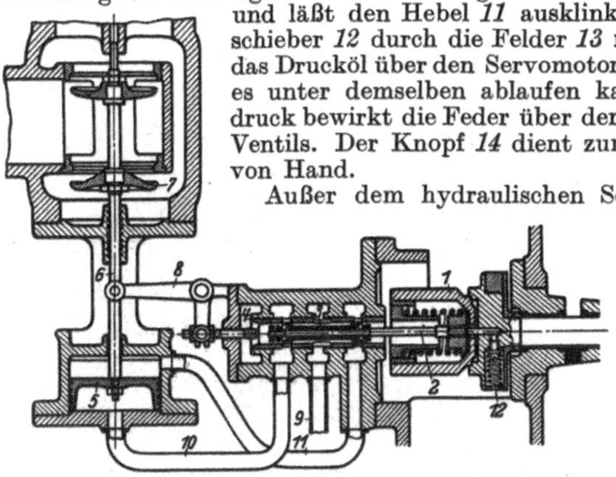

Abb. 292. Drosselreglung von Humboldt.

Die Drosselreglung von Humboldt (Abb. 292) für Turbinen kleiner und mittlerer Leistung hat grundsätzlich die gleiche Wirkung, wie die beschriebenen Reglungen, jedoch in etwas anderer Anordnung; die Schwunggewichte des Fliehkraftreglers *1* verstellen mittels der Spindel *2* den auf Kugeln drehbar gelagerten Steuerschieber *3*, der das durch Leitung *9* eintretende Drucköl durch Leitung *10* bzw. *11* unter oder über den Servomotorkolben *5* führt, wodurch das Regelventil *7* entsprechend mehr schließt oder öffnet, wobei gleichzeitig durch die Spindel *6* mittels Winkelhebels *8* die Steuerschieberbüchse *4* in der gleichen Richtung wie der Schieber *3* verstellt wird, bis Abschluß der Leitungen *10* und *11* erfolgt, also Rückführung erreicht wird. *12* ist der Sicherheitsregler.

Brown, Boveri & Cie. wenden Öldrucksteuerung ohne Gestänge an (Abb. 293 und 294), dessen Schema Abb. 295 zeigt. Die Menge des von der Ölpumpe *K* geförderten, durch die Reglung fließenden Drucköls wird durch das Ventil *V* eingestellt; das Öl tritt einerseits unter den Kolben *Y* des Regelventils *W* und kann andererseits durch die Leitung *C*, den Ringraum *O* und den von der Hülse an der Muffe des Reglers *B* verstellbaren Schlitz in der Büchse *E* ablaufen. Sinkt die Drehzahl, so steigt die Muffe *F* des Reglers *B* und verengt den Schlitz, der Druck in der Leitung *C* und unter dem Kolben *Y* steigt und hebt diesen so weit, bis die Spannung der Feder über dem Kolben das Gleichgewicht herstellt; das Ventil *W* wird mehr geöffnet, wodurch die Leistung und die Drehzahl wieder steigt. Beim Entlasten und Steigen der Drehzahl findet der umgekehrte Vorgang statt.

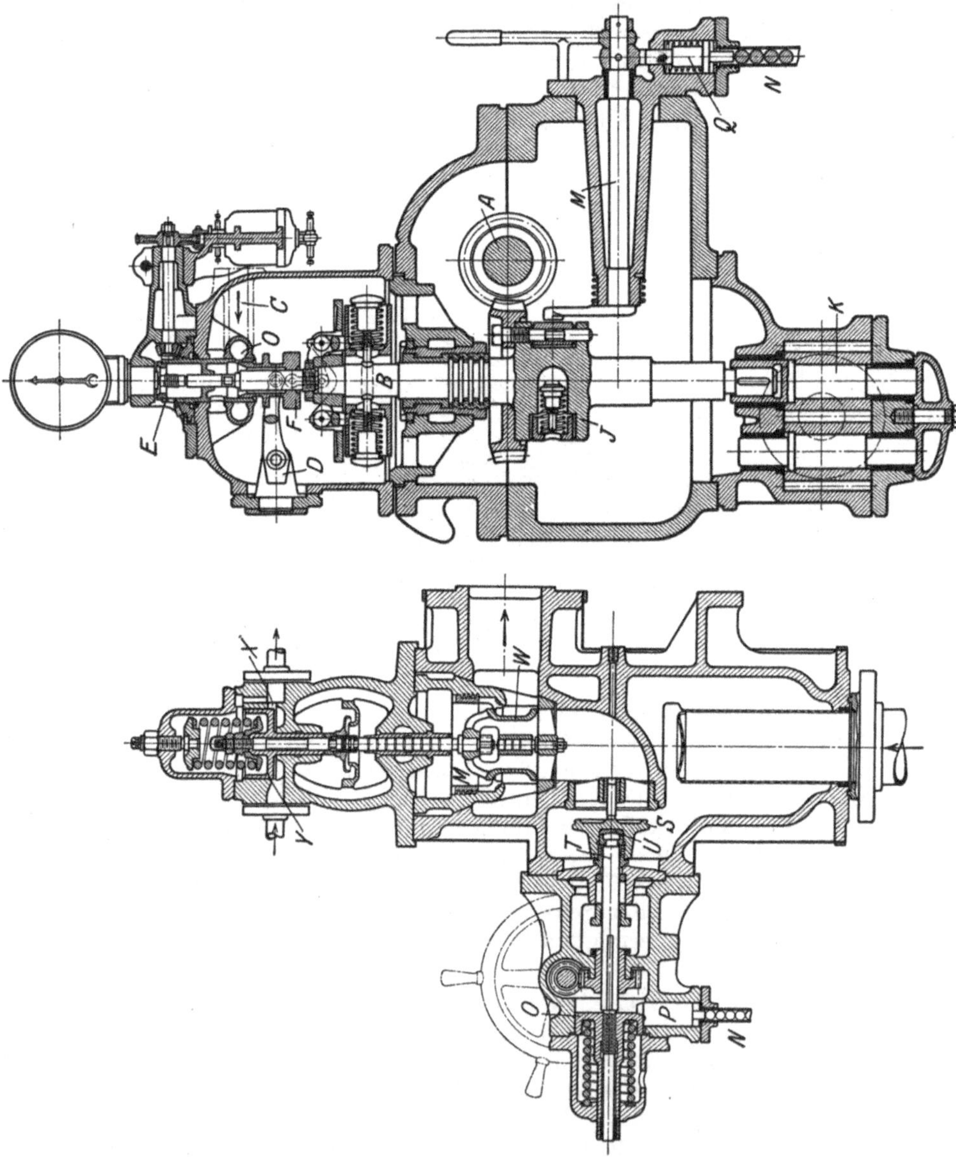

Abb. 293 u. 294. Öldrucksteuerung von BBC.

Um die Reibung der Ruhe beim Ventil auszuschalten, ist die Kante der den Schlitz verengenden Hülse 0,5 bis 1 mm schräg abgeschnitten, so daß jede der Schlitzöffnungen während einer Hülsenumdrehung etwas verengt und erweitert wird, wodurch der Öldruck entsprechend der Reglerdrehzahl (300 bis 500 min) periodisch etwas schwankt und der Kraftkolben *Y* ganz geringe, den Dampfdurchfluß kaum beeinflussende Bewegungen ausführt („Unruhe“).

Die Drehzahlverstellung wird in einfacher Weise durch Verschieben der Büchse E mit den Schlitzen bewirkt (Abb. 294), indem die Büchse durch Drehen der als Kegelrad ausgebildeten Mutter verschraubt wird, was durch eine elektromagnetische Schaltvorrichtung oder durch Handhebel erfolgen kann; dementsprechend muß sich die Reglermuffe einstellen, was jeweils einer anderen Drehzahl entspricht.

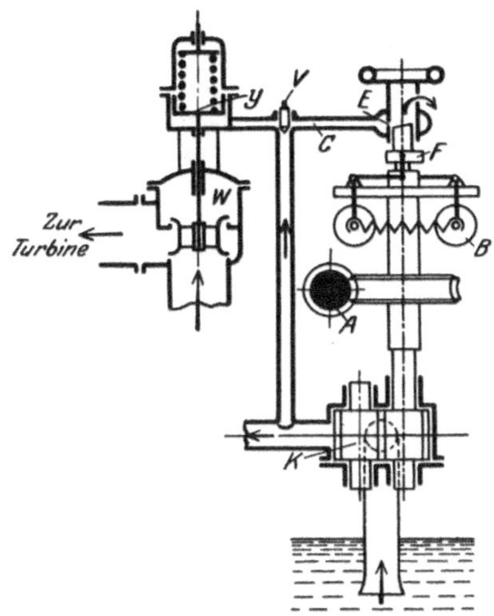

Abb. 295. Schema der Öldrucksteuerung von BBC.

Der Hebel D (Abb. 294) dient zum Anheben der Muffe von Hand mittels Verlängerungshebels.

Die Öffnung X (Abb. 293) ist nur ein schmaler senkrechter Schlitz, der durch den Mehrabfluß bei plötzlichem Wachsen des Öldruckes Überregulieren durch Hinaufschnellen des Kolbens Y vermeiden soll.

Die Wirkung der Schnellschlußvorrichtung s. S. 341.

Bei Kleinturbinen wenden BBC die sinnreiche und sehr einfache

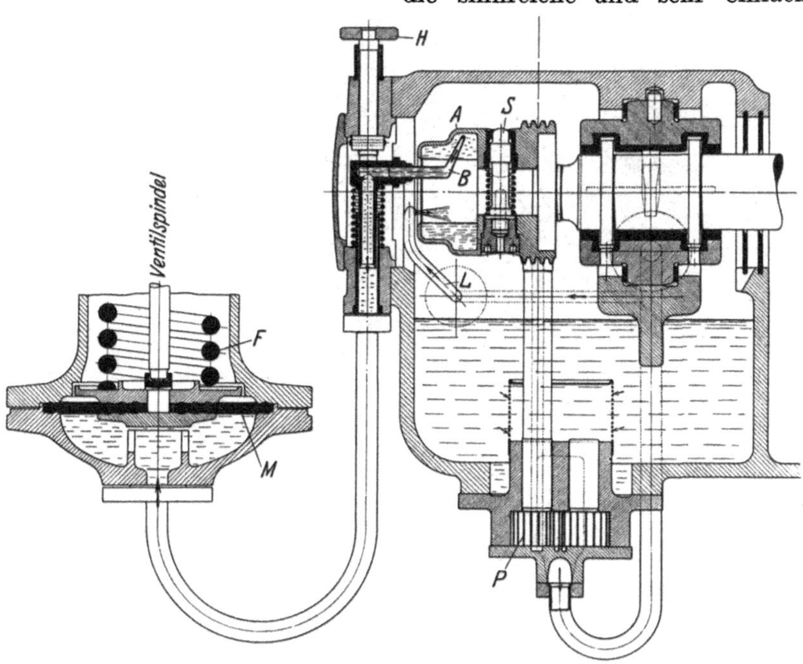

Abb. 296. Ölringsteuerung von BBC.

Ölringsteuerung an (Abb. 296), bei welcher der Druck ausgenutzt wird, der sich in einem rotierenden Ölring einstellt, in unmittelbarer

Abhängigkeit von der Drehzahl. Der Regler besteht aus einem rotierenden Ölgefäß A auf der Turbinenwelle, das durch ein Rohr L dauernd

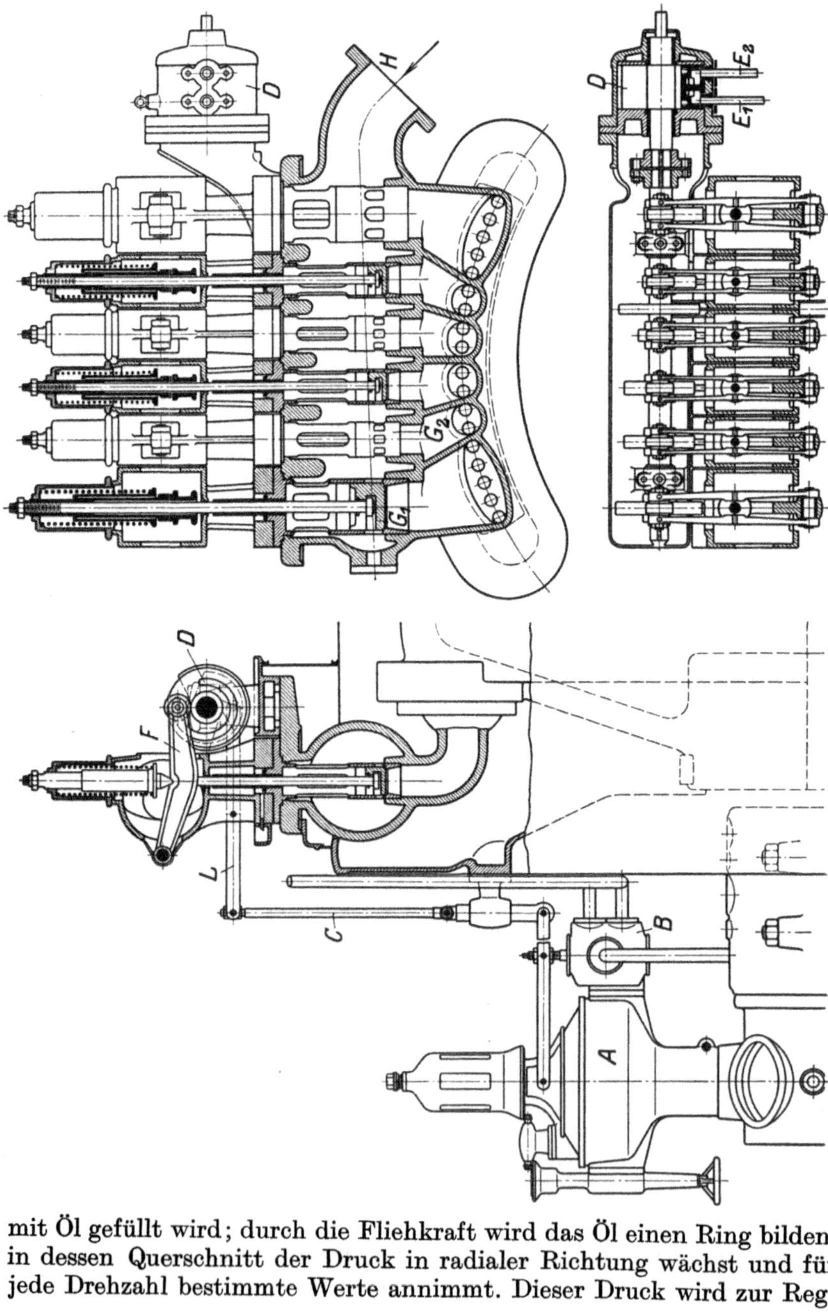

Abb. 297. Düsenreglung der AEG.

mit Öl gefüllt wird; durch die Fliehkraft wird das Öl einen Ring bilden, in dessen Querschnitt der Druck in radialer Richtung wächst und für jede Drehzahl bestimmte Werte annimmt. Dieser Druck wird zur Reglung benutzt, indem ein Tauchrohr B seitlich in das Öl geführt ist und den Druck unter die federbelastete Membran M überträgt, die unmittelbar auf die Spindel des Regulierventils wirkt. Ändert sich die Drehzahl, so ändert sich der Druck unter der Membran und es erfolgt Öffnen des Ventils durch den Federdruck oder Schließen durch den Öldruck. Die Drehzahlverstellung erfolgt einfach durch Änderung der Eintauchtiefe des Rohres B mittels der Stellschraube H. Der Sicherheitsregler S wirkt auf das Absperrventil wie S. 341 beschrieben.

B. Mengenreglung und vereinigte Drossel- und Mengenreglung.

Bei der Mengenreglung der Allgemeinen Elektrizitäts-Gesellschaft (Abb. 297), sitzen die federbelasteten Düsenventile G_1, G_2, ... auf dem Düsenkasten, in welchen der Dampf bei H eintritt und der in das Gehäuse der Turbine hineingehängt wird; die Ventile werden mittels

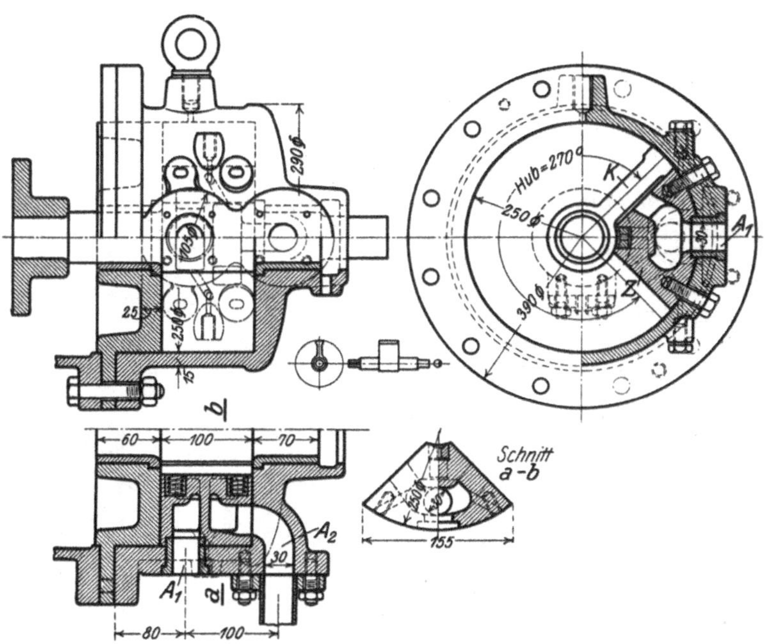

Abb. 298. Drehservomotor der AEG.

Hebel F und der auf einer Welle sitzenden Nocken, die durch den Drehservomotor D gedreht werden, betätigt, wobei die Nocken so gegeneinander versetzt aufgekeilt sind, daß die Ventile nacheinander öffnen. Die Betätigung des Flügelkolbens K im Drehservomotor (Abb. 298[1]) erfolgt durch Zufuhr des Drucköls auf die eine oder die andere Seite des Kolbens durch die Leitungen E_1, E_2 (Abb. 297) bzw. die Kanäle A_1,

[1] Aus Stodola, A.: Die Dampf- und Gasturbinen.

A_2 (Abb. 298), durch einen vom Regler A (Abb. 297) verstellten Steuerschieber B in der bekannten Weise. Die Rückführung des Steuer-

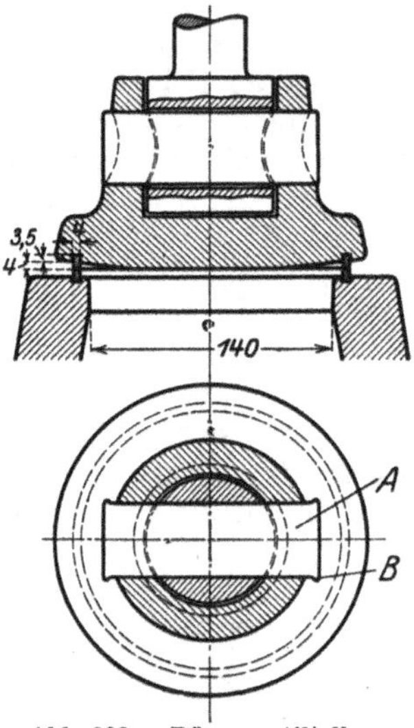

Abb. 299a. Düsenventilteller.

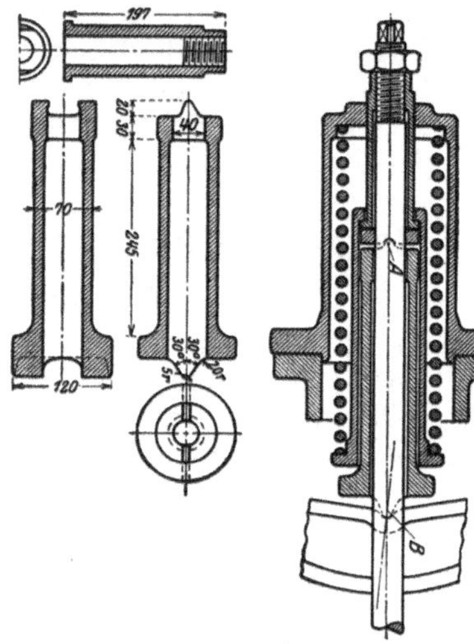

Abb. 299b. Ventilgelenk.

schiebers erfolgt durch Heben bzw. Senken des Endes vom Hebel L, das in einer spiraligen Nut der auf der Servomotorwelle sitzenden Rückführscheibe geführt wird.

Die Drehzahlverstellung erfolgt durch Änderung der Muffenbelastung, indem die Federspannung (über dem Regler) mittels Elektromotor oder von Hand durch Drehen des links sichtbaren Handrades geändert wird.

Die Düsenventile werden auch mit Ventilteller nach Abb. 299a ausgeführt; um die Kreisbogenbewegung des Ventilhebels auszugleichen, stützt sich der Federteller (Abb. 299b) mit einer in gerundeten Schneiden gelagerten Lenkbüchse AB auf den Ventilhebel.

Die Bergmann-Elektrizitäts-Werke führen die Mengenreglung nach Abb. 300 aus; eine Reihe doppelsitziger Ventile wird von einer gemeinsamen Spindel, die am Servomotorkolben hängt, betätigt; jedes Ventil regelt die Dampfzufuhr zu je einer Düse oder Düsengruppe. Die infolge ungleicher Sitze nicht ganz entlasteten Ventile werden durch den Dampfdruck dicht auf die Spitze gepreßt, das Anheben erfolgt durch je einen konischen Bund an der Spindel, der in eine passende konische Bohrung der Ventile

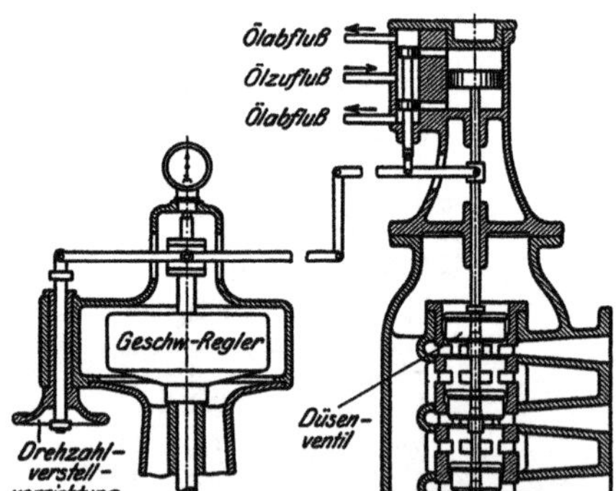

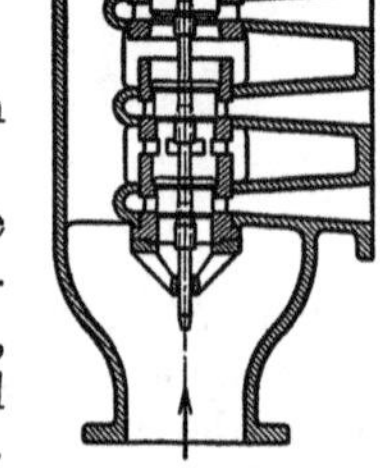

Abb. 300. Mengenreglung der BEW.

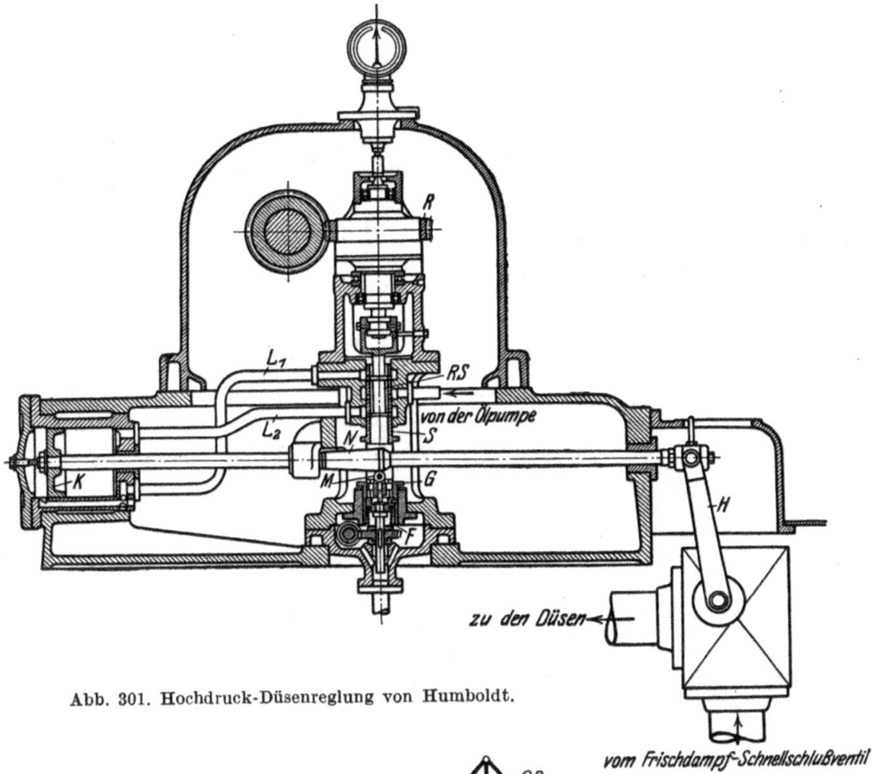

Abb. 301. Hochdruck-Düsenreglung von Humboldt.

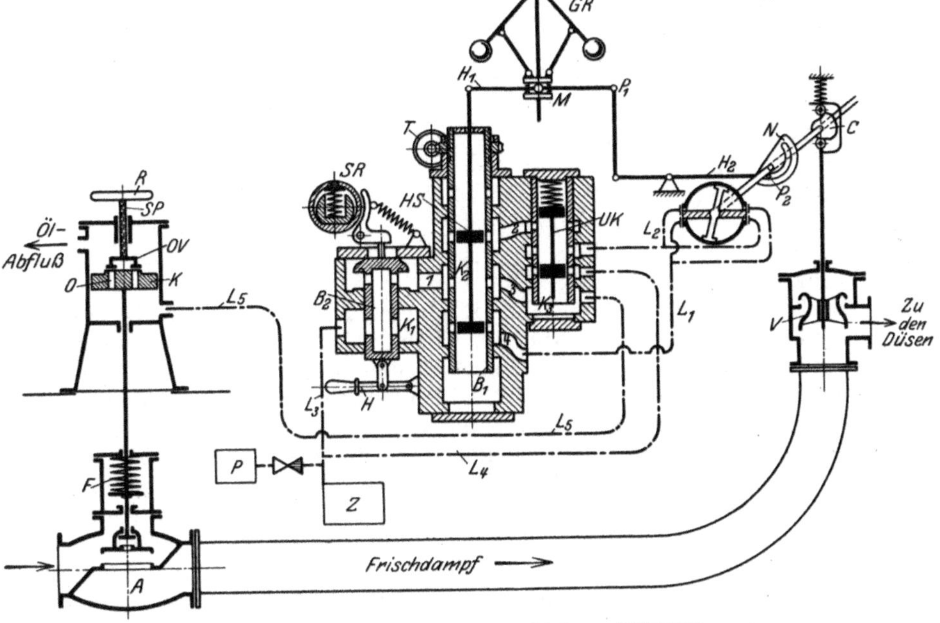

Abb. 302. Düsenreglung und Schnellschluß von SSW-Röder.

eingreift, wobei die Bunde an der Spindel so gegeneinander angeordnet sind, daß sie nacheinander zum Anliegen kommen und dementsprechend die Ventile nacheinander öffnen bzw. schließen. Die Drehzahlverstellung erfolgt durch Verschieben des Drehpunktes des Regulierhebels mittels Handrad (s. 3., S. 296).

Die Maschinenbauanstalt Humboldt führt bei den Hochdruck-Großturbinen die Düsenreglung nach Abb. 301 mit gestängeloser Rückführung aus.

Der Regler R verstellt den an seiner Muffe befestigten Regulierschieber RS, der das Drucköl durch L_1 über bzw. L_2 unter den Kraftkolben K führt, welcher mittels der Kolbenstange und des Hebels H eine Welle dreht, auf welcher die Hebel zum aufeinanderfolgenden Öffnen bzw. Schließen der Düsenventile sitzen. Gleichzeitig erfolgt die Rückführung dadurch, daß der konische Teil N der Kolbenstange durch die Rolle M, die in der Verlängerung G der durch die Feder F belasteten Schieberbüchse S sitzt, die letztere verschiebt, bis die Schlitze derselben durch den Steuerschieber RS wieder abgeschlossen sind.

Die Düsenventile sitzen in einem gemeinsamen Ventilkasten, der aus Stahlguß hergestellt oder bei Hochdruckdampf aus einem geschmiedeten Stahlblock herausgearbeitet wird. Die Düsenventile sind vollständig entlastet.

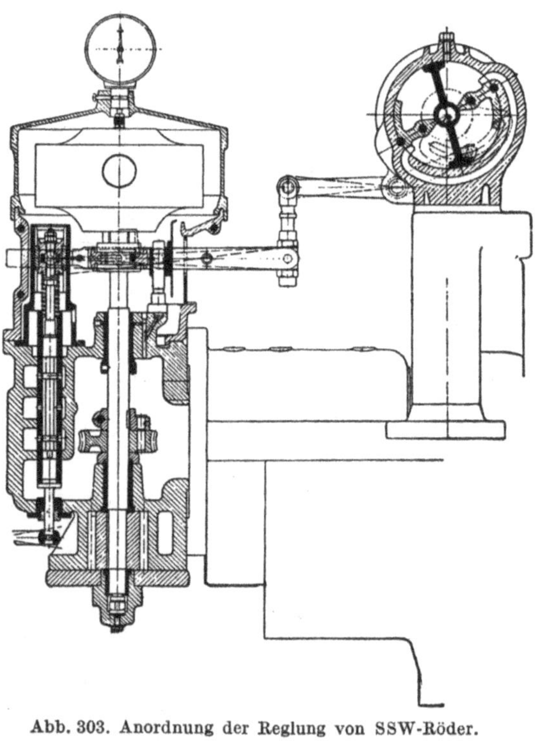

Abb. 303. Anordnung der Reglung von SSW-Röder.

Die Düsenreglung der Siemens-Schuckert-Werke (SSW) hat ebenfalls Betätigung der Düsenventile durch Drehkolben, jedoch ohne Ventilhebel. Das Schema der Reglung und der Sicherheit-Schnellschlußvorrichtung zeigt Abb. 302. Beim Einspielen des Geschwindigkeitsreglers GR verstellt der Hebel H_1 den Steuerschieber HS, der das von der Zahnradölpumpe Z (P Hilfsölpumpe) kommende, durch die Leitung L_3, die Büchse B_2 und die Bohrung *1* in den Innenraum K_2 der Büchse B_1 strömende Drucköl durch die Bohrungen *2* bzw. *4* und die Leitungen L_2 bzw. L_1 auf die eine oder die andere Seite des Drehkolbens im Servomotor führt. Durch Drehen der Steuerwelle werden die Düsenventile V durch die Kurvenscheiben C geöffnet oder durch die Federn geschlossen. Die Rückführung erfolgt durch die spiralige Nut der Rückführscheibe N, in welcher der Endpunkt P_2

des Hebels H_2 gleitet und auf- und abwärts verstellt wird, so daß der Hilfsschieber HS die Öffnungen der Büchse abschließt.

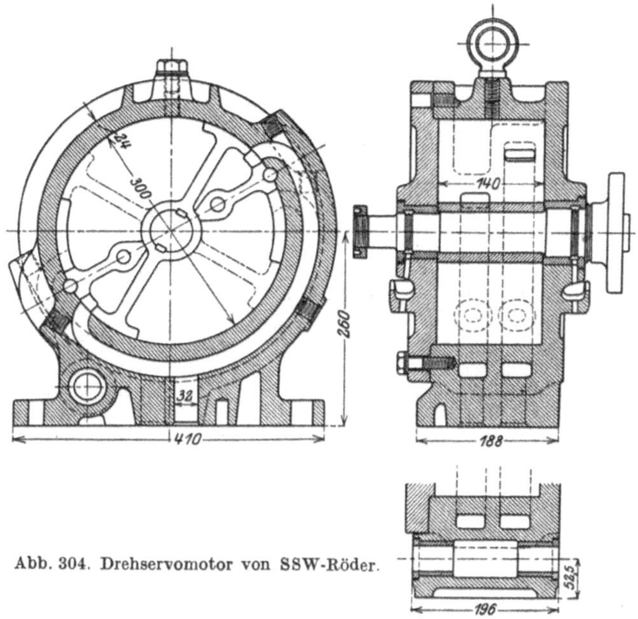

Abb. 304. Drehservomotor von SSW-Röder.

Die Drehzahlverstellung erfolgt durch Verschieben der Hilfsschieberbüchse B_1 mittels Gewinde, Mutter mit Schneckenrad und Schnecke T von Hand oder durch Elektromotor.

Die konstruktive Anordnung der Reglung zeigt Abb. 303, den Schnitt durch den Servomotor mit Dreh-

Abb. 305. Drehservomotor SSW-Röder.

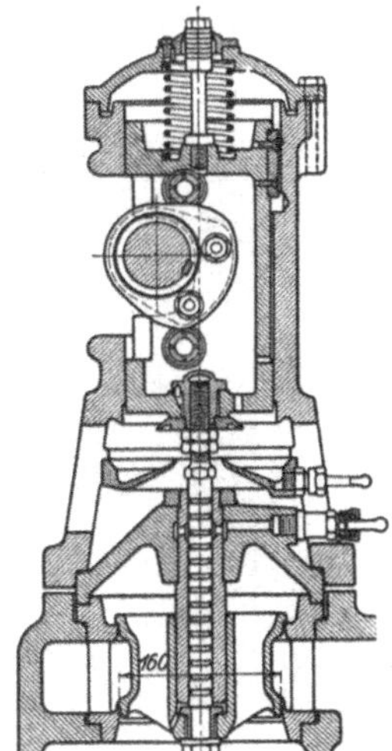

Abb. 306. Antrieb der Düsenventile (SSW).

kolben Abb. 304; die Ansicht desselben mit Rückführscheibe veranschaulicht Abb. 305. Die Betätigung der Düsenventile zeigt Abb. 306 und die Düsenventile mit zwei Servomotoren und Düsenkasten Abb. 307. Bei kleinem Laufraddurchmesser und großen Dampfmengen (Gegendruck) werden die Ventile nicht auf die

Abb. 307. Düsenkasten (SSW-Röder).

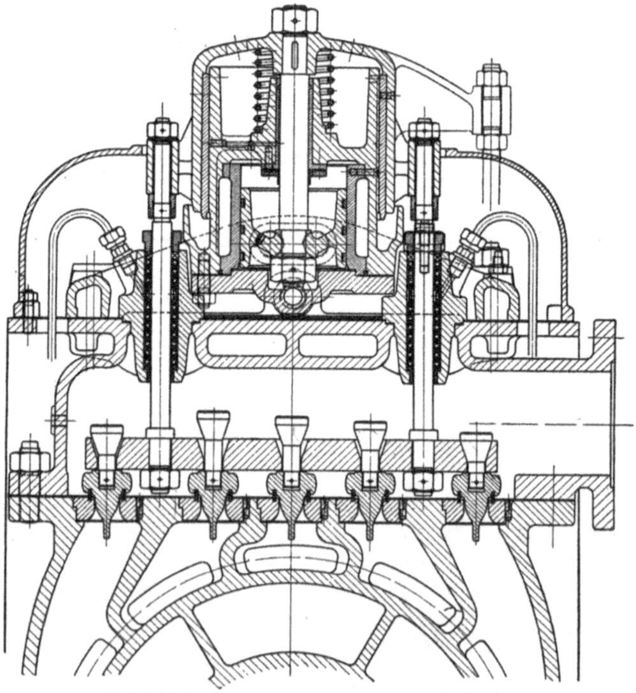

Abb. 308. Düsengruppensteuerung von Weise Söhne.

Turbine gesetzt, sondern unter Maschinenhausflur, und der Servomotor mit den Ventilaufsätzen vorn vor die Turbine auf den Grundrahmen; der Dampf wird dann durch Rohrleitungen von den Ventilen zu den Düsen geführt.

Die Wirkung der Schnellschlußvorrichtung s. S. 337.

Auch die Frankfurter Maschinenbau-A. G. (FMA) verwendet durch Drehservomotor betätigte Düsenventile.

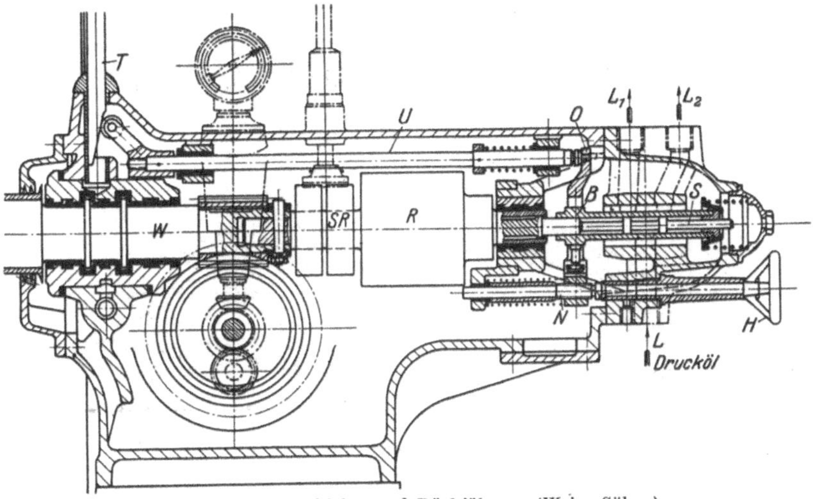

Abb. 309. Steuerschieber und Rückführung (Weise Söhne).

Die Düsengruppensteuerung von Weise Söhne (Abb. 308) hat nebeneinander auf der Turbine im Düsenkasten sitzende Ventile mit verschieden langen Spindeln mit konischen Bunden, welche sich

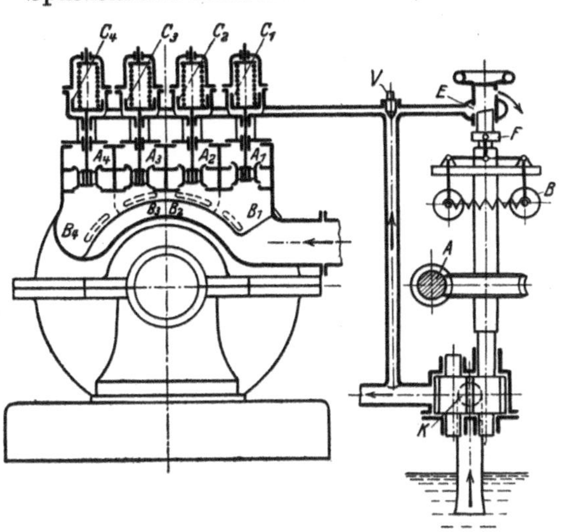

Abb. 310. Schema der Öldrucksteuerung von BBC.

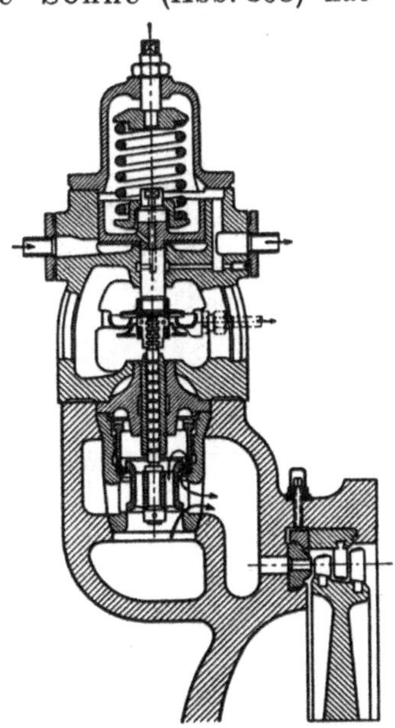

Abb. 311. Düsenventil von BBC.

beim Anheben der Ventiltraverse in passende konische Bohrungen der Traverse legen, so daß sie nacheinander öffnen und in umgekehrter Reihen-

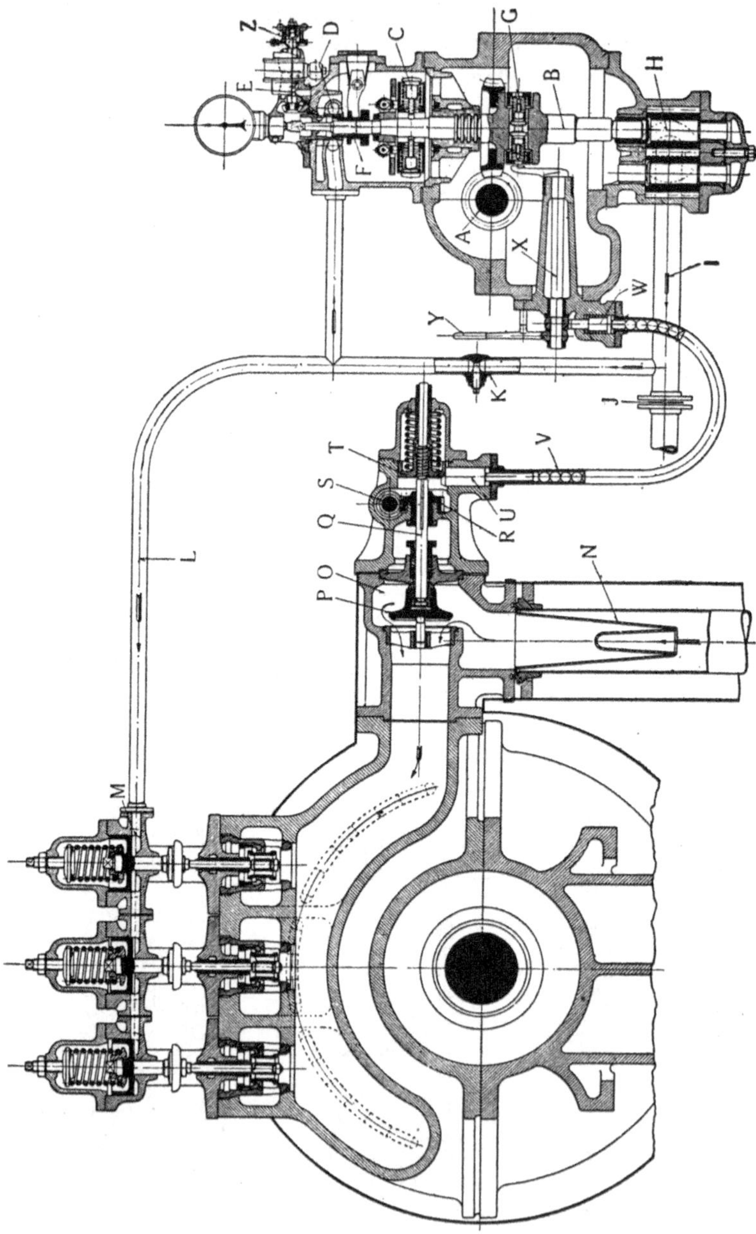

Abb. 312. Anordnung der Öldrucksteuerung und Schnellschluß von BBC.

folge schließen. Die Bewegung der Traverse erfolgt vom inneren Kraftkolben aus, der mittels der Kolbenstange mit der äußeren Haube verbunden ist und diese ihrerseits durch die zwei seitlichen Spindeln mit der Traverse. Die Gesamtanordnung der Reglung ist aus Abb. 362, S. 349 ersichtlich; die Steuerhaube wird in einem Zylinder von großem Durchmesser mit Bronzefutter geführt, die Feder unter der Haube öffnet die Ventile selbsttätig beim Abstellen der Turbine.

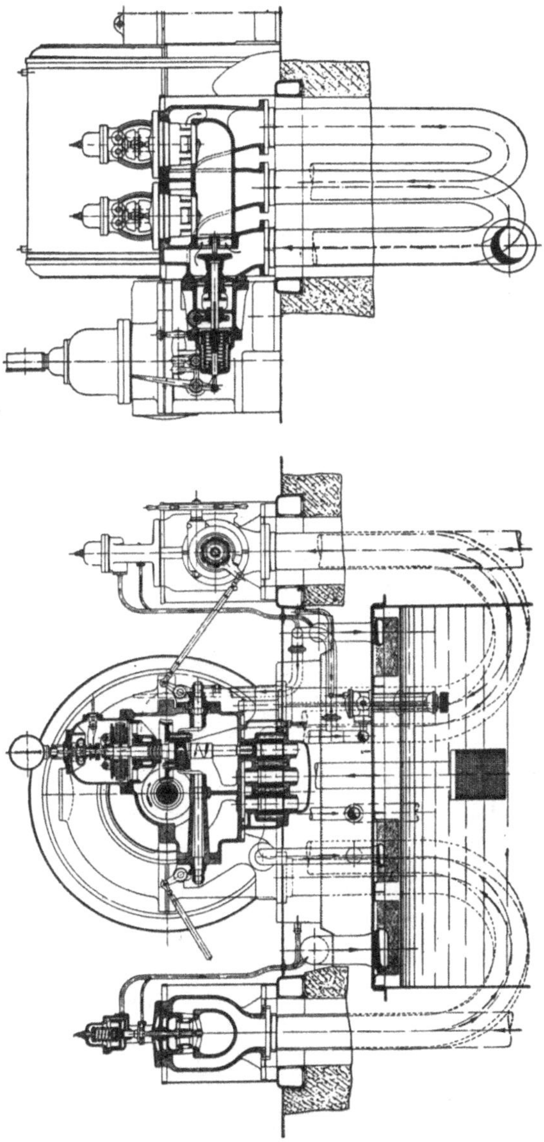

Abb. 313. Anordnung der Regelventile bei Großturbinen (BBC).

Der in der Verlängerung der Turbinenwelle W (Abb. 309), sitzende Jahnsregler R verstellt den rotierenden Steuerschieber S, der das Drucköl in bekannter Weise durch die Leitungen L_1, L_2 über bzw. unter den Kraftkolben steuert; die Rückführung wird bewirkt durch Verschieben der Steuerbüchse B durch die Bewegung der mit der Steuerhaube verbundenen senkrechten Stange T, deren untere schräge Ebene mittels einer Rolle die wagerechte Stange U verschiebt, die wiederum durch den senkrechten Hebel O die Schieberbüchse B verstellt. Die Drehzahländerung erfolgt durch Verstellen der Steuerbüchse B durch Verschrauben des anderen Endes des Hebels O an der wagerechten Spindel N mittels des Handrades H.

Die gestängelose Düsenreglung von **Brown, Boveri & Cie.** veranschaulicht im Schema Abb. 310; die Wirkungsweise des Reglers und der Drehzahlverstellung ist die S. 300 beschriebene. Die von der Pumpe K geförderte und zur Reglung benutzte Ölmenge wird durch das Ventilchen V eingestellt, das Öl tritt unter die mit Federn verschiedener Spannung belasteten Kolben C_1 bis C_4 der Düsenventile A_1 bis A_4 und läuft durch den vom Regler B gesteuerten Schlitz in der Büchse E ab (vgl. Abb. 293 und 294, S. 301); durch Änderung der Schlitzweite in der Büchse je nach der Stellung der Reglermuffe, d. h. der Drehzahl bzw. der Belastung, ändert sich der Öldruck unter den Kolben und öffnet dementsprechend diejenigen Düsenventile, deren Federn dem jeweiligen

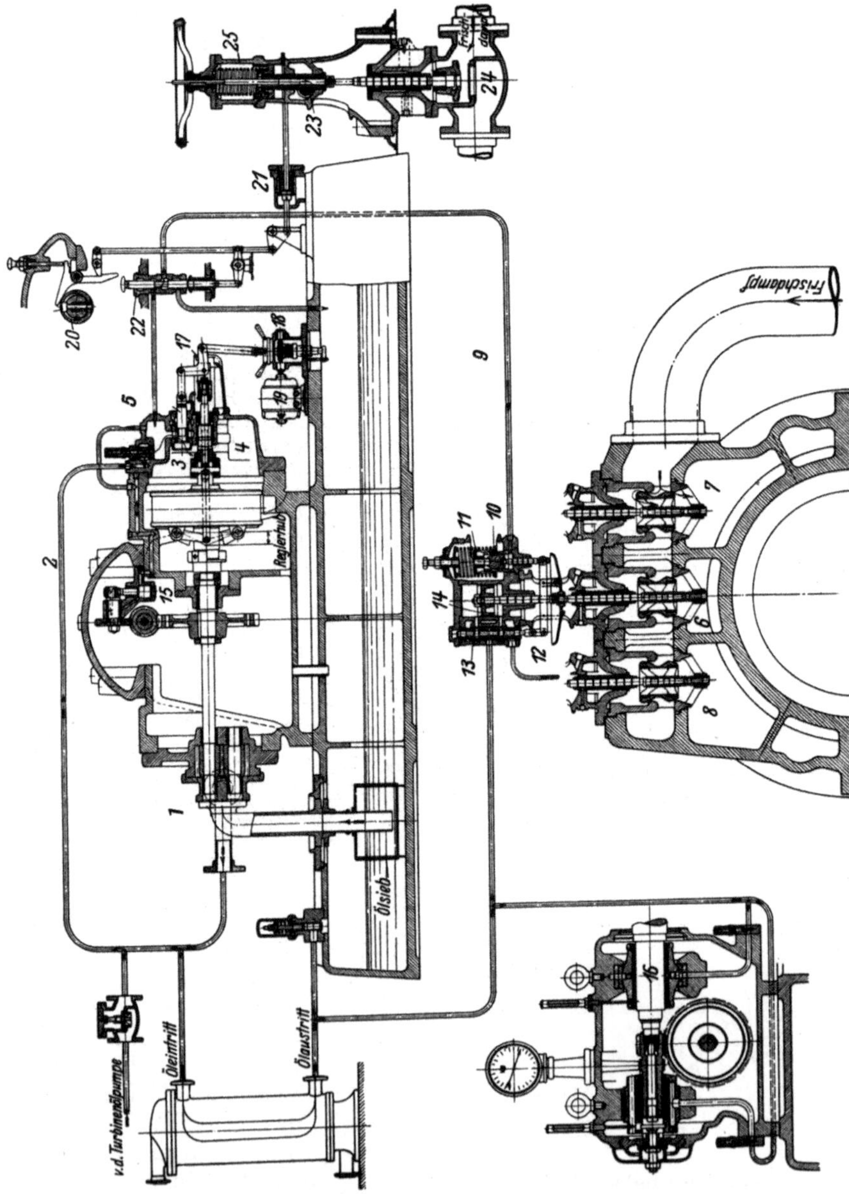

Abb. 314. Öldrucksteuerung der GHH.

Druck nachgeben, wobei die Federn so abgestimmt sind, das erst bei voller Druckausnutzung des vorhergehenden Ventils das nächste sich zu öffnen beginnt. Es befindet sich also immer nur ein Ventil in regelnder Zwischenstellung, die andern sind schon voll offen oder noch ganz geschlossen.

Bei abgestellter Turbine sind die Ventile geschlossen und öffnen erst, wenn durch die Hilfsölpumpe der zum Öffnen der Ventile erforderliche Öldruck erzeugt ist, bei Erreichung der normalen Drehzahl gibt die Reglermuffe den Schlitz in der Büchse *E* frei, worauf der Öldruck so weit sinkt, bis das der Leerlaufsleistung entsprechende erste Ventil regelt.

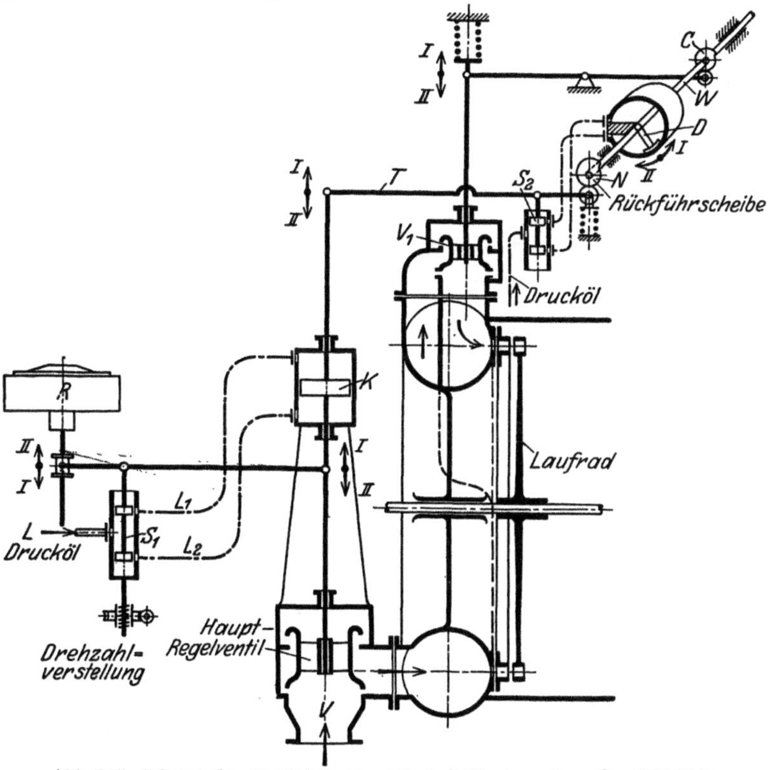

Abb. 315. Schema der Vereinigte Drossel- und Mengenreglung der WUMAG.

Ein Düsenventil zeigt Abb. 311, die Anordnung der Reglung Abb. 312. Die Schnellschlußvorrichtung s. S. 341. Bei großen Leistungen werden die Regelventile nicht auf das Turbinengehäuse, sondern seitlich neben die Turbine gesetzt (Abb. 313).

Die Öldrucksteuerung der Gutehoffnungshütte benutzt ebenfalls die Wirkung des veränderlichen Öldruckes auf verschieden gespannte Federn, jedoch unter Zwischenschaltung eines Kraftgetriebes für jedes Düsenventil. Die Anordnung zeigt Abb. 314; das von der Zahnradpumpe *1* geförderte Drucköl gelangt durch Leitung *2* nach Abdrosseln in einer Drosselschraube in den Druckraum *5* und läuft von hier durch einen mittels Schiebers *3* veränderlichen Schlitz ab, während es durch die Leitung *9* unter die mit Federn *11* verschiedener Spannung belasteten

Kolben *10* treten kann, welche mittels Gestänge die Hilfsschieber *12* verstellen und Drucköl aus der Leitung *13* über bzw. unter die Kraftkolben *14* steuern, wobei bei zunehmendem Druck in der Leitung *9* die Ventile geöffnet, bei abnehmendem geschlossen werden, und zwar sind die Federn so abgestimmt, daß die Ventile nacheinander öffnen, das erste bis etwa Halblast, die andern für $^3/_4$ und $^1/_1$ Last. Die Rückführung der Hilfsschieber *12* erfolgt durch die Bewegung der Ventile (vgl. Abb. 285, S. 293). Die Änderung des Öldruckes in dem Druckraum *5*, also auch in Leitung *9*, erfolgt durch Änderung der Weite des Abflußschlitzes durch den von der Reglermuffe *4* mittels Winkelhebels *17* verstellten Schieber *3*; steigt die Drehzahl (Entlastung), so wird die Abflußöffnung vergrößert, der Druck sinkt und bewirkt Schließen der Ventile *6*, *7*

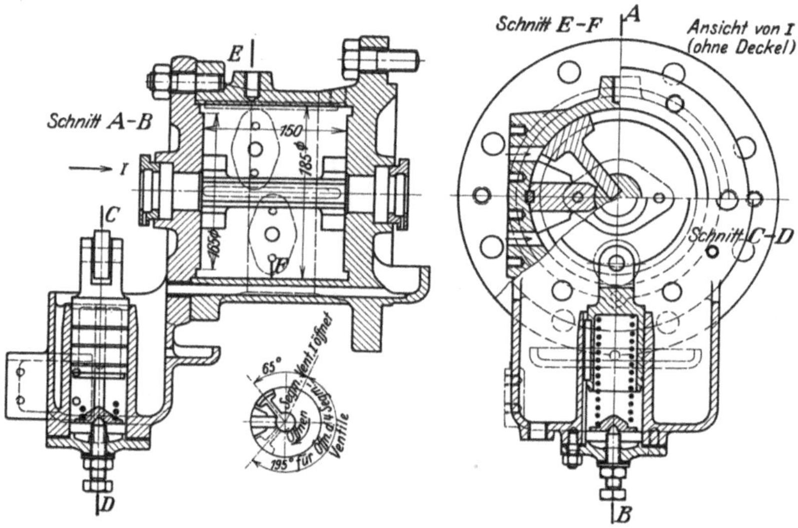

Abb. 316. Drehservomotor der WUMAG.

oder *8*. Um die Reibung der Ruhe auszuschalten, wird der Öldruck durch den Verdrängerkolben *15* pulsierend kleinen Schwankungen unterworfen, wodurch die Steuerungsteile kleine schwingende Bewegungen ausführen.

Bei ausbleibender Ölförderung, zu geringem Öldruck oder bei Auslösen des Schnellschlusses (Verstellung des Ölausschalters *22*) schließen die Ventile und stellen die Turbine ab; als weitere Sicherheitsvorrichtung wird das Absperrventil ausgelöst (s. S. 340).

Die Drehzahlverstellung erfolgt mittels Handrades *18* oder Elektromotors *19* durch Verstellen des Winkelhebels *17*, der den Regulierschieber *3* so verstellt, daß die Abflußöffnung verringert wird — Drucksteigerung, also Erhöhung der Drehzahl, oder vergrößert wird — Drucksenkung, Ermäßigung der Drehzahl.

Die vereinigte Drossel- und Mengenreglung der WUMAG (GMA) zeigt Abb. 315 im Schema; das Hauptdrosselventil *V* regelt durch

Drosseln bis ¼ oder ½ Last in der S. 297 beschriebenen Weise, während die Düsenreglung nur leer etwas mitgeht. Bei größerer Belastung öffnet das Hauptventil so weit, daß der Dampf ungedrosselt hindurch kann; der Servomotorkolben K verstellt nun mittels des Hebels T den Hilfsschieber S_2 der Düsenreglung und steuert das Drucköl auf die eine oder die andere Seite des Drehkolbens D vom Drehservomotor der Düsenventile, der Kolben dreht die Steuerwelle W mit den gegeneinander versetzten Nockenscheiben C, die durch Hebel die Düsenventile V_1 nacheinander öffnen oder sie durch den Federdruck schließen lassen (es sitzen 3 bis 5 solcher Ventile nebeneinander).

Die Rückführung wird durch Heben bzw. Senken des mit einer Rolle versehenen Endes des Hebels T mittels spiraliger Scheibe N be-

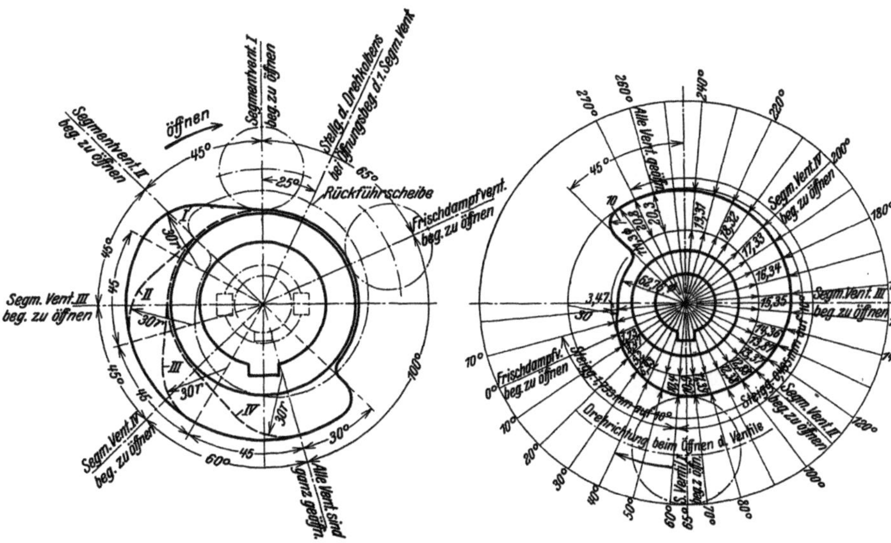

Abb. 317. Nockenscheiben und Rückführscheibe (WUMAG).

wirkt, an welche die Rolle durch eine Feder angedrückt wird. Den Drehservomotor zeigt Abb. 316, die Nockenscheiben und die Rückführscheibe Abb. 317; den Aufbau der Reglung veranschaulicht Abb. 318, das vordere Lager mit dem Regler befindet sich in Wirklichkeit hinter dem Absperr- und Regulierventil. Bei Platzmangel wird die Nockenwelle unter Wegfall der Hebel in die Hauben verlegt, so daß die Nocken direkt auf die Ventile wirken (Abb. 319).

Die Schnellschlußvorrichtung ist S. 297 u. 338 beschrieben.

Das Hauptregelventil der vereinigten Reglung der Ersten Brünner Maschinenfabriks-Gesellschaft zeigt Abb. 320; die Betätigung des Ventils ist dieselbe wie bei den anderen Drosselreglungen, jedoch werden von der Bewegung der Ventilspindel durch den Hebel J mittels Stange und versetzter Ventilhebel die Düsenventile betätigt (vgl. Abb. 321).

Das Drucköl tritt durch den Raum D in den Steuerschieber S_1 und durch den mittels des Hebels N und von oben mittels Drucköl in seiner Lage gehaltenen Umschaltschieber S_2 durch die Leitungen L_1 bzw. L_2 über bzw. unter den Kolben K. Z_1 ist die Servomotorölpumpe, Z_2 die Lagerölpumpe; die Drehzahlverstellung

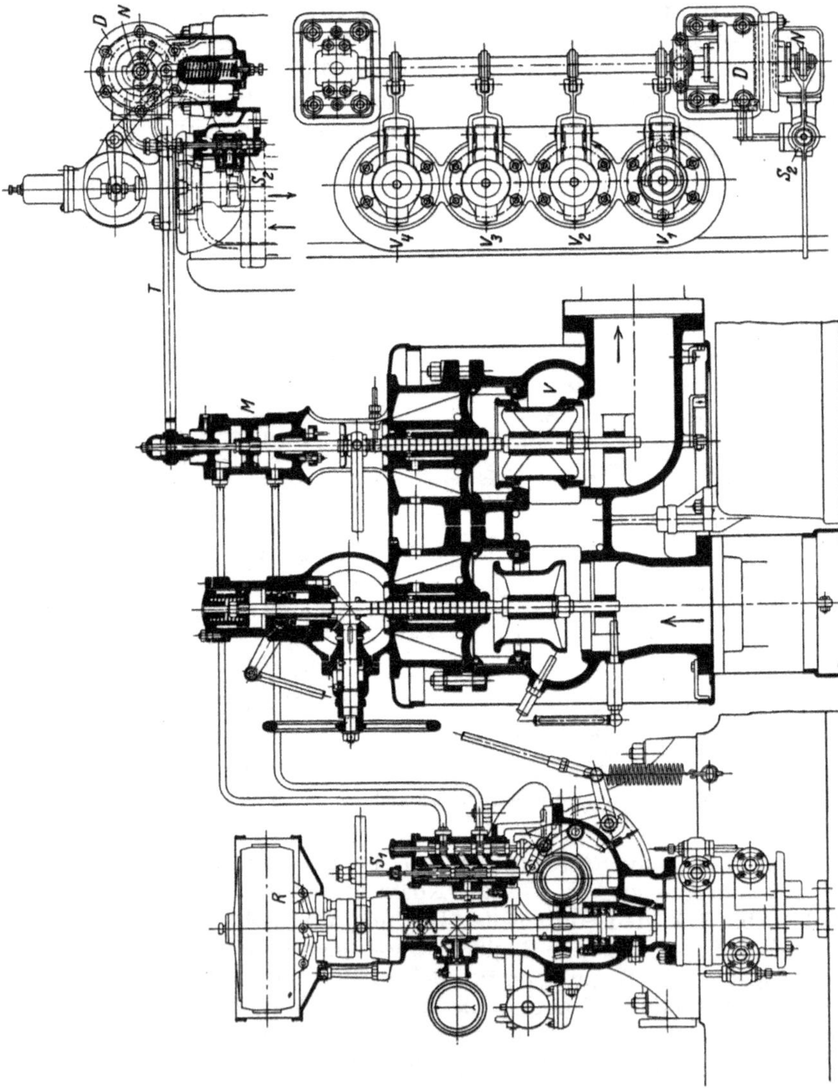

Abb. 318. Vereinigte Drossel- und Mengenreglung der WUMAG.

erfolgt durch Federwage durch Spannen oder Entspannen der Federn F mittels Handrad H oder mittels Motor und Schneckentrieb M nach Einrücken der Kuppelklinke P. Auch hier ist das Regelventil mit Schnellschlußvorrichtung ausgeführt: der Sicherheitsregler löst den Hebel N aus, das durch Leitung L auf den Umschaltschieber S_2 drückende Öl verschiebt ihn nach unten, wodurch das Drucköl durch L_1 über den Kolben K gelangt und das Ventil V schließt, während das

Öl unter dem Kolben durch L_2 abfließen kann; gleichzeitig schließt der Umschaltschieber die Druckölzufuhr zum Steuerschieber S_1 ab.

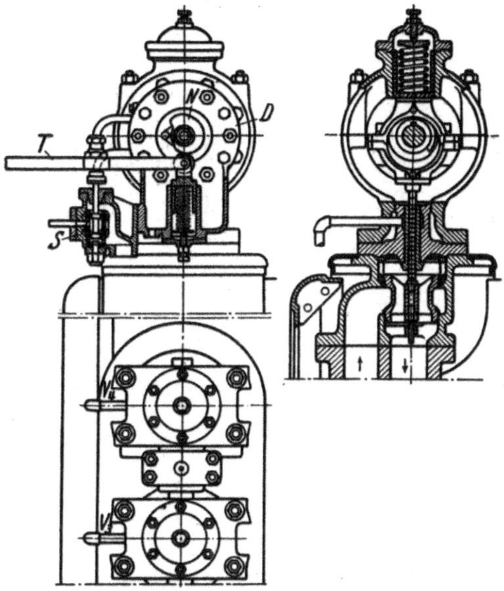

Abb. 319. Düsenventile mit innenliegender Nockenwelle (WUMAG).

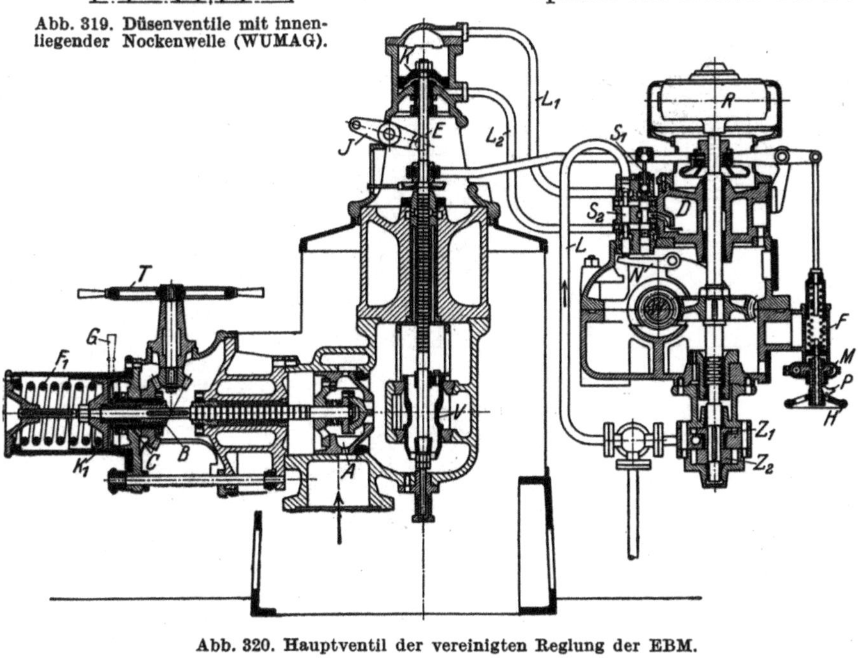

Abb. 320. Hauptventil der vereinigten Reglung der EBM.

Das mechanisch betätigte Schnellschlußabsperrventil ist S. 340 beschrieben.

Die vereinigte Reglung von A. Borsig, die nach dem Vorbilde der Ersten Brünner Maschinenfabriks-Gesellschaft ausgeführt ist, ist im Schema in Abb. 321 dargestellt; der Regler R verstellt mittels Hebels h den Steuerschieber S_1 und leitet das Drucköl über bzw. unter den Kolben des Servomotors G, der das Hauptregulierventil A mehr schließt oder öffnet. Bei größerer Belastung, also größerem Ventilhub, werden von der Ventilspindel aus mittels des Hebels, einer Stange und auf einer Welle versetzt ausgekeilter Winkelhebel die Düsenventile B nacheinander betätigt (es ist nur ein solches

Ventil gezeichnet), deren jedes eine Düsengruppe steuert, ferner für Überlastung noch Stufenventile C, welche Frischdampfzufuhr in spätere Stufen bewirken.

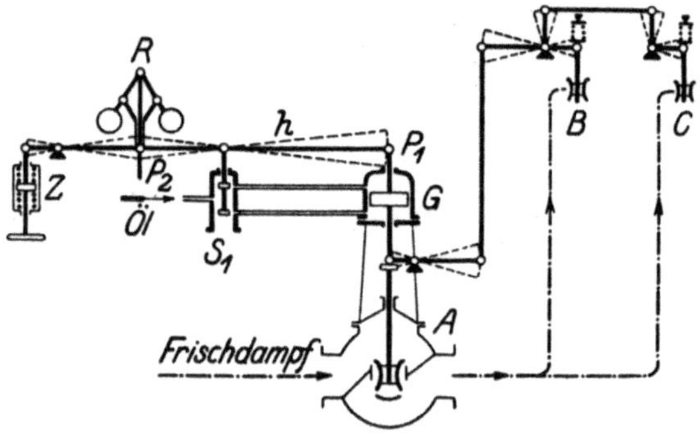

Abb. 321. Schema der vereinigten Reglung von Borsig.

Den Aufbau der Hauptreglung zeigt Abb. 322; die Drehzahlverstellung erfolgt durch Veränderung der Muffenbelastung des. Reglers R mittels Zusatzfeder Z (Federwage) von Hand oder durch ferngesteuerten Elektromotor. Das Hauptregelventil ist mit Schnellschlußvorrichtung ausgeführt, die in derselben

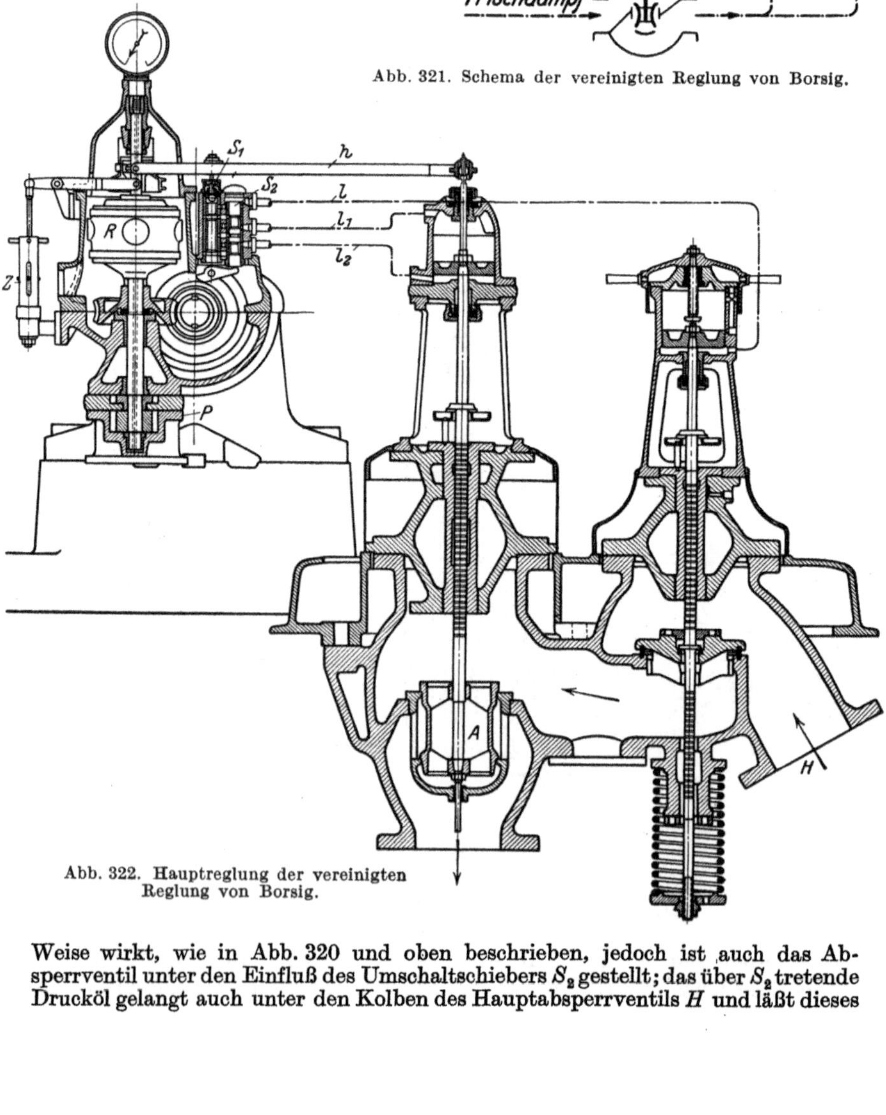

Abb. 322. Hauptreglung der vereinigten Reglung von Borsig.

Weise wirkt, wie in Abb. 320 und oben beschrieben, jedoch ist auch das Absperrventil unter den Einfluß des Umschaltschiebers S_2 gestellt; das über S_2 tretende Drucköl gelangt auch unter den Kolben des Hauptabsperrventils H und läßt dieses

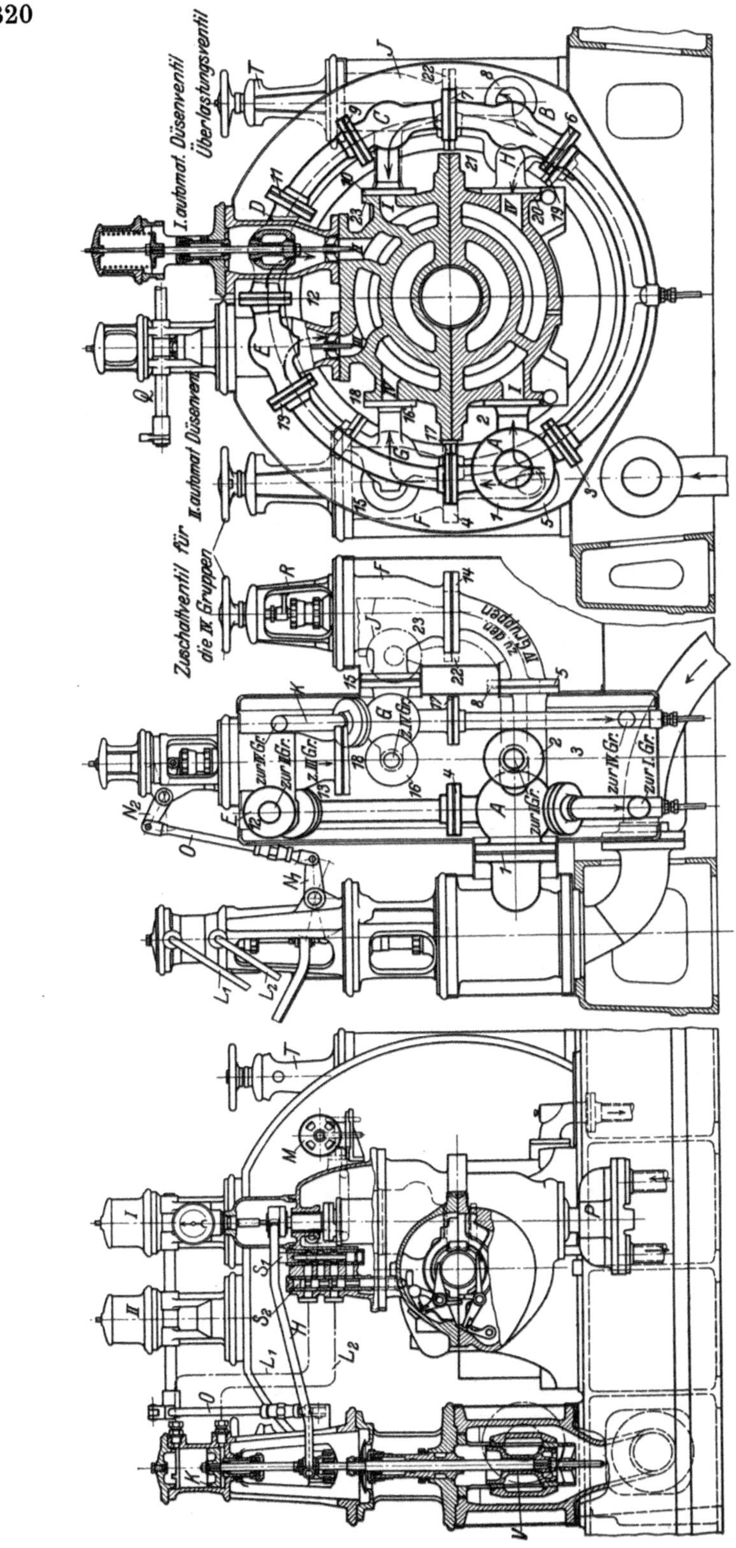

Abb. 323. Vereinigte Drossel- und Mengenregelung der Germaniawerft.

durch Hochdrehen der Schraubenspindel mittels des Handrades öffnen. Die Turbine kann somit nur in Betrieb gesetzt werden, wenn genügend Öldruck vorhanden ist und das Absperrventil schließt außer durch Auslösen des Sicherheitsreglers auch bei Aufhören des Öldruckes im Betriebe durch unvorherzusehende Ereignisse. Löst der Sicherheitsregler aus, so verschiebt sich der Umschaltschieber S_2 nach unten, das Drucköl unter dem Kolben des Absperrventils kann ablaufen, worauf die Feder das Ventil schließt, während gleichzeitig das Öl über den Servomotorkolben geführt wird und das Regelventil schließt.

Die vereinigte Reglung von Friedr. Krupp, Germaniawerft, entspricht im Prinzip der Reglung der Ersten Brünner; die Ausführung einer Reglung für eine 450-kW-Gegendruckturbine für 34 ata, 400° C und 14,5 ata Gegendruck zeigt Abb. 323 und den Steuer- und Umschaltschieber Abb. 324.

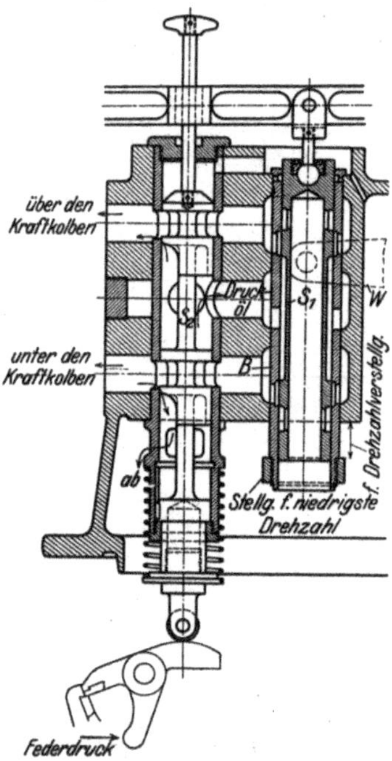

Abb. 324. Steuer- und Umschaltschieber (Fr. Krupp).

Von der Spindel des Hauptregelventils V wird mittels zweier Hebel N_1, N_2 und der Stange O die Welle Q gedreht und durch die auf derselben versetzt aufgekeilten Ventilhebel die federbelasteten Ventile I und II betätigt; das Schema der Ventilbewegungen zeigt Abb. 325. Das Hauptregelventil regelt durch Drosseln die beiden Düsengruppen I (Abb. 323), denen der Dampf durch die vordere Ringleitung zugeführt wird; das Düsenventil I regelt den Zutritt aus derselben Ringleitung zu den Düsengruppen II und Düsenventil II zu den Düsengruppen III. Von dem Hauptregelventil führt eine Leitung nach dem

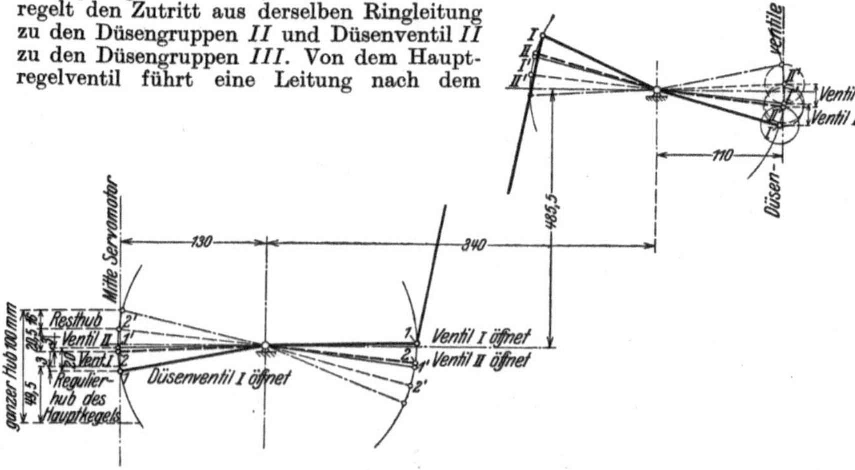

Abb. 325. Schema der Ventilbewegung zu Abb. 323.

Handventil R, das die beiden IV-Gruppen durch die hintere Ringleitung beaufschlagt, während das andere Handventil T zwecks Überlastung den Dampf aus der vorderen Ringleitung in die 9. Stufe der Turbine führt (s. Überlastung

S. 326). Den über dem Servomotorhub aufgetragenen Druckverlauf, die Dampfmengen, den erforderlichen Querschnitt der Ventile zeigt Abb. 326.

Die Drehzahlverstellung erfolgt durch Verschieben der Büchse des Steuerschiebers S_1 (vgl. 2, S. 295) mittels Winkelhebels W (Abb. 324),

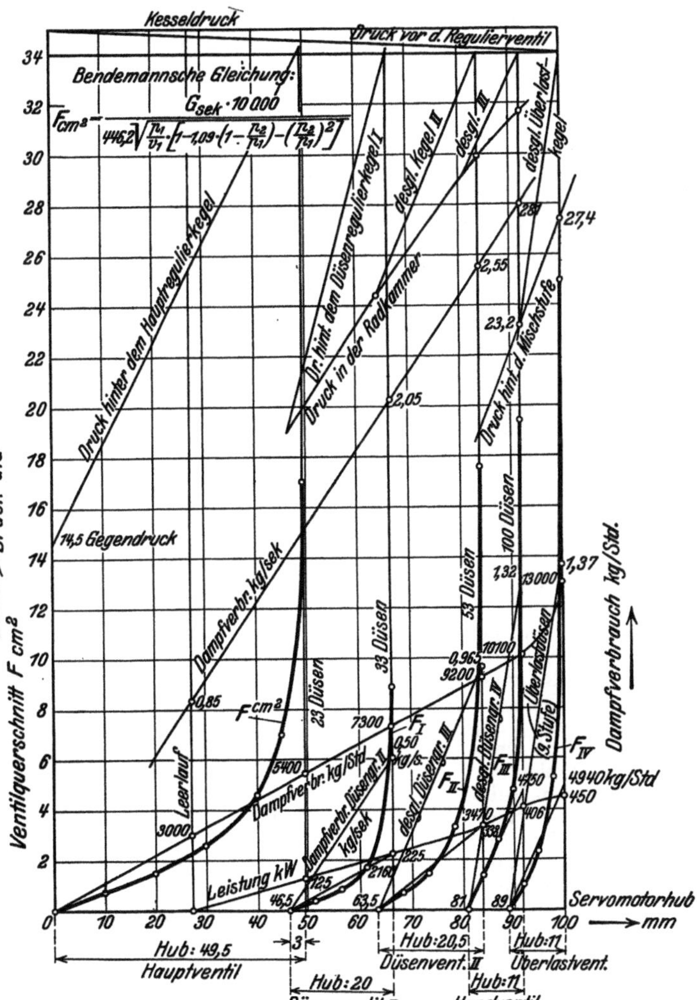

Abb. 326. Druckverlauf, Dampfmengen. Ventilquerschnitt zu Abb. 323.

der durch Verschrauben der Spindel von Hand oder durch Elektromotor M (Abb. 323) verstellt wird. Der hydraulische Schnellschluß bewirkt nach Ausschlagen des Sicherheitsreglers Freigabe des Umschaltschiebers und Aufwärtsbewegung desselben unter Einfluß einer Feder am Ausklinkhebel, Zutritt des Drucköls über den Servomotorkolben K durch Leitung L_1, während das Öl unter dem Kolben ablaufen kann. Der mechanische Schnellschluß bewirkt Schließen des Absperrventils.

Die vereinigte Drossel- und Mengenreglung der Maschinenfabrik Augsburg-Nürnberg wird mit Betätigung der Düsenventile vom Kraftkolben des Hauptdrosselventils ausgeführt, durch eine Kurvenschiene (Abb. 327).

Der auf der wagerechten Welle sitzende Regler verstellt mittels des Winkelhebels E und des Hebels D den Steuerschieber und bewirkt in bekannter Weise die Betätigung des Kraftkolbens mit dem Drosselventil, das bei reiner Drosselreglung allein vorhanden ist; Rückführung des Steuerschiebers durch die Bewegung der Ventilspindel. Bei der verenigten Reglung wird von der Ventilspindel aus durch die Hebel E_1, E_2 die Kurvenschiene S verschoben, die auf Rollen geführt ist und deren Hubkurven so ausgebildet sind, daß die federbelasteten Düsenventile nacheinander öffnen oder durch den Federdruck schließen.

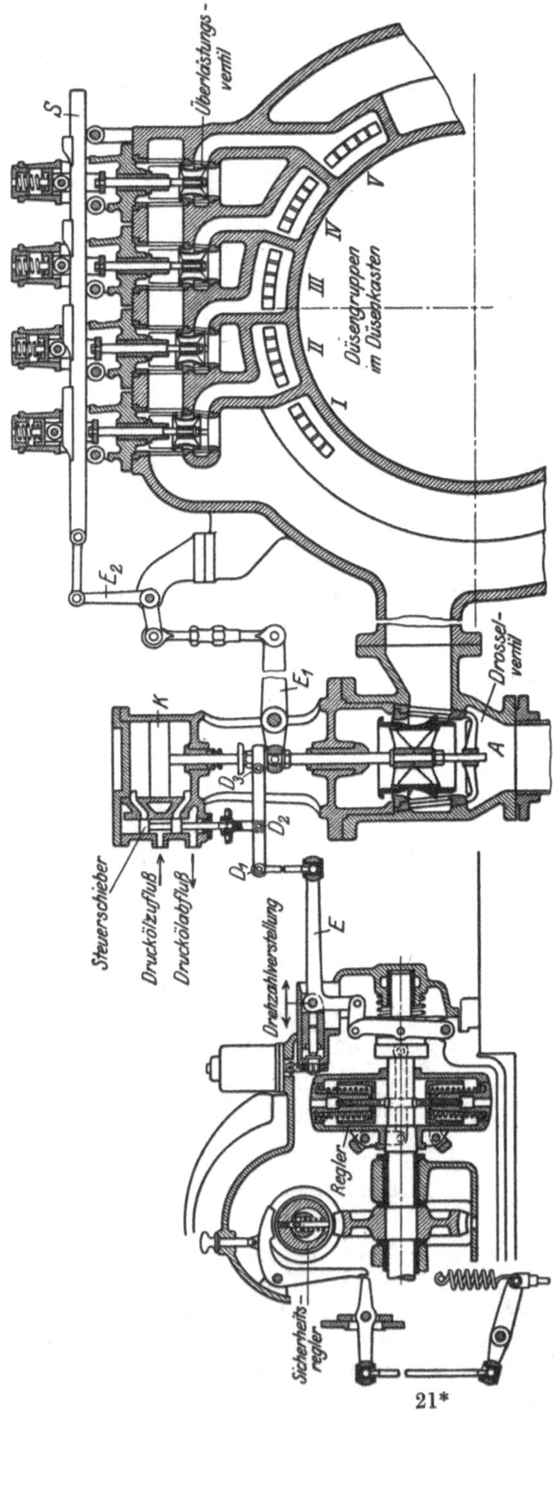

Abb. 327. Vereinigte Drossel- und Mengenreglung der MAN.

Die Drehzahlverstellung erfolgt durch Verschieben des Drehpunktes des Winkelhebels E (vgl. 3, S. 296) durch einen Bolzen mit Gewinde, der mittels eines elektromagnetischen Schaltwerkes gedreht wird.

IV. Überlastung.

Da die Turbinen bei der Normalleistung den besten Wirkungsgrad haben sollen, so werden sie für diese Leistung bemessen; soll zeitweilig größere Leistung erreicht werden, so nimmt man einen etwas ungünstigeren Wirkungsgrad in den Kauf. Bei einstufigen Turbinen kann die Überlastung in einfachster Weise durch Zuschalten von Düsen erfolgen, die Überlastung ist in beliebiger Höhe möglich, eine Änderung des Zustandsverlaufes tritt nicht ein und der Wirkungsgrad kann sogar etwas zunehmen. Bei mehrstufigen Turbinen kann Zuschaltung in der ersten Stufe nur bei Mengenreglung erfolgen, wenn die Beaufschlagung bei Vollast nicht voll ist; bei Drosselreglung und bei voller Beaufschlagung der 1. Stufe auch bei Mengenreglung kann Überlastung nur durch Zufuhr von gedrosseltem Frischdampf in eine spätere Stufe erreicht werden. Bei Mehrstufenturbinen wird deshalb bei Überlast stets eine andre Druckverteilung eintreten.

Die Zuschläge zum Dampfverbrauch bei Überlastung betragen

bei	10	15	20	25%	Überlastung
etwa	0	1	2	3%	

Bei Kondensationsturbinen wird das Vakuum entsprechend der größeren Dampfmenge schlechter werden.

A. Überlastung durch Zuschaltung in der 1. Stufe.

Sie ist in um so kleinerem Maße möglich, je kleiner das Gefälle der ersten Stufe; diese Art kommt deswegen wohl nur bei Geschwindigkeitsstufung zur Anwendung. Da der Querschnitt der folgenden Stufen unverändert bleibt, so muß infolge der größeren Dampfmenge der Druck in der 1. Stufe steigen, deren Gefälle kleiner wird, während es bei den anderen Stufen zunimmt.

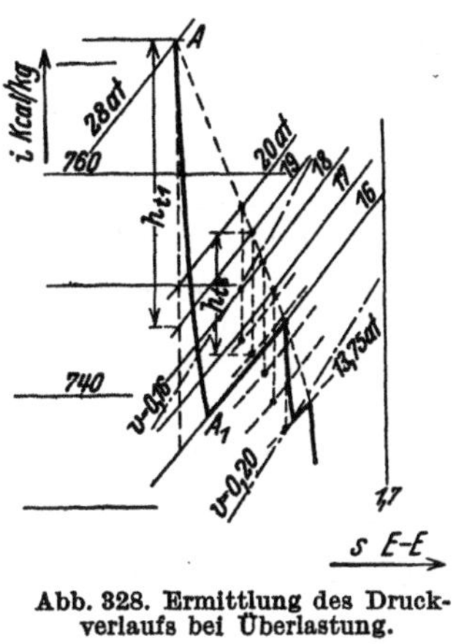

Abb. 328. Ermittlung des Druckverlaufs bei Überlastung.

Die Bestimmung des Druckverlaufes für eine gegebene Dampfmenge ist nicht ohne weiteres möglich, es müßte eine vollständige Durchrechnung vorgenommen werden, wozu Annahmen und Schätzungen nötig wären; es ist auch hier häufig bequemer „rückwärts" zu rechnen, d. h. mit der letzten Stufe anzufangen, da deren Endzustand nach Schätzung des Wirkungsgrades leichter festgelegt werden kann. Man kann aber die Überlastung wie folgt verfolgen.

Für die erste Stufe sei der gesamte Leitquerschnitt bei Überlast F_1; man errechnet nun für verschiedene Enddrücke p_1 dieser Stufe die durchströmende Dampfmenge G'_{sk}, indem für diese Drücke aus dem *is*-Diagramm

(Abb. 328)[1], das Gefälle h_{t1}, daraus die Dampfgeschwindigkeiten c_0 und c_1 und ferner das spezifische Volumen v_1 beim Austritt aus der Leitvorrichtung festgestellt werden kann. Dann ist $G'_{sk} = F_1 \cdot c_1/v_1$, abnehmend mit zunehmendem Enddruck. Verzeichnet man den Druckverlauf für Vollast über den Stufen (Abb. 329)[1] und trägt für die verschiedenen Drücke p_1 die wie oben ermittelten sekundlichen Dampfmengen ein, so ergibt sich die ellipsenförmige Kurve G_{s1} (rechts). Um die wirklich durchströmende Dampfmenge zu finden, zeichnet man für die verschiedenen Drücke p_1 den voraussichtlichen Druckverlauf in den übrigen Stufen ein (Abb. 329) und erhält damit die entsprechenden angenäherten Druckgefälle der zweiten Stufe, für welche man aus dem *is*-Diagramm (Abb. 328), nach Annahme des Endzustandes der 1. Stufe nach dem Zustandsverlauf bei Vollast (oder

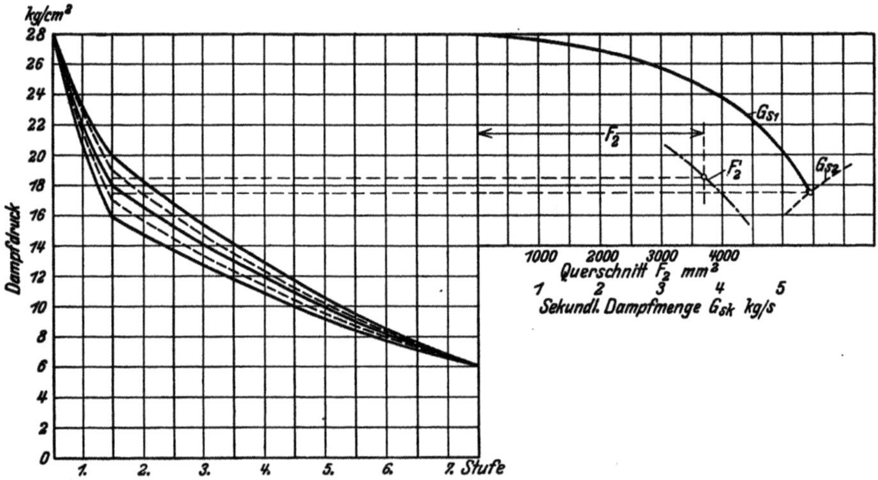

Abb. 329. Druckvermittlung bei Überlastung.

nach Durchrechnung der ersten Stufe), das Gefälle h_{t2}, damit c_1 und v_1 feststellen kann; nun kann die jeweils durch den gegebenen Querschnitt F_2 der zweiten Stufe strömende Dampfmenge G_{s2} ermittelt und ebenfalls zu den Drücken in Abb. 329 eingetragen werden (gestrichelte Kurve). Da die Dampfmengen gleich sein müssen, so erhält man die wirkliche Menge im Schnitt der Kurven G_{s1} und G_{s2} und damit auch den Druck p_1. Mit dieser Dampfmenge kann die Überlastleistung $N = 5{,}7\, h_t\, G_{sk}\, \eta_e$ bestimmt werden.

Soll eine bestimmte Überlastung erreicht werden, so kann die dazu erforderliche Dampfmenge G_{sk} kg/sek ermittelt werden (s. Zuschläge S. 324); dann ermittelt man für verschiedene Enddrücke der 1. Stufe die für diese und für die Menge G_{sk} erforderlichen Querschnitte der 2. Stufe $F'_2 = G_{sk} \cdot v_1/c_1$ mit dem aus dem *is*-Diagramm wie oben fest-

[1] Die Abb. 328 und 329 entsprechen der S. 148 berechneten Gegendruckturbine 2000 PS$_e$ für 28 ata 400° und 6 ata Gegendruck mit $G_s = 5{,}06$ kg/sek für Vollast bei 62 Düsen und 6 Düsen für Überlastung (s. Abb. 281, S. 290).

gestellten Werten nach Annahme des Druckverlaufs in den Stufen, und trägt diese F_2' zu den Drücken in Abb. 329[1] auf. Dem wirklichen Querschnitt F_2 (= 3700 mm²) entspricht dann ein bestimmter Druck p_1 (= 18,5 ata) als sich einstellender Enddruck der 1. und Anfangsdruck der 2. Stufe. Damit ist das Gefälle der 1. Stufe festgelegt und es kann der erforderliche Querschnitt für Überlastung bestimmt werden.

Wie leicht einzusehen, kann bei großer Überlastung der Druck in der 1. Stufe so hoch steigen, daß der Dampf evtl. nur „durchgepumpt" wird ohne Leistung und der erforderliche Querschnitt wegen der geringen Geschwindigkeit unausführbar würde; dadurch ist der Überlastbarkeit durch Zuschalten in der 1. Stufe eine Grenze gezogen. Weitere Leistungssteigerung ist möglich durch

B. Überlastung durch Frischdampfzufuhr in eine Zwischenstufe.

Je weiter die Stufe liegt, in welche die Zuführung des Dampfes erfolgt, d. h. je mehr Stufen übersprungen werden, um so höher kann

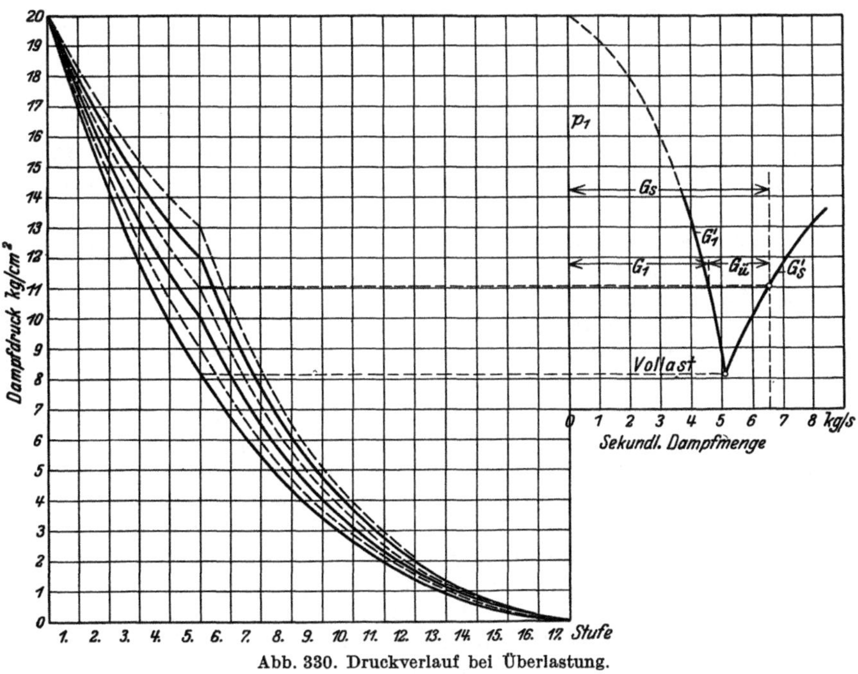

Abb. 330. Druckverlauf bei Überlastung.

überlastet werden, wobei jedoch die vorhergehenden Stufen um so ungünstiger arbeiten, je höher der Druck steigt. Der sich in der Über-

[1] Für das oben erwähnte Beispiel ist eine Überlastung um 15% angenommen mit G_{sk} = 5,85 kg/sek.

lastungsstufe einstellende Druck ist von der Dampfmenge abhängig und der Wärmeinhalt ergibt sich aus der Mischung des arbeitenden Dampfes der Hochdruckstufen mit dem Überlastungsdampf.

Ist G_1 die sekundliche Dampfmenge im Hochdruckteil mit dem Wärmeinhalt i_1 und $G_{ü}$ die durch das Überlastungsventil zugeführte Dampfmenge mit dem beim Drosseln gleichbleibendem Anfangswärmeinhalt i, so ist, wenn $G_s = G_1 + G_{ü}$ die Gesamtdampfmenge und i_2 der Wärmeinhalt nach der Mischung

$$G_1 i_1 + G_{ü} i = G_s i_2 . \qquad \text{(a)}$$

Verzeichnet man den Druckverlauf für Vollast über den Stufen (Abb. 330, untere Kurve)[1], so kann für verschiedene Drücke in der Überlastungsstufe der angenäherte Druckverlauf bei Überlastung eingezeichnet werden und damit wie unter A. aus dem is-Diagramm für die erste Stufe (und zur Kontrolle für eine andre) jeweils die durch die Hochdruckstufen strömende Dampfmenge G_1' ermittelt und zu den zugehörigen Drücken in Abb. 330 aufgetragen werden. Für die gewünschte Überlastung ermittelt man die Dampfmenge G_s kg/sek nach Schätzung des Wirkungsgrades η_e oder des Zuschlages nach S. 324 und kann die durch das Überlastungsventil zuzuführende Menge $G_{ü}$ für verschiedene Drücke p_1 der Überlastungsstufe ermitteln, da $G_{ü} = G_s - G_1$, so daß auch der Wärmeinhalt aus Gl. (a) bestimmt werden kann, womit der Anfangszustand für die erste Stufe nach der Überlastung im is-Diagramm (Abb. 331)[1] festgelegt ist. Zeichnet man nun noch den voraussichtlichen Druckverlauf im Niederdruckteil in Abb. 330 ein, so kann das Gefälle aus dem is-Diagramm (Abb. 331) entnommen werden, damit c_0, c_1 und v_1 bestimmt und für jeden Druck p_1 die Menge $G_s' = F_2 \cdot c_1/v_1$ mit dem Querschnitt F_2 der Stufe, in welche der Dampf zugeführt wird, ermittelt werden. Trägt man diese G_s' zu den zugehörigen Drücken in Abb. 330 ein, so ist für $G_s' = G_s$ der sich einstellende Druck p_1 gefunden. Nach Durchrechnung der Stufen läßt sich die Richtigkeit nachprüfen.

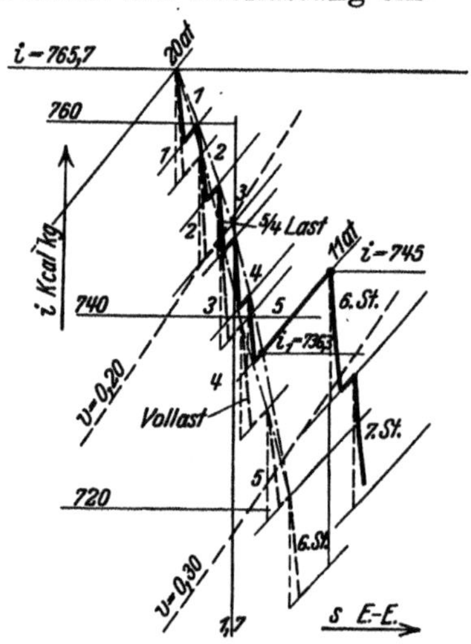

Abb. 331. Zustandsverlauf bei Überlastung.

Schneidet die G_s'-Kurve die G_s-Gerade nicht im Bereiche der möglichen Drücke p_1, so ist die gewünschte Überlastung nicht erreichbar, der Dampf müßte in eine spätere Stufe geführt werden.

Überlastungsventile werden entweder von Hand bedient (vgl. Abb. 323, S. 320) oder automatisch nach vollem Öffnen der Ventile für Vollast.

[1] Die Werte der Abb. 330 und 331 sind für das S. 138 berechnete Beispiel einer Kondensationsturbine ermittelt, der Überlastungsdampf wird vor die 6. Stufe geführt; bei 25% Überlastung ist die Dampfmenge bei 3% Zuschlag $G_s = 6{,}54$ kg/sek.

V. Druckreglung.

Soll der Druck des geförderten Stoffes bei Pumpen, Gebläsen und Kompressoren oder der Druck des austretenden Dampfes bei Gegendruckturbinen bzw. des entnommenen Dampfes bei Entnahmeturbinen auf gleicher Höhe gehalten werden, so wird die Turbine unter Einfluß eines Druckreglers gestellt. Natürlich sind auch hier, wie bei der Drehzahlreglung, kleine Druckänderungen nötig, um eine Verstellung der Reglung zu bewirken, doch dürfen die Schwankungen die zugelassenen Grenzen nicht überschreiten. Der Druckregler beeinflußt die Reglung in der gleichen Weise wie der Drehzahlregler, direkt oder mittels Kraftgetriebe.

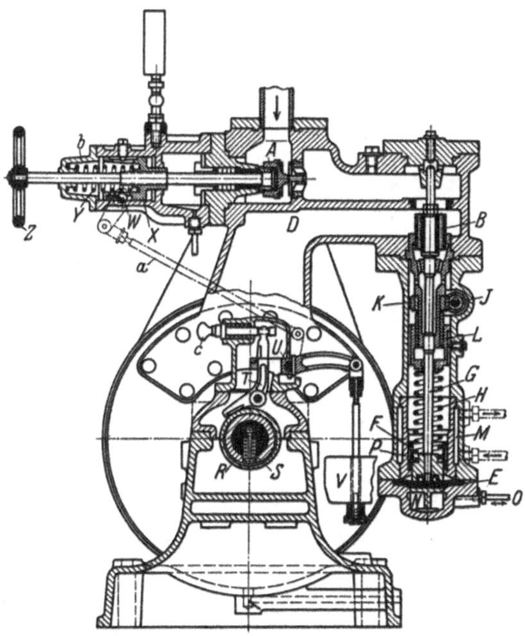

Abb. 332. Differenzdruckreglung von Gebr. Sulzer.

Im Prinzip besteht der Druckregler aus einem Zylinder mit federbelastetem Kolben (oder federbelasteter Membran), auf dessen andre Seite der konstant zu haltende Druck wirkt, durch die Bewegungen des Kolbens bzw. der Membran wird das Drosselventil oder der Steuerschieber des Kraftgetriebes betätigt.

Bei Turbokompressoren nimmt bei gleichbleibender Drehzahl der Luftdruck bei steigender Förderung ab, es muß deshalb zur Konstanthaltung des Druckes die Drehzahl erhöht werden; der Druckregler muß die Drehzahl verstellen. Bei Reglung des Dampfdruckes bei Gegendruck- und Entnahmeturbinen für Generatorantrieb muß hingegen die Drehzahl unverändert bleiben. Es wird deshalb in den meisten Fällen außer der Druckreglung auch eine Drehzahlreglung angeordnet, beide Regler wirken auf die Dampfzufuhr ein, wobei jedoch der Drehzahlregler den überwiegenden Einfluß haben muß.

Bei Antrieb von Kesselspeisepumpen wäre es unzweckmäßig, bei sinkendem Kesseldruck das Speisewasser stets mit dem gleich hohen Druck in den Kessel zu führen, da, abgesehen von dem unnützen Leistungsaufwand, eine Überlastung der Wasserstandsregler eintreten kann und der Betrieb erschwert wird; man regelt deshalb nicht auf konstanten Förderdruck, sondern auf konstanten Pumpenüberdruck durch Differenzdruckregler, die meist auf die Drehzahlverstellung der Hauptreglung einwirken, wobei die Drehzahländerung bis 35% der normalen betragen kann. Bei hohen Anforderungen an die Konstanthaltung des Druckes werden besondere Differenzdrucksteuerwerke vorgeschaltet, von denen die Askania-, Ava-, Arca- und Dabeg-Regler[1] die bekanntesten sind.

Die Ausführung eines Differenzdruckreglers von Gebr. Sulzer für eine Kesselspeisepumpe zeigt Abb. 332.

Der vom Kessel kommende Dampf gelangt durch das Absperrventil *A* zum Regelventil *B* und durch den Innenraum *D* zum Düsenkasten; die Betätigung des Regelventils *B* erfolgt durch die Gummimembran *E*, die einerseits durch den Druck des Speisewassers, andrerseits durch den Kolben *F* mit dem Dampfdruck im Kessel und der Feder *H* belastet ist, deren Spannung während

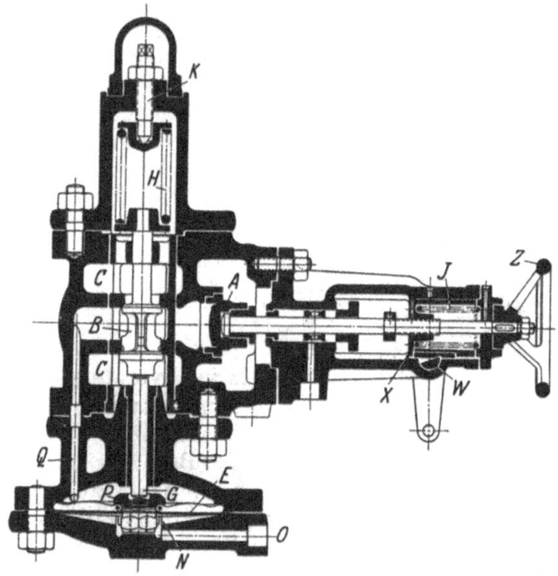

Abb. 333. Differenzdruckregler von I. A. Maffei.

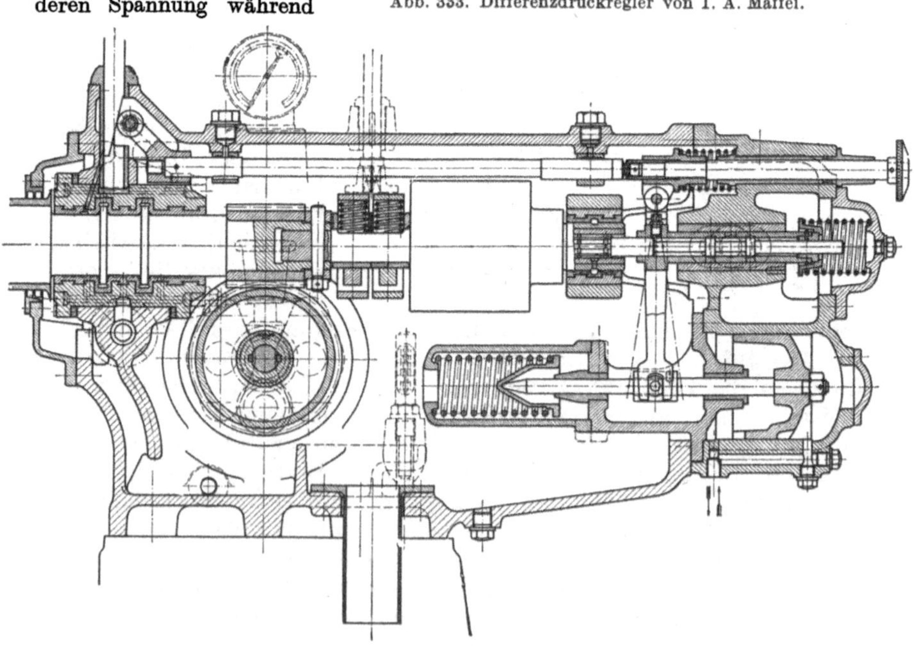

Abb. 334. Differenzdruck- und Drehzahlreglung von Weise Söhne.

[1] Beschreibung dieser Regler: Arch. Wärmewirtsch. 1928, H. 12, S. 399.

des Betriebes zwecks Änderung des Druckes durch Verschrauben des Federtellers L mittels Schneckenrad K und Schnecke J geändert werden kann. Um Wärmeübertragung vom Ventilgehäuse auf die Membran zu verhindern, ist der untere Teil des Gehäuses mit einem Kühlmantel M versehen.

Der Raum N unter der Membran ist durch das Rohr O mit dem Druckstutzen der Pumpe verbunden, der Raum P über dem Kolben ist durch Bohrungen mit der Frischdampfleitung, also auch mit dem Kessel verbunden. Da die wirksame Druckfläche auf beiden Seiten der Membran gleich ist, hält die Feder H dem Differenzdruck das Gleichgewicht, so daß der Druck der Pumpe immer um einen bestimmten einstellbaren Betrag — ungefähr 1,5 bis 3 at — höher ist als der Kesseldruck. Schnellschlußvorrichtung ähnlich Abb. 289.

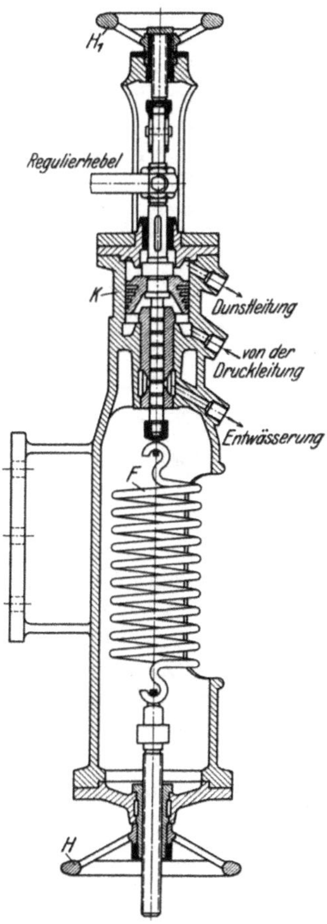

Abb. 335. Druckregler der WUMAG.

Der Differenzdruckregler von I. A. Maffei (Abb. 333) wirkt in der selben Weise, die Bezeichnungen der Abbildung stimmen mit denjenigen de rvorstehenden Beschreibung überein, soweit sie gleichartig sind bzw. wirken. Eine vereinigte Druck- und Drehzahlreglung derselben Firma für Gegendruckturbinen s. Abb. 400, S. 386.

Bei der vereinigten Differenzdruck- und Drehzahlreglung von Weise Söhne (Abb. 334)[1] ist der Hilfskraftkolben an Stelle der Drehzahlverstellung eingebaut (vgl. Abb. 309, S. 310), jedoch ist auch eine Drehzahlverstellung von Hand möglich durch Drehen des kleinen oberen Handrades. Zu beiden Seiten des federbelasteteten Hilfskraftkolbens wird durch ein besonderes Differenzdrucksteuerwerk (s. S. 329) das Druckmittel gesteuert.

Den Druckregler der WUMAG zur Konstanthaltung des Gegendruckes der Turbinen zeigt Abb. 335. Der Dampf tritt aus der Abdampf- oder Entnahmeleitung unter den Kolben K, der durch die Feder F belastet ist, deren Spannung zwecks Einstellung des Druckes mittels Handrad H verändert werden kann. Das Handrad H_1 dient zum Niederschrauben des Kolbens, um den Druckregler ausschalten zu können. Durch den Regulierhebel wirkt die Bewegung des Kolbens auf einen Hilfsschieber des Servomotor ein.

Den Druckregler für eine Kesselspeisepumpe von Brown, Boveri & Cie. zeigt Abb. 336[2], die Wirkung ist die gleiche wie oben beschrieben. Bei Druckölsteuerung verstellt die Membran einen Ölabflußschieber

[1] Aus Neue Turbokesselspeisepumpen von M. Knörlein: Die Wärme 1928, Nr. 40/41.

[2] Aus Stodola: Die Dampf- und Gasturbinen.

zwecks Änderung des Öldruckes unter dem Kraftkolben der Ventile (vgl. Abb. 402, S. 387).

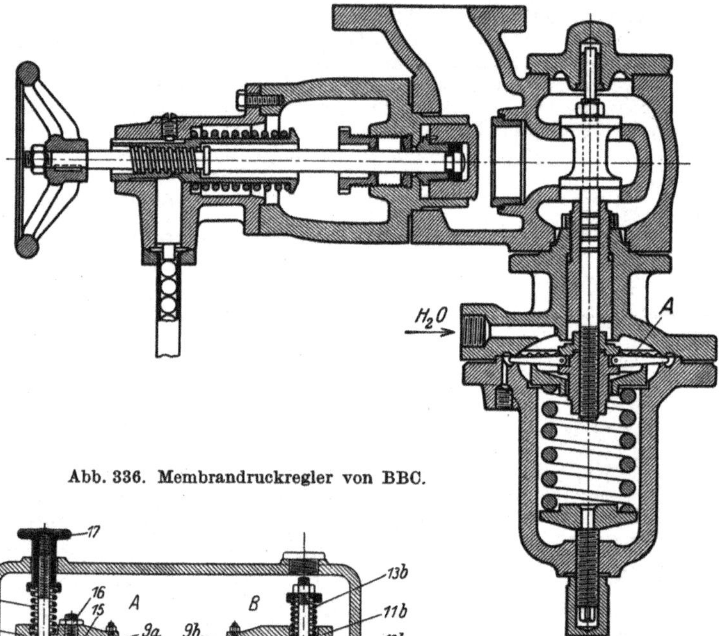

Abb. 336. Membrandruckregler von BBC.

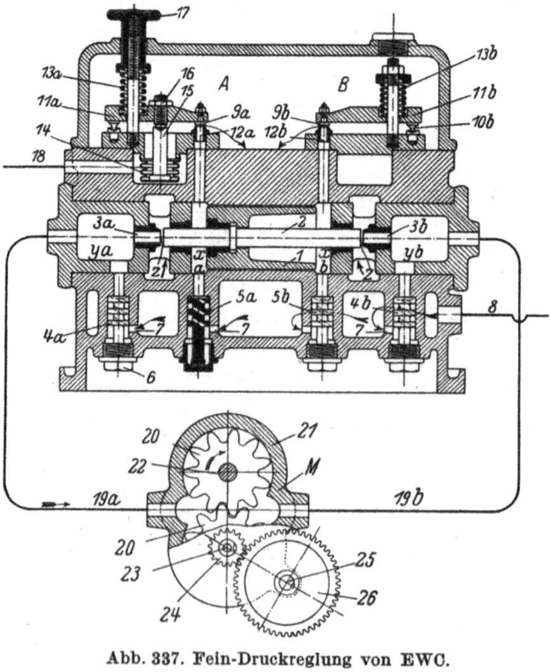

Abb. 337. Fein-Druckreglung von EWC.

A. Borsig verwendet eine gebogene Rohrmembran, ähnlich wie bei Manometern; der im Inneren der Membran wirkende Druck ruft Bewegungen der Membran hervor, die die Druckölleitung verstellen, so daß das Öl aus derselben in die Leitung über oder unter den Servomotorkolben geführt wird (s. Abb. 430, S. 410).

Der Druckregler mit Feinreglung von Escher Wyß & Cie. für Kompressoren und für Gegendruck- und Entnahmeturbinen ist im Schema in Abb. 337 dargestellt; es wird als Flüssigkeit Drucköl verwendet.

Der Druckregler besteht im wesentlichen aus einem Schwebekolben *1*, welcher einen Stempel *2* verschiebt und so den Ausfluß von Drucköl aus den Düsen *3a* und *3b* in den gemeinsamen Ablaufraum *z* beherrscht. Die Stellung des Schwebekolbens ist durch die in den Räumen *xb* bzw. *xa* herrschenden Drücke gegeben. Der Druck in *xb* wird durch das Gegendruckventil *B* konstant gehalten; der Druck in *xa* wird durch ein Arca-Relais *A* so gesteuert, daß er mit steigendem Kompressionsdruck bzw. Dampfdruck abnimmt. Die Räume *ya*, *yb*, *xa* und *xb* werden durch Blenden *4a*, *4b*, *5a* und *5b* aus einem Raume *7* gespeist, welcher durch die Leitung *8* Drucköl erhält. Die Blenden *4* und *5* sind als Stempel ausgebildet, welche eine Reihe schräger Bohrungen aufweisen, durch die das Öl der Reihe nach fließt. Es wird auf diees Weise eine drosselnde Labyrinthwirkung erzielt, wodurch die Einzelbohrungen der Blende groß gehalten werden können, so daß ein Verstopfen nicht eintritt. Die Bohrungen für die Blenden sind in Wirklichkeit wagrecht gerichtet, so daß Reinigung leicht möglich ist. Die Räume *ya* und *yb* stehen bei Turbokompressoren durch Rohrleitungen *19a* und *19b* mit einem Ölmotor in Verbindung, welcher aus zwei Zahnkolben *20* besteht, die sich mit geringem Spiel in einem Gehäuse *21* drehen und auf Zapfen *22* und *23* aufgekeilt sind. Der Zapfen *23* des einen Kolbens ist aus dem Gehäuse herausgeführt und trägt ein Zahnrad *24*, welches in ein zweites *26* eingreift. Die Welle *25* besorgt die Verstellung des Drehzahlreglers oder der Drosselklappe. Bei Gegendruck- und Entnahmeturbinen wird der rotierende Ölmotor durch einen Servomotor ersetzt.

Steigt aus irgend einem Grunde der Druck im Stutzen des Kompressors bzw. der Gegen- oder Entnahmedruck, so pflanzt sich diese Steigerung durch Leitung *18* auf das Arca-Relais *A* fort. Dieser Relais vermindert dementsprechend den Druck in *xa*, der Kolben *1* bewegt sich nach links, der Ölabfluß durch *3a* wird stärker behindert, während das Öl durch *3b* leichter abfließen kann. Es entsteht daher ein Druckgefälle von *ya* nach *yb*, welches sich über den Motor *M* auszugleichen versucht, was ein Drehen desselben im Sinne des angegebenen Pfeiles zur Folge hat oder eine Bewegung des Servomotorkolbens. Die Verstellung erfolgt so lange im Sinne einer niedrigeren Drehzahl, bis in *18* der Druck wieder auf den ursprünglichen Betrag gefallen ist.

Das Gegendruckventil *B* ist ein verbessertes Überbord- bzw. Sicherheitsventil; an einem Hebel *11b*, welcher auf zwei Spitzen *10b* gelagert ist, ist ein Ventilplättchen *9b* befestigt, das durch eine Feder *13b* gegen eine Düse *12b* gepreßt wird. Das durch die Blende *5b* in den Raum *xb* eintretende Öl hebt nun das Plättchen *9b* an, bis der Öldruck auf dasselbe dem Druck der Feder die Wage hält.

Das Arca-Relais *A* ist aus den gleichen Teilen wie das Gegendruckventil aufgebaut; außer der Feder *13b* drückt aber bei diesem Relais ein Stempel *15*, welcher auf eine rohrförmige gewellte Membran *14* abgestützt ist, auf den Hebel. Wirkt auf *14* der Luft- oder Dampfdruck, so wird der Stempel *15* nach oben gepreßt und die Wirkung der Feder *13a* je nach Höhe des Druckes teilweise aufgehoben, wodurch sich der Druck in *xa* ändert. Die Verhältnisse werden gewöhnlich so gewählt, daß einem Anstieg des Luft- oder Dampfdruckes von 0,1 at ein Abfall des Öldruckes in *xa* um 1 at entspricht. Das Relais wirkt somit als Druckschwankungsverstärker.

Weitere Ausführungen von Druckreglern s. Turbinen für Sonderzwecke.

VI. Sicherheitsvorrichtungen.

Um beim Versagen der normalerweise die Drehzahl vollständig beherrschenden Reglung infolge irgendwelcher Störungen (z. B. Hängenbleiben des Regelventils) ein Überschreiten der zulässigen Drehzahl, das „Durchgehen“ der Turbine, zu verhindern, muß stets noch eine besondere Sicherheitsvorrichtung angeordnet werden, welche die Turbine bei Überschreitung der Höchstdrehzahl, meist 10 bis 15% über Betriebszahl, sofort abstellt. Zu diesem Zweck ist ein Sicherheitsregler vorgesehen, der erst bei Überschreitung der Höchstdrehzahl ausschlägt und durch geeignete Vorrichtungen entweder das Steueröl so schaltet, daß das Regelventil geschlossen wird — hydraulischer Schnellschluß, oder aber das Absperrventil auslöst, daß es durch eine Feder schließt — mechanischer Schnellschluß.

A. Der Sicherheitsregler.

Er ist ein astatischer oder labiler Regler, bestehend aus einem auf der Welle sitzendem exzentrischen Schwungring oder nur aus einem Bolzen in einer Bohrung der Welle senkrecht zur Achse oder aus zwei Schwungkörpern, sowie aus einer Feder, deren Spannung größer ist als die Fliehkraft bei normaler Drehzahl und bei der Höchstdrehzahl ihr gerade gleich ist. Steigt die Drehzahl weiter, so überwiegt die Fliehkraft (Abb. 338), der Schwerpunkt entfernt sich mehr von der Drehachse, so daß die Fliehkraft wesentlich schneller zunimmt, als die Federspannung und der Regler plötzlich in seine Endlage schnellt, gegen einen Klinkenhebel stößt und diesen zum Auslösen bringt.

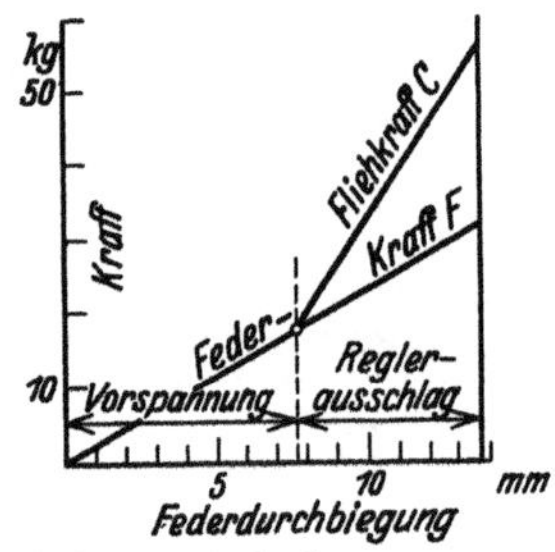

Abb. 338. Sicherheitsregler.

Ist G das Gewicht der Schwungmasse (Ring, Bolzen oder dgl. nebst Zubehör), s der Abstand des Schwerpunktes von der Drehachse im Betriebe und $s_a = s + a$ der Abstand nach dem Ausschlagen, wenn a der Ausschlag, $n_{\max}$ die höchstzulässige Drehzahl und F die Federspannung im Betriebe (Vorspannung), so muß die Fliehkraft C sein

$$C = \frac{G}{g} s \omega^2 = \frac{G}{g} s \frac{\pi^2 n_{\max}^2}{30^2} = F$$

und nach dem Auslösen

$$C_{\max} = \frac{G}{g} s_a \frac{\pi^2 n_{\max}^2}{30^2} \text{ kg},$$

während die Federspannung

$$F_{\max} = F (f + a) : f$$

wird, wenn f die Vorspannung (Durchbiegung) vor dem Ausschlagen.

Nach dem Abstellen der Turbine geht der Regler bei derjenigen Drehzahl n_z in seine normale Lage zurück, bei der die Fliehkraft $C_z = F_{\max}$ ist, es kann also die Turbine nicht eher wieder auf Touren gebracht werden, ehe die Drehzahl nicht unter n_z heruntergegangen ist.

Bei der Ausführung der Regler ist darauf zu achten, daß die Reibung möglichst gering wird, um die Widerstände beim Ausschlagen auf das kleinste Maß zu beschränken, da dadurch die sichere Wirkung des Reglers beeinflußt werden kann. Aus diesem Grunde darf auch kein Öl im Regler eintrocknen können; der Regler ist ab und zu einer Prüfung auf sicheres Wirken zu unterziehen, z. B. durch Abstellen der Turbine durch den Schnellschluß.

Die Ausführung eines Sicherheitsreglers mit exzentrischem Ring zeigt Abb. 339 (WUMAG); die Exzentrität ist e, der Ausschlag $a = 2\,e$, der Schwerpunktsabstand kann aus den Flächenmomenten leicht gefunden werden.

Bezieht man die Momente z. B. auf die Schwerpunktsachse,

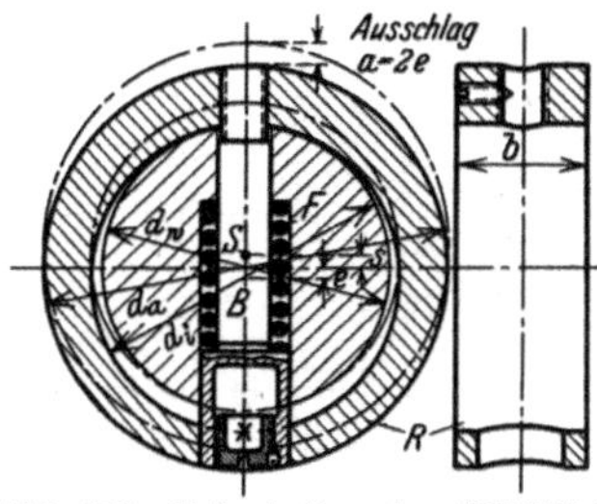

Abb. 339. Sicherheitsregler (WUMAG).

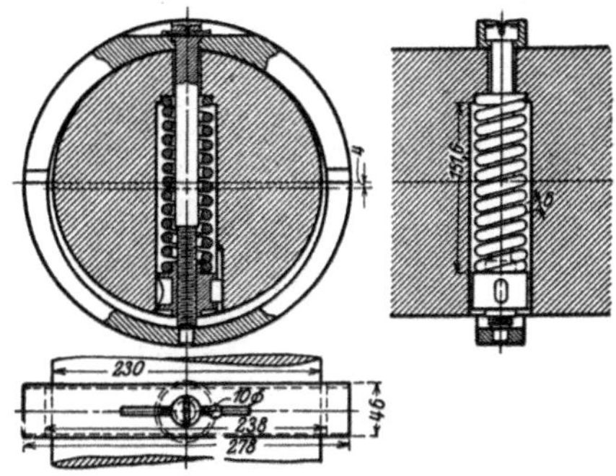

Abb. 340. Sicherheitsregler (EWC).

so ist mit Abb. 339, da das Moment der Differenzfläche gleich Null ist,

$$\frac{\pi}{4} \cdot d_a^2 \cdot s - \frac{\pi}{4} \cdot d_i^2 (s + e) = 0 \quad \text{woraus} \quad s = \frac{d_i^2 e}{d_a^2 - d_i^2}.$$

Bei der Gesamtfliehkraft ist auch die Fliehkraft des Bolzens zu berücksichtigen. Der Hohlraum X der Verschlußschraube kann zwecks genauer Einstellung mit Blei ausgegossen werden.

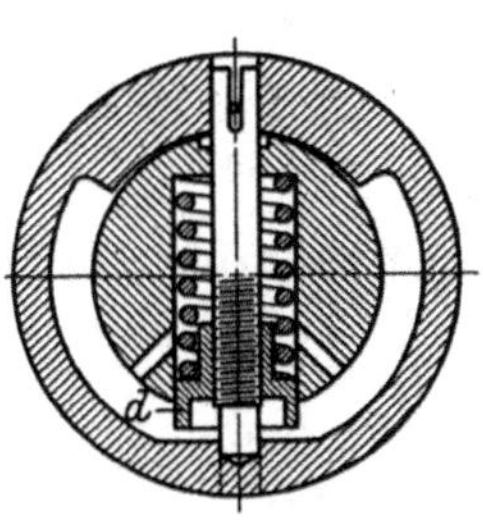

Abb. 341. Sicherheitsregler (Stork).

Eine andere Ausführung zeigt Abb. 340 (EWC) und Abb. 341[1] (Gebr. Stork, Hengelo); beim Einstellen des Reglers wird nur der leichte Federteller verschoben.

Der Schnellschlußregler Abb. 342a (MSW) hat große Breite, um eine Feder von großem Windungsdurchmesser unterbringen zu können; Führung durch die seitlichen Keile. Zur Verminderung des Gewichtes hat der Ring eine zentrische Eindrehung; die Bohrungen im aufgekeilten Innenring dienen zum Massenausgleich. Eine verbesserte Ausführung zeigt Abb. 342b (I. A. Maffei) mit Einstellung, wobei nur der feststehende Federteller verschraubt wird, so daß eine Änderung der Schwerpunktslage nicht eintritt.

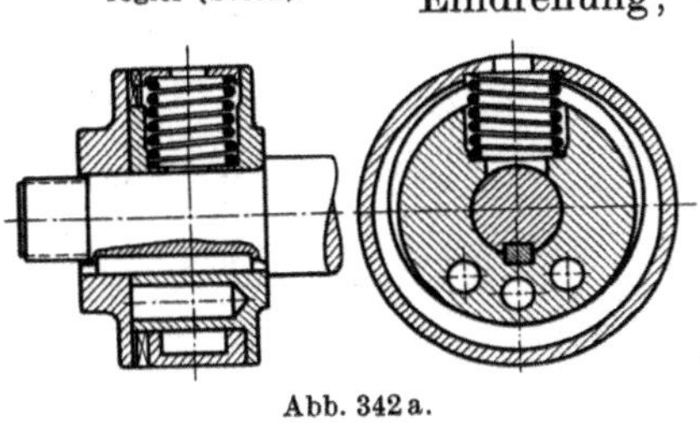

Abb. 342a.

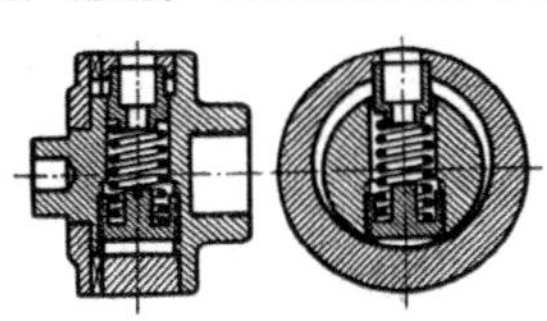

Abb. 342b.

Abb. 342a u. b. Sicherheitsregler (MSW und I. A. Maffei).

[1] Aus Stodola: Die Dampf- und Gasturbinen, 5. Auflage.

Bei dem doppelten Sicherheitsregler Abb. 343[1] (Weise Söhne) mit entgegengesetzt angeordneten Schwunggewichten ist neben doppel-

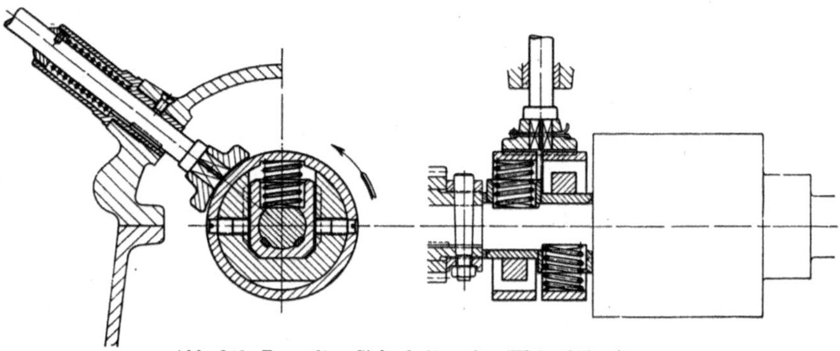

Abb. 343. Doppelter Sicherheitsregler (Weise Söhne).

ter Sicherheit Massenausgleich erreicht; zur Verringerung der reibenden Flächen erfolgt die radiale Führung durch die seitlichen Bolzen.

Um die Empfindlichkeit kurzer Federn gegen kleine Änderungen der Federabmessungen zu vermeiden, ist der Sicherheitsregler Abb. 344 (KTW) mit einer langen Zugfeder ausgerüstet, die um die Welle herumgelegt ist. Die Einstellung erfolgt durch ein verstellbares Zusatzgewicht, das mittels einer Stellschraube verschoben werden kann; Fixierung durch Sperrfeder.

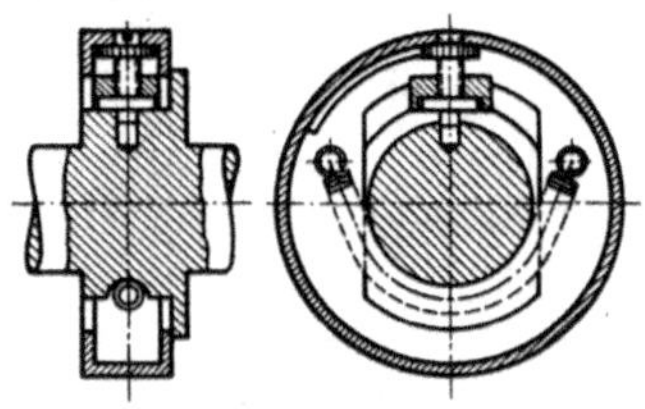

Abb. 344. Sicherheitsregler (KTW).

Beim Sicherheitsregler Abb. 345[2] (AEG) wird der Schwungring A durch Vorsprünge in Falzen $B_1 B_2$ geführt; er ist zentrisch, der Schwerpunkt ist durch die Aussparung C um 5 mm aus der Mitte verlegt. Massenausgleich durch Ausgleichlöcher.

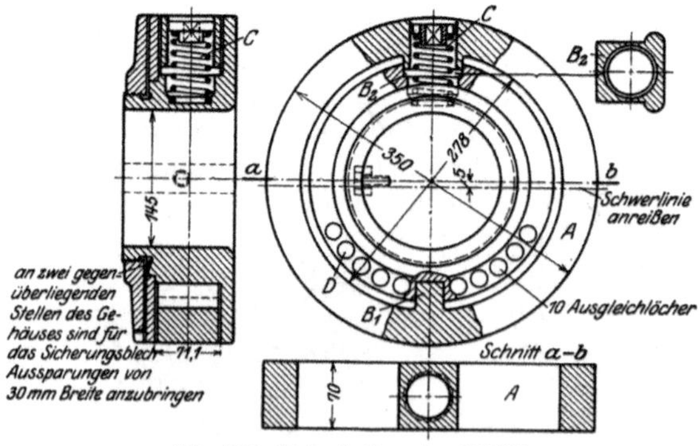

Abb. 345. Sicherheitsregler (AEG).

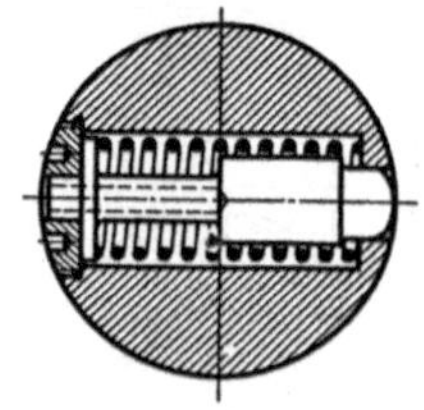

Abb. 346 (BBC).

Einen Sicherheitsregler mit Bolzen zeigt Abb. 346 (BBC) für Kleinturbinen (vgl. Abb. 296 bzw. Abb. 302), einen solchen mit Schwung-

[1] Siehe Fußnote [1] S. 330.
[2] Aus Stodola: Die Dampf- und Gasturbinen, 5. Auflage.

gewichten Abb. 347[1] (BBC); die Schwunggewichte A_1, A_2 sind symmetrisch angeordnet, wodurch Massenausgleich erreicht ist; die Einstel-

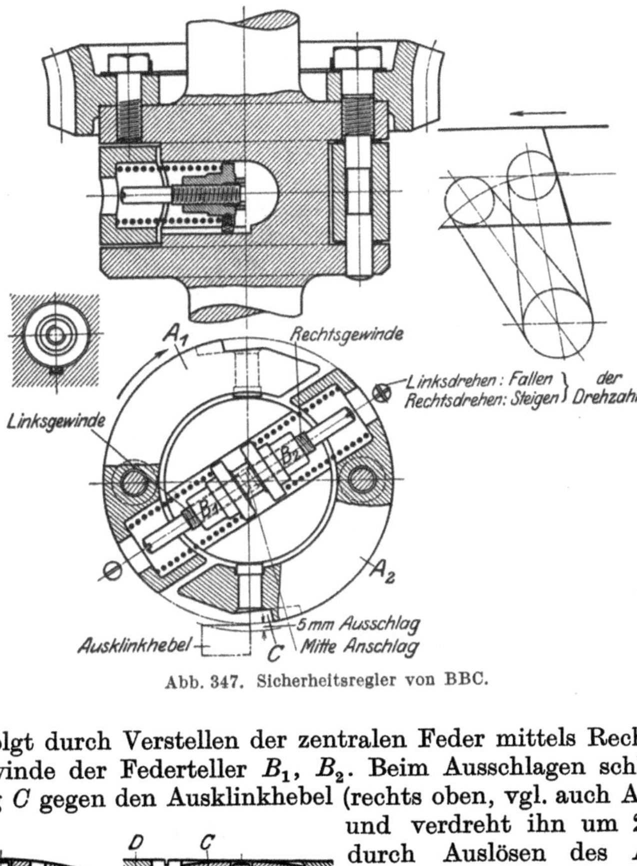

Abb. 347. Sicherheitsregler von BBC.

lung erfolgt durch Verstellen der zentralen Feder mittels Rechts- und Linksgewinde der Federteller B_1, B_2. Beim Ausschlagen schlägt der Anschlag C gegen den Ausklinkhebel (rechts oben, vgl. auch Abb. 294) und verdreht ihn um 25°, wodurch Auslösen des Absperrventils erfolgt (s. unten).

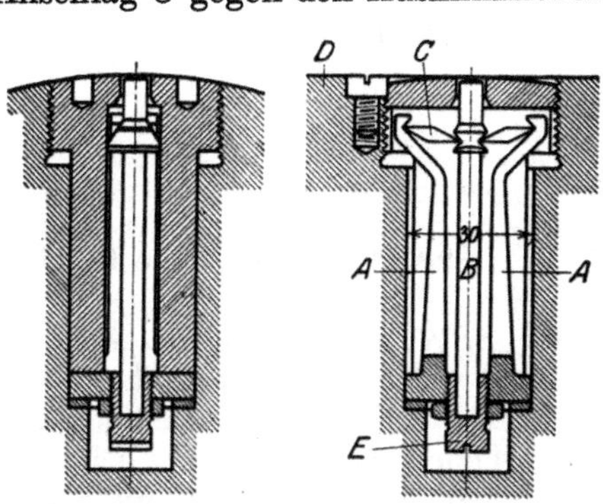

Abb. 348. Sicherheitsregler (Ljungström).

Eine eigenartige Ausführung zeigt Abb. 348[1] (Ljungström); das Schwunggewicht ist ein Bolzen B, der mittels der Stelzen C von den Blattfedern A gehalten wird, die Einstellung erfolgt mittels einer Schraube durch Verschieben des Bolzens; das Ganze sitzt in einer Bohrung des Kupplungsflansches.

[1] Aus Stodola: Die Dampf- und Gasturbinen, 5. Auflage.

B. Die hydraulische Schnellschlußvorrichtung.

Sie ist jeweils bei der betreffenden Reglung beschrieben; der Regler bewirkt die Verstellung eines Umschaltschiebers, der das Drucköl über den Kolben des Kraftgetriebes steuert, wodurch das Regelventil geschlossen wird, während das Öl unter dem Kolben ablaufen kann

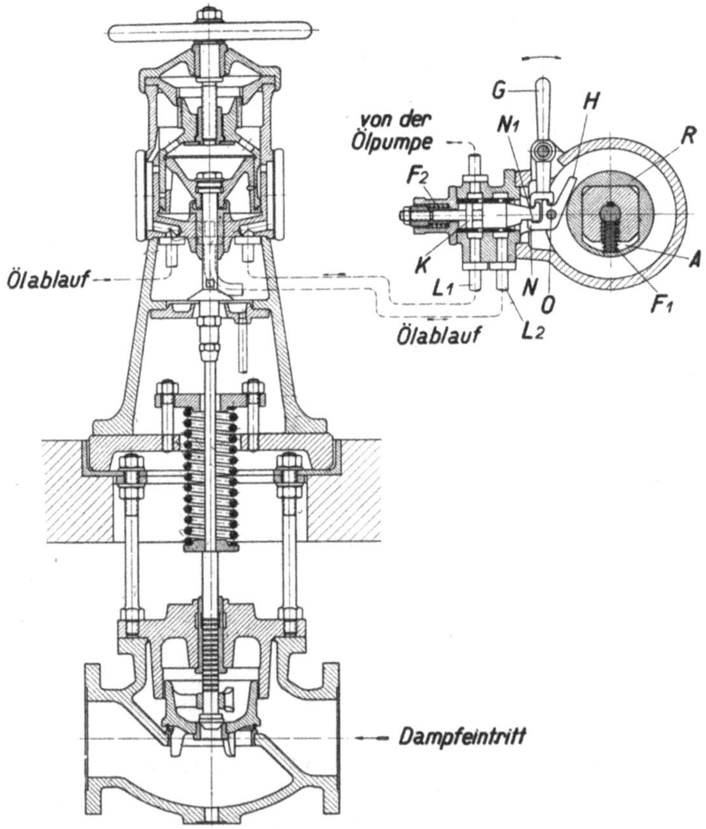

Abb. 349. Schnellschlußvorrichtung (Humboldt).

(s. Abb. 289/291, S. 297, Abb. 291, 314, 320, 321/22 und die Beschreibungen zu denselben).

Die Schnellschlußvorrichtung der SSW, deren Schema Abb. 302, S. 306 veranschaulicht, bewirkt außer dem Abschließen des Regelventils auch Schließen des Absperrventils A (ähnlich wie bei Abb. 321/22, Borsig), welches nur bei genügend hohem Öldruck, der beim Anfahren von der Hilfsölpumpe P erzeugt wird, geöffnet und offengehalten werden kann.

Das Hauptabsperrventil A trägt am oberen Ende seiner Spindel den Kolben K, der mit Ventilöffnungen O versehen ist; am unteren Ende der Handradspindel $S\,P$ sitzt das Ölventil $O\,V$. Bei zu niedrigem Öldruck würde der Druck der Feder F nicht überwunden werden, das Ventil A also gar nicht öffnen. Ferner kann das Ventil beim Anfahren nur langsam mittels des Handrades R geöffnet werden, da andernfalls der Kolben K nicht gleich folgt, wodurch das Ölventil den Abfluß durch O öffnet und der Öldruck sinken würde, so daß die Feder F das Ventil schließt. Dadurch ist zu rasches Anfahren unmöglich gemacht.

Das Drucköl gelangt von der Zahnradpumpe Z durch Leitung L_3, Kammer K_1, Büchse B_2, Kanal *1* und *3* nach Kammer K_3 unter den federbelasteten Umschaltschieber UK und durch Leitung L_5 unter den Kolben K des Absperrventils A. Im Betriebe liegt die Ventilbüchse B_2 wie gezeichnet oben an und der Umschaltkolben UK wird durch den Öldruck in K_3 in gezeichneter Lage gegen den Federdruck gehalten, wobei er die Druckleitung L_4 abschließt. Nach dem Ausschlagen des Sicherheitsreglers SR wird die Büchse B_2 den Ablauf öffnen, der Öldruck sinkt und die Büchse gelangt durch das Eigengewicht und die seitliche Zugfeder in die untere Endlage. Dadurch ist dem Öl unter dem Kolben K des Absperrventils A durch Leitung L_5, Kammer K_3, Kanal *3*, Kammer K_2 und Kanal *1* der Ablauf freigegeben, das Ventil A schließt. Infolge des sinkenden Öldruckes in K_3 wird gleichzeitig der Umschaltkolben UK durch die Feder nach unten bewegt, das Drucköl aus der Leitung L_4 gelangt durch L_2 zum Servomotor und bewirkt Schließen der Düsenventile V, während das Öl von der anderen Seite des Drehkolbens durch L_1, Kanal *4* und Kanal *1* ablaufen kann, da durch die Bewegung des Drehkolbens der Hilfsschieber HS nach unten verschoben wird. Bei sinkendem Öldruck werden beide Vorrichtungen betätigt, da dann UK auch nach unten geht. Hebel H dient zur Handauslösung.

Die Schnellschlußvorrichtung von Humboldt (Abb. 349) tritt ebenfalls beim Auslösen des Sicherheitsreglers und bei sinkendem Öldruck in Tätigkeit; auch kann das Absperrventil nur bei genügendem Öldruck geöffnet werden, da nur dann der untere Kolben am oberen Ende der Ventilspindel dem durch das Handrad nach oben bewegten oberen Kolben folgen kann.

Schlägt der Sicherheitsregler R aus, so drückt er den um O drehbaren Hebel H nach außen, die Nase N, die im Betriebe auf der Nase N_1 des Umschaltkolbens K aufsitzt, gleitet ab, die Feder F_2 bewegt den Umschaltkolben K sofort nach links, so daß derselbe die Druckölleitung L_1 abschließt und den Ölablauf durch L_2 öffnet, worauf die Feder über dem Absperrventil dieses schließt.

C. Die mechanische Schnellschlußvorrichtung.

Sie wirkt meist in der Weise, daß der ausschlagende Sicherheitsregler eine durch Feder gespannte Klinke auslöst und die Feder durch Gestänge die Sperrung des Absperrventils auslöst, worauf eine die Ventilspindel belastende Feder das Absperrventil zuschlägt. Eine direkte Auslösung der Sperrung am Ventil durch den Sicherheitsregler wird nur bei Kleinturbinen (s. d.) angewendet.

Die doppelte Schnellschlußvorrichtung der WUMAG (Abb. 289 und 317) hat 2 Sicherheitsregler, der eine betätigt die hydraulische Vorrichtung (s. S. 297), der andere die mechanische, indem er gegen den Hebel N Abb. 289 schlägt, die Klinke Q auslöst, worauf die Feder F_1 durch die Stange T die Sperrklinke so dreht, daß die Büchse U freigegeben wird und die Feder über dem Kolben die Büchse U mit der Spindel nach unten bewegt und das Absperrventil A zudrückt. Durch Drehen des Handrades (Schließbewegung) bei geschlossenem Ventil kann die

Büchse wieder hochgeschraubt werden bis die Klinke einschnappt; darauf kann das Ventil wieder geöffnet werden. Durch den Hebel *W* kann Auslösung von Hand bewirkt werden.

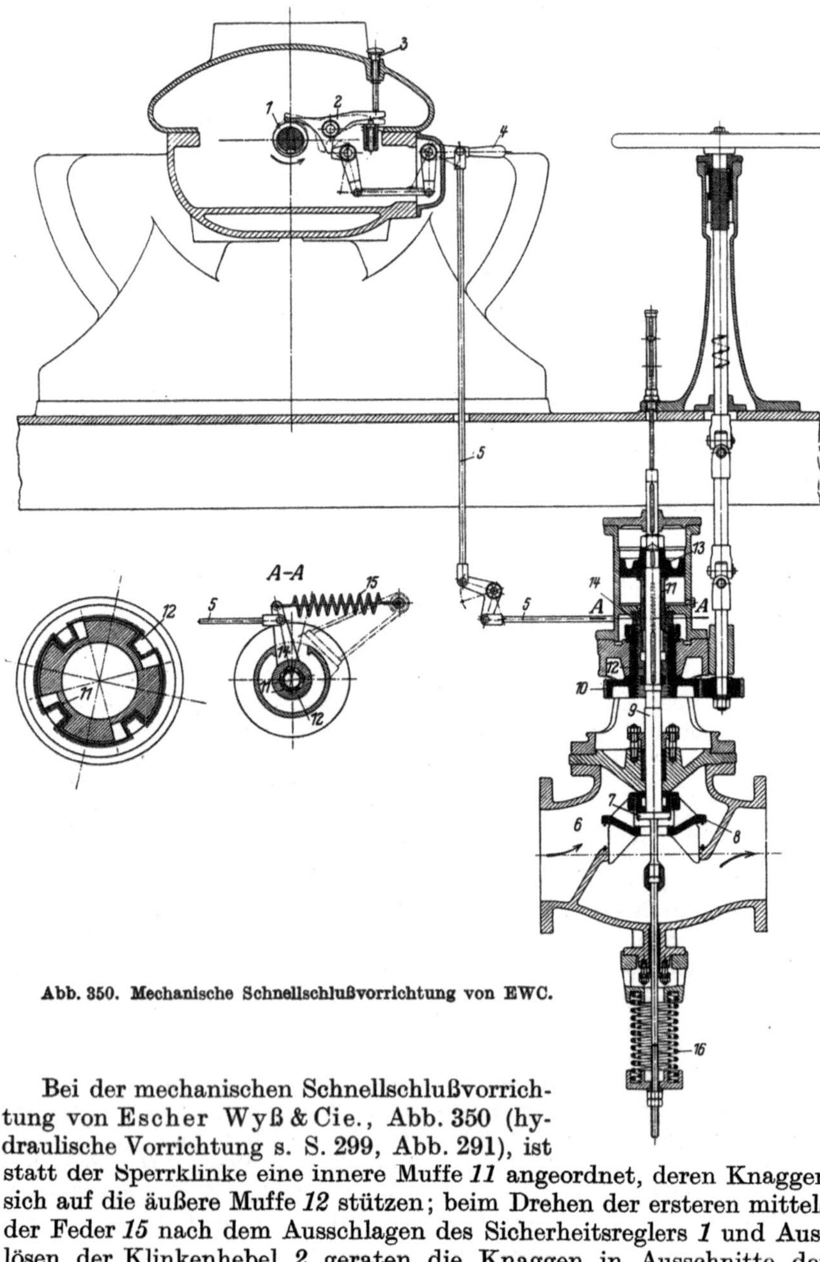

Abb. 350. Mechanische Schnellschlußvorrichtung von EWC.

Bei der mechanischen Schnellschlußvorrichtung von Escher Wyß & Cie., Abb. 350 (hydraulische Vorrichtung s. S. 299, Abb. 291), ist statt der Sperrklinke eine innere Muffe *11* angeordnet, deren Knaggen sich auf die äußere Muffe *12* stützen; beim Drehen der ersteren mittels der Feder *15* nach dem Ausschlagen des Sicherheitsreglers *1* und Auslösen der Klinkenhebel *2* geraten die Knaggen in Ausschnitte der

Muffe *12* (s. links unten), so daß sich die Muffen ineinander schieben können, worauf die Feder *16* das Ventil *8* zudrückt. Kolben *13* dient als Puffer, um zu hartes Aufsetzen des Ventils zu vermeiden.

Um das Absperrventil nicht gegen den vollen Dampfdruck anheben zu müssen, öffnet zuerst ein kleines Voröffnungsventil *7*, wodurch der Druck hinter dem Ventil steigt. Die Betätigung des Ventils erfolgt durch das Handrad mittels Stirnräder *10*, von denen das größere die mit Gewinde versehene äußere Muffe *12* verschraubt.

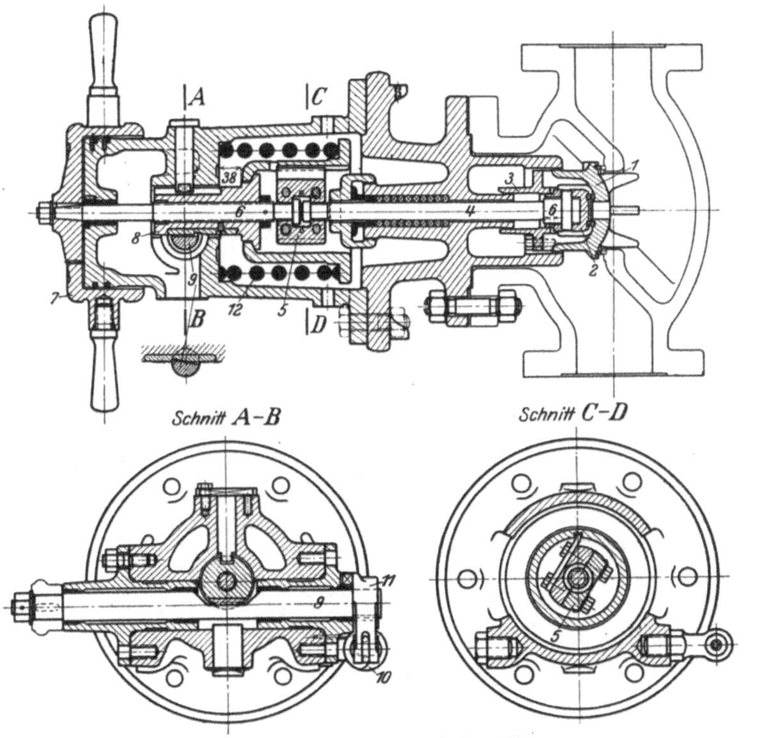

Abb. 351. Schnellschlußventil der AEG.

Das Schnellschlußventil der Ersten Brünner (EBM), Abb. 320, S. 318, wirkt in ähnlicher Weise; eine vom Sicherheitsregler ausgelöste Feder dreht den Hebel *G* mit der inneren Muffe *C*, deren Knaggen sich in die Aussparungen der Außenmuffe *B* schieben, so daß die Feder F_1 das Ventil *A* (mit Voröffnungsventil) schließt, wobei der Kolben K_1 als Puffer wirkt.

Die mechanische Schnellschlußvorrichtung der Gutehoffnungshütte (Abb. 314, S. 313) wird vom selben Sicherheitsregler *20* ausgelöst wie die hydraulische, indem nach dem Ausklinken die Feder *21* die Sperrklinke *23* dreht, so daß die Gewindebüchse frei wird und die Feder *25* das Ventil *24* zudrückt; Pufferwirkung durch den federbelasteten Kolben.

Ein Schnellschlußabsperrventil der AEG zeigt Abb. 351, aus der die Einzelheiten zu ersehen sind.

Der Ventilteller *1* ist durch die Führungsbüchse *3* mit dem Voröffnungsventil *2* und der Spindel *4* verbunden und diese durch die Kupplung *5* mit der Schraubenspindel *6*, welche durch Handrad *7* in der Spindelmutter *8* bewegt wird. Die Spindelmutter wird durch den Klinkenbolzen *9* gehalten, nach dem Auslösen des Sicherheitsreglers und Ausklinken der Feder *10* dreht diese mittels Hebels *11* den Bolzen *9* und dieser gibt die Spindelmutter *8* frei, worauf die Feder *12* das Ventil zuschlägt, wobei das als Luftpuffer ausgebildete Handrad *7* das harte Aufsetzen vermeidet.

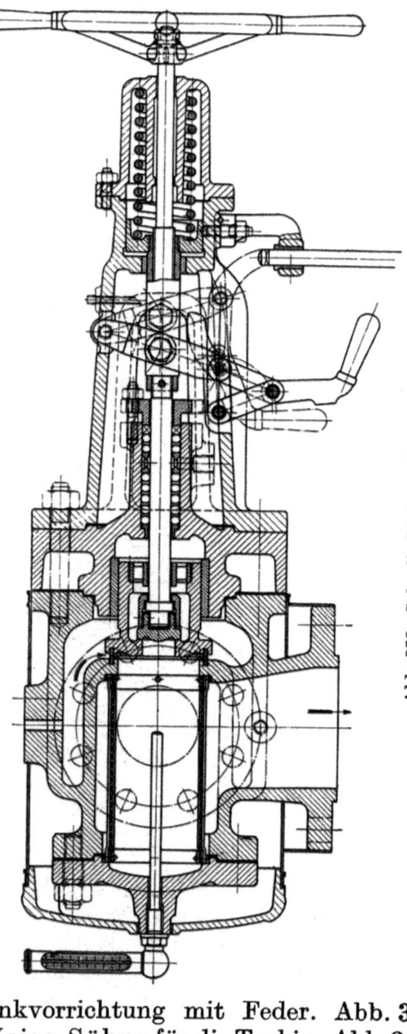

Abb. 352. Schnellschlußventil von Weise Söhne.

Die Schnellschlußvorrichtung von BBC (Abb. 293/94, S. 301) wird durch den Sicherheitsregler *J* (s. Abb. 347) ausgelöst, indem derselbe nach dem Ausschlagen der Schwunggewichte die Welle *M* verdreht und dadurch den Bolzen *Q* freigibt, worauf die durch denselben mittels der in einem Rohr befindlichen Kugeln („mechanische Flüssigkeit") gehaltene Sperrklinke *P*, die den federbelasteten Kolben *O* fixiert, durch letzteren verdrängt werden kann, so daß Ventil *S* zugedrückt wird. S. auch Abb. 312 und 358a.

Bei den Kleinturbinen wird die Auslösung der das Absperrventil schließenden Feder direkt durch den Regler bewirkt, ohne Zwischenschaltung einer weiteren Ausklinkvorrichtung mit Feder. Abb. 352 zeigt eine solche Ausführung von Weise Söhne für die Turbine Abb. 362, S. 349 mit der Reglung Abb. 309 und dem Sicherheitsregler Abb. 343.

Der Regler schlägt mittels der nach oben führenden Stange an die Kniehebel und drückt diese durch, so daß der an der Spindelmutter angreifende Hebel frei wird und die Feder das mit Voröffnung versehene Ventil zuschlägt.

Weitere Schnellschlußvorrichtungen für Kleinturbinen s. unter ausgeführten Turbinen.

Fünfter Abschnitt.

Ausführungen von Dampfturbinen.

Dampfturbinen werden von den kleinsten Leistungen an gebaut und haben in vielen Fällen die Kolbenmaschine verdrängt, trotzdem sie derselben in der Wirtschaftlichkeit erst von etwa 300 PS an überlegen sind; jedoch werden sie wegen ihrer Einfachheit, des geringen Raumbedarfs und des bequemen Zusammenbaues mit rotierenden Maschinen bevorzugt, besonders wenn der vollständig ölfreie Abdampf für irgend-

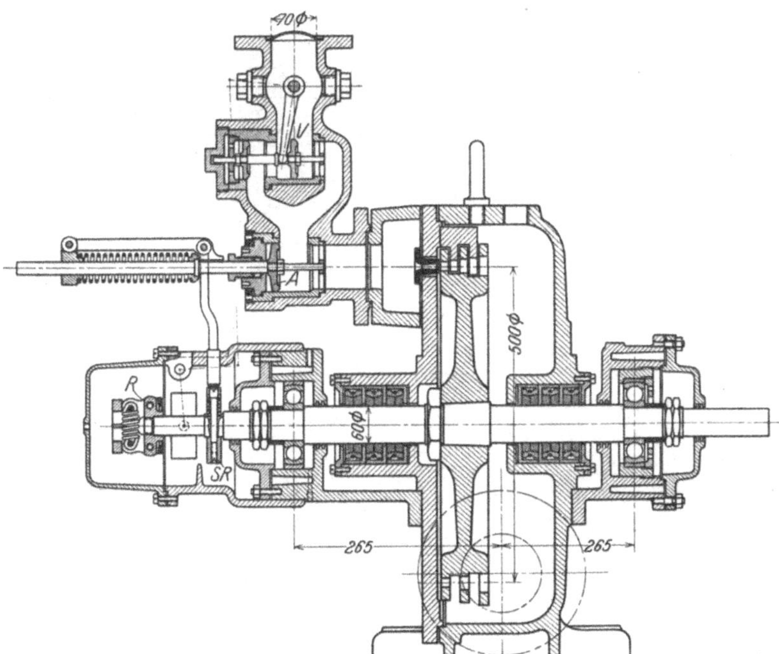

Abb. 353. Nema-Kleinturbine bis 60 PS_e, $n = 3000$.

welche Zwecke verwendet werden kann. Als Kleinturbinen können solche bis etwa 500 PS bezeichnet werden, Turbinen mittlerer Leistung bis etwa 10000 PS, darüber Großturbinen. In bezug auf Größe der erreichbaren Einzelleistung steht die Dampfturbine unerreicht da. Um auch bei kleineren und mittleren Leistungen billige und kleine Turbinen guter Wirtschaftlichkeit zu erhalten, werden sie mit hoher Drehzahl, bis 10000 Umdr./min, ausgeführt und diese durch Zahnradgetriebe auf die gewünschte Drehzahl herabgesetzt — Getriebeturbinen; aber auch ohne Übersetzung ist die Leistung für die meist angewendete Drehzahl von 3000 Umdr./min immer weiter erhöht worden, man hat bei solchen Grenzleistungsturbinen 40000 kW erreicht. Darüber werden 1500 Umdr./min angewendet.

Mit der Erhöhung des Dampfdruckes zwecks Verbesserung der Wirtschaftlichkeit hat die Ausführung von Hochdruckturbinen Schritt gehalten, wobei man bestehende Niederdruckanlagen durch Vorschaltturbinen für hohen Dampfdruck umbauen kann.

I. Kleinturbinen.

Kleinturbinen werden nur als Gleichdruckturbinen ausgeführt, mit einer oder einigen Druckstufen, je nach Drehzahl und Leistung, und

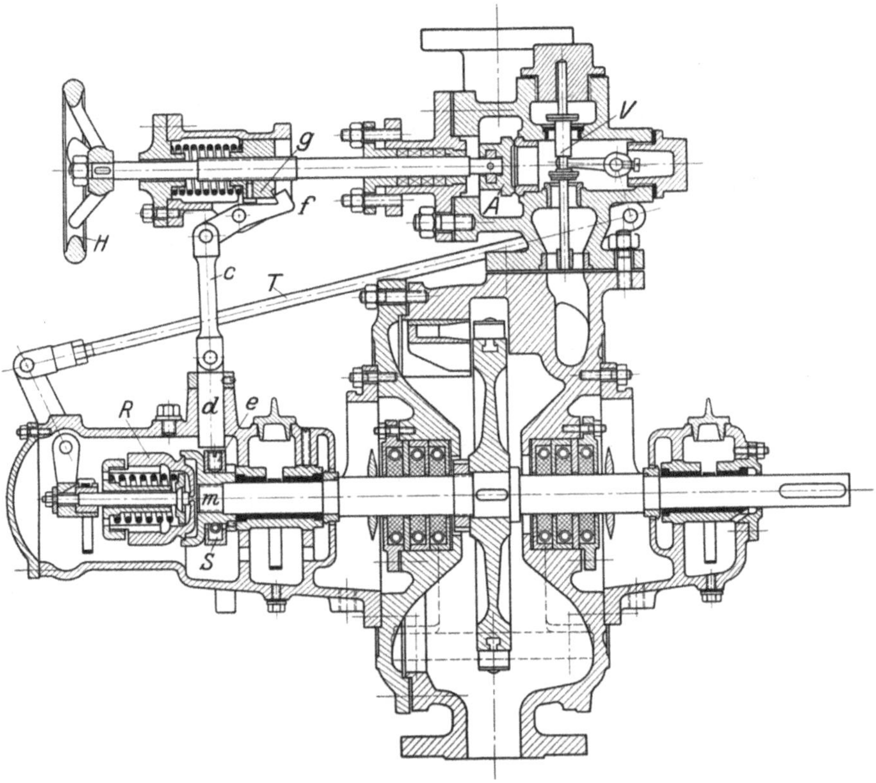

Abb. 354. Kleinturbine von E. Nacke.

mit Geschwindigkeitsstufung entweder mit mehrkränzigem Rad nach Curtis oder mit wiederholter Beaufschlagung desselben Kranzes radial oder axial nach Kienast. Letztere Ausführung wird bei kleinsten Leistungen viel angewendet, da zwar der Umlenkungsverlust größer ist, aber neben billigerer Ausführung die Ventilationsverluste kleiner werden, die bei kleinen Leistungen eine wesentliche Rolle spielen. Kleinturbinen ermöglichen Serienfabrikation, da nur die Leitvorrichtungen und Schaufeln dem Dampfzustand anzupassen sind und durch

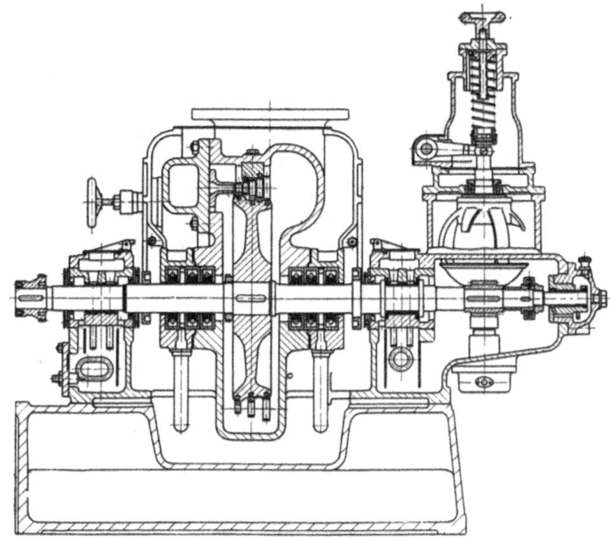

Abb. 355. Kleinturbine (Brückner, Kanis & Co.).

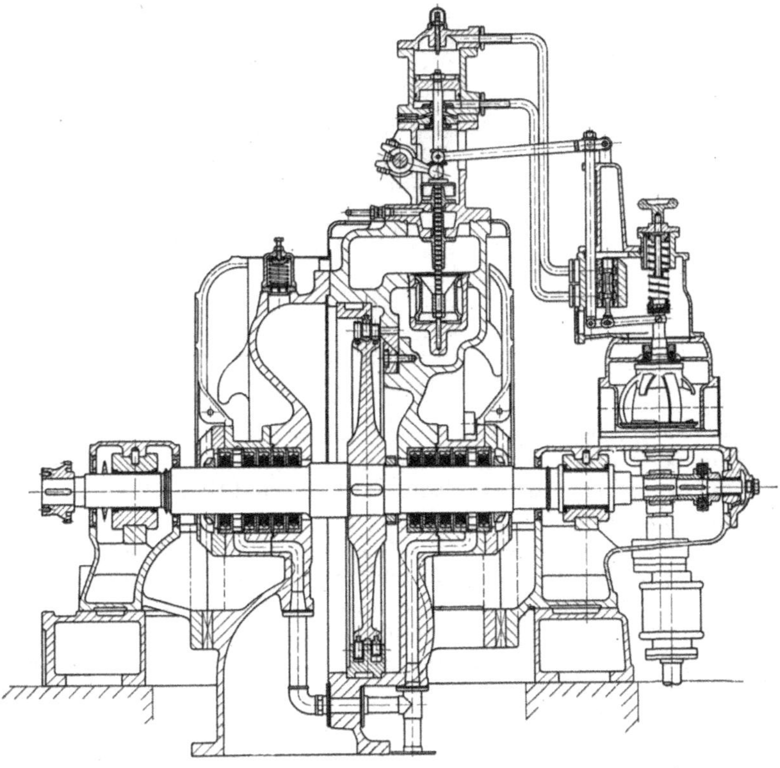

Abb. 356. Kleinturbine mit Düsenreglung (Brückner, Kanis & Co.).

Änderung der Beaufschlagung die gewünschte Leistung erreicht werden kann.

Die Reglung erfolgt meist direkt, aber auch durch Kraftgetriebe; bei Antrieb von Kesselspeisepumpen wird Druckreglung angewendet. Die Turbinen können eng mit der anzutreibenden Maschine zusammengebaut werden, so daß sie fertig montiert versandt werden können.

Eine Nema-Kleinturbine der Netzschkauer Maschinenfabrik Franz Stark & Söhne für Leistungen bis 60 PS bei 3000 Umdr./min zeigt Abb. 353; Laufraddurchmesser 500 mm, 3 Geschwindigkeitsstufen, Kugellager, Huhnsche Stopfbüchsen s. S. 251, Regler *R* am vorderen Wellenende, Schaufelbefestigung s. Abb. 167, S. 198.

Abb. 354 zeigt eine Kleinturbine von E. Nacke, Coswig i. Sa.

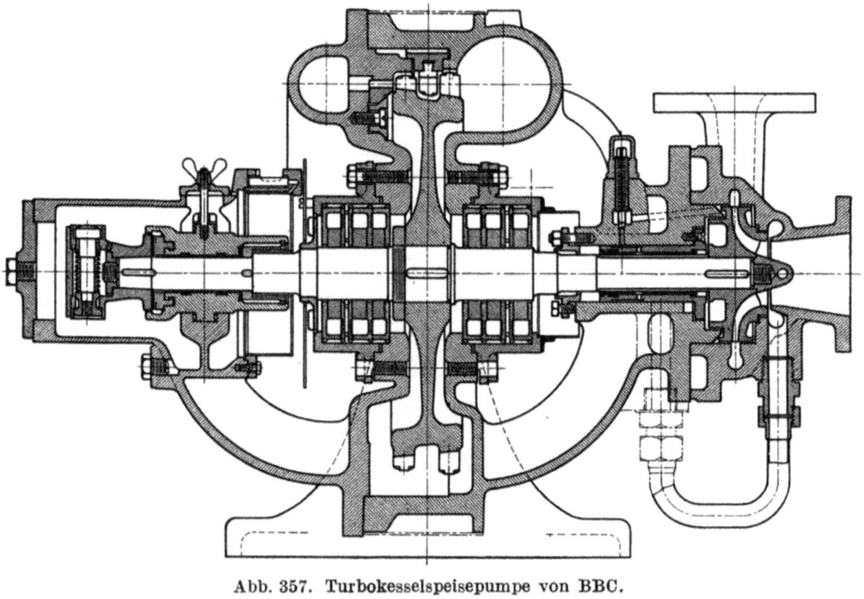

Abb. 357. Turbokesselspeisepumpe von BBC.

Die Kleinturbine von Brückner, Kanis & Co., Dresden (Abb. 355), hat direkte Reglung, Ringschmierung, Lagerkühlung, eine andere Ausführung für etwas größere Leistung, Abb. 356, hat Druckölschmierung und automatische Düsenreglung. Vom Servomotorkolben werden mittels der seitlichen Hebelwelle die drei Zuschaltventile nacheinander betätigt; auch Drehservomotor ausgeführt mit Nocken und Rollenhebeln.

Ein Turbokesselspeiseaggregat von Brown, Boveri & Cie. (BBC) zeigt Abb. 357[1]; das Gehäuse von Turbine und Pumpe ist zusammengegossen, das Turbinenlaufrad wird nach Abziehen des Pumpenkreisels mit dem vorderen Deckel herausgezogen. Reglung durch Druckregler (s. Abb. 336, S. 331).

[1] Stodola: Die Dampf- und Gasturbinen.

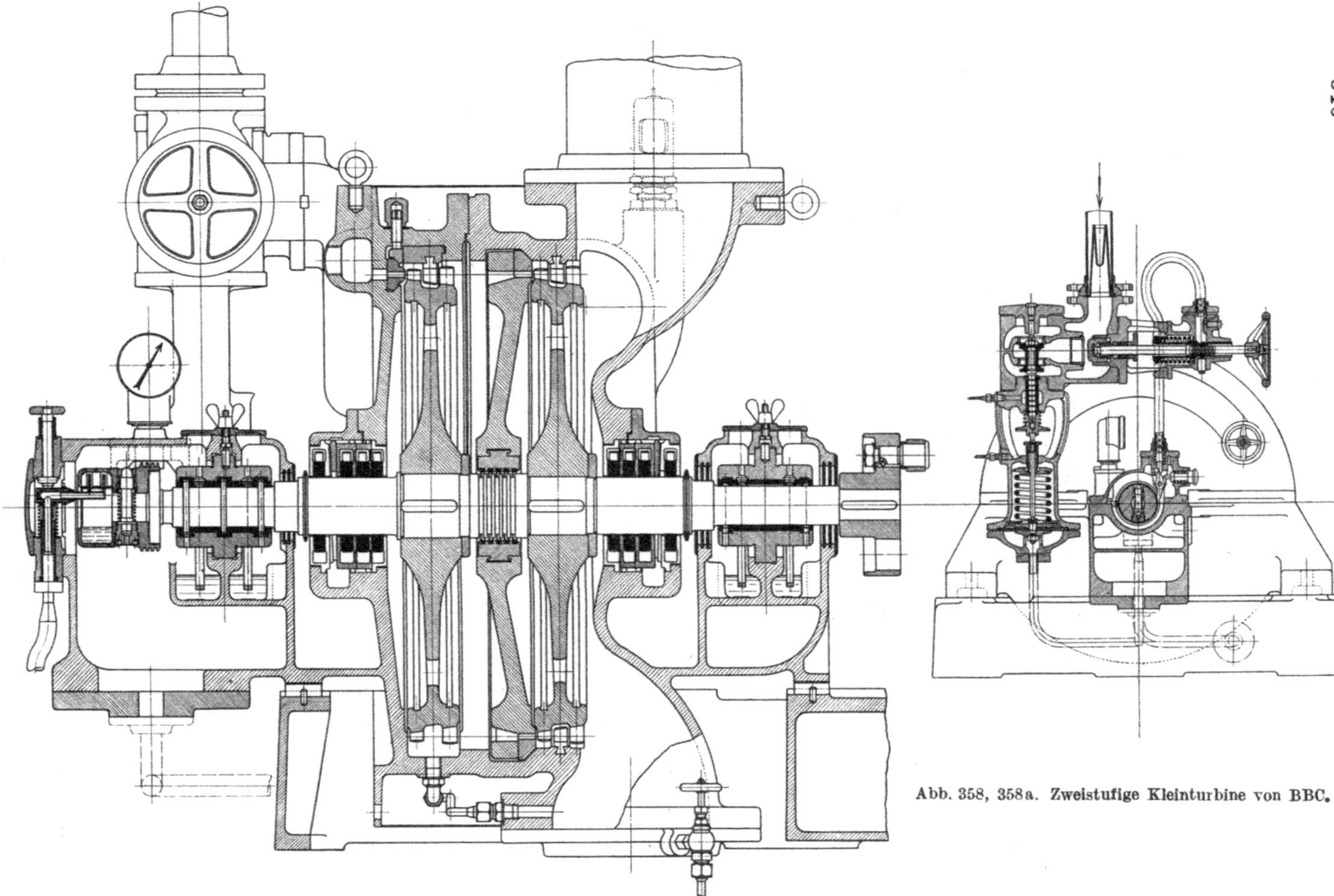

Abb. 358, 358a. Zweistufige Kleinturbine von BBC.

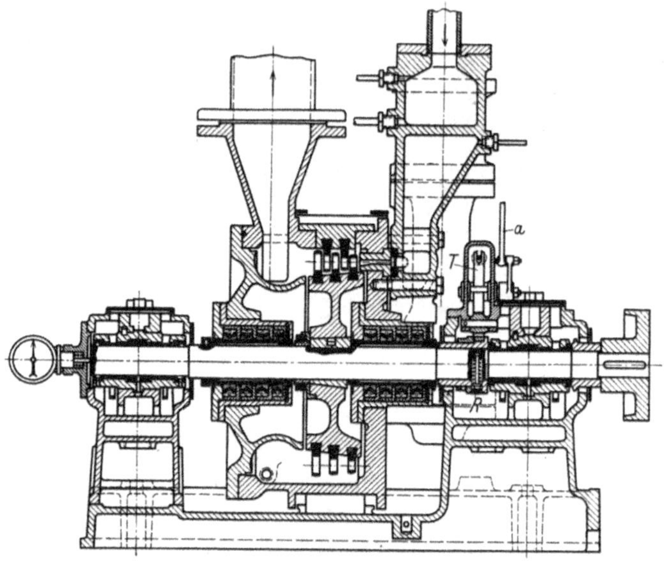

Abb. 359. Kleinturbine von Gebr. Sulzer.

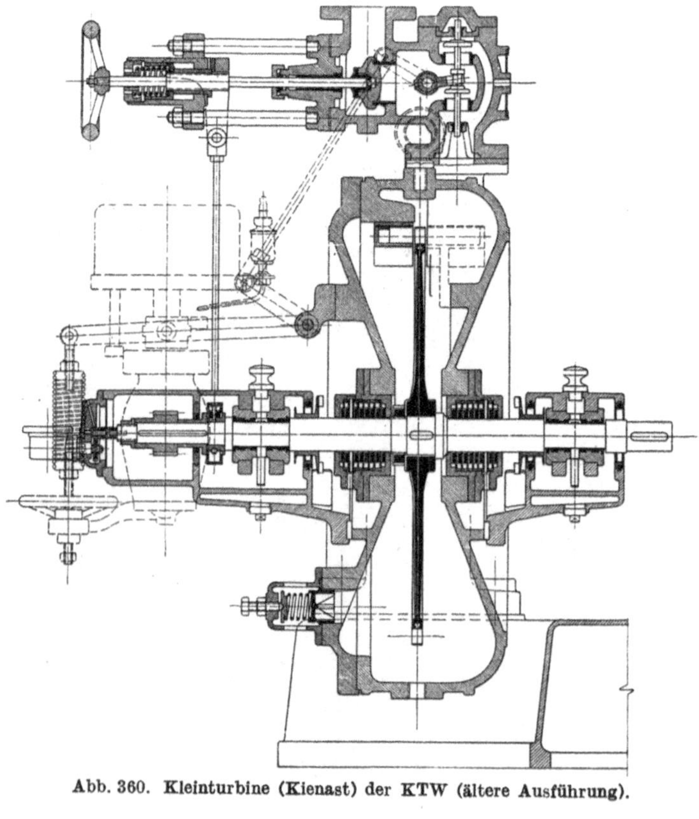

Abb. 360. Kleinturbine (Kienast) der KTW (ältere Ausführung).

Eine größere Turbine mit zwei Druckstufen je mit 2 Geschwindigkeitsstufen von BBC veranschaulicht Abb. 358a mit Ölringsteuerung (Abb. 296, S. 302); Gehäuseunterteil mit den Lagern einstückig, Oberteil axial geteilt.

Die Kleinturbine von Gebr. Sulzer (Abb. 359) zur direkten Kupplung mit einer Kesselspeisepumpe hat ungeteiltes Gehäuse, Huhnsche Stopfbüchsen; Druckreglung und Schnellschluß s. Abb. 332.

Die Kuhnert-Turbo-Werke, Meißen, führen ihre Turbinen nach Bauart Curtis oder seltener nach Kienast aus; letztere ältere Ausführung zeigt Abb. 360, aus der die Einzelheiten zu ersehen sind.

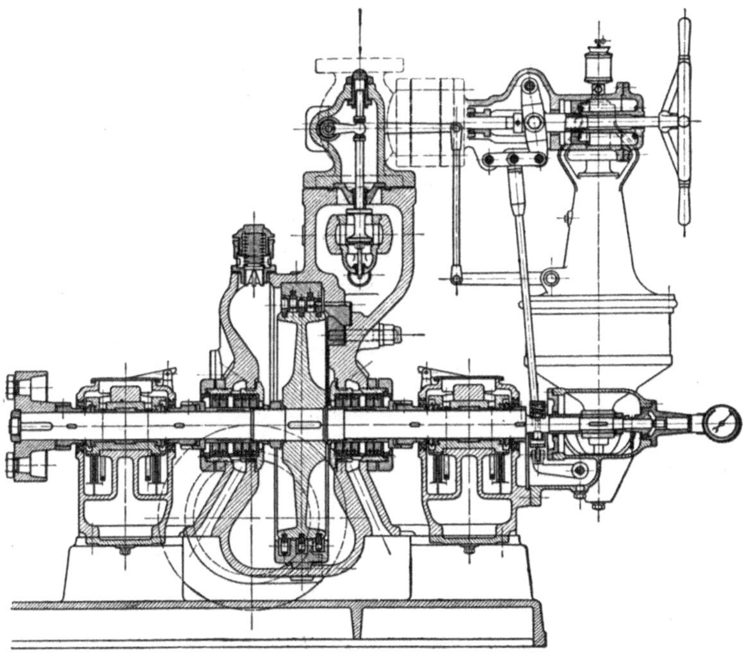

Abb. 361. Hochdruckkleinturbine von Weise Söhne.

Der Aufbau der Kleinturbinen für Hochdruckheißdampf von Weise Söhne, Halle, ist aus Abb. 361 ersichtlich. Die Turbinen zum Antrieb von Kesselspeisepumpen größerer Leistung haben Servomotorreglung; Abb. 362[1] zeigt eine Turbine von 600 PS für 36 at 400° und 3 ata Gegendruck (4000 l/min auf 460° bei 130°). Die zugehörige Düsengruppenreglung s. Abb. 308, Differenzdruckregler Abb. 334, Schnellschluß Abb. 343 und 352.

Die Turbinen von Kühnle, Kopp & Kausch, Frankenthal, werden je nach den Betriebsverhältnissen als verbesserte Elektraturbine mit wiederholter radialer oder nach Kienast mit axialer Beaufschlagung oder mit mehreren Schaufelkränzen (Curtis) ausgeführt. Die Turbine

[1] Knörlein: Turbokesselspeiseaggregate. Berlin: Julius Springer.

(Abb. 363) mit radialer Beaufschlagung kann bis $u = 140$ m/sek Umfangsgeschwindigkeit ausgeführt werden, bis 500 PS, mit direkter Reglung. Bei höheren Dampfdrücken und bis 750 PS erhalten sie Druckölschmierung und bei großen Regelventilen auch Servomotorreglung; bei höheren Umfangsgeschwindigkeiten (bis 180 m/sek) axiale Beaufschlagung mit 500 bis 800 mm Raddurchmesser, für 400 bis 750 PS. Reichen diese Ausführungen nicht mehr aus, so wird Curtisbauart angewendet, die bis 2000 PS ausgeführt wird.

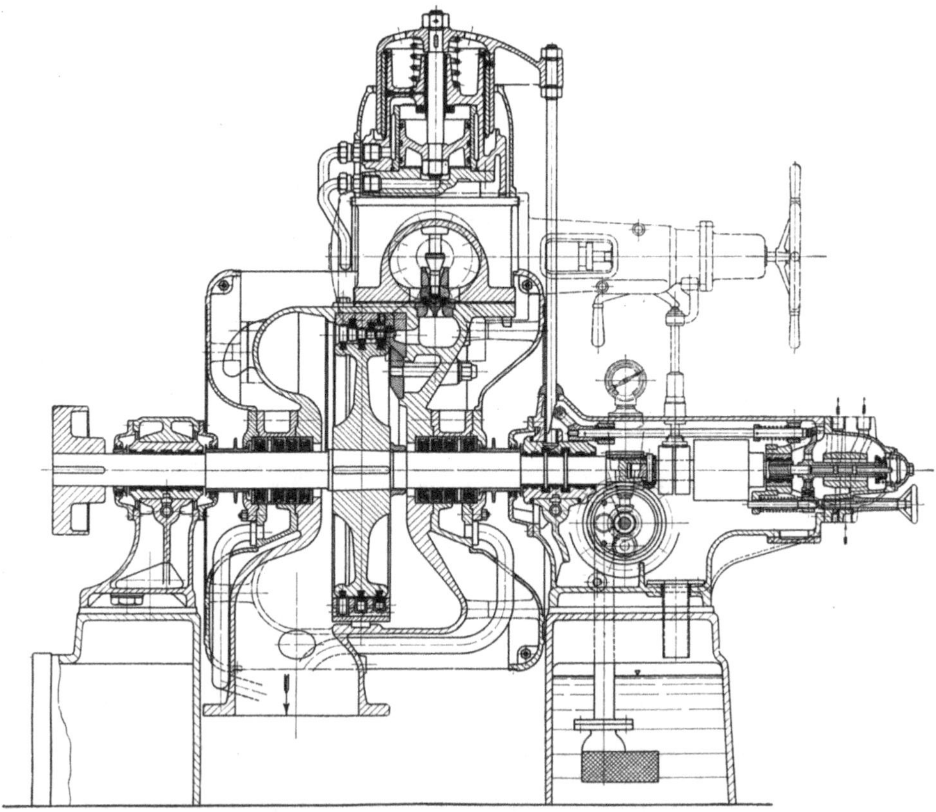

Abb. 362. Hochdruck-Kesselspeisepumpe, 600 PS, von Weise Söhne.

Für größere Gefälle werden 2 Druckstufen angewendet, welche Bauart auch für Entnahme geeignet ist; Ausführung in Elektra- oder Kienastbauart, oder die erste Stufe Elektra bzw. Kienast, die zweite Curtis, wie Abb. 364 einer Kondensationsturbine für 200 PS, $n = 6000$ Umdr./min zeigt, deren effektiver Wirkungsgrad 57% beträgt bei 195 kcal/kg Gefälle. Beide Stufen sind mit Abschaltungen versehen, wodurch der Druckverlauf bei Teilbelastung unverändert gehalten werden kann.

Die Kleinturbinen von J. A. Maffei erhalten bei kleinen Leistungen Drosselreglung, bei größeren Leistungen Düsenreglung durch Servomotor; eine solche Turbine von 400 PS zum Antrieb eine Kesselspeisepumpe mit vereinigter Differenzdruck- und Drehzahlreglung (vgl.

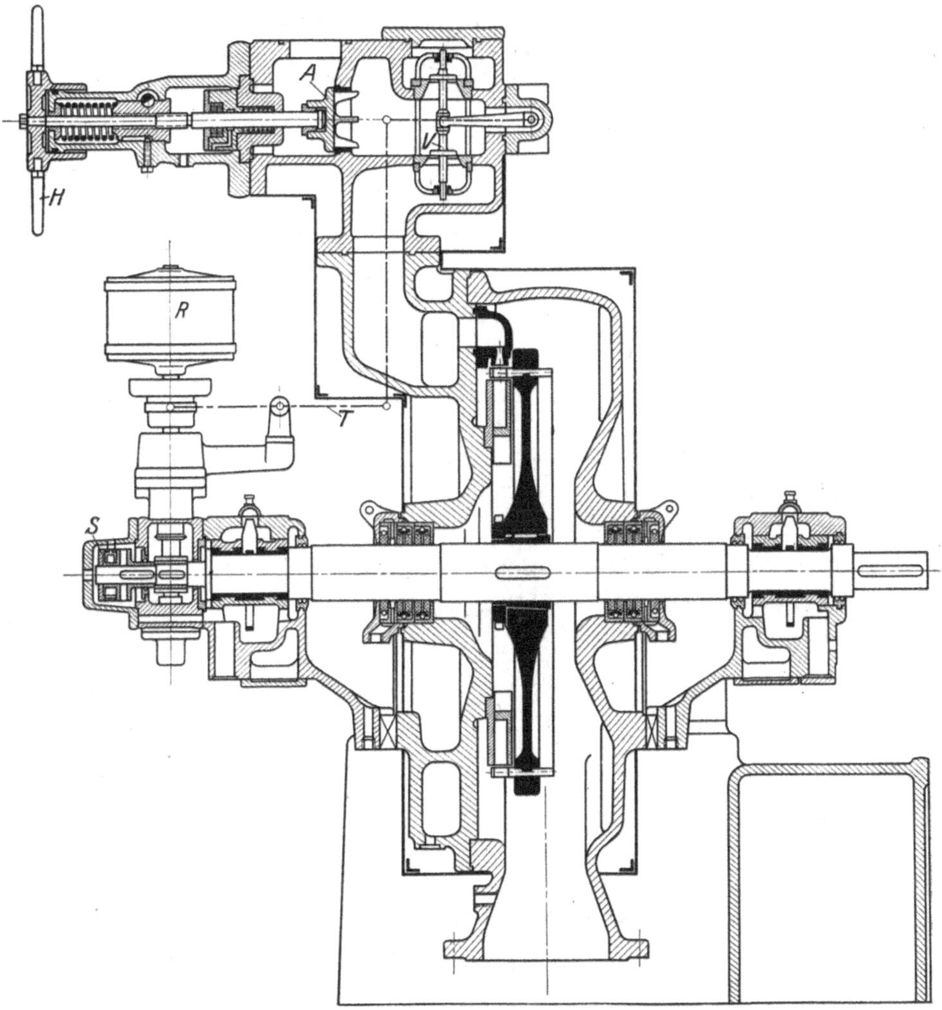

Abb. 363. Elektraturbine von KKK.

Abb. 400, S. 386) zeigt Abb. 365 mit 3 Düsenventilen. Schnellschlußventil durch Ölumschalter betätigt, Ölkühler im Grundrahmen.

Dieselbe Firma führt zusammengebaute Turbodynamos für Kleinbeleuchtungsanlagen aus in Leistungen von 0,3 bis 10 kW; eine Lokomotivbeleuchtungsturbodynamo zeigt Abb. 366 mit radialer Geschwindigkeitsstufung und einer eigenartigen Reglung.

Der Regler besteht aus 2 durch eine Feder verbundenen Kugeln, die der Fliehkraft und dem Dampfdruck im Innern des von den Kugeln abschließbaren Raumes des Reglergehäuses ausgesetzt sind; der Dampf kann aus diesem Raum durch die hohle Spindel und Bohrungen im Turbinengehäuse unter die federbelastete Membran des Regelventils (s. links unten) treten und verstellt dasselbe entsprechend dem Dampfdruck. Dieser wird durch die Stellung der Kugeln geändert, die bei Erhöhung der Drehzahl durch Vergrößerung der Öffnungen im Reglergehäuse Dampf entweichen lassen — Drucksenkung, und beim Sinken der Drehzahl die Öffnungen mehr schließen, wodurch der Dampfdruck im Reglergehäuse und unter der Membran steigt und das Ventil mehr öffnet.

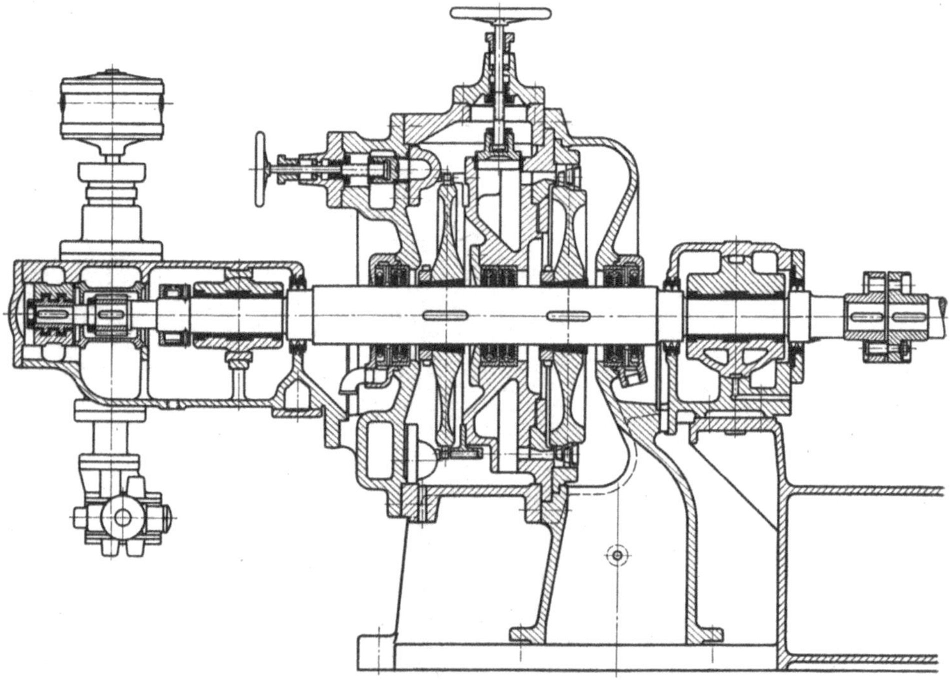

Abb. 364. Kleinturbine (Kienast u. Curtis) von KKK.

Das Kleinlichtaggregat der AEG (Abb. 367) mit axial zweimal beaufschlagtem Laufrad hat ebenfalls einfachen Aufbau; die Reglung ist in einfachster Weise durchgebildet.

Der Regler ist ein unmittelbar wirkender Fliehkraftregler mit Federbelastung und zwei um Schneiden *4* drehbar gelagerten Schwunggewichten *1*, denen die Feder *3* das Gleichgewicht hält. Anschläge *2* dienen zur Ausschlagbegrenzung; der Regler verstellt den vom Dampfdruck entlasteten in der Verlängerung der Turbinenwelle angeordneten Regulierschieber *10* aus nichtrostendem Stahl, der in der Büchse *11* aus Monelmetall gleitet, durch Querkeil *14* am Drehen verhindert ist, den durch Öffnung *13* eintretenden Dampf drosselt und ihn durch den Kanal im Gehäuse dem Laufrad zuführt. *6* ist eine Sperrscheibe, *7* eine Kohlenscheibe, *8* das Spurlagergehäuse, *9* Überwurfmutter und *12* eine Zusatzfeder.

Leistung 0,5 kW bei 3600 Umdr./min und 5 bis 16 at Dampfdruck; Dampfverbrauch bei Vollast 57 kg/h, bei Leerlauf 26 kg/h.

Die Turbinen des Bekawerkes, Taucha-Leipzig, arbeiten ebenfalls mit wiederholter axialer Beaufschlagung, jedoch erfolgt die Querschnittserweiterung radial; die Schaufeln sind radial durch Stege in

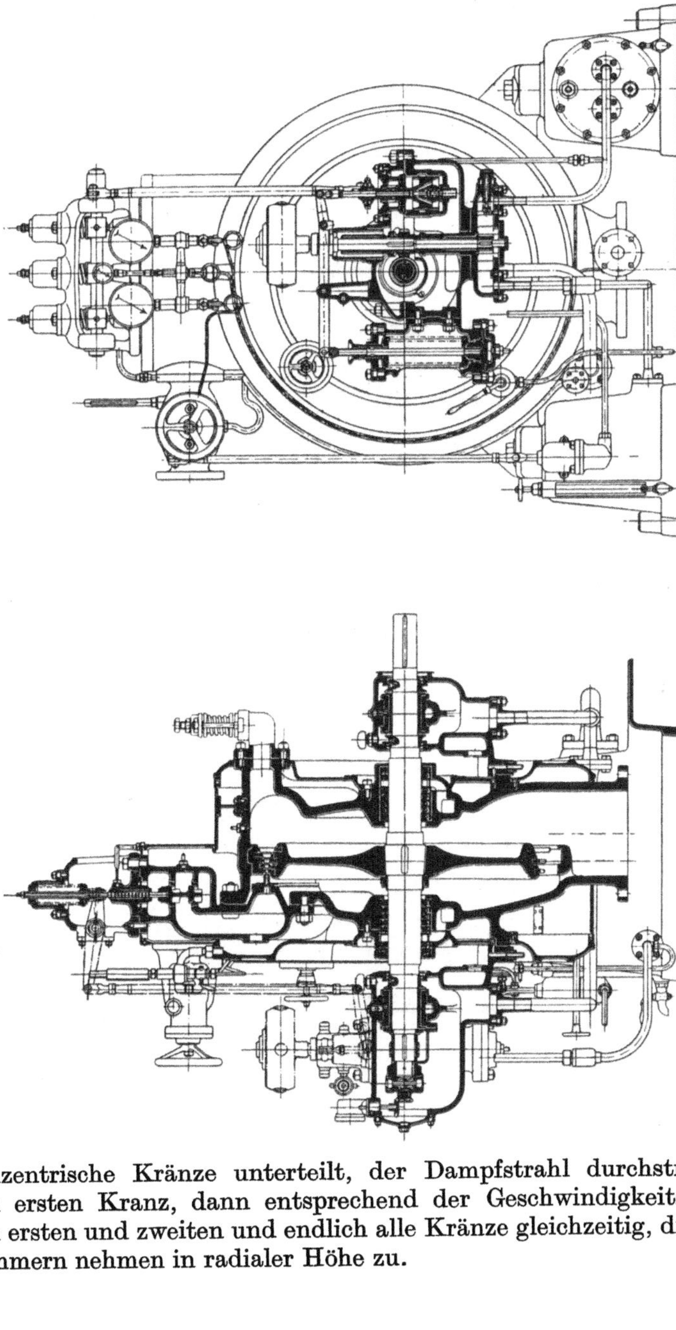

Abb. 365. Kesselspeiseturbine mit Differenzdruck- und Drehzahlreglung (I. A. Maffei).

konzentrische Kränze unterteilt, der Dampfstrahl durchströmt erst den ersten Kranz, dann entsprechend der Geschwindigkeitsabnahme den ersten und zweiten und endlich alle Kränze gleichzeitig, die Umleitkammern nehmen in radialer Höhe zu.

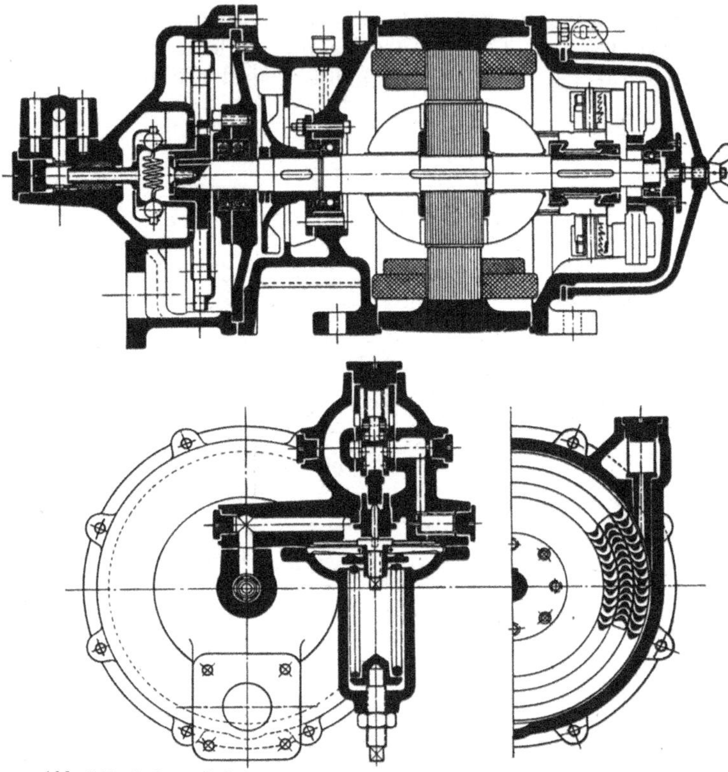

Abb. 366. Lokomotivbeleuchtungs-Turboaggregat (I. A. Maffei).

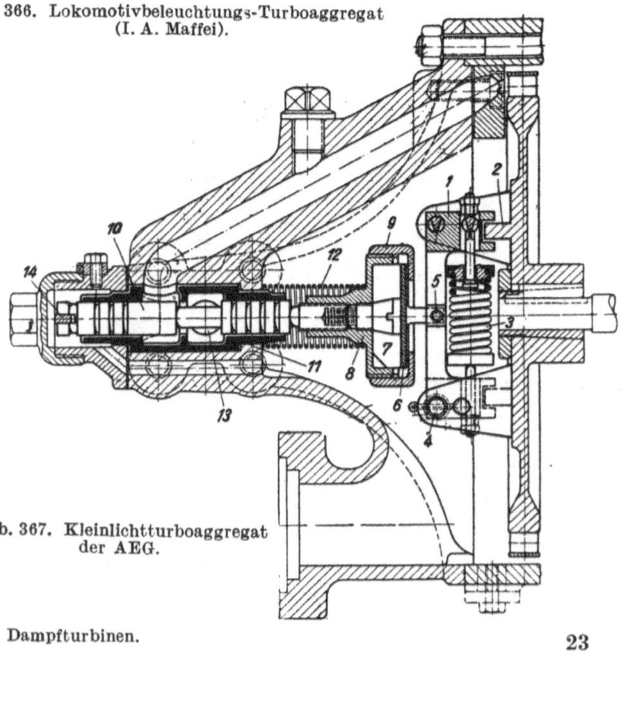

Abb. 367. Kleinlichtturboaggregat der AEG.

Die Kleinturbinen von Humboldt, Köln-Kalk, werden mit wiederholter axialer Beaufschlagung oder mit Curtisrad ausgeführt, Abb. 368 zeigt eine Turbine für 10 bis 70 PS bei 6000 Umdr./min für Dampf bis 35 atü, 400° C und bis 6 atü Gegendruck. Die Turbine ist an den

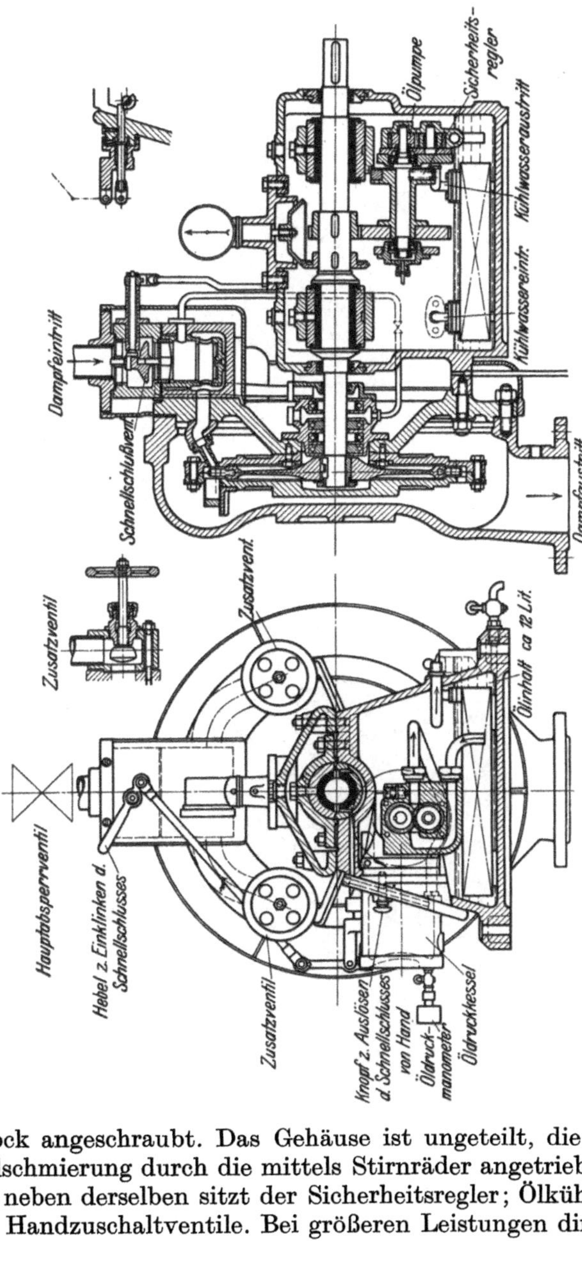

Abb. 368. Kleinturbine von Humboldt.

Lagerbock angeschraubt. Das Gehäuse ist ungeteilt, die Lager haben Druckölschmierung durch die mittels Stirnräder angetriebene Zahnradpumpe, neben derselben sitzt der Sicherheitsregler; Ölkühler im Lagerbock, 2 Handzuschaltventile. Bei größeren Leistungen direkte Drossel-

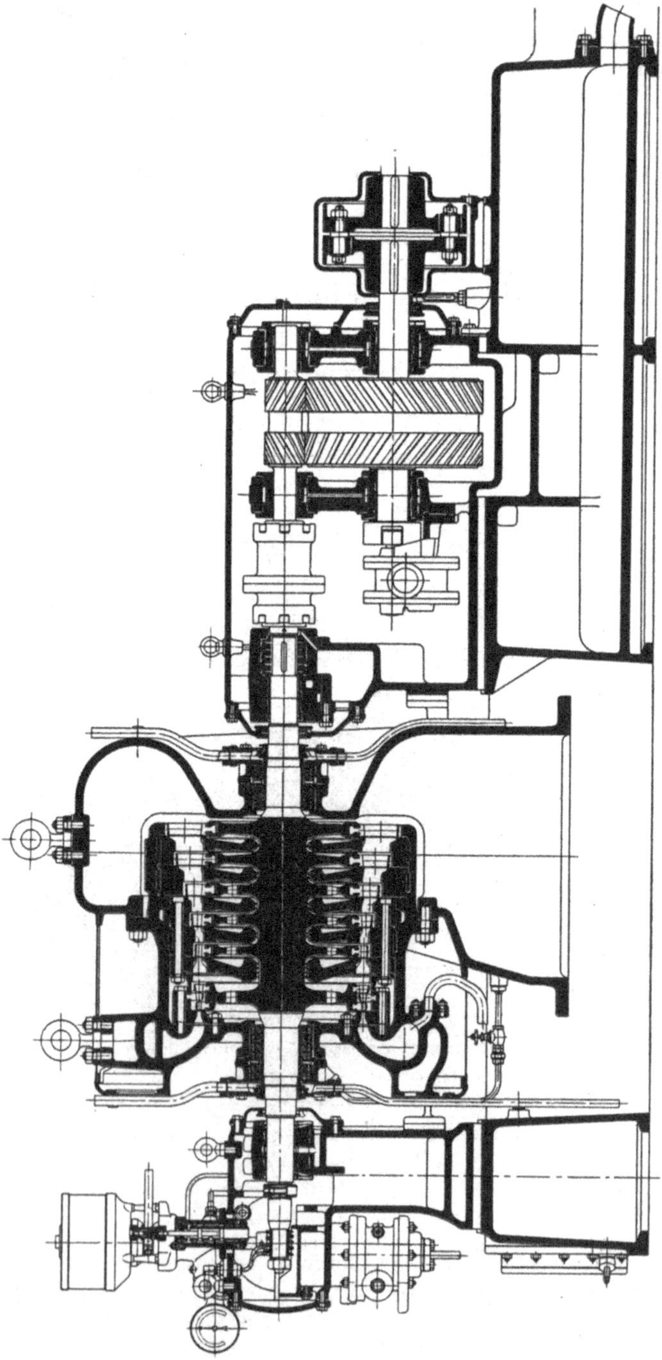

Abb. 369. Getriebekleinturbine, 500 PS_e, der WUMAG.

reglung oder Servomotorreglung (s. Abb. 292, S. 300), bei noch größeren Leistungen Düsenreglung (s. Abb. 301, S. 306).

Um auch Turbinen kleiner Leistung mit gutem Wirkungsgrad zu erhalten, müssen sie mehrstufig werden, wobei der Raddurchmesser zwecks Verringerung der Verluste und voller Beaufschlagung klein wird; damit die Stufenzahl mäßig wird, ergeben sich hohe Drehzahlen, die Turbinen werden als Getriebeturbinen ausgeführt. Eine solche von 500 PS_e bei 9000 Umdr. der WUMAG zeigt Abb. 369; Läufer aus dem Vollen, Teilkreisdurchmesser 440—480 mm.

II. Turbinen mittlerer Leistung und Großturbinen.

Sie werden als Gleichdruck- oder als Überdruckturbinen mit Gleichdruckstufen im Hochdruckteil ausgeführt. Die vielstufige Bauart macht

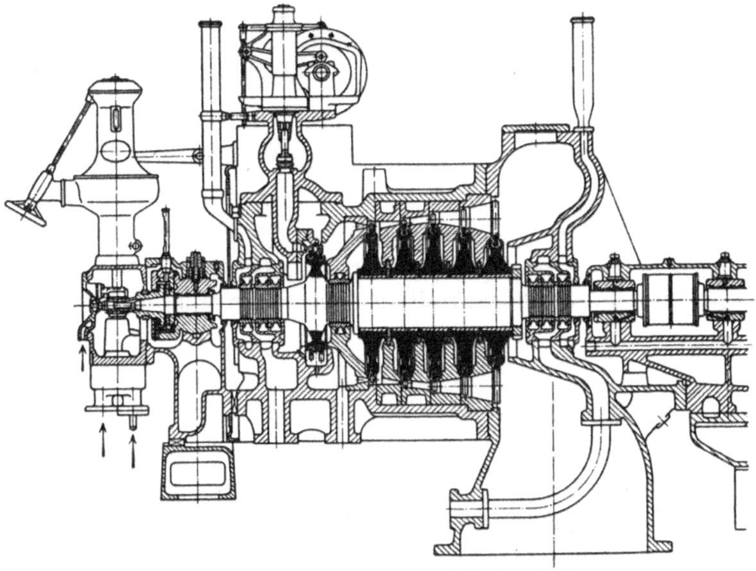

Abb. 370. Getriebeturbine, 1000 kW, der AEG.

bei großem Gefälle Mehrgehäusebauart erforderlich; bei größeren Leistungen und hohem Vakuum müssen die Niederdruckstufen unterteilt werden als Doppelend- oder Zwei- bis Vierflußturbinen. Leistungen bis etwa 40000 kW können mit 3000 Umdr./min ausgeführt werden, darüber meist 1500. Bei mittleren Leistungen werden sie auch als Getriebeturbinen mit höherer Drehzahl ausgeführt.

Die Getriebeturbine der AEG (Abb. 370)[1] für 1000 kW, 7000 Umdr./min ist eine Gleichdruckturbine, nur die beiden letzten Stufen arbeiten mit etwas Überdruck; Reglung durch 5 Düsenventile mit Drehservomotor (vgl. Abb. 297), Welle in den Stopfbüchsen und Lagern abgesetzt, zwecks Verringerung der Verluste. Qualitätsziffer etwa 1850.

[1] Kraft, E. A.: Die neuzeitliche Dampfturbine, VDI-Verlag.

Eine Kondensationsturbine derselben Firma für 3000 kW, $n = 3000$ Umdr./min zeigt Abb. 371[1] in der neueren Ausführung mit

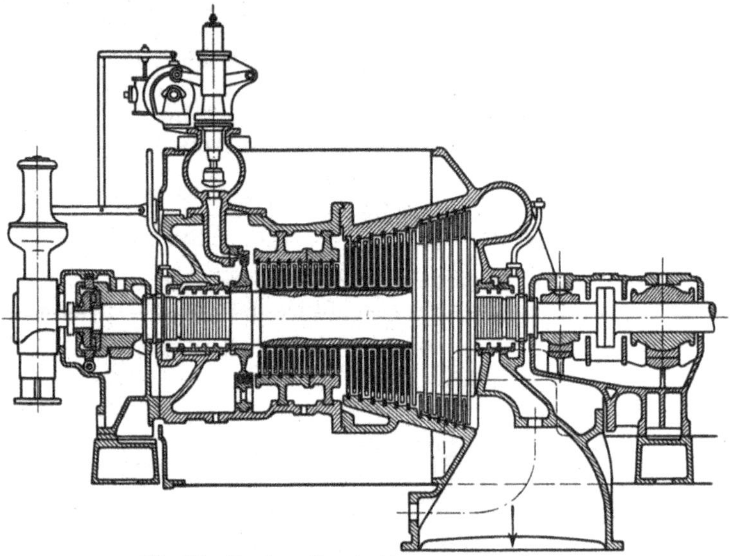

Abb. 371. Kondensationsturbine, 3000 kW, der AEG.

Gleichdruck im Hochdruckteil und Überdruck im Niederdruckteil; Leitapparate im Hochdruckteil in besonderen Einsätzen aus Stahl-

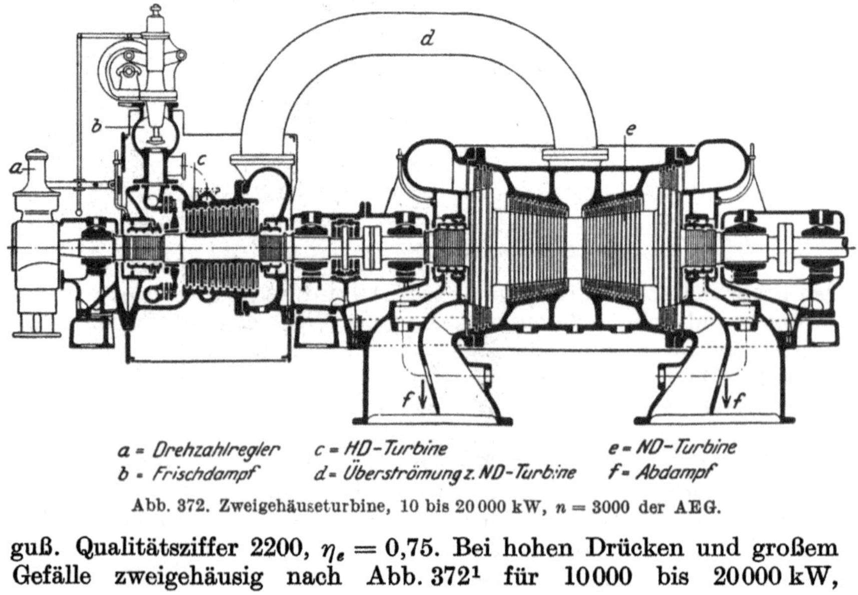

Abb. 372. Zweigehäuseturbine, 10 bis 20000 kW, $n = 3000$ der AEG.

guß. Qualitätsziffer 2200, $\eta_e = 0{,}75$. Bei hohen Drücken und großem Gefälle zweigehäusig nach Abb. 372[1] für 10000 bis 20000 kW,

[1] Kraft, E. A.: Die neuzeitliche Dampfturbine, VDI-Verlag.

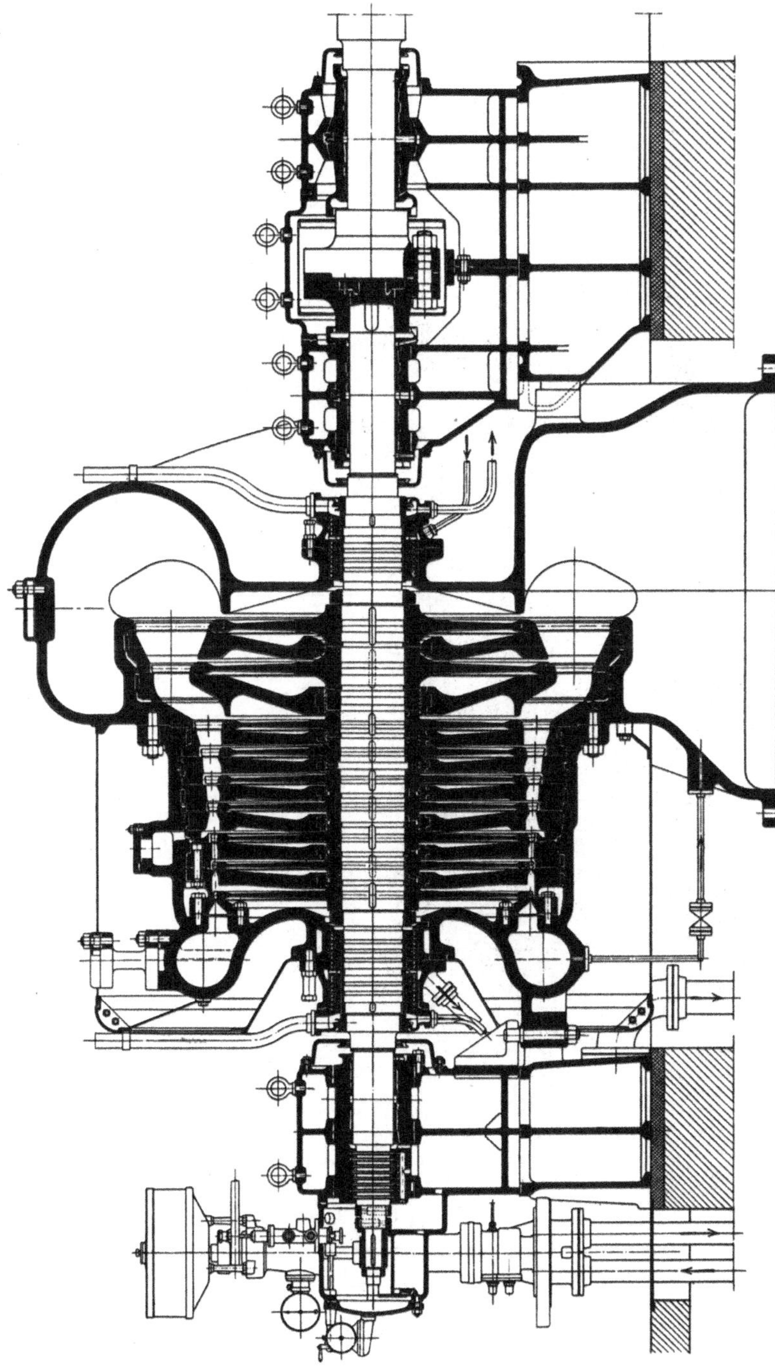

Abb. 373. Kondensationsturbine, 5000 kW, der WUMAG.

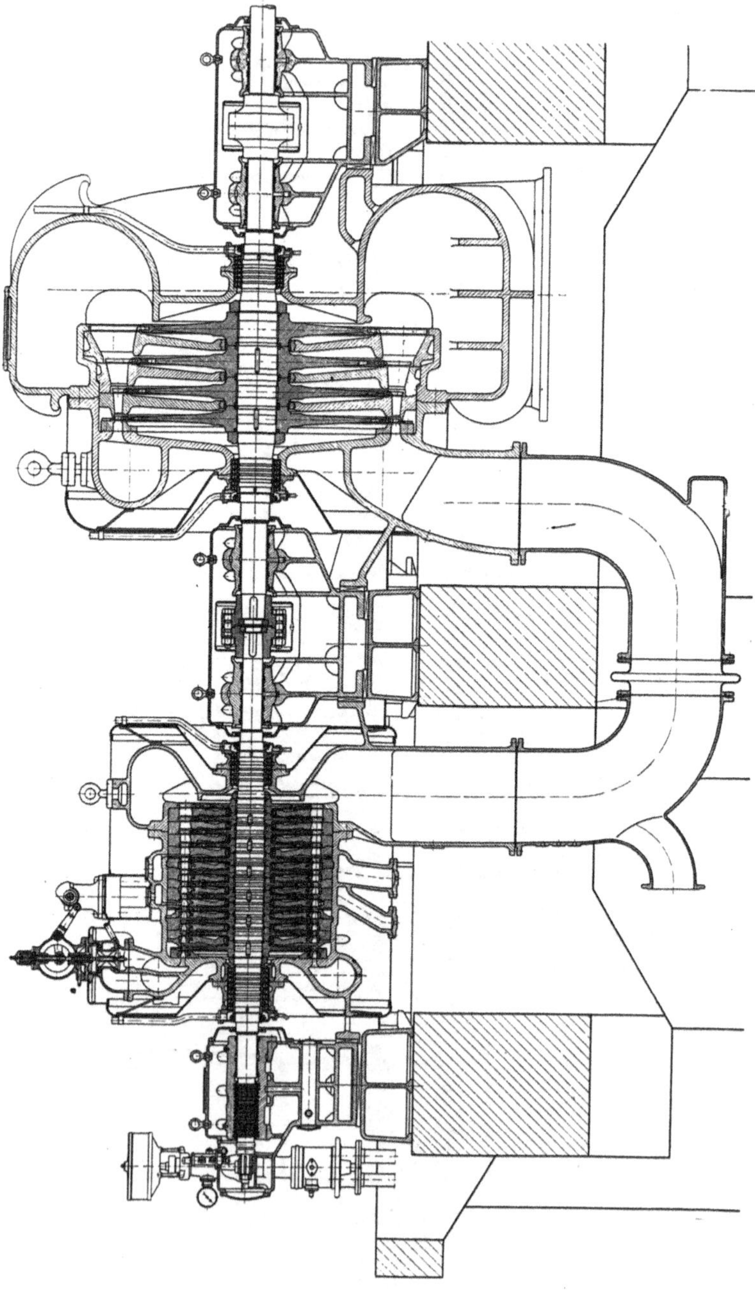

Abb. 374. Zweigehäusige Turbine der WUMAG für 10000 kW, $n = 3000$.

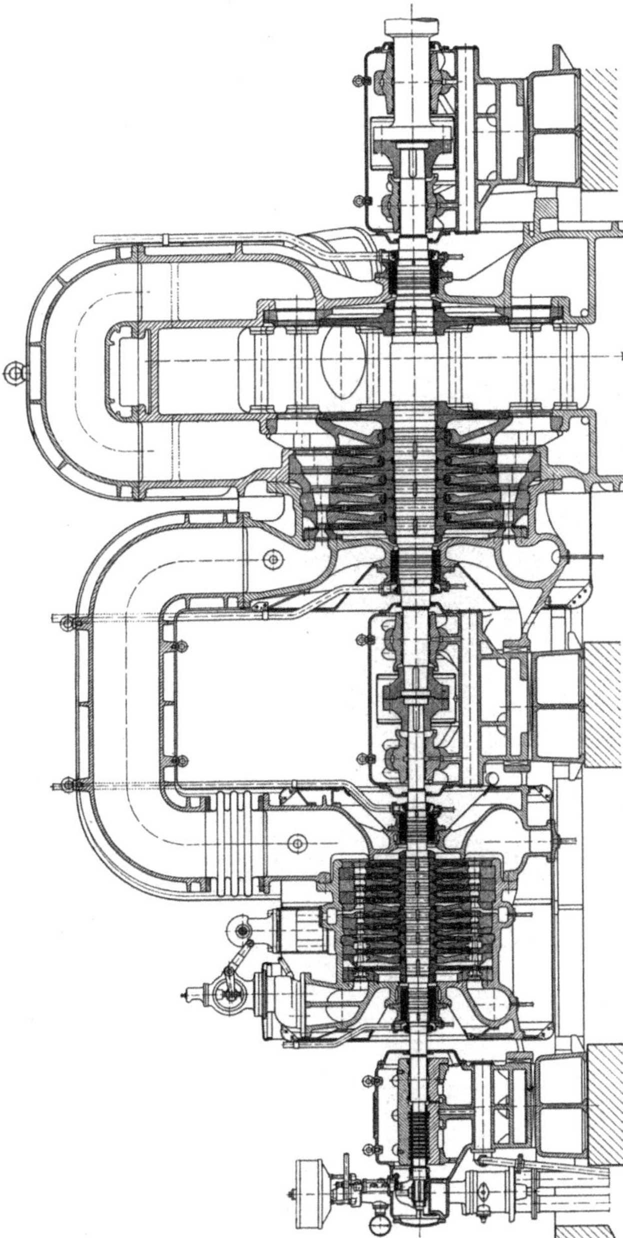

Abb. 375. Zweigehäuseturbine mit geteilter *ND*-Stufe, 1000 kW, der WUMAG.

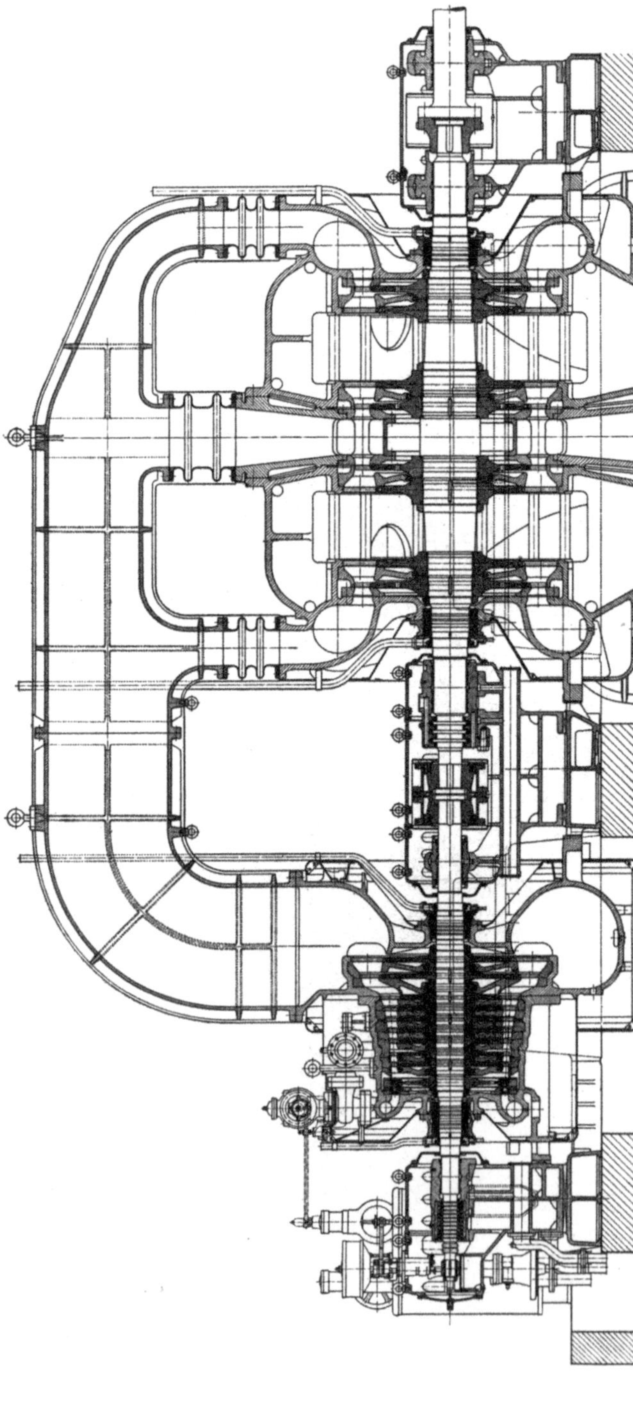

Abb. 376. Zweigehäuse Vierflußturbine, 30000 kW, $n = 3000$, der WUMAG.

$n = 3000$ Umdr./min; Hochdruckläufer aus dem Vollen, *ND*-Teil doppelt mit Überdruck, beide unterkritisch, starre Kupplung, kein Axialschub, Abdampfstutzen mit Diffusorwirkung.

Beschreibung der 70000-kW-Turbine in Zweiwellenanordnung[1].

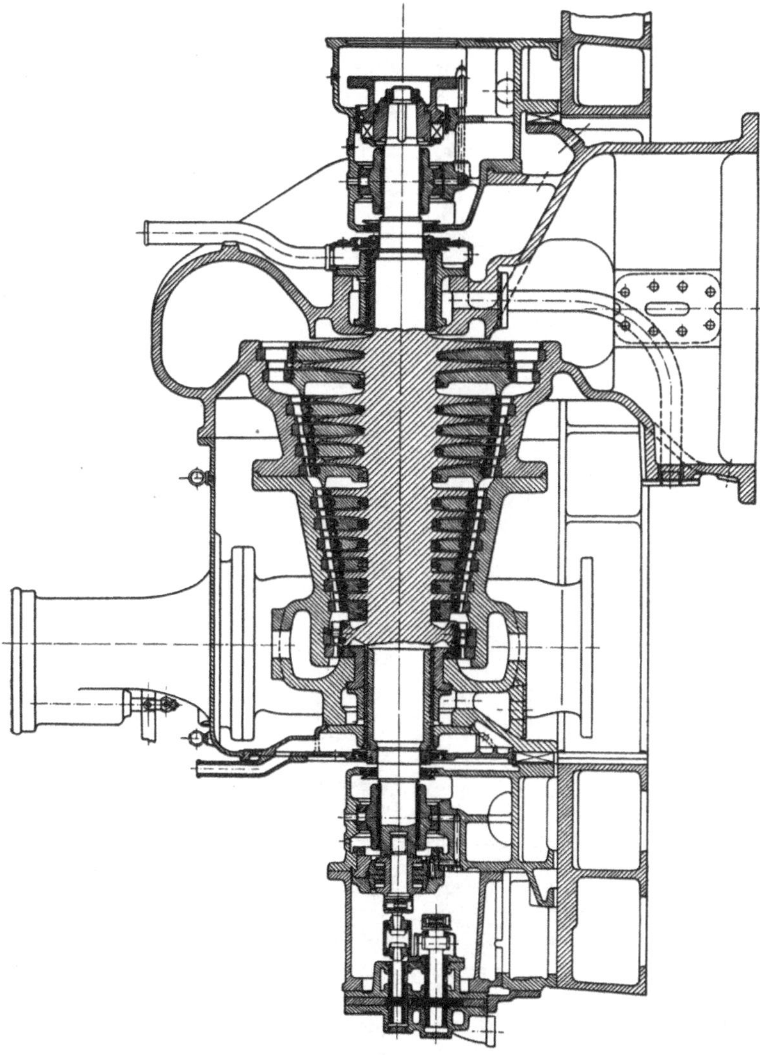

Abb. 377. Gleichdruckturbine, 3000 kW, der BEW.

Die eingehäusige Kondensationsturbine der WUMAG (Abb. 373) für 5000 kW, $n = 3000$ Umdr./min hat Drosselreglung (vgl. Abb. 289) und Handschaltventile; bei hohen Anforderungen an die Reglung wird vereinigte Drossel- und Düsenreglung (Abb. 315) angewendet.

Eine zweigehäusige Turbine der WUMAG für 10000 kW,

[1] Z. V. d. I. 1927, S. 1869.

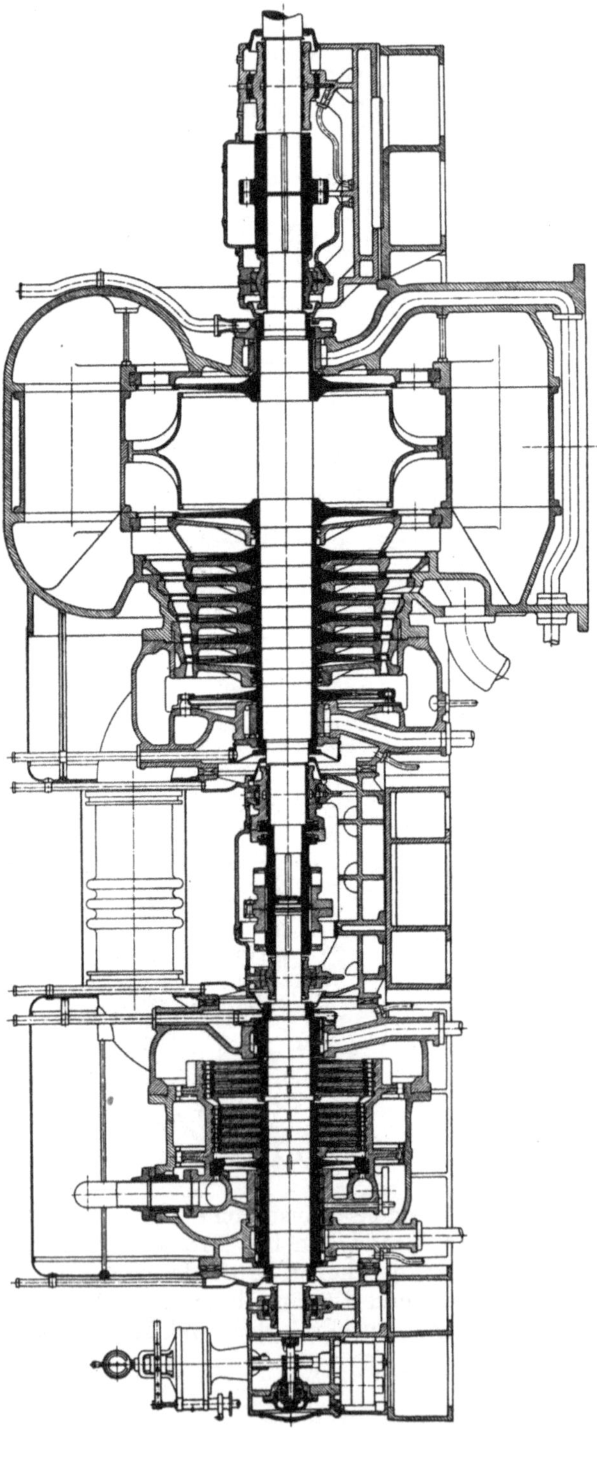

Abb. 378. Zweigehäuseturbine, 12500 kW, $n = 3000$ der Bergmann-EW.

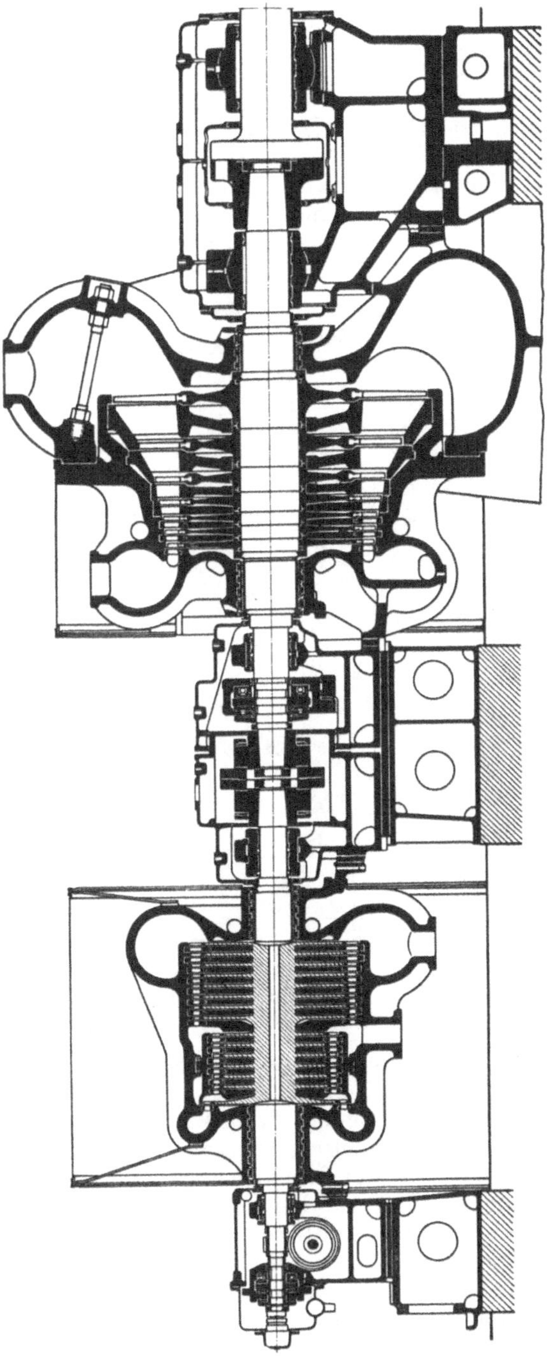

Abb. 379. Zweigehäuseturbine, 13000 kW, $n = 3000$ der MAN.

$n = 3000$ Umdr./min mit dreimaliger Anzapfung für Speisewasservorwärmung zeigt Abbildung 374; der Hochdruckteil ist vielstufig, die *ND*-Stufen haben großen Durchmesser. Bei hohem Vakuum und größeren Leistungen müssen die *ND*-Stufen geteilt werden, um nicht zu lange Schaufeln zu erhalten, wie Abb. 375 einer 12500-kW-Turbine für $n = 3000$ Umdr./min zeigt, mit einmaliger Anzapfung und Teilung nur der letzten Stufe. Die WUMAG bevorzugt Ausführung mit 3000 Umdr./min bis zu den größten dafür ausführbaren Leistungen (etwa 40000 kW), wobei sich eine mehrfache Unterteilung der *ND*-Stufen erforderlich macht, wie Abb. 376 einer 30000-kW-Vierflußturbine zeigt, die für 32 at, 410° C ausgeführt wurde; dadurch ist weit bessere Ausnutzung hoher Luftleere möglich. Das *HD*-Gehäuse ist an die Lager gehängt, das *ND*-Gehäuse mit 4 Abdampfstutzen für 4 Kondensatoren ruht auf kräftigen seitlichen Füßen; Dampfzuführung doppelt durch 2 Absperr- und 2 Regelventile durch Rohrleitung zu den Düsenventilen. Bei höherem Frischdampfdruck, jedoch schlechterem Vakuum würde das Modell bis 80000 kW reichen.

Die Gleichdruckturbine der Bergmann-EW (Abb. 377) für 3000 kW, $n = 3000$ Umdr./min hat einzeln in das Gehäuse eingesetzte Leitapparate, Läufer aus dem Vollen; Reglung s. Abb. 298. Eine zweigehäusige Turbine für 12500 kW, $n = 3000$ Umdr./min zeigt Abb. 378 mit geteilter letzter Stufe; der Hochdruckteil hat besonderen Einsatz, in dem der Ringkanal eingegossen ist und die Leitapparate eingesetzt sind, um freie Ausdehnung zu ermöglichen.

Eine Zweigehäuseturbine der Maschinenfabrik Augsburg-Nürnberg (MAN) für 13000 kW, $n = 3000$ Umdr./min zeigt Abb. 379

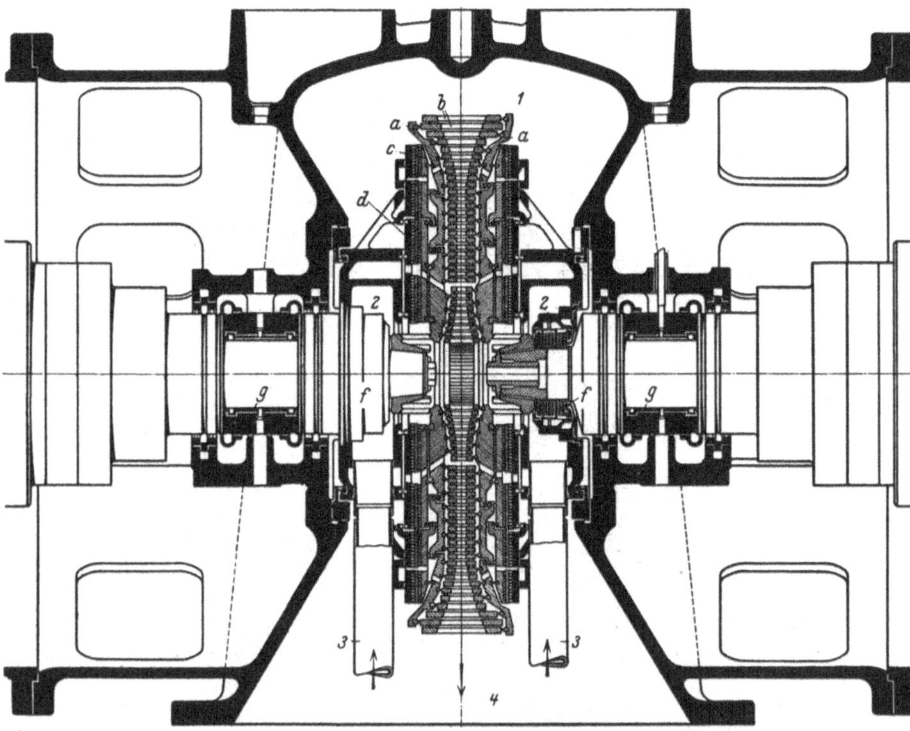

Abb. 380. Gegenlaufturbine (System Ljungström) der MAN.

mit Drosselreglung. Bei größeren Leistungen und hohem Vakuum Unterteilung der *ND*-Stufen in 2, 3 oder 4 Teile.

Die MAN hat den Bau von Gegenlaufturbinen, System Ljungström, aufgenommen; Abb. 380 zeigt den Schnitt durch eine solche Turbine von 3000 kW, $n = 3000$ Umdr./min; sie hat Überdruckwirkung, die Schaufelsysteme sind gegenläufig, so daß die Leitschaufeln wie die Laufschaufeln umlaufen und zwei gleiche Generatoren angetrieben werden. Die Schaufeln sitzen in sich tragenden Ringen *b*, die durch eingewalzte Gelenkringe mit den auf den Wellen sitzenden Scheiben *a* verbunden sind; diese Scheiben sind wiederum gelenkig mit den Druckausgleichscheiben *c* verbunden, welche mit Labyrinthen versehen sind, die in Gegenlabyrinthe der feststehenden Ausgleichscheiben *d* hineinragen. Stopfbüchse s. Abb. 236, S. 248. Dampfzuführung mittels Leitung *3* durch das Gehäuse.

Eine eingehäusige Turbine von 14000 kW, $n = 3000$ Umdr./min der Zoelly-Bauart von Escher Wyß & Cie. zeigt Abb. 381; Gehäuse aus Stahlguß, vorn an das Lager gehängt, hinten am Abdampfstutzen verschraubt, der sich mit Füßen auf den Grundrahmen stützt. Leitradbefestigung nach Abb. 148, S. 187, Drosselreglung Abb. 291, Überlastung vor die 3. Stufe, Anzapfung für Speisewasservorwärmung nach der 5. Stufe. Bei großen Leistungen zweigehäusig (Abb. 382), bei

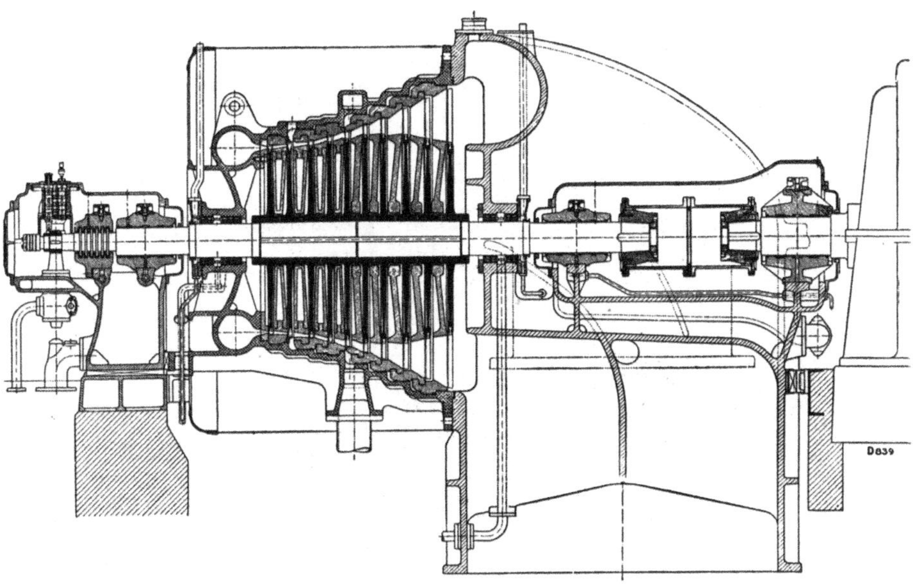

Abb. 381. Zoelly-Turbine, 14000 kW, $n = 3000$ von EWC.

hohem Vakuum Teilung des *ND*-Teils für Leistungen bis 40000 kW bei $n = 3000$ Umdr./min.

Brown, Boveri & Cie. (BBC) führen die Turbinen als Überdruckturbinen mit einer Gleichdruck-Regelstufe oder mit mehreren Gleichdruckstufen im *HD*-Teil aus; Abb. 383 zeigt eine Turbine für 2000 kW, $n = 3000$ Umdr./min mit Trommelrotor. Bei größeren Leistungen werden die Überdruckschaufeln in Radscheiben gesetzt mit durchgehender Welle; Abb. 384 zeigt eine solche Ausführung für 6500 bis 10000 kW, $n = 3000$ Umdr./min mit 6 Gleichdruck- und 11 Überdruckstufen, der Undichtheitsdampf des Ausgleichkolbens und der Abdampf der Kondensationsantriebsturbine wird vor die Überdruckstufen geleitet. In der gleichen Bauart können bei 1500 Umdr./min 50000 kW untergebracht werden. Bei großem Gefälle zwei- und dreigehäusig, bei großen

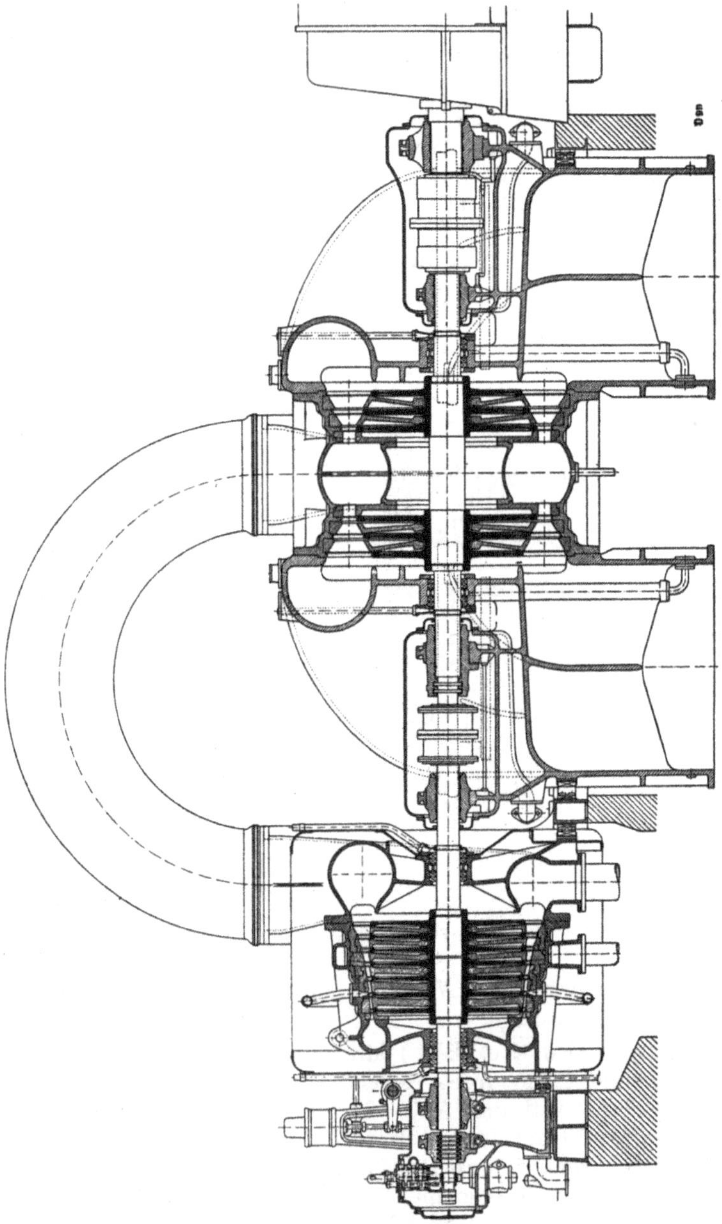

Abb. 382. Zweigehäuseturbine, 40000 kW, $n = 3000$ von EWC.

Leistungen doppelendiger Niederdruckteil, Abb. 385 für Leistungen von 20000 bis 50000 kW bei $n = 1500$ Umdr./min, die bis 85000 kW ausführbar ist; durch entgegengesetzte Strömungsrichtung in den Turbinen wird Ausgleich des Axialschubes erreicht. Bei noch größeren Leistungen

Zweiwellenanordnung, wie sie für die bisher größte Turbine von 160000 kW[1] angewendet wurde.

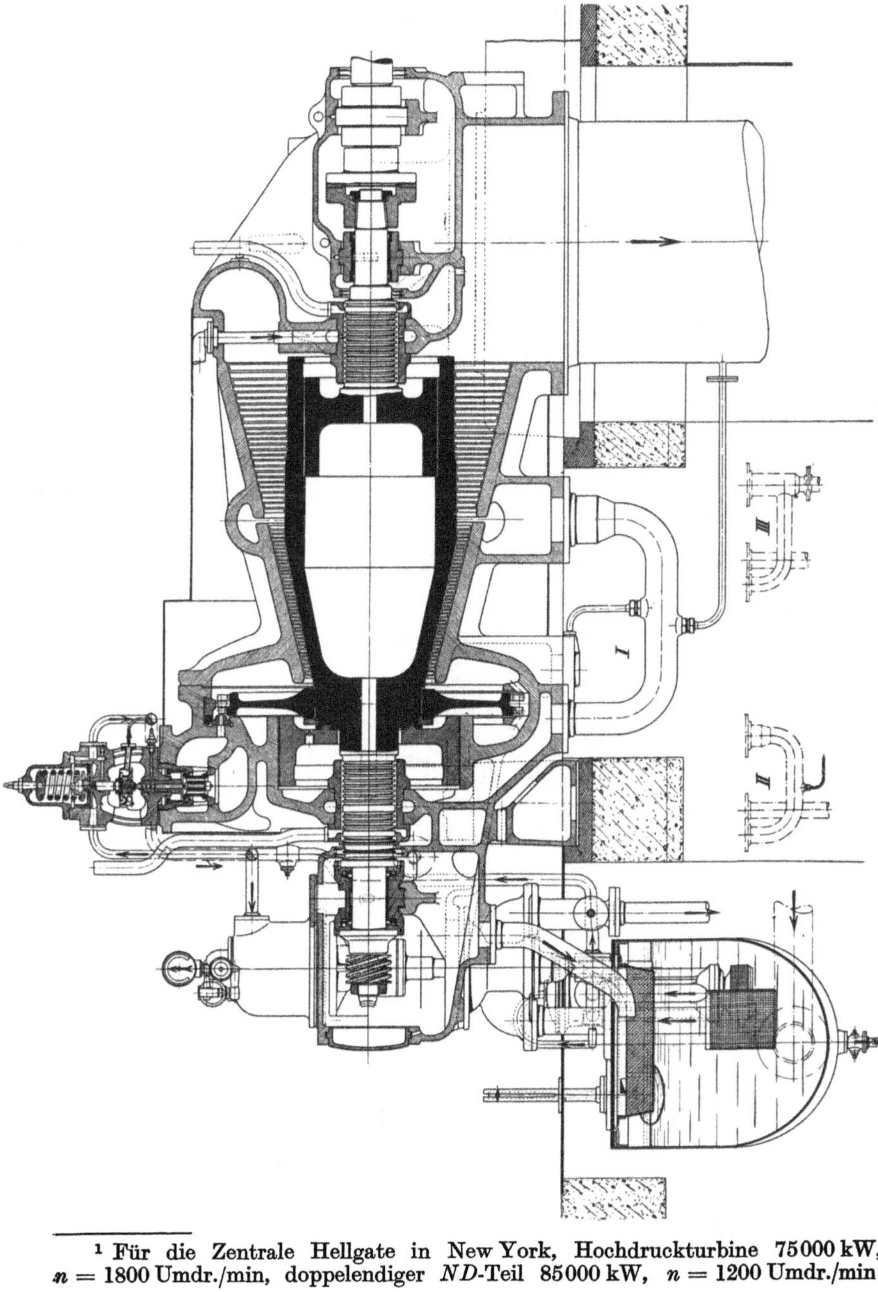

Abb. 383. Überdruckturbine, 2000 kW, mit Trommelrotor von BBC.

[1] Für die Zentrale Hellgate in New York, Hochdruckturbine 75000 kW, $n = 1800$ Umdr./min, doppelendiger *ND*-Teil 85000 kW, $n = 1200$ Umdr./min.

Die Turbinen der Gutehoffnungshütte (GHH) haben ein Gleichdruckrad, meist mit Geschwindigkeitsstufung und Überdruckstufen auf Radscheiben (Abb. 386); Reglung s. Abb. 314, S. 313.

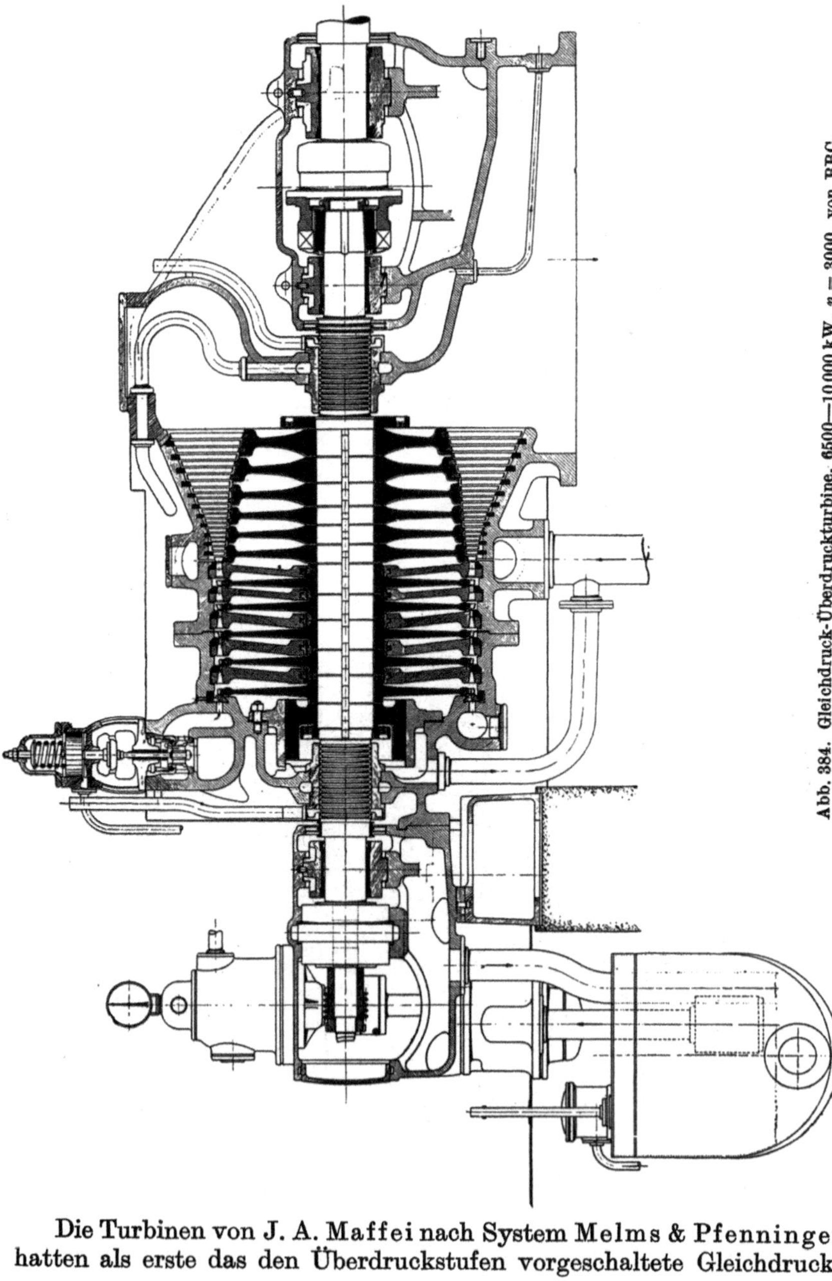

Abb. 384. Gleichdruck-Überdruckturbine, 6500—10000 kW, $n = 3000$, von BBC.

Die Turbinen von J. A. Maffei nach System Melms & Pfenninger hatten als erste das den Überdruckstufen vorgeschaltete Gleichdruckrad; Gehäuse und Lager sind zusammengegossen (s. Abb. 266); neuere Trommelausführung s. Abb. 209. Eine doppelendige Turbine für größere Leistungen zeigt Abb. 387; Läufer s. Abb. 208 S. 231.

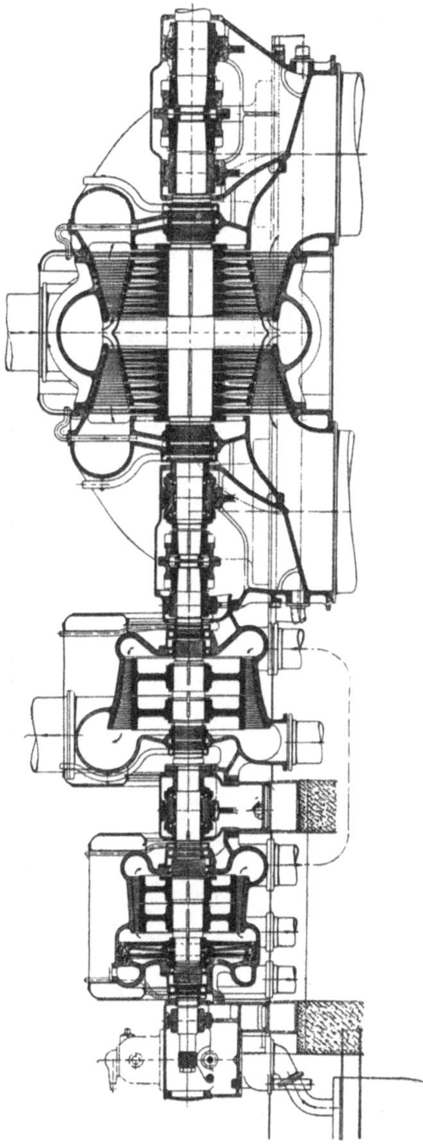

Abb. 385. Dreigehäuseturbine, 20000 ÷ 50000 kW, $n = 1500$, von BBC.

Die Turbinen von A. Borsig werden bei kleineren Leistungen als Gleichdruckturbinen, bei größeren als vereinigte Gleichdruck-Überdruckturbinen nach der Brünner Bauart ausgeführt, bei höheren Drücken meist mehrgehäusig.

Die Turbinen der Siemens-Schuckert-Werke (SSW), Bauart Röder, haben eine Gleichdruck- und dann Überdruckstufen; Abb. 388 zeigt eine 3000-kW-Turbine, $n = 3000$ Umdr./min, das Gehäuse ist axial dreiteilig, vorderer Teil mit dem Lager einstückig, ebenso das hintere mit dem Abdampfstutzen. Trommel verschraubt, s. Abb. 207, Reglung s. Abb. 302 bis 306, S. 306.

Die Turbinen von Krupp Germaniawerft sind nach der Brünner Bauart ausgeführt, s. unter Gegendruckturbinen (S. 392).

Die Frankfurter Maschinenbau A.-G. (FMA) führt die Turbinen als Gleichdruckturbinen mit Curtishochdruckstufe aus.

III. Hochdruckturbinen.

Mit der Steigerung des Druckes über 30 at gewinnen die Hochdruckturbinen immer mehr Bedeutung; zur Verringerung der Verluste müssen sie von der ersten Stufe an voll beaufschlagt sein, wodurch sich sehr kleine Durchmesser und Schaufelhöhen ergeben, die hohe Drehzahl verlangen, welche durch Getriebe herabgesetzt werden muß. Solche

Turbinen werden häufig als selbständige **Vorschaltturbinen** ausgeführt, als Vorstufe für Turbinen mit bisher üblichen Drücken und

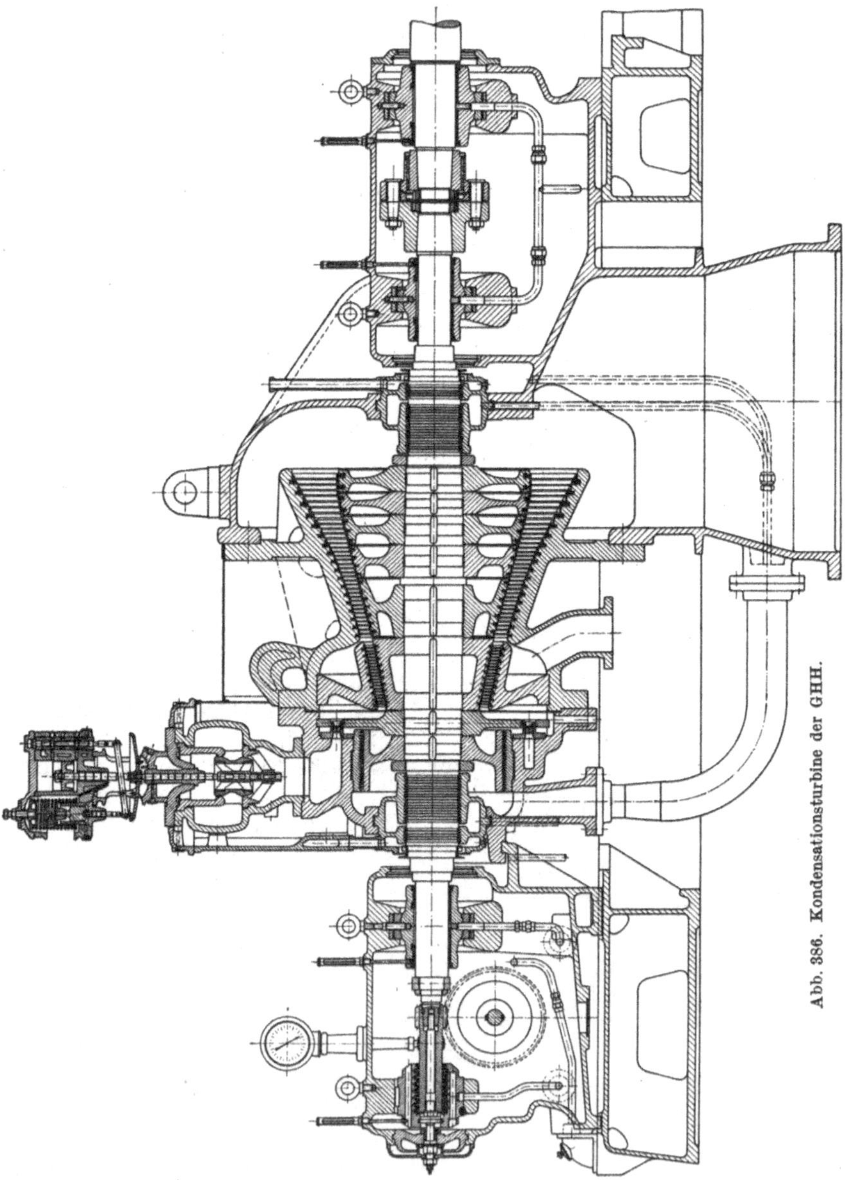

Abb. 386. Kondensationsturbine der GHH.

gestatten dadurch Übergang auf Hochdruckdampfbetrieb, ohne die ganze Anlage erneuern zu müssen. Die Vorschaltturbinen arbeiten als

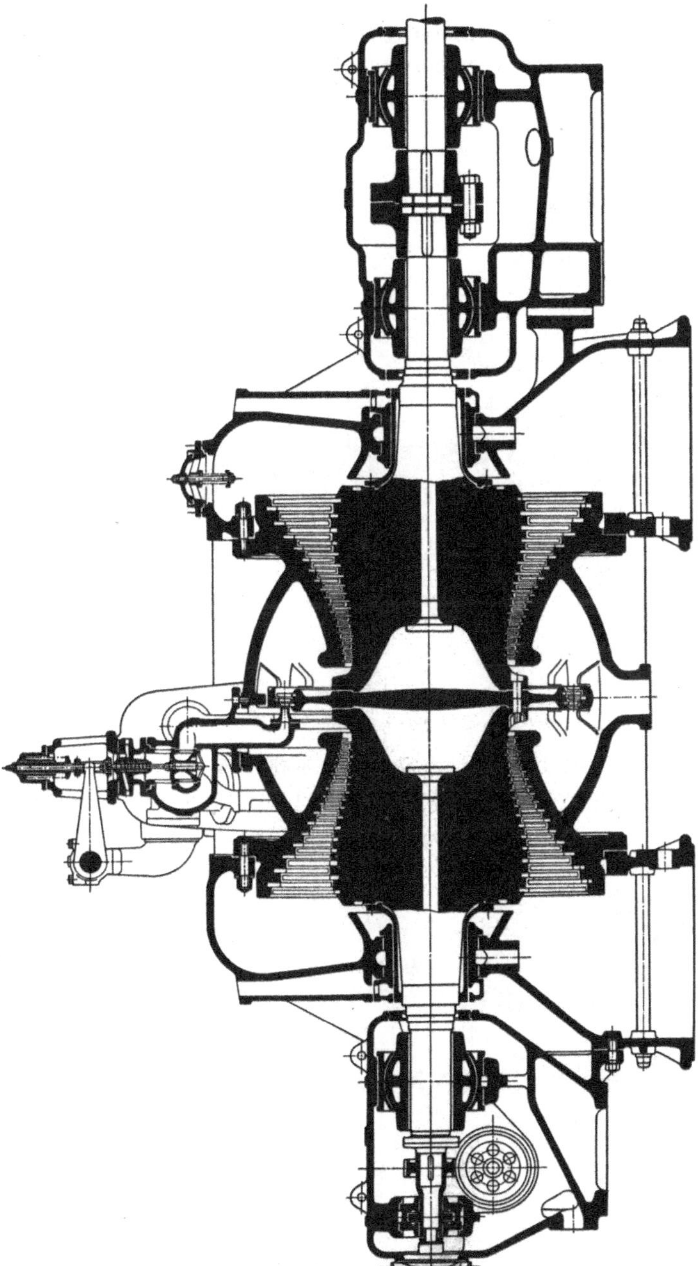

Abb. 387. Doppelendige Turbine von I. A. Maffei.

Gegendruckturbinen, ihr Abdampf wird mit dem Dampf der bestehenden Anlage in den anderen Turbinen verarbeitet.

Eine Vorschaltturbine von BBC zeigt Abb. 389, bestehend aus

zwei solcher Doppelstufen; um die Hochdruckstopfbüchse zu vermeiden, sind die Laufräder fliegend angeordnet. Die Turbine ist für 80 bis 100 at

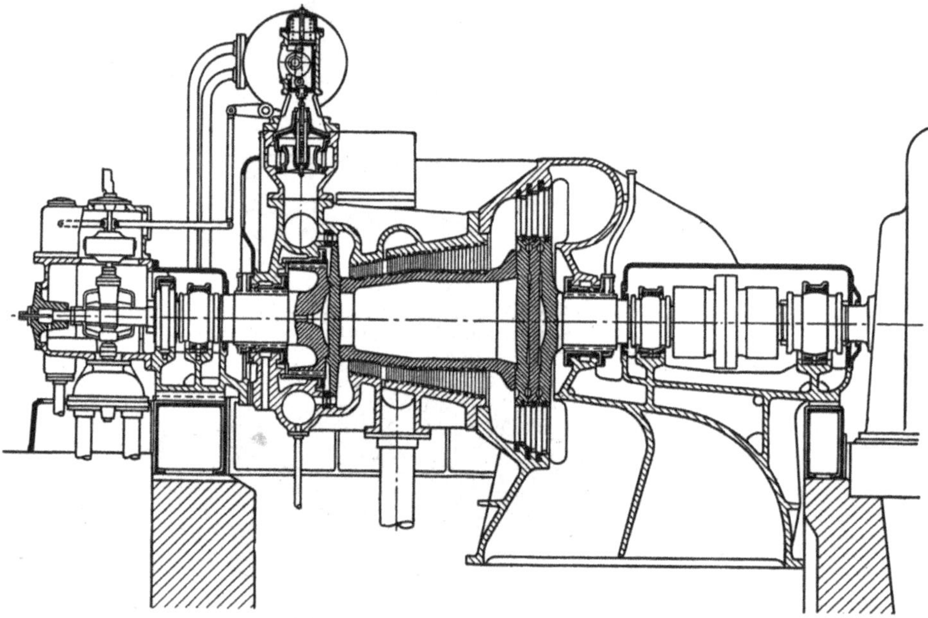

Abb. 388. Turbine 3000 kW. SSW-Räder.

bestimmt und leistet bei 4 Rädern etwa 3000 kW bei $n = 10000$, die auf 3000 übersetzt werden; die Dampfzuleitung ist in Rohrbündel

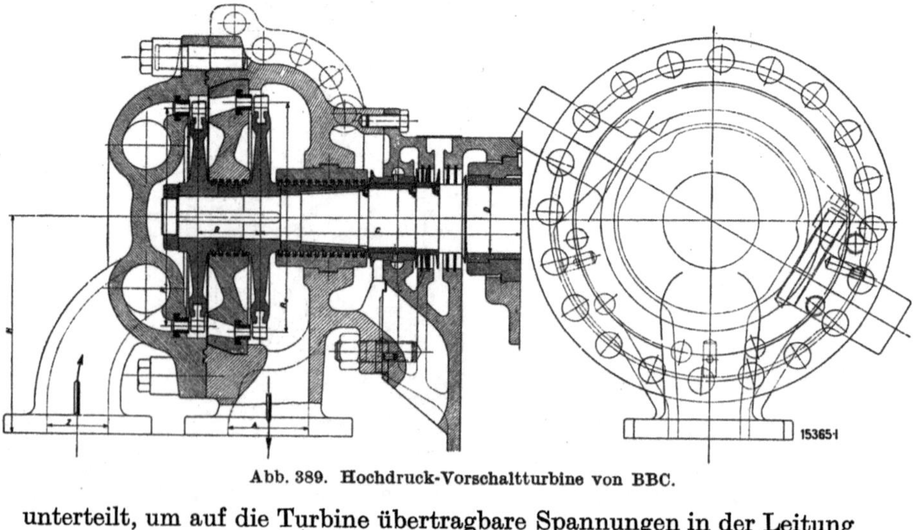

Abb. 389. Hochdruck-Vorschaltturbine von BBC.

unterteilt, um auf die Turbine übertragbare Spannungen in der Leitung gering zu halten. Die Vorschaltturbine kann als selbständige Einheit durch Getriebe einen Generator antreiben oder auf die Welle der anderen Turbine arbeiten, wie Abb. 390 zeigt.

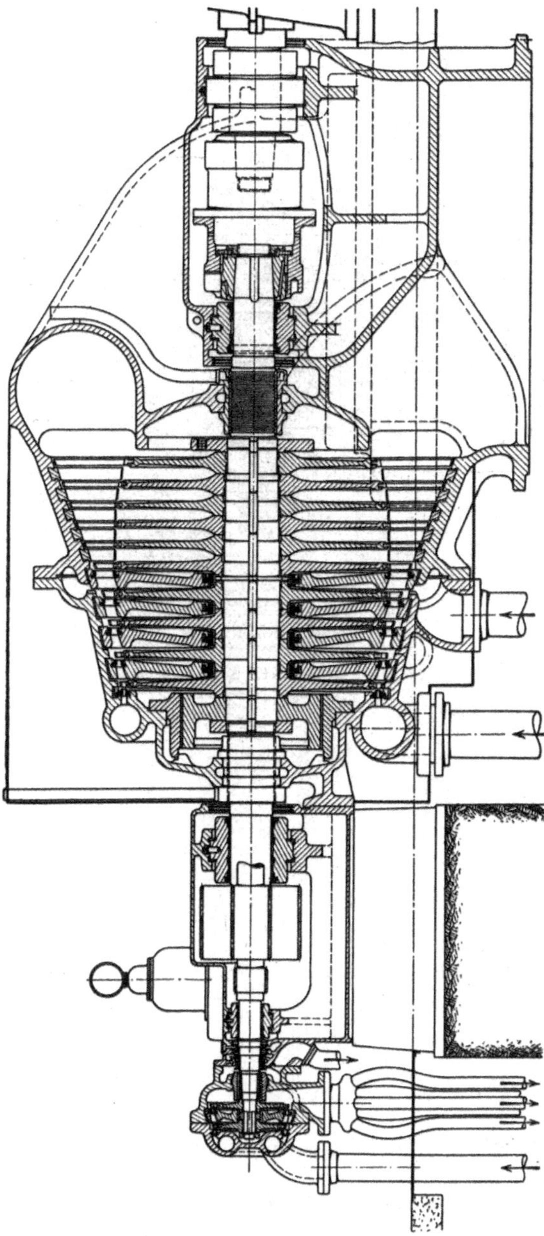

Abb. 390. Vorschaltturbine mit Übertragung durch Vorgelege auf die Hauptturbinenwelle (BBC).

Eine Hochdruckturbine für 32 atü der WUMAG zeigt Abb. 376 (S. 361).

Bei hohen Drücken wird meist die radiale Teilung des Gehäuses vermieden, um die Schwierigkeiten der Abdichtung in der Teilfuge zu umgehen; das Gehäuse erhält dann nur einen Deckel. Die Leitapparate werden hierbei in senkrechter Lage zwischen den Laufrädern mon-

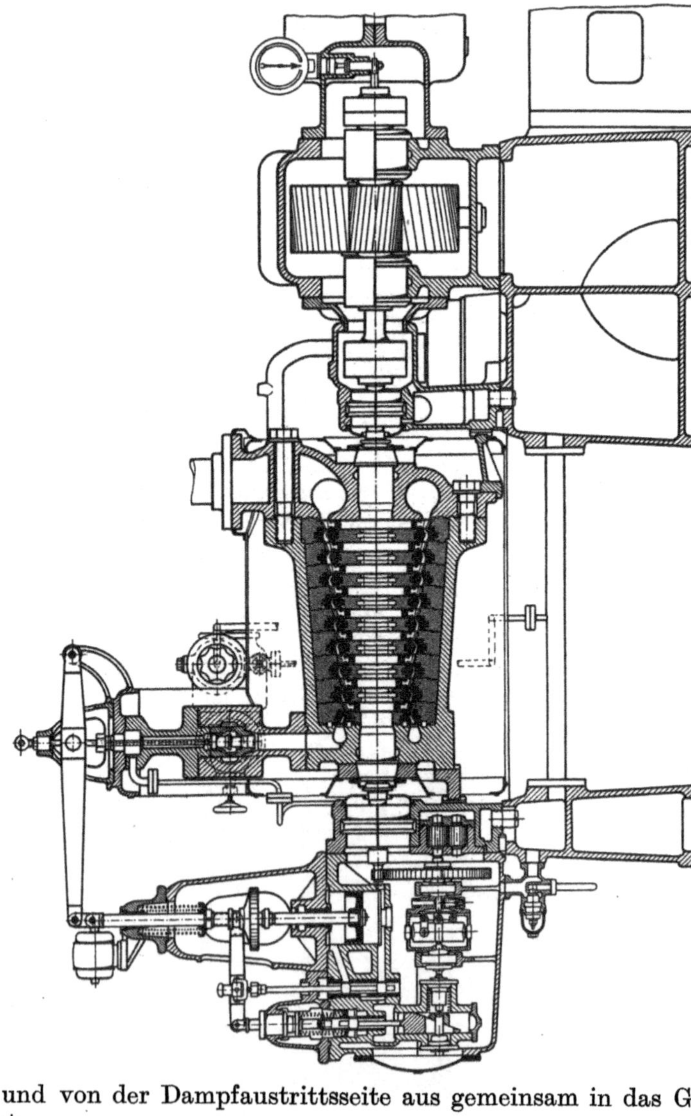

Abb. 391. Vorschaltturbine für 100 at, 15 at Gegendruck, von EWC.

tiert und von der Dampfaustrittsseite aus gemeinsam in das Gehäuse gesetzt.

Abb. 391 zeigt eine Vorschaltturbine von EWC für 100 at, 400° C und 15 at Gegendruck, 10000 kg/h Dampf, 1000 kW bei $n = 10000$, die auf 3000 übersetzt werden; das Gehäuse ist einteilig aus Schmiedestahl, die Dampfführung entspricht einem Rotationshyperboloid, der

Rotor ist aus dem Vollen hergestellt. Eine Turbine für 180 at, 425° C von EWC ist in Abb. 392 dargestellt; sie ist wegen Zwischendampf-

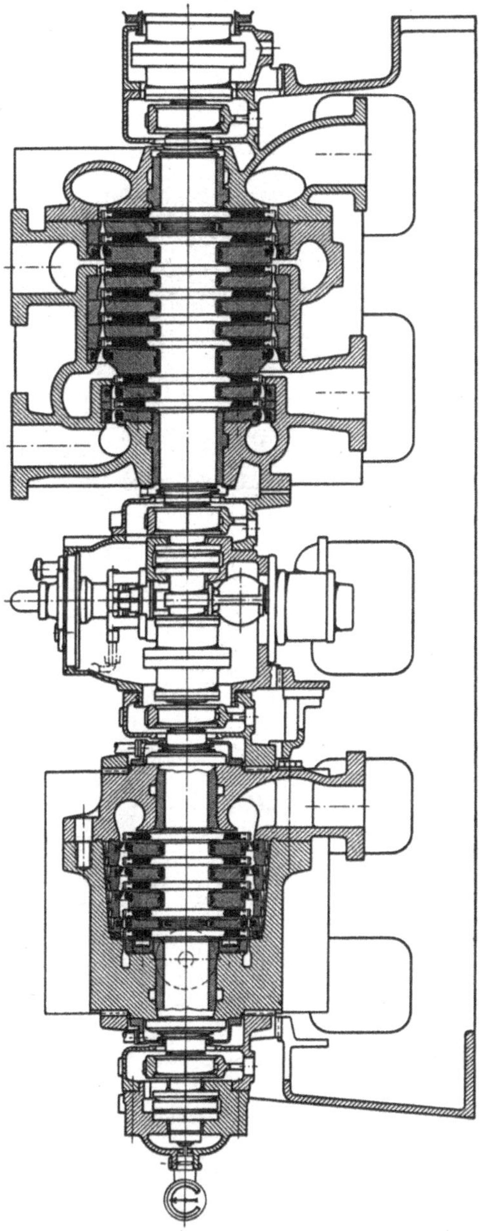

Abb. 392. Hochdruckturbine für 180 at, mit Anzapfung und Zwischenüberhitzung, von EWC.

entnahme bei 34 at (4000 kg/h) zweigehäusig, vor Eintritt in das zweite Gehäuse erfolgt Zwischenüberhitzung auf 400°. Zweite Entnahme von

8000 kg/h bei 10 ata, während der Restdampf auf 6,5 at expandiert. Diese Turbinen haben sich gut bewährt.

Eine Hochdruck-Gegendruckturbine von Krupp s. Abb. 409 (S. 392).

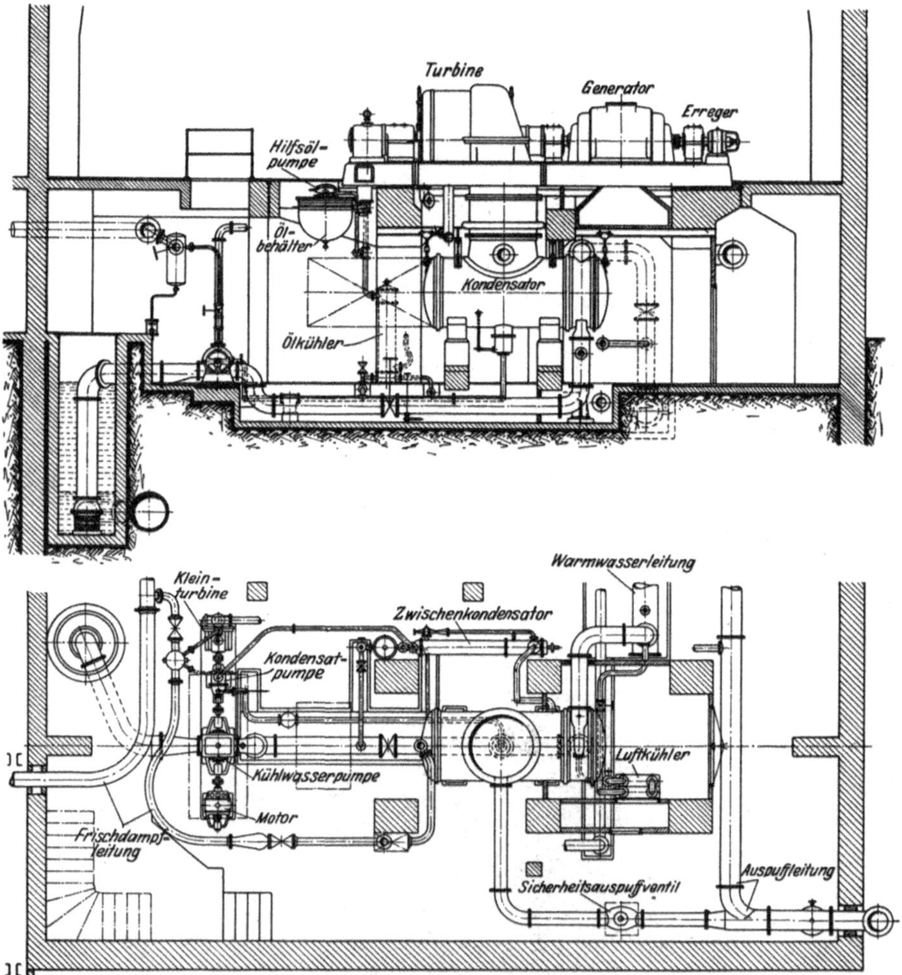

Abb. 393. Dampfturbinenanlage von Humboldt.

IV. Dampfturbinenanlagen.

Die Gesamtanordnung der Anlage muß den Betriebsanforderungen und den örtlichen Verhältnissen (Lage des Kesselhauses, des Kühlwasserzu- und -abflusses u. a. m.) angepaßt sein. Für gute Übersichtlichkeit, bequeme Zugänglichkeit und Bedienung, zweckmäßige Verlegung der Rohrleitungen ist Sorge zu tragen.

Die Fundamente werden neuerdings meist in Eisenbeton ausgeführt, wobei zu der Deckenbelastung noch ein Zuschlag von 300% zu machen ist, um die Erschütterungen zu berücksichtigen; solche Fundamente werden viel leichter als die gemauerten und gestatten viel größere

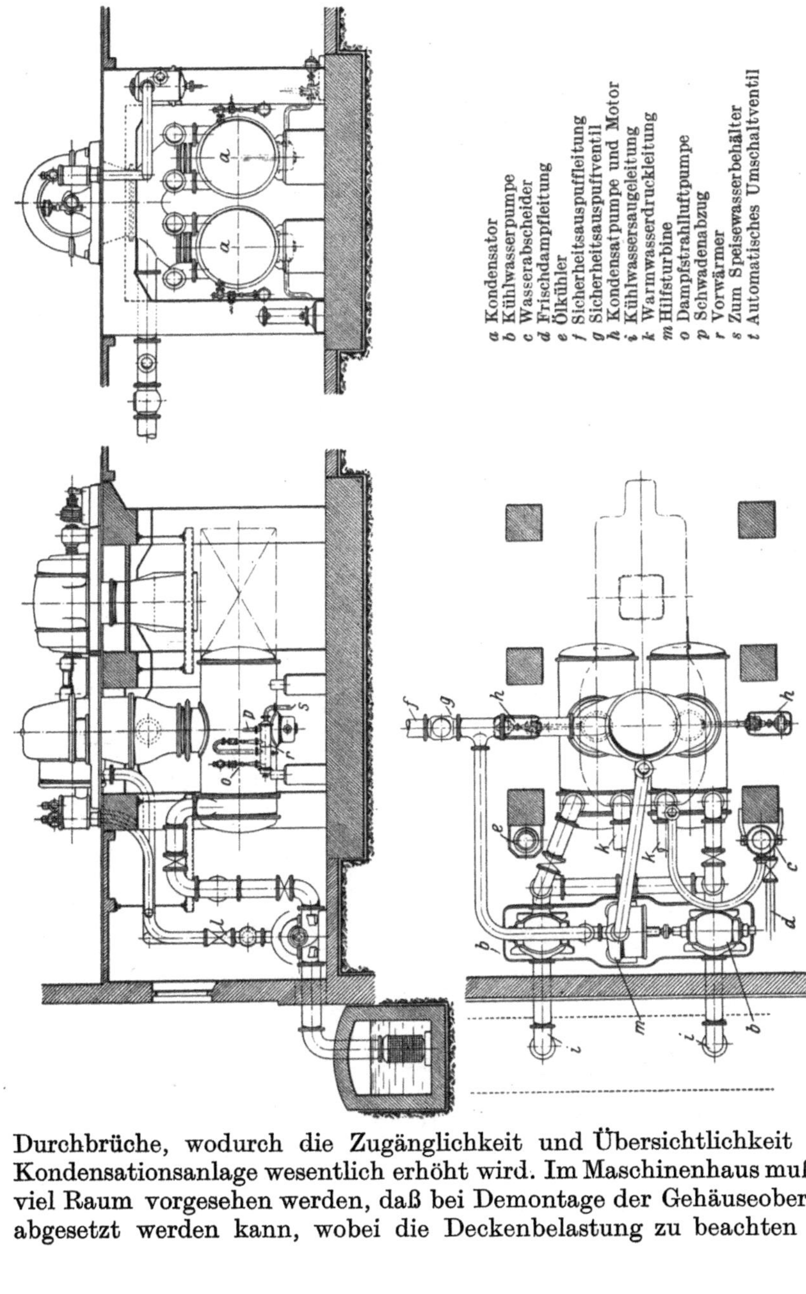

Abb. 394. Dampfturbinenanlage der WUMAG.

Durchbrüche, wodurch die Zugänglichkeit und Übersichtlichkeit der Kondensationsanlage wesentlich erhöht wird. Im Maschinenhaus muß so viel Raum vorgesehen werden, daß bei Demontage der Gehäuseoberteil abgesetzt werden kann, wobei die Deckenbelastung zu beachten ist.

Einen Anlageplan für einen Dampfturbosatz von 5000 kW von Humboldt zeigt Abb. 393 mit Dampfstrahlluftpumpe und mittels Dampfturbine und Elektromotor angetriebenen Kondensat- und Kühlwasserpumpensatz.

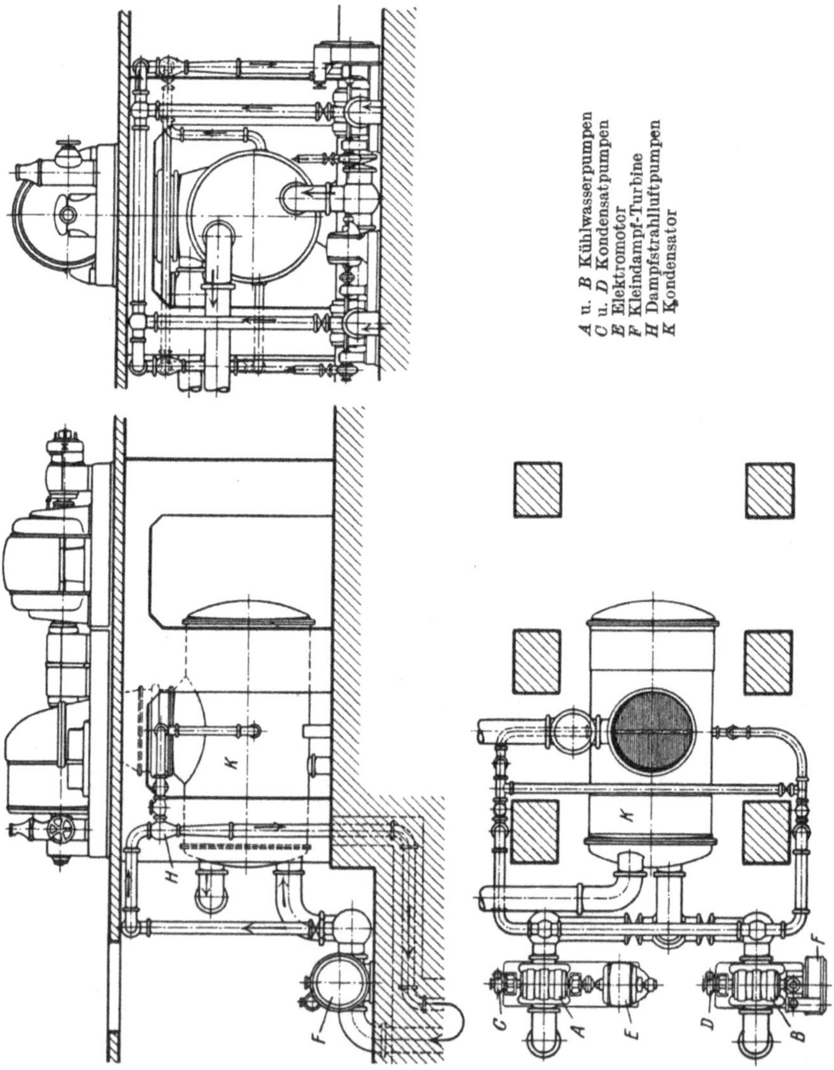

Abb. 395. Dampfturbinenanlage der MAN.

Einen Anlageplan einer Turbodynamo der WUMAG zeigt Abb. 394 mit 2 Kondensatoren, 2 mittels Turbine angetriebener Kühlwasserpumpen und Dampfstrahlluftpumpen.

Eine Kondensationsanlage der MAN mit doppeltem Pumpwerk und Wasserstrahlluftpumpe zeigt Abb. 395.

Sechster Abschnitt.

Turbinen für Sonderzwecke.

Für die Krafterzeugung ist mit Rücksicht auf hohen thermischen Wirkungsgrad die Ausnutzung eines möglichst großen Gefälles günstig. Wie aus Abb. 10, S. 15) ersichtlich, ist der thermische Wirkungsgrad auch bei großem Gefälle und hohem Vakuum klein, der größte Teil der aufgewendeten Wärme wird abgeführt, wie auch das *is*-Diagramm Abb. 9, S. 14 deutlich zeigt. Diese abgeführte Wärme kann zwar nicht für die Turbine nutzbar gemacht werden, da kein Temperatur- und Wärmegefälle mehr vorhanden ist, wohl aber besteht die Möglichkeit, diese Wärme für andre Zwecke — Heizung, Verdampfen, Kochen, Trocknen u. a. m. zu verwerten, wodurch die Gesamtausnutzung der Wärme eine wesentlich günstigere wird, theoretisch sogar bis zu 100% möglich ist, wenn die ganze Verdampfungswärme ausgenutzt und das Kondensat in den Kessel gespeist wird.

Da der Abdampf bei Vakuum meist eine für die erwähnten Zwecke zu tiefe Temperatur hat und auch das große Volumen hinderlich ist, läßt man den Dampf mit höherem Gegendruck austreten, wodurch zwar die Ausnutzung in der Turbine vermindert, aber die Ausnutzung der ganzen Abwärme, also Verbesserung der Wirtschaftlichkeit erzielt wird.

Die Höhe des Gegendruckes hängt im wesentlichen vom Verwendungszweck ab; an sich wird man den Gegendruck so tief als möglich wählen.

Eine solche Vereinigung von Kraft- und Heizbetrieb mit Gegendruckturbinen ist viel wirtschaftlicher als getrennte Erzeugung der Kraft in einer Kondensationsturbine und des Heizdampfes in besonderen Kesseln oder durch Drosseln des Arbeitsdampfes auf den gewünschten Druck. Eine Gegendruckturbine ist jedoch nur dann am Platze, wenn die Heizwärmemenge mit dem Kraftbedarf übereinstimmt, oder wenn überschüssige Kraft oder Heizwärme an andre Betriebe abgegeben werden kann. Ist die Heizdampfmenge kleiner als die der Leistung entsprechende oder schwankt der Bedarf stark, so muß der nicht für Heizzwecke verwertete Dampf in weiteren Stufen der Turbine ausgenutzt werden bis auf Kondensatordruck. Bei solchen Entnahme- oder Anzapfturbinen wird nur die benötigte Heizdampfmenge aus einer Stufe mit entsprechendem Druck entnommen, der übrige Dampf arbeitet wie in einer Kondensationsturbine. Wird gar nichts entnommen, so arbeitet die Turbine als reine Kondensationsturbine, wird die ganze im Hochdruckteil arbeitende Menge entnommen, so arbeitet die Turbine als reine Gegendruckturbine mit im Vakuum leer mitlaufendem Niederdruckteil.

In neuerer Zeit wird der Turbine Dampf entnommen, um damit das Kesselspeisewasser vorzuwärmen — Anzapfvorwärmung, wodurch eine Verbesserung des Kreisprozesses durch Annäherung an den Carnot-Prozeß erreicht werden kann.

Die Möglichkeit, in der Turbine hohes Vakuum auszunutzen, gestattet andrerseits die Verwertung des Abdampfes von Auspuffkolbenmaschinen (Dampfhämmer und -Pressen, Walzenzugs- und Fördermaschinen) von etwas über Atmosphärenspannung in Abdampfturbinen, wobei der periodisch oder mit längeren Unterbrechungen auspuffende Dampf in Abdampf- oder Wärmespeichern gesammelt und der Turbine in gleichmäßigem Strom zugeführt wird. Um die Leistung der Turbine von der Abdampfmenge unabhängig zu machen, kann der Abdampfturbine ein Hochdruckteil vorgeschaltet werden, dem Frischdampf in einer solchen Menge zugeführt wird, daß die gewünschte Leistung gehalten werden kann; der Abdampf der Hochdruckstufe mischt sich mit dem Abdampf aus dem Speicher und arbeitet im Niederdruckteil der Turbine weiter; man bezeichnet solche Ausführungen als Frischdampf-Abdampf-, Zweidruck- oder Mischdruckturbinen. Ist genügend Abdampf vorhanden, so arbeitet die Turbine als reine Abdampfturbine mit leerlaufendem Hochdruckteil, ist gar kein Abdampf vorhanden, so arbeitet die Turbine als reine Kondensationsturbine.

I. Gegendruckturbinen.

A. Die Wirtschaftlichkeit.

Die Wirtschaftlichkeit des Gegendruckverfahrens gegenüber getrennter Kraft- und Wärmeerzeugung läßt sich leicht nachweisen[1].

Ist p der Druck, i der Wärmeinhalt des Frischdampfes, p_e der Gegendruck, i_e der Wärmeinhalt des aus der Turbine tretenden Dampfes — Punkt B in Abb. 396 —, i_0 der Wärmeinhalt am Ende adiabatischer Expansion, η_i der innere Wirkungsgrad der Turbine und G_e die arbeitende Dampfmenge, so ist die innere Leistung

$$N_i = \frac{G_e(i - i_e)}{632,3} = \frac{G_e(i - i_0)\,\eta_i}{632,3}\ \mathrm{PS_i}. \qquad (1)$$

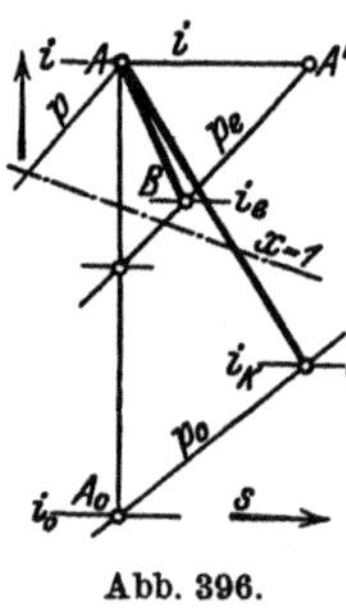

Abb. 396.

Der austretende Dampf hat eine Wärmemenge $G_e \cdot i_e$ kcal/h.

Bei getrenntem Betrieb ist die in einer Kondensationsturbine mit dem Kondensatordruck p_0 (Abb. 396) erzeugte Leistung mit der Arbeitsdampfmenge G_k und dem inneren Wirkungsgrad η_{ik} (wegen der geringeren Dampfmenge ist der Wirkungsgrad im Hochdruckteil etwas schlechter als bei Gegendruckbetrieb), dem Endwärmeinhalt i_k beim Austritt aus der Turbine, i_{0k} bei adiabatischer Expansion

$$N_i = \frac{G_k(i - i_k)}{632,3} = \frac{G_k(i - i_{0k})\,\eta_{ik}}{632,3}\ \mathrm{PS_i}. \qquad (2)$$

[1] Vgl. Zerkowitz: Das Gegendruckverfahren und seine Anwendung auf die Dampfturbine. Z. V. d. I. 1924, S. 147. Pauer: Zur Entwicklung der industriellen Wärmewirtschaft. Berlin 1922. Ferner Fortschritte in der Entwicklung der Wärmewirtschaft. VDI-Verlag 1923.

Da die Leistung in beiden Fällen gleich sein muß, so folgt aus (1) und (2)

$$G_e(i - i_e) = G_k(i - i_k)$$

und daraus

$$G_k = G_e \frac{i - i_e}{i - i_k} = G_e \frac{(i - i_0)\,\eta_i}{(i - i_{0k})\,\eta_{ik}}. \tag{3}$$

Zur Heizung ist noch eine Dampfmenge G_h erforderlich mit dem Wärmeinhalt i (i = const beim Drosseln) und da die Wärmemengen in beiden Fällen gleich sein müssen, $G_e i_e = G_h \cdot i$, so ist

$$G_h = G_e \cdot \frac{i_e}{i} \text{ kg/h}. \tag{4}$$

Bei getrenntem Betrieb ist somit eine Gesamtdampfmenge $G_k + G_h$ erforderlich, bei vereinigtem Betrieb G_e kg/h.

Der Wärmeaufwand ist bei vereinigtem Betrieb

$$Q_1 = G_e \cdot i \text{ kcal/h}$$

und bei getrenntem Betrieb

$$Q_2 = (G_k + G_h)\,i = G_k i + G_h i = G_k i + G_e i_e.$$

Die Ersparnis ist demnach mit G_k nach Gl. (3)

$$E = G_k i + G_e i_e - G_e i = G_e \frac{i - i_e}{i - i_k}\, i + G_e i_e - G_e i$$

oder

$$E = G_e \frac{i - i_e}{i - i_k}\, i_k = G_e \frac{i - i_0}{i - i_{0k}} \cdot \frac{\eta_i}{\eta_{ik}} \cdot i_k \text{ kcal/h}. \tag{5}$$

Wie hieraus ersichtlich, ist die Ersparnis um so größer, je kleiner i_0, d. h. je tiefer der Gegendruck und je besser η_i; es ist nicht gleichgültig, welchen Wirkungsgrad die Turbine hat, obgleich der Abdampf verwertet wird, sondern es muß vom wärmewirtschaftlichen Standpunkt eine möglichst große Leistung aus dem Dampf erzielt werden. Die größte Ersparnis wird bei $i_0 = i_{0k}$ erreicht, also bei Vakuumheizung, die aber infolge der tiefen Temperatur praktisch meist nicht in Frage kommt.

Ferner geht aus Gl. (5) hervor, daß bei gegebenem Heizdruck das Gefälle $i - i_0$, also Anfangsdruck und Temperatur möglichst hoch sein müssen; es nimmt dann zwar auch $i - i_{0k}$ zu, aber in geringerem Maße.

Zum Vergleich zwischen Gegendruckbetrieb und getrenntem Betrieb kann das Verhältnis Q_1/Q_2 des Wärmeaufwandes in beiden Fällen dienen

$$\lambda = \frac{Q_1}{Q_2} = \frac{G_e \cdot i}{G_k i + G_e i_e} = \frac{i^2 - i\,i_k}{i^2 - i_e i_k}. \tag{6}$$

Einfacher wird die Beziehung, wenn man zunächst die „spezifische“ Ersparnis bildet, das ist

$$\varepsilon = \frac{E}{Q_1} = \frac{i - i_e}{i - i_k} \cdot \frac{i_k}{i} = \frac{Q_2 - Q_1}{Q_1} = \frac{Q_2}{Q_1} - 1,$$

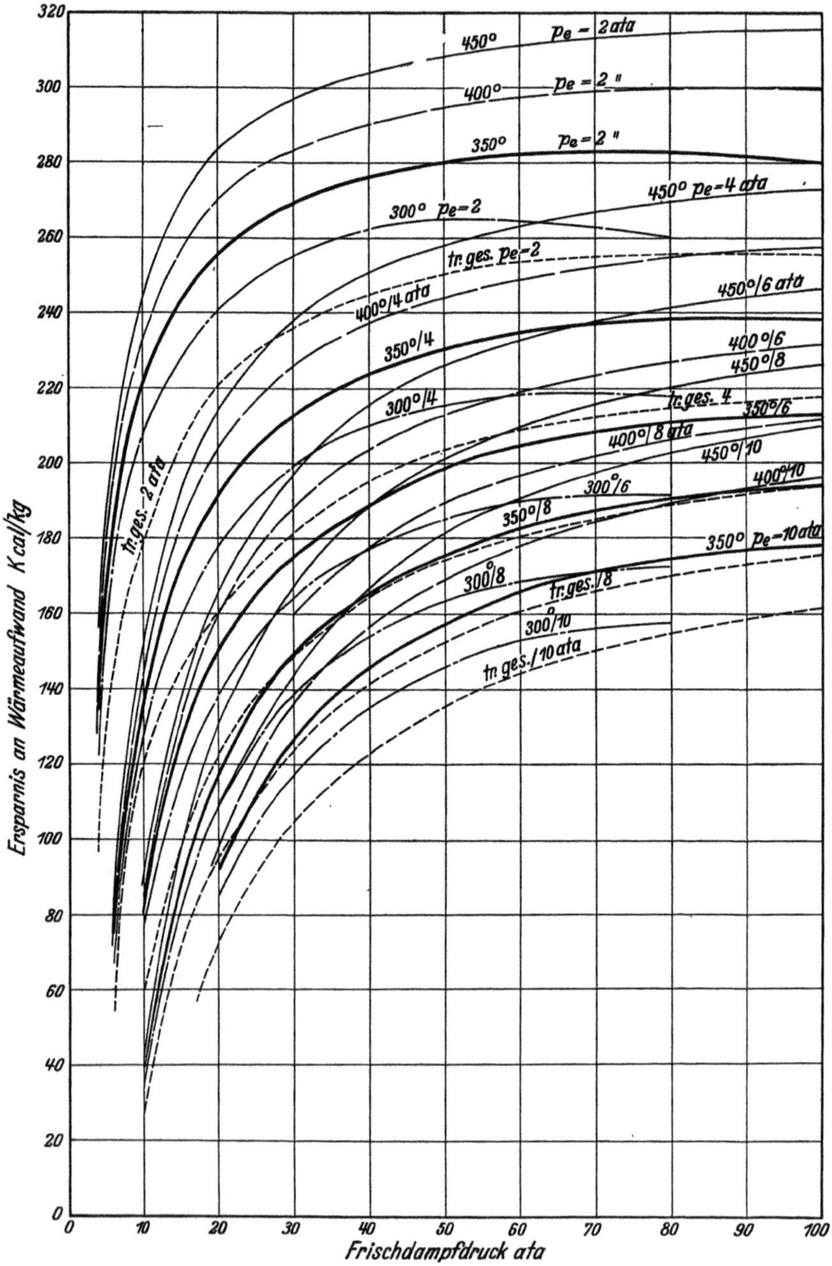

Abb. 397. Wärmeersparnis je kg Dampf bei Kraft-Heizbetrieb, abhängig vom Anfangs- und Gegendruck p_e.

womit

$$\lambda = \frac{Q_1}{Q_2} = \frac{1}{\varepsilon + 1}. \tag{7}$$

Abb. 397 zeigt die Ersparnisse E je kg Dampf nach Gl. (5) für verschiedene Anfangszustände und Gegendrücke p_e für $p_0 = 0{,}05$ ata,

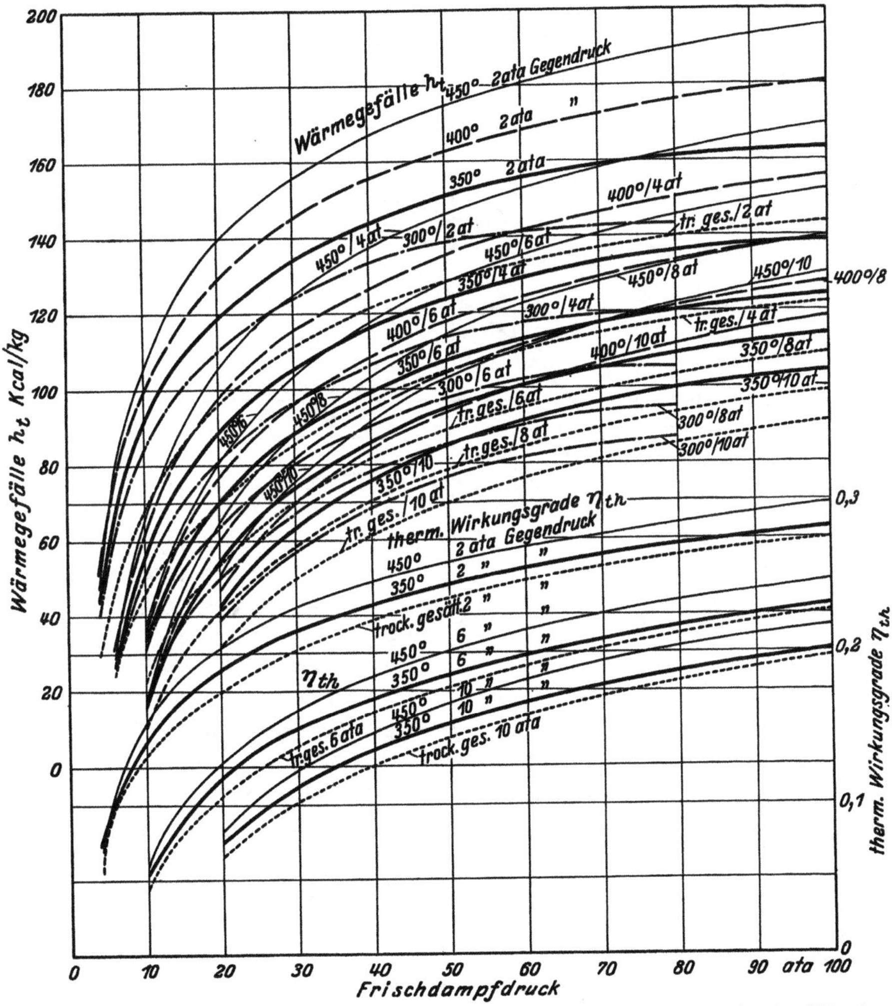

Abb. 398. Wärmegefälle und therm. Wirkungsgrade bei verschiedenem Gegendruck, abhängig vom Anfangsdruck.

wobei durchweg $\eta_i = 0{,}78$ und $\eta_{ik} = 0{,}82$ angenommen wurde: die Einflüsse von p, t, und p_e sind daraus klar ersichtlich. Es zeigt sich dabei auch der Vorteil des Hochdruckdampfes, da die Ersparnis im allgemeinen bei höheren Drücken zunimmt. Für die Ausnutzung in der Turbine ist Hochdruckdampf stets vorteilhaft, wie Abb. 398 zeigt, in welcher die

Gefälle und die thermischen Wirkungsgrade für verschiedene Temperaturen und Gegendrücke über den Anfangsdrücken ausgetragen sind; die Zunahme des Wirkungsgrades ist viel größer als bei Kondensationsbetrieb (vgl. Abb. 10, S. 15).

Mit zunehmendem Anfangsdruck nimmt bei gleicher Temperatur die Heizfähigkeit des Dampfes allerdings etwas ab, ferner wird der Dampf feuchter, Abb. 399 (für 400° Anfangstemperatur und 3 ata Gegendruck, nach Anderhub), jedoch nimmt die erreichbare Leistung

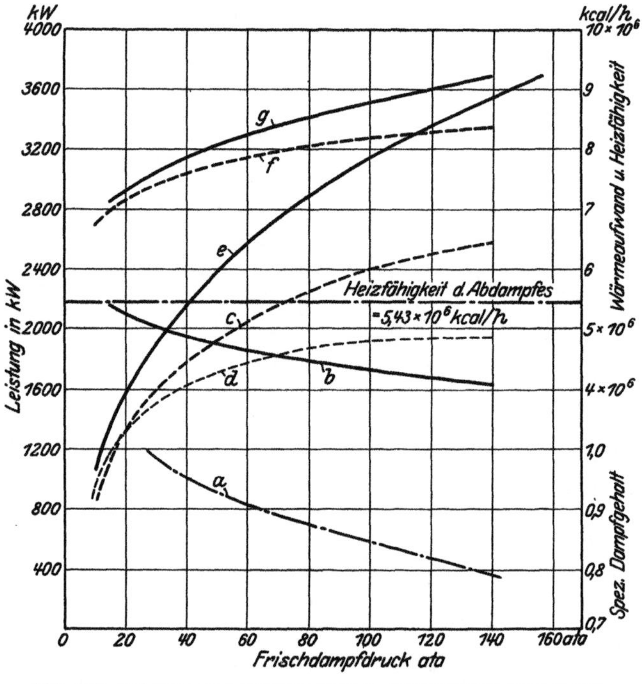

Abb. 399. Leistung und Heizfähigkeit in Abhängigkeit vom Druck.
a spez. Dampfgehalt des Heizdampfes, *b* Heizfähigkeit je kg Dampf, *d* Leistung je 10000 kg Dampf, *c* Leistung ohne Vorwärmung, *e* Leistung mit Vorwärmung, *f* Wärmeaufwand ohne Vorwärmung, *g* Wärmeaufwand mit Vorwärmung. (*c*, *e*, *f* u. *g* für gleiche Heizfähigkeit 5,43·10⁶ kcal/h.)

(Kurve *c*) mit dem Druck zu (angenommen ist eine Heizfähigkeit von 5,43 Millionen kcal/h); zum Vergleich ist noch die Leistung für 10000 kg/h Dampf eingetragen (*d*).

Wird mehr Dampf gebraucht als dem Leistungsbedarf entspricht, so müßte, falls Überschußenergie nicht abgesetzt werden kann, gedrosselter Frischdampf zugesetzt werden, was natürlich um so unwirtschaftlicher ist, je größer die erforderliche Dampfmenge. Noch ungünstiger liegen die Verhältnisse, wenn weniger Heizdampf gebraucht wird als der Leistung entspricht; in solchem Falle würde man die Gegendruckturbine mit einer Kondensationsturbine parallel arbeiten lassen und erstere nur der Heizdampfmenge entsprechend belasten, oder aber eine Entnahmeturbine aufstellen.

Durch Wahl des Anfangsdruckes läßt sich jedoch, wie aus Abb. 398 ersichtlich, die erforderliche Leistung dem Heizdampfbedarf in recht weiten Grenzen anpassen. In noch höherem Maße läßt sich Anpassung durch Wahl geeigneten Anfangsdruckes erreichen bei Vorwärmung des Speisewassers durch Anzapfdampf, wie Kurve *e* veranschaulicht, wobei eine Vorwärmung bis 90% der Sattdampftemperatur (133° C) angenommen wurde, gegenüber 80° Speisewassertemperatur ohne Vorwärmung. Zwar nimmt der Wärmeaufwand (*g* und *f*) bei Vorwärmung etwas zu, jedoch viel weniger als die Leistungsfähigkeit.

Eine Anpassung ist aber nur dann möglich, wenn Heizwärme- und Kraftbedarf sich angenähert im selben Verhältnis ändern; stimmen Heizwärme und Kraftbedarf nur zeitlich nicht überein und gleichen sich im Laufe einiger Zeit aus, so kann man auch bei Gegendruckbetrieb wirtschaftlich arbeiten, wenn der überschüssige Abdampf in einen Ruthsspeicher geleitet und von dort bei größerem Heizdampfbedarf entnommen wird[1].

B. Reglung der Gegendruckturbinen.

Bei der Reglung sind 2 Fälle möglich: 1. die Gegendruckturbine arbeitet als einzige Kraftmaschine, dann wird sie mit normaler Drehzahlreglung versehen und gibt nur die der Leistung entsprechende Dampfmenge ab; ist dieselbe zu klein, so muß gedrosselter Frischdampf zugesetzt werden, ist sie zu groß, so muß sie anderweit ausgenutzt werden. Der Heizdampfdruck wird durch Frischdampfzusatzventil mit automatischer Betätigung durch einen Druckregler oder durch ein Sicherheitsventil konstant gehalten.

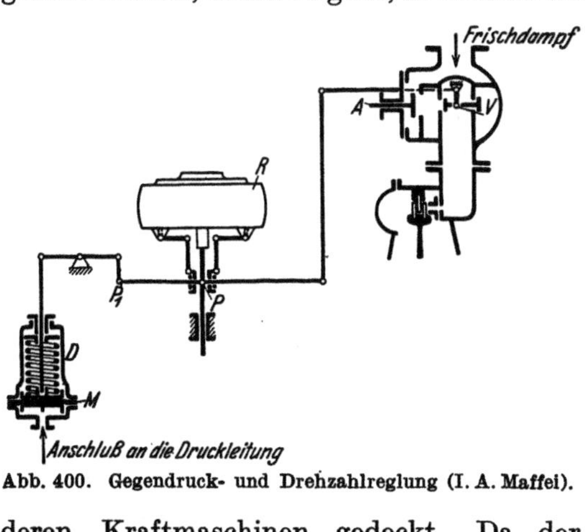

Abb. 400. Gegendruck- und Drehzahlreglung (I. A. Maffei).

2. Die Gegendruckturbine arbeitet mit anderen Kraftmaschinen parallel, dann übernimmt sie nur die der erforderlichen Heizdampfmenge entsprechende Leistung, der Mehrbedarf an Leistung wird von den anderen Kraftmaschinen gedeckt. Da der Heizdampfdruck unverändert bleiben muß, so wird die Turbine außer der Drehzahlreglung unter Einfluß eines Druckreglers gestellt, der in der gleichen Weise auf die Frischdampfreglung einwirkt wie der Drehzahlregler. In solchen

[1] Vgl. Z. V. d. I. 1924, S. 150. Pauer: Die Wärme 1923, S. 355. Stodola: Die Dampf- und Gasturbinen. Nachtrag zur 5. Aufl., S. 15. Praetorius: Die Wärme 1929, Nr. 17, S. 341.

Fällen wird die Drehzahl- und die Druckreglung vereinigt, wobei jedoch bei abnehmender Belastung der Drehzahlregler den überwiegenden Einfluß haben muß. Beim Parallelfahren aufs Netz ist der Geschwindigkeitsregler ausgeschaltet, da die Drehzahl vom Netz konstant gehalten wird.

Die Druckreglerbauarten sind S. 328 beschrieben. Bei erforderlicher Feinreglung kommen Askania-, Arca- oder Avaregler zur Anwendung.

Da das Gefälle der Gegendruckturbinen viel kleiner ist als bei Kondensationsturbinen, so sind erstere viel empfindlicher gegen Änderungen des Gefälles, also des Anfangsdruckes; die reine Drosselreglung wird aus diesem Grunde

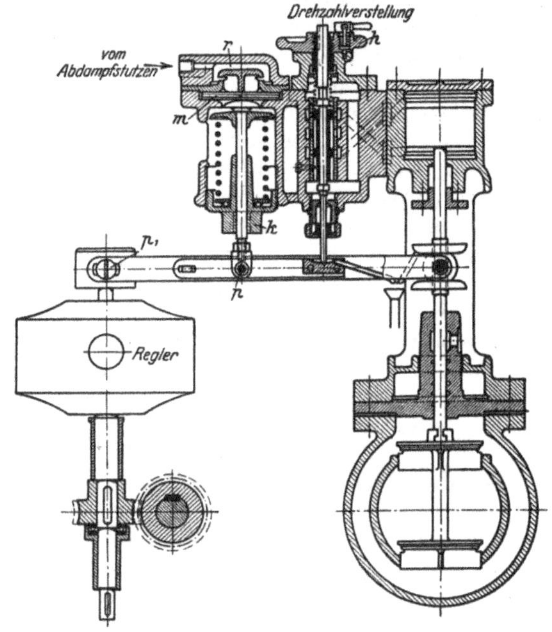

Abb. 401. Gegendruckreglung der KTW.

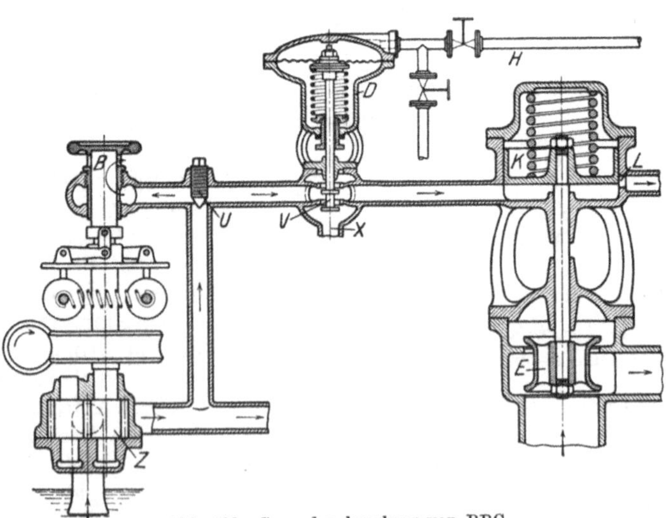

Abb. 402. Gegendruckreglung von BBC.

zu unwirtschaftlich, es wird Düsenreglung auch bei kleinen Leistungseinheiten angewendet.

Das Schema einer kombinierten Drehzahl- und Druckreglung einer Kleinturbine von J. A. Maffei zeigt Abb. 400 (vgl. Abb. 365, S. 352); der Druckregler *D* wirkt durch Verstellen der Membran mittels des Gestänges auf das Regelventil *V*, wobei *P* Fixpunkt ist, während bei Verstellung durch den Drehzahlregler *R* Punkt P_1 fest ist.

Eine Gegendruckreglung für Kleinturbinen der Kuhnert-Turbowerke, Meißen, zeigt Abb. 401[1] für Drehstromturbodynamos, die auf das Netz arbeiten.

Beim Parallelschalten ist zunächst *p* am Druckregler Fixpunkt, die Reglung wirkt wie eine gewöhnliche Servomotorreglung, wobei mittels Handrades *h* die erforderliche Drehzahlverstellung vorgenommen werden kann. Nach dem Parallelschalten wird p_1 zum Fixpunkt und es steht die Reglung unter Einfluß des Druck-

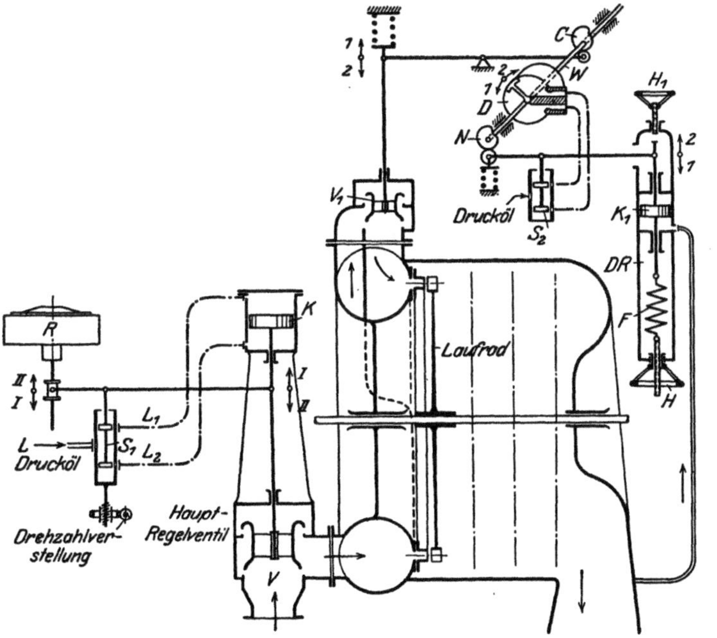

Abb. 403. Gegendruckreglung der WUMAG.

reglers, dessen Raum *r* über der Membran *m* mit der Abdampfleitung verbunden wird. Durch Verstellen des Federtellers *k* kann der Gegendruck in gewünschter Höhe eingestellt werden. Bei Unterbrechung der Verbindung mit dem Drehstromnetz wird Punkt p_1 frei und die Turbine steht unter Einfluß des Drehzahlreglers, kann also nicht Durchgehen (außerdem ist ein Sicherheitsregler vorhanden). Wird der Zutritt zum Druckregler abgesperrt und Raum *r* entlüftet, so kann der Druckregler ausgeschaltet werden, wobei wieder *p* Fixpunkt wird.

Eine Gegendruckreglung mit Öldrucksteuerung von BBC zeigt Abb. 402 (vgl. Abb. 295, S. 302); außer der Beeinflussung des Regelventils *E* in bekannter Weise durch Ändern des von der Pumpe *Z* erzeugten Öldruckes durch Ändern des Durchflußquerschnittes in der

[1] Z. V. d. I. 1925, S. 1409.

Regulierbüchse B, steht der Öldruck unter Einfluß des Membrandruckreglers D, der mittels des Ölventils V einen weiteren Abfluß bei X verstellt.

Die Gegendruckreglung der WUMAG ist im Schema in Abb. 403 dargestellt. Der Drehzahlregler R wirkt in bekannter Weise auf das Hauptregelventil V ein (vgl. Abb. 289, S. 297) und beherrscht damit die Gesamtmenge; der Druckregler (DR) (s. Abb. 335, S. 330) betätigt den Drehservomotor D und dieser die Düsenventile V_1, die nacheinander öffnen, wie Abb. 315 bis 317, S. 314 beschrieben.

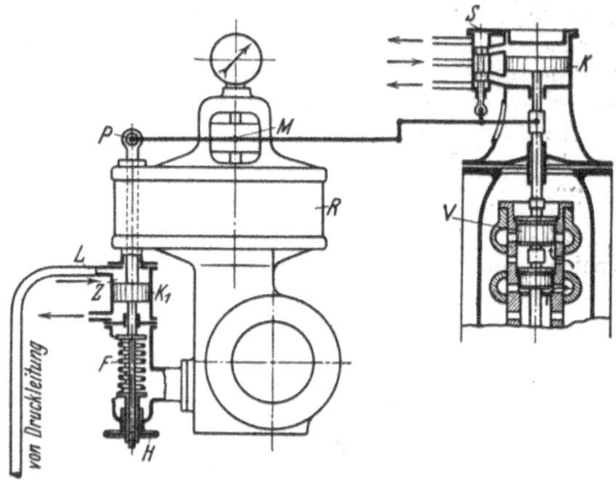

Abb. 404. Gegendruckreglung der BEW.

Unter den Kolben K_1 des Druckreglers DR tritt der Abdampfdruck, dem die Zugfeder F das Gleichgewicht hält; mittels des Handrades H kann der Druck

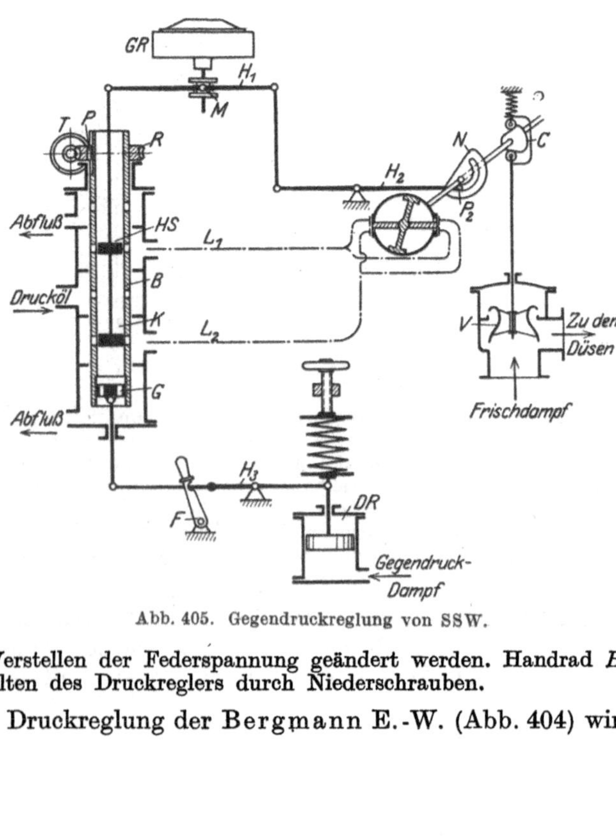

Abb. 405. Gegendruckreglung von SSW.

durch Verstellen der Federspannung geändert werden. Handrad H_1 dient zum Ausschalten des Druckreglers durch Niederschrauben.

Die Druckreglung der Bergmann E.-W. (Abb. 404) wird an Stelle der Drehzahlverstellung bei der normalen Düsenreglung (Abb. 300, S. 305) angebracht.

Punkt *P* des Drehzahlreglers wird durch Änderung des Heizdampfdruckes verstellt, welcher durch Leitung *L* auf den federbelasteten Kolben K_1 des Druckreglers wirkt; dadurch wird der Steuerschieber *S* verstellt und Drucköl über oder unter den Servomotorkolben *K* geführt, der durch die Spindel die Düsenventile (vgl. Abb. 300) betätigt. Handrad *H* dient zum Einstellen des Gegendruckes.

Das Schema der Gegendruckreglung von SSW zeigt Abb. 405; der Drehzahlregler verstellt den Steuerschieber *S* (vgl. Abb. 302 bis 307, S. 306ff.), der Druckregler die Büchse *B* des Steuerschiebers.

Der Druckregler *DR* verstellt mittels Hebels H_3 die Büchse *B* des Steuerschiebers *HS*, wodurch das in die Kammer *K* geführte Drucköl durch die Leitungen L_1

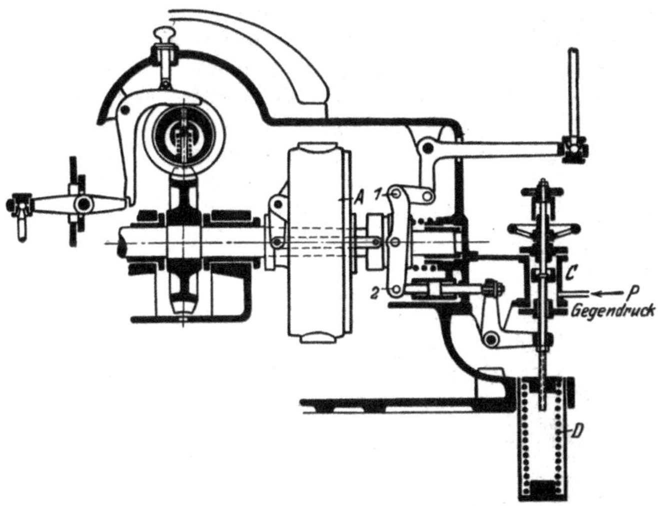

Abb. 406. Gegendruckreglung der MAN.

oder L_2 auf die eine oder andere Seite des Servomotordrehkolbens treten bzw. ablaufen kann. Rückführung durch Scheibe *N*; Drehzahländerung durch Drehen des Schneckenrades *R* von Hand oder durch Elektromotor, wodurch die Schieberbüchse *B* durch eine verschiebbare Paßfeder *P* mitgedreht und mittels Gewinde am Kolben *G* verschraubt wird. *F* ist ein Feststellhebel zum Ausschalten des Druckreglers. Der Gegendruck kann durch Verstellen der Feder des Druckreglers eingestellt werden. In Wirklichkeit wird meist Feinreglung durch Askaniaregler angewendet.

Auch bei der Gegendruckreglung von Krupp wirkt der Druckregler auf die Steuerschieberbüchse ein. Die MAN verstellt durch den Druckregler *D* (Abb. 406) einen Hebelpunkt *2* des Drehzahlreglers der im übrigen nach Abb. 327, S. 323 ausgeführten Reglung.

C. Bauarten der Gegendruckturbinen.

Baulich unterscheidet sich die Gegendruckturbine nur durch den fehlenden Niederdruckteil von der Kondensationsturbine. Gegendruckturbinen werden bei kleinen Leistungen und kleinem Gefälle mit nur einer Stufe ausgeführt (s. Kleinturbinen S. 343), bei größeren Leistungen mit wenigen Stufen oder vielstufig, je nach den vorliegenden Verhältnissen. Durch vielstufige Bauart mit gefrästen Kanälen ist eine wesentliche Verbesserung des Wirkungsgrades erreicht worden. Andrerseits wird aber die Turbine um so empfindlicher gegen abweichende Betriebszustände, je kleiner das Stufengefälle, also je größer die Stufenzahl; der spezifische Dampfverbrauch bei Teilbelastungen steigt und auch die Überlastbarkeit nimmt mit zunehmender Stufenzahl rasch ab. Abb. 407 zeigt Kurven für die Änderung des Dampfverbrauches für eine einstufige, eine mehrstufige und eine vielstufige Turbine gleicher Leistung bei gleichen Betriebsbedingungen; es ist danach unter Halblast die einstufige Turbine günstiger. Bei der Wahl der Bauart müssen deshalb die Betriebsverhältnisse möglichst genau bekannt sein und beachtet werden.

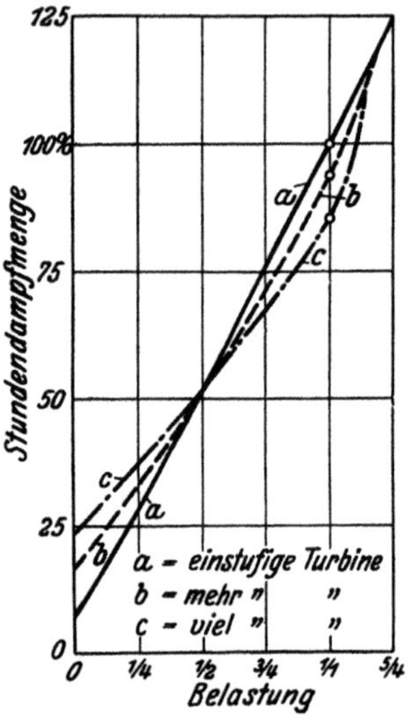

Abb. 407. Änderung des Dampfverbrauches ein- und vielstufiger Turbinen.

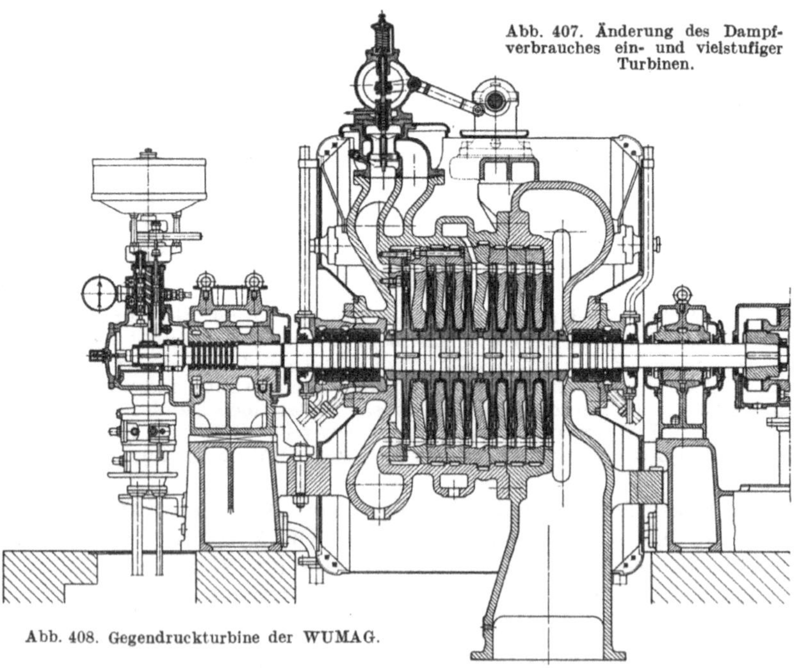

Abb. 408. Gegendruckturbine der WUMAG.

Eine vielstufige Gegendruckturbine der WUMAG zeigt Abb. 408 mit 8 Stufen für 3000 PS_e bei $n = 3000$; Reglung bei Einzelbetrieb nach Abb. 318, bei Parallelbetrieb nach Abb. 403, Überlastung vor die 5. Stufe.

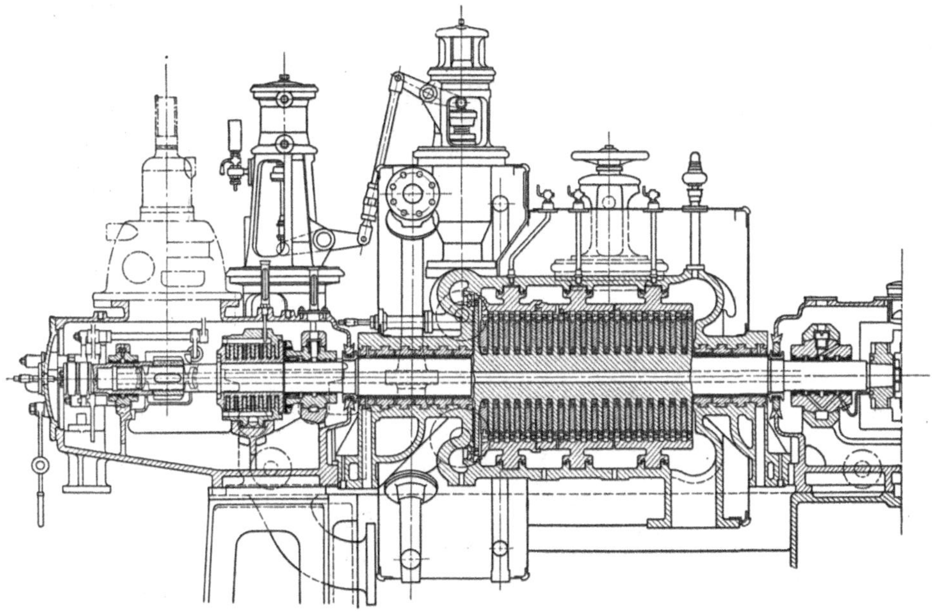

Abb. 409. Hochdruck-Gegendruckturbine von Krupp.

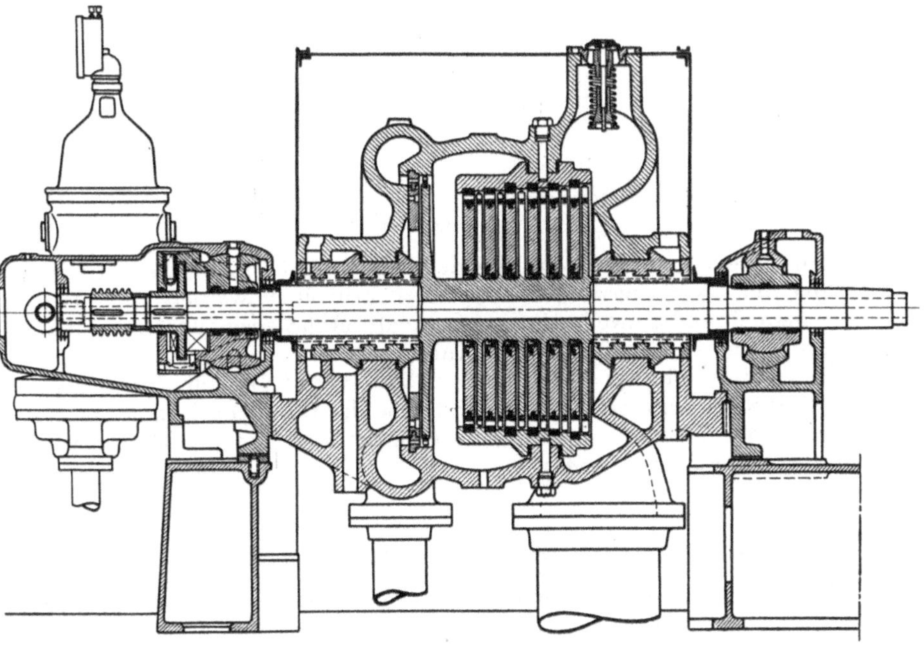

Abb. 410. Gegendruckturbine von Borsig.

Eine vielstufige Hochdruck-Gegendruckturbine von **Krupp** für 450 PS_e, $n = 6000$ Umdr./min, 32 ata 400^0 C und 14,5 ata Gegendruck ist in Abb. 409 dargestellt; Reglung s. Abb. 323, S. 320.

Eine Gegendruckturbine von **Borsig** zeigt Abb. 410.

Eine vielstufige Gegendruckturbine der MAN zeigt Abb. 411 mit automatischer Düsenreglung nach Abb. 327 und 405; Rotor aus dem

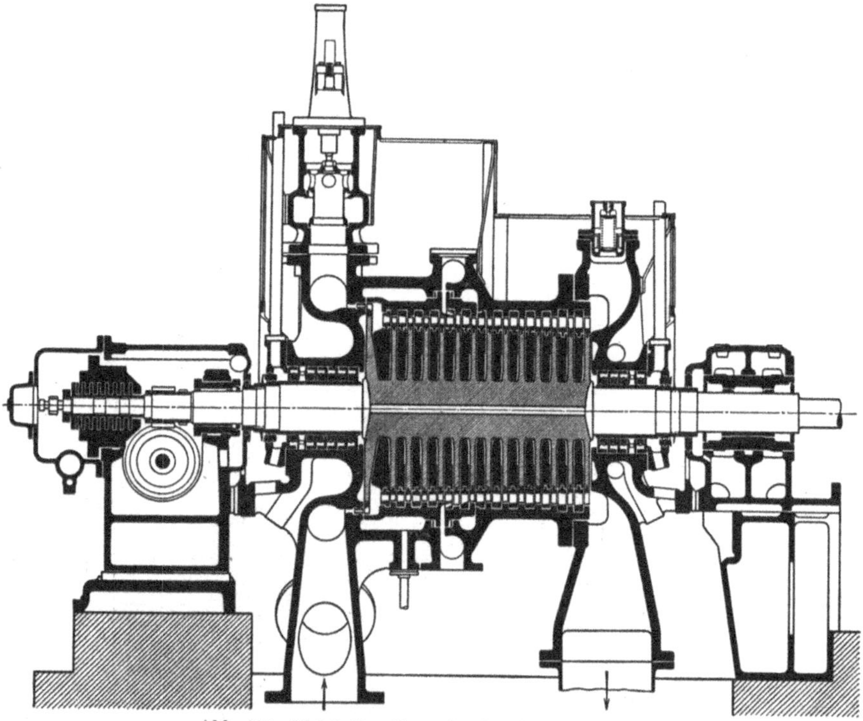

Abb. 411. Vielstufige Gegendruckturbine der MAN.

Vollen, volle Beaufschlagung von der ersten Stufe ab, deshalb Überlastung vor die 6. Stufe. Die Gegendruckturbinen werden auch mit nur einem ein- oder zweikränzigen Gleichdruckrad ausgeführt oder mit Curtisrad und nur einigen Druckstufen.

Eine zweigehäusige Gegendruckturbine von SSW für 16000 kW, $n = 3000$ zeigt Abb. 412; wegen der Größe der Düsenventile sind diese, wie auch das Überlastungsventil vorn unter Flur und der Drehservomotor vor die Turbine gesetzt.

II. Entnahme- (Anzapf-) Turbinen.

Falls keine Übereinstimmung zwischen Kraft- und Wärmebedarf vorhanden ist, wird zweckmäßig statt einer Gegendruckturbine eine Turbine mit Zwischendampfentnahme aufgestellt, da der zur Heizung

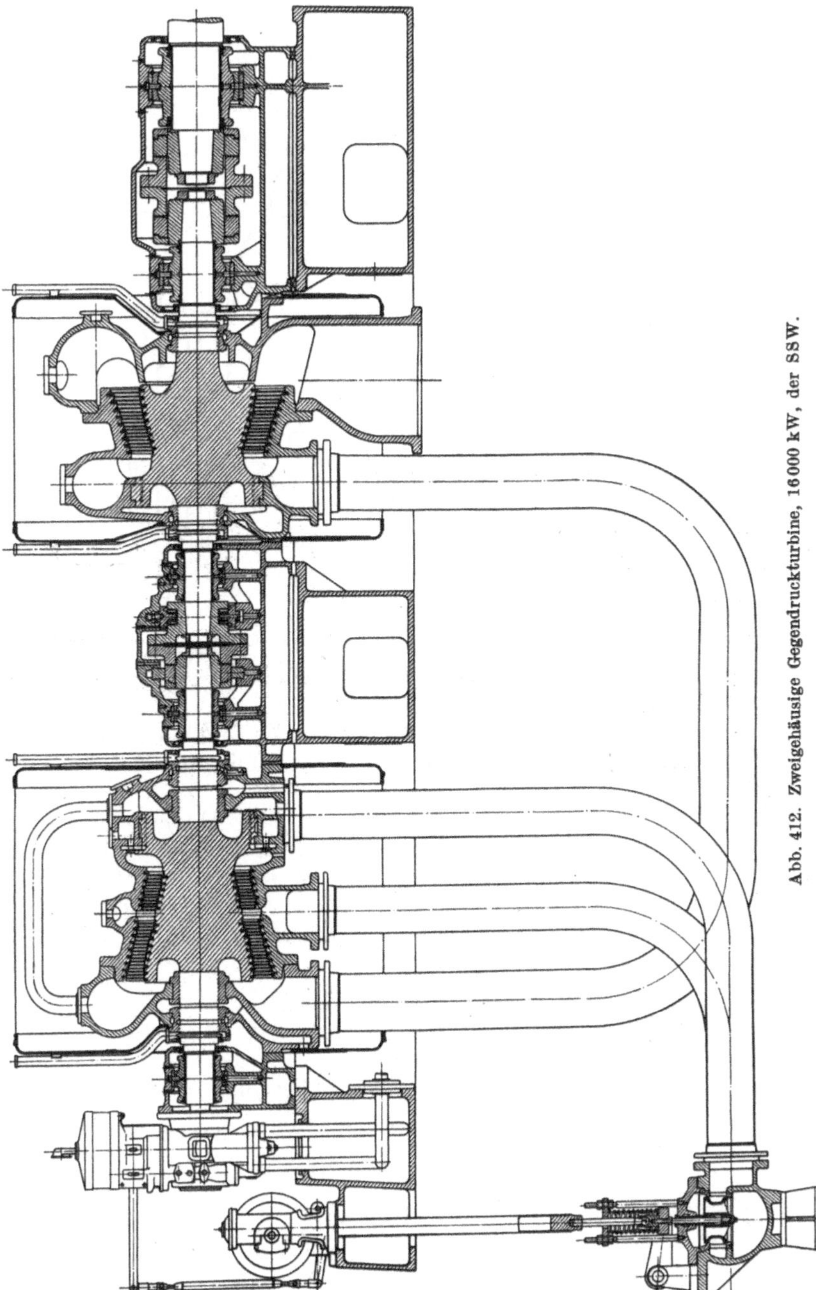

Abb. 412. Zweigehäusige Gegendruckturbine, 16000 kW, der SSW.

nicht benötigte Dampf im Niederdruckteil der Turbine weiter verwertet werden kann. Die Entnahmeturbine besteht aus zwei getrennten

Teilen, dem Hochdruck- und dem Niederdruckteil, zwischen denen sich die Entnahmestelle befindet und die durch ein Überströmventil verbunden werden können (Abb. 413). Der Hochdruckteil wirkt wie eine Gegendruckturbine, die mit der Gesamtdampfmenge G kg/h arbeitet, am Ende derselben werden G_e kg/h vom gewünschten Druck entnommen und der übrige Teil von G_n kg/h arbeitet im ND-Teil bis zur Kondensatorspannung. Der Entnahmedruck muß durch einen Druckregler konstant gehalten werden.

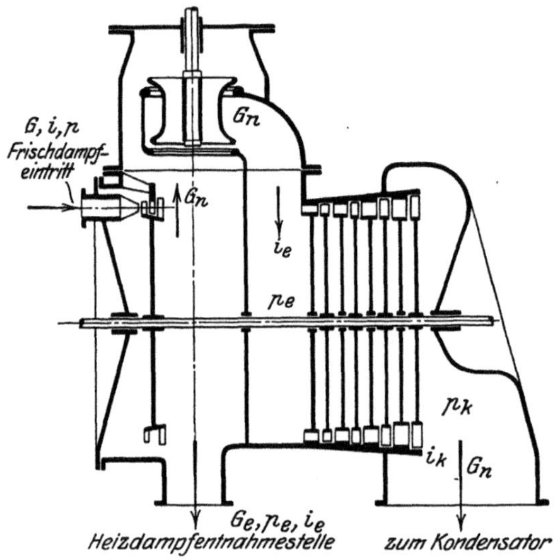

Abb. 413. Entnahmeturbine, Schema.

A. Wirtschaftlichkeit.

Die Wirtschaftlichkeit des Entnahmebetriebes gegenüber getrennter Kraft- und Wärmeerzeugung in einer Kondensationsturbine und Drosselung des Frischdampfes für die Heizung läßt sich wie folgt nachweisen.

Mit den Bezeichnungen des is-Diagramms (Abb. 414), wobei $A - A_k$ den Zustandsverlauf bei der Kondensationsturbine, $A B_1 B_2 B_k$ denjenigen der Entnahmeturbine darstellt (Drosselung im Überströmventil, besserer Wirkungsgrad im HD-Teil wegen größerer Dampfmenge), ist bei getrenntem Betrieb der Gesamtwärmeaufwand (wie bei der Gegendruckturbine S. 382 erwähnt)

$$Q_1 = G_k \cdot i + G_e \cdot i_e \text{ kcal/h}$$

und bei Entnahmebetrieb

$$Q_2 = G \cdot i = (G_e + G_n)\, i \text{ kcal/h}.$$

Da die Leistung bei Entnahmebetrieb

$$632{,}3\, N_i = G\,(i - i_e) + G_n\,(i - i_{kn})$$

ist und derjenigen bei getrenntem Betrieb

$$632{,}3\, N_i = G_k\,(i - i_k)$$

gleich sein muß, so folgt aus dem Gleichsetzen

$$G_k = \frac{G\,(i - i_e) + G_n\,(i - i_{kn})}{i - i_k} \text{ kg/h}.$$

Die Ersparnis ist

$$E = Q_1 - Q_2 = G_k \cdot i + G_e \cdot i_e - G \cdot i$$

und mit G_k aus obiger Gleichung nach Umstellung

$$E = G \frac{i - i_e}{i - i_k} i_k - G_n \frac{i_{kn} - i_k}{i - i_k} i \,\text{kcal/h}.$$

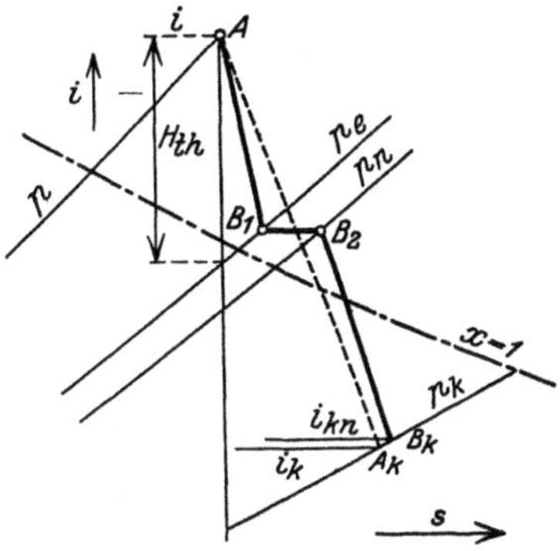

Abb. 414. Zustandsverlauf.

Das erste Glied hat denselben Wert wie bei der Gegendruckturbine, die Ersparnis bei Entnahmebetrieb ist somit um den Betrag des zweiten Gliedes kleiner; dieses Glied wird $= 0$, wenn $G_n = 0$ wird, also bei reinem Gegendruckbetrieb und leerlaufendem *ND*-Teil, oder wenn $i_{kn} = i_k$ ist, was meist nicht der Fall sein wird, da infolge der ungünstigeren Gefällsverteilung bei Entnahmebetrieb der Wirkungsgrad etwas schlechter wird. Bei Düsenreglung für die Überströmung, wie sie jetzt meist angewendet wird, ist der Drosselverlust beim Überströmen sehr gering.

Wären die Wirkungsgrade unabhängig von der Entnahmemenge, d. h. wenn $A - A_k$ der Zustandsverlauf in Abb. 414 bliebe, so wäre für die gleiche Leistung bei reinem Kondensationsbetrieb (ohne Entnahme, G_k kg/h, $G_e = 0$), reinem Gegendruckbetrieb ($G_e = G_g$, $G_n = 0$) und bei Entnahmebetrieb ($G = G_e + G_n$)

$$632{,}3\, N_i = G_k (i - i_k) = G_g (i - i_e) = G_e (i - i_e) + G_n (i - i_k).$$

Dividiert man das erste Glied der rechten Seite durch $G_g (i - i_e)$ und das zweite durch den gleich großen Wert $G_k (i - i_k)$, so ist

$$\frac{G_e}{G_g} + \frac{G_n}{G_k} = 1,$$

also die Gleichung einer Geraden, woraus sich die Dampfverbrauchswerte für gleiche Leistung nach Abb. 415 ergeben, worin die Abszissen die Entnahmemenge, die Ordinaten die durch den *ND*-Teil strömende Menge darstellen; die Gesamtdampfmenge ist stets die Summe der Koordinaten $G_e + G_n$.

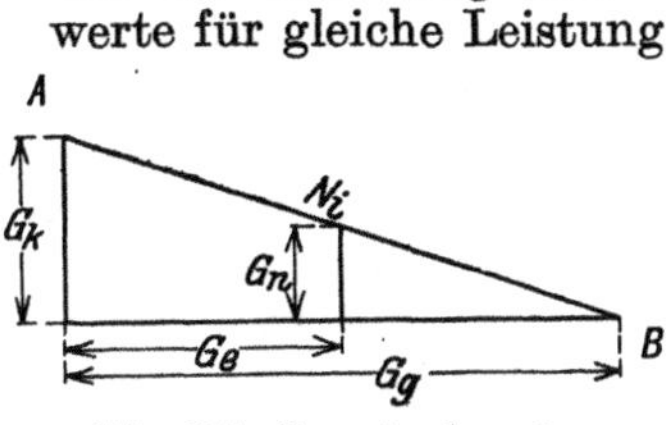

Abb. 415. Dampfverbrauch.

Da die Wirkungsgrade nicht unabhängig von der Entnahmemenge sind, gilt das geradlinige Gesetz nicht genau, es kann aber zur Orientierung dienen, zumal die Abweichungen erst bei kleinen Belastungen wesentlich werden.

Die Gerade *AB* (Abb. 415) gilt für die der größten Entnahme $G_{e\max} = G_g$ entsprechende Leistung $N_i = G_g (i - i_e) : 632{,}3$ PS$_i$, die als reine Kondensationsturbine mit der Dampfmenge G_k erreicht werden kann. Bei größerem Leistungsbedarf N_i' ist eine Gesamtdampfmenge $G_g + G_{n1}$ erforderlich, das Gesetz ist durch eine zu AB parallele, um G_{n1} höher liegende Gerade dargestellt.

B. Leistung und Dampfverbrauch.

Für die Ermittlung des Zusammenhangs zwischen Leistung und Dampfverbrauch bei verschiedenen Entnahmemengen ist es zweckmäßig, von der Dampfmenge auszugehen, also für eine Dampfmenge $G = G_e + G_n$ die Leistung zu ermitteln und über dieser die Dampfmenge aufzutragen. Man geht dabei vorteilhaft vom reinen Kondensationsbetrieb aus, für den man den Dampfverbrauch wie bei den Kondensationsturbinen ermitteln kann. Dadurch ergibt sich die Gerade $A'B'$ (Abb. 416) für abgestellte Entnahmesteuerung, also bei vollständig offenem Überströmventil; bei eingeschalteter Entnahmesteuerung wird der Druck hinter dem *HD*-Teil konstant gehalten, es tritt deshalb Drosseln im Überströmventil ein, das um so größer ist, je kleiner die Dampfmenge G_n ist, wodurch der Dampfverbrauch größer wird und etwa nach AB verläuft. Der Schnittpunkt der Geraden AB und $A'B'$ entspricht einer Überlastung, bei der das Überströmventil voll offen ist. Für eine Leistung N_i (Abb. 416) ist der Dampfverbrauch bei reinem Kondensationsbetrieb G_k; für eine Dampfmenge $G_k + G_e$ ist die Leistung um $N_i' = G_e\, H_{th} \cdot \eta_u$ 632,3 größer (H_{th} adiabatische Gefälle des Hochdruckteils), da die Radreibungsverluste bereits in N_i berücksichtigt sind (sie nehmen wegen der größeren Dampfmenge sogar etwas ab), die Gesamtleistung wird also $N_i + N_i'$ PS$_1$, und durch Abtragen von G_e und N_i' erhält man Punkt C. Die Leistungszunahme wird demnach nur von G_e abhängig sein, nicht von der Gesamtdampfmenge und von der Leistung, sie ist somit für alle Leistungen gleich bei gleichem G_e, und die Dampfverbrauchsgerade verläuft parallel AB. Für die Leistung N_i wäre bei G_e kg/h Entnahme eine Gesamtdampfmenge G (Abb. 416) erforderlich.

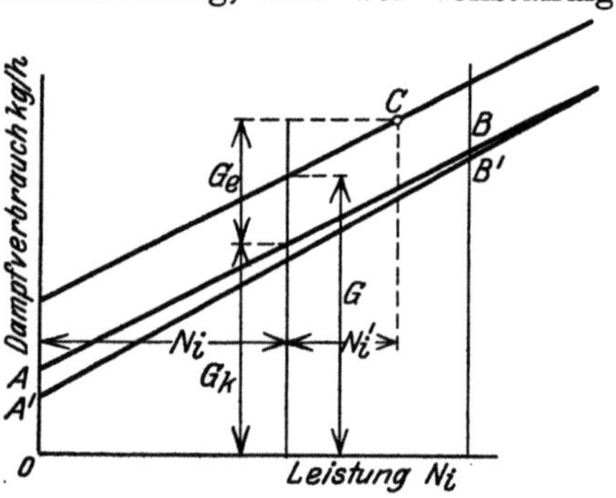

Abb. 416. Dampfverbrauch.

Für andere Entnahmemengen G_e ergeben sich andere Gerade, wobei $N_i' : N_u = G_e : G_k$ ist, wenn N_u die Umfangsleistung bei reinem Kondensationsbetrieb.

Für die Ermittlung der Leitquerschnitte und der genaueren Dampfverbrauchswerte muß der Zustandsverlauf festgestellt werden. Die Ermittlung des Zustandsverlaufes muß sich auf zwei Hauptfälle erstrecken: 1. Höchstleistung bei maximaler Entnahme und 2. Höchstleistung bei Null Entnahme.

Für den Hochdruckteil wird wohl stets Mengenreglung anzunehmen sein, der Druckverlauf wird also immer durch denselben Anfangspunkt A gehen, vgl. Düsenreglung (S. 286).

1. Bei Höchstleistung und maximaler Entnahme würde der Druck, über der Stufenzahl aufgetragen, nach Kurve a_1 (Abb. 417) verlaufen bis auf den Entnahmedruck p_e, der konstant gehalten wird. Da durch den Niederdruckteil weniger Dampf strömt als bei Null Entnahme (s. unten), für welchen Fall der ND-Teil zu bemessen ist, so wird der Dampf durch das Überströmventil auf einen Druck p_n vor dem ND-Teil gedrosselt mit dem Verlauf nach b_1 oder bei Düsen-Überströmreglung gleich p_e bleiben und nach Kurve b_1' verlaufen (vgl. Druckverlauf bei Teillast, S. 288). Im is-Diagramm (Abb. 418) ist $A\,B\,B_1\,C_1$ der Zustandsverlauf entsprechend dem gleichlautenden Linienzug in Abb. 417 mit Drosselung vor dem ND-Teil und ABC der Verlauf bei Düsenreglung der Überströmung, bis auf den Kondensatordruck p_{k1}.

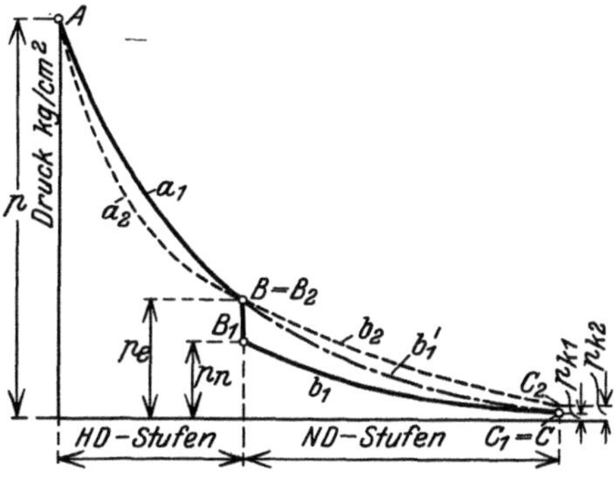

Abb. 417. Druckverlauf.

2. Höchstleistung ohne Entnahme (reiner Kondensationsbetrieb) ergibt im HD-Teil den Druckverlauf nach Kurve a_2, wegen der geringeren Dampfmenge mit etwas schlechterem Wirkungsgrad und stärkerem Spannungsabfall in der ersten Stufe (s. Düsenreglung S. 286) auf den Druck p_e, aber nach Punkt B_2 im is-Diagramm (Abb. 418). Ist der ND-Teil für diesen Fall bemessen und tritt kein Spannungsabfall beim Überströmen ein (Entnahmesteuerung abgestellt), so wird der Druck nach Kurve b_2 bzw. B_2C_2 verlaufen (wegen der größeren Dampfmenge etwas geringeres Vakuum).

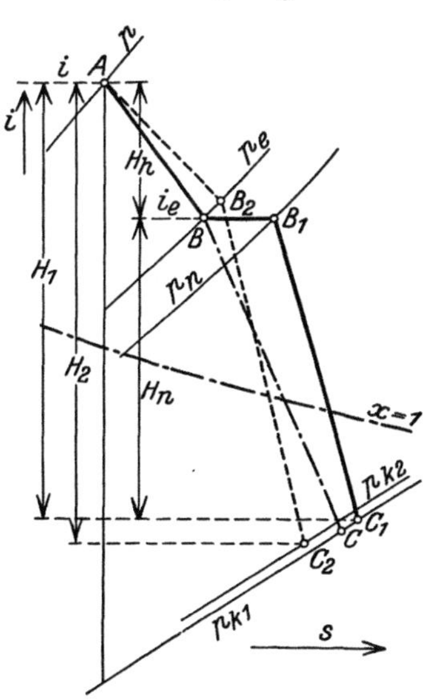

Abb. 418. Zustandsverlauf.

Mit den Gefällen nach Abb. 418 und den Dampfmengen nach Abb. 413 ist für Fall 1 mit $G_1 = G_{e\,\max} + G_{n1}$

$$632\,N_i = G_1 H_h + G_{n1} H_n$$
$$= G_{e\,\max} H_h + G_{n1} H_1 \qquad \text{(a)}$$

und für den Fall 2

$$632\,N_i = G_2 H_2. \qquad \text{(b)}$$

Bei Überström-Drosselreglung gilt ferner (s. Satz 1 S. 280)

$$\frac{p_n}{G_{n1}} = \frac{p_e}{G_2}. \qquad \text{(c)}$$

Bei Vollast ohne Entnahme, also reinem Kondensationsbetrieb und abgestellter Entnahmesteuerung kann der Wirkungsgrad $\eta_i = \eta_e : \eta_m$ (η_e nach S. 99, η_m nach S. 97) geschätzt werden, womit sich H_2 ergibt und G_2 aus Gl. (b) ermittelt werden kann, für welche Dampfmenge der *ND*-Teil zu bemessen ist. Mit H_2 ist auch der Endpunkt C_2 im *is*-Diagramm festgelegt, und es kann der Verlauf $A\,B_2\,C_2$ eingetragen werden, wobei der η_i des Hochdruckteils wegen der kleineren Dampfmenge kleiner sein muß als bei voller Entnahme. Ist die Turbine durchgerechnet, so kann der Verlauf nachgeprüft werden[1].

Die maximale Entnahme $G_{e\max}$ ist vorgeschrieben, ihr entspricht eine Leistung $G_{e\max} H_h : 632{,}3$, und es ist noch eine weitere Dampfmenge G_{n1} erforderlich, um die ganze Leistung zu erhalten. Schätzt man den η_i des *HD*-Teils bei Vollast mit maximaler Entnahme (etwas höher als ohne Entnahme) und den des *ND*-Teils, oder nimmt den Zustandsverlauf im *is*-Diagramm (Abb. 418) an, so ergibt sich für Überström-Düsenreglung der Endpunkt C bei etwas besserem Vakuum (wegen kleinerer Dampfmenge). Daraus erhält man die Gefälle H_h und H_1, und es kann aus Gl. (a) G_{n1} ermittelt werden; für Vollast und maximale Entnahme ist dann $G_1 = G_{e\max} + G_{n1}$ kg/h. Ebenso kann für andre Entnahmemengen der Dampfverbrauch ermittelt werden.

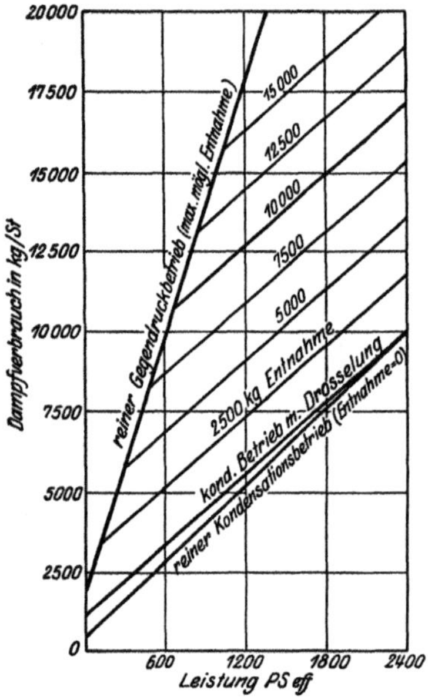

Abb. 419. Dampfverbrauch.

Für Überström-Drosselreglung muß der Druck p_n ermittelt werden, auf den vor dem *ND*-Teil gedrosselt wird. Da p_n und G_{n1} unbekannt sind, muß probeweise für einige anzunehmende Werte von p_n im *is*-Diagramm H_1 und H_n ermittelt und aus Gl. (a) G_{n1} bestimmt werden; alsdann trägt man p_n/G_{n1} über den zugehörigen p_n auf und ermittelt den Wert von p_n, bei dem $p_n/G_{n1} = p_e/G_2$ ist. Auf diesem Druck erhält man im *is*-Diagramm Punkt B_1. Wegen des schlechteren Wirkungsgrades wird G_{n1} bei Drosselreglung größer sein als bei Düsenreglung und der Endpunkt C_1 höher liegen als C.

Die Bestimmung von G_1 kann nun in gleicher Weise für verschiedene Leistungen aus Gl. (a) und für verschiedene Entnahmemengen durchgeführt werden.

Die Dampfverbrauchswerte können nun über den Leistungen für

---

[1] S. auch: Renfordt, A.: Arch. f. Wärmewirtsch. 1927, H. 10 und 1928, H. 1: Druckverteilung und Dampfverbrauch bei Teillasten von Gegendruck- und Entnahmeturbinen.

verschiedene Entnahmemengen aufgetragen werden (Abb. 419)[1], woraus dann jeder gewünschte Wert entnommen werden kann. Aus dieser Darstellung läßt sich auch leicht die Ersparnis bei vereinigtem Kraftheizbetrieb (Entnahmebetrieb) gegenüber getrennter Erzeugung von Kraft und Heizwärme feststellen. Bei vereinigtem Betrieb ist der Gesamtdampfverbrauch aus Abb. 419 direkt zu entnehmen, für getrennten Betrieb ist der zur Krafterzeugung erforderliche Verbrauch durch die untere Kurve (reiner Kondensationsbetrieb) gegeben, dazu kommt noch die zur Heizung benötigte Dampfmenge $G_h = G_e \cdot i_e : i$ (s. S. 382), wobei i_e der Wärmeinhalt des Heizdampfes bei Entnahmebetrieb und i der Wärmeinhalt des Frischdampfes bzw. des in besonderen Heizkesseln erzeugten Dampfes.

Z. B. ist bei Vollast und 10000 kg/h Entnahme der Gesamtdampfverbrauch 17200 kg/h, während bei getrenntem Betrieb die Kondensationsturbine 10000 kg/h braucht und für Heizwerke noch $10000 \cdot 694{,}5 : 741{,}5 = 9320$, zusammen also 19320 kg/h benötigt werden; Ersparnis 2120 kg/h.

C. Reglung der Entnahmeturbinen.

1. Anforderungen.

Die Reglung soll sowohl die Leistung der Belastung anpassen durch einen Drehzahlregler (wie bei jeder Leistungsreglung) als auch die Entnahmemenge dem jeweiligen Bedarf entsprechend einstellen unter Einhaltung des Heizdampfdruckes durch einen Druckregler, der den Zutritt des Dampfes zum *ND*-Teil steuert.

Da die Leistung durch die Entnahmemenge beeinflußt wird, so muß die Reglung so erfolgen, daß die Summe der Leistungen des *HD*- und des *ND*-Teils die erforderliche Leistung ergibt, unabhängig von der Entnahmemenge. Es ergeben sich dadurch folgende Anforderungen an die Reglung.

1. Bei Änderung der Belastung bei gleichbleibender Entnahme muß das Frischdampf- und das Überströmventil im gleichen Sinne betätigt werden, also bei Leistungszunahme mehr öffnen, bei Abnahme mehr schließen. Dieses bewirkt der Drehzahlregler, der wie bei den Kondensationsturbinen die Frischdampfreglung betätigt, außerdem aber auch auf die Überströmreglung einwirken kann.

Da der benötigten Heizdampfmenge eine bestimmte Leistung des *HD*-Teils entspricht, bei welcher der *ND*-Teil leer mitläuft, so wird bei kleinerem Leistungsbedarf die benötigte Heizdampfmenge nicht mehr hergegeben werden können. In solchen Fällen muß durch ein Reduzierventil oder durch ein automatisches Frischdampfzusatzventil gedrosselter Frischdampf in die Heizleitung geführt werden. Hierbei muß aber durch ein Rückschlagventil das Rückströmen von Heizdampf zum *ND*-Teil verhindert werden, um Durchgehen der Turbine zu verhüten.

---

[1] Gezeichnet für eine 2400-PS_e-Turbine der WUMAG für 12,5 atü 325° C mit 15000 kg maximaler Entnahme bei 2 atü.

2. Bei gleichbleibender Belastung und Änderung der Heizdampfmenge muß der Druckregler das Überströmventil bei geringerem Bedarf mehr öffnen, bei zunehmendem Bedarf mehr schließen, während das Frischdampfventil umgekehrt mehr schließen, bzw. mehr öffnen muß, damit die Leistung nicht verändert wird. Beide Reglungen müssen demnach im umgekehrten Sinne betätigt werden.

Die Frischdampf- und die Überströmreglung kann unabhängig voneinander ausgeführt werden, dann wird bei Leistungsänderung das Frischdampfventil vom Drehzahlregler betätigt, die Verstellung des Überströmventils erfolgt durch den Druckregler erst durch eine geringe Änderung des Heizdampfdruckes, und bei Änderung der Entnahmemenge verstellt der Druckregler das Überströmventil, die Betätigung des Frischdampfventils erfolgt erst durch die geringe Drehzahländerung infolge veränderter Dampfmenge im *ND*-Teil.

Um diese Schwankungen des Entnahmedruckes bei Leistungsänderungen und die Drehzahländerung bei geänderter Entnahmemenge zu vermeiden, werden häufig beide Reglungen derart miteinander verbunden, daß bei Leistungsänderungen durch den Drehzahlregler gleichzeitig die Überströmreglung im selben Sinne wie die Frischdampfreglung, hingegen bei Änderungen der Entnahmemenge gleichzeitig durch den Druckregler das Frischdampfventil im entgegengesetzten Sinne verstellt wird. Zuweilen wird die Überströmreglung von der Drehzahlreglung mit betätigt, während der Druckregler das Frischdampfventil nicht direkt beeinflußt.

Bei Parallelbetrieb mit anderen Kraftmaschinen auf dasselbe Netz wird die Drehzahl vom Netz konstant gehalten, der Drehzahlregler greift nur bei Trennung vom Netz ein; der Druckregler beeinflußt dann das Frischdampf- und das Überströmventil.

Bei besonderen Betriebsverhältnissen können noch andre Anforderungen an die Reglung gestellt werden, die dann entsprechende Ausführung verlangt.

Die Druckregler sind dieselben, wie S. 328 beschrieben.

2. Ausgeführte Entnahmereglungen.

Die Überströmreglung kann als Drosselreglung oder bei höheren Ansprüchen an die Wirtschaftlichkeit als Düsenreglung ausgeführt werden; die Größe der Ventile ist wie bei den gewöhnlichen Reglungen (S. 282 und 288) zu bemessen.

Muß der Entnahmedruck sehr genau eingehalten werden, so kommen Feinreglungen (Askania, Arca, Ava) zur Anwendung.

Das Schema der Entnahmereglung der WUMAG zeigt Abb. 420 mit Beeinflussung der Überströmreglung durch den Drehzahlregler. Die Frischdampfreglung ist dieselbe wie bei der vereinigten Drossel- und Düsenreglung der Kondensationsturbinen (vgl. Abb. 315, S. 314).

Durch eine Steuernocke O auf der Welle W des Drehservomotors D_1 wird gleichzeitig mit der Betätigung der Frischdampfdüsenventile V_1 die Überströmreglung im gleichen Sinne betätigt, indem die Büchse B_2 des Überströmsteuerschiebers S_2 verstellt wird, wodurch Drucköl durch die Leitungen l_1, l_2 zum Drehservomotor D_2 gelangt und die Düsenventile V_2 in bekannter Weise betätigt werden. Diese Ventile werden auch durch den Druckregler *DR* gesteuert, indem der Kolben K_1 desselben den Steuerschieber S_2 verstellt und durch l_1, l_2 Drucköl zum Drehservomotor D_2 führt. Der Druckreglerkolben ist unten durch den Heizdampfdruck belastet, dem die Zugfeder *F* das Gleichgewicht hält; mittels Handrades *H* kann der Druck eingestellt werden. Durch Hochschrauben des Handrades H_1 wird die Entnahmereglung ausgeschaltet.

Bei Änderung der Heizdampfmenge (Druckänderung) durch den Druckregler ändert sich die Leistung und muß durch den Drehzahlregler einreguliert werden.

Die Ausführung dieser Reglung zeigt Abb. 420a.

Die Reglung der Entnahmeturbinen von SSW zeigt im Schema Abb. 421 mit Beeinflussung der Frischdampf- und der Überström-

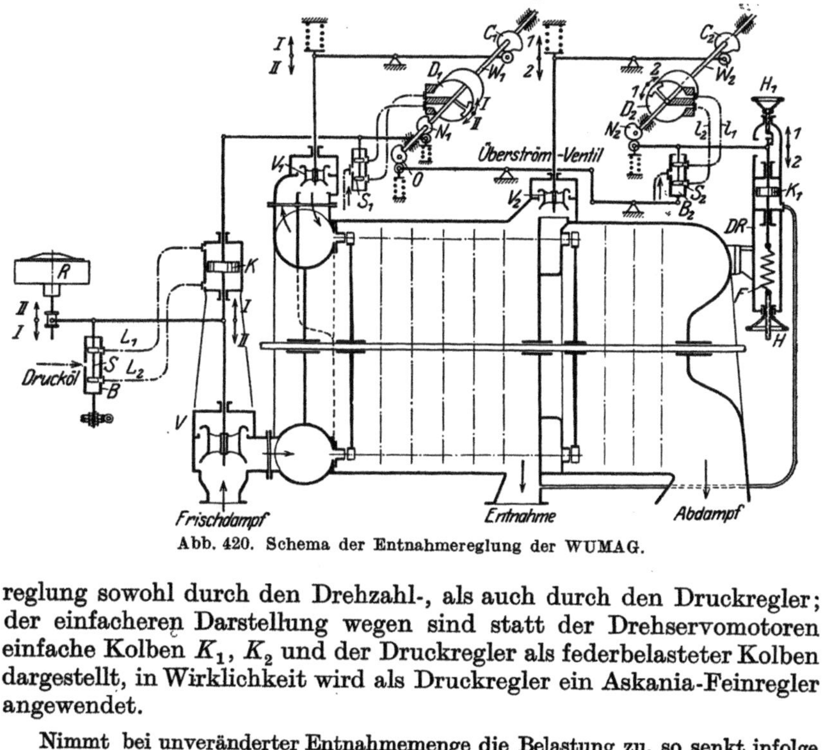

Abb. 420. Schema der Entnahmereglung der WUMAG.

reglung sowohl durch den Drehzahl-, als auch durch den Druckregler; der einfacheren Darstellung wegen sind statt der Drehservomotoren einfache Kolben K_1, K_2 und der Druckregler als federbelasteter Kolben dargestellt, in Wirklichkeit wird als Druckregler ein Askania-Feinregler angewendet.

Nimmt bei unveränderter Entnahmemenge die Belastung zu, so senkt infolge abfallender Drehzahl der Geschwindigkeitsregler *GR* die beiden Hebel H_2 und H_3 um die Festpunkte P_2, P_3; beide Steuerschieber S_1 und S_2 bewegen sich nach unten und lassen Drucköl unter die Servomotorkolben K_1, K_2 treten, zugleich über den Kolben den Ablauf freigebend. Die Kolben heben die Frischdampfventile V_1 und die Überströmventile V_2, der Dampfdurchsatz durch die *HD*- und die *ND*-Stufen nimmt zu, bis die Leistung eingestellt ist. Durch die Hebel H_2, H_3 werden mit P_1 als Festpunkt die Steuerschieber in die neutrale Lage zurückgebracht (Rückführung). Bei abnehmender Belastung findet der Vorgang in umgekehrter Richtung statt, beide Ventile werden mehr geschlossen.

Steigt bei unveränderlicher Belastung der Heizdampfbedarf, so fällt der Druck vor den *ND*-Stufen, der Kolben des Druckreglers *DR* sinkt und verschiebt die Büchse B_1 des Frischdampfsteuerschiebers S_1 nach oben, die Büchse B_2 des Über-

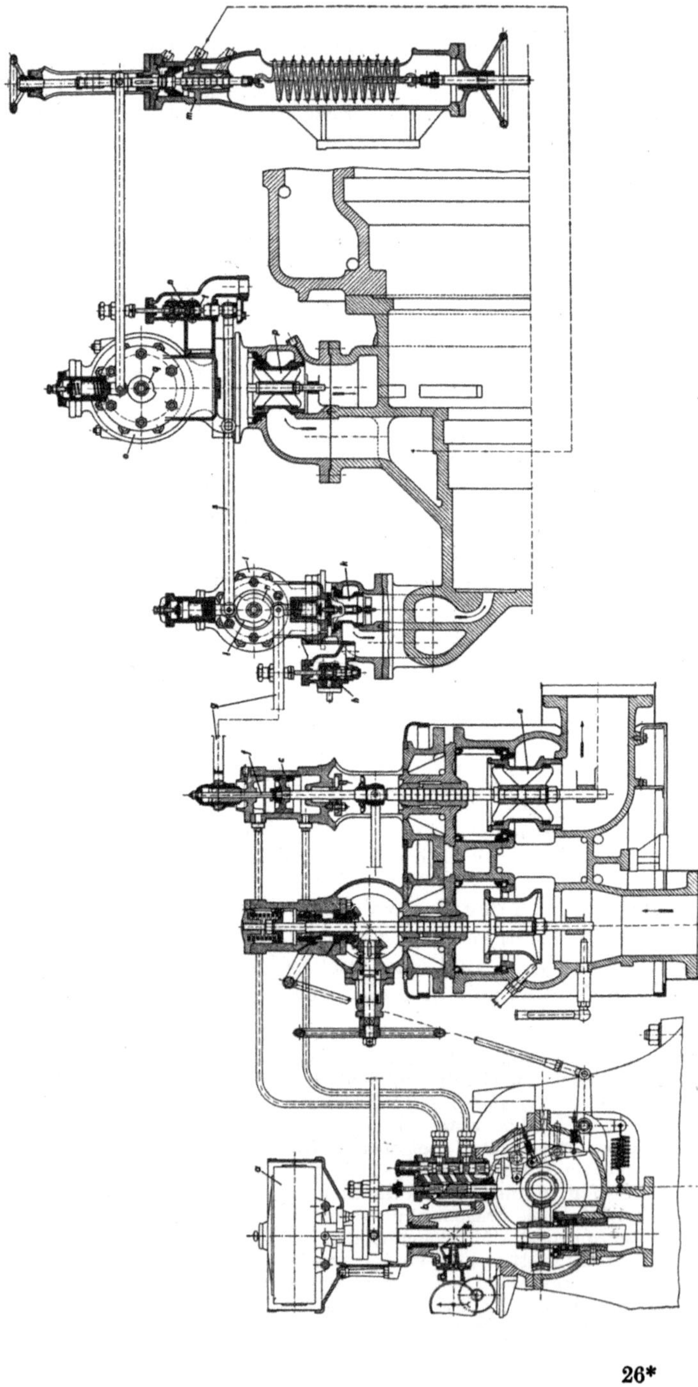

Abb. 420a. Entnahmereglung der WUMAG.

strömsteuerschiebers S_2 nach unten. Das Drucköl öffnet das Frischdampfventil V_1 mehr und schließt das Überströmventil V_2; durch die beiden Hebel H_2, H_3 mit P_1 als Festpunkt erfolgt Rückführung der Steuerschieber. Fällt die benötigte Heizdampfmenge, so findet der Vorgang entgegengesetzt statt.

Zum Parallelschalten kann die Drehzahl mit Hilfe der Drehzahlverstellung T um + 5% verstellt werden.

Die Anzapfsteuerung der AEG, deren Schema Abb. 422 veranschaulicht, wirkt nach demselben Prinzip, in Wirklichkeit haben die Kraftgetriebe Drehservomotoren (vgl. Abb. 297 u. ff., S. 303).

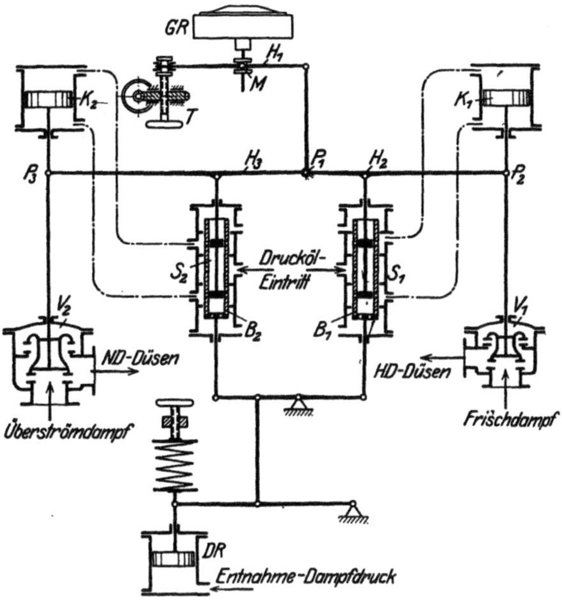

Abb. 421. Schema der Entnahmereglung von SSW.

Steigt bei gleichbleibender Entnahme die Belastung, so sinkt die Muffe des Drehzahlreglers R, Punkt a wird gehoben, und da Hebel H_2 in b einen Festpunkt hat, werden die Steuerschieber S_1 und S_2 nach oben verstellt und bewirken in bekannter Weise Öffnungsbewegung des Frischdampfventils V_1 und der Überströmventile V_2 (Bewegung im Schema nach unten).

Bei gleichbleibender Belastung und zunehmender Entnahme sinkt der Druck über der Membran M des Druckreglers DR, die Feder F verstellt die Membran

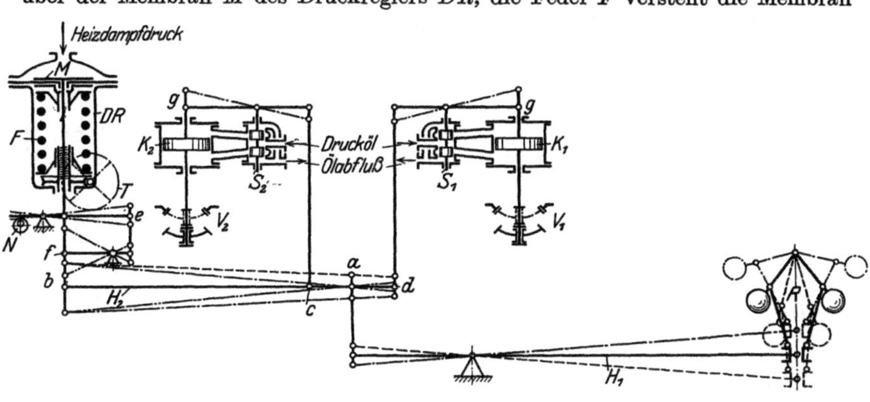

Abb. 422. Schema der Anzapfreglung der AEG.

und Punkt e nach oben, Punkt f und b nach unten, und da a Festpunkt ist, so wird c gesenkt, d gehoben, die Überströmventile V_2 schließen mehr, die Frischdampfventile V_1 öffnen mehr, so daß die Leistung unverändert bleibt ohne Drehzahländerung.

Der Entnahmedruck kann durch Änderung der Federspannung F mittels Handrades T mit Schneckentrieb eingestellt werden. Nocke N dient zum Ausschalten der Druckreglung bei Kondensationsbetrieb.

Bei der Entnahmereglung von J. A. Maffei (System Melms & Pfenninger), deren Schema Abb. 423 zeigt, beherrscht der Drehzahlregler sowohl das Frischdampf- als auch das Überströmventil, während der Druckregler nur auf die Frischdampfreglung einwirkt, so daß bei Änderung der Entnahmemenge das Überströmventil erst mittelbar über den Drehzahlregler betätigt wird.

Steigt z. B. die Drehzahl durch Entlastung bei unveränderter Entnahme, so verstellt der Drehzahlregler R die Steuerschieber S_1, S_2 nach unten, wodurch Drucköl über den Kolben K und unter K_1 tritt; dadurch wird das Frischdampfventil V und gleichzeitig das Überströmventil $Ü$ mehr geschlossen. Die Rückführung erfolgt durch Verschieben der Schieberbüchse B durch die Bewegung der Spindel des Ventils V; die Rückführung für das Entnahmeventil $Ü$ wird dadurch bewirkt, daß das über den Kolben der Schieberbüchse T tretende Drucköl die Schieberbüchse entgegen dem Federdruck verstellt, bis die Kanäle in der Büchse durch den Steuerschieber verdeckt werden. Bei sinkender Drehzahl ist die Bewegung umgekehrt, das Öl unter K_1 kann durch die vom Steuerschieber S_2 freigegebenen Schlitze nach unten abströmen bis durch die Büchse T die Schlitze wieder abgeschlossen werden.

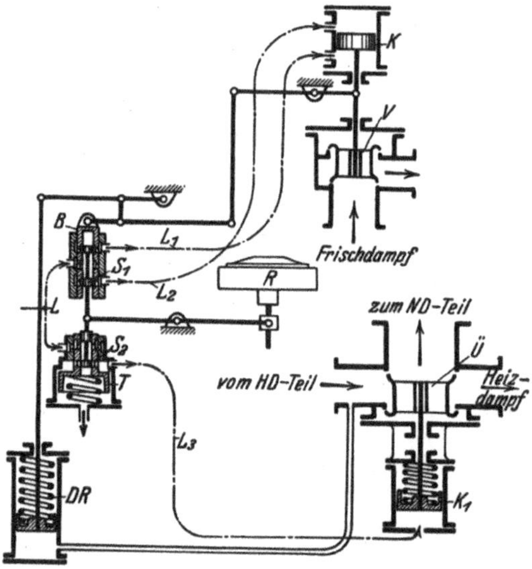

Abb. 423. Schema der Entnahmereglung von Maffei.

Ändert sich die Entnahmedampfmenge bei gleichbleibender Belastung, so wird bei größerer Entnahme der Druck sinken und den Kolben des Druckreglers DR und damit die Schieberbüchse B nach unten verstellen, wodurch Drucköl unter den Kolben K gelangt und Ventil V mehr öffnet. Dadurch steigt die Drehzahl, und der Regler R wird, wie oben beschrieben, beide Ventile mehr schließen; die Drehzahl bleibt dann etwas höher als vorher, was bei Parallelbetrieb von Vorteil sein kann. Soll dies vermieden werden, so kann der Druckreglerkolben eine Feder verstellen, welche die Reglermuffe mehr belastet. Durch Wahl der Feder kann die Drehzahl bei konstanter Belastung, aber veränderlicher Entnahme konstant gehalten werden (DRP. 291688).

Die Reglung wird aber auch mit Beeinflussung des Überströmventils durch den Druckregler ausgeführt, wenn die Drehzahl mit zunehmender Entnahme, aber gleichbleibender Leistung abnehmen soll, was bei Parallelbetrieb der Entnahmeturbine mit einer Kondensationsturbine vorteilhaft sein kann, wenn die Heizdampfentnahme zeitweilig über die normale ansteigt; bei großer Belastung würden die Düsensätze nicht ausreichen. Dann übernimmt zweckmäßig die Kondensationsturbine die größere Leistung, und die Entnahmeturbine wird entlastet; es muß daher die Drehzahl sinken. Das Schema einer solchen Reglung zeigt Abb. 424, aus dem die Wirkungsweise klar ersichtlich ist.

Bei Leistungsänderung verstellt der Drehzahlregler R die beiden Steuerschieber S_1, S_2 (a und b sind Fixpunkte) und damit das Frischdampfventil V und Überströmventil $\ddot{U}$ im gleichen Sinne. Bei Änderung der Entnahmemenge verstellt der Druckregler DR die Büchse B des Steuerschiebers S_2, wodurch das Überströmventil verstellt wird; die Einreglung der Leistung erfolgt über den Drehzahlregler.

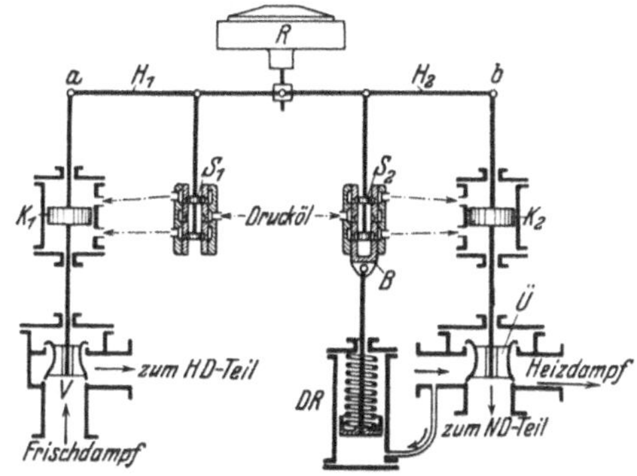

Abb. 424. Schema der Entnahmereglung von Maffei.

Die MAN führt die Entnahmereglung unabhängig von der Frischdampfreglung aus; Abb. 425 zeigt den Schnitt durch die Überströmreglung. Vom Druckregler D wird mittels Steuerschiebers das Drucköl zum Kolben K gesteuert, der das Hauptventil U betätigt, das den Zutritt zu den Leitkanälen E des ND-Teils beherrscht. Bei voller Öffnung des Ventils U werden durch den Kraftkolben K mittels Hebel und Kurvenschiene L (vgl. Abb. 327, S. 323) die

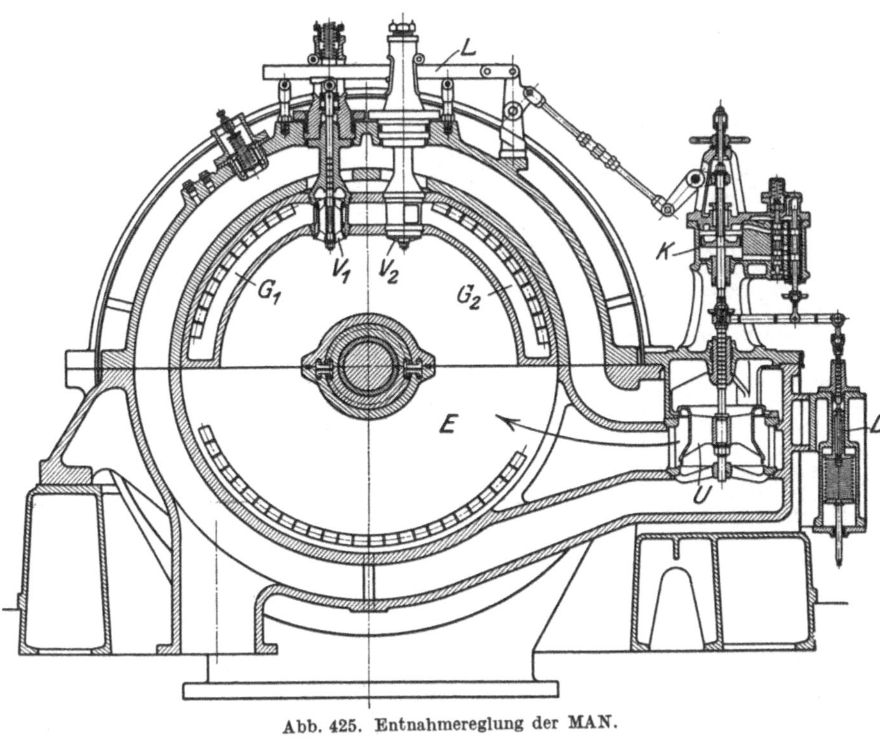

Abb. 425. Entnahmereglung der MAN.

Düsenventile V_1, V_2 nacheinander betätigt, die die Leitkanalgruppen G_1, G_2 beaufschlagen.

Die Entnahmereglung der Bergmann E.-W. veranschaulicht im

Schema Abb. 426 mit direkter Beeinflussung der Frischdampf- und der Entnahmereglung durch den Drehzahl- und den Membrandruckregler.

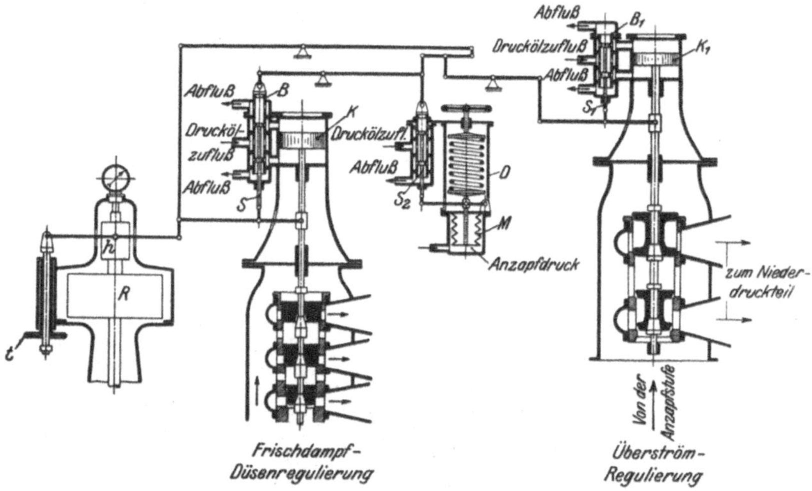

Abb. 426. Schema der Entnahmereglung der BEW.

Tritt z. B. eine Verringerung des Heizdampfbedarfs ein, so steigt der Druck unter dem Membrankolben M des Druckreglers D und verstellt mit Hilfe des Steuerschiebers S_2 und eines Ölrelais das Gestänge nach oben, Steuerschieber S_1 bewegt sich nach unten, Öl tritt unter den Kolben K_1, die Überströmventile werden mehr geöffnet; gleichzeitig wird aber die Steuerschieberbüchse B und dadurch der Kolben K nach unten bewegt, die Frischdampfzufuhr wird verringert. Tritt dagegen eine Entlastung und dadurch Drehzahlerhöhung ein, so steigt die Muffe h des Drehzahlreglers R und bewirkt durch Heben des Steuerschiebers S eine Abwärtsbewegung des Kolbens K und damit eine Verringerung der Dampfzufuhr zum HD-Teil; gleichzeitig wird durch das Gestänge der Steuerchieber S_1 nach oben verstellt, der Kolben K_1 wird nach unten gedrückt und schließt einen Teil der Überströmventile, ohne daß eine Änderung des Entnahmedruckes nötig wäre. Beide Regelfälle können auch gleichzeitig eintreten.

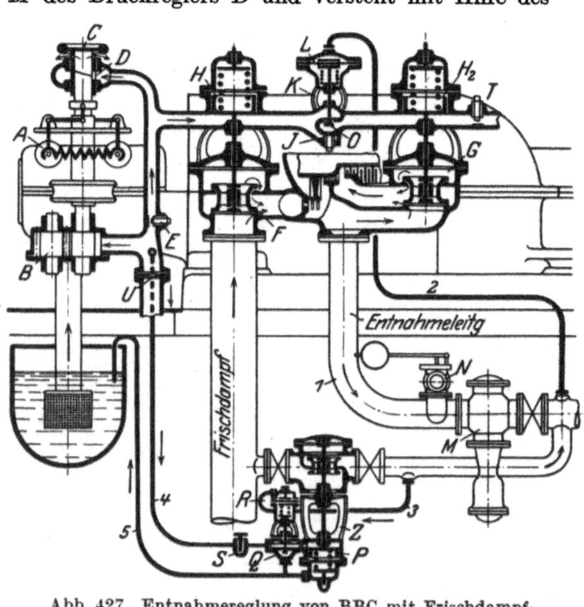

Abb. 427. Entnahmereglung von BBC mit Frischdampf-Zusatzventil.

Die Entnahmereglungen von BBC werden wie die normale Drehzahlreglung als Öldruckreglung durch Ändern des Öldruckes betätigt, der das Frischdampf- und das Überströmventil beeinflußt; das Schema der Reglung zeigt Abb. 427. Der Drehzahlregler bewirkt die Verstellung des Frischdampfventils *F* und des Überströmventils *G* im gleichen Sinne, während der Membrandruckregler *K* die Verstellung im entgegengesetzten Sinne vornimmt. Die Feder über dem Kolben des Frischdampfventils ist stärker gespannt als die des Überströmventils. *N* ist ein Sicherheitsventil, *M* ein Rückschlagventil in der Heizleitung; letzteres kann automatisch betätigt werden.

Das von der Ölpumpe *B* geförderte Öl gelangt teilweise durch eine Blende *U* in die Lagerölleitung, zum andern Teil in mittels Ölregelventil *E* einstellbarer

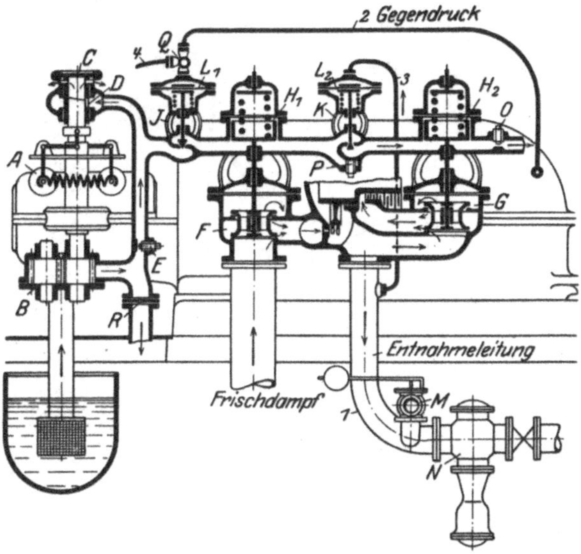

Abb. 428. Entnahme-Gegendruckreglung von BBC.

Menge in die Regelölleitung, unter die Kolben *H* und H_2 der Regelventile *F* und *G*. Der Drehzahlregler *A* verändert durch Verstellen der Weite des Abflußschlitzes *D* in der Regulierbüchse *C* den Druck des Öles unter beiden Kolben, wodurch sich beide im gleichen Sinne bewegen; der Druckregler verstellt unter Einfluß des Entnahmedruckes, der durch die Leitung *2* über der Membran *L* wirkt, das Ölventil *O* und läßt mehr oder weniger Öl unter den Kolben H_2 des Überströmventils *G* treten, wodurch sich der Druck entsprechend ändert, da der Abfluß durch Ölregelventil *T* eingestellt ist. Steigt z. B. der Entnahmedruck (verringerte Entnahme), so öffnet *O* mehr, der Druck unter H_2 muß steigen, da die Abflußöffnung bei *T* unverändert bleibt, und Ventil *G* wird mehr geöffnet. Gleichzeitig sinkt aber der Druck unter *H* infolge erhöhten Abflusses durch *O*, Frischdampfventil *F* schließt mehr, so daß die erhöhte Leistung des *ND*-Teils durch verminderte Leistung des *HD*-Teils ausgeglichen wird, ohne daß die Drehzahlreglung einzugreifen braucht.

Durch Öffnen des Umlaufventils *J* kann die Entnahmereglung ausgeschaltet werden, da dann unter H_2 derselbe Druck herrscht, wie unter *H* und *G* infolge der schwächeren Feder voll geöffnet wird.

Um bei zeitweiliger sehr geringer Belastung große Heizdampfmengen abgeben zu können, kann ein selbsttätiges Frischdampfzusatzventil *Z* angeordnet werden, welches bei sinkendem Heizdampfdruck automatisch gedrosselten Frischdampf in die Heizleitung führt.

Das Zusatzventil wird ebenfalls durch einen Druckregler *R* betätigt, über dessen Membran durch Leitung *3* der Heizdampf gelangt und der ein Ölventil *Q*

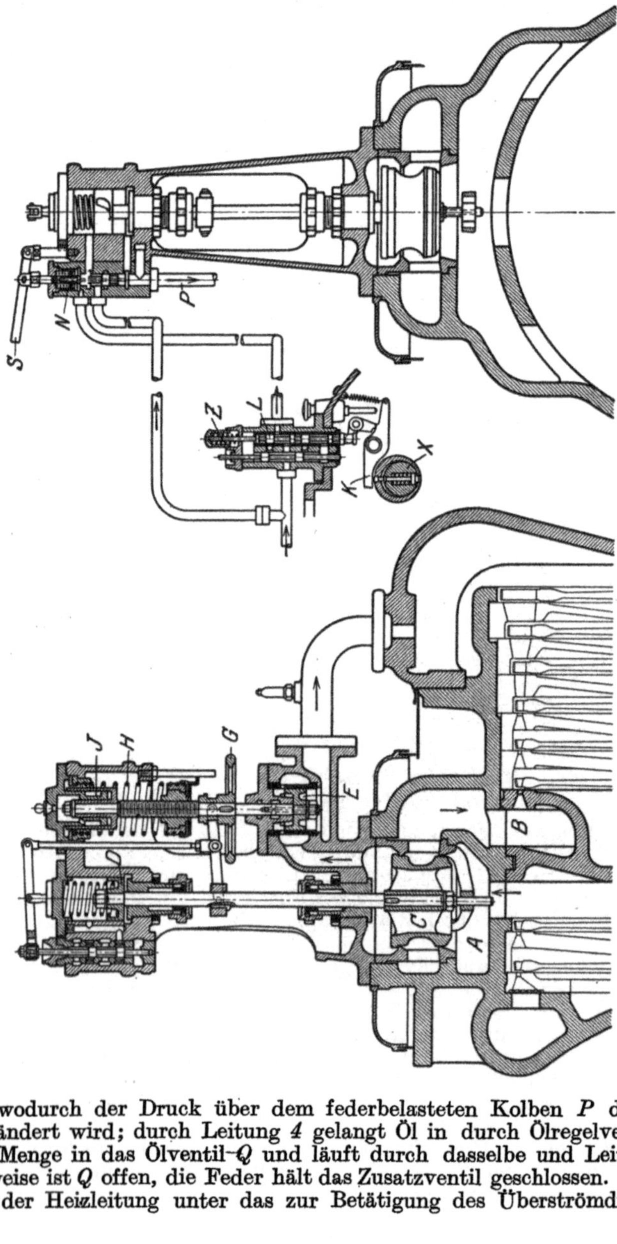

Abb. 429. Entnahmereglung von EWC.

verstellt, wodurch der Druck über dem federbelasteten Kolben *P* des Zusatzventils geändert wird; durch Leitung *4* gelangt Öl in durch Ölregelventil *S* eingestellter Menge in das Ölventil *Q* und läuft durch dasselbe und Leitung *5* ab; normalerweise ist *Q* offen, die Feder hält das Zusatzventil geschlossen. Sinkt der Druck in der Heizleitung unter das zur Betätigung des Überströmdruckreglers erforderliche Maß, so schließt die Feder des Druckreglers *R* das Ölventil *Q* und der Öldruck über *P* öffnet das Zusatzventil so weit, daß der Heizdruck erreicht wird.

Bei zwei Entnahmestellen wird für die zweite Entnahme eine weitere gleichartige Überströmreglung angeordnet. Etwas anders liegen die Verhältnisse bei einer Entnahme-Gegendruckturbine, d. h. wenn der Abdampf über Atmosphärendruck ebenfalls zu Heizzwecken verwendet werden soll mit einem tieferen Druck, der ebenfalls konstant gehalten werden muß. Dieses ist nur bei Parallelbetrieb mit einer Kondensationsturbine möglich, da die Abdampfmenge wie bei der Gegendruckturbine mit der Leistung im Zusammenhang steht. Das Schema einer solchen Reglung von BBC zeigt Abb. 428. Der Gegendruck beeinflußt durch den Druckregler *J* das Frischdampf- und das Überströmventil, wirkt also in derselben Weise wie der Drehzahlregler

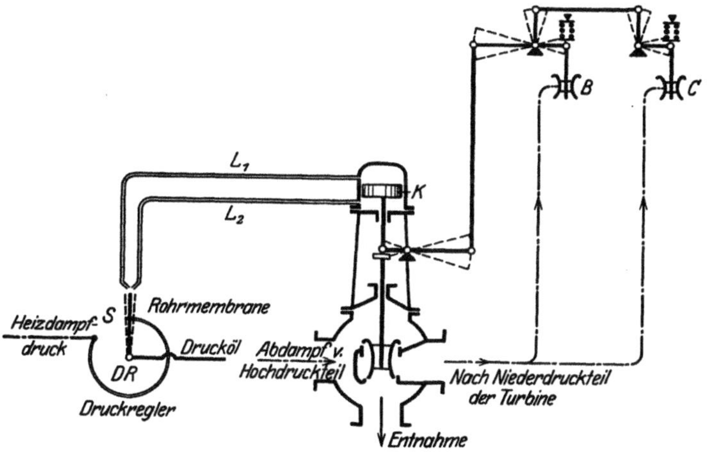

Abb. 430. Entnahmereglungsschema von Borsig.

(wie bei den Gegendruckturbinen), während der Entnahmedruckregler *K* in der oben beschriebenen Weise regelt.

Sinkt z. B. der Gegendruck (oder die Leistung) infolge größeren Abdampfbedarfs, so sinkt der Druck über der Membran L_1 des Abdampfdruckreglers *J*, die Feder öffnet das Ölregelventil mehr, so daß mehr Öl unter die Kolben H_1, H_2 gelangt, wodurch bei gleicher Abflußöffnung des Ventils *O* der Druck steigt und beide Ventile *F* und *G* mehr öffnet; dadurch steigt die Abdampfmenge bzw. die Leistung der Turbine, ohne die Entnahmemenge zu beeinflussen. *Q* ist ein Hahn zum Abstellen der Gegendruckreglung, *4* ist Entlüftung.

Die Entnahmereglung von EWC (Abb. 429)[1] betätigt nur das Überströmventil *C* ohne Zusammenhang zwischen Drehzahl- und Entnahmereglung.

Das Überströmventil *C* wird durch den Druckregler verstellt, über dessen Kolben *E* der Heizdampf gelangt (wobei der Undichtheitsdampf in den Abdampfstutzen entweicht) und der durch den Steuerschieber Drucköl zum Kolben *D*

[1] Aus Stodola: Die Dampf- und Gasturbinen.

des Überströmservomotors steuert. Sinkt z. B. der Entnahmedruck, so geht E nach oben, der Steuerschieber nach unten, Öl tritt über den Kolben D, Ventil C schließt mehr. Handrad G dient zur Druckeinstellung, J ist eine Dämpfungsbremse. Um Durchgehen der Turbine durch rückströmenden Dampf zu verhüten,

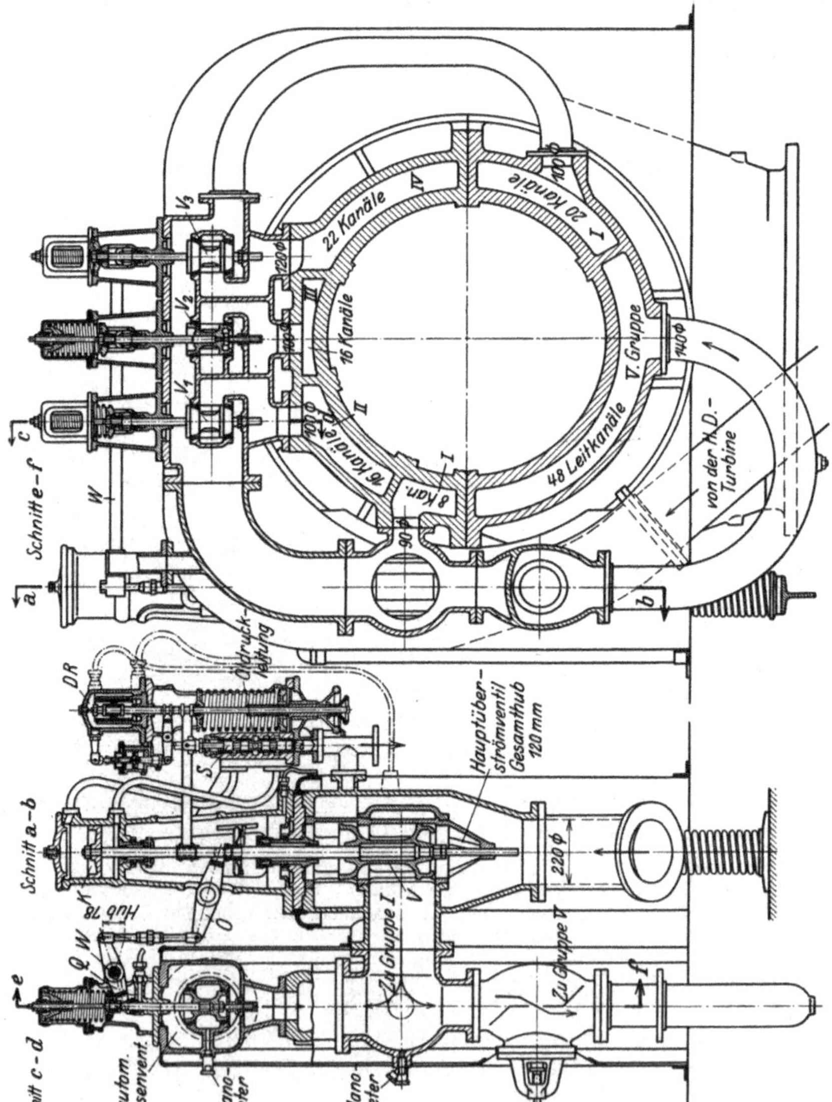

Abb. 431. Entnahmereglung von Krupp.

wird das Überströmventil durch den Sicherheitsregler geschlossen (s. Schnitt rechts), indem dieser beim Auslösen den Umschaltschieber L freigibt, der durch die Feder Z nach oben geschoben wird und Drucköl zum Vorsteuerkolben N führt, der angehoben wird und das Drucköl über den Kolben D treten läßt, während unter diesem das Öl durch P ablaufen kann. Handhebel S dient zum Abstellen von Hand.

Die Entnahmereglung von Borsig, deren Schema Abb. 430 zeigt, ist in gleicher Weise durchgeführt wie die Frischdampfreglung (vgl. Abb. 321, S. 319), nur daß statt des Drehzahlreglers ein Druckregler *DR* wirkt; dieser ist mit einer Rohrmembran ausgerüstet, in welcher der Heizdampfdruck wirkt und durch Aufbiegen oder Zusammendrücken der Membran ein Strahlrohr S verstellt, durch welches das Drucköl über oder unter den Servomotorkolben K geführt wird und das Hauptüberströmventil A betätigt. Von diesem aus werden durch Anschlag an der Spindel die Düsenventile B und C nacheinander geöffnet oder geschlossen.

Die Entnahmereglung von Krupp zeigt im Schnitt Abb. 431 für eine zweigehäusige Turbine; die Frischdampfreglung (vgl. Abb. 323, S. 320) ist unabhängig von der Überströmregelung, und nur bei Parallelbetrieb mit anderen Turbinen beeinflußt der Druckregler auch die Frischdampfreglung.

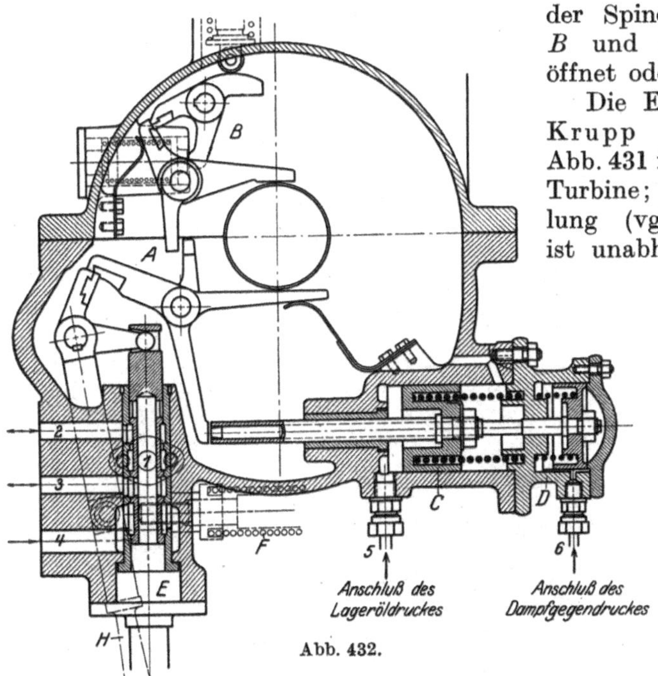

Abb. 432.

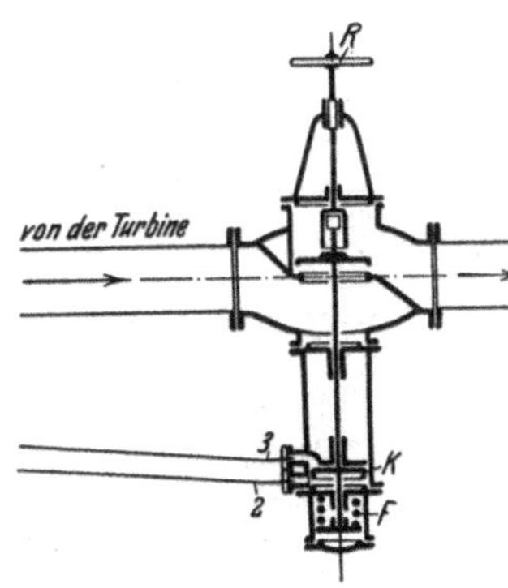

Abb. 433.

Abb. 432 und 433. Schnellschlußvorrichtung zur Entnahmeturbine und Rückschlagventil von Krupp.

Der Druckregler *DR* beeinflußt in bekannter Weise das Überströmventil V, das bei großer Entnahme allein bewegt wird und die Leitkanalgruppen I beaufschlagt. Bei weiterem Hub nimmt ein Anschlag den Hebel O mit, der die Welle W dreht, auf der die Hebel Q sitzen, die ihrerseits die Düsenventile V_1, V_2, V_3 nacheinander betätigen, welche die Leitkanalgruppen *II*, *III* und *IV* beaufschlagen. Bei Null Entnahme kann noch ein Handventil zu Gruppe V geöffnet werden, das bei Entnahme zur Verringerung der Drosselung geschlossen ist.

Um Durchgehen durch rückströmenden Heizdampf zu verhüten, wird das Rückschlagventil in der Heizleitung durch den Sicherheitsregler, der auch das Frischdampf-Absperrventil beherrscht, geschlossen. Außerdem tritt diese Sicherheitsvorrichtung auch bei zu geringem Lageröldruck und bei zu hohem Druck im Entnahmestutzen in Tätigkeit.

Diese Auslösevorrichtung zeigt Abb. 432 (Ölschnellschluß s. Abb. 324, S. 321), das Rückschlagventil Abb. 433.

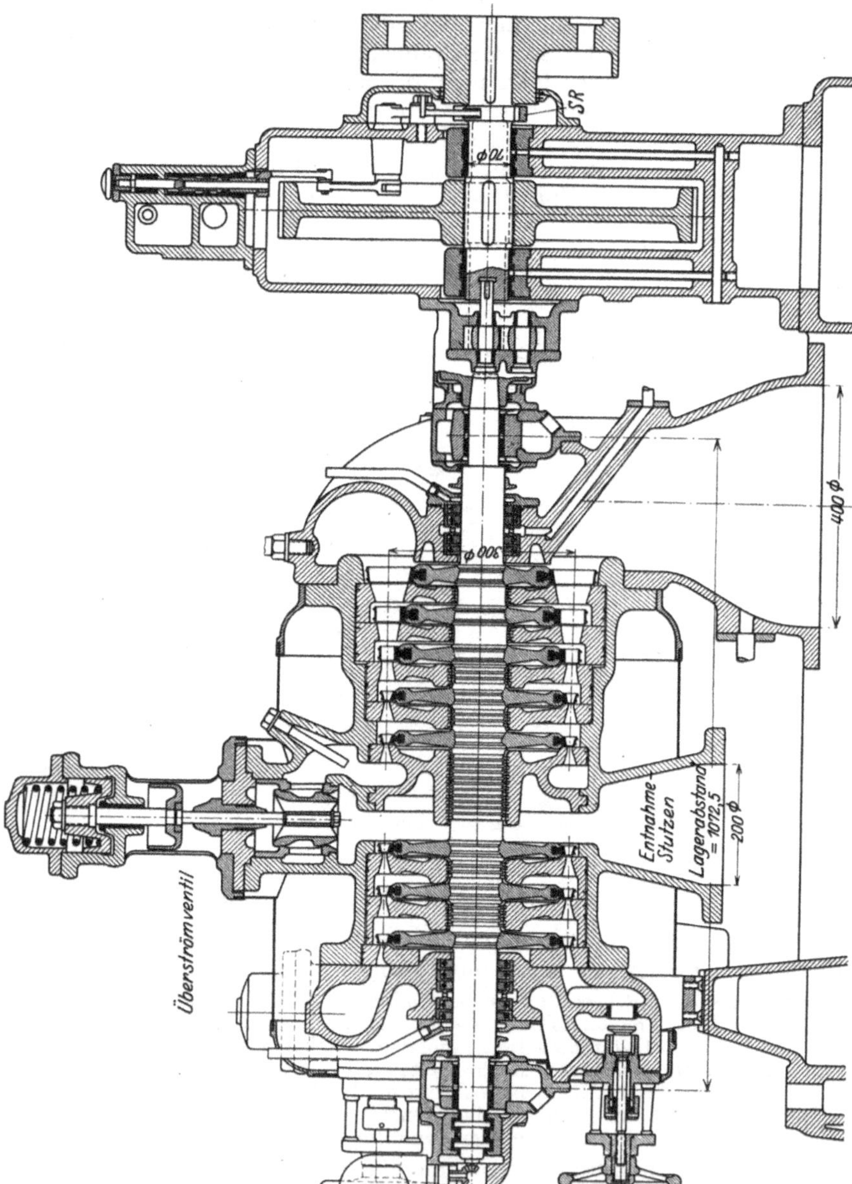

Abb. 434. Entnahme-Kleinturbine von EWC.

Der Sicherheitsregler löst die Klinke *A* aus, die Feder *F* dreht den Hebel *H*, der den Auslösering am federbelasteten Kolben des Absperrventils dreht und zugleich den Umschaltschieber *E* nach unten verstellt; das durch *1* eintretende,

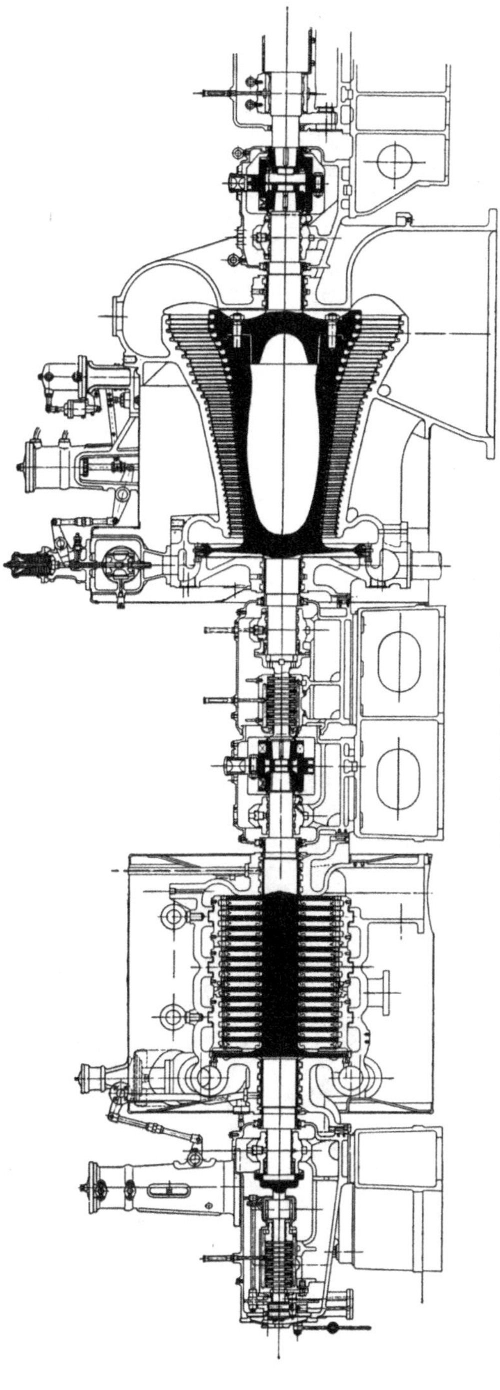

Abb. 435. Entnahmeturbine von Krupp.

durch *2* unter den Kolben des Rückschlagventils gelangende und dieses offenhaltende Drucköl kann dann ablaufen, während das Drucköl durch *3* (im Betriebe Ablauf des Undichtheitsöles) über den Kolben *K* gelangt und das Rückschlagventil schließt. Bei Aussetzen des Öldruckes wird das Ventil durch Federdruck geschlossen. Gleichzeitig läuft durch *4* das Drucköl vom Servomotor der Überströmreglung ab, so daß auch die Überströmventile schließen. Durch Handrad *R* kann das Rückschlagventil von Hand geschlossen (aber nicht geöffnet) werden. Leitung *5* ist an die Lagerölleitung angeschlossen; sinkt der Schmieröldruck unter ein zulässiges Maß, so drückt die Feder über dem Kolben *C* mittels der hohlen Spindel auf den Winkelhebel und klinkt *A* aus. Es kann somit die Turbine nur bei genügendem Lageröldruck in Betrieb gesetzt werden. Durch Leitung *6* wirkt der Heizdampfdruck über dem Kolben *D* entgegen dem Federdruck; steigt der Druck unzulässig, so drückt er den Kolben *D* nach links und bewirkt mittels der inneren Spindel Auslösen der Klinke *A*.

D. Ausführungsarten von Entnahmeturbinen.

Abb. 434 zeigt eine Entnahmekleinturbine von EWC für 370 PS_e, $n = 9000$ mit Übersetzung auf 1000 Uml. i. d. Min., Reglung nach Abb. 429, Schnellschlußumschaltschieber auf dem Getriebegehäuse, Sicherheitsregler neben der Kupplung.

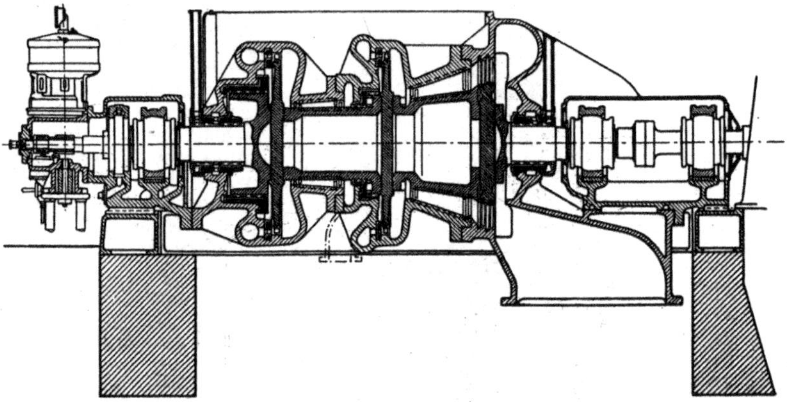

Abb. 436. Entnahmeturbine von SSW-Röder, 2000 kW.

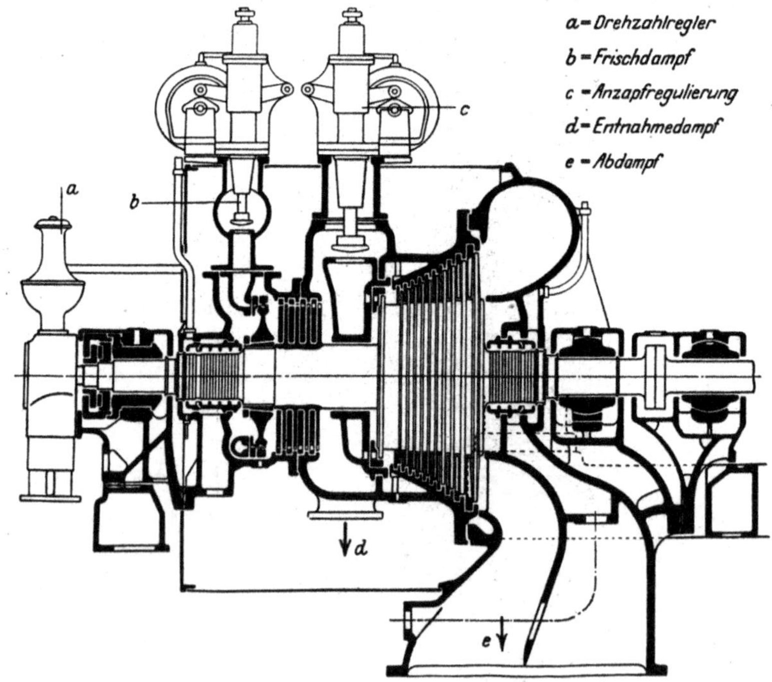

Abb. 437. Entnahmeturbine der AEG (10000 kW, $n = 3000$).

Eine Zweigehäuse-Entnahmeturbine 2000 kW von Krupp zeigt Abb. 435; zugehörige Reglung s. Abb. 431.

Abb. 436 zeigt eine Entnahmeturbine von SSW für 2000 kW, die Regelstufen mit Gleichdruck, die übrigen mit Überdruck arbeitend; Reglung s. Abb. 420. Die Entnahmeturbine der AEG zeigt Abb. 437 für 10000 kW und eine solche der WUMAG Abb. 438.

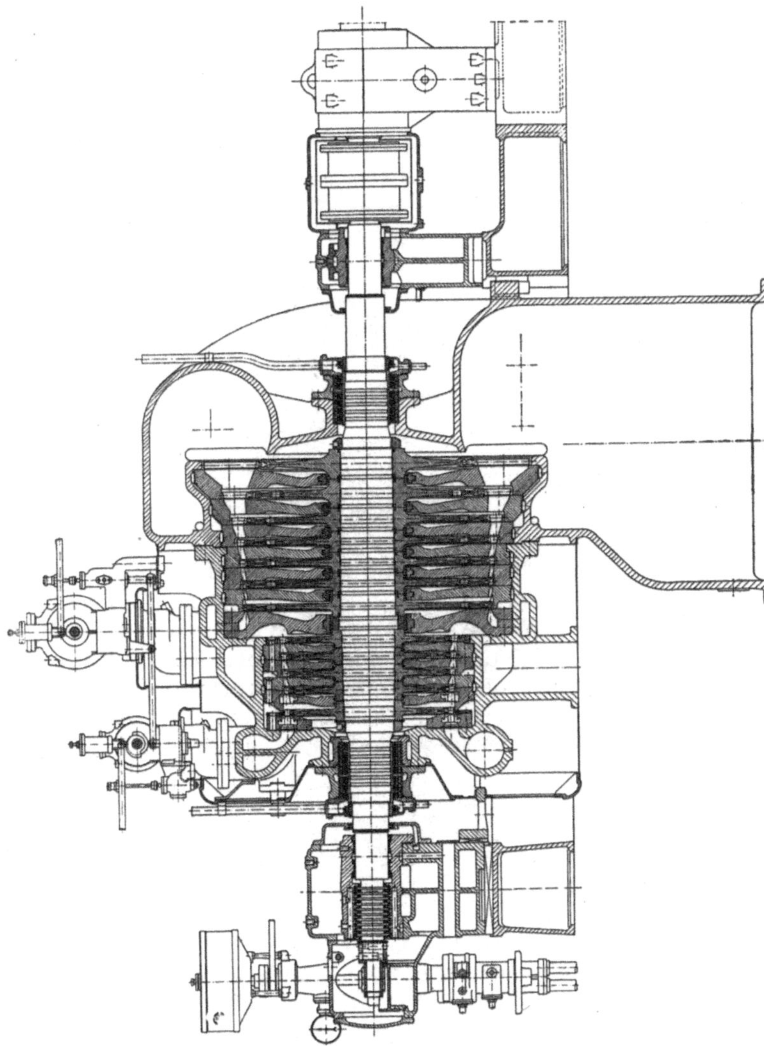

Abb. 438. Entnahmeturbine der WUMAG.

Eine Hochdruck-Entnahmeturbine von Maffei zeigt Abb. 439 nach der Ausführungsart von Humboldt mit ungeteiltem Gehäuse und Leitapparaten (vgl. Abb. 144, S. 184); der ND-Teil besteht aus nur einem Curtisrad.

III. Turbinen für Abdampfverwertung.

A. Reine Abdampfturbinen.

Wie S. 381 erwähnt, kann der Abdampf von Auspuffkolbenmaschinen in Dampfturbinen verwertet werden dank der Eigenschaft dieser, hohes Vakuum gut auszunutzen. Da die in Frage kommenden Kolben-

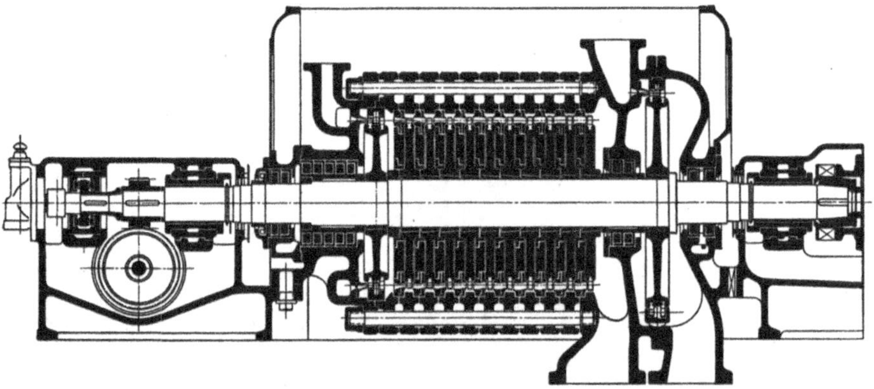

Abb. 439. Hochdruck-Entnahmeturbine von Maffei.

maschinen (Dampfhämmer, Förder- und Walzenzugmaschinen) meist mit großer Füllung arbeiten, nutzen sie den Dampf schlecht aus (Abb. 440); selbst wenn man sie mit Kondensation betreiben würde, wäre die Ausnutzung nur wenig besser, zumal das Vakuum nicht so hoch sein kann wie bei Dampfturbinen. Man sammelt deshalb den in wechselnder Menge anfallenden Abdampf nach dem Vorschlage von Rateau in Abdampf- oder Wärmespeichern und führt ihn von dort im gleichmäßigen Strom der Turbine zu, die ihn bis zum erreichbar tiefsten Druck ausnutzt. Den möglichen Gewinn zeigt die Fläche $fghi$ in Abb. 440; tritt der Dampf z. B. mit 1,1 ata trocken gesättigt mit $i'' = 640{,}1$ kcal/kg aus, so ist bei 95% Vakuum in der Turbine ein Gefälle von 106,6 kcal/kg verfügbar. Der effektive Wirkungsgrad η_e ist etwas höher als bei Frischdampfturbinen, da der Hochdruckteil der letzteren einen schlechteren Wirkungsgrad hat infolge der höheren Verluste bei hohem Druck. Diese günstige Ausnutzungsmöglichkeit hat auch dazu geführt, daß bei Schiffsantrieb der Dampf erst in Kolbenmaschinen und dann in Abdampfturbinen ausgenutzt wird (System Bauer-Wach[1]).

Abb. 440. Gewinn durch Abdampfturbine.

[1] s. Festschrift zum 70. Geburtstag von Prof. A. Stodola (Auszug s. „Die Wärme" 1929, Nr. 38, S. 737).

Baulich unterscheiden sich die Abdampfturbinen von den Frischdampfturbinen nur durch den fehlenden Hochdruckteil, im übrigen haben sie dieselbe Reglung und sind in gleicher Weise zu berechnen. Reine Abdampfturbinen werden aber nur angewendet, wenn stets genügend Abdampf verfügbar ist, was selten zutreffen wird.

B. Frischdampf-Abdampfturbinen (Zweidruck- oder Mischdruckturbinen).

1. Anordnung der Dampfführung.

Um nicht mit der Krafterzeugung von der schwankenden Abdampfmenge abhängig zu sein und auch bei vollständigem Ausbleiben des Abdampfes die Leistung zu erreichen, schaltet man der Abdampfturbine einen mit Frischdampf arbeitenden Hochdruckteil vor, so daß bei Ausbleiben des Abdampfes die ganze Leistung mit Frischdampf allein erreicht werden kann — reiner Frischdampfbetrieb —, bei genügend Abdampf aber der *HD*-Teil leer mitläuft — reiner Abdampfbetrieb —. Meist wird aber ein Zwischenzustand vorliegen, die Abdampfmenge reicht nicht aus, es muß eine entsprechende Menge Frischdampf zugeführt werden — Mischbetrieb —; hierbei können folgende Anordnungen gewählt werden.

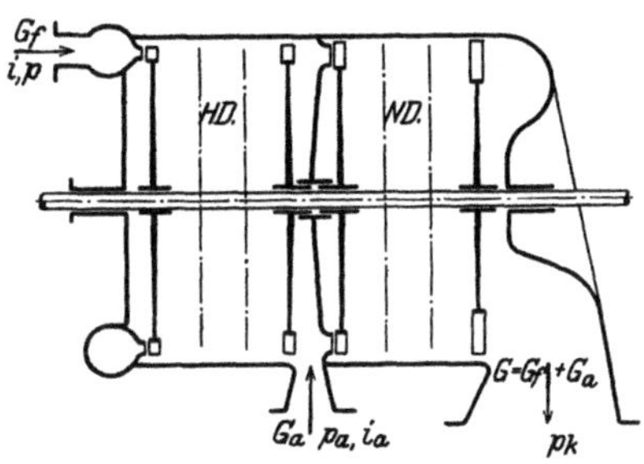

Abb. 441. Schema einer Zweidruckturbine.

a) Der Dampf aus dem *HD*-Teil mischt sich mit dem Abdampf vor dem *ND*-Teil;

b) die erste *ND*-Stufe wird getrennt vom Frischdampf und vom Abdampf beaufschlagt;

c) die erste *ND*-Stufe wird nur vom Abdampf beaufschlagt, während der Dampf aus dem *HD*-Teil die erste Stufe umgeht und vor der zweiten Stufe mit dem Abdampf zusammentrifft;

d) ganz getrennte Führung des Frisch- und des Abdampfes in sogenannten Doppelendturbinen.

In allen Fällen kann der *ND*-Teil mit Drossel- oder mit Mengenreglung ausgeführt werden.

a) Mischung des Dampfes aus dem *HD*-Teil mit dem Abdampf vor dem *ND*-Teil.

1. Hochdruckteil mit Mengenreglung. Es herrscht hierbei stets derselbe Anfangszustand vor dem *HD*-Teil; das Schema zeigt Abb. 441.

Der Hochdruckteil ist für die größte Leistung und reinen Frischdampfbetrieb mit der größten Frischdampfmenge $G_{f\max}$ zu berechnen, der Niederdruckteil für die größte Leistung mit der größten Abdampfmenge $G_{a\max}$ kg/h und, wenn diese nicht ausreicht, noch für eine zusätzliche Frischdampfmenge G_{fm} kg/h zu berechnen.

Die Leistung ist bei reinem Frischdampfbetrieb

$$632\, N_i = G_{f\max} \cdot H_f \tag{a}$$

und allgemein bei Mischbetrieb

$$632\, N_i = G_f H_{fm} + G_a H_a, \tag{b}$$

wenn H_f bzw. H_{fm} das ausgenutzte Gefälle des Frischdampfes und H_a dasjenige des Abdampfes. Für reinen Abdampfbetrieb würde $G_a = G_{a\max}$ und, wenn derselbe für die maximale Leistung ausreicht, $G_f = 0$ werden.

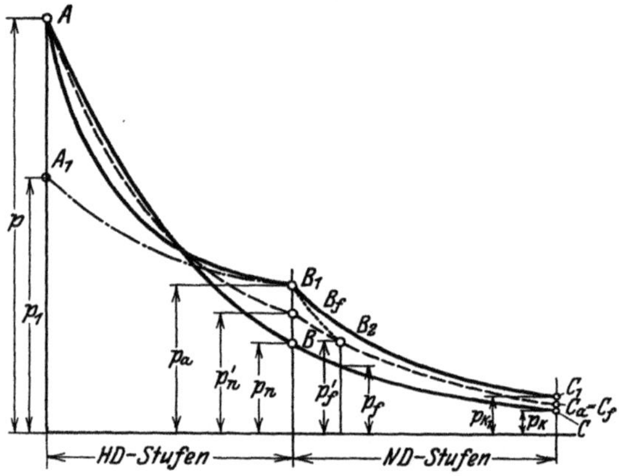

Abb. 442. Druckverlauf.

Um die Gefälle festzustellen, muß man sich den Zustandsverlauf vergegenwärtigen.

Trägt man den Druckverlauf über der Stufenzahl auf (Abb. 442), so ist A stets der Anfangspunkt und der Verlauf bei reinem Frischdampfbetrieb etwa nach ABC, vor dem ND-Teil mit dem noch unbekannten Druck p_n in B (der wegen der kleineren Dampfmenge im ND-Teil gegenüber Abdampfbetrieb kleiner sein wird als der Abdampfdruck p_a) und dem Kondensatordruck p_k. Im is-Diagramm (Abb. 443) ist ABC der entsprechende Zustandsverlauf und H_f das ausgenutzte Gefälle.

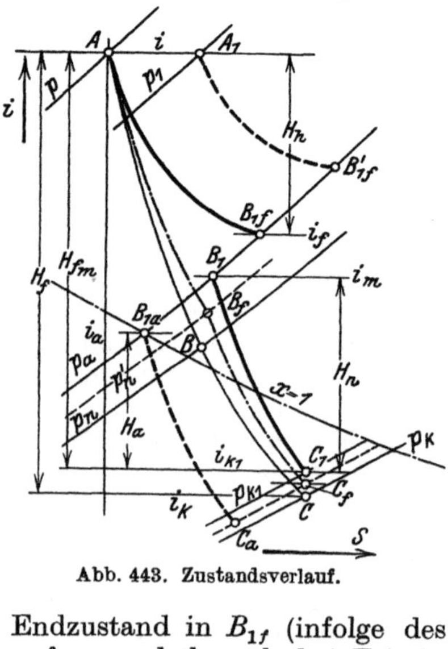

Abb. 443. Zustandsverlauf.

Bei Mischbetrieb mit der maximalen Abdampfmenge $G_{a\max}$ und der zusätzlichen Frischdampfmenge G_{fm} wird der Verlauf in Abb. 442 AB_1C_1 sein mit Ausnutzung des Abdampfdruckes p_a und auf den Kondensatordruck p_{k1} in C_1 führen, der wegen der größeren Dampfmenge etwas höher liegen wird als p_k bei Frischdampfbetrieb. Im is-Diagramm (Abb. 443) ist AB_{1f} der Verlauf im Hochdruckteil mit dem Endzustand in B_{1f} (infolge des schlechteren η_e wegen geringerer Dampfmenge höher als bei Frischdampfbetrieb). Ist B_{1a} der gegebene Anfangszustand des Abdampfes, so gilt für die Mischung die Wärmegleichung, mit den Bezeichnungen der Abb. 443

$$G_{fm} \cdot i_f + G_{a\max} \cdot i_a = (G_{fm} + G_{a\max}) \cdot i_m, \tag{c}$$

woraus i_m und der Zustand B_1 vor dem ND-Teil zu ermitteln ist[1]. Der Verlauf im ND-Teil ist dann B_1C_1.

Mit den angeführten Gefällen und Dampfmengen im HD- und ND-Teil ist die Leistung

$$632\,N_i = G_{fm} \cdot H_h + (G_{fm} + G_{a\max})\,H_n \tag{d}$$

oder nach Gl. (b)

$$632\,N_i = G_{fm} \cdot H_{fm} + G_{a\max} \cdot H_a. \tag{e}$$

Hierin ist $G_{a\max}$ gegeben, und auch H_a kann nach Schätzung von η_i (wegen des leerlaufenden HD-Teils schlechter als bei reinen Abdampfturbinen) ziemlich genau bestimmt werden. Um G_{fm} zu ermitteln, muß der Verlauf probeweise angenommen oder η_i geschätzt werden, was auf Grund von Erfahrungen gut möglich ist.

Wären die Wirkungsgrade und die Gefälle unabhängig von der Dampfmenge ($H_{fm} = H_f$), so wäre, da die Leistung sowohl durch reinen Frischdampf-, wie auch durch Abdampf- oder Mischbetrieb erreicht werden kann,

$$632\,N_i = G_{f\max} \cdot H_f = G_{a\max} H_a = G_f H_{fm} + G_a H_a.$$

Durch Division der Glieder der rechten Seite je durch die linke Seite bzw. Mitte der Gleichung folgt als Gesetz der Abhängigkeit der Dampfmengen

$$\frac{G_f}{G_{f\max}} + \frac{G_a}{G_{a\max}} = 1,$$

also die Gleichung einer Geraden, wie bei den Entnahmeturbinen, wenn man die Abdampfmengen als Abszissen, die Frischdampfmengen als Ordinaten aufträgt (Abb. 444). Es ist die Gesamtdampfmenge stets die Summe der Koordinaten $G = G_f + G_a$ für eine bestimmte Leistung; für andere Leistungen erhält man andre Gerade. Bei Veränderlichem η_i gilt die Geradlinigkeit nicht mehr genau, jedoch kann sie zur Orientierung angenommen werden.

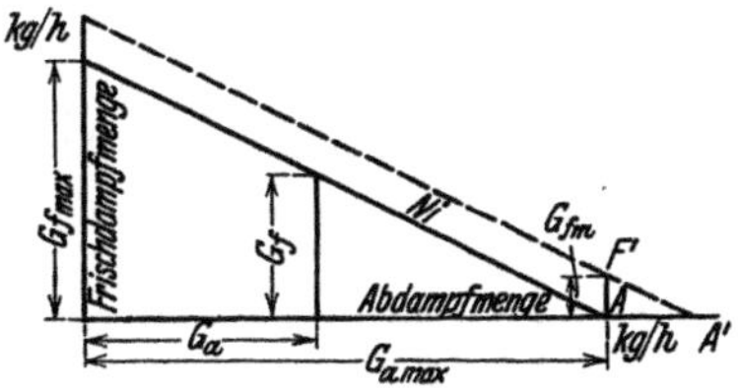

Abb. 444. Dampfmengen.

Diese Beziehung kann auch dazu dienen, bei Vollast und nicht ausreichendem Abdampf die noch erforderliche Firschdampfmenge G_{fm} zu ermitteln. Dazu bestimmt man diejenige Abdampfmenge, welche die volle Leistung ergeben würde (A', Abb. 443), und ferner die Dampfmenge $G_{f\max}$ bei reinem Frischdampfbetrieb und Vollast (in der Abbildung ist für diesen Fall $G_{f\max}$ größer angenommen, gestrichelte Linie), wofür der η_i in engen Grenzen geschätzt werden kann (etwas

[1] Reicht der Abdampf allein aus, so ist $G_{fm} = 0$, und der Verlauf ist einfach von B_{1a} wie bei einer reinen Abdampfturbine nach C_a.

niedriger als bei Kondensationsturbinen wegen ungünstiger Gefällsverteilung im *ND*-Teil); nun hat man die Gerade $A'F'$ (Abb. 444) und für $G_{a\max}$ als Ordinate die gesuchte Dampfmenge G_{fm}.

Für die Gesamtdampfmenge $G_{a\max} + G_{fm}$ sind die Querschnitte des Niederdruckteils zu bemessen, s. unten.

Zunächst ist der *HD*-Teil zu berechnen, wozu der Druck p_n ermittelt werden muß; für diesen gilt nach Satz 1 S. 280

$$\frac{p_n}{p_a} = \frac{G_{f\max}}{G_{fm} + G_{a\max}}. \tag{f}$$

Mit dem hieraus bestimmten p_n kann aus dem *is*-Diagramm das adiabatische Gefälle des *HD*-Teils entnommen und derselbe durchgerechnet werden. Nun muß der Zustandsverlauf im *HD*-Teil für G_{fm} kg/h (bei maximaler Abdampfmenge) bis auf den Druck p_a ermittelt werden, wodurch man den Zustand B_{1f} findet. Daraus kann nach Gl. (c) der Zustand B_1 gefunden werden, und mit diesem als Anfangszustand ist der *ND*-Teil für die Dampfmenge $G_{fm} + G_{a\max}$ durchzurechnen und die Querschnitte zu bestimmen. Dabei muß Gl. (d) oder (e) erfüllt sein. Nunmehr kann auch der Verlauf BC im *ND*-Teil bei reinem Frischdampfbetrieb ermittelt werden, wobei Gl. (a) erfüllt sein muß.

2. Drosselreglung des Frischdampfes. Bei reinem Frischdampfbetrieb ändert sich der Verlauf gegenüber Mengenreglung bei maximaler Leistung nicht; bei Mischbetrieb sind die Vorgänge dieselben, wie bei der Drosselreglung (S. 279) erwähnt. Der gedrosselte Druck p_1 (Abb. 442 und 443) hängt von der Frischdampfmenge ab; nach Satz 1 S. 280 ist $p_1 : G_{f1} = p : G_{f\max}$ oder genauer nach dem Kegel der Dampfgewichte (S. 280). Da G_{f1} zunächst nicht bekannt ist, muß graphisch interpoliert werden, indem für einige Drücke p_1 (auf $i = \text{const}$) das Gefälle von p_1 auf p_a, der Zustand B_{1f} und aus Gl. (c) i'_m und aus Gl. (d) G_{f1} ermittelt wird; trägt man p_1/G_{f1} über p_1 auf, so kann im Schnitt der gefundenen Kurve mit der Ordinate $p/G_{f\max}$ den zugehörigen Druck p_1 finden.

b) Bei getrennter Beaufschlagung der I. *ND*-Stufe für Abdampf und Dampf aus dem *HD*-Teil wird wohl stets Mengenreglung des Abdampfes ausgeführt, wodurch der Druck $= p_a$ bleibt. Die beiden Dampfmengen werden sich auch nach der II. Stufe wenig mischen, jedoch müssen die Drücke gleich sein, während sie vor der I. Stufe verschieden sein können, z. B. p_a in B_{1a} des Abdampfes und p_n in B_f (Abb. 442 und 443). Vor der II. *ND*-Stufe muß genügend Raum sein, damit bei reinem Frischdampf- oder Abdampfbetrieb der Dampf sich über die ganze Stufe verteilen kann. Der Verlauf für Frischdampf ist AB_fC_f und für Abdampf $B_{1a}C_a$. Daraus erhält man die Gefälle für Gl. (e); in Gl. (f) sind für p_n und p_a die Drücke p_f und p'_f (Abb. 442) zu setzen.

c) Bei Beaufschlagung der I. *ND*-Stufe nur durch Abdampf und Mischung vor der II. Stufe mit dem Druck p_m gilt hinter der I. Stufe dasselbe wie unter a) vor derselben; der Frischdampf expandiert im *HD*-Teil bis auf p_m, der Abdampf in der I. *ND*-Stufe von p_a auf p_m.

d) Vollständige Trennung von Frischdampf und Abdampf in Zweiflußanordnung (Abb. 445) gibt eine gute Lösung bei großen Dampfmengen, bei denen an sich geteilter ND-Teil in Frage käme. Da überhaupt keine Mischung eintritt, so ist die Berechnung wie für eine reine Abdampf- und eine reine Kondensationsturbine durchzuführen; es lassen sich die Dampfmengen G_f und G_a leicht ermitteln, da die Wirkungsgrade nur wenig kleiner sind als bei Abdampf- bzw. Kondensationsturbinen, denn bei reinem Frischdampfbetrieb läuft der Abdampfteil und bei reinem Abdampfbetrieb der Frischdampfteil im Vakuum leer mit (geringe Verluste durch Radreibung). Hierdurch entsteht wesentlich weniger Reibungswärme, wobei auch noch Kühlung durch den Undichtigkeitsdampf eintritt, während bei den anderen Ausführungen die Temperaturen im HD-Teil gefährlich hoch werden können.

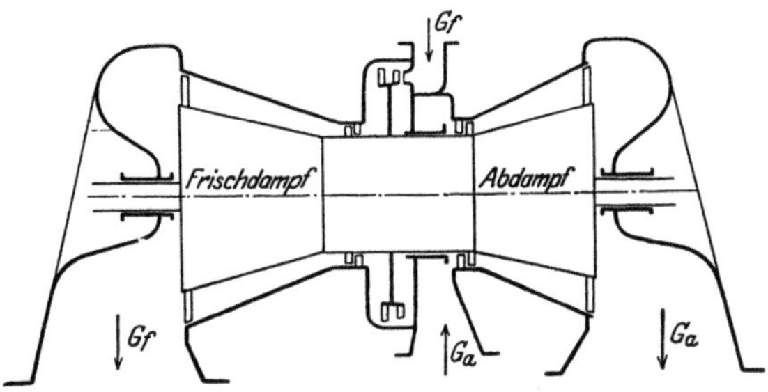

Abb. 445. Frischdampf-Abdampfturbine in Zweiflußanordnung.

2. Dampfverbrauch.

Der Dampfverbrauch für verschiedene Leistungen und Abdampfmengen läßt sich auf Grund des Gesetzes nach Abb. 444 wie folgt an-

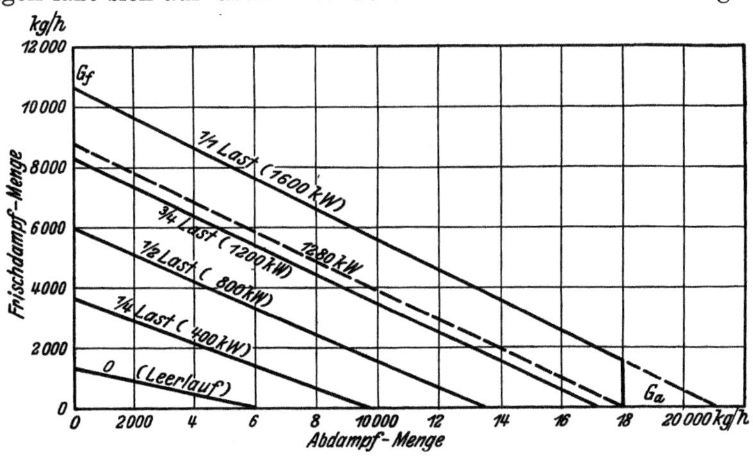

Abb. 446. Dampfverbrauch einer Zweidruckturbine.

geben. Nach Gl. (d) ist für eine Leistung N_i allgemein (Abb. 443)

$$G_f H_h + (G_f + G_a)\, H_n = 632\, N_i$$

oder

$$G_f\,(H_h + H_n) + G_a H_n = 632\, N_i\,. \tag{g}$$

Hieraus ist die Frischdampfmenge bei gegebener Leistung als Abhängige der Abdampfmenge

$$G_f = \frac{632\, N_i}{H_h + H_n} - G_a \frac{H_n}{H_h + H_n}, \tag{h}$$

wobei $N_i = N_e + N_l = N_e : \eta_m$ ist.

Hiermit kann für verschiedene Belastungen, für die eine bestimmte Abdampfmenge nötig oder verfügbar ist, die erforderliche Frischdampfmenge G_f ermittelt werden. Nach Abb. 444 läßt sich der Dampfverbrauch wie in Abb. 446 angegeben darstellen, wenn man über den G_a-Werten die G_f für verschiedene Belastungen aufträgt. Daraus lassen sich dann die Frischdampfmengen und die Gesamtdampfmengen bei verschiedenen

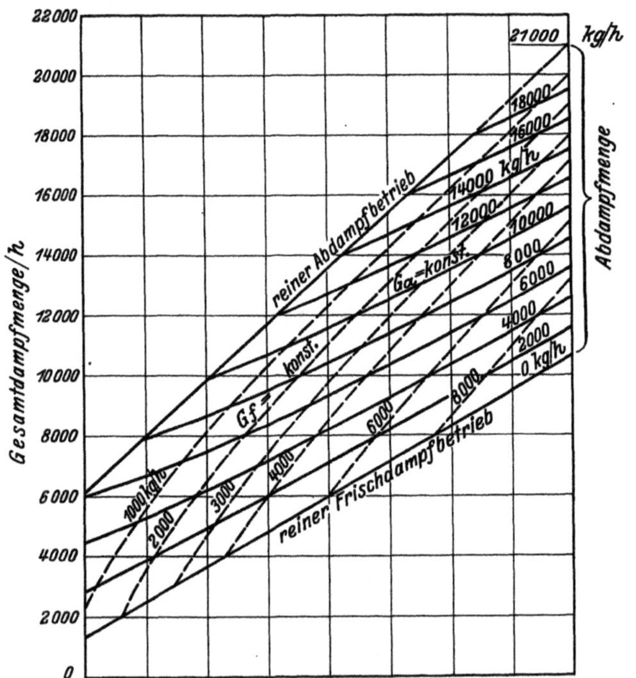

Abb. 447. Dampfverbrauch einer Zweidruckturbine.

verfügbaren Abdampfmengen entnehmen. Die Abbildung ist für eine Turbine von 1600 kW mit maximal 18000 kg/h Abdampf (womit sich bei reinem Abdampfbetrieb 1280 kW erreichen lassen) ermittelt; aus dieser Darstellung läßt sich noch der Dampfverbrauch in Abhängigkeit von der Leistung angeben, und zwar der Abdampf- und der Gesamtdampfverbrauch (Abb. 447), indem für verschiedene Leistungen G_a und $G_a + G_f$ aus Abb. 446 aufgetragen wird; ferner können für gleiche Werte von G_a die Kurven eingetragen werden und endlich auch die Kurven gleicher Menge G_f. Diese Darstellungen dienen auch zur Berechnung der Reglungen.

C. Reglung der Frischdampf-Abdampfturbinen.

1. Die Anforderungen.

Die Anforderungen an die Reglung sind ähnlich denen bei den Entnahmeturbinen; die Frischdampf- und die Abdampfzufuhr zur Turbine muß der im Speicher vorhandenen Abdampfmenge angepaßt werden. Dabei muß

1. bei zunehmender Belastung der Abdampf ausgenutzt, und erst wenn dieser nicht ausreicht, Frischdampf zugeführt werden; bei sinkender Belastung muß zuerst die Frischdampfzufuhr, und erst wenn diese ganz geschlossen ist, die Abdampfzufuhr verringert werden. Bei Belastungsänderungen werden demnach vom Drehzahlregler beide Ventile im gleichen Sinne betätigt, jedoch nacheinander.

2. Bei unveränderter Belastung muß bei zunehmender Abdampfmenge der Druckregler das Abdampfventil mehr öffnen, das Frischdampfventil mehr schließen; bei abnehmender Abdampfmenge umgekehrt. Die Ventile sind also im entgegengesetzten Sinne zu betätigen. Endlich soll beim Übergang vom Frischdampf- oder Abdampfbetrieb auf Mischbetrieb die Drehzahl möglichst wenig geändert werden. Der Druckregler muß auch das Leersaugen des Speichers verhindern.

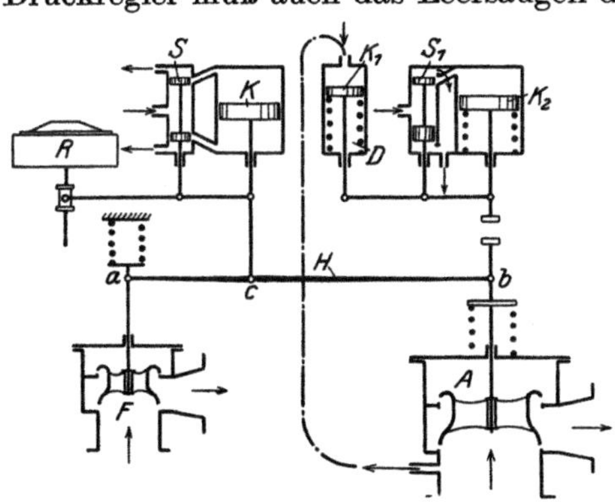

Abb. 448. Prinzip der Frischdampf-Abdampfreglung.

Diese Anforderungen können erfüllt werden durch ein Kraftgetriebe, bei dem der Kraftkolben durch einen Waagebalken beide Ventile betätigt, jedoch so, daß das Frischdampfventil durch eine Feder bei Schließbewegung früher geschlossen wird als das durch eine Feder entlastete Abdampfventil, bei einer Öffnungsbewegung aber anfangs zugehalten wird und erst wenn das letztere der vorhandenen Abdampfmenge entsprechend geöffnet hat, anfängt zu öffnen. Da das Abdampfventil der vorhandenen Dampfmenge entsprechend öffnen muß, so muß dieses vom Druckregler oder bei Glockenspeichern in Abgängigkeit von der Glockenstellung eingestellt werden, wobei bei sinkendem Druck oder tiefster Glockenlage das Abdampfventil ganz geschlossen und zugleich das Frischdampfventil geöffnet wird. Auch hierzu ist ein Kraftgetriebe erforderlich. Der Grundgedanke mit Druckregler ist in dem Schema Abb. 448 durchgeführt.

Der Servomotorkolben *K* wird in bekannter Weise vom Drehzahlregler mittels des Steuerschiebers *S* verstellt und wirkt auf den Hebel *H* (Waagebalken), der an den Spindeln des Frischdampfventils *F* und des Abdampfventils *A* angreift; das Frischdampfventil ist durch eine Feder belastet, das Abdampfventil in gleicher Weise entlastet. Dadurch wird bei genügendem Abdampfdruck und zunehmender Belastung a Festpunkt für H, und das Abdampfventil A wird durch den Kraftkolben K gehoben, bis sich Punkt b gegen den Anschlag legt und bei weiterem Hub von K nun auch das Frischdampfventil gegen den Federdruck gehoben wird. Die Stellung des Anschlages wird durch den Druckregler D beeinflußt, über dessen federbelasteten Kolben K_1 der Abdampfdruck wirkt; sinkt dieser, so verstellt die Feder unter dem Kolben K_1 den Steuerschieber S_1 nach oben, Drucköl gelangt über K_2 und verstellt den Anschlag nach unten (dadurch Rückführung), bzw. drückt Ventil A ganz zu; gleichzeitig wird das Frischdampfventil geöffnet, da c Festpunkt ist, und die Leistung wird eingehalten, ohne daß der Drehzahlregler einzugreifen braucht. Der Anschlag verhindert zu starkes Öffnen des Abdampfventils, nicht aber das Schließen durch den Drehzahlregler. Durch den Anschlag wird b Drehpunkt für H bei Aufwärtsbewegung, und es wird das Frischdampfventil geöffnet. Bei fehlendem Abdampf hat K_2 das Ventil A ganz geschlossen, es wird nur F betätigt — reiner Frischdampfbetrieb —; bei ausreichendem Abdampf ist hingegen F geschlossen, es wird nur A betätigt — reiner Abdampfbetrieb —. Damit sind die Forderungen erfüllt.

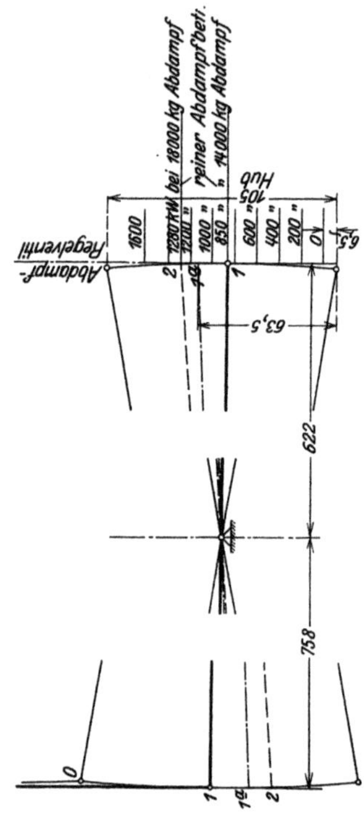

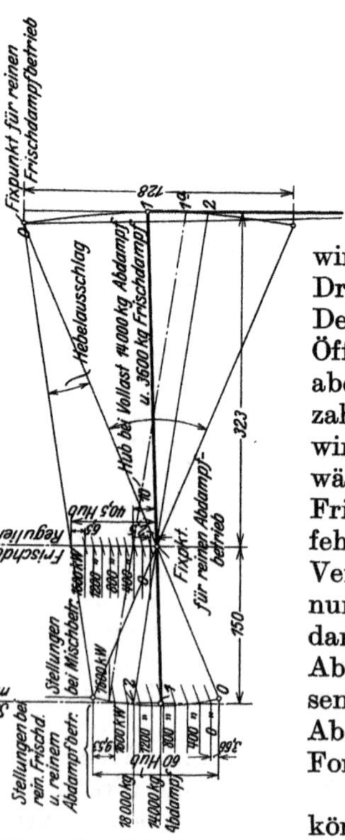

Abb. 449. Anordnung einer Zweidruckreglung.

Nach diesem Grundgedanken können die Reglungen in mannigfaltigster Weise durchgebildet werden, wobei Abarten möglich sind und auch hydraulische Steuerung angewendet wird.

Vor dem Abdampfregelventil muß ein Absperrventil angeordnet sein, das unter Einfluß des Sicherheitsreglers steht, um Durchgehen durch Abdampf zu verhüten.

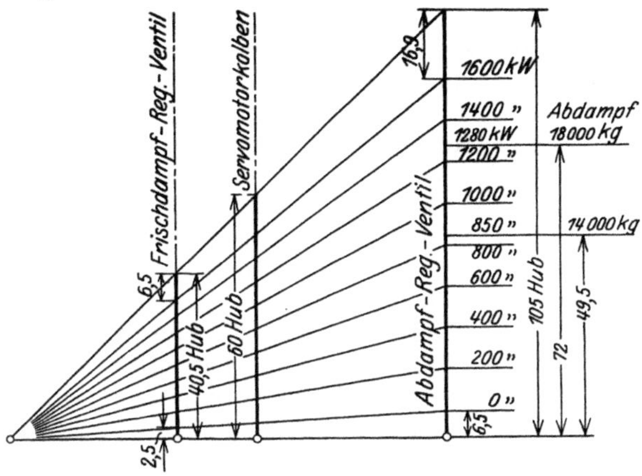

Abb. 450. Ventilhubdiagramm.

Die Hübe der Regelventile müssen natürlich bei verschiedenen Belastungen und Abdampfmengen in einem bestimmten Zusammenhang stehen, entsprechend den erforderlichen Ventilquerschnitten, um bei Frischdampf- und bei Abdampfbetrieb die gleiche Servomotorstellung, also gleiche Drehzahl bei derselben Belastung zu erhalten. Bei Mischbetrieb wird eine kleine Drehzahländerung eintreten müssen.

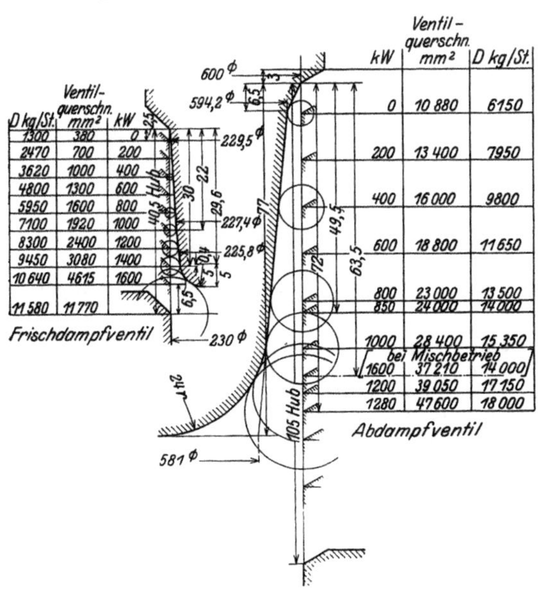

Abb. 451. Drosselkegel.

Zuerst müssen die konstruktiven Verhältnisse (Abstände der Ventile und ähnliches) und die größten Ventilhübe festgelegt werden, wie z. B. in Abb. 449[1], woraus sich der Servomotorhub und die Ventilstellungen für Frischdampf- und für Abdampfbetrieb ergeben. In einem vereinfachten Ventilhubdiagramm (Abb. 450) kann nach Annahme des Hubes für Leer-

[1] Berechnet für 1600 kW bei max. 18000 kg/h Abdampf (vgl. Abb. 446 u. 447).

lauf und eines Überhubes der Hub in gleiche Intervalle für 0 bis Vollast eingeteilt werden, woraus sich die Zusammenhänge zwischen Ventilhüben und Servomotorhub ergeben, die in Abb. 449 eingetragen werden. Mit den Dampfmengen nach Abb. 446 oder 447 können nun die Ventilquerschnitte, wie bei der Drosselreglung (S. 280, Abb. 272) erwähnt, berechnet und die Form der Drosselkegel ermittelt werden (Abb. 451).

Bei reinem Abdampfbetrieb wird der Drehzahlregler den Abdampf etwas drosseln, bei Mischbetrieb aber das Abdampfventil so weit geöffnet sein, wie es der Druckregler zuläßt, so daß bei gleichen Leistungen die Querschnitte und die Hübe des Abdampfventils bei Mischbetrieb etwas größer sein werden als bei Abdampfbetrieb. Z. B. ist bei 14000 kg/h bei reinem Abdampfbetrieb (850 kW) der Ventilhub 49,5 mm, bei derselben Abdampfmenge bei Mischbetrieb 63,5 mm (Vollast mit 3600 kg/h Frischdampf, wobei der Hub des Frischdampfventils 10 mm beträgt, aus der Darstellung nach Abb. 272 für die Dampfmenge). Einen besseren

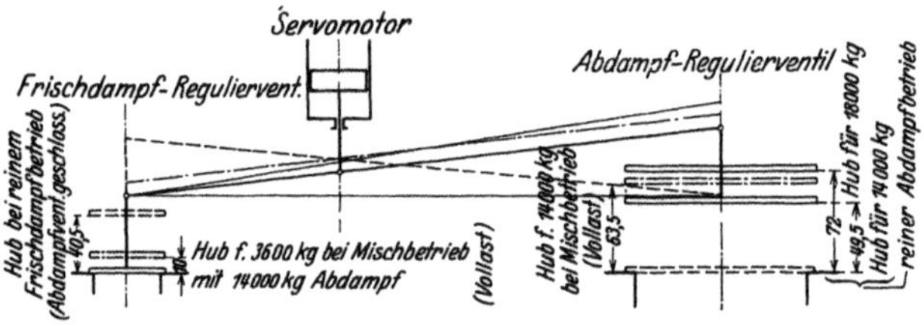

Abb. 452. Vereinfachtes Steuerschema.

Überblick gibt das vereinfachte Steuerungsschema nach Abb. 452.

Bei Düsenreglung sind die Ventilberechnungen für die Dampfmengen sinngemäß ähnlich S. 288 durchzuführen.

2. Ausführungen von Zweidruckreglungen.

Die Zweidruckreglung der MAN wird nach Rateau ausgeführt (Abb. 453)[1].

Bei gleichbleibender Abdampfmenge verstellt der Drehzahlregler bei Belastungsänderung den Kraftkolben K_1 und durch Hebel H, Stangen ED, CD und Winkelhebel EFG, ABC das Frischdampfventil V_f und das Abdampfventil V_a im gleichen Sinne: bei zunehmender Belastung, also Steigen von K_1, wird H gesenkt und, da die Feder L entlastet wird, erst V_a gehoben bis zur Hubbegrenzung durch den Kolben K_2 und dann erst das Ventil V_f öffnen. Bei gleichbleibender Belastung ist H Festpunkt, der Druckregler M verstellt durch den Kraftkolben K_2 den Winkelhebel ABC und durch die Stangen CD, DE und Hebel EFG das Ventil V_f in entgegengesetztem Sinne. Sinkt z. B. der Abdampfdruck, so geht M nach unten, Öl tritt unter K_2, schließt V_a und öffnet V_f.

Das Schema der Zweidruckreglung der WUMAG zeigt Abb. 454; der Servomotorkolben K_1 wirkt durch den Hebel II auf das Frischdampfventil F und das Abdampfventil A ein, während der Druckregler D die Hubbegrenzung bzw. das Schließen des Abdampfventils durch Kraftkolben K_2 bewirkt, der durch Hebel II auch Ventil F betätigen kann.

[1] Nach Stodola: Dampf- und Gasturbinen.

Der Drehzahlregler R verstellt mittels Steuerschieber S_1 durch Drucköl den Servomotorkolben K_1, der am Doppelhebel II angreift, welcher die Ventile in

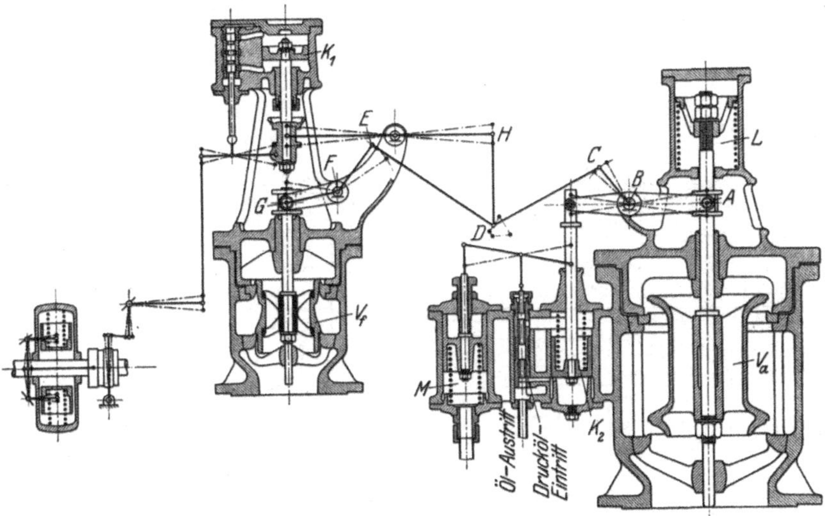

Abb. 453. Zweidruckreglung der MAN (Rateau).

gleichem Sinne zu bewegen versucht. Ist genügend Abdampf vorhanden, so bewirkt der Druckregler D das Steigen des Kolbens K_2, das Abdampfventil A kann nach oben bewegt werden, das Frischdampfventil F wird durch die Feder f geschlossen — reiner Abdampfbetrieb — (Abb. 454a); der Regler R betätigt nur das Abdampfventil, da a Festpunkt ist. Ist A ganz offen, bzw. stößt die Spindel in L an die Kolbenspindel, so wird bei weiterer Aufwärtsbewegung von K_1 das Frischdampfventil entgegen dem Federdruck geöffnet — Mischbetrieb —. Wird hingegen der Abdampfdruck zu gering, so verstellt die Feder des Druckreglers D den Kolben K_2 nach unten, A wird geschlossen, c wird Drehpunkt für II, und K_1 betätigt nur F — reiner Frischdampfbetrieb — (Abb. 454b).

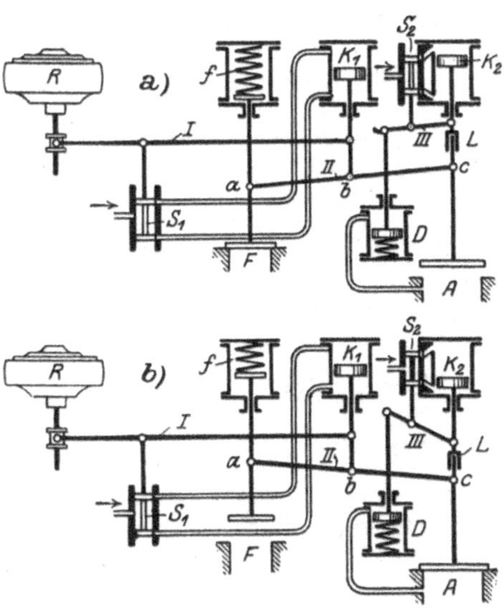

Abb. 454. Schema des Zweidruckreglers der WUMAG.

Bei Glockespeichern führt die WUMAG eine Fernsteuerung nach Schema Abb. 455 aus, bei der neben der normalen Frischdampfreglung das Abdampfregelventil A durch den von der Stellung der Speicherglocke beeinflußten Druckregler D beherrscht wird.

Die Druckölleitung der zweiten Regelölpumpe führt zum Druckregler D über dessen Kolben K_3 und zu dem Fernsteuerventil V_f an der Speicherglocke; bei hoher Glockenlage ist das Ventil V_f durch das Gewicht G ganz geschlossen, über K_3 herrscht der volle Öldruck, wodurch K_3 nach unten geht und mittels des Steuerschiebers S_2 den Kraftkolben K_2 hebt und Regelventil A voll öffnet — reiner Abdampfbetrieb —, solange der Abdampf ausreicht, andernfalls wird

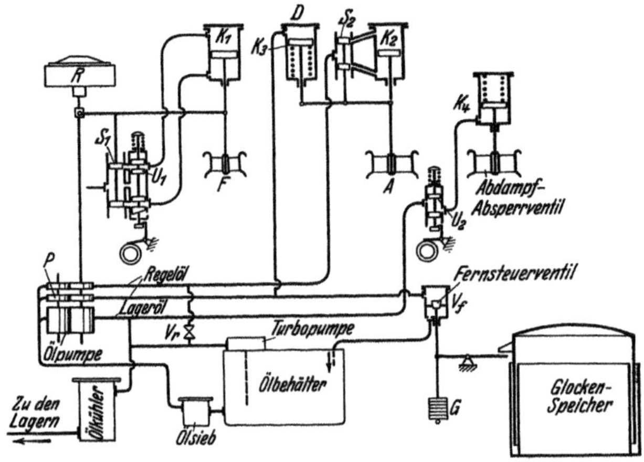

Abb. 455. Zweidruckreglung mit Fernsteuerung (Schema) der WUMAG.

durch den Drehzahlregler Frischdampf zugesetzt. Bei tiefer Glockenstellung öffnet der Anschlag das Ölventil V_f und läßt Öl ablaufen, wodurch der Druck über K_3 sinkt und Ventil A mehr schließt, wobei wieder die fehlende Leistung durch Frischdampfzufuhr vom Drehzahlregler aufgebracht wird — Mischbetrieb —. Ist die Speicherglocke in ihrer tiefsten Lage angelangt, so ist V_f ganz geöffnet und das Abdampfregelventil ganz geschlossen — reiner Frischdampfbetrieb —. Das Ab-

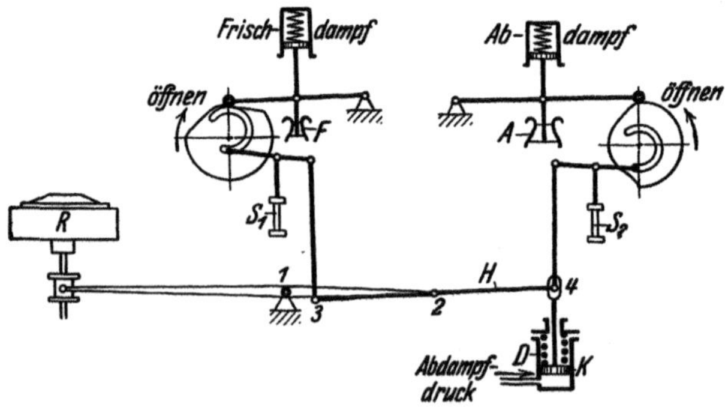

Abb. 456. Schema der Zweidruckreglung der AEG.

dampfsperrventil wird durch den Lageröldruck offen gehalten und bei Auslösen des Sicherheitsreglers, der den Umschaltschieber U_2 so verstellt, daß das Öl unter K_4 ablaufen kann, durch den Federdruck geschlossen.

Bei der Zweidruckreglung der AEG, deren Schema Abb. 456 veranschaulicht, werden für Hochdruck- und Niederdruckreglung Gruppenventile, die wie S. 304 beschrieben durch Drehservomotor und Nockenwelle betätigt werden und unter Einfluß des Druckreglers D und des Drehzahlreglers R stehen.

Bei reinem Frischdampfbetrieb steht Punkt *4* am tiefsten, da ihn der Druckreglerkolben K bei geringer Dampfmenge nach unten zieht, und ist dann Fixpunkt für Hebel H; bei reinem Abdampfbetrieb wird *4* nach oben gedrückt und *3* gesenkt, da *2* zunächst Drehpunkt für H ist. Dadurch werden die Frischdampfventile geschlossen, und *3* bildet dann den Drehpunkt für H bei Belastungsänderungen. Reicht der Abdampf allein nicht aus, so nimmt der Druckregler eine mittlere Lage ein, und der Regler R verstellt beide Reglungen, die Abdampfreglung aber nur in den Grenzen des Schlitzes in der Spindel des Druckreglers, also in Abhängigkeit vom Speicherdruck.

Das Schema der Zweidruckreglung der Bergmann E.-W. zeigt Abb. 457; der Druckregler D besteht aus zwei kommunizierenden Quecksilbergefäßen, das eine ist dem Abdampfdruck ausgesetzt, im anderen befindet sich ein Schwimmer Q, der durch Verändern des Hg-Spiegels auf die Reglung einwirkt. (Frischdampfreglung s. Abb. 300, S. 305.)

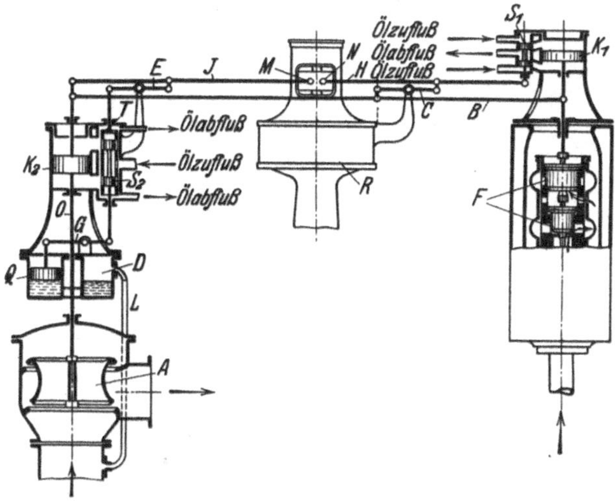

Abb. 457. Schema der Zweidruckreglung der BEW.

Bei Belastung werden Steuerschieber S_1 und die Schieberbüchse T durch den Drehzahlregler R nach oben verschoben, das Abdampfventil öffnet mehr, bis durch Heben des Kolbens K_2 die Büchse T in ihre ursprüngliche Lage zurückgeführt wird; gleichzeitig wird durch Hebel B der mitverstellte Schieber S_1 wieder in seine Mittellage gebracht, so daß die Frischdampfreglung nicht einspielt. Erst wenn A zur Ruhe kommt (ganz offen ist), kann Frischdampfreglung eintreten, da S_1 dann nicht mehr durch Hebel B in die Mittellage zurückgezogen wird und Drucköl unter den Kolben K_1 treten kann, wodurch die Spindel mit den Ventilen gehoben wird, bis S_1 zurückgeführt ist, wobei N Fixpunkt ist. Bei Entlastung ist der Vorgang umgekehrt.

Bei ungenügender Abdampfmenge muß das Ventil A so weit geschlossen werden, daß kein wesentlicher Druckabfall im Speicher eintritt; dieses wird durch den Druckregler D bewirkt, indem durch den mit dem Druck sinkenden Schwimmer Q durch Hebel G der Steuerschieber S_2 gehoben wird und Drucköl über K_2 tritt, so daß A mehr schließt. Gleichzeitig wird durch Hebel B, C und H der Steuerschieber S_1 nach oben verstellt, Öl tritt unter K_1 und öffnet die Frischdampfventile mehr, wodurch Sinken der Drehzahl vermieden wird.

Die Frischdampf-Abdampfreglung von Borsig, deren Schema Abb. 458 zeigt, entspricht der Skizze des Grundgedankens (Abb. 447) und hat vereinigte Drossel- und Mengenreglung (vgl. Abb. 321, S. 319) sowohl für Frischdampf als auch für Abdampf; die Wirkungsweise geht aus dem Schema hervor.

Die Zweidruckreglung von Maffei (System Melms & Pfenninger) zeigt Abb. 459.

Bei sinkender Drehzahl verstellt der Drehzahlregler, an R_w angreifend den Steuerschieber S_2 nach oben, wodurch die Frischdampfventile V_2 und V_u mehr geöffnet werden, gleichzeitig aber öffnet der Steuerschieber Ablauf über A_1', die Feder bewirkt Rückführung, A_1'' sinkt, Steuerschieber hebt K_1, V_1 öffnet mehr. Bei zunehmender Drehzahl umgekehrter Vorgang.

Bei Änderung, z. B. Sinken des Abdampfdruckes, geht der Druckreglerkolben R_d nach unten, damit auch B_2, da C_5 Fixpunkt; dadurch geht Schieberbüchse H_2 nach unten und bewirkt Öffnen von V_2. Gleichzeitig wird durch

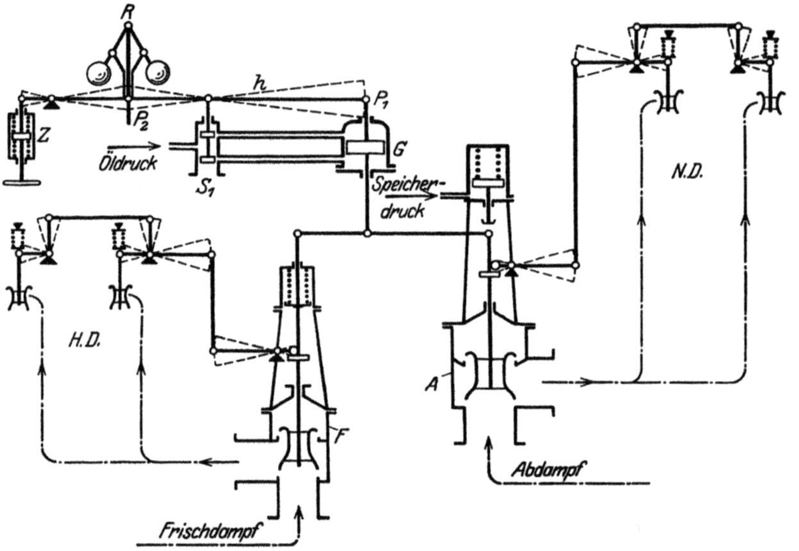

Abb. 458. Schema der Zweidruckreglung von Borsig.

Hebel $A_4 B_4 C_4$ Steuerschieber S_4 gehoben, Öl tritt über K_4, belastet die Feder F, dadurch steigt infolge geringerer Muffenbelastung die Drehzahl, Schieber in A_1' sinkt, Öl tritt über A_1', unter A_1'', hebt Steuerschieber, Öl gelangt über K_1, schließt V_1 mehr, bei noch geringerem Dampfdruck ganz. Bei hohem Abdampfdruck steigt R_d und B_2 zieht H_1 nach oben, V_2 schließt und V_1 wird allein betätigt.

Die Reglung der Zweidruckturbinen von BBC ist, wie die normale, eine Öldrucksteuerung, die ähnlich der Entnahmesteuerung wirkt; eine Ausführung bei Kesselspeichern zeigt Abb. 460. Der Drehzahlregler beeinflußt den Druck des von der Pumpe Z geförderten Öles in der S. 304 beschriebenen Weise; das Öl tritt unter die Kolben K_1 und K_2 des Frischdampf- bzw. des Abdampfventils (der HD-Teil hat Düsenreglung) und läuft bei b_2 durch eine eingestellte Öffnung ab; wegen der geringeren Federspannung wird K_2 früher angehoben als K_1. Der Druckregler d, auf dessen Membran durch e der Abdampfdruck wirkt, verstellt den Durchfluß im Ölregelventil C, so daß bei abnehmendem Druck C

mehr schließt; dadurch fällt der Druck unter K_2, das Abdampfventil schließt mehr, und steigt unter K_1, das Frischdampfventil öffnet mehr.

Der Regelvorgang ist folgender:

1. Reiner Abdampfbetrieb; bei genügend Abdampf ist Ölventil voll offen

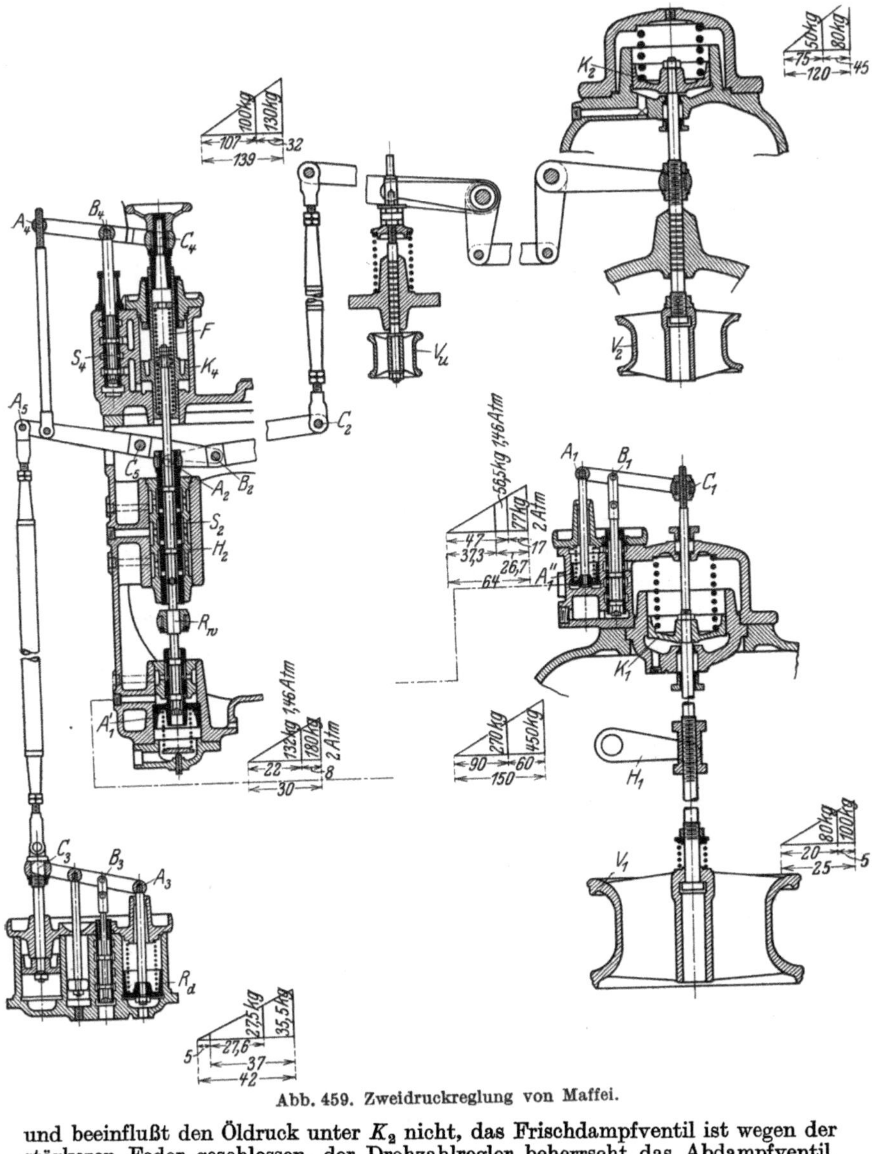

Abb. 459. Zweidruckreglung von Maffei.

und beeinflußt den Öldruck unter K_2 nicht, das Frischdampfventil ist wegen der stärkeren Feder geschlossen, der Drehzahlregler beherrscht das Abdampfventil.

2. Reiner Frischdampfbetrieb; bleibt der Abdampf aus, so schließt der Druckregler Ventil C, der Druck unter K_2 sinkt, das Abdampfventil schließt ganz, der Drehzahlregler beeinflußt das Frischdampfventil in bekannter Weise.

3. Mischbetrieb. Sinkt die Abdampfmenge und damit der Druck, so drosselt C den Öldurchfluß, der Druck unter K_2 sinkt, das Abdampfventil schließt mehr, gleichzeitig steigt der Druck unter K_1, das Frischdampfventil öffnet mehr, ohne Drehzahländerung.

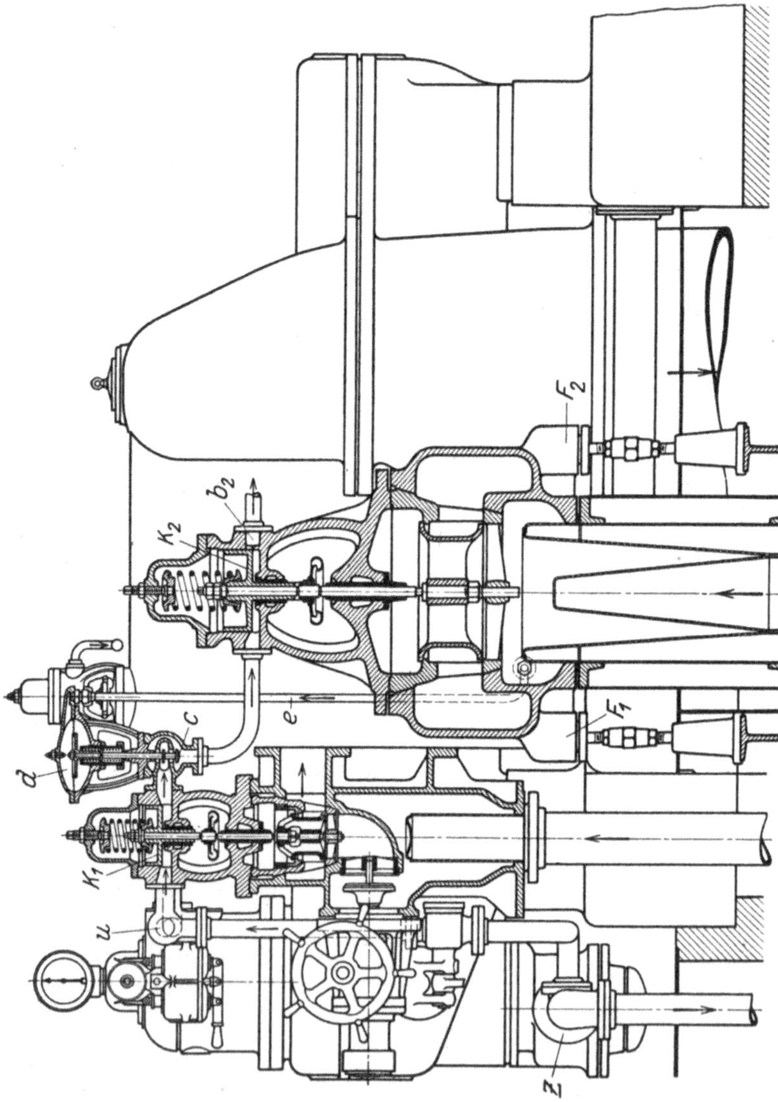

Abb. 460. Zweidruckreglung von BBC.

Bei Glockenspeichern muß Ölventil C von der Stellung der Glocke abhängig gemacht werden, derart, daß bei genügend Abdampf, also hoher Glockenstellung, das Abdampfventil unbeeinflußt bleibt, bei tiefer Stellung aber geschlossen wird. Hierzu verwenden BBC eine Fernsteuerung, wie sie Abb. 461 im Schema darstellt.

Neben dem Speicher befindet sich das Umsteuerventil *M*, das durch Gestänge von der Speicherglocke den Öldurchfluß von der Pumpe *Z* durch Leitung *L* nach der Leitung *N* zum Druckregler *D* beherrscht und den Druck unter dem Kolben desselben einstellt, wodurch das Ölventil *C* in derselben Weise betätigt wird wie bei Änderung des Dampfdruckes. Sinkt die Glocke in die tiefste Stellung (gestrichelte Hebelstellung), so wird das Abdampfventil allmählich ganz geschlossen, wodurch Leersaugen des Speichers vermieden wird. Das Gewicht *G* hält das Gestänge bei hochstehender Glocke in Ruhe, so daß Ventil *M* voll offen ist.

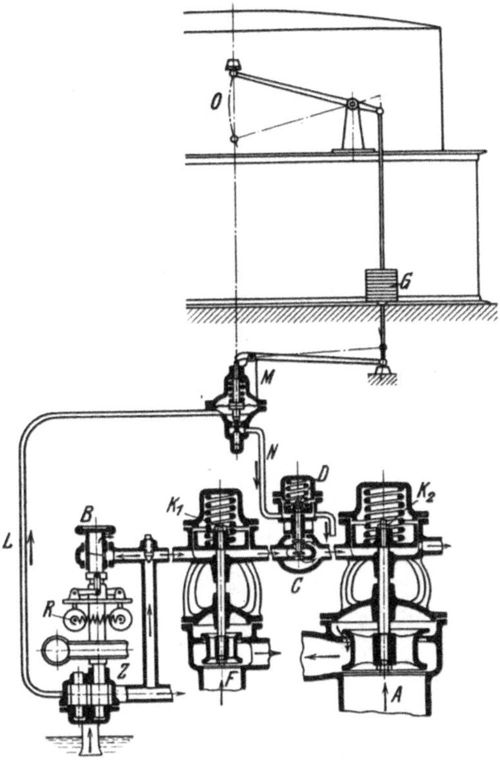

Abb. 461. Schema der Zweidruckreglung mit Fernsteuerung von BBC.

Die Zweidruckreglung der GHH ist ebenfalls eine Öldrucksteuerung wie die normale (s. Abb. 314, S. 313); die Drehzahlreglung wirkt in der dort beschriebenen Weise auf die Frischdampfdüsenventile ein, außerdem wird aber gleichzeitig der Öldruck unter dem Kraftkolben der Abdampfreglung im gleichen Sinne geändert. Der Druckregler ändert den Öldruck der *HD*-Reglung und der *ND*-Reglung im entgegengesetzten Sinne. Die Anordnung der Reglung zeigt Abb. 462 im Schema, Abb. 463 die Vorsteuerung des Abdampfregelventils; die Frischdampfreglung und Schnellschluß s. Abb. 314.

Der Kolben *K* wird vom Drehzahlregler *R* mittels Steuerschiebers *S* verstellt und bewegt durch den Hebel *H* (Wagebalken) die Öldruckregelschieber S_f und S_a der Frisch- bzw. Abdampfreglung im gleichen Sinne, wodurch der Öldurchfluß des Regelöls, also der Druck unter der Vorsteuerung verändert wird. Das vom Verdränger (s. Abb. 314) kommende Drucköl gelangt durch die Leitungen L_f und L_a durch den Schnellschlußumschalter unter die Vorsteuerkolben der Frischdampf- und des Abdampfregelventils Abb. 463; der Kolben K_1 verschiebt entsprechend dem Öldruck den Steuerschieber S_1 im Kraftkolben K_2, wodurch das durch *L* eintretende Drucköl beim Anheben von S_1 durch Bohrung *c* unter den Kolben K_2 gelangt, diesen hebend, beim Senken von S_1 aber den Abfluß durch *d* freigibt, so daß die Feder den Kolben K_2 senkt, wobei gleichzeitig Rückführung, d. h. Abschluß der Ölzufuhr erreicht wird. Der Kolben K_2 betätigt das Abdampfregelventil.

Tritt z. B. Entlastung bei gleichbleibender Abdampfmenge ein, so wird *K* nach rechts verschoben, ebenso Hebel *H* und die Schieber S_f und S_a, der Ölabfluß wird größer, und zwar wegen der schwächeren Feder zuerst bei S_f, der Öldruck sinkt und es schließen zuerst die Frischdampfventile (Abb. 314), nötigenfalls dann auch das Abdampfventil in der oben beschriebenen Weise. Bei Belastung

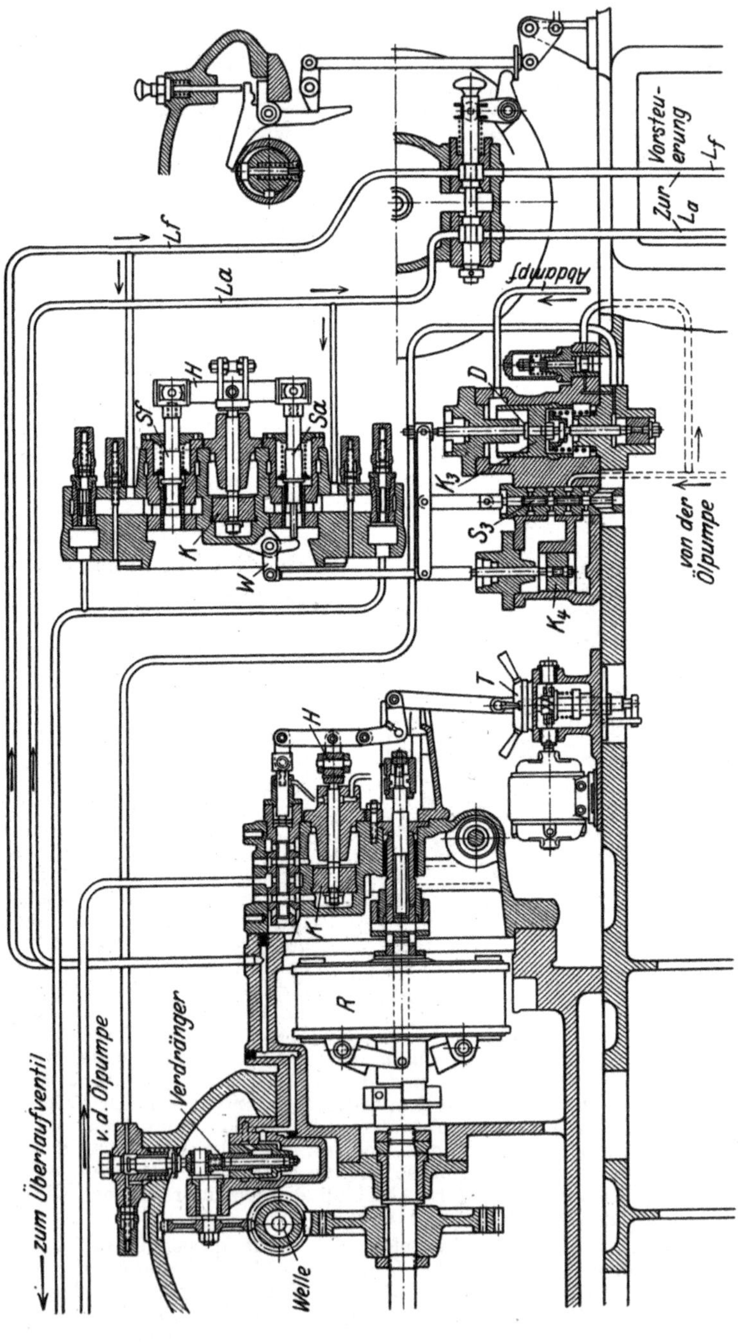

Abb. 462. Zweidruckreglung der GHH.

ist der Vorgang umgekehrt, wobei die Bewegung von S_a durch den Druckregler begrenzt wird, entsprechend der Abdampfmenge.

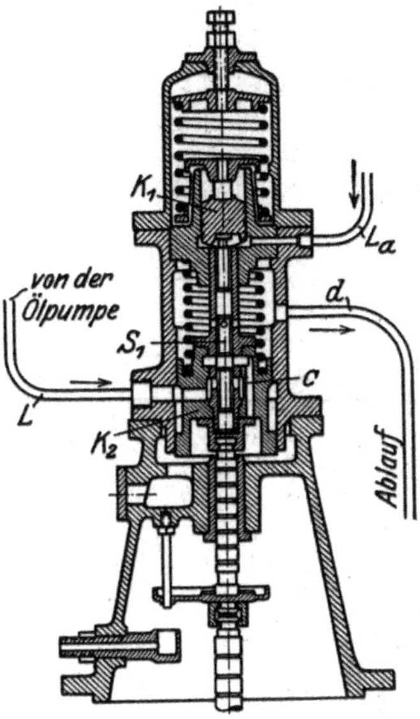

Abb. 463. Vorsteuerung der GHH.

Der Öldruck ist aber noch unter Einfluß des Druckreglers D gestellt; der Abdampfdruck wirkt auf den federbelasteten Kolben K_3, der durch den Steuerschieber S_3 den Kraftkolben K_4 bewegt, der seinerseits durch den Winkelhebel W den Schieber S_a mehr öffnet (bzw. dessen Hub begrenzt) und zugleich den Schieber S_f mehr schließt. Sinkt z. B. der Abdampfdruck, so geht K_3 nach oben, K_4 nach unten, S_a öffnet den Abfluß mehr, der Druck in L_a sinkt und das Abdampfventil schließt in der beschriebenen Weise; gleichzeitig wird durch H S_f mehr schließen, der Druck in L_f steigt, die Frischdampfventile öffnen mehr und der Leistungsausfall des *ND*-Teils wird ausgeglichen. Bei ausbleibendem Abdampf wird das Abdampfventil ganz geschlossen — reiner Frischdampfbetrieb. Beim Auslösen des Schnellschlusses werden sowohl das Abdampfventil wie die Frischdampfventile durch den Ölumschalter geschlossen.

D. Ausführungen von Zweidruckturbinen.

In der Bauart unterscheiden sich die Frischdampf-Abdampfturbinen nur durch die Abdampfzufuhr vor dem *ND*-Teil von den Frischdampfturbinen. Wegen der veränderlichen Dampfzustände wird man im allgemeinen wenige Stufen ausführen.

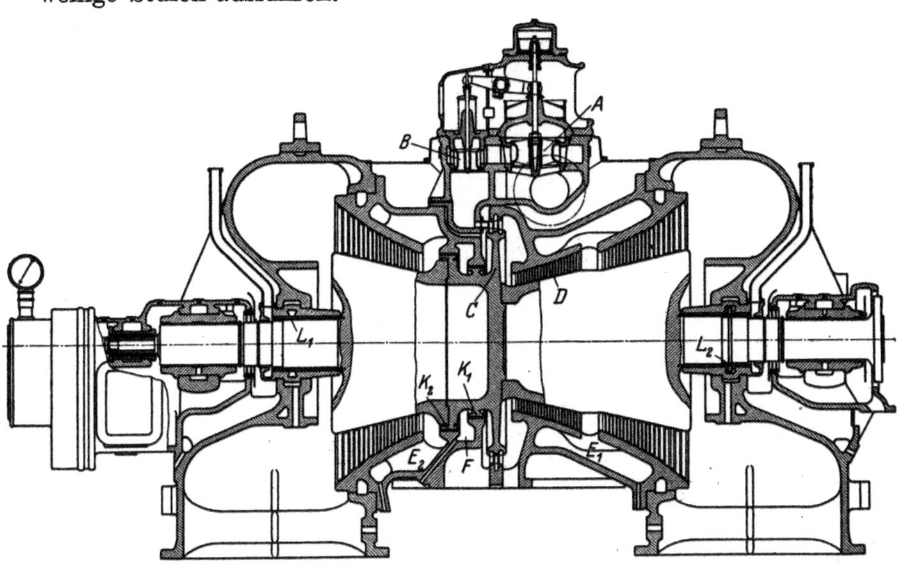

Abb. 464. Zweidruckturbine (System Melms & Pfenninger) von Breitfeld, Danek & Co.

Eine Zweidruckturbine System **Melms & Pfenninger** in der Ausführung von **Breitfeld, Danek & Co.** in Zweiflußanordnung zeigt

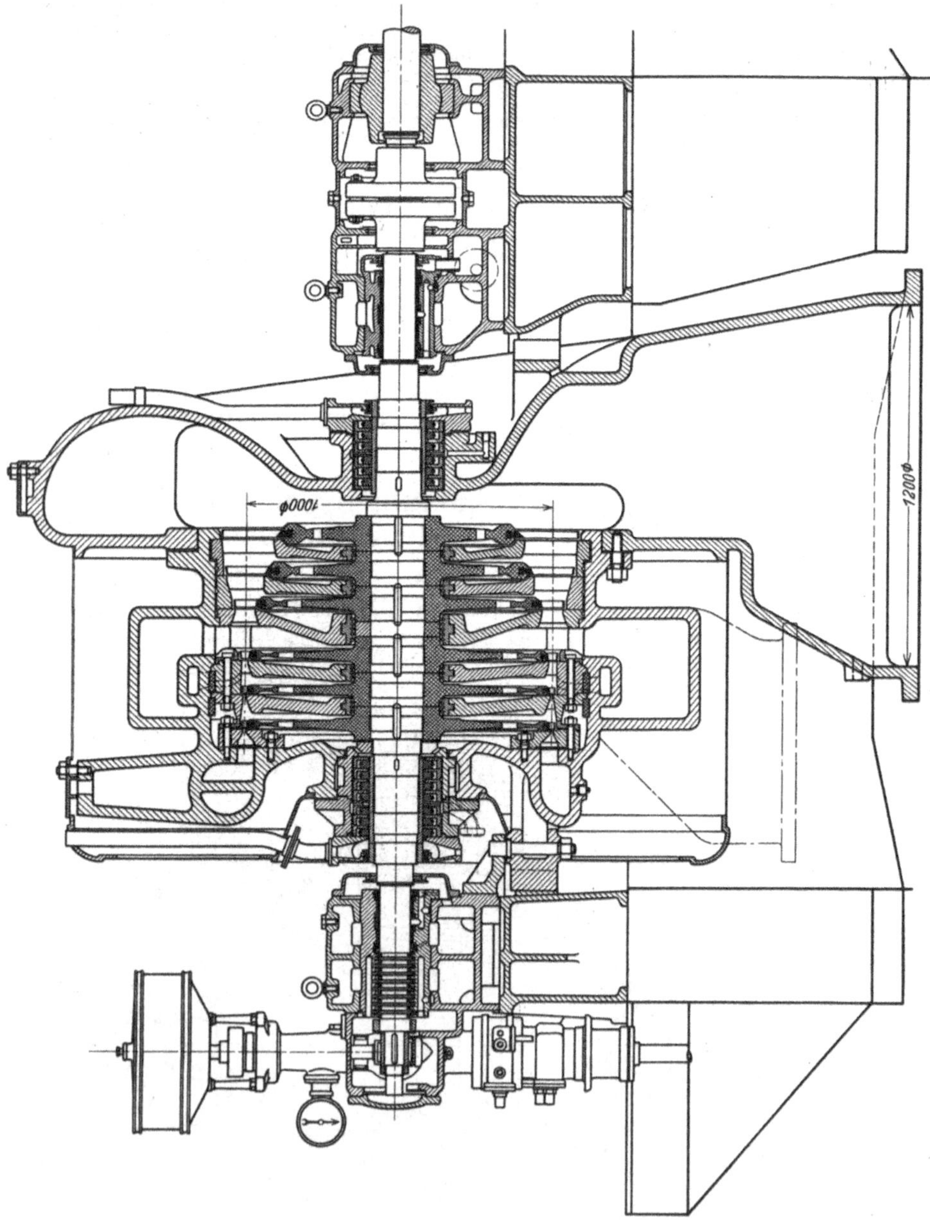

Abb. 465. Zweidruckturbine der WUMAG.

Abb. 464; die Gleichdruckstufe C und die Überdruckstufen D werden nur von Frischdampf, die übrigen vom Mischdampf beaufschlagt, wobei

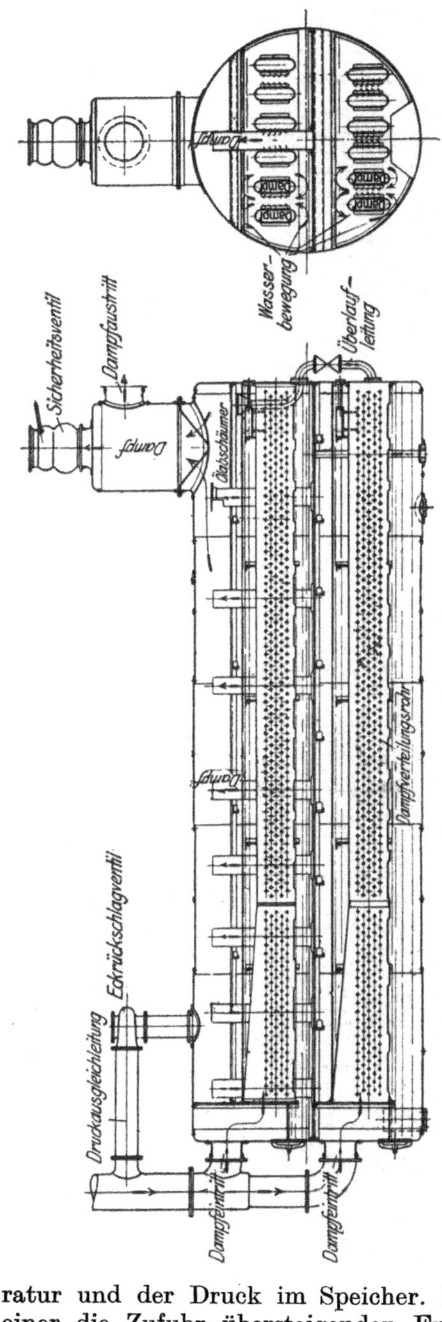

Abb. 466. Rateau-Speicher der A. G. Balcke.

der Abdampf bei E_1 und E_2 eintritt. Die Frischdampfregelung befindet sich oben auf der Turbine, die Abdampfreglung seitlich neben der Turbine.

Eine Zweidruckturbine der WUMAG zeigt Abb. 465.

V. Abdampf- und Wärmespeicher.

Wie erwähnt, muß der Abdampf der intermittierend arbeitenden Kolbenmaschinen in einem Speicher gesammelt werden, um der Turbine in kontinuierlichem Strom zugeführt werden zu können. Vor Eintritt in den Speicher muß der Abdampf sorgfältig entölt werden, wozu besondere Ölabscheider verschiedener Bauart dienen. Es kommen 3 Arten von Abdampfspeichern in Betracht: 1. Wärmespeicher mit Wasserfüllung, 2. Glocken-(Gleichdruck-)Speicher und 3. Kessel-(Raum-) Speicher.

1. Wärmespeicher mit Wasserfüllung.

Nach Rateau wirken sie durch Niederschlagen des Dampfes und Wiederverdampfen in bzw. aus der Wasserfüllung des Speichers, mit welcher der Dampf möglichst innig gemischt wird, wobei er seine Verdampfungswärme r abgibt. Dadurch steigt bei Dampfüberschuß die Temperatur und der Druck im Speicher. Bei geringem Druckabfall infolge einer die Zufuhr übersteigenden Entnahme tritt Verdampfung ein, bis im Wasser die dem Druck entsprechende Temperatur erreicht ist.

Zwecks schnellerer Verdampfung werden Vorrichtungen zum Wasserumlauf angebracht oder das Wasser in eine große Anzahl flacher Gefäße gefüllt, diea vom Dmpf umspült werden.

Die erforderliche Wasserfüllung W kg oder, falls diese gegeben, der Druckabfall kann aus der in einer bestimmten Zeit niederzuschlagenden Dampfmenge ermittelt werden.

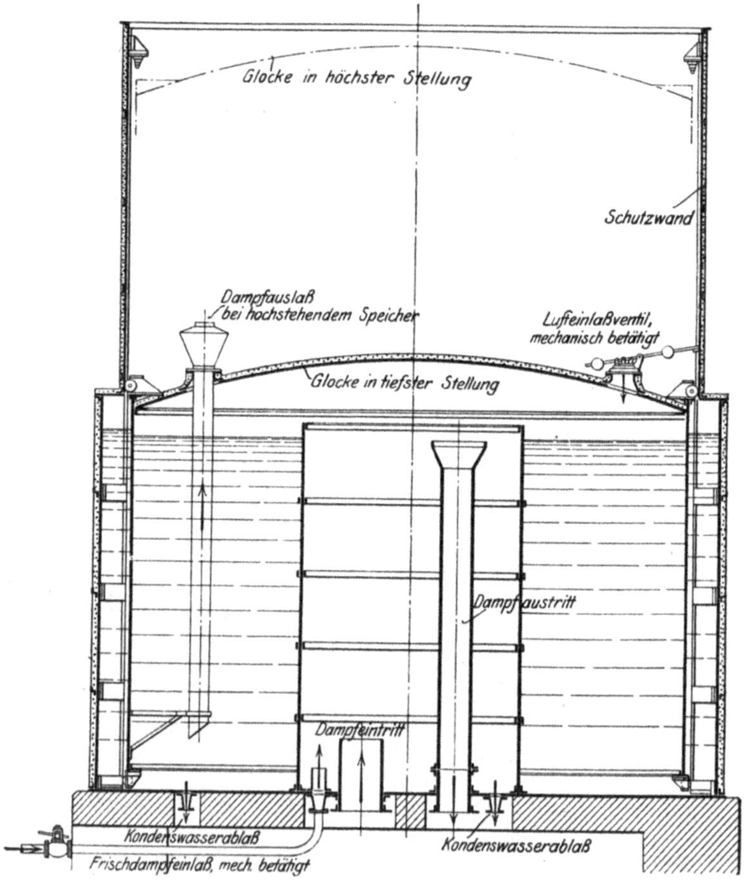

Abb. 467. Glockenspeicher Balcke-Harlé.

Werden im Laufe von z_1 Sekunden dem Speicher G_1 kg/sek Dampf zugeführt, hört dann die Zufuhr während z_2 Sekunden auf und werden dauernd G_2 kg/sek entnommen, so ist

$$G_1 z_1 = G_2 (z_1 + z_2), \tag{1}$$

woraus G_2 als die für die Turbine verfügbare Dampfmenge ermittelt werden kann. Nimmt man näherungsweise eine mittlere Verdampfungswärme r_m kcal/kg an und ist die Zunahme der Flüssigkeitswärme $i_2' - i_1'$, die gleich der Temperaturdifferenz $t_2 - t_1$ gesetzt werden kann, so ist nach z_1 Sekunden

$$r_m (G_1 - G_2) = W (i_2' - i_1') = W (t_2 - t_1), \qquad (2)$$

woraus bei einer vorgeschriebenen Druckzunahme (entsprechend der Temperaturzunahme) der Wasserinhalt des Speichers oder bei gegebenem Wasserinhalt der eintretende Druckunterschied bestimmt werden kann.

Der wirkliche Temperaturunterschied ist bei einem praktisch zugelassenen Druckunterschied von 0,2 at 4° C (theoretisch 5° C).

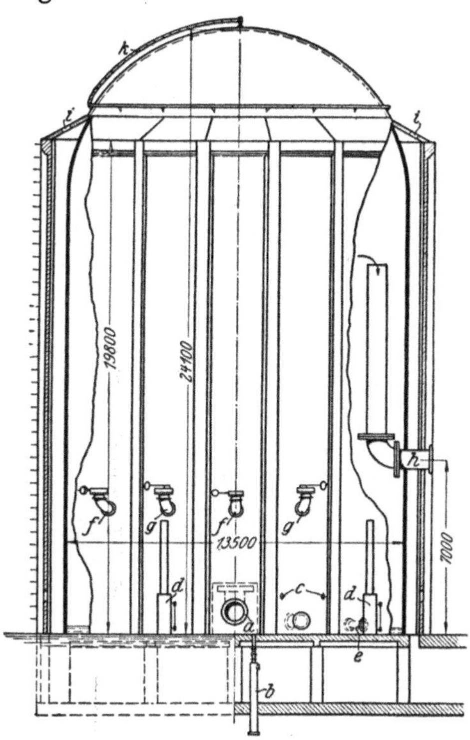

Abb. 468. Raumspeicher Estner-Ladewig.

Einen Wärmespeicher der erwähnten Art von der A.G. Balcke zeigt Abb. 466; er besteht aus einem Kessel, der durch eine wagerechte Zwischenwand in 2 Räume geteilt ist, denen der Dampf durch gelochte Rohre zugeführt wird, wodurch das Wasser in Wallung gerät und sich mit dem Dampf gut mischt. Der Abdampfdruck beträgt 0,05 bis 0,1 atü. Die gleiche Höhe des Wasserspiegels bewirkt im unteren Teil ein Schwimmerventil, im oberen ein oder mehrere Überlaufrohre.

Der Ruths-Speicher ist ebenfalls mit Wasserfüllung versehen, der Dampf wird durch eine Anzahl Mischdüsen unten in das Wasser geführt; dieser Speicher wird aber meist nicht als Abdampfspeicher, sondern als Energiespeicher für schwankende Belastung in Kraft- oder Kraft-Heizbetrieben angewendet und arbeitet mit hohem Druck und großem Druckunterschied, wodurch eine große Speicherfähigkeit erreicht wird (s. Fußnoten S. 386).

2. Glockenspeicher

sind ähnlich den Gasbehältern gebaut und speichern den Dampf in der ursprünglichen Form, ohne Kondensieren und Verdampfung; der überschüssige Dampf schafft sich durch Heben der Glocke Raum, so daß eine Druckänderung nicht eintritt. Abb. 467 zeigt einen solchen Speicher,

System Balcke-Harlé. Die der Luft ausgesetzten Flächen sind durch Schutzmasse bzw. Schutzwände isoliert. Steigt die Dampfzufuhr über das Fassungsvermögen des Speichers, so öffnen sich in der höchsten

Tabelle I. Gesättigter Wasserdampf von + 10° bis + 50° [1].

Temperatur	Druck		Spezifisches Volumen v''	Spezifisches Gewicht 1000 γ''	Verdampfungswärme r	Gesamtwärme λ
°C	mm Hg	kg/cm²	m³/kg	g/m³	kcal/kg	kcal/kg
10	9,21	0,0125	106,4	9,40	589,5	599,5
11	9,84	0,0134	99,7	10,03	589,0	600,0
12	10,52	0,0143	93,7	10,67	588,5	600,5
13	11,23	0,0153	87,9	11,38	588,0	601,0
14	11,99	0,0163	83,0	12,05	587,5	601,5
15	12,79	0,0174	$77,9_5$	12,83	586,9	601,9
16	13,64	0,0186	73,2	13,66	586,4	602,4
17	14,5	0,0197	69,0	14,49	585,9	602,9
18	15,5	0,0211	65,1	15,36	585,4	603,4
19	16,5	0,0224	61,4	16,29	584,9	603,9
20	17,5	0,0238	57,8	17,3	584,3	604,3
21	$18,6_5$	0,0254	54,4	18,3	583,8	604,8
22	19,8	0,0270	51,4	19,4	583,3	605,3
23	21,1	0,0287	48,6	20,6	582,8	605,8
24	22,4	0,0305	45,9	21,8	582,3	606,3
25	23,8	0,0324	43,4	23,0	581,7	606,7
26	25,2	0,0343	41,0	24,4	581,2	607,2
27	26,7	0,0363	38,8	25,8	580,7	607,7
28	$28,3_5$	0,0386	36,8	27,2	580,2	608,2
29	$30,0_5$	0,0408	34,8	28,7	579,7	608,7
30	31,8	0,0432	32,9	30,4	579,2	609,2
31	33,7	0,0458	31,2	32,0	578,7	609,7
32	35,7	0,0486	29,6	33,8	578,2	610,2
33	37,7	0,0513	28,0	35,7	577,7	610,7
34	39,9	0,0543	26,6	37,6	577,2	611,2
35	42,2	0,0573	25,2	39,6	576,6	611,6
36	44,6	0,0606	23,9	41,8	576,1	612,1
37	47,1	0,0641	22,7	44,0	575,6	612,6
38	49,7	0,0676	21,6	46,3	575,1	613,1
39	52,5	0,0715	20,5	48,8	574,6	613,6
40	55,3	0,0752	19,5	51,2	574,0	614,0
41	58,4	0,0795	18,6	53,8	573,5	614,5
42	61,5	0,0836	17,7	56,5	572,9	614,8
43	64,8	0,0882	16,8	59,5	572,4	615,3
44	68,3	0,0930	16,0	62,5	571,8	615,7
45	71,9	0,0978	15,3	65,5	571,3	616,2
46	75,7	0,103	14,6	68,5	570,7	616,6
47	79,6	0,108	13,9	71,9	570,2	617,1
48	83,7	0,114	13,2	75,8	569,6	617,5
49	$88,0_5$	0,120	12,6	79,4	569,1	618,0
50	92,5	0,126	12,0	83,2	568,5	618,4

[1] Aus Schüle: Techn. Thermodynamik Bd. 1, 4. Aufl. Berlin: Julius Springer 1923.

Tabelle II. Wärmeinhalt des

Druck ata	1	2	4	6	8	10	12	14	16	18
trock. ges. i''	639,0	646,9	654,9	659,3	662,3	664,4	665,9	667,0	667,8	668,3
200°	687,9	686,7	684,4	682,0	679,4	676,8	673,9	670,8	—	—
220°	697,4	696,4	694,4	692,3	690,3	688,0	685,7	683,3	680,7	677,6
240°	706,9	706,0	704,3	702,5	700,7	698,8	696,9	694,9	692,8	690,6
250°	711,7	710,9	709,2	707,6	705,9	704,1	702,4	700,5	698,6	696,7
260°	716,4	715,7	714,1	712,6	711,0	709,4	707,7	706,1	704,3	702,5
280°	725,9	725,2	723,9	722,5	721,1	719,7	718,3	716,9	715,4	713,9
300°	735,4	734,8	733,6	732,4	731,1	729,9	728,7	727,4	726,1	724,8
320°	744,9	744,3	743,3	742,2	741,1	740,0	738,9	737,8	736,7	735,5
340°	754,4	753,8	752,9	751,9	750,9	750,0	749,0	748,0	747,0	746,0
350°	759,0	758,6	757,7	756,8	755,8	754,9	754,0	753,1	752,1	751,2
360°			762,5	761,6	760,7	759,9	759,0	758,1	757,2	756,4
380°			772,0	771,3	770,5	769,7	768,9	768,1	767,2	766,5
400°			781,6	780,9	780,2	779,5	778,8	778,0	777,3	776,6
420°			791,1	790,5	789,8	789,2	788,6	787,9	787,3	786,6
440°			800,6	800,0	799,5	798,9	798,3	797,7	797,1	796,5
450°			805,4	804,8	804,3	803,7	803,2	802,6	802,0	801,5
460°			810,1	809,6	809,1	808,5	808,0	807,5	807,0	806,4
480°			819,6	819,1	818,7	818,2	817,7	817,2	816,7	816,2
500°			829,1	828,7	828,2	827,8	827,3	826,9	826,4	826,0

Stellung Sicherheitsventile oder es kann der Dampf durch ein alsdann aus dem Wasser in den Dampfraum tretendes Auslaßrohr entweichen. Versagt hingegen bei ungenügender Abdampfmenge das Regelventil an der Dampfturbine, so wird zum weiteren Schutz gegen das Leersaugen zunächst ein Frischdampfeinlaßventil und, falls der Frischdampf nicht genügt, noch ein Lufteinlaßventil geöffnet, das die Glocke mit der Außenluft verbindet; dieses Luftventil öffnet auch bei geringstem Unterdruck selbsttätig. Das Abdampfventil an der Turbine wird durch die Glockenbewegung mittels Drucköl gesteuert, durch einen von der Glocke betätigten Ölschieber. S. Abb. 455 und 461.

Der Vorteil des Glockenspeichers liegt im praktisch konstanten Druck; das Fassungsvermögen läßt sich genau berechnen, doch werden diese Speicher für große zu speichernde Abdampfmengen sehr groß[2].

3. Raumspeicher

mit unveränderlichem Rauminhalt speichern den Dampf unter Drucksteigerung. Die Größe ist so zu bemessen, daß der Druckunterschied 0,2 at nicht übersteigt. Die Verdichtung beim Eintritt in den Speicher kann als adiabatische angenommen werden mit dem Exponenten $k = 1{,}135$ für trockenen Dampf, so daß für eine Periode der Füllung:

$$p_1 v_1^k = p_2 v_2^k,$$

[1] Nach Mollier errechnet.

[2] Gleichdruckspeicher siehe: Die Wärme 1929, Nr. 17, S. 334; Arch. Wärmewirtsch. 1929, H. 6, S. 205 („Gesetze der Gleichdruckspeicherung" von Kundt).

überhitzten Dampfes[1].

20	25	30	35	40	50	60	70	80	90	100
668,7	669,0	668,6	667,8	666,6	663,4	659,5	655,3	650,6	645,6	640,5
674,9	—	—								
688,3	682,0	674,8	—	—						
694,6	689,0	682,7	675,6	—	—					
700,7	695,7	690,2	684,0	677,0	—	—				
712,3	708,2	703,8	699,0	693,7	681,5	666,6	—	—		
723,5	720,1	716,5	712,6	708,4	699,1	688,1	675,2	660,1	—	—
734,4	731,4	728,4	725,2	721,7	714,3	705,9	696,2	685,2	672,6	658,1
745,0	742,4	739,8	737,0	734,2	728,1	721,3	713,9	705,5	696,1	685,6
750,2	747,8	745,4	742,8	740,2	734,6	728,4	721,8	714,4	706,2	697,1
755,4	753,2	750,9	748,5	746,0	740,9	735,3	729,3	722,7	715,5	707,5
765,7	763,7	761,7	759,6	757,4	753,0	748,3	743,3	738,0	732,2	725,9
775,9	774,1	772,3	770,4	768,5	764,7	760,6	756,4	751,9	747,1	742,1
786,0	784,3	782,7	781,0	779,4	775,9	772,4	768,7	764,9	760,9	756,6
796,0	794,5	793,0	791,5	790,0	786,9	783,8	780,6	777,2	773,8	770,2
800,9	799,5	798,1	796,7	795,3	792,4	789,4	786,3	783,2	780,0	776,7
805,9	804,5	803,2	801,8	800,5	797,7	794,9	792,1	789,1	786,1	783,0
815,7	814,5	813,3	812,1	810,8	808,3	805,8	803,2	800,5	797,9	795,1
825,5	824,4	823,2	822,2	821,1	818,8	816,5	814,2	811,8	809,4	807,0

oder, wenn G_1 und G_2 die Dampfgewichte am Anfang und am Ende der Dampfzufuhr und V der Rauminhalt des Speichers, v_1 und v_2 die spezifischen Volumina:

$$G_2 : G_1 = \frac{V}{v_2} : \frac{V}{v_1} = v_1 : v_2 = (p_2 : p_1)^{1/k}$$

oder

$$(G_2 - G_1) : G_1 = (p_2 : p_1)^{1/k} - 1$$

und angenähert

$$(G_2 - G_1) : G_1 = (p_2 - p_1) : k p ,$$

woraus für eine zugelassene Druckdifferenz und eine in einer Periode eintretende Dampfmenge $(G_2 - G_1)$ das Speichervolumen $V = G v$ mit einem mittleren Wert von v ermittelt werden kann.

Einen Raumspeicher Bauart Estner-Ladewig zeigt Abb. 468. Der Dampf wird unten zugeführt und oben trocken entnommen; gegen Über- bzw. Unterdruck wird der Speicher durch Sicherheits- bzw. Lufteinlaßventile und durch selbsttätige Dampfzusatzventile geschützt.

Als Wärmeschutz dient eine Luftschicht und Mauerwerk. Meist wird der Speicher in den Fuchs der Kesselanlage derart eingebaut, daß die Rauchgase den Speicher beheizen, wodurch der Dampf trocken oder etwas überhitzt wird und die Wirtschaftlichkeit erhöht.

Der Durchmesser des Speichers beträgt bei 7 bis 9 mm Wandstärke 8 bis 14 m, die Höhe bis 22 m. Der mittlere Druck im Speicher ist etwa 1,1 at abs.

Tabelle III. Spezifisches Volumen m³/kg

Druck ata	1	2	4	6	8	10	12	14	16	18	20
trock. ges. v''	1,727	0,903	0,4718	0,3222	0,2454	0,1985	0,1668	0,1438	0,1264	0,1128	0,1017
160°	2,025	1,003	0,4935	0,3241							
180°	2,121	1,053	0,520	0,3422	0,2529	0,1991					
200°	2,217	1,103	0,5456	0,3598	0,2668	0,2108	0,1734	0,1465			
220°	2,312	1,151	0,5706	0,3771	0,2802	0,2220	0,1832	0,1553	0,1352	0,1185	0,1047
240°	2,408	1,1995	0,5954	0,3940	0,2933	0,2328	0,1925	0,1635	0,1422	0,1253	0,1118
250°	2,455	1,224	0,6078	0,4025	0,2998	0,2381	0,1970	0,1676	0,1455	0,1283	0,1145
260°	2,502	1,248	0,6200	0,4104	0,3063	0,2432	0,2015	0,1715	0,1489	0,1316	0,1175
280°	2,598	1,296	0,6440	0,4270	0,3190	0,2536	0,2100	0,1790	0,1559	0,1379	0,1234
300°	2,693	1,343	0,6688	0,4439	0,3314	0,2639	0,2189	0,1867	0,1626	0,1439	0,1288
320°	2,788	1,392	0,6930	0,4602	0,3438	0,2741	0,2275	0,1941	0,1689	0,1499	0,1340
340°	2,884	1,439	0,7170	0,4766	0,3562	0,2841	0,2359	0,2016	0,1754	0,1557	0,1395
350°	2,930	1,463	0,7291	0,4846	0,3623	0,2889	0,2400	0,2051	0,1788	0,1585	0,1422
360°	2,980	1,487	0,7410	0,4925	0,3685	0,2940	0,2442	0,2090	0,1820	0,1614	0,1447
380°	3,072	1,535	0,7650	0,5087	0,3807	0,3038	0,2525	0,2160	0,1883	0,1673	0,1500
400°	3,166	1,581	0,7890	0,5248	0,3928	0,3135	0,2607	0,2229	0,1946	0,1726	0,1550
420°	3,262	1,630	0,8130	0,5405	0,4050	0,3232	0,2688	0,2302	0,2007	0,1783	0,1600
440°	3,354	1,677	0,8370	0,5566	0,4171	0,3328	0,2769	0,2370	0,2069	0,1837	0,1650
450°	3,403	1,700	0,8486	0,5648	0,4229	0,3378	0,2810	0,2405	0,2101	0,1864	0,1675
460°	3,450	1,724	0,8604	0,5726	0,4290	0,3425	0,2850	0,2439	0,2130	0,1892	0,1700
480°	3,544	1,770	0,8840	0,5886	0,4410	0,3523	0,2932	0,2508	0,2194	0,1947	0,1749
500°	3,639	1,818	0,9080	0,6046	0,4529	0,3619	0,3012	0,2579	0,2254	0,2001	0,1799

Tabelle IV. Mittlere spezifische Wärmen c_{pm}

Druck ata	1	2	4	6	8	10	12	14	16	18
Siedetmp. t_s °C	99,1	119,6	142,9	158,1	169,6	179,0	187,1	194,1	200,4	206,2
i'' kcal/kg	639,0	646,9	654,9	659,3	662,3	664,4	665,9	667,0	667,8	668,3
t = 200°	0,485	0,495	0,517	0,542	0,563	0,591	0,620	0,644	—	—
220°	0,483$_5$	0,493	0,512	0,534	0,553$_5$	0,576	0,602	0,623	0,654	0,696
240°	0,482	0,491	0,508$_5$	0,528	0,546	0,564	0,587	0,607	0,631	0,661
250°	0,482	0,491	0,507	0,525$_5$	0,542	0,559	0,580	0,599	0,621	0,648$_5$
260°	0,481	0,490	0,506	0,523	0,539	0,555	0,574$_5$	0,593	0,612	0,632
280°	0,480	0,488	0,503	0,519	0,533	0,547	0,569	0,581	0,597	0,618
300°	0,480	0,487	0,501	0,515	0,527$_5$	0,541	0,557	0,570	0,585	0,602
320°	0,479	0,486	0,449	0,512	0,523	0,536	0,549	0,562	0,575$_5$	0,590
340°	0,479	0,485	0,497	0,509	0,520	0,531	0,543	0,555	0,567	0,580$_5$
350°	0,479	0,485	0,497	0,508	0,518	0,529	0,541	0,552	0,563	0,576
360°	0,478$_5$	0,484	0,496	0,507	0,517	0,527$_5$	0,538	0,549	0,560	0,572
380°	0,478	0,483$_5$	0,494$_5$	0,505	0,514	0,524	0,534	0,544	0,554	0,565
400°	0,477$_5$	0,483	0,493	0,503	0,512	0,521	0,531	0,539	0,549	0,559
420°	0,477	0,482	0,492	0,501	0,509$_5$	0,518$_5$	0,527	0,535$_5$	0,544	0,553$_5$
440°	0,477	0,482	0,491	0,499	0,507	0,516	0,524	0,532	0,540	0,549
450°	0,477	0,481	0,490	0,499	0,506$_5$	0,515	0,522$_5$	0,530	0,538	0,547
460°	0,476	0,481	0,489$_5$	0,498	0,505$_5$	0,514	0,521	0,529	0,536	0,544
480°	0,476	0,481	0,488$_5$	0,497	0,504	0,511$_5$	0,518$_5$	0,526	0,532$_5$	0,540$_5$
500°	0,476	0,480	0,488	0,496	0,502	0,509	0,516	0,523	0,569$_5$	0,537

[1] Nach den Gleichungen Mollier errechnet.
[2] Errechnet aus den Wärmeinhalten nach Mollier.

des überhitzten Dampfes[1].

25	30	35	40	50	60	70	80	90	100
0,0816	0,06802	0,05816	0,05069	0,04007	0,03289	0,02769	0,02371	0,02064	0,01815
0,0865	0,0702								
0,0894	0,07257	0,06030	0,05088						
0,0919	0,0749	0,0625	0,0532						
0,0970	0,07940	0,0665	0,0572	0,0435	0,03398				
0,1017	0,08360	0,07060	0,06079	0,04689	0,03738	0,03035	0,02485		
0,1062	0,0876	0,0740	0,0641	0,0500	0,04020	0,3324	0,02787	0,02441	0,01977
0,1106	0,0913	0,0775	0,0672	0,0526	0,04270	0,03560	0,03020	0,02588	0,02233
0,1128	0,09318	0,07916	0,06863	0,05383	0,04389	0,03672	0,03126	0,02694	0,02341
0,1149	0,09500	0,08075	0,07020	0,05506	0,04500	0,03770	0,03220	0,02800	0,02450
0,1191	0,0986	0,0840	0,07290	0,05745	0,04710	0,03965	0,03410	0,02975	0,02623
0,1233	0,1021	0,08703	0,07567	0,05980	0,04918	0,04156	0,03583	0,03135	0,02773
0,1274	0,1050	0,0900	0,07830	0,06200	0,05110	0,04327	0,03740	0,03285	0,02910
0,1315	0,1090	0,0930	0,08090	0,06420	0,05303	0,04497	0,03895	0,03428	0,03045
0,1335	0,1108	0,09454	0,08236	0,06533	0,05396	0,04582	0,03972	0,03496	0,03113
0,1354	0,1124	0,0959	0,08360	0,06637	0,05483	0,04660	0,04045	0,03560	0,03180
0,1394	0,1157	0,0988	0,08620	0,06850	0,05662	0,04820	0,04190	0,03690	0,03315
0,1434	0,1192	0,1018	0,08880	0,07061	0,05846	0,04979	0,04338	0,03820	0,03415

für die Überhitzung von t_s auf t^0 C[2].

20	25	30	35	40	50	60	70	80	90	100
211,4	222,9	232,8	241,4	249,2	262,7	274,3	284,5	293,6	301,9	309,5
668,7	669,0	668,6	667,8	666,6	663,4	659,5	655,3	650,6	645,6	640,5
—										
0,717	—	—								
0,687	0,760	0,851	—	—						
0,671	0,738	0,820	0,907	1,000	—					
0,658	0,719$_5$	0,792	0,870	0,957	—	—				
0,631	0,687	0,747$_5$	0,810	0,883	1,046	1,245	—	—		
0,618$_5$	0,663	0,713	0,765	0,823	0,957	1,112	1,484	1,507	—	—
0,604$_5$	0,642	0,686	0,730	0,779	0,890	1,017	1,130	1,302	1,514	1,707
0,593	0,627	0,664	0,702	0,744	0,837	0,941	1,056	1,176	1,322	1,478
0,588	0,620	0,655	0,690	0,730	0,816	0,912	1,015	1,133	1,260	1,397
0,583	0,614	0,647	0,680	0,716	0,797	0,885	0,967	1,085	1,202	1,326
0,575	0,603	0,633	0,662	0,694	0,764	0,840	0,921	1,011	1,106	1,220
0,569	0,594	0,621	0,647	0,676	0,738	0,805	0,903	0,954	1,035	1,123
0,562	0,585$_5$	0,610	0,634$_5$	0,661	0,716	0,775	0,836	0,903	0,976	1,050
0,557	0,578	0,601	0,623$_5$	0,647$_5$	0,697	0,750	0,806	0,865	0,929	0,995
0,554$_5$	0,575	0,596$_5$	0,618	0,641$_5$	0,689	0,739$_5$	0,792	0,845	0,908	0,970
0,552	0,572	0,592$_5$	0,614	0,636	0,681	0,729	0,780	0,832	0,888	0,947
0,547$_5$	0,566	0,585	0,605	0,625$_5$	0,667	0,712	0,756	0,804	0,855	0,908
0,543$_5$	0,561	0,579	0,597	0,616	0,655	0,696	0,737	0,782	0,827	0,875

Tabelle V. Sekundliche Ausflußmenge G_{sk} in g/sek und *erforderlicher engster Querschnitt* F_{min} in cm^2/kg

Anfangsdruck ata		1	2	4	6	8	10	12	14	16	18
Kritischer Druck ata		$0{,}547_5$	1,095	2,190	3,285	4,380	5,475	6,570	7,665	8,760	9,855
trock.	G_{sk}	15,15	29,60	57,95	85,90	113,6	141,3	168,8	196,4	224,0	251,2
gesätt.	F_{min}	*66,0*	*33,73*	*17,25*	*11,64*	*8,80*	*7,08*	*5,92*	*5,09*	*4,465*	*3,98*
200^0	G_{sk}	14,04	28,14	56,60	85,40	114,4	143,9	173,9	204,3	—	
	F_{min}	*71,24*	*35,54*	*17,67*	*11,71*	*8,74*	*6,95*	*5,75*	*4,89*		
220^0	G_{sk}	13,75	27,54	55,38	83,34	111,6	140,2	169,1	198,5	227,4	257,7
	F_{min}	*72,73*	*36,29*	*18,06*	*12,00*	*8,97*	*7,13*	*5,91*	*5,04*	*4,40*	*3,88*
240^0	G_{sk}	13,47	27,18	54,20	81,54	109,1	137,0	165,0	193,5	221,9	250,5
	F_{min}	*74,20*	*36,78*	*18,46*	*12,27*	*9,16*	*7,30*	*6,06*	*5,16*	*4,506*	*3,99*
250^0	G_{sk}	13,33	26,71	53,62	80,70	107,9	135,5	163,0	191,0	219,2	247,6
	F_{min}	*74,94*	*37,43*	*18,65*	*12,39*	*9,27*	*7,39*	*6,13*	*5,24*	*4,56*	*4,04*
260^0	G_{sk}	13,21	26,44	51,12	79,92	106,8	133,9	161,3	188,8	216,9	244,5
	F_{min}	*75,70*	*37,80*	*18,84*	*12,52*	*9,38*	*7,47*	*6,20*	*5,30*	*4,61*	*4,09*
280^0	G_{sk}	12,96	25,95	52,11	78,35	104,6	131,1	158,0	184,7	211,8	238,9
	F_{min}	*77,13*	*38,51*	*19,20*	*12,76*	*9,56*	$7{,}62_5$	*6,33*	*5,41*	*4,72*	$4{,}18_5$
300^0	G_{sk}	12,73	25,51	51,10	76,78	102,7	128,5	154,7	180,9	207,2	233,9
	F_{min}	*78,52*	*39,19*	*19,56*	*13,03*	*9,74*	*7,781*	*6,46*	*5,53*	*4,83*	*4,27*
320^0	G_{sk}	12,52	25,06	50,20	75,46	100,7	126,2	151,8	177,5	203,2	229,1
	F_{min}	*79,84*	*39,90*	*19,93*	*13,26*	*9,93*	*7,424*	*6,587*	*5,630*	*4,92*	*4,36*
340^0	G_{sk}	12,32	24,64	49,28	74,16	99,10	123,9	149,0	174,1	199,6	224,9
	F_{min}	*81,12*	*40,56*	*20,30*	*13,49*	*10,09*	*8,07*	*6,71*	*5,742*	*5,01*	$4{,}44_5$
350^0	G_{sk}	12,21	24,44	48,92	73,54	98,25	122,9	147,7	172,6	197,6	222,7
	F_{min}	*81,87*	*40,93*	*20,45*	*13,60*	*10,17*	$8{,}13_5$	*6,77*	*5,79*	*5,06*	*4,49*
360^0	G_{sk}	12,12	24,25	48,58	72,93	97,35	121,8	146,5	171,1	195,9	220,9
	F_{min}	*82,50*	*41,21*	*20,59*	*13,72*	*10,27*	*8,21*	$6{,}82_5$	*5,84*	*5,10*	*4,53*
380^0	G_{sk}	11,93	23,86	47,80	71,74	95,80	119,9	144,1	168,2	192,6	216,9
	F_{min}	*83,80*	*41,91*	*20,94*	*13,95*	*10,44*	*8,34*	*6,94*	$5{,}94_5$	*5,19*	*4,63*
400^0	G_{sk}	11,75	23,51	47,08	70,67	94,30	117,9	141,8	165,6	189,5	213,5
	F_{min}	*85,10*	*42,53*	*21,24*	*14,15*	*10,61*	*8,42*	*7,05*	*6,03*	*5,28*	*4,69*
420^0	G_{sk}	11,58	23,16	46,40	69,65	92,90	116,2	139,6	162,9	186,5	210,0
	F_{min}	*86,35*	*43,17*	*21,56*	*14,36*	*10,77*	*8,60*	*7,16*	$6{,}13_5$	*5,36*	*4,76*
440^0	G_{sk}	11,41	22,84	45,70	68,60	91,50	114,5	137,6	160,6	183,7	206,8
	F_{min}	*87,65*	*43,75*	*21,89*	*14,59*	*10,93*	*8,73*	*7,27*	$6{,}22_5$	*5,44*	$4{,}83_5$
450^0	G_{sk}	11,33	22,66	45,39	68,08	90,90	113,4	136,6	159,5	182,4	205,4
	F_{min}	*88,24*	*44,12*	*22,06*	*14,69*	*11,00*	*8,81*	*7,33*	*6,37*	*5,48*	*4,87*
460^0	G_{sk}	11,25	22,52	45,08	67,68	90,22	112,9	135,6	158,5	181,1	203,9
	F_{min}	*88,88*	*44,39*	*22,40*	*14,78*	*11,08*	$8{,}35_5$	*7,37*	*6,31*	*5,52*	*4,90*
480^0	G_{sk}	11,10	22,22	44,48	66,68	89,04	111,3	133,6	156,1	178,4	201,0
	F_{min}	*90,07*	*44,99*	*22,50*	*15,00*	*11,23*	$8{,}98_5$	*7,48*	$6{,}40_5$	*5,60*	*4,97*
500^0	G_{sk}	10,95	21,93	43,90	65,88	87,80	109,7	129,5	154,0	176,1	198,3
	F_{min}	*91,30*	*45,61*	*22,78*	*15,18*	*11,39*	*9,11*	*7,72*	*6,49*	*5,68*	$5{,}04_5$

für F_{min} = 1 cm² engsten Querschnitt
für G_{sk} = 1 kg/sek Ausflußmenge je Sekunde.

20	25	30	35	40	50	60	70	80	90	100
10,95	13,69	16,42$_5$	19,16	21,90	27,37$_5$	32,85	38,32$_5$	43,80	49,27$_5$	54,75
279,0 *3,58*$_5$	348,3 *2,87*	418,0 *2,39*	488,0 *2,049*	559,5 *1,787*	702,5 *1,423*	850,0 *1,177*	1000 *1,080*	1155 *0,866*	1384 *0,723*	1477 *0,677*
—										
279,6 *3,58*	355,4 *2,81*	432,4 *2,31*	—							
276,1 *3,62*	349,5 *2,86*	425,3 *2,35*	503,7 *1,98*$_5$	586,0 *1,706*						
272,8 *3,66*$_5$	344,9 *2,90*	418,4 *2,39*	494,5 *2,02*	573,2 *1,74*$_5$						
266,2 *3,75*$_5$	335,5 *2,98*	406,2 *2,46*	479,4 *2,09*	552,5 *1,81*	708,6 *1,41*	878,2 *1,14*	— —			
260,5 *3,84*$_5$	327,7 *3,05*	396,0 *2,52*	465,3 *2,15*	532,8 *1,88*	682,2 *1,466*	837,4 *1,19*	1004 *0,996*$_5$	1185 *0,844*	— —	
255,4 *3,91*	320,7 *3,12*	386,9 *2,59*	454,6 *2,20*	522,0 *1,916*	661,2 *1,513*	807,5 *1,239*	959,0 *1,043*	1119 *0,894*	1268 *0,789*	1486 *0,673*
250,2 *3,99*$_5$	314,3 *3,184*	379,0 *2,64*	444,1 *2,25*	509,8 *1,96*	644,0 *1,553*	783,4 *1,277*	927,0 *1,079*	1075 *0,930*	1231 *0,812*	1397 *0,716*
247,8 *4,03*$_5$	311,1 *3,21*	376,2 *2,66*	439,6 *2,27*	504,6 *1,98*	637,2 *1,57*	772,8 *1,295*	912,8 *1,096*	1057 *0,946*	1207 *0,828*	1365 *0,733*
245,9 *4,07*	308,5 *3,24*	371,6 *2,69*	435,0 *2,30*	498,8 *2,01*	629,2 *1,59*	763,0 *1,31*	900,6 *1,11*	1041 *0,960*	1184 *0,845*	1307 *0,765*
241,3 *4,14*	302,9 *3,30*	364,7 *2,74*	426,4 *2,34*$_5$	489,6 *2,04*$_5$	616,5 *1,62*	746,0 *1,34*	878,1 *1,14*	1011 *0,989*	1149 *0,870*	1290 *0,775*
237,1 *4,22*	297,5 *3,36*	358,4 *2,79*	419,2 *2,38*$_5$	480,6 *2,08*	604,5 *1,65*$_5$	730,0 *1,37*	858,0 *1,16*$_5$	987,7 *1,013*	1119 *0,894*	1255 *0,797*
233,7 *4,28*	292,8 *3,41*	353,4 *2,83*	412,1 *2,43*	472,2 *2,12*	593,4 *1,69*	716,0 *1,39*$_5$	840,5 *1,19*	966,5 *1,03*$_5$	1093 *0,915*	1225 *0,817*
230,1 *4,34*	288,2 *3,47*	346,9 *2,88*	405,4 *2,47*	464,9 *2,15*	583,0 *1,71*$_5$	703,0 *1,42*	825,0 *1,21*	935,0 *1,05*$_5$	1080 *0,927*	1197 *0,835*
228,4 *4,26*	286,1 *3,50*	344,0 *2,91*	402,4 *2,49*	460,6 *2,17*	578,4 *1,73*	697,0 *1,43*$_5$	817,0 *1,22*	938,5 *1,06*$_5$	1059 *0,943*	1184 *0,845*
226,8 *4,41*	284,0 *3,52*	341,6 *2,93*	399,3 *2,51*	457,0 *2,19*	573,5 *1,74*	691,0 *1,45*	810,0 *1,23*$_5$	929,8 *1,07*$_5$	1050 *0,953*	1171 *0,854*
223,5 *4,47*	280,0 *3,57*	336,5 *2,97*	393,3 *2,54*	450,0 *2,22*	564,5 *1,77*	680,2 *1,47*	797,0 *1,25*$_5$	913,3 *1,09*$_5$	1031 *0,970*	1152 *0,868*
220,4 *4,54*	276,0 *3,62*	331,4 *3,02*	387,7 *2,58*	443,8 *2,25*	556,0 *1,80*	669,4 *1,49*	783,5 *1,27*$_5$	897,8 *1,11*	1013 *0,987*	1131 *0,884*

Namen- und Sachverzeichnis.

Die Ziffern bedeuten die Seitenzahlen.

Druck von Oscar Brandstetter in Leipzig.

Berichtigungen.

Seite 11, Zeile 22 von oben: $= s'_0 + x_0\, r_0/T_{s\,0}$ statt $s_0 + x_0/T_{s\,0}$.
Seite 21, Zeile 17 von oben: im Nenner $\cos\beta_1 + \cos\beta_2$ statt $\cos\beta_1 - \cos\beta_2$.

Seite 24, Zeile 15 von unten: $-\frac{k+1}{k}\left(\frac{p_k}{p}\right)^{\frac{k+1}{k}-1}$ statt $-\left(\frac{p_k}{p}\right)^{\frac{k+1}{k}-1}$.

Seite 29, Zeile 7 von unten: $L_d = \frac{h_d}{A} = \frac{c_0^2 - c_1^2}{2g} =$ statt $L_d = \frac{h_t}{A} = \frac{c_0^2 - i_1^2}{2g}$.

Seite 48, Zeile 7 von oben: $\eta_u = \frac{2 \cdot u}{c_1^2} \cdot \varphi^2 \Big[$ statt $2\frac{u}{c_1}\varphi^2 \Big[$.

Seite 54, Zeile 3 von unten: Gl. (52a) im Nenner $\cos^2\alpha_1 + \zeta$ statt $\cos^2\alpha_1 - \zeta$.

Seite 57, Zeile 1 von unten: $+ w_2^2\left(\frac{1}{\psi^2} -\right.$ statt $+ w_2\left(\frac{1}{\psi^2} -\right.$.

Seite 77, Zeile 9 von oben: 147 PS statt 159 PS.
Seite 77, Zeile 11 von oben: 485 statt 173 und 326 statt 98.
Seite 80, Zeile 2 von unten: 3000, 2000 und 1500 statt 2000, 2000, 1500 und 1000.
Seite 86, Gl. (b): $(P_1^2 - P_x^2)$ statt $(P_1^2 - P_2^2)$.
Seite 86, Gl. (c): im Zähler $g\,P_1^2$ statt $g\,P_1$.
Seite 87, Zeile 4 von unten: 300^0 statt 360^0.
Seite 97, Zeile 10 von unten: Gl. (83a) statt Gl. (86).
Seite 104, Zeile 18 von oben: Gl. (21), S. 14 statt Gl. (93), S. 103.
Seite 115, Zeile 5 von oben: $= A\,u\,($ statt $= u\,($.
Seite 118, Zeile 6 von oben: $h_u - h_{r\,v}$ statt $h_u = h_{r\,v}$.
Seite 131, Zeile 6 von oben: $= \pi \cdot 226 : 6{,}39$ statt $= \pi \cdot 226 : 3{,}29$.
Seite 137, Zeile 3 von unten: τ_s statt ε_s.
Seite 170, Zeile 20 von oben: tafel 12 statt tafel 1.

Seite 218 im Beispiel: $= \cdots \frac{+\,0{,}279 \cdot 89{,}8^3 \cdot 7{,}05}{} = 392\ \mathrm{kg/cm^2}$ statt $89{,}8^2$ und $= 540\ \mathrm{kg/cm^2}$; dadurch wird weiter

$\lg y_1/y_2 = 1{,}07 \quad y_1/y_2 = 11{,}8, \quad y_1 = 94{,}4\ \mathrm{mm}.$
$\lg y_n/y_2 = 1{,}105 \quad y_n/y_2 = 12{,}73$ (statt y_1/y_2), $\quad y_n = 102\ \mathrm{mm}.$
$\lg y_a/y_2 = 1{,}167 \quad y_a/y_2 = 14{,}2 \quad y_a = 115\ \mathrm{mm}.$
$\xi_2 = \cdots = 0{,}01103 = 0{,}110\ \mathrm{mm}.$

Seite 234, Zeile 20 von oben: Rad $f = \frac{G\,l^3}{E\,J\,3}\,\mathrm{cm}$ statt $\frac{}{E\,J^3}\,\mathrm{cm}$.

Zietemann, Dampfturbinen.

GPSR Compliance

The European Union's (EU) General Product Safety Regulation (GPSR) is a set of rules that requires consumer products to be safe and our obligations to ensure this.

If you have any concerns about our products, you can contact us on ProductSafety@springernature.com

In case Publisher is established outside the EU, the EU authorized representative is:

Springer Nature Customer Service Center GmbH
Europaplatz 3
69115 Heidelberg, Germany

Batch number: 10682411

Printed by Printforce, the Netherlands